计算机科学丛书

原书第7版

汇编语言
基于x86处理器

[美] 基普·欧文（Kip Irvine） 著
佛罗里达国际大学

贺莲 龚奕利 译
武汉大学

Assembly Language for x86 Processors
Seventh Edition

机械工业出版社
China Machine Press

图书在版编目（CIP）数据

汇编语言：基于x86处理器（原书第7版）/（美）欧文（Irvine, K.）著；贺莲，龚奕利译.—北京：机械工业出版社，2016.3（2021.10重印）
（计算机科学丛书）
书名原文：Assembly Language for x86 Processors, Seventh Edition
ISBN 978-7-111-53036-7

I. 汇… II. ① 欧… ② 贺… ③ 龚… III. 汇编语言-程序设计 IV. TP313

中国版本图书馆CIP数据核字（2016）第037015号

本书版权登记号：图字：01-2015-7581

Authorized translation from the English language edition, entitled *Assembly Language for x86 Processors*, Seventh Edition (ISBN: 978-0-13-376940-1) by Kip Irvine, published by Pearson Education, Inc., Copyright © 2015, 2011, 2007, 2003.

All rights reserved. No part of this book may be reproduced or transmitted in any form or by any means, electronic or mechanical, including photocopying, recording or by any information storage retrieval system, without permission from Pearson Education, Inc.

Chinese simplified language edition published by Pearson Education Asia Ltd., and China Machine Press Copyright © 2016.

本书中文简体字版由Pearson Education（培生教育出版集团）授权机械工业出版社在中华人民共和国境内（不包括中国台湾地区和中国香港、澳门特别行政区）独家出版发行。未经出版者书面许可，不得以任何方式抄袭、复制或节录本书中的任何部分。

本书封底贴有Pearson Education（培生教育出版集团）激光防伪标签，无标签者不得销售。

本书是汇编语言课程的经典教材，系统介绍x86和Intel64处理器的汇编语言编程与架构。前9章为汇编语言的核心概念，包括：汇编语言基础，x86处理器架构，数据传送、寻址和算术运算，过程，条件处理，整数运算，高级过程，以及字符串和数组。后4章介绍结构和宏、MS-Windows编程、浮点数处理和指令编码，以及高级语言接口。

本书内容翔实，案例丰富，极具逻辑性和系统性，不仅可作为汇编语言课程的教材，还可作为计算机系统基础和体系结构基础方面的教材。

出版发行：机械工业出版社（北京市西城区百万庄大街22号 邮政编码 100037）
责任编辑：迟振春   责任校对：董纪丽
印　　刷：中国电影出版社印刷厂   版　　次：2021年10月第1版第8次印刷
开　　本：185mm×260mm 1/16   印　　张：35.5
书　　号：ISBN 978-7-111-53036-7   定　　价：99.00元

凡购本书，如有缺页、倒页、脱页，由本社发行部调换
客服热线：(010) 88378991 88361066   投稿热线：(010) 88379604
购书热线：(010) 68326294 88379649 68995259   读者信箱：hzjsj@hzbook.com

版权所有·侵权必究
封底无防伪标均为盗版
本书法律顾问：北京大成律师事务所　韩光/邹晓东

译 者 序
Assembly Language for x86 Processors, Seventh Edition

　　大多数计算机专业的学生并不太喜欢也不太愿意学习汇编语言，因为它和机器硬件结合得非常紧密，使用起来不怎么得心应手，在解决问题方面，好像也不如其他高级语言有用。在教学过程中，不止一次听到学生抱怨说：“现在都不用汇编语言了，为什么还要学它？"彼时，受限于时间和授课内容，总觉得不能完全讲清楚这种语言的有用性和重要性。因此，当看到这本书后，我们就想要将它介绍给大家。

　　本书译自《Assembly Language for x86 Processors》第 7 版，内容包括：基本概念，x86 处理器架构，汇编语言基础，数据传输、寻址和算术运算，过程，条件处理，整数运算，高级过程，字符串和数组，结构和宏，MS-Windows 编程，浮点数处理和指令编码，高级语言接口等。本书还包括 64 位 CPU 架构和编程的内容，以及 64 位的子程序库 Irvine64。

　　如果读者想了解 BIOS 编程、MS-DOS 服务等内容，可以登录英文书配套网站进行阅读。同时，网站上还提供了 VideoNotes 教学视频直观演示汇编语言的基本概念。

　　本书具有丰富的习题，并按照不同要求与难度分为简答题、算法基础练习以及编程练习。因此，做习题的过程就是一个循序渐进、学以致用的过程。相信完成这些习题后，大家就不再会觉得汇编语言有多么遥远了。

　　在此感谢机械工业出版社华章公司的朱劼编辑，感谢她向我们推荐了这本书，以及在翻译过程中给予我们的支持和帮助。

　　虽然在翻译过程中我们尽量做到认真细致，对每一个有疑问的点都进行了讨论，但是由于能力所限，还是会存在错误与疏漏，希望广大读者批评指正，同时我们也会将勘误更新到网站。

贺莲　龚奕利
2015 年 9 月于珞珈山

前 言
Assembly Language for x86 Processors, Seventh Edition

本书介绍 x86 和 Intel64 处理器的汇编语言编程与架构，适合作为下述几类大学课程的教材：
- 汇编语言编程
- 计算机系统基础
- 计算机体系结构基础

学生使用 Intel 或 AMD 处理器，用 Microsoft 宏汇编器（Microsoft Macro Assembler，MASM）编程，MASM 运行在 Microsoft Windows 最新的版本上。尽管本书的初衷是作为大学生的编程教材，但它也是计算机体系结构课程的有效补充。本书广受欢迎，前几个版本已被翻译为多种语言。

重点主题 本版所含主题可以自然过渡到讲述计算机体系结构、操作系统和编写编译器的后续课程：
- 虚拟机概念
- 指令集架构
- 基本布尔运算
- 指令执行周期
- 内存访问和握手
- 中断和轮询
- 基于硬件的 I/O
- 浮点数二进制表示

其他主题则专门针对 x86 和 Intel64 架构：
- 受保护的内存和分页
- 实地址模式的内存分段
- 16 位中断处理
- MS-DOS 和 BIOS 系统调用（中断）
- 浮点单元架构和编程
- 指令编码

本书中的某些例子还可以用于计算机科学课程体系中的后续课程：
- 搜索与排序算法
- 高级语言结构
- 有限状态机
- 代码优化示例

第 7 版的新内容

这一版增加了对程序示例的讨论，添加了更多的复习题和关键术语，介绍了 64 位编程，降低了对子程序库的依赖性。具体内容如下：

- 本版前面的几章现在包含了以 64 位 CPU 架构和编程为主的小节，并且还创建了子程序库的 64 位版本 Irvine64。
- 修改、替换了很多复习题和练习，部分题目从章节内移动到该章末尾，且习题分为两部分：简答题和算法基础练习。后者要求学生编写一小段代码实现一个目标。
- 每章有一节为关键术语，列出了新的术语和概念，以及新的 MASM 伪指令和 Intel 指令。
- 添加了新的编程练习，删除了一些旧习题，并对一些现有的练习进行了修改。
- 本书对作者子程序库的依赖性大大减低。鼓励学生自己调用系统函数，并使用 Visual Studio 调试器单步执行程序。Irvine32 和 Irvine64 链接库可以帮助学生处理输入/输出，但是不强制要求使用它们。
- 作者录制的新视频教程涵盖了本书的基本内容，并已添加到 Pearson 网站㊀。

本书仍然关注其首要目标，即教授学生编写并调试机器级程序。它不能代替计算机体系结构的完整教材，但它确实在告诉学生计算机工作原理的基础上，给出了编写软件的第一手经验。我们认为，理论联系实际能让学生更好地掌握知识。在工程课程中，学生构建原型；在计算机体系结构课程中，学生应编写机器级程序。在这些课程里，学生都能获得难忘的经验，从而有信心在任何 OS/面向机器的环境中工作。

保护模式编程是纸版章节（第 1 章～第 13 章）的重中之重。因此，学生需要在最新版本的 Microsoft Windows 环境下创建并运行 32 位和 64 位程序。其他 4 章是电子版㊁，讲述 16 位编程。这些章包含了 BIOS 编程、MS-DOS 服务、键盘和鼠标输入、视频编程和图形图像内容。其中一章为磁盘存储基础，还有一章为高级 DOS 编程技术。

子程序库 本书为学生提供了三个版本的子程序库，用于基本输入/输出、模拟、计时和其他有用的任务。Irvine32 和 Irvine64 链接库运行于保护模式。16 位版本的链接库（Irvine16.lib）运行于实地址模式，且只用于第 14 章～第 17 章㊂。这些库的完整源代码见于配套的网站。链接库是为了使用方便，而不是为了阻止学生学习如何自行对输入–输出编程。鼓励学生创建自己的链接库。

所含软件与示例 所有示例程序均在 Microsoft Visual Studio 2012 下，用 Microsoft Macro Assembler Version 11.0 进行了验证。此外，还提供了批处理文件允许学生用 Windows 命令行汇编和运行应用程序。第 14 章中的 32 位 C++ 应用程序已用 Microsoft Visual C++ .NET 测试。本书的内容更新与勘误参见配套的网站，其中包括了一些额外的编程项目，老师可以在章节结束的时候布置给学生。

总体目标

本书的以下目标旨在提高学生对汇编语言相关知识的兴趣并拓展知识面：
- Intel 和 AMD 处理器架构与编程；
- 实地址模式和保护模式编程；
- 汇编语言伪指令、宏、运算符与程序结构；

㊀、㊁、㊂ 这些内容属于付费内容，需要的读者可向培生教育出版集团北京代表处购买，电话：010-57355169/57355171，电子邮件：service.cn@pearson.com。——编辑注

- 编程方法，展示了如何用汇编语言创建系统级软件工具和应用程序；
- 计算机硬件操作；
- 汇编语言程序、操作系统和其他应用程序之间的交互作用。

本书的目标之一是帮助学生以机器级的思维方式来处理编程问题。将 CPU 视为交互工具，学习尽可能直接地监控其操作是很重要的。调试器是程序员最好的朋友，不仅可以捕捉错误，还可以用作学习 CPU 和操作系统的教学工具。我们鼓励学生探查高级语言的内部机制，并能意识到大多数编程语言都被设计为可移植的，因此，也独立于其运行的主机。除了短小的示例外，本书还有几百个可运行的程序来演示书中讲述的指令和思想。本书结尾有参考资料，包括 MS-DOS 中断和指令助记符指南。

背景知识　读者应至少能熟练使用一种高级语言进行编程，比如 Python、Java、C 或 C++。本书有一章涉及 C++ 接口，因此，如果手边有编译器将会非常有帮助。本书不仅已经用于计算机科学和管理信息系统专业课堂，而且还用于其他工程课程。

特点

完整的程序清单　配套的网站包含了补充资料、学习指南，以及本书全部示例的源代码。本书还提供了丰富的链接库，其中包括 30 多个过程，可以简化用户输入–输出、数字处理、磁盘和文件处理，以及字符串处理。课程初期，学生可以用这个链接库来改进自己编写的程序。之后，学生可以自行编写过程并将它们添加到链接库中。

编程逻辑　本书用两章的篇幅重点介绍了布尔逻辑和位操作，并且有意识地尝试将高级编程逻辑与底层机器细节对应起来。这有助于学生创建更有效的实现，且有助于他们更好地理解编译器是如何生成目标代码的。

硬件和操作系统概念　本书前两章介绍基础硬件和数据表示概念，包括二进制数、CPU 架构、状态标志和内存映射。概述硬件和以历史的角度审视 Intel 处理器系列可以帮助学生更好地理解其目标计算机系统。

结构化程序设计方法　从第 5 章开始，关注重点为过程和功能分解。同时，提供了更复杂的编程练习，要求学生在编码之前把设计作为重点。

Java 字节码和 Java 虚拟机　第 8 章和第 9 章解释了 Java 字节码的基本操作，并给出了简短的演示例子。很多短示例不仅给出了反汇编字节码形式，还给出了详细的步骤解释。

磁盘存储概念　学生从硬件和软件的角度学习基于 MS-Windows 的磁盘存储系统的基本原理。

创建链接库　学生不仅可以自由地把自己编写的过程添加到本书链接库，还可以创建新的链接库。他们要学习用工具箱方法进行编程，并编写多个程序可以共用的代码。

宏和结构　本书用一章专门描述创建结构、联合以及宏，这些对汇编语言编程和系统编程是非常重要的。条件宏和高级运算符使得宏更加专业。

高级语言接口　本书用一章专门描述汇编语言与 C 和 C++ 的接口。对于想要从事高级语言编程工作的学生而言，这是一项重要的工作技能。他们可以学习代码优化，还可以通过例子了解 C++ 编译器是如何优化代码的。

教学辅助　所有的程序清单都在网上。同时向教师提供了测试库、复习题答案、编程练习的解决方案，以及每章的 PPT。

章节说明

第 1 章～第 9 章为汇编语言核心概念，需要按顺序学习。后面的章节则可以自由选择。下面的章节示意图展示了后续章节与其他章节知识之间的依赖关系。

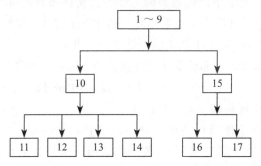

第 1 章　基本概念：汇编语言的应用、基础概念、机器语言和数据表示。

第 2 章　x86 处理器架构：基本微计算机设计、指令执行周期、x86 处理器架构、Intel64 架构、x86 内存管理、微计算机组件、输入－输出系统。

第 3 章　汇编语言基础：介绍汇编语言、链接和调试、常量和变量定义。

第 4 章　数据传送、寻址和算术运算：简单的数据传送和算术运算指令、汇编－链接－执行周期、运算符、伪指令、表达式、JMP 和 LOOP 指令、间接寻址。

第 5 章　过程：与外部链接库的链接、描述本书链接库、堆栈操作、过程的定义和使用、流程图、自顶向下的结构设计。

第 6 章　条件处理：布尔和比较指令、条件跳转和循环、高级逻辑结构、有限状态机。

第 7 章　整数运算：移位和循环移位指令及其应用、乘法和除法、扩展加法和减法、ASCII 和压缩十进制运算。

第 8 章　高级过程：堆栈参数、局部变量、高级 PROC 和 INVOKE 伪指令、递归。

第 9 章　字符串和数组：字符串原语、操作字符和整数数组、二维数组、排序和检索。

第 10 章　结构和宏：结构、宏、条件汇编伪指令、定义重复块。

第 11 章　MS-Windows 编程：保护模式内存管理概念、用 Microsoft-Windows API 显示文本和颜色、动态内存分配。

第 12 章　浮点数处理与指令编码：浮点数二进制表示和浮点运算。学习 IA-32 浮点单元编程。理解 IA-32 机器指令编码。

第 13 章　高级语言接口：参数传递规范、内嵌汇编代码、将汇编语言模块链接到 C 和 C++ 程序。

附录 A　MASM 参考知识

附录 B　x86 指令集

附录 C　"本节回顾"问题答案

下面的章节和附录由配套网站提供⊖：

第 14 章　16 位 MS-DOS 编程：内存组织、中断、函数调用、标准 MS-DOS 文件 I/O 服务。

第 15 章　磁盘基础知识：磁盘存储系统、扇区、簇、目录、文件分配表、处理 MS-

⊖ 这些内容属于付费内容，需要的读者可向培生教育出版集团北京代表处购买，电话：010-57355169/57355171，电子邮件：service.cn@pearson.com。——编辑注

DOS 错误码、驱动器和目录操作。

第 16 章　BIOS 编程：键盘输入、视频文本、图形、鼠标编程。

第 17 章　高级 MS-DOS 编程：自定义设计段、运行时程序结构、中断处理、用 I/O 端口的硬件控制。

附录 D　BIOS 和 MS-DOS 中断

附录 E　"本节回顾"问题答案（第 14 章～第 17 章）

教师和学生资源

教师资源[⊖]

下面受保护的教师资源见配套网站 www.pearsonhighered.com/irvine：

- PPT 讲义
- 教师解题手册

学生资源

学生通过位于 www.pearsonhighered.com/irvine 的出版社网站可以找到本书作者的网站链接。下述资源位于 www.asmirvine.com，且不需要用访问卡：

- Getting Started（入门），循序渐进的完整教程，帮助学生设置 Visual Studio 进行汇编语言编程。
- 与汇编语言编程主题相关的补充读物。
- 本书全部示例程序的完整代码，以及作者补充链接库的源代码。
- Assembly Language Workbook（汇编语言工作手册），一个交互式的工作手册，其中包括数值转换、寻址模式、寄存器使用、调试编程和浮点二进制数。内容页面是可以自定义的 HTML 文档，帮助文件为 Windows 帮助格式。
- 调试工具：Microsoft Visual Studio 调试器用法教程。

致谢

非常感谢培生教育（Pearson Education）计算机科学的执行主编 Tracy Johnson，过去几年提供了友好且有益的指导。感谢 Jouve 公司的 Pavithra Jayapaul 以及培生出版社的产品编辑 Greg Dulles 为本书出版所做的出色工作。

早期版本

特别感谢以下诸位，他们在本书早期版本中提供了极大的帮助：

- William Barrett，圣何塞州立大学
- Scott Blackledge
- James Brink，太平洋路德大学
- Gerald Cahill，羚羊谷学院
- John Taylor

⊖ 关于本书教辅资源，用书教师可向培生教育出版集团北京代表处申请，电话：010-57355169/ 57355171，电子邮件：service.cn@pearson.com。——编辑注

ASCII 控制字符

下表给出了按下控制键组合后生成的 ASCII 码。助记符和描述是指用于屏幕和打印机格式以及数据通信的 ASCII 函数。

ASCII 码[①]	Ctrl-	助记符	描述	ASCII 码[①]	Ctrl-	助记符	描述
00		NUL	空字符	10	Ctrl-P	DLE	换码
01	Ctrl-A	SOH	标题开始	11	Ctrl-Q	DC1	设备控制 1
02	Ctrl-B	STX	正文开始	12	Ctrl-R	DC2	设备控制 2
03	Ctrl-C	ETX	正文结束	13	Ctrl-S	DC3	设备控制 3
04	Ctrl-D	EOT	传输结束	14	Ctrl-T	DC4	设备控制 4
05	Ctrl-E	ENQ	查询	15	Ctrl-U	NAK	拒绝接收
06	Ctrl-F	ACK	确认	16	Ctrl-V	SYN	同步空闲
07	Ctrl-G	BEL	响铃	17	Ctrl-W	ETB	传输块结束
08	Ctrl-H	BS	退格	18	Ctrl-W	CAN	取消
09	Ctrl-I	HT	水平制表符	19	Ctrl-Y	EM	媒体结束
0A	Ctrl-J	LF	换行	1A	Ctrl-Z	SUB	替换
0B	Ctrl-K	VT	垂直制表符	1B	Ctrl-[	ESC	退出
0C	Ctrl-L	FF	换页	1C	Ctrl-\	FS	文件分隔符
0D	Ctrl-M	CR	回车	1D	Ctrl-]	GS	分组符
0E	Ctrl-N	SO	不用切换	1E	Ctrl-^	RS	记录分隔符
0F	Ctrl-O	SI	启用切换	1F	Ctrl-[②]	UX	单元分隔符

① ASCII 码为十六进制。
② ASCII 码 1Fh 为 Ctrl- 连字符 (-)。

Alt 组合键

按住 Alt 键的同时按下其他键将会产生的十六进制扫描码:

键	扫描码	键	扫描码	键	扫描码
1	78	A	1E	N	31
2	79	B	30	O	18
3	7A	C	2E	P	19
4	7B	D	20	Q	10
5	7C	E	12	R	13
6	7D	F	21	S	1F
7	7E	G	22	T	14
8	7F	H	23	U	16
9	80	I	17	V	2F
0	81	J	24	W	11
-	82	K	25	X	2D
=	83	L	26	Y	15
		M	32	Z	2C

键盘扫描码

通过对键盘输入二次（第一次读键盘返回 0）调用 INT 16h 或 INT 21h 可获得键盘扫描码。所有扫描码均为十六进制：

功能键

键	正常	与 Shift 组合	与 Ctrl 组合	与 Alt 组合
F1	3B	54	5E	68
F2	3C	55	5F	69
F3	3D	56	60	6A
F4	3E	57	61	6B
F5	3F	58	62	6C
F6	40	59	63	6D
F7	41	5A	64	6E
F8	42	5B	65	6F
F9	43	5C	66	70
F10	44	5D	67	74
F11	85	87	89	8B
F12	86	88	8A	8C

键	单独使用	与 Ctrl 键组合
Home	47	77
End	4F	75
PgUp	49	84
PgDn	51	76
PrtSc	37	72
Left arrow	4B	73
Rt arrow	4D	74
Up arrow	48	8D
Dn arrow	50	91
Ins	52	92
Del	53	93
Back tab	0F	94
Gray +	4E	90
Gary −	4A	8E

十进制	⇒	1	16	32	48	64	80	96	112
⇓	十六进制	0	1	2	3	4	5	6	7
0	0	null	▶	space	0	@	P	`	p
1	1	☺	◀	!	1	A	Q	a	q
2	2	☻	↕	"	2	B	R	b	r
3	3	♥	‼	#	3	C	S	c	s
4	4	♦	¶	$	4	D	T	d	t
5	5	♣	§	%	5	E	U	e	u
6	6	♠	▬	&	6	F	V	f	v
7	7	•	↨	'	7	G	W	g	w
8	8	◘	↑	(	8	H	X	h	x
9	9	○	↓	)	9	I	Y	i	y
10	A	◙	→	*	:	J	Z	j	z
11	B	♂	←	+	;	K	[	k	{
12	C	♀	∟	,	<	L	\	l	|
13	D	♪	↔	-	=	M	]	m	}
14	E	♫	▲	.	>	N	^	n	~
15	F	☼	▼	/	?	O	_	o	∆

十进制	⇒	128	144	160	176	192	208	224	240
	十六进制	8	9	A	B	C	D	E	F
0	0	Ç	É	á	░	└	╨	α	≡
1	1	ü	æ	í	▒	┴	╤	β	±
2	2	é	Æ	ó	▓	┬	╥	Γ	≥
3	3	â	ô	ú	│	├	╙	π	≤
4	4	ä	ö	ñ	┤	─	╘	Σ	⌠
5	5	à	ò	Ñ	╡	┼	╒	σ	⌡
6	6	å	û	ª	╢	╞	╓	µ	÷
7	7	ç	ù	º	╖	╟	╫	τ	≈
8	8	ê	ÿ	¿	╕	╚	╪	Φ	°
9	9	ë	Ö	⌐	╣	╔	┘	θ	•
10	A	è	Ü	¬	║	╩	┌	Ω	·
11	B	ï	¢	½	╗	╦	■	δ	√
12	C	î	£	¼	╝	╠	■	∞	n
13	D	ì	¥	¡	╜	=	▌	φ	²
14	E	Ä	Pt	«	╛	╬	▐	∈	■
15	F	Å	ƒ	»	┐	╧	▄	∩	blank

目 录

Assembly Language for x86 Processors, Seventh Edition

译者序
前言

第1章 基本概念 ... 1
1.1 欢迎来到汇编语言的世界 ... 1
1.1.1 读者可能会问的问题 ... 2
1.1.2 汇编语言的应用 ... 4
1.1.3 本节回顾 ... 5
1.2 虚拟机概念 ... 5
1.3 数据表示 ... 7
1.3.1 二进制整数 ... 7
1.3.2 二进制加法 ... 8
1.3.3 整数存储大小 ... 9
1.3.4 十六进制整数 ... 10
1.3.5 十六进制加法 ... 11
1.3.6 有符号二进制整数 ... 12
1.3.7 二进制减法 ... 13
1.3.8 字符存储 ... 14
1.3.9 本节回顾 ... 15
1.4 布尔表达式 ... 16
1.4.1 布尔函数真值表 ... 18
1.4.2 本节回顾 ... 18
1.5 本章小结 ... 19
1.6 关键术语 ... 19
1.7 复习题和练习 ... 20
1.7.1 简答题 ... 20
1.7.2 算法基础 ... 21

第2章 x86处理器架构 ... 23
2.1 一般概念 ... 23
2.1.1 基本微机设计 ... 23
2.1.2 指令执行周期 ... 24
2.1.3 读取内存 ... 25
2.1.4 加载并执行程序 ... 26
2.1.5 本节回顾 ... 26

2.2 32位x86处理器 ... 27
2.2.1 操作模式 ... 27
2.2.2 基本执行环境 ... 27
2.2.3 x86内存管理 ... 30
2.2.4 本节回顾 ... 30
2.3 64位x86-64处理器 ... 30
2.3.1 64位操作模式 ... 31
2.3.2 基本64位执行环境 ... 31
2.4 典型x86计算机组件 ... 32
2.4.1 主板 ... 32
2.4.2 内存 ... 34
2.4.3 本节回顾 ... 34
2.5 输入输出系统 ... 34
2.5.1 I/O访问层次 ... 34
2.5.2 本节回顾 ... 36
2.6 本章小结 ... 36
2.7 关键术语 ... 37
2.8 复习题 ... 38

第3章 汇编语言基础 ... 39
3.1 基本语言元素 ... 39
3.1.1 第一个汇编语言程序 ... 39
3.1.2 整数常量 ... 40
3.1.3 整型常量表达式 ... 41
3.1.4 实数常量 ... 41
3.1.5 字符常量 ... 42
3.1.6 字符串常量 ... 42
3.1.7 保留字 ... 42
3.1.8 标识符 ... 43
3.1.9 伪指令 ... 43
3.1.10 指令 ... 44
3.1.11 本节回顾 ... 46
3.2 示例：整数加减法 ... 46
3.2.1 AddTwo程序 ... 46
3.2.2 运行和调试AddTwo程序 ... 48
3.2.3 程序模板 ... 52

3.2.4　本节回顾 …………………… 52
3.3　汇编、链接和运行程序 …………… 53
　　3.3.1　汇编－链接－执行周期 ……… 53
　　3.3.2　列表文件 ……………………… 53
　　3.3.3　本节回顾 ……………………… 55
3.4　定义数据 …………………………… 55
　　3.4.1　内部数据类型 ………………… 55
　　3.4.2　数据定义语句 ………………… 55
　　3.4.3　向 AddTwo 程序添加一个
　　　　　 变量 ……………………………… 56
　　3.4.4　定义 BYTE 和 SBYTE
　　　　　 数据 ……………………………… 57
　　3.4.5　定义 WORD 和 SWORD
　　　　　 数据 ……………………………… 59
　　3.4.6　定义 DWORD 和 SDWORD
　　　　　 数据 ……………………………… 59
　　3.4.7　定义 QWORD 数据 …………… 60
　　3.4.8　定义压缩 BCD（TBYTE）
　　　　　 数据 ……………………………… 60
　　3.4.9　定义浮点类型 ………………… 61
　　3.4.10　变量加法程序 ……………… 61
　　3.4.11　小端顺序 …………………… 62
　　3.4.12　声明未初始化数据 ………… 62
　　3.4.13　本节回顾 …………………… 63
3.5　符号常量 …………………………… 63
　　3.5.1　等号伪指令 …………………… 63
　　3.5.2　计算数组和字符串的大小 …… 64
　　3.5.3　EQU 伪指令 …………………… 65
　　3.5.4　TEXTEQU 伪指令 …………… 66
　　3.5.5　本节回顾 ……………………… 66
3.6　64 位编程 …………………………… 67
3.7　本章小结 …………………………… 68
3.8　关键术语 …………………………… 69
　　3.8.1　术语 …………………………… 69
　　3.8.2　指令、运算符和伪指令 ……… 70
3.9　复习题和练习 ……………………… 70
　　3.9.1　简答题 ………………………… 70
　　3.9.2　算法基础 ……………………… 71
3.10　编程练习 ………………………… 71

第 4 章　数据传送、寻址和算术运算 …… 73
4.1　数据传送指令 ……………………… 73
　　4.1.1　引言 …………………………… 73
　　4.1.2　操作数类型 …………………… 73
　　4.1.3　直接内存操作数 ……………… 74
　　4.1.4　MOV 指令 …………………… 75
　　4.1.5　整数的全零 / 符号扩展 ……… 76
　　4.1.6　LAHF 和 SAHF 指令 ………… 77
　　4.1.7　XCHG 指令 …………………… 78
　　4.1.8　直接－偏移量操作数 ………… 78
　　4.1.9　示例程序（Moves） …………… 79
　　4.1.10　本节回顾 …………………… 80
4.2　加法和减法 ………………………… 81
　　4.2.1　INC 和 DEC 指令 …………… 81
　　4.2.2　ADD 指令 …………………… 81
　　4.2.3　SUB 指令 …………………… 81
　　4.2.4　NEG 指令 …………………… 82
　　4.2.5　执行算术表达式 ……………… 82
　　4.2.6　加减法影响的标志位 ………… 82
　　4.2.7　示例程序（AddSubTest） …… 85
　　4.2.8　本节回顾 ……………………… 86
4.3　与数据相关的运算符和伪指令 …… 87
　　4.3.1　OFFSET 运算符 ……………… 87
　　4.3.2　ALIGN 伪指令 ………………… 88
　　4.3.3　PTR 运算符 …………………… 88
　　4.3.4　TYPE 运算符 ………………… 89
　　4.3.5　LENGTHOF 运算符 ………… 89
　　4.3.6　SIZEOF 运算符 ……………… 90
　　4.3.7　LABEL 伪指令 ……………… 90
　　4.3.8　本节回顾 ……………………… 90
4.4　间接寻址 …………………………… 91
　　4.4.1　间接操作数 …………………… 91
　　4.4.2　数组 …………………………… 91
　　4.4.3　变址操作数 …………………… 92
　　4.4.4　指针 …………………………… 93
　　4.4.5　本节回顾 ……………………… 95
4.5　JMP 和 LOOP 指令 ……………… 95
　　4.5.1　JMP 指令 ……………………… 96
　　4.5.2　LOOP 指令 …………………… 96
　　4.5.3　在 Visual Studio 调试器中显示

　　　　数组 ·················· 97
4.5.4　整数数组求和 ·············· 98
4.5.5　复制字符串 ················ 98
4.5.6　本节回顾 ··················· 99
4.6　64 位编程 ························ 99
4.6.1　MOV 指令 ················· 99
4.6.2　64 位的 SumArray 程序 ···· 100
4.6.3　加法和减法 ················ 101
4.6.4　本节回顾 ·················· 102
4.7　本章小结 ······················· 102
4.8　关键术语 ······················· 104
4.8.1　术语 ························ 104
4.8.2　指令、运算符和伪指令 ···· 104
4.9　复习题和练习 ·················· 104
4.9.1　简答题 ····················· 104
4.9.2　算法基础 ··················· 106
4.10　编程练习 ······················ 107

第 5 章　过程 ·························· 108
5.1　堆栈操作 ······················· 108
5.1.1　运行时堆栈（32 位模式）···· 108
5.1.2　PUSH 和 POP 指令 ········· 110
5.1.3　本节回顾 ···················· 112
5.2　定义并使用过程 ················ 112
5.2.1　PROC 伪指令 ··············· 112
5.2.2　CALL 和 RET 指令 ········· 114
5.2.3　过程调用嵌套 ··············· 115
5.2.4　向过程传递寄存器参数 ····· 116
5.2.5　示例：整数数组求和 ········ 116
5.2.6　保存和恢复寄存器 ·········· 118
5.2.7　本节回顾 ···················· 119
5.3　链接到外部库 ··················· 119
5.3.1　背景知识 ···················· 119
5.3.2　本节回顾 ···················· 120
5.4　Irvine32 链接库 ················· 120
5.4.1　创建库的动机 ··············· 120
5.4.2　概述 ························· 122
5.4.3　过程详细说明 ··············· 123
5.4.4　库测试程序 ·················· 133
5.4.5　本节回顾 ···················· 139
5.5　64 位汇编编程 ·················· 139
5.5.1　Irvine64 链接库 ············· 139
5.5.2　调用 64 位子程序 ············ 140
5.5.3　x64 调用规范 ··············· 140
5.5.4　调用过程示例 ··············· 141
5.6　本章小结 ······················· 142
5.7　关键术语 ······················· 143
5.7.1　术语 ························ 143
5.7.2　指令、运算符和伪指令 ···· 143
5.8　复习题和练习 ·················· 143
5.8.1　简答题 ······················ 143
5.8.2　算法基础 ··················· 146
5.9　编程练习 ······················· 146

第 6 章　条件处理 ····················· 148
6.1　条件分支 ······················· 148
6.2　布尔和比较指令 ················ 148
6.2.1　CPU 状态标志 ·············· 149
6.2.2　AND 指令 ·················· 149
6.2.3　OR 指令 ···················· 150
6.2.4　位映射集 ··················· 151
6.2.5　XOR 指令 ·················· 152
6.2.6　NOT 指令 ·················· 153
6.2.7　TEST 指令 ·················· 153
6.2.8　CMP 指令 ·················· 154
6.2.9　置位和清除单个 CPU
　　　　标志位 ···················· 155
6.2.10　64 位模式下的布尔指令 ··· 155
6.2.11　本节回顾 ·················· 156
6.3　条件跳转 ······················· 156
6.3.1　条件结构 ··················· 156
6.3.2　Jcond 指令 ·················· 156
6.3.3　条件跳转指令类型 ·········· 157
6.3.4　条件跳转应用 ··············· 159
6.3.5　本节回顾 ··················· 163
6.4　条件循环指令 ·················· 163
6.4.1　LOOPZ 和 LOOPE 指令 ····· 163
6.4.2　LOOPNZ 和 LOOPNE 指令 ·· 164
6.4.3　本节回顾 ···················· 164
6.5　条件结构 ······················· 164
6.5.1　块结构的 IF 语句 ············ 165
6.5.2　复合表达式 ·················· 167

6.5.3	WHILE 循环 ……………	168
6.5.4	表驱动选择 ……………	169
6.5.5	本节回顾 ………………	171
6.6	应用：有限状态机 ……………	172
6.6.1	验证输入字符串 ………	172
6.6.2	验证有符号整数 ………	172
6.6.3	本节回顾 ………………	176
6.7	条件控制流伪指令 ……………	176
6.7.1	新建 IF 语句 ……………	177
6.7.2	有符号数和无符号数的比较 ……………………	178
6.7.3	复合表达式 ……………	179
6.7.4	用 .REPEAT 和 .WHILE 创建循环 ……………………	181
6.8	本章小结 ………………………	182
6.9	关键术语 ………………………	183
6.9.1	术语 ……………………	183
6.9.2	指令、运算符和伪指令 …	184
6.10	复习题和练习 …………………	184
6.10.1	简答题 …………………	184
6.10.2	算法基础 ………………	186
6.11	编程练习 ………………………	187
6.11.1	测试代码的建议 ………	187
6.11.2	习题 ……………………	188

第 7 章 整数运算 ………… 191

7.1	移位和循环移位指令 …………	191
7.1.1	逻辑移位和算术移位 …	191
7.1.2	SHL 指令 ………………	192
7.1.3	SHR 指令 ………………	193
7.1.4	SAL 和 SAR 指令 ………	193
7.1.5	ROL 指令 ………………	194
7.1.6	ROR 指令 ………………	195
7.1.7	RCL 和 RCR 指令 ………	195
7.1.8	有符号数溢出 …………	196
7.1.9	SHLD/SHRD 指令 ………	196
7.1.10	本节回顾 ………………	198
7.2	移位和循环移位的应用 ………	198
7.2.1	多个双字的移位 ………	198
7.2.2	二进制乘法 ……………	199
7.2.3	显示二进制位 …………	200
7.2.4	提取文件日期字段 ……	200
7.2.5	本节回顾 ………………	201
7.3	乘法和除法指令 ………………	201
7.3.1	MUL 指令 ………………	201
7.3.2	IMUL 指令 ……………	203
7.3.3	测量程序执行时间 ……	205
7.3.4	DIV 指令 ………………	207
7.3.5	有符号数除法 …………	208
7.3.6	实现算术表达式 ………	211
7.3.7	本节回顾 ………………	212
7.4	扩展加减法 ……………………	212
7.4.1	ADC 指令 ………………	212
7.4.2	扩展加法示例 …………	213
7.4.3	SBB 指令 ………………	215
7.4.4	本节回顾 ………………	215
7.5	ASCII 和非压缩十进制运算 ……	216
7.5.1	AAA 指令 ………………	217
7.5.2	AAS 指令 ………………	218
7.5.3	AAM 指令 ………………	218
7.5.4	AAD 指令 ………………	219
7.5.5	本节回顾 ………………	219
7.6	压缩十进制运算 ………………	219
7.6.1	DAA 指令 ………………	220
7.6.2	DAS 指令 ………………	220
7.6.3	本节回顾 ………………	221
7.7	本章小结 ………………………	221
7.8	关键术语 ………………………	222
7.8.1	术语 ……………………	222
7.8.2	指令、运算符和伪指令 …	222
7.9	复习题和练习 …………………	222
7.9.1	简答题 …………………	222
7.9.2	算法基础 ………………	224
7.10	编程练习 ………………………	225

第 8 章 高级过程 ………… 227

8.1	引言 ……………………………	227
8.2	堆栈帧 …………………………	227
8.2.1	堆栈参数 ………………	227
8.2.2	寄存器参数的缺点 ……	228
8.2.3	访问堆栈参数 …………	230
8.2.4	32 位调用规范 …………	232

8.2.5	局部变量	233
8.2.6	引用参数	235
8.2.7	LEA 指令	235
8.2.8	ENTER 和 LEAVE 指令	236
8.2.9	LOCAL 伪指令	238
8.2.10	Microsoft x64 调用规范	239
8.2.11	本节回顾	239
8.3	递归	239
8.3.1	递归求和	240
8.3.2	计算阶乘	241
8.3.3	本节回顾	246
8.4	INVOKE、ADDR、PROC 和 PROTO	246
8.4.1	INVOKE 伪指令	246
8.4.2	ADDR 运算符	247
8.4.3	PROC 伪指令	247
8.4.4	PROTO 伪指令	250
8.4.5	参数类别	253
8.4.6	示例：交换两个整数	253
8.4.7	调试提示	254
8.4.8	WriteStackFrame 过程	255
8.4.9	本节回顾	256
8.5	新建多模块程序	256
8.5.1	隐藏和导出过程名	256
8.5.2	调用外部过程	257
8.5.3	跨模块使用变量和标号	258
8.5.4	示例：ArraySum 程序	259
8.5.5	用 Extern 新建模块	259
8.5.6	用 INVOKE 和 PROTO 新建模块	262
8.5.7	本节回顾	265
8.6	参数的高级用法（可选主题）	265
8.6.1	受 USES 运算符影响的堆栈	265
8.6.2	向堆栈传递 8 位和 16 位参数	266
8.6.3	传递 64 位参数	267
8.6.4	非双字局部变量	268
8.7	Java 字节码（可选主题）	269
8.7.1	Java 虚拟机	269
8.7.2	指令集	270
8.7.3	Java 反汇编示例	271
8.7.4	示例：条件分支	273
8.8	本章小结	274
8.9	关键术语	275
8.9.1	术语	275
8.9.2	指令、运算符和伪指令	276
8.10	复习题和练习	276
8.10.1	简答题	276
8.10.2	算法基础	276
8.11	编程练习	277
第 9 章	字符串和数组	279
9.1	引言	279
9.2	字符串基本指令	279
9.2.1	MOVSB、MOVSW 和 MOVSD	280
9.2.2	CMPSB、CMPSW 和 CMPSD	280
9.2.3	SCASB、SCASW 和 SCASD	281
9.2.4	STOSB、STOSW 和 STOSD	282
9.2.5	LODSB、LODSW 和 LODSD	282
9.2.6	本节回顾	282
9.3	部分字符串过程	283
9.3.1	Str_compare 过程	283
9.3.2	Str_length 过程	284
9.3.3	Str_copy 过程	284
9.3.4	Str_trim 过程	285
9.3.5	Str_ucase 过程	287
9.3.6	字符串库演示程序	288
9.3.7	Irivne64 库中的字符串过程	289
9.3.8	本节回顾	291
9.4	二维数组	291
9.4.1	行列顺序	291
9.4.2	基址 – 变址操作数	292
9.4.3	基址 – 变址 – 偏移量操作数	294
9.4.4	64 位模式下的基址 – 变址	

| 操作数 ……………………………… 294
9.4.5 本节回顾 …………………………… 295
9.5 整数数组的检索和排序 ………………… 295
9.5.1 冒泡排序 …………………………… 295
9.5.2 对半查找 …………………………… 297
9.5.3 本节回顾 …………………………… 302
9.6 Java 字节码：字符串处理
（可选主题）………………………………… 302
9.7 本章小结 ……………………………………… 303
9.8 关键术语和指令 …………………………… 304
9.9 复习题和练习 ……………………………… 304
9.9.1 简答题 ……………………………… 304
9.9.2 算法基础 …………………………… 305
9.10 编程练习 …………………………………… 305

第 10 章 结构和宏 …………………………… 308
10.1 结构 …………………………………………… 308
10.1.1 定义结构 ………………………… 308
10.1.2 声明结构变量 …………………… 309
10.1.3 引用结构变量 …………………… 310
10.1.4 示例：显示系统时间 …………… 313
10.1.5 结构包含结构 …………………… 315
10.1.6 示例：醉汉行走 ………………… 315
10.1.7 声明和使用联合 ………………… 318
10.1.8 本节回顾 ………………………… 320
10.2 宏 ……………………………………………… 320
10.2.1 概述 ………………………………… 320
10.2.2 定义宏 ……………………………… 321
10.2.3 调用宏 ……………………………… 322
10.2.4 其他宏特性 ……………………… 323
10.2.5 使用本书的宏库（仅 32 位
 模式）………………………………… 326
10.2.6 示例程序：封装器 ……………… 332
10.2.7 本节回顾 ………………………… 333
10.3 条件汇编伪指令 ………………………… 333
10.3.1 检查缺失的参数 ………………… 333
10.3.2 默认参数初始值设定 …………… 334
10.3.3 布尔表达式 ……………………… 335
10.3.4 IF、ELSE 和 ENDIF
 伪指令 ……………………………… 335
10.3.5 IFIDN 和 IFIDNI 伪指令 …… 336

10.3.6 示例：矩阵行求和 ……………… 336
10.3.7 特殊运算符 ……………………… 339
10.3.8 宏函数 ……………………………… 342
10.3.9 本节回顾 ………………………… 343
10.4 定义重复语句块 ………………………… 344
10.4.1 WHILE 伪指令 ………………… 344
10.4.2 REPEAT 伪指令 ………………… 344
10.4.3 FOR 伪指令 ……………………… 345
10.4.4 FORC 伪指令 …………………… 345
10.4.5 示例：链表 ……………………… 346
10.4.6 本节回顾 ………………………… 347
10.5 本章小结 …………………………………… 348
10.6 关键术语 …………………………………… 349
10.6.1 术语 ………………………………… 349
10.6.2 运算符和伪指令 ………………… 349
10.7 复习题和练习 …………………………… 349
10.7.1 简答题 ……………………………… 349
10.7.2 算法基础 …………………………… 350
10.8 编程练习 …………………………………… 351

第 11 章 MS-Windows 编程 ……………… 354
11.1 Win32 控制台编程 ……………………… 354
11.1.1 背景知识 …………………………… 354
11.1.2 Win32 控制台函数 ……………… 357
11.1.3 显示消息框 ……………………… 359
11.1.4 控制台输入 ……………………… 361
11.1.5 控制台输出 ……………………… 366
11.1.6 读写文件 …………………………… 368
11.1.7 Irvine32 链接库的文件 I/O … 371
11.1.8 测试文件 I/O 过程 ……………… 373
11.1.9 控制台窗口操作 ………………… 375
11.1.10 控制光标 ………………………… 378
11.1.11 控制文本颜色 …………………… 379
11.1.12 时间与日期函数 ……………… 380
11.1.13 使用 64 位 Windows API … 383
11.1.14 本节回顾 ………………………… 384
11.2 编写图形化的 Windows 应用
程序 ……………………………………………… 384
11.2.1 必要的结构 ……………………… 385
11.2.2 MessageBox 函数 ……………… 386
11.2.3 WinMain 过程 …………………… 387

11.2.4	WinProc 过程	387
11.2.5	ErrorHandler 过程	388
11.2.6	程序清单	388
11.2.7	本节回顾	391
11.3	动态内存分配	391
11.3.1	HeapTest 程序	394
11.3.2	本节回顾	397
11.4	x86 存储管理	397
11.4.1	线性地址	398
11.4.2	页转换	400
11.4.3	本节回顾	401
11.5	本章小结	402
11.6	关键术语	403
11.7	复习题和练习	403
11.7.1	简答题	403
11.7.2	算法基础	404
11.8	编程练习	404

第 12 章 浮点数处理与指令编码 …… 406

12.1	浮点数二进制表示	406
12.1.1	IEEE 二进制浮点数表示	406
12.1.2	阶码	407
12.1.3	规格化二进制浮点数	407
12.1.4	新建 IEEE 表示	408
12.1.5	十进制小数转换为二进制实数	409
12.1.6	本节回顾	411
12.2	浮点单元	411
12.2.1	FPU 寄存器栈	411
12.2.2	舍入	413
12.2.3	浮点数异常	414
12.2.4	浮点数指令集	414
12.2.5	算术运算指令	416
12.2.6	比较浮点数值	419
12.2.7	读写浮点数值	422
12.2.8	异常同步	423
12.2.9	代码示例	423
12.2.10	混合模式运算	425
12.2.11	屏蔽与未屏蔽异常	426
12.2.12	本节回顾	427
12.3	x86 指令编码	427
12.3.1	指令格式	427
12.3.2	单字节指令	428
12.3.3	立即数送寄存器	428
12.3.4	寄存器模式指令	429
12.3.5	处理器操作数大小前缀	429
12.3.6	内存模式指令	430
12.3.7	本节回顾	432
12.4	本章小结	432
12.5	关键术语	433
12.6	复习题和练习	434
12.6.1	简答题	434
12.6.2	算法基础	434
12.7	编程练习	435

第 13 章 高级语言接口 …… 438

13.1	引言	438
13.1.1	通用规范	438
13.1.2	.MODEL 伪指令	439
13.1.3	检查编译器生成的代码	441
13.1.4	本节回顾	444
13.2	内嵌汇编代码	444
13.2.1	Visual C++ 中的 __asm 伪指令	444
13.2.2	文件加密示例	447
13.2.3	本节回顾	449
13.3	32 位汇编程序与 C/C++ 的链接	449
13.3.1	IndexOf 示例	450
13.3.2	调用 C 和 C++ 函数	453
13.3.3	乘法表示例	454
13.3.4	调用 C 库函数	457
13.3.5	目录表程序	459
13.3.6	本节回顾	461
13.4	本章小结	461
13.5	关键术语	462
13.6	复习题	462
13.7	编程练习	462

附录 A MASM 参考知识 …… 464

附录 B x86 指令集 …… 483

附录 C "本节回顾"问题答案 …… 510

索引 …… 527

第 1 章
Assembly Language for x86 Processors, Seventh Edition

基本概念

本章将建立汇编语言编程的一些核心概念。比如，汇编语言是如何适应各种语言和应用程序的。本章还将介绍虚拟机概念，它在理解软件与硬件层之间的关系时非常重要。本章还用大量的篇幅说明二进制和十六进制的数制系统，展示如何执行转换和基本的算术运算。本章的最后将介绍基础逻辑操作（AND、OR 和 NOT），后续章节将证明这些操作是很重要的。

1.1 欢迎来到汇编语言的世界

本书主要介绍与运行 Microsoft Windows 32 位和 64 位系统的 Intel 和 AMD 处理器相兼容的微处理器编程。

配合本书应使用 Microsoft 宏汇编器（称为 MASM）的最新版本。Microsoft Visual Studio 的大多数版本（专业版、旗舰版、精简版……）都包含 MASM。请访问我们的网站（asmirvine.com），以便了解 Visual Studio 对 MASM 支持的最新详细信息。同时，网站中还包括很多关于如何设置软件并开始使用的有用信息。

在运行 Microsoft Windows 的 x86 系统中，其他一些有名的汇编器包括：TASM（Turbo 汇编器）、NASM（Netwide 汇编器）和 MASM32（MASM 的一种变体）。GAS（GNU 汇编器）和 NASM 是两种基于 Linux 的汇编器。在这些汇编器中，NASM 的语法与 MASM 的最相似。

汇编语言是最古老的编程语言，在所有的语言中，它与原生机器语言最为接近。它能直接访问计算机硬件，要求用户了解计算机架构和操作系统。

教育价值　为什么要读这本书？也许读者正在学的大学课程的名称与下列课程之一相似，而这些课程经常使用这本书：

- 微计算机汇编语言
- 汇编语言编程
- 计算机体系结构导论
- 计算机系统基础
- 嵌入式系统编程

本书有助于学习计算机体系结构、机器语言和底层编程的基本原理。读者可以学到足够的汇编语言，来测试其掌握的当今使用最广泛的微处理器系列的知识。读者不会学到用模拟汇编器来编写一个"玩具"计算机；MASM 是一个由业界专业人士使用的工业级汇编器。读者将从程序员的角度来了解 Intel 处理器系列的体系结构。

如果读者计划成为 C 或 C++ 开发者，就需要理解内存、地址和指令是如何在底层工作的。在高级语言层次上，很多编程错误不容易被识别。因此，程序员经常会发现需要"深入"到程序内部，才能找出程序不工作的原因。

如果读者对底层编程和学习计算机软硬件细节的价值有所怀疑，请注意以下描述，它引用自首席计算机科学家 Donald Knuth 对其著名丛书《计算机程序设计艺术》的讨论：

有人说使用机器语言，从根本上来说，是我所犯的极大错误。但是我真的认为，只有有能力讨论底层细节，才可以为严肃的计算机程序员写书[1]。

登录本书网站 www.asmirvine.com，可获取大量的补充信息、教程和练习。

1.1.1 读者可能会问的问题

需要怎样的背景知识？ 在阅读本书之前，读者至少使用过一种结构化高级语言进行编程，如 Java、C、Python 或 C++。需要了解如何使用 IF 语句、数组和函数来解决编程问题。

什么是汇编器和链接器？ 汇编器（assembler）是一种工具程序，用于将汇编语言源程序转换为机器语言。链接器（linker）也是一种工具程序，它把汇编器生成的单个文件组合为一个可执行程序。还有一个相关的工具，称为调试器（debugger)，使程序员可以在程序运行时，单步执行程序并检查寄存器和内存状态。

需要哪些硬件和软件？ 一台运行 32 位或 64 位 Microsoft Windows 系统的计算机，并已安装了近期版本的 Microsoft Visual Studio。

MASM 能创建哪些类型的程序？

- 32 位保护模式（32-Bit Protected Mode）：32 位保护模式程序运行于所有的 32 位和 64 位版本的 Microsoft Windows 系统。它们通常比实模式程序更容易编写和理解。从现在开始，将其简称为 32 位模式。
- 64 位模式（64-Bit Mode）：64 位程序运行于所有的 64 位版本 Microsoft Windows 系统。
- 16 位实地址模式（16-Bit Real-Address Mode）：16 位程序运行于 32 位版本 Windows 和嵌入式系统。由于 64 位 Windows 不支持这类程序，本书只限在第 14 章~第 17 章讨论这种模式。这些章节是电子版的，可以在出版社网站上获得。

本书有哪些补充资料？ 本书网站（www.asmirvine.com）上有如下资料：

- 汇编语言工作手册：一系列的教程。
- 64 位、32 位和 16 位编程的 Irvine 64、Irvine 32 和 Irvine 16 子程序库，及其完整源代码。
- 本书示例程序的所有源代码。
- 勘误表。
- 入门，帮助建立 Visual Studio 以使用 Microsoft 汇编器的详细教程。
- 关于高级主题的文章，限于篇幅，它们没有包含在本书的印刷版内。
- 在线论坛的链接，从论坛上可以获得其他使用本书的专家的帮助。

能学到什么？ 本书将使读者更好地了解数据表示、调试、编程和硬件控制。读者将学到：

- x86 处理器应用的计算机体系结构的基本原理。
- 基本布尔逻辑，以及它是如何应用于编程和计算机硬件的。
- 使用保护模式和虚模式时，x86 处理器如何管理内存。
- 高级语言编译器（如 C++）如何将其语句转换为汇编语言和原生机器代码。
- 高级语言如何在机器级实现算术表达式、循环和逻辑结构。
- 数据表示，包括有符号和无符号整数、实数以及字符数据。
- 如何在机器级调试程序。使用 C 和 C++ 语言时，它们生成的是原生机器代码，这个技术显得至关重要。

- 应用程序如何通过中断处理程序和系统调用与计算机操作系统进行通信。
- 如何连接汇编语言代码与 C++ 程序。
- 如何创建汇编语言应用程序。

汇编语言与机器语言有什么关系？ 机器语言（machine language）是一种数字语言，专门设计成能被计算机处理器（CPU）理解。所有 x86 处理器都理解共同的机器语言。汇编语言（assembly language）包含用短助记符如 ADD、MOV、SUB 和 CALL 书写的语句。汇编语言与机器语言是一对一（one-to-one）的关系：每一条汇编语言指令对应一条机器语言指令。

C++ 和 Java 与汇编语言有什么关系？ 高级语言如 Python、C++ 和 Java 与汇编语言和机器语言的关系是一对多（one-to-many）。比如，C++ 的一条语句就会扩展为多条汇编指令或机器指令。大多数人无法阅读原始机器代码，因此，本书探讨的是与之最接近的汇编语言。例如，下面的 C++ 代码进行了两个算术操作，并将结果赋给一个变量。假设 X 和 Y 是整数：

```
int     Y;
int     X = (Y + 4) * 3;
```

与之等价的汇编语言程序如下所示。这种转换需要多条语句，因为每条汇编语句只对应一条机器指令：

```
mov     eax,Y       ;Y 送入 EAX 寄存器
add     eax,4       ;EAX 寄存器内容加 4
mov     ebx,3       ;3 送入 EBX 寄存器
imul    ebx         ;EAX 与 EBX 相乘
mov     X,eax       ;EAX 的值送入 X
```

（寄存器（register）是 CPU 中被命名的存储位置，用于保存操作的中间结果。）这个例子的重点不是说明 C++ 与汇编语言哪个更好，而是展示它们的关系。

汇编语言可移植吗？ 一种语言，如果它的源程序能够在各种各样的计算机系统中进行编译和运行，那么这种语言被称为是可移植的（portable）。例如，一个 C++ 程序，除非需要特别引用某种操作系统的库函数，否则它就几乎可以在任何一台计算机上编译和运行。Java 语言的一大特点就是，其编译好的程序几乎能在所有计算机系统中运行。

汇编语言不是可移植的，因为它是为特定处理器系列设计的。目前广泛使用的有多种不同的汇编语言，每一种都基于一个处理器系列。对于一些广为人知的处理器系列如 Motorola 68x00、x86、SUN Sparc、Vax 和 IBM-370，汇编语言指令会直接与该计算机体系结构相匹配，或者在执行时用一种被称为微代码解释器（microcode interpreter）的处理器内置程序来进行转换。

为什么要学习汇编语言？ 如果对学习汇编语言还心存疑虑，考虑一下这些观点：

- 如果是学习计算机工程，那么很可能会被要求写嵌入式（embedded）程序。嵌入式程序是指一些存放在专用设备中小容量存储器内的短程序，这些专用设备包括：电话、汽车燃油和点火系统、空调控制系统、安全系统、数据采集仪器、显卡、声卡、硬盘驱动器、调制解调器和打印机。由于汇编语言占用内存少，因此它是编写嵌入式程序的理想工具。
- 处理仿真和硬件监控的实时应用程序要求精确定时和响应。高级语言不会让程序员对编译器生成的机器代码进行精确控制。汇编语言则允许程序员精确指定程序的可

执行代码。
- 电脑游戏要求软件在减少代码大小和加快执行速度方面进行高度优化。就针对一个目标系统编写能够充分利用其硬件特性的代码而言，游戏程序员都是专家。他们经常选择汇编语言作为工具，因为汇编语言允许直接访问计算机硬件，所以，为了提高速度可以对代码进行手工优化。
- 汇编语言有助于形成对计算机硬件、操作系统和应用程序之间交互的全面理解。使用汇编语言，可以运用并检验从计算机体系结构和操作系统课程中获得的理论知识。
- 一些高级语言对其数据表示进行了抽象，这使得它们在执行底层任务时显得有些不方便，如位控制。在这种情况下，程序员常常会调用使用汇编语言编写的子程序来完成他们的任务。
- 硬件制造商为其销售的设备创建设备驱动程序。设备驱动程序（device driver）是一种程序，它把通用操作系统指令转换为对硬件细节的具体引用。比如，打印机制造商就为他们销售的每一种型号都创建了一种不同的 MS-Windows 设备驱动程序。通常，这些设备驱动程序包含了大量的汇编语言代码。

汇编语言有规则吗？ 大多数汇编语言规则都是以目标处理器及其机器语言的物理局限性为基础的。比如，CPU 要求两个指令操作数的大小相同。与 C++ 或 Java 相比，汇编语言的规则较少，因为，前者是用语法规则来减少意外的逻辑错误，而这是以限制底层数据访问为代价的。汇编语言程序员可以很容易地绕过高级语言的限制性特征。例如，Java 就不允许访问特定的内存地址。程序员可以使用 JNI（Java Native Interface）类来调用 C 函数绕过这个限制，可结果程序不容易维护。反之，汇编语言可以访问所有的内存地址。但这种自由的代价也很高：汇编语言程序员需要花费大量的时间进行调试！

1.1.2 汇编语言的应用

早期在编程时，大多数应用程序部分或全部用汇编语言编写。它们不得不适应小内存，并尽可能在慢速处理器上有效运行。随着内存容量越来越大，以及处理器速度急速提高，程序变得越来越复杂。程序员也转向高级语言如 C、FORTRAN 和 COBOL，这些语言具有很多结构化能力。最近，Python、C++、C# 和 Java 等面向对象语言已经能够编写含数百万行代码的复杂程序了。

很少能看到完全用汇编语言编写的大型应用程序，因为它们需要花费大量的时间进行编写和维护。不过，汇编语言可以用于优化应用程序的部分代码来提升速度，或用于访问计算机硬件。表 1-1 比较了汇编语言和高级语言对各种应用类型的适应性。

表 1-1 汇编语言与高级语言的比较

应用类型	高级语言	汇编语言
商业或科学应用程序，为单一的中型或大型平台编写	规范结构使其易于组织和维护大量代码	最小规范结构，因此必须由具有不同程度经验的程序员来维护结构。这导致对已有代码的维护困难
硬件设备驱动程序	语言不一定提供对硬件的直接访问。即使提供了，可能也需要难以控制的编码技术，这导致维护困难	对硬件的访问直接且简单。当程序较短且文档良好时易于维护
为多个平台（不同的操作系统）编写的商业或科学应用程序	通常可移植。在每个目标操作系统上，源程序只做少量修改就能重新编译	需要为每个平台单独重新编写代码，每个汇编器都使用不同的语法。维护困难

应用类型	高级语言	汇编语言
需要直接访问硬件的嵌入式系统和电脑游戏	可能生成很大的可执行文件，以至于超出设备的内存容量	理想，因为可执行代码小，运行速度快

C 和 C++ 语言具有一个独特的特性，能够在高级结构和底层细节之间进行平衡。直接访问硬件是可能的，但是完全不可移植。大多数 C 和 C++ 编译器都允许在其代码中嵌入汇编语句，以提供对硬件细节的访问。

1.1.3 本节回顾

1. 汇编器和链接器是如何一起工作的？
2. 学习汇编语言如何能提高你对操作系统的理解？
3. 比较高级语言和机器语言时，一对多关系是什么意思？
4. 解释编程语言中的可移植性概念。
5. x86 处理器的汇编语言与 Vax 或 Motorola 68x00 等机器的汇编语言是一样的吗？
6. 举一个嵌入式系统应用程序的例子。
7. 什么是设备驱动程序？
8. 汇编语言和 C/C++ 语言中的指针变量类型检查，哪一个更强（更严格）？
9. 给出两种应用类型，与高级语言相比，它们更适合使用汇编语言。
10. 编写程序来直接访问打印机端口时，为什么高级语言不是理想工具？
11. 为什么汇编语言不常用于编写大型应用程序？
12. 挑战：参考本章前面给出的例子，将下述 C++ 表达式转换为汇编语言：X=（Y*4）+3。

1.2 虚拟机概念

虚拟机概念（virtual machine machine）是一种说明计算机硬件和软件关系的有效方法。在安德鲁·塔嫩鲍姆（Andrew Tanenbaum）的书《结构化计算机组织》(*Structured Computer Organization*) 中可以找到对这个模型广为人知的解释。要说明这个概念，先从计算机的最基本功能开始，即执行程序。

计算机通常可以执行用其原生机器语言编写的程序。这种语言中的每一条指令都简单到可以用相对少量的电子电路来执行。为了简便，称这种语言为 L0。

由于 L0 极其详细，并且只由数字组成，因此，程序员用其编写程序就非常困难。如果能够构造一种较易使用的新语言 L1，那么就可以用 L1 编写程序。有两种实现方法：

- 解释（Interpretation）：运行 L1 程序时，它的每一条指令都由一个用 L0 语言编写的程序进行译码和执行。L1 程序可以立即开始运行，但是在执行之前，必须对每条指令进行译码。
- 翻译（Translation）：由一个专门设计的 L0 程序将整个 L1 程序转换为 L0 程序。然后，得到的 L0 程序就可以直接在计算机硬件上执行。

1. 虚拟机

与只使用语言描述相比，把每一层都想象成有一台假设的计算机或者虚拟机会更容易一些。通俗地说，虚拟机可以定义为一个软件程序，用来模拟一些其他的物理或虚拟计算机的功能。虚拟机，将其称为 VM1，可以执行 L1 语言编写的指令。虚拟机 VM0 可以执行 L0

语言编写的指令:

每一个虚拟机既可以用硬件构成也可以用软件构成。程序员可以为虚拟机 VM1 编写程序,如果能把 VM1 当作真实计算机予以实现,那么,程序就能直接在这个硬件上执行。否则,用 VM1 写出的程序就被翻译/解释为 VM0 程序,并在机器 VM0 上执行。

机器 VM1 与 VM0 之间的差异不能太大,否则,翻译或解释花费的时间就会非常多。如果 VM1 语言对程序员来说还不够友好到足以用于应用程序的开发呢?可以为此设计另一个更加易于理解的虚拟机 VM2。这个过程能够不断重复,直到虚拟机 VMn 足够支持功能强大、使用方便的语言。

Java 编程语言就是以虚拟机概念为基础的。Java 编译器把用 Java 语言编写的程序翻译为 Java 字节码(Java byte code)。后者是一种低级语言,能够在运行时由 Java 虚拟机(JVM)程序快速执行。JVM 已经在许多不同的计算机系统上实现了,这使得 Java 程序相对而言独立于系统。

2. 特定的机器

与实际机器和语言相对,用 Level 2 表示 VM2,Level 1 表示 VM1,如图 1-1 所示。计算机数字逻辑硬件表示为 Level 1 机器。其上是 Level 2,称为指令集架构(ISA,Instruction Set Architecture)。通常,这是用户可以编程的第一个层次,尽管这种程序包含的是被称为机器语言的二进制数值。

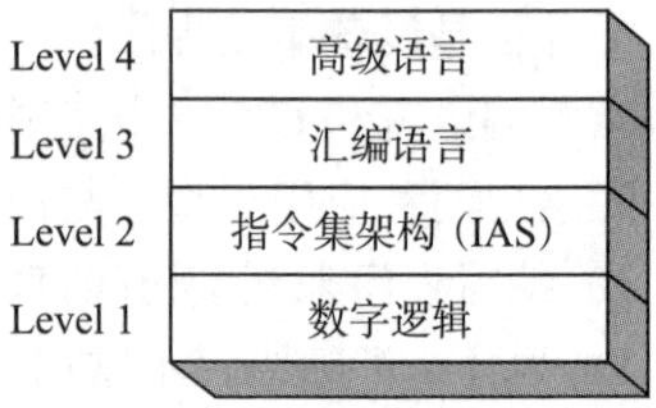

图 1-1 虚拟机层次结构

指令集架构(Level 2) 计算机芯片制造商在处理器内部设计一个指令集来实现基本操作,如传送、加法或乘法。这个指令集也被称为机器语言。每一个机器语言指令或者直接在机器硬件上执行,或者由嵌入到微处理器芯片的程序来执行,该程序被称为微程序。微程序的讨论不在本书范围内,如果想要了解其更多细节,可以参阅 Tanenbaum 的著作。

汇编语言(Level 3) 在 ISA 层,编程语言提供了一个翻译层,来实践大规模软件开发。汇编语言出现在 Level3,使用短助记符,如 ADD、SUB 和 MOV,易于转换到 ISA 层。汇编语言程序在执行之前要全部翻译(汇编)为机器语言。

高级语言(Level 4) Level4 是高级编程语言,如 C、C++ 和 Java。这些语言程序所包含的语句功能强大,并翻译为多条汇编语言指令。比如,查看 C++ 编译器生成的列表文件输出,就可以看到这样的翻译。汇编语言代码由编译器自动汇编为机器语言。

本节回顾

1. 用自己的话描述虚拟机概念。
2. 为什么认为翻译的程序比解释的程序执行起来更快?
3. (真/假):当 L1 语言编写的解释程序运行时,其每一条指令都由用 L0 语言编写的程序进行解码和执行。
4. 当处理不同虚拟机层次的语言时,说明翻译的重要性。
5. 本节给出的虚拟机示例中,汇编语言出现在哪一层?

6. 什么软件程序使得被编译的 Java 程序能够在几乎所有计算机上运行？
7. 从低到高，说出本节命名的四个虚拟机层次。
8. 为什么程序员不用机器语言编写应用程序？
9. 图 1-1 中，哪个虚拟机层次使用机器语言？
10. 汇编语言虚拟机的语句被翻译为哪个层次的语句？

1.3 数据表示

汇编语言程序员处理的是物理级数据，因此他们必须善于检查内存和寄存器。通常，二进制数被用于描述计算机内存的内容；有时也使用十进制和十六进制数。所以必须熟练掌握数字格式，以便快速地进行数字的格式转换。

每一种数制格式或系统，都有一个基数（base），也就是可以分配给单一数字的最大符号数。表 1-2 给出了数制系统内可能的数字，这些系统是硬件和软件手册中最常使用的。在表的最后一行，十六进制使用的是数字 0 到 9，然后字母 A 到 F 表示十进制数 10 到 15。在展示计算机内存的内容和机器级指令时，使用十六进制是相当常见的。

表 1-2 二进制、八进制、十进制和十六进制数字

系统	基数	可能的数字
二进制	2	01
八进制	8	01234567
十进制	10	0123456789
十六进制	16	0123456789ABCDEF

1.3.1 二进制整数

计算机以电子电荷集合的形式在内存中保存指令和数据。用数字来表示这些内容就需要系统能够适应开/关（on/off）或真/假（true/false）的概念。二进制数（binary number）用 2 个数字作基础，其中每一个二进制数字（称为位，bit）不是 0 就是 1。位自右向左，从 0 开始顺序增量编号。左边的位称为最高有效位（Most Significant Bit，MSB），右边的位称为最低有效位（LSB，least significant bit）。一个 16 位的二进制数，其 MSB 和 LSB 如下图所示：

二进制整数可以是有符号的，也可以是无符号的。有符号整数又分为正数和负数，无符号整数默认为正数，零也被看作是正数。在书写较大的二进制数时，有些人喜欢每 4 位或 8 位插入一个点号，以增加数字的易读性。比如，1101.1110.0011.1000.0000 和 11001010.10101100。

1. 无符号二进制整数

从 LSB 开始，无符号二进制整数中的每一个位代表的是 2 的加 1 次幂。下图展示的是，对一个 8 位的二进制数来说，2 的幂是如何从右到左增加的：

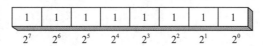

表 1-3 列出了从 2^0 到 2^{15} 的十进制值。

表 1-3　二进制位的位置对应值

2^n	十进制值	2^n	十进制值
2^0	1	2^8	256
2^1	2	2^9	512
2^2	4	2^{10}	1024
2^3	8	2^{11}	2048
2^4	16	2^{12}	4096
2^5	32	2^{13}	8192
2^6	64	2^{14}	16384
2^7	128	2^{15}	32768

2. 无符号二进制整数到十进制数的转换

对于一个包含 n 个数字的无符号二进制整数来说，加权位记数法（weighted positional notation）提供了一种简便的方法来计算其十进制值：

$$dec = (D_{n-1} \times 2^{n-1}) + (D_{n-2} \times 2^{n-2}) + \cdots + (D_1 \times 2^1) + (D_0 \times 2^0)$$

D 表示一个二进制数字。比如，二进制数 00001001 就等于 9。计算该值时，剔除了数字等于 0 的位：

$$(1 \times 2^3) + (1 \times 2^0) = 9$$

下图表示了同样的计算过程：

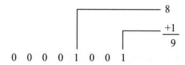

3. 无符号十进制整数到二进制数的转换

将无符号十进制整数转换为二进制，方法是不断将这个整数除以 2，并将每个余数记录为一个二进制数字。下表展示的是十进制数 37 转换为二进制数的步骤。余数的数字，从第二行开始，分别表示的是二进制数字 D_0、D_1、D_2、D_3、D_4 和 D_5：

除法	商	余数	除法	商	余数
37/2	18	1	4/2	2	0
18/2	9	0	2/2	1	0
9/2	4	1	1/2	0	1

将表中余数列的二进制位逆序连接（D_5、D_4、…），就得到了该整数的二进制值 100101。由于计算机总是按照 8 的倍数来组织二进制数字，因此在该二进制数的左边增加两个 0，形成 00100101。

> **提示**　有多少位呢？设无符号十进制值为 n，其对应的二进制数的位数为 b，用一个简单的公式就可以计算出 b：$b = (\log_2 n)$ 的上限。比如，如果 $n=17$，则 $\log_2 17 = 4.087\,463$，取其上限的最小整数 5。大多数计数器没有以 2 为底的对数运算，但是有些网页可以帮助实现这种计算。

1.3.2　二进制加法

两个二进制整数相加时，是位对位处理的，从最低的一对位（右边）开始，依序将每一对位进行加法运算。两个二进制数字相加，有四种结果，如下所示：

0 + 0 = 0	0 + 1 = 1
1 + 0 = 1	1 + 1 = 10

1 与 1 相加的结果是二进制的 10（等于十进制的 2）。多出来的数字向更高位产生一个进位。如下图所示，两个二进制数 0000 0100 和 0000 0111 相加：

从两个数的最低位（位 0）开始，计算 0+1，得到底行对应位上的 1。然后计算次低位（位 1）。在位 2 上，计算 1+1，结果是 0，并产生一个进位 1。然后计算位 3，0+0，还要加上位 2 的进位，结果是 1。其余的位都是 0。上图右边是等价的十进制数值加法（4+7=11），可以用于验证左边的二进制加法。

有些情况下，最高有效位会产生进位。这时，预留存储区的大小就显得很重要。比如，如果计算 1111 1111 加 0000 0001，就会在最高有效位之外产生一个 1，而和数的低 8 位则为全 0。如果和数的存储大小最少有 9 位，那么就可以将和数表示为 1 0000 0000。但是，如果和数只能保存 8 位，那么它就等于 0000 0000，也就是计算结果的低 8 位。

1.3.3 整数存储大小

在 x86 计算机中，所有数据存储的基本单位都是字节（byte），一个字节有 8 位。其他的存储单位还有字（word）（2 个字节），双字（doubleword）（4 个字节）和四字（quadword）（8 个字节）。下图展示了每个存储单位所包含的位的个数：

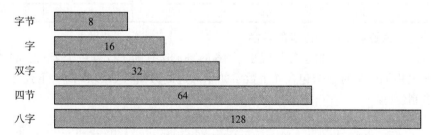

表 1-4 列出了所有无符号整数可能的取值范围。

大的度量单位 对内存和磁盘空间而言，还可以使用大的度量单位：

- 1 千字节（kilobyte）等于 2^{10}，或 1024 个字节。
- 1 兆字节（megabyte）（1MB）等于 2^{20}，或 1 048 576 字节。
- 1 吉字节（gigabyte）（1GB）等于 2^{30}，即 1024^3，或 1 073 741 824 字节。
- 1 太字节（terabyte）（1TB）等于 2^{40}，即 1024^4，或 1 099 511 627 776 字节。
- 1 拍字节（petabyte）等于 2^{50}，或 1 125 899 906 842 624 字节。

- 1 艾字节（exabyte）等于 2^{60}，或 1 152 921 504 606 846 976 字节。
- 1 泽字节（zettabyte）等于 2^{70} 个字节。
- 1 尧字节（yottabyte）等于 2^{80} 个字节。

表 1-4 无符号整数类型的取值范围和大小

类型	取值范围	按位计的存储大小	类型	取值范围	按位计的存储大小
无符号字节	0 到 2^8-1	8	无符号四字	0 到 $2^{64}-1$	64
无符号字	0 到 $2^{16}-1$	16	无符号八字	0 到 $2^{128}-1$	128
无符号双字	0 到 $2^{32}-1$	32			

1.3.4 十六进制整数

大的二进制数读起来很麻烦，因此十六进制数字就提供了一种简便的方式来表示二进制数据。十六进制整数中的 1 个数字就表示了 4 位二进制位，两个十六进制数字就能表示一个字节。一个十六进制数字表示的范围是十进制数 0 到 15，所以，用字母 A 到 F 来代表十进制数 10 到 15。表 1-5 列出了每个 4 位二进制序列如何转换为十进制和十六进制数值。

表 1-5 二进制、十进制和十六进制等值表

二进制	十进制	十六进制	二进制	十进制	十六进制
0000	0	0	1000	8	8
0001	1	1	1001	9	9
0010	2	2	1010	10	A
0011	3	3	1011	11	B
0100	4	4	1100	12	C
0101	5	5	1101	13	D
0110	6	6	1110	14	E
0111	7	7	1111	15	F

下面的例子说明了二进制数 0001 0110 1010 0111 1001 0100 是如何与十六进制数 16A794 等价的。

1	6	A	7	9	4
0001	0110	1010	0111	1001	0100

1. 无符号十六进制数到十进制的转换

十六进制数中，每一个数字位都代表了 16 的幂。这有助于计算一个十六进制整数的十进制值。假设用下标来对一个包含 4 个数字的十六进制数编号 $D_3D_2D_1D_0$。下式计算了这个整数的十进制值：

$$dec = (D_3 \times 16^3) + (D_2 \times 16^2) + (D_1 \times 16^1) + (D_0 \times 16^0)$$

这个表达式可以推广到任意 n 位数的十六进制整数：

$$dec = (D_{n-1} \times 16^{n-1}) + (D_{n-2} \times 16^{n-2}) + \cdots + (D_1 \times 16^1) + (D_0 \times 16^0)$$

> 一般情况下，可以通过公式把基数为 B 的任何 n 位整数转换为十进制数：
> $$dec = (D_{n-1} \times B^{n-1}) + (D_{n-2} \times B^{n-2}) + \cdots + (D_1 \times B^1) + (D_0 \times B^0)。$$

比如，十六进制数 1234 就等于 $(1 \times 16^3) + (2 \times 16^2) + (3 \times 16^1) + (4 \times 16^0)$，也就是十进制数 4660。同样，十六进制数 3BA4 等于 $(3 \times 16^3) + (11 \times 16^2) + (10 \times 16^1) + (4 \times 16^0)$，

也就是十进制数 15 268。下图演示了第二个数转换的计算过程：

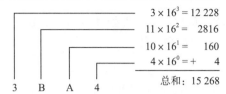

表 1-6 列出了 16 的幂从 16^0 到 16^7 的十进制数值。

表 1-6　以 16 为底的幂函数的十进制值

16^n	十进制值	16^n	十进制值
16^0	1	16^4	65 536
16^1	16	16^5	1 048 576
16^2	256	16^6	16 777 216
16^3	4096	16^7	268 435 456

2. 无符号十进制数到十六进制的转换

无符号十进制整数转换到十六进制数的过程是，把这个十进制数反复除以 16，每次取余数作为一个十六进制数字。例如，下表列出了十进制数 422 转换为十六进制的步骤：

除法	商	余数
422/16	26	6
26/16	1	A
1/16	0	1

表中，余数列的数字按照最后一行到第一行的顺序，组合为十六进制的结果。因此本例中，十六进制结果就表示为 1A6。同样的算法也适用于 1.3.1 节中的二进制整数。如果要将十进制数转换为其他进制数，就在计算时把除数（16）换成相应的基数。

1.3.5　十六进制加法

调试工具程序（称为调试器，debugger）通常用十六进制表示内存地址。为了定位一个新地址常常需要将两个地址相加。幸运的是，十六进制加法与十进制加法是一样的，只需要更换基数就可以了。

假设现在要将两个数 X 和 Y 相加，其基数为 b。对它们数字的编号从最低位（x_0）开始直到最高位。将 X 和 Y 中对应位 x_i 和 y_i 相加得到和值 s_i。如果 $s_i \geq b$，则再计算 $s_i = (s_i$ MOD $b)$，并产生一个进位 1。当计算下一对数字 x_{i+1} 和 y_{i+1} 的和时，将该进位加入和值。

比如，现在将两个十六进制数 6A2 和 49A 相加。在最低位上 2+A=12（十进制数），没有进位，用十六进制数 C 表示这个和值。在中间位上 A+9=19（十进制数），由于 19 ≥ 16（基数），因此有进位。再计算 19 MOD 16=3，并向第 3 位产生一个进位 1。最后，在最高位上计算 1+6+4=11（十进制数），则在和数的第 3 位上为十六进制数 B。所以，整个和数的十六进制数为 B3C。

进位	1		
X	6	A	2
Y	4	9	A
S	B	3	C

1.3.6 有符号二进制整数

有符号二进制整数有正数和负数。在 x86 处理器中，MSB 表示的是符号位：0 表示正数，1 表示负数。下图展示了 8 位的正数和负数：

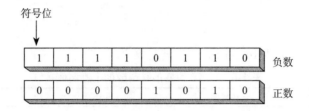

1. 补码表示

负整数用补码（two's-complement）表示时，使用的数学原理是：一个整数的补码是其加法逆元。（如果将一个数与其加法逆元相加，结果为 0。）

补码表示法对处理器设计者来说很有用，因为有了它就不需要用两套独立的电路来处理加法和减法。例如，如果表达式为 $A-B$，则处理器就可以很方便地将其转换为加法表达式：$A+(-B)$。

将一个二进制整数按位取反（求补）再加 1，就形成了它的补码。以 8 位二进制数 0000 0001 为例，求其补码为 1111 1111，过程如下所示：

初始值	00000001
第一步：按位取反	11111110
第二步：将上一步得到的结果加 1	11111110 +00000001
和值：补码表示	11111111

1111 1111 是 -1 的补码。补码操作是可逆的，因此，1111 1111 的补码就是 0000 0001。

十六进制数的补码 将一个十六进制整数按位取反并加 1，就生成了它的补码。一个简单的十六进制数字取反方法就是用 15 减去该数字。下面是一些十六进制数求补码的例子：

```
6A3D --> 95C2 + 1 --> 95C3
95C3 --> 6A3C + 1 --> 6A3D
```

有符号二进制数到十进制的转换 用下面的算法计算一个有符号二进制整数的十进制数值：
- 如果最高位是 1，则该数是补码。再次对其求补，得到其正数值。然后把这个数值看作是一个无符号二进制整数，并求它的十进制数值。
- 如果最高位是 0，就将其视为无符号二进制整数，并转换为十进制数。

例如，有符号二进制数 1111 0000 的最高有效位是 1，这意味着它是一个负数，首先要求它的补码，然后再将结果转换为十进制。过程如下所示：

初始值	11110000
第一步：按位取反	00001111
第二步：将上一步得到的结果加 1	00001111 + 1
第三步：生成补码	00010000
第四步：转换为十进制	16

由于初始值（1111 0000）是负数，因此其十进制数值为 -16。

有符号十进制数到二进制的转换　有符号十进制整数转换为二进制的步骤如下：

1）把十进制整数的绝对值转换为二进制数。

2）如果初始十进制数是负数，则在第 1 步的基础上，求该二进制数的补码。

比如，十进制数 -43 转换为二进制的过程为：

1）无符号数 43 的二进制表示为 0010 1011。

2）由于初始数值是负数，因此，求出 0010 1011 的补码 1101 0101。这就是十进制数 -43 的二进制表示。

有符号十进制数到十六进制的转换　有符号十进制整数转换为十六进制的步骤如下：

1）把十进制整数的绝对值转换为十六进制数。

2）如果初始十进制数是负数，则在第 1 步的基础上，求该十六进制数的补码。

有符号十六进制数到十进制的转换　有符号十六进制整数转换为十进制的步骤如下：

1）如果十六进制整数是负数，求其补码，否则保持该数不变。

2）把第 1 步得到的整数转换为十进制。如果初始值是负数，则在该十进制整数的前面加负号。

> 通过检查十六进制数的最高有效（最高）位，就可以知道该数是正数还是负数。如果最高位 ≥ 8，该数是负数；如果最高位 ≤ 7，该数是正数。比如，十六进制数 8A20 是负数，而 7FD9 是正数。

2. 最大值和最小值

n 位有符号整数只用 $n-1$ 来表示该数的范围。表 1-7 列出了有符号单字节、字、双字、四字和八字的最大值与最小值。

表 1-7　有符号整数类型的范围与大小

类型	范围	存储位数	类型	范围	存储位数
有符号字节	-2^7 到 $+2^7-1$	8	有符号四字	-2^{63} 到 $+2^{63}-1$	64
有符号字	-2^{15} 到 $+2^{15}-1$	16	有符号八字	-2^{127} 到 $+2^{127}-1$	128
有符号双字	-2^{31} 到 $+2^{31}-1$	32			

1.3.7　二进制减法

如果采用与十进制减法相同的方法，那么从一个较大的二进制数中减去一个较小的无符号二进制数就很容易了。示例如下：

```
  01101    (十进制数 13)
- 00111    (十进制数 7)
-----------
```

位 0 上的减法非常简单：

```
  01101
- 00111
-----------
      0
```

下一个位置上执行（0-1），要向左边的相邻位借 1。其结果是从 2 中减去 1：

```
  01001
- 00111
-----------
     10
```

再下一位上，又要向左边的相邻位借一位，并从 2 中减去 1：

```
  0 0 0 1 1
- 0 0 1 1 1
-----------
        1 1 0
```

最后，最高两位都执行的是零减去零：

```
  0 0 0 1 1
- 0 0 1 1 1
-----------
  0 0 1 1 0     十进制数 6
```

执行二进制减法还有更简单的方法，即将被减去数的符号位取反，然后将两数相加。这个方法要求用一个额外的位来保存数的符号。现在以刚才计算的（01101-00111）为例试一下这个方法。首先，将 00111 按位取反（11000）加 1，得到 11001。然后，把两个二进制数值相加，并忽略最高位的进位：

```
 0 1 1 0 1      (+13)
 1 1 0 0 1      (-7)
---------
 0 0 1 1 0      (+6)
```

结果正是我们预期的 +6。

1.3.8 字符存储

如果计算机只存储二进制数据，那么它如何表示字符呢？计算机使用的是字符集，将字符映射为整数。早期，字符集只用 8 位表示。即使是现在，在字符模式（如 MS-DOS）下运行时，IBM 兼容微机使用的还是 ASCII（读为"askey"）字符集。ASCII 是美国标准信息交换码（American Standard Code for Information Interchange）的首字母缩写。在 ASCII 中，每个字符都被分配了一个独一无二的 7 位整数。由于 ASCII 只用字节中的低 7 位，因此最高位在不同计算机上被用于创建其专有字符集。比如，IBM 兼容微机就用数值 128～255 来表示图形符号和希腊字符。

ANSI 字符集 美国国家标准协会（ANSI）定义了 8 位字符集来表示多达 256 个字符。前 128 个字符对应标准美国键盘上的字母和符号。后 128 个字符表示特殊字符，诸如国际字母表、重音符号、货币符号和分数。Microsoft Windows 早期版本使用 ANSI 字符集。

Unicode 标准 当前，计算机必须能表示计算机软件中世界上各种各样的语言。因此，Unicode 被创建出来，用于提供一种定义文字和符号的通用方法。它定义了数字代码（称为代码点（code point）），定义的对象为文字、符号以及所有主要语言中使用的标点符号，包括欧洲字母文字、中东的从右到左书写的文字和很多亚洲文字。代码点转换为可显示字符的格式有三种：

- UTF-8 用于 HTML，与 ASCII 有相同的字节数值。
- UTF-16 用于节约使用内存与高效访问字符相互平衡的环境中。比如，Microsoft Windows 近期版本使用了 UTF-16，其中的每个字符都有一个 16 位的编码。
- UTF-32 用于不考虑空间，但需要固定宽度字符的环境中。每个字符都有一个 32 位的编码。

ASCII 字符串 有一个或多个字符的序列被称为字符串（string）。更具体地说，一个

ASCII 字符串是保存在内存中的，包含了 ASCII 代码的连续字节。比如，字符串 "ABC123" 的数字代码是 41h、42h、43h、31h、32h 和 33h。以空字节结束（null-terminated）的字符串是指，在字符串的结尾处有一个为 0 的字节。C 和 C++ 语言使用的是以空字节结束的字符串，一些 Windows 操作系统函数也要求字符串使用这种格式。

使用 ASCII 表　本书文前的表格列出了在 Windows 控制台模式下运行时使用的 ASCII 码。在查找字符的十六进制 ASCII 码时，先沿着表格最上面一行，再找到包含要转换字符的列即可。表格第二行是该十六进制数值的最高位；左起第二列是最低位。例如，要查找字母 a 的 ASCII 码，先找到包含该字母的列，在这一列第二行中找到第一个十六进制数字 6。然后，找到包含 a 的行的左起第二列，其数字为 1。因此，a 的 ASCII 码是十六进制数 61。下图用简单的形式说明了这个过程：

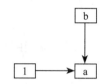

ASCII 控制字符　0～31 的字符代码被称为 ASCII 控制字符。若程序用这些代码编写标准输出（比如 C++ 中），控制字符就会执行预先定义的动作。表 1-8 列出了该范围内最常用的字符，完整列表参见本书文前。

表 1-8　ASCII 控制字符

ASCII 码（十进制）	说明	ASCII 码（十进制）	说明
8	回退符（向左移动一列）	12	换页符（移动到下一个打印页）
9	水平制表符（向前跳过 n 列）	13	回车符（移动到最左边的输出列）
10	换行符（移动到下一个输出行）	27	换码符

数字数据表示术语　用精确的术语描述内存中和显示屏上的数字及字符是非常重要的。比如，在内存中用单字节保存十进制数 65，形式为 0100 0001。调试程序可能会将该字节显示为 "41"，这个数字的十六进制形式。如果这个字节复制到显存中，则显示屏上可能显示字母 "A"，因为在 ASCII 码中，0100 0001 代表的是字母 A。由于数字的解释可以依赖于它的上下文，因此，下面为每个数据表示类型分配一个特定的名称，以便将来的讨论更加清晰：

- 二进制整数是指，以其原始格式保存在内存中的整数，以备用于计算。二进制整数保存形式为 8 位的倍数（如 8、16、32 或 64）。
- 数字字符串是一串 ASCII 字符，例如 "123" 或 "65"。这是一种简单的数字表示法，表 1-9 以十进制数 65 为例，列出了这种表示法能使用的各种形式。

表 1-9　数字字符串类型

格式	数值	格式	数值
二进制数字字符串	"01000001"	十六进制数字字符串	"41"
十进制数字字符串	"65"	八进制数字字符串	"101"

1.3.9　本节回顾

1. 术语解释：最低有效位（LSB）。
2. 下列无符号二进制整数的十进制表示分别是什么？

a. 11111000　　　　　　b. 11001010　　　　　c. 11110000

3. 下列每组二进制整数的和分别是多少？

   a. 00001111 + 00000010　　　　　　　b. 11010101 + 01101011

   c. 00001111 + 00001111

4. 下列每种数据类型各包含多少个字节？

   a. 字　　　　　　b. 双字　　　　　　c. 四字　　　　　　d. 八字

5. 若要表示下列无符号十进制整数，则最少需要几位二进制数位？

   a. 65　　　　　　b. 409　　　　　　c.16385

6. 写出下列二进制数的十六进制表示。

   a. 0011 0101 1101 1010　　　　　　　b. 1100 1110 1010 0011

   c. 1111 1110 1101 1011

7. 写出下列十六进制数的二进制表示。

   a. A4693FBC　　　　b. B697C7A1　　　　c. 2B3D9461

1.4　布尔表达式

布尔代数（boolean algebra）定义了一组操作，其值为真（true）或假（false）。它的发明者是十九世纪中叶的数学家乔治·布尔（George Boole）。在数字计算机发明的早期，人们发现布尔代数可以用来描述数字电路的设计。同时，在计算机程序中，布尔表达式被用来表示逻辑操作。

一个布尔表达式（boolean expression）包括一个布尔运算符以及一个或多个操作数。每个布尔表达式都意味着一个为真或假的值。以下为运算符集合：

- 非（NOT）：标记为¬或~或'
- 与（AND）：标记为∧或·
- 或（OR）：标记为∨或+

NOT 是一元运算符，其他运算符都是二元的。布尔表达式的操作数也可以是布尔表达式。示例如下：

表达式	说明	表达式	说明
¬X	NOT X	¬X∨Y	(NOT X) OR Y
X∧Y	X AND Y	¬(X∧Y)	NOT (X AND Y)
X∨Y	X OR Y	X∧¬Y	X AND (NOT Y)

NOT　NOT 运算符将布尔值取反。用数学符号书写为¬X，其中，X 是一个变量（或表达式），其值为真（T）或假（F）。下表列出了对变量 X 进行 NOT 运算后所有可能的输出。左边为输入，右边（阴影部分）为输出：

X	¬X
F	T
T	F

真值表中，0 表示假，1 表示真。

AND　布尔运算符 AND 需要两个操作数，用符号表示为 X∧Y。下表列出了对变量 X 和 Y 进行 AND 运算后，所有可能的输出（阴影部分）：

基本概念

X	Y	X∧Y
F	F	F
F	T	F
T	F	F
T	T	T

当两个输入都是真时，输出才为真。这与 C++ 和 Java 的复合布尔表达式中的逻辑 AND 是相对应的。

汇编语言中 AND 运算符是按位操作的。如下例所示，X 中的每一位都与 Y 中的相应位进行 AND 运算：

```
X:        11111111
Y:        00011100
X ∧ Y:    00011100
```

如图 1-2 所示，结果值 0001 1100 中的每一位表示的是 X 和 Y 相应位的 AND 运算结果。

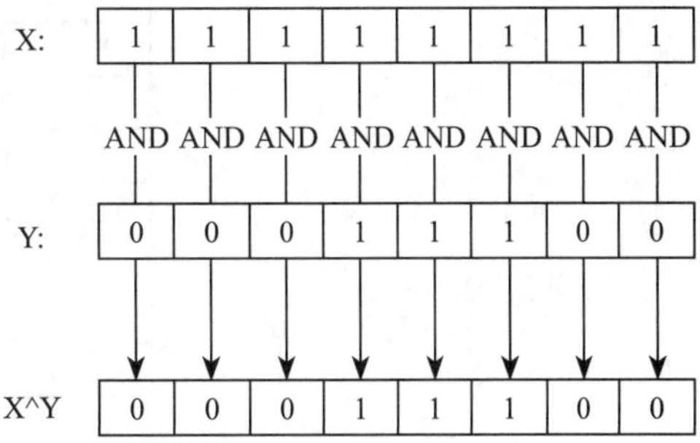

图 1-2　两个二进制整数按位 AND 运算

OR　布尔运算符 OR 需要两个操作数，用符号表示为 X∨Y。下表列出了对变量 X 和 Y 进行 OR 运算后，所有可能的输出（阴影部分）：

X	Y	X∨Y
F	F	F
F	T	T
T	F	T
T	T	T

当两个输入都是假时，输出才为假。这个真值表与 C++ 和 Java 的复合布尔表达式中的逻辑 OR 对应。

OR 运算符也是按位操作。在下例中，X 的每一位与 Y 的对应位进行 OR 运算，结果为 1111 1100：

```
X:        11101100
Y:        00011100
X ∨ Y:    11111100
```

如图 1-3 所示，每一位都独立进行 OR 运算，生成结果中的对应位。

运算符优先级　运算符优先级原则（operator precedence rule）用于指示在多运算符表达式中，先执行哪个运算。在包含多运算符的布尔表达式中，优先级是非常重要的。如下表所示，NOT 运算符具有最高优先级，然后是 AND 和 OR 运算符。可以使用括号来强制指定表达式的求值顺序：

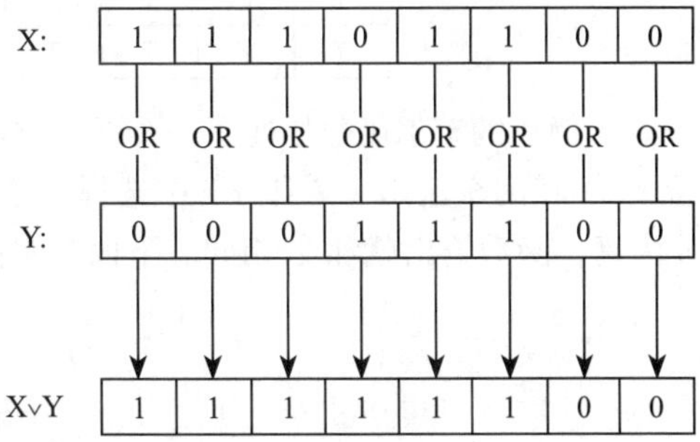

图 1-3　两个二进制整数按位 OR 运算

表达式	运算符顺序
¬X∨Y	NOT，然后 OR
¬(X∧Y)	OR，然后 NOT
X∨(X∧Z)	AND，然后 OR

1.4.1 布尔函数真值表

布尔函数（Boolean function）接收布尔输入，生成布尔输出。所有布尔函数都可以构造一个真值表来展示全部可能的输入和输出。下面的这些真值表都表示包含两个输入变量 X 和 Y 的布尔函数。右侧的阴影部分是函数输出：

示例 1：¬X∨Y

X	¬X	Y	¬X∨Y
F	T	F	T
F	T	T	T
T	F	F	F
T	F	T	T

示例 2：X∧¬Y

X	Y	¬Y	X∧¬Y
F	F	T	F
F	T	F	F
T	F	T	T
T	T	F	F

示例 3：(Y∧S)∨(X∧¬S)

X	Y	S	Y∧S	¬S	X∧¬S	(Y∧S)∨(X∧¬S)
F	F	F	F	T	F	F
F	T	F	F	T	F	F
T	F	F	F	T	T	T
T	T	F	F	T	T	T
F	F	T	F	F	F	F
F	T	T	T	F	F	T
T	F	T	F	F	F	F
T	T	T	T	F	F	T

示例 3 的布尔函数描述了一个多路选择器（multiplexer），一种数字组件，利用一个选择位（S）在两个输出（X 和 Y）中选择一个。如果 S 为假，函数输出（Z）就和 X 相同；如果 S 为真，函数输出就和 Y 相同。下面是多路选择器的框图：

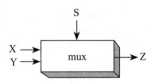

1.4.2 本节回顾

1. 描述布尔表达式¬X∨Y。
2. 描述布尔表达式(X∧Y)。
3. 布尔表达式(T∧F)∨T 的值是什么？
4. 布尔表达式¬(F∨T) 的值是什么？

5. 布尔表达式¬F∨¬T的值是什么？

1.5 本章小结

本书侧重于使用 MS-Windows 平台的 x86 处理器编程。内容涉及计算机体系结构、机器语言和底层编程的基本原则。读者将学到足够的汇编语言来测试自己已掌握的关于当前使用最广的微处理器系列的知识。

在阅读本书之前，读者应至少完成一门大学计算机编程课程或与之相当的课程。

汇编器是一种程序，用于把源程序从汇编语言转换为机器语言。与之配合的程序，称为链接器，把汇编器生成的单个文件组合成一个可执行程序。第三种程序，称为调试器，为程序员提供一种途径来追踪程序的执行过程，并检查内存的内容。

本书大部分内容都是关于 32 位和 64 位程序的，如果重点关注最后四章，则是 16 位程序。

通过本书将学习到如下概念：应用于 x86（和 Intel 64）处理器的基本计算机体系结构；基本布尔逻辑；x86 处理器如何管理内存；高级语言编译器如何将其语句转换为汇编语言和原生机器代码；高级语言如何在机器级实现算术表达式、循环和逻辑结构；有符号和无符号整数、实数和字符的数据表示。

汇编语言与机器语言是一对一的关系，即一条汇编指令对应于一条机器指令。汇编语言不具有可移植性，因为它是与具体处理器系统绑定的。

编程语言是一种工具，用于创建独立的应用程序或者部分应用程序。有些应用程序，如设备驱动和硬件接口程序，更适合使用汇编语言。而其他应用程序，如多平台商业和科学应用，用高级语言则更容易编写。

在展示计算机体系结构中的每一层如何表示为一个机器抽象时，虚拟机概念是一种有效的方式。每层可以用硬件或软件构成，其上编写的程序可以用其下一层进行翻译或解释。虚拟机概念可以与真实世界中的计算机层次相关，包括数字逻辑、指令集架构、汇编语言和高级语言。

二进制和十六进制数对在机器级工作的程序员来说，是非常重要的符号工具。因此，必须理解如何操作数制及其之间的转换，以及计算机怎样生成字符表示。

本章提出了 NOT、AND 和 OR 布尔运算符。一个布尔表达式包括一个布尔运算符以及一个或多个操作数。真值表是一种有效方法，用于展示布尔函数所有可能的输入和输出。

1.6 关键术语

ASCII
ASCII control characters（ASCII 控制字符）
ASCII digit string（ASCII 数字串）
assembler（汇编器）
assembly language（汇编语言）
binary digit string（二进制数字串）
binary integer（二进制整数）
bit（位/比特）
boolean algebra（布尔代数）

boolean expression（布尔表达式）
boolean function（布尔函数）
character set（字符集）
code interpretation（代码解释）
code point(Unicode)（代码点）
code translation（代码翻译）
debugger（调试器）
device driver（设备驱动程序）
digit string（数字串）

embedded systems application（嵌入式系统应用）
exabyte（艾字节）
gigabyte（吉字节）
hexadecimal digit string（十六进制数字串）
hexadecimal integer（十六进制整数）
unsigned binary integer（无符号二进制整数）
UTF-8
UTF-16
UTF-32
virtual machine(VM)（虚拟机）
high-level language（高级语言）
instruction set architecture(IAS)（指令集架构）
Java Native Interface(JNI)（Java 原生接口）
kilobyte（千字节）
language portability（语言的可移植性）
least significant bit(LSB)（最低有效位（LSB））
machine language（机器语言）
megabyte（兆字节）
microcode interpreter（微代码解释器）
microprogram（微程序）

Microsoft Macro Assembler(MASM)（Microsoft 宏汇编器）
most significant bit(MSB)（最高有效位）
multiplexer（多路选择器）
null-terminated string（以空字节结束的字符串）
octal digit string（八进制数字串）
one-to-many relationship（一对多关系）
operator precedence（运算符优先级）
petabyte（拍字节）
registers（寄存器）
signed binary integer（有符号二进制整数）
terabyte（太字节）
Unicode（统一码）
Unicode Transformation Format(UTF)（Unicode 转换格式）
Virtual machine concept（虚拟机概念）
Visual Studio
yottabyte（尧字节）
zettabyte（泽字节）

1.7 复习题和练习

1.7.1 简答题

1. 在一个 8 位二进制整数中，哪一位是最高有效位（MSB）？
2. 下列无符号二进制整数的十进制表示分别是什么？
   a. 00110101
   b. 10010110
   c. 11001100

3. 下列每组二进制整数的和分别是多少？
   a. 10101111 + 11011011
   b. 10010111 + 11111111
   c. 01110101 + 10101100

4. 计算二进制减法（0000 1101−0000 0111）。
5. 下列每种数据类型各包含多少位？
   a. 字　　　　　　　b. 双字　　　　　　c. 四字　　　　　　d. 八字
6. 表示下列无符号十进制整数时，需要的最少二进制位分别是多少？
   a. 4095　　　　　　b. 65534　　　　　　c. 42319
7. 下列二进制数的十六进制表示分别是什么？
   a. 0011 0101 1101 1010　　b. 1100 1110 1010 0011　　c. 1111 1110 1101 1011
8. 下列十六进制数的二进制表示分别是什么？
   a. 0126F9D4　　　　b. 6ACDFA95　　　　c. F69BDC2A
9. 下列十六进制整数的无符号十进制表示分别是什么？

a. 3A　　　　　　　b. 1BF　　　　　　c. 1001
10. 下列十六进制整数的无符号十进制表示分别是什么？
　　a. 62　　　　　　　b. 4B3　　　　　　c. 29F
11. 下列有符号十进制整数的 16 位十六进制表示分别是什么？
　　a. −24　　　　　　b. −331
12. 下列有符号十进制整数的 16 位十六进制表示分别是什么？
　　a. −21　　　　　　b. −45
13. 将下列 16 位十六进制有符号整数转换为十进制数。
　　a. 6BF9　　　　　　b. C123
14. 将下列 16 位十六进制有符号整数转换为十进制数。
　　a. 4CD2　　　　　　b. 8230
15. 下列有符号二进制数的十进制表示分别是什么？
　　a. 10110101　　　　b. 00101010　　　c. 11110000
16. 下列有符号二进制数的十进制表示分别是什么？
　　a. 10000000　　　　b. 11001100　　　c. 10110111
17. 下列有符号十进制整数的 8 位二进制（补码）表示分别是什么？
　　a. −5　　　　　　　b. −42　　　　　　c. −16
18. 下列有符号十进制整数的 8 位二进制（补码）表示分别是什么？
　　a. −72　　　　　　b. −98　　　　　　c. −26
19. 下列每组十六进制整数的和分别是多少？
　　a. 6B4 + 3FE　　　b. A49 + 6BD
20. 下列每组十六进制整数的和分别是多少？
　　a. 7C4 + 3BE　　　b. B69 + 7AD
21. ASCII 字符大写 "B" 的十六进制和十进制表示分别是什么？
22. ASCII 字符大写 "G" 的十六进制和十进制表示分别是什么？
23. 挑战：129 位无符号整数能表示的最大十进制值是多少？
24. 挑战：86 位有符号整数能表示的最大十进制值是多少？
25. 构造一个真值表，表示布尔函数 ¬(A^B) 所有可能的输入和输出。
26. 构造一个真值表，表示布尔函数（¬A^¬B）所有可能的输入和输出。说明此表与 25 题真值表中最右列之间的关系。听说过摩根定理吗？
27. 如果一个布尔函数有 4 个输入，则其真值表需要多少行？
28. 4 输入的多路选择器需要多少个选择位？

1.7.2　算法基础

　　下列编程练习可以选择任何高级编程语言。不要调用已有的库函数来自动完成这些任务。（比如标准 C 库中的 sprinf 和 sscanf 函数。）

1. 编写一个函数来接收一个 16 位二进制整数字符串。函数返回值为该字符串的整数值。
2. 编写一个函数来接收一个 32 位十六进制整数字符串。函数返回值为该字符串的整数值。
3. 编写一个函数来接收一个整数。函数返回值必须是包含该整数二进制表示的字符串。
4. 编写一个函数来接收一个整数。函数返回值必须是包含该整数十六进制表示的字符串。
5. 编写一个函数实现两个以 b 为基数的数字串相加，其中 2 ≤ b ≤ 10。每个字符串可包含多达 1000 个数字。函数返回和数，其形式为基数相同的字符串。
6. 编写一个函数实现两个十六进制字符串相加，每个字符串含 1000 个数字。函数返回一个十六进制字符串来表示输入之和。

7. 编写一个函数实现一个长度为 1000 位的十六进制数字串与单个位的十六进制数字的乘法。函数返回一个十六进制字符串来表示乘积。

8. 编写一个 Java 程序实现如下计算，然后用 *javap -c* 指令对代码进行反汇编。为每行代码添加注释，以说明该行代码的目的。

```
int Y;
int X = (Y + 4) * 3;
```

9. 设计无符号二进制整数减法。用（1000 1000-0000 0101=1000 0011）来检验该方法。再用至少两组其他的整数来检验该方法，每组都是从较大数中减去较小数。

本章尾注

1. Donald Knuth，MMIX，*A RISC Computer for the New Millennium*，麻省理工学院讲座记录，1999 年 12 月 30 日。

第 2 章

Assembly Language for x86 Processors, Seventh Edition

x86 处理器架构

本章重点是与 x86 汇编语言相关的底层硬件。有说法认为，汇编语言是直接与机器交流的理想软件工具。如果是真的，那么汇编程序员就必须非常熟悉处理器的内部结构与功能。本章将讨论指令执行时处理器内部发生的一些基本操作，以及操作系统如何加载和执行程序，并通过样本主板布局来了解 x86 系统的硬件环境，最后还讨论了在应用程序与操作系统之间，层次化输入输出是如何工作的。本章所有主题为开始编写汇编语言程序提供了硬件基础。

2.1 一般概念

本章描述了 x86 处理器系列架构，以及从程序员角度看到的主机系统。其中包括了所有的 Intel IA-32 和 Intel 64 处理器，如奔腾（Intel Pentium）和酷睿双核（Core-Duo）处理器，还包括了高级微设备（AMD）处理器，如速龙（Athlon）、弈龙（Phenom）、皓龙（Opteron）和 AMD64。汇编语言是学习计算机如何工作的很好的工具，它需要读者具备计算机硬件的工作知识。为此，本章的概念和详细信息将帮助程序员理解自己所写的汇编代码。

本章在所有处理器都使用的概念与 x86 处理器特点之间进行了平衡。程序员将来可能要面对各种类型的处理器，因此，本章呈现的是通用概念。同时，为了避免对机器架构形成肤浅的认知，本章也关注 x86 处理器的特性，以便具备汇编编程的坚实基础。

> 若希望了解更多 Intel IA-32 架构，请参阅《Intel 64 与 IA-32 架构软件开发手册》的卷 1：基础架构（*Intel 64 and IA-32 Architectures Software Developer'S Manual*, Volume 1: Basic Architecture）。该文档可以从 Intel 网站免费下载（www.intel.com）。

2.1.1 基本微机设计

图 2-1 给出了假想机的基本设计。中央处理单元（CPU）是进行算术和逻辑操作的部件，包含了有限数量的存储位置——寄存器（register），一个高频时钟、一个控制单元和一个算术逻辑单元。

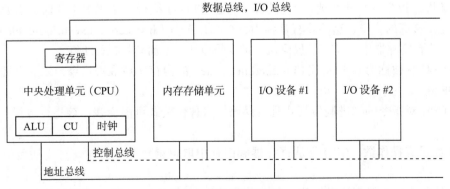

图 2-1 微计算机框图

- 时钟（clock）对 CPU 内部操作与系统其他组件进行同步。
- 控制单元（control unit，CU）协调参与机器指令执行的步骤序列。
- 算术逻辑单元（arithmetic logic unit，ALU）执行算术运算，如加法和减法，以及逻辑运算，如 AND（与）、OR（或）和 NOT（非）。

CPU 通过主板上 CPU 插座的引脚与计算机其他部分相连。大部分引脚连接的是数据总线、控制总线和地址总线。内存存储单元（memory storage unit）用于在程序运行时保存指令与数据。它接受来自 CPU 的数据请求，将数据从随机存储器（RAM）传输到 CPU，并从 CPU 传输到内存。由于所有的数据处理都在 CPU 内进行，因此保存在内存中的程序在执行前需要被复制到 CPU 中。程序指令在复制到 CPU 时，可以一次复制一条，也可以一次复制多条。

总线（bus）是一组并行线，用于将数据从计算机一个部分传送到另一个部分。一个计算机系统通常包含四类总线：数据类、I/O 类、控制类和地址类。数据总线（data bus）在 CPU 和内存之间传输指令和数据。I/O 总线在 CPU 和系统输入/输出设备之间传输数据。控制总线（control bus）用二进制信号对所有连接在系统总线上设备的行为进行同步。当前执行指令在 CPU 和内存之间传输数据时，地址总线（address bus）用于保持指令和数据的地址。

时钟 与 CPU 和系统总线相关的每一个操作都是由一个恒定速率的内部时钟脉冲来进行同步。机器指令的基本时间单位是机器周期（machine cycle）或时钟周期（clock cycle）。一个时钟周期的时长是一个完整时钟脉冲所需要的时间。下图中，一个时钟周期被描绘为两个相邻下降沿之间的时间：

时钟周期持续时间用时钟速度的倒数来计算，而时钟速度则用每秒振荡数来衡量。例如，一个每秒振荡 10 亿次（1GHz）的时钟，其时钟周期为 10 亿分之 1 秒（1 纳秒）。

执行一条机器指令最少需要 1 个时钟周期，有几个需要的时钟则超过了 50 个（比如 8088 处理器中的乘法指令）。由于在 CPU、系统总线和内存电路之间存在速度差异，因此，需要访问内存的指令常常需要空时钟周期，也被称为等待状态（wait states）。

2.1.2 指令执行周期

一条机器指令不会神奇地一下就执行完成。CPU 在执行一条机器指令时，需要经过一系列预先定义好的步骤，这些步骤被称为指令执行周期（instruction execution cycle）。假设现在指令指针寄存器中已经有了想要执行指令的地址，下面就是执行步骤：

1）CPU 从被称为指令队列（instruction queue）的内存区域取得指令，之后立即增加指令指针的值。

2）CPU 对指令的二进制位模式进行译码。这种位模式可能会表示该指令有操作数（输入值）。

3）如果有操作数，CPU 就从寄存器和内存中取得操作数。有时，这步还包括了地址计算。

4）使用步骤 3 得到的操作数，CPU 执行该指令。同时更新部分状态标志位，如零标志

（Zero）、进位标志（Carry）和溢出标志（Overflow）。

5）如果输出操作数也是该指令的一部分，则 CPU 还需要存放其执行结果。

通常将上述听起来很复杂的过程简化为三个步骤：取指（Fetch）、译码（Decode）和执行（Execute）。操作数（operand）是指操作过程中输入或输出的值。例如，表达式 Z=X+Y 有两个输入操作数（X 和 Y），一个输出操作数（Z）。

图 2-2 是一个典型 CPU 中的数据流框图。该图表现了在指令执行周期中相互交互部件之间的关系。在从内存读取程序指令之前，将其地址放到地址总线上。然后，内存控制器将所需代码送到数据总线上，存入代码高速缓存（code cache）。指令指针的值决定下一条将要执行的指令。指令由指令译码器分析，并产生相应的数值信号送往控制单元，其协调 ALU 和浮点单元。虽然图中没有画出控制总线，但是其上传输的信号用系统时钟协调不同 CPU 部件之间的数据传输。

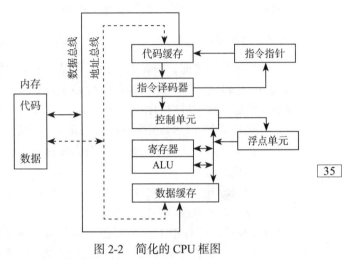

图 2-2　简化的 CPU 框图

2.1.3　读取内存

作为一个常见现象，计算机从内存读取数据比从内部寄存器读取速度要慢很多。这是因为从内存读取一个值，需要经过下述步骤：

1）将想要读取的值的地址放到地址总线上。
2）设置处理器 RD（读取）引脚（改变 RD 的值）。
3）等待一个时钟周期给存储器芯片进行响应。
4）将数据从数据总线复制到目标操作数。

上述每一步常常只需要一个时钟周期，时钟周期是基于处理器内固定速率时钟节拍的一种时间测量方法。计算机的 CPU 通常是用其时钟速率来描述。例如，速率为 1.2GHz 意味着时钟节拍或振荡为每秒 12 亿次。因此，考虑到每个时钟周期仅为 1/1 200 000 000 秒，4 个时钟周期也是非常快的。但是，与 CPU 寄存器相比，这个速度还是慢了，因为访问寄存器一般只需要 1 个时钟周期。

幸运的是，CPU 设计者很早之前就已经指出，因为绝大多数程序都需要访问变量，计算机内存成为了速度瓶颈。他们想出了一个聪明的方法来减少读写内存的时间——将大部分近期使用过的指令和数据存放在高速存储器 cache 中。其思想是，程序更可能希望反复访问相同的内存和指令，因此，cache 保存这些值就能使它们能被快速访问到。此外，当 CPU 开始执行一个程序时，它会预先将后续（比如）一千条指令加载到 cache 中，这个行为是基于这样一种假设，即这些指令很快就会被用到。如果这种情况重复发生在一个代码块中，则 cache 中就会有相同的指令。当处理器能够在 cache 存储器中发现想要的数据，则称为 cache 命中（cache hit）。反之，如果 CPU 在 cache 中没有找到数据，则称为 cache 未命中（cache miss）。

x86 系列中的 cache 存储器有两种类型：一级 cache（或主 cache）位于 CPU 上；二级

cache（或次 cache）速度略慢，通过高速数据总线与 CPU 相连。这两种 cache 以最佳方式一起工作。

还有一个原因使得 cache 存储器比传统 RAM 速度快—— cache 存储器是由一种被称为静态 RAM（static RAM）的特殊存储器芯片构成的。这种芯片比较贵，但是不需要为了保持其内容进行不断地刷新。另一方面，传统存储器，即动态 RAM（dynamic RAM），就需要持续刷新。它速度慢一些，但是价格更便宜。

2.1.4 加载并执行程序

在程序执行之前，需要用一种工具程序将其加载到内存，这种工具程序称为程序加载器（program loader）。加载后，操作系统必须将 CPU 指向程序的入口，即程序开始执行的地址。以下步骤是对这一过程的详细分解。

- 操作系统（OS）在当前磁盘目录下搜索程序的文件名。如果找不到，则在预定目录列表（称为路径（path））下搜索文件名。当 OS 无法检索到文件名时，它会发出一个出错信息。
- 如果程序文件被找到，OS 就访问磁盘目录中的程序文件基本信息，包括文件大小，及其在磁盘驱动器上的物理位置。
- OS 确定内存中下一个可使用的位置，将程序文件加载到内存。为该程序分配内存块，并将程序大小和位置信息加入表中（有时称为描述符表（descriptor table））。另外，OS 可能调整程序内指针的值，使得它们包括程序数据地址。
- OS 开始执行程序的第一条机器指令（程序入口）。当程序开始执行后，就成为一个进程（process）。OS 为这个进程分配一个标识号（进程 ID），用于在执行期间对其进行追踪。
- 进程自动运行。OS 的工作是追踪进程的执行，并响应系统资源的请求。这些资源包括内存、磁盘文件和输入输出设备等。
- 进程结束后，就会从内存中移除。

> **提示** 不论使用哪个版本的 Microsoft Windows，按下 Ctrl-Alt-Delete 组合键，可以选择任务管理器（task manager）选项。在任务管理器窗口可以查看应用程序和进程列表。应用程序列表中列出了当前正在运行的完整程序名称，比如，Windows 浏览器，或者 Microsoft Visual C++。如果选择进程列表，则会看见一长串进程名。其中的每个进程都是一个独立于其他进程的，并处于运行中的小程序。可以连续追踪每个进程使用的 CPU 时间和内存容量。在某些情况下，选定一个进程名称后，按下 Delete 键就可以关闭该进程。

2.1.5 本节回顾

1. 中央处理单元（CPU）包含寄存器和哪些其他基本部件？
2. 中央处理单元通过哪三种总线与计算机系统的其他部分相连？
3. 为什么访问存储器比访问寄存器要花费更多的机器周期？
4. 指令执行周期包含哪三个基本步骤？
5. 指令执行周期中，如果用到存储器操作数，则还需要哪两个步骤？

2.2 32位x86处理器

本节重点在于所有x86处理器的基本架构特点。这些处理器包括了Intel IA-32系列中的成员和所有32位AMD处理器。

2.2.1 操作模式

x86处理器有三个主要的操作模式：保护模式、实地址模式和系统管理模式；以及一个子模式：虚拟8086（virtual-8086）模式，这是保护模式的特殊情况。以下是对这些模式的简介：

保护模式（Protected Mode） 保护模式是处理器的原生状态，在这种模式下，所有的指令和特性都是可用的。分配给程序的独立内存区域被称为段，而处理器会阻止程序使用自身段范围之外的内存。

虚拟8086模式（Virtual-8086 Mode） 保护模式下，处理器可以在一个安全环境中，直接执行实地址模式软件，如MS-DOS程序。换句话说，如果一个程序崩溃了或是试图向系统内存区域写数据，都不会影响到同一时间内执行的其他程序。现代操作系统可以同时执行多个独立的虚拟8086会话。

实地址模式（Real-Address Mode） 实地址模式实现的是早期Intel处理器的编程环境，但是增加了一些其他的特性，如切换到其他模式的功能。当程序需要直接访问系统内存和硬件设备时，这种模式就很有用。

系统管理模式（System Management Mode） 系统管理模式（SMM）向操作系统提供了实现诸如电源管理和系统安全等功能的机制。这些功能通常是由计算机制造商实现的，他们为了一个特定的系统设置而定制处理器。

2.2.2 基本执行环境

1. 地址空间

在32位保护模式下，一个任务或程序最大可以寻址4GB的线性地址空间。从P6处理器开始，一种被称为扩展物理寻址（extended physical addressing）的技术使得可以被寻址的物理内存空间增加到64GB。与之相反，实地址模式程序只能寻址1MB空间。如果处理器在保护模式下运行多个虚拟8086程序，则每个程序只能拥有自己的1MB内存空间。

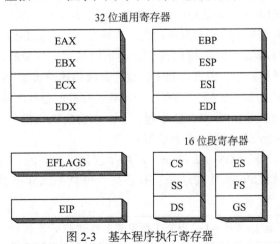

图2-3 基本程序执行寄存器

2. 基本程序执行寄存器

寄存器是直接位于 CPU 内的高速存储位置，其设计访问速度远高于传统存储器。例如，当一个循环处理为了速度进行优化时，其循环计数会保留在寄存器中而不是变量中。图 2-3 展示的是基本程序执行寄存器（basic program execution registers）。8 个通用寄存器，6 个段寄存器，一个处理器状态标志寄存器（EFLAGS），和一个指令指针寄存器（EIP）。

通用寄存器 通用寄存器主要用于算术运算和数据传输。如图 2-4 所示，EAX 寄存器的低 16 位在使用时可以用 AX 表示。

一些寄存器的组成部分可以处理 8 位的值。例如，AX 寄存器的高 8 位被称为 AH，而低 8 位被称为 AL。同样的重叠关系也存在于 EAX、EBX、ECX 和 EDX 寄存器中：

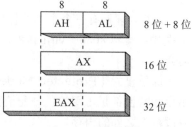

图 2-4 通用寄存器

32 位	16 位	8 位（高）	8 位（低）
EAX	AX	AH	AL
EBX	BX	BH	BL
ECX	CX	CH	CL
EDX	DX	DH	DL

其他通用寄存器只能用 32 位或 16 位名称来访问，如下表所示：

32 位	16 位	32 位	16 位
ESI	SI	EBP	BP
EDI	DI	ESP	SP

特殊用法 某些通用寄存器有特殊用法：

- 乘除指令默认使用 EAX。它常常被称为扩展累加器（extended accumulator）寄存器。
- CPU 默认使用 ECX 为循环计数器。
- ESP 用于寻址堆栈（一种系统内存结构）数据。它极少用于一般算术运算和数据传输，通常被称为扩展堆栈指针（extended stack pointer）寄存器。
- ESI 和 EDI 用于高速存储器传输指令，有时也被称为扩展源变址（extended source index）寄存器和扩展目的变址（extended destination index）寄存器。
- 高级语言通过 EBP 来引用堆栈中的函数参数和局部变量。除了高级编程，它不用于一般算术运算和数据传输。它常常被称为扩展帧指针（extended frame pointer）寄存器。

段寄存器 实地址模式中，16 位段寄存器表示的是预先分配的内存区域的基址，这个内存区域称为段。保护模式中，段寄存器中存放的是段描述符表指针。一些段中存放程序指令（代码），其他段存放变量（数据），还有一个堆栈段存放的是局部函数变量和函数参数。

指令指针 指令指针（EIP）寄存器中包含下一条将要执行指令的地址。某些机器指令能控制 EIP，使得程序分支转向到一个新位置。

EFLAGS 寄存器 EFLAGS（或 Flags）寄存器包含了独立的二进制位，用于控制 CPU 的操作，或是反映一些 CPU 操作的结果。有些指令可以测试和控制这些单独的处理器标志位。

设置标志位时，该标识位 =1；清除（或重置）标识位时，该标志位 =0。

控制标志位 控制标志位控制 CPU 的操作。例如，它们能使得 CPU 每执行一条指令后进入中断；在侦测到算术运算溢出时中断执行；进入虚拟 8086 模式，以及进入保护模式。

程序能够通过设置 EFLAGS 寄存器中的单独位来控制 CPU 的操作，比如，方向标志位和中断标志位。

状态标志位 状态标志位反映了 CPU 执行的算术和逻辑操作的结果。其中包括：溢出位、符号位、零标志位、辅助进位标志位、奇偶校验位和进位标志位。下述说明中，标志位的缩写紧跟在标志位名称之后：

- 进位标志位（CF），与目标位置相比，无符号算术运算结果太大时，设置该标志位。
- 溢出标志位（OF），与目标位置相比，有符号算术运算结果太大或太小时，设置该标志位。
- 符号标志位（SF），算术或逻辑操作产生负结果时，设置该标志位。
- 零标志位（ZF），算术或逻辑操作产生的结果为零时，设置该标志位。
- 辅助进位标志位（AC），算术操作在 8 位操作数中产生了位 3 向位 4 的进位时，设置该标志位。
- 奇偶校验标志位（PF），结果的最低有效字节包含偶数个 1 时，设置该标志位，否则，清除该标志位。一般情况下，如果数据有可能被修改或损坏时，该标志位用于进行错误检测。

3. MMX 寄存器

在实现高级多媒体和通信应用时，MMX 技术提高了 Intel 处理器的性能。8 个 64 位 MMX 寄存器支持称为 SIMD（单指令，多数据，Single-Instruction, Multiple-Data）的特殊指令。顾名思义，MMX 指令对 MMX 寄存器中的数据值进行并行操作。虽然，它们看上去是独立的寄存器，但是 MMX 寄存器名实际上是浮点单元中使用的同样寄存器的别名。

4. XMM 寄存器

x86 结构还包括了 8 个 128 位 XMM 寄存器，它们被用于 SIMD 流扩展指令集。

浮点单元 浮点单元（FPU，floating-point unit）执行高速浮点算术运算。之前为了这个目的，需要一个独立的协处理器芯片。从 Intel486 处理器开始，FPU 已经集成到主处理器芯片上。FPU 中有 8 个浮点数据寄存器，分别命名为 ST（0），ST（1），ST（2），ST（3），ST（4），ST（5），ST（6）和 ST（7）。其他控制寄存器和指针寄存器如图 2-5 所示。

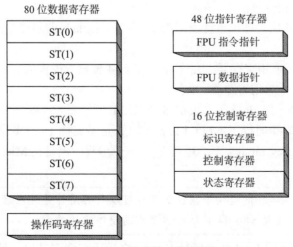

图 2-5 浮点单元寄存器

2.2.3 x86 内存管理

x86 处理器按照 2.2.1 节中讨论的基本操作模式来管理内存。保护模式是最可靠、最强大的，但是它对应用程序直接访问系统硬件有着严格的限制。

在实地址模式中，只能寻址 1MB 内存，地址从 00000H 到 FFFFFH。处理器一次只能运行一个程序，但是可以暂时中断程序来处理来自外围设备的请求（称为中断（interrupt））。应用程序被允许访问内存的任何位置，包括那些直接与系统硬件相关的地址。MS-DOS 操作系统在实地址模式下运行，Windows 95 和 98 能够引导进入这种模式。

在保护模式中，处理器可以同时运行多个程序，它为每个进程（运行中的程序）分配总共 4GB 的内存。每个程序都分配有自己的保留内存区域，程序之间禁止意外访问其他程序的代码和数据。MS-Windows 和 Linux 运行在保护模式下。

在虚拟 8086 模式中，计算机运行在保护模式下，通过创建一个带有 1MB 地址空间的虚拟 8086 机器来模拟运行于实地址模式的 80x86 计算机。例如，在 Windows NT 和 2000 下，当打开一个命令窗口时，就创建了一个虚拟 8086 机器。同一时间可以运行多个这样的窗口，并且窗口之间都是受到保护的。在 Windows NT，2000 和 XP 系统中，某些需要直接使用计算机硬件的 MS-DOS 程序不能运行在虚拟 8086 模式下。

实地址模式和保护模式的更多细节将在第 11 章中进行详述。

2.2.4 本节回顾

1. x86 处理器的 3 个基本操作模式是什么？
2. 给出 8 个 32 位通用寄存器的名称。
3. 给出 6 个段寄存器的名称。
4. ECX 寄存器的特殊用途是什么？

2.3 64 位 x86-64 处理器

本节重点关注所有使用 x86-64 指令集的 64 位处理器的基本架构细节。这些处理器包括 Intel 64 和 AMD64 处理器系列。指令集是已讨论的 x86 指令集的 64 位扩展。以下为一些基本特征：

1）向后兼容 x86 指令集。

2）地址长度为 64 位，虚拟地址空间为 2^{64} 字节。按照当前芯片的实现情况，只能使用地址的低 48 位。

3）可以使用 64 位通用寄存器，允许指令具有 64 位整数操作数。

4）比 x86 多了 8 个通用寄存器。

5）物理地址为 48 位，支持高达 256TB 的 RAM。

另一方面，当处理器运行于本机 64 位模式时，是不支持 16 位实模式或虚拟 8086 模式的。（在传统模式（legacy mode）下，还是支持 16 位编程，但是在 Microsoft Windows 64 位版本中不可用。）

> **注意** 尽管 x86-64 指的是指令集，但是也可以将其看作是处理器类型。学习汇编语言时，没有必要考虑支持 x86-64 的处理器之间的硬件实现差异。

第一个使用 x86-64 的 Intel 处理器是 Xeon，之后还有许多其他的处理器，包括 Core i5

和 Core i7。AMD 处理器中使用 x86-64 的例子有 Opteron 和 Athlon 64。

另一个为人所知的 64 位 Intel 架构是 IA-64，后来被称为 Itanium。IA-64 指令集与 x86 和 x86-64 完全不同，Itanium 处理器通常用于高性能数据库和网络服务器。

2.3.1 64 位操作模式

Intel 64 架构引入了一个新模式，称为 IA-32e。从技术上看，这个模式包含两个子模式：兼容模式（compatibility mode）和 64 位模式（64-bit mode）。不过它们常常被看做是模式而不是子模式，因此，先来了解这两个模式。

1. 兼容模式

在兼容模式下，现有的 16 位与 32 位应用程序通常不用进行重新编译就可以运行。但是，16 位 Windows（Win16）和 DOS 应用程序不能运行在 64 位 Microsoft Windows 下。与早期 Windows 版本不同，64 位 Windows 没有虚拟 DOS 机器子系统来利用处理器的功能切换到虚拟 8086 模式。

2. 64 位模式

在 64 位模式下，处理器执行的是使用 64 位线性地址空间的应用程序。这是 64 位 Microsoft Windows 的原生模式，该模式能使用 64 位指令操作数。

2.3.2 基本 64 位执行环境

64 位模式下，虽然处理器现在只能支持 48 位的地址，但是理论上，地址最大为 64 位。从寄存器来看，64 位模式与 32 位最主要的区别如下所示：

- 16 个 64 位通用寄存器（32 位模式只有 8 个通用寄存器）
- 8 个 80 位浮点寄存器
- 1 个 64 位状态标志寄存器 RFLAGS（只使用低 32 位）
- 1 个 64 位指令指针寄存器 RIP

回顾前文，32 位标志寄存器和指令指针寄存器分别称为 EFLAGS 和 EIP。此外，还有一些在讨论 x86 处理器时提过的，用于多媒体处理的特殊寄存器：

- 8 个 64 位 MMX 寄存器
- 16 个 128 位 XMM 寄存器（32 位模式只有 8 个 XMM 寄存器）

通用寄存器

在描述 32 位处理器时介绍过通用寄存器，它们是算术运算、数据传输和循环遍历数据指令的基本操作数。通用寄存器可以访问 8 位、16 位、32 位或 64 位操作数（需使用特殊前缀）。

64 位模式下，操作数的默认大小是 32 位，并且有 8 个通用寄存器。但是，给每条指令加上 REX（寄存器扩展）前缀后，操作数可以达到 64 位，可用通用寄存器的数量也增加到 16 个：32 位模式下的寄存器，再加上 8 个有标号的寄存器，R8 到 R15。表 2-1 给出了 REX 前缀下可用的寄存器。

表 2-1 使用 REX 前缀后，64 位模式的操作数大小

操作数大小	可用寄存器
8 位	AL、BL、CL、DL、DIL、SIL、BPL、SPL、R8L、R9L、R10L、R11L、R12L、R13L、R14L、R15L
16 位	AX、BX、CX、DX、DI、SI、BP、SP、R8W、R9W、R10W、R11W、R12W、R13W、R14W、R15W

操作数大小	可用寄存器
32 位	EAX、EBX、ECX、EDX、EDI、ESI、EBP、ESP、R8D、R9D、R10D、R11D、R12D、R13D、R14D、R15D
64 位	RAX、RBX、RCX、RDX、RDI、RSI、RBP、RSP、R8、R9、R10、R11、R12、R13、R14、R15

还有一些需要记住的细节：
- 64 位模式下，单条指令不能同时访问寄存器高字节，如 AH、BH、CH 和 DH，以及新字节寄存器的低字节（如 DIL）。
- 64 位模式下，32 位 EFLAGS 寄存器由 64 位 RFLAGS 寄存器取代。这两个寄存器共享低 32 位，而 RFLAGS 的高 32 位是不使用的。
- 32 位模式和 64 位模式具有相同的状态标志。

2.4 典型 x86 计算机组件

本节首先通过检查典型主板配置以及围绕 CPU 的芯片组来了解 x86 如何与其他组件的集成。然后讨论内存、I/O 端口和通用设备接口。最后说明汇编语言程序怎样利用系统硬件、固件，并调用操作系统函数来实现不同访问层次的 I/O 操作。

2.4.1 主板

主板是微型计算机的心脏，它是一个平面电路板，其上集成了 CPU、支持处理器（芯片组 chipset）、主存、输入输出接口、电源接口和扩展插槽。各种组件通过总线即一组直接蚀刻在主板上的导线，进行互连。目前 PC 市场上有几十种主板，它们在扩展功能、集成部件和速度方面存在着差异。但是，下述组件一般都会出现在主板上：

- CPU 插座。根据其支持的处理器类型，插座具有不同的形状和尺寸。
- 存储器插槽（SIMM 或 DIMM），用于直接插入小型内存条。
- BIOS（基本输入输出系统，basic input-output system）计算机芯片，保存系统软件。
- CMOS RAM，用一个小型纽扣电池为其持续供电。
- 大容量插槽设备接口，如硬盘和 CD-ROMS。
- 外部设备的 USB 接口。
- 键盘和鼠标接口。
- PCI 总线接口，用于声卡、显卡、数据采集卡和其他输入输出设备。

以下是可选组件：
- 集成声音处理器。
- 并行和串行设备接口。
- 集成网卡。
- 用于高速显卡的 AGP 总线接口。

典型系统中还有一些重要的支持处理器：
- 浮点单元（FPU），处理浮点数和扩展整数运算。
- 8284/82C84 时钟发生器，简称时钟，按照恒定速率振荡。时钟发生器同步 CPU 和计算机的其他部分。

- 8259A 可编程中断控制器（PIC，Programmable Interrupt Controller），处理来自硬件设备的外部中断请求，包括键盘、系统时钟和磁盘驱动器。这些设备能中断 CPU，并使其立即响应它们的请求。
- 8253 可编程间隔定时器/计数器（Programmable Interval Timer/Counter），每秒中断系统 18.2 次，更新系统日期和时钟，并控制扬声器。它还负责不断刷新内存，因为 RAM 存储器芯片保持其内容的时间只有几毫秒。
- 8255 可编程并行端口（Programmable Parallel Port），使用 IEEE 并行端口将数据输入和输出计算机。该端口通常用于打印机，但是也可以用于其他输入输出设备。

1. PCI 和 PCI Express 总线架构

PCI（外部设备互联，Peripheral Component Interconnect）总线为 CPU 和其他系统设备提供了连接桥，这些设备包括硬盘驱动器、内存、显卡、声卡和网卡。最近，PCI Express 总线在设备、内存和处理器之间提供了双向串行连接。如同网络一样，它用独立的"通道"传送数据包。该总线得到显卡的广泛支持，能以较高速度传输数据。

2. 主板芯片组

主板芯片组（motherboard chipset）是一组处理器芯片的集合，这些芯片被设计为在特定类型主板上一起工作。各种芯片组具有增强处理能力、多媒体功能或减少功耗等特性。以 Intel P965 Express 芯片组为例，该芯片组与 Intel Core2 Duo 或 Pentium D 处理器一起，用于桌面系统。Intel P965 具有下述特性：

- Intel 高速内存访问（Fast Memory Access）使用了最新内存控制中心（MCH）。它可以 800MHz 时钟速度来访问双通道 DDR2 存储器。
- I/O 控制中心（Intel ICH8/R/DH）使用 Intel 矩阵存储技术（MST）来支持多个串行 ATA 设备（磁盘驱动器）。
- 支持多个 USB 端口，多个 PCI Express 插槽，联网和 Intel 静音系统技术。
- 高清晰音频芯片提供了数字声音功能。

如图 2-6 所示，主板厂商以特定芯片为中心来制造产品。例如，Asus 公司使用 P965 芯片组的 P5B-E P965 主板。

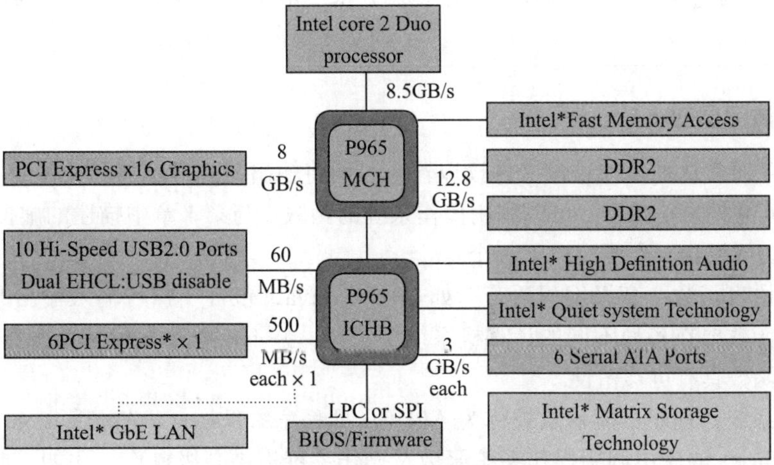

图 2-6　Intel 965 Express 芯片组框图

来源：Intel P965 Express 芯片组（产品简介），Intel 公司版权所有，已获使用权。

2.4.2 内存

基于 Intel 的系统使用的是几种基础类型内存：只读存储器（ROM）、可擦除可编程只读存储器（EPROM）、动态随机访问存储器（DRAM）、静态 RAM（SRAM）、图像随机存储器（VRAM），和互补金属氧化物半导体（CMOS）RAM：

- ROM 永久烧录在芯片上，并且不能擦除。
- EPROM 能用紫外线缓慢擦除，并且重新编程。
- DRAM，即通常的内存，在程序运行时保存程序和数据的部件。该部件价格便宜，但是每毫秒需要进行刷新，以避免丢失其内容。有些系统使用的是 ECC（错误检查和纠正）存储器。
- SRAM 主要用于价格高、速度快的 cache 存储器。它不需要刷新，CPU 的 cache 存储器就是由 SRAM 构成的。
- VRAM 保存视频数据。VRAM 是双端口的，它允许一个端口持续刷新显示器，同时另一个端口将数据写到显示器。
- CMOS RAM 在系统主板上，保存系统设置信息。它由电池供电，因此当计算机电源关闭后，CMOS RAM 中的内容仍能保留。

2.4.3 本节回顾

1. 描述 SRAM 及其最常见的用途。
2. 描述 VRAM。
3. 列出 Intel P965 Express 芯片组至少两个特性。
4. 写出本章描述的 4 类 RAM。
5. 8259A PIC 控制器的用途是什么？

2.5 输入输出系统

> **提示** 由于计算机游戏与内存和 I/O 有着非常密切的关系，因此，它们推动计算机达到其最大性能。善于游戏编程的程序员通常很了解视频和音频硬件，并会优化代码的硬件特性。

2.5.1 I/O 访问层次

应用程序通常从键盘和磁盘文件读取输入，而将输出写到显示器和文件中。完成 I/O 不需要直接访问硬件——相反，可以调用操作系统的函数。与第 1 章中描述的虚拟机相似，I/O 也有不同的访问层次，主要有以下三个：

- 高级语言函数：高级编程语言，如 C++ 或 Java，包含了执行输入输出的函数。由于这些函数要在各种不同的计算机系统中工作，并不依赖于任何一个操作系统，因此，这些函数具有可移植性。
- 操作系统：程序员能够从被称为 API（应用程序编程接口，Application Programming Interface）的库中调用操作系统函数。操作系统提供高级操作，比如，向文件写入字符串，从键盘读取字符串，和分配内存块。
- BIOS：基本输入输出系统是一组能够直接与硬件设备通信的低级子程序集合。BIOS

由计算机制造商安装并定制，以适应机器硬件。操作系统通常与 BIOS 通信。

设备驱动程序　设备驱动程序允许操作系统与硬件设备和系统 BIOS 直接通信。例如，设备驱动程序可能接收来自 OS 的请求来读取一些数据，而满足该请求的方法是，通过执行设备固件中的代码，用设备特有的方式来读取数据。设备驱动程序有两种安装方法：（1）在特定硬件设备连接到系统之前，或者（2）设备已连接并且识别之后。对于后一种方法，OS 识别设备名称和签名，然后在计算机上定位并安装设备驱动软件。

现在，通过展示应用程序在屏幕上显示字符串的过程，来了解 I/O 层次结构（图 2-7）。该过程包含以下步骤：

1）应用程序调用 HLL 库函数，将字符串写入标准输出。

2）库函数（第 3 层）调用操作系统函数，传递一个字符串指针。

3）操作系统函数（第 2 层）用循环的方法调用 BIOS 子程序，向其传递每个字符的 ASCII 码和颜色。操作系统调用另一个 BIOS 子程序，将光标移动到屏幕的下一个位置上。

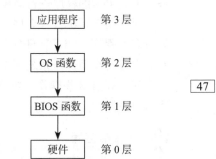

图 2-7　输入输出操作的访问层次

4）BIOS 子程序（第 1 层）接收一个字符，将其映射到一个特定的系统字体，并把该字符发送到与视频控制卡相连的硬件端口。

5）视频控制卡（第 0 层）为视频显示产生定时硬件信号，来控制光栅扫描并显示像素。

多层次编程　汇编语言程序在输入输出编程领域有着强大的能力和灵活性。它们可以从以下访问层次进行选择（图 2-8）：

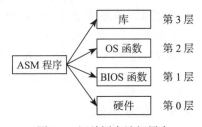

图 2-8　汇编语言访问层次

- 第 3 层：调用库函数来执行通用文本 I/O 和基于文件的 I/O。例如，本书也提供了一个这样的库。
- 第 2 层：调用操作系统函数来执行通用文本 I/O 和基于文件的 I/O。如果 OS 使用了图形用户界面，它就能用与设备无关的方式来显示图形。
- 第 1 层：调用 BIOS 函数来控制设备具体特性，如颜色、图形、声音、键盘输入和底层磁盘 I/O。
- 第 0 层：从硬件端口发送和接收数据，对特定设备拥有绝对控制权。这个方式没有广泛用于各种硬件设备，因此不具可移植性。不同设备通常使用不同硬件端口，因此，程序代码必须根据每个设备的特定类型来进行定制。

如何进行权衡？控制与可移植性是最重要的。第 2 层（OS）工作在任何一个运行同样操作系统的计算机上。如果 I/O 设备缺少某些功能，那么 OS 将尽可能接近预期结果。第 2 层速度并不特别快，因为每个 I/O 调用在执行前，都必须经过好几个层次。

第 1 层（BIOS）在具有标准 BIOS 的所有系统上工作，但是在这些系统上不会产生同样的结果。例如，两台计算机可能会有不同分辨率的视频显示功能。在第 1 层上的程序员需要编写代码来检测用户的硬件设置，并调整输出格式来与之匹配。第 1 层的速度比第 2 层快，因为它与硬件之间只隔了一个层次。

第 0 层（硬件）与通用设备一起工作，如串行端口；或是与由知名厂商生产的特殊 I/O 设备一起工作。这个层次上的程序必须扩展它们的编码逻辑来处理 I/O 设备的变化。实模式的游戏程序就是最好的例子，因为它们常常需要取得计算机的控制权。第 0 层的程序执行速度与硬件一样快。

举个例子，假设要用音频控制设备来播放一个 WAV 文件。在 OS 层上，不需要了解已安装设备的类型，也不用关心设备卡的非标准特性。在 BIOS 层上，要查询声卡（通过其已安装的设备驱动软件），找出它是否属于某一类具有已知功能的声卡。在硬件层上，需要对特定模式声卡的程序进行微调，以利用每个声卡的特性。

通用操作系统极少允许应用程序直接访问系统硬件，因为这样做会使得它几乎无法同时运行多个程序。相反，硬件只能由设备驱动程序按照严格控制的方式进行访问。另一方面，专业设备的小型操作系统则常常直接与硬件相连。这样做是为了减少操作系统代码占用的内存空间，并且这些操作系统几乎总是一次只运行单个程序。Microsoft 最后一个允许程序直接访问硬件的操作系统是 MS-DOS，它一次只能运行一个程序。

2.5.2 本节回顾

1. 计算机系统中有 4 个输入输出层次，哪一个最具有通用性和可移植性？
2. 区分 BIOS 层输入输出的特征是什么？
3. 考虑到 BIOS 中已经有了与计算机硬件通信的代码，为什么设备驱动程序是必需的？
4. 在显示字符串的例子中，操作系统与视频控制卡之间存在的是哪个 I/O 层次？
5. 运行 MS-Windows 和运行 Linux 的计算机的 BIOS 可能存在不同吗？

2.6 本章小结

中央处理单元（CPU）处理算术和逻辑运算。它包含了有限数量的存储位置，即寄存器，一个高频时钟用于同步其操作，一个控制单元和一个算术逻辑单元。内存存储单元在计算机程序运行时，保存指令和数据。总线是一组并行线路，在计算机不同部件之间传输数据。

一条机器指令的执行可以分为一系列独立的操作，称为指令执行周期。3 个主要操作分别为取值、译码和执行。指令周期中的每一步都至少要花费一个系统时钟单位，即时钟周期。加载和执行过程描述了程序如何被操作系统定位，加载入内存，再由操作系统执行。

x86 处理器系列有三种基本操作模式：保护模式、实地址模式和系统管理模式。此外，还有一个虚拟 8086 模式是保护模式的一个特例。Intel 64 处理器系列有两种基本操作模式：兼容模式和 64 位模式。在兼容模式下处理器可以运行 16 位和 32 位应用程序。

寄存器为 CPU 内的存储位置进行命名，其访问速度比常规内存要快很多。以下是对寄存器的简要说明：

- 通用寄存器主要用于算术运算、数据传输和逻辑操作。
- 段寄存器存放预先分配的内存区域的基址，这些内存区域就是段。
- 指令指针寄存器存放的是下一条要执行指令的地址。
- 标志寄存器包含的独立二进制位用于控制 CPU 的操作，并反映 ALU 操作的结果。

x86 有一个浮点单元（FPU）专门用于高速浮点指令的执行。

微型计算机的心脏是它的主板，主板上有 CPU、支持处理器、主存、输入输出接口、电源接口和扩展插槽。PCI（外部设备互联）总线为 Pentium 处理器提供了方便的升级途径。大多数主板集成了若干微处理器和控制器，称为芯片组。芯片组在很大程度上决定了计算机的性能。

　　PC 中使用的几种基本存储器为：ROM、EPROM、动态 RAM（DRAM）、静态 RAM（SRAM）、视频 RAM（VRAM）和 CMOS RAM。

　　与虚拟机概念相似，输入输出是通过不同层次的访问来实现的。库函数在最高层，操作系统是次高层。BIOS（基本输入输出系统）是一组函数，能直接与硬件设备通信。程序也可以直接访问输入输出设备。

2.7　关键术语

32-bit mode（32 位模式）
64-bit mode（64 位模式）
address bus（地址总线）
application programming interface(API)（应用程序接口）
arithmetic logic unit(ALU)（算术逻辑单元）
auxiliary carry flag（辅助进位标志位）
basic program execution registers（基本程序执行寄存器）
BIOS(basic input-out put system)（基本输入输出系统）
bus（总线）
cache（高速缓存）
carry flag（进位标志位）
central processor unit(CPU)（中央处理单元）
clock（时钟）
clock cycle（时钟周期）
clock generator（时钟发生器）
code cache（代码 cache）
control flags（控制标志位）
control unit（控制单元）
data bus（数据总线）
data cache（数据 cache）
device drivers（设备驱动程序）
direction flag（方向标志位）
bynamic RAM（动态 RAM）
EFLAGS register（EFLAGS 寄存器）
extended destination index（扩展目的变址）
extended physical addressing（扩展物理寻址）
extended source index（扩展源变址）
extended stack pointer（扩展堆栈指针）
fetch-decode-execute（取值 – 译码 – 执行）

flags register（标志寄存器）
floating-poing unit（浮点单元）
general-purpose registers（通用寄存器）
instruction decoder（指令译码器）
instruction excution cycle（指令执行周期）
instruction queue（指令队列）
instruction pointer（指令指针）
interrupt flag（中断标志位）
Level-1 cache（1 级 cache）
Level-2 cache（2 级 cache）
machine cycle（机器周期）
memory storage unit（内存存储单元）
MMX registers（MMX 寄存器）
motherboard（主板）
motherboard chipset（主板芯片组）
operating system(OS)（操作系统）
overflow flag（溢出标志位）
parity flag（奇偶标志位）
PCI (peripheral component interconnect)（外部设备互联）
PCI express
process（过程）
process ID（过程 ID）
programmable interrupt controller(PIC)（可编程中断控制器）
programmable interval interval timer/counter（可编程间隔定时器/计数器）
programmable parallel port（可编程并行端口）
protected mode（保护模式）
random access memory (RAM)（随机访问存储器）
read-only memory (ROM)（只读存储器）
real-address mode（实地址模式）

registers（寄存器）
segment registers（段寄存器）
sign flag（符号标志位）
single-instruction, multiple-data(SIMD)（单指令多数据）
static RSM（静态 RAM）
status flags（状态标志位）

system management mode(SMM)（系统管理模式）
Task Manager（任务管理器）
virtual-8086 mode（虚拟 8086 模式）
wait states（等待状态）
XMM registers（XMM 寄存器）
zero flag（零标志位）

2.8 复习题

1. 32 位模式下，除了堆栈指针（ESP）寄存器，还有哪些寄存器指向堆栈的参数？
2. 说出至少 4 个 CPU 状态标志位。
3. 当无符号数算术运算结果超过目标位置大小时，应设置哪个标志位？
4. 当有符号数算术运算结果对目标位置而言太大或太小时，应设置哪个标志位？
5. （真 / 假）：寄存器操作数为 32 位，使用 REX 前缀，则程序可以使用 R8D 寄存器。
6. 算术或逻辑运算产生负数结果时，应设置哪个标志位？
7. CPU 的哪个部件执行浮点算术运算？
8. 32 位处理器中，浮点数据寄存器包含多少位？
9. （真 / 假）：x86-64 指令集向后兼容 x86 指令集。
10. （真 / 假）：当前 64 位芯片实现方式下，所有 64 位都可以用于寻址。
11. （真 / 假）：Itanium 指令集与 x86 完全不同。
12. （真 / 假）：静态 RAM 一般比动态 RAM 便宜。
13. （真 / 假）：加上 REX 前缀就可以使用 64 位 RDI 寄存器。
14. （真 / 假）：在原生 64 位模式下，可以使用 16 位实模式，但是不能使用虚拟 8086 模式。
15. （真 / 假）：x86-64 处理器比 x86 处理器多 4 个通用寄存器。
16. （真 / 假）：64 位的 Microsoft Windows 不支持虚拟 8086 模式。
17. （真 / 假）：DRAM 只能用紫外线擦除。
18. （真 / 假）：64 位模式下，可以使用的浮点寄存器多达 8 个。
19. （真 / 假）：总线是两端连接在主板上的塑料电缆，但没有直接位于主板上。
20. （真 / 假）：CMOS RAM 与静态 RAM 相同，也就是说，不需要额外的电源和刷新周期就可以保持它的内容。
21. （真 / 假）：PCI 接口用于显卡和声卡。
22. （真 / 假）：8259A 是一种控制器，用于处理来自硬件设备的外部中断。
23. （真 / 假）：PCI 是可编程组件接口（programmable component interface）的缩写。
24. （真 / 假）：VRAM 代表虚拟随机访问存储器。
25. 汇编语言程序在哪个（或哪些）层次上可以控制输入输出？
26. 为什么游戏程序常常将声音输出直接发送到声卡的硬件端口？

第 3 章

Assembly Language for x86 Processors, Seventh Edition

汇编语言基础

本章侧重于 Microsoft MASM 汇编程序的基本组成部分。读者将会了解到如何定义常数和变量，数字和字符常量的标准格式，以及怎样汇编并运行你的第一个程序。本章特别强调了 Visual Studio 调试器，它是理解程序如何工作的优秀工具。本章最重要的是，一次前进一步，在进入到下一步之前，要掌握每一个细节。夯实基础对后续章节来说是非常有帮助的。

3.1 基本语言元素

3.1.1 第一个汇编语言程序

汇编语言以隐晦难懂而著名，但是本书从另一个角度来看它——它是一种几乎提供了全部信息的语言。程序员可以看到正在发生的所有事情，甚至包括 CPU 中的寄存器和标志！但是，在拥有这种能力的同时，程序员必须负责处理数据表示的细节和指令的格式。程序员工作在一个具有大量详细信息的层次。现在以一个简单的汇编语言程序为例，来了解其工作过程。程序执行两个数相加，并将结果保存在寄存器中。程序名称为 AddTwo：

```
1: main PROC
2:     mov eax,5           ;将数字 5 送入 eax 寄存器
3:     add eax,6           ;eax 寄存器加 6
4:
5:     INVOKE ExitProcess,0 ;程序结束
6: main ENDP
```

虽然在每行代码前插入行号有助于讨论，但是在编写汇编程序时，并不需要实际键入行号。此外，目前还不要试图输入并运行这个程序，因为它还缺少一些重要的声明，本章稍后将介绍相关内容。

现在按照一次一行代码的方法来仔细查看这段程序：第 1 行开始 main 程序（主程序），即程序的入口；第 2 行将数字 5 送入 eax 寄存器；第 3 行把 6 加到 EAX 的值上，得到新值 11；第 5 行调用 Windows 服务（也被称为函数）ExitProcess 停止程序，并将控制权交还给操作系统；第 6 行是主程序结束的标记。

读者可能已经注意到了程序中包含的注释，它总是用分号开头。程序的顶部省略了一些声明，稍后会予以说明，不过从本质上说，这是一个可以用的程序。它不会将全部信息显示在屏幕上，但是借助工具程序调试器的运行，程序员可以按一次一行代码的方式执行程序，并查看寄存器的值。本章的后面将展示如何实现这个过程。

添加一个变量

现在让这个程序变得有趣些，将加法运算的结果保存在变量 sum 中。要实现这一点，需要增加一些标记，或声明，用来标识程序的代码和数据区：

```
1: .data                  ;此为数据区
2: sum DWORD 0            ;定义名为 sum 的变量
3:
```

```
 4:    .code                        ;此为代码区
 5: main PROC
 6:    mov eax,5                    ;将数字 5 送入 eax 寄存器
 7:    add eax,6                    ;eax 寄存器加 6
 8:    mov sum,eax
 9:
10:    INVOKE ExitProcess,0         ;程序结束
11: main ENDP
```

变量 sum 在第 2 行进行了声明，其大小为 32 位，使用了关键字 DWORD。汇编语言中有很多这样的大小关键字，其作用或多或少与数据类型一样。但是与程序员可能熟悉的类型相比它们没有那么具体，比如 int、double、float 等等。这些关键字只限制大小，并不检查变量中存放的内容。记住，程序员拥有完全控制权。

顺便说一下，那些被 .code 和 .data 伪指令标记的代码和数据区，被称为段。即，程序有代码段和数据段。在本章后面的内容中，还要命名第三种段：堆栈（stack）。

接下来，将更深入地研究汇编语言的细节，展示如何声明常量（又称常数）、标识符、伪指令和指令。读者可能需要反复阅读本章来记住这些内容，但是这个时间绝对花得值得。另外，本章中每次提到汇编器使用的语法规则时，实际是指 Microsoft MASM 汇编器使用的语法规则。虽然其他汇编器使用的语法规则不同，但是，本章将忽略它们。每次提到汇编器时不再重复印刷 MASM 这个词，可能至少能节约下（世界上某个地方的）一棵树。

3.1.2 整数常量

整数常量（integer literal）（又称为整型常量（integer constant））由一个可选前置符号、一个或多个数字，以及一个指明其基数的可选基数字符构成：

[{+ | - }] digits [radix]

> 本书使用 Microsoft 语法符号。方括号内的元素是可选的；大括号内的元素用 | 符号分隔，且必须要选择其中一个元素；斜体字标识的是有明确定义或说明的元素。

由此，比如 26 就是一个有效的整数常量。它没有基数，所以假设其是十进制形式。如果想要表示十六进制数 26，就将其写为 26h。同样，数字 1101 可以被看做是十进制值，除非在其末尾添加 "b"，使其成为 1101b（二进制）。下表列出了可能的基数值：

h	十六进制	r	编码实数
q/o	八进制	t	十进制（备用）
d	十进制	y	二进制（备用）
b	二进制		

下面这些整数常量声明了各种基数。每行都有注释：

```
26           ;十进制
26d          ;十进制
11010011b    ;二进制
42q          ;八进制
42o          ;八进制
1Ah          ;十六进制
0A3h         ;十六进制
```

以字母开头的十六进制数必须加个前置 0，以防汇编器将其解释为标识符。

3.1.3 整型常量表达式

整型常量表达式（constant integer expression）是一种算术表达式，它包含了整数常量和算术运算符。每个表达式的计算结果必须是一个整数，并可用 32 位（从 0 到 FFFFFFFFh）来存放。表 3-1 列出了算术运算符，并按照从高（1）到低（4）的顺序给出了它们的优先级。对整型常量表达式而言很重要的是，要意识到它们只在汇编时计算。从现在开始，本书将它们简称为整数表达式。

表 3-1 算术运算符

运算符	名称	优先级
( )	圆括号	1
+, -	一元加、减	2
*, /	乘、除	3
MOD	取模	3
+, -	加、减	4

运算符优先级（operator precedence）是指，当一个表达式包含两个或多个运算符时，这些操作的执行顺序。下面是一些表达式和它们的执行顺序：

```
4 + 5 * 2         ;乘法，加法
12 -1 MOD 5       ;取模，减法
-5 + 2            ;一元减法，加法
(4 + 2) * 6       ;加法，乘法
```

下面给出了一些有效表达式和它们的值：

表达式	值
16/5	3
-(3+4)*(6-1)	-35
-3+4*6-1	20
25 mod 3	1

> 建议：在表达式中使用圆括号来表明操作顺序，那么就不用去死记运算符优先级。

3.1.4 实数常量

实数常量（real number literal）（又称为浮点数常量（floating-point literal））用于表示十进制实数和编码（十六进制）实数。十进制实数包含一个可选符号，其后跟随一个整数，一个十进制小数点，一个可选的表示小数部分的整数，和一个可选的指数：

[*sign*]*integer*.[*integer*][*exponent*]

符号和指数的格式如下：

sign　　　　{+,-}
exponent　　E[{+,-}]*integer*

下面是一些有效的十进制实数：

```
2.
+3.0
-44.2E+05
26.E5
```

至少需要一个数字和一个十进制小数点。

编码实数（encoded real）表示的是十六进制实数，用 IEEE 浮点数格式表示短实数（参见第 12 章）。比如，十进制数 +1.0 用二进制表示为：

```
0011 1111 1000 0000 0000 0000 0000 0000
```

在汇编语言中，同样的值可以编码为短实数：

```
3F800000r
```

实数常量暂时还不会用到，因为大多数 x86 指令集是专门针对整数处理的。不过，第 12 章将会说明怎样用实数，又称为浮点数，进行算术运算。这是非常有趣，又非常有技术性的。

3.1.5 字符常量

字符常量（character literal）是指，用单引号或双引号包含的一个字符。汇编器在内存中保存的是该字符二进制 ASCII 码的数值。例如：

```
'A'
"d"
```

回想第 1 章表明字符常量在内部保存为整数，使用的是 ASCII 编码序列。因此，当编写字符常量"A"时，它在内存中存放的形式为数字 65（或 41h）。本书封底内页有完整的 ASCII 码表，读者需要经常查阅此表。

3.1.6 字符串常量

字符串常量（string literal）是用单引号或双引号包含的一个字符（含空格符）序列：

```
'ABC'
'X'
"Good night, Gracie"
'4096'
```

嵌套引号也是被允许的，使用方法如下例所示：

```
"This isn't a test"
'Say "Good night," Gracie'
```

和字符常量以整数形式存放一样，字符串常量在内存的保存形式为整数字节数值序列。例如，字符串常量"ABCD"就包含四个字节 41h、42h、43h、44h。

3.1.7 保留字

保留字（reserved words）有特殊意义并且只能在其正确的上下文中使用。默认情况下，保留字是没有大小写之分的。比如，MOV 与 mov、Mov 是相同的。保留字有不同的类型：

- 指令助记符，如 MOV、ADD 和 MUL。
- 寄存器名称。
- 伪指令，告诉汇编器如何汇编程序。
- 属性，提供变量和操作数的大小与使用信息。例如 BYTE 和 WORD。
- 运算符，在常量表达式中使用。
- 预定义符号，比如 @data，它在汇编时返回常量的整数值。

附录 A 是常用的保留字列表。

3.1.8 标识符

标识符（identifier）是由程序员选择的名称，它用于标识变量、常数、子程序和代码标签。标识符的形成有一些规则：

- 可以包含 1 到 247 个字符。
- 不区分大小写。
- 第一个字符必须为字母（A…Z, a…z）、下划线（_）、@、? 或 $。其后的字符也可以是数字。
- 标识符不能与汇编器保留字相同。

> **提示** 可以在运行汇编器时，添加 -Cp 命令行切换项来使得所有关键字和标识符变成大小写敏感。

通常，在高级编程语言代码中，标识符使用描述性名称是一个好主意。尽管汇编语言指令短且隐晦，但没有理由使得标识符也要变得难以理解！下面是一些命名良好的名称：

```
lineCount    firstValue    index    line_count
myFile       xCoord        main     x_Coord
```

下面的名称合法，但是不可取：

```
_lineCount   $first        @myFile
```

一般情况下，应避免用符号 @ 和下划线作为第一个字符，因为它们既用于汇编器，也用于高级语言编译器。

3.1.9 伪指令

伪指令（directive）是嵌入源代码中的命令，由汇编器识别和执行。伪指令不在运行时执行，但是它们可以定义变量、宏和子程序；为内存段分配名称，执行许多其他与汇编器相关的日常任务。默认情况下，伪指令不区分大小写。例如，.data、.DATA 和 .Data 是相同的。

下面的例子有助于说明伪指令和指令的区别。DWORD 伪指令告诉汇编器在程序中为一个双字变量保留空间。另一方面，MOV 指令在运行时执行，将 myVar 的内容复制到 EAX 寄存器中：

```
myVar   DWORD 26
mov     eax,myVar
```

尽管 Intel 处理器所有的汇编器使用相同的指令集，但是通常它们有着不同的伪指令。比如，Microsoft 汇编器的 REPT 伪指令对其他一些汇编器就是无法识别的。

定义段 汇编器伪指令的一个重要功能是定义程序区段，也称为段（segment）。程序中的段具有不同的作用。如下面的例子，一个段可以用于定义变量，并用 .DATA 伪指令进行标识：

```
.data
```

.CODE 伪指令标识的程序区段包含了可执行的指令：

```
.code
```

.STACK 伪指令标识的程序区段定义了运行时堆栈，并设置了其大小：

```
.stack 100h
```

附录 A 给出了伪指令和运算符，是一个有用的参考。

3.1.10 指令

指令（instruction）是一种语句，它在程序汇编编译时变得可执行。汇编器将指令翻译为机器语言字节，并且在运行时由 CPU 加载和执行。一条指令有四个组成部分：

- 标号（可选）
- 指令助记符（必需）
- 操作数（通常是必需的）
- 注释（可选）

不同部分的位置安排如下所示：

```
[label:] mnemonic [operands] [;comment]
```

现在分别了解每个部分，先从标号字段开始。

1. 标号

标号（label）是一种标识符，是指令和数据的位置标记。标号位于指令的前端，表示指令的地址。同样，标号也位于变量的前端，表示变量的地址。标号有两种类型：数据标号和代码标号。

数据标号标识变量的位置，它提供了一种方便的手段在代码中引用该变量。比如，下面定义了一个名为 count 的变量：

```
count DWORD 100
```

汇编器为每个标号分配一个数字地址。可以在一个标号后面定义多个数据项。在下面的例子中，array 定义了第一个数字（1024）的位置，其他数字在内存中的位置紧随其后：

```
array DWORD 1024, 2048
      DWORD 4096, 8192
```

变量将在 3.4.2 节中解释，MOV 指令将在 4.1.4 节中解释。

程序代码区（指令所在区段）的标号必须用冒号（：）结束。代码标号用作跳转和循环指令的目标。例如，下面的 JMP 指令创建一个循环，将程序控制传递给标号 target 标识的位置：

```
target:
    mov    ax,bx
    ...
    jmp    target
```

代码标号可以与指令在同一行上，也可以自己独立一行：

```
L1: mov    ax,bx
L2:
```

标号命名规则与 3.1.8 节中说明的标识符命名规则一样。只要每个标号在其封闭子程序中是唯一的，那么就可以多次使用相同的标号。子程序将在第 5 章中讨论。

2. 指令助记符

指令助记符（instruction mnemonic）是标记一条指令的短单词。在英语中，助记符是帮助记忆的方法。相似地，汇编语言指令助记符，如 mov，add 和 sub，给出了指令执行操作类型的线索。下面是一些指令助记符的例子：

助记符	说明	助记符	说明
MOV	传送（分配）数值	MUL	两个数值相乘
ADD	两个数值相加	JMP	跳转到一个新位置
SUB	从一个数值中减去另一个数值	CALL	调用一个子程序

3. 操作数

操作数是指令输入输出的数值。汇编语言指令操作数的个数范围是 0～3 个，每个操作数可以是寄存器、内存操作数、整数表达式和输入输出端口。寄存器命名在第 2 章讨论过，整数表达式在 3.1.2 节讨论过。生成内存操作数有不同的方法——比如，使用变量名、带方括号的寄存器，详细内容将稍后讨论。变量名暗示了变量地址，并指示计算机使用给定地址的内存内容。下表列出了一些操作数示例：

示例	操作数类型	示例	操作数类型
96	整数常量	eax	寄存器
2+4	整数表达式	count	内存

现在来考虑一些包含不同个数操作数的汇编语言指令示例。比如，STC 指令没有操作数：

```
stc          ;进位标志位置1
```

INC 指令有一个操作数：

```
inc eax      ;EAX 加 1
```

MOV 指令有两个操作数：

```
mov count,ebx    ;将 EBX 传送给变量 count
```

操作数有固有顺序。当指令有多个操作数时，通常第一个操作数被称为目的操作数，第二个操作数被称为源操作数（source operand）。一般情况下，目的操作数的内容由指令修改。比如，在 MOV 指令中，数据就是从源操作数复制到目的操作数。

IMUL 指令有三个操作数，第一个是目的操作数，第二个和第三个是进行乘法的源操作数：

```
imul eax,ebx,5
```

在上例中，EBX 与 5 相乘，结果存放在 EAX 寄存器中。

4. 注释

注释是程序编写者与阅读者交流程序设计信息的重要途径。程序清单的开始部分通常包含如下信息：

- 程序目标的说明
- 程序创建者或修改者的名单
- 程序创建和修改的日期
- 程序实现技术的说明

注释有两种指定方法：

- 单行注释，用分号（;）开始。汇编器将忽略在同一行上分号之后的所有字符。

- 块注释，用 COMMENT 伪指令和一个用户定义的符号开始。汇编器将忽略其后所有的文本行，直到相同的用户定义符号出现为止。示例如下：

```
COMMENT !
    This line is a comment.
    This line is also a comment.
!
```

其他符号也可以使用，只要该符号不出现在注释行中：

```
COMMENT &
    This line is a comment.
    This line is also a comment.
&
```

当然，程序员应该在整个程序中提供注释，尤其是代码意图不太明显的地方。

5. NOP（空操作）指令

最安全（也是最无用）的指令是 NOP（空操作）。它在程序空间中占有一个字节，但是不做任何操作。它有时被编译器和汇编器用于将代码对齐到有效的地址边界。在下面的例子中，第一条指令 MOV 生成了 3 字节的机器代码。NOP 指令就把第三条指令的地址对齐到双字边界（4 的偶数倍）：

```
00000000  66 8B C3     mov ax,bx
00000003  90           nop        ;对齐下条指令
00000004  8B D1        mov edx,ecx
```

x86 处理器被设计为从双字的偶数倍地址处加载代码和数据，这使得加载速度更快。

3.1.11 本节回顾

1. 使用数值 -35，按照 MASM 语法，写出该数值的十进制、十六进制、八进制和二进制格式的整数常量。
2. （是 / 否）：A5h 是一个有效的十六进制常量吗？
3. （是 / 否）：整数表达式中，乘法运算符（*）是否比除法运算符（/）具有更高优先级？
4. 编写一个整数表达式，要求用到 3.1.2 节中的所有运算符。计算该表达式的值。
5. 按照 MASM 语法，写出实数 -6.2×10^4 的实数常量。
6. （是 / 否）：字符串常量必须被包含在单引号中吗？
7. 保留字可以用作指令助记符、属性、运算符、预定义符号，和_____。
8. 标识符的最大长度是多少？

3.2 示例：整数加减法

3.2.1 AddTwo 程序

现在再查看一下本章开始给出的 AddTwo 程序，并添加必要的声明使其成为完全能运行的程序。请记住，行号不是程序的实际组成部分：

```
1: ; AddTwo.asm - 两个 32 位整数相加
2: ; 第 3 章示例
3:
4: .386
5: .model flat,stdcall
```

```
 6:    .stack 4096
 7:    ExitProcess PROTO, dwExitCode:DWORD
 8:
 9:    .code
10:    main PROC
11:        mov     eax,5         ;数字 5 送入 eax 寄存器
12:        add     eax,6         ;eax 寄存器加 6
13:
14:        INVOKE ExitProcess,0
15:    main ENDP
16:    END main
```

第 4 行是 .386 伪指令,它表示这是一个 32 位程序,能访问 32 位寄存器和地址。第 5 行选择了程序的内存模式(flat),并确定了子程序的调用规范(称为 stdcall)。其原因是 32 位 Windows 服务要求使用 stdcall 规范。(第 8 章解释了 stdcall 是如何工作的。)第 6 行为运行时堆栈保留了 4096 字节的存储空间,每个程序都必须有。

第 7 行声明了 ExitProcess 函数的原型,它是一个标准的 Windows 服务。原型包含了函数名、PROTO 关键字、一个逗号,以及一个输入参数列表。ExitProcess 的输入参数名称为 dwExitCode。可以将其看作为给 Windows 操作系统的返回值,返回值为零,则表示程序执行成功;而任何其他的整数值都表示了一个错误代码。因此,程序员可以将自己的汇编程序看作是被操作系统调用的子程序或过程。当程序准备结束时,它就调用 ExitProcess,并向操作系统返回一个整数以表示该程序运行良好。

> **更多信息**:读者可能会好奇,为什么操作系统想要知道程序是否成功完成。理由如下:与按序执行一些程序相比,系统管理员常常会创建脚本文件。在脚本文件中的每一个点上,系统管理员都需要知道刚执行的程序是否失败,这样就可以在必要时退出该脚本。脚本通常如下例所示,其中,ErrorLevel1 表示前一步的过程返回码大于或等于 1:
>
> ```
> call program_1
> if ErrorLevel 1 goto FailedLabel
> call program_2
> if ErrorLevel 1 goto FailedLabel
> :SuccessLabel
> Echo Great, everything worked!
> ```

现在回到 AddTwo 程序清单。第 16 行用 end 伪指令来标记汇编的最后一行,同时它也标识了程序的入口(main)。标号 main 在第 10 行进行了声明,它标记了程序开始执行的地址。

> **提示** 在显示汇编程序代码时,Visual Studio 的语法高亮显示和关键字下的波浪线并不一致。通过如下步骤可以禁用它:从 Tool 菜单选择 Options,继续选择 Text Editor,选择 C/C++,选择 Advanced,在 Intellisense 标题下,将 Disable Squiggles 设置为 True。点击 OK 关闭 Options 窗口。同样,记住 MASM 大小写不敏感,因此,程序员可以随意进行大小写组合。

汇编伪指令回顾

现在回顾一些在示例程序中使用过的最重要的汇编伪指令。

首先是 .MODEL 伪指令,它告诉汇编程序用的是哪一种存储模式:

```
.model flat,stdcall
```

32 位程序总是使用平面（flat）存储模式，它与处理器的保护模式相关联。保护模式在第 2 章中已经讨论过了。关键字 stdcall 在调用程序时告诉汇编器，怎样管理运行时堆栈。这是个复杂的问题，将在第 8 章中进行探讨。然后是 .STACK 伪指令，它告诉汇编器应该为程序运行时堆栈保留多少内存字节：

```
.stack 4096
```

数值 4096 可能比将要用的字节数多，但是对处理器的内存管理而言，它正好对应了一个内存页的大小。所有的现代程序在调用子程序时都会用到堆栈——首先，用来保存传递的参数；其次，用来保存调用函数的代码的地址。函数调用结束后，CPU 利用这个地址返回到函数被调用的程序点。此外，运行时堆栈还可以保存局部变量，也就是，在函数内定义的变量。

.CODE 伪指令标记一个程序代码区的起点，代码区包含了可执行指令。通常，.CODE 的下一行声明程序的入口，按照惯例，一般会是一个名为 main 的过程。程序的入口是指程序要执行的第一条指令的位置。用下面两行来传递这个信息：

```
.code
main PROC
```

ENDP 伪指令标记一个过程的结束。如果程序有名为 main 的过程，则 endp 就必须使用同样的名称：

```
main ENDP
```

最后，END 伪指令标记一个程序的结束，并要引用程序入口：

```
END main
```

如果在 END 伪指令后面还有更多代码行，它们都会被汇编程序忽略。程序员可以在这里放各种内容——程序注释，代码副本等等，都无关紧要。

3.2.2　运行和调试 AddTwo 程序

使用 Visual Studio 可以很方便地编辑、构建和运行汇编语言程序。本书示例文件目录中的 Project32 文件夹包含了 Visual Studio 2012 Windows 控制台项目，该文件夹已经按照 32 位汇编语言编程进行了配置。（另一个 Project64 文件夹按照 64 位汇编进行了配置。）下面的步骤，按照 Visual Studio 2012，说明了怎样打开示例项目，并创建 AddTwo 程序：

1）打开 Project32 文件夹，双击 Project.sln 文件。启动计算机上安装的最新版本的 Visual Studio。

2）打开 Visual Studio 中 Solution Explorer 窗口。它应该已经是可见的，但是程序员也可以在 View 菜单中选择 Solution Explorer 使其可见。

3）在 Solution Explorer 窗口右键点击项目名称，在文本菜单中选择 Add，再在弹出菜单中选择 New Item。

4）在 Add New File 对话窗口中（见图 3-1），将文件命名为 AddTwo.asm，填写 Location 项为该文件选择一个合适的磁盘文件夹。

5）单击 Add 按钮保存文件。

6）键入程序源代码，如下所示。这里大写关键字不是必需的：

图 3-1　向 Visual Studio 项目添加一个新的源代码文件

```
; AddTwo.asm - adds two 32-bit integers.

.386
.model flat,stdcall
.stack 4096
ExitProcess PROTO,dwExitCode:DWORD

.code
main PROC
  mov    eax,5
  add    eax,6

  INVOKE ExitProcess,0
main ENDP
END main
```

7）在 Project 菜单中选择 Build Project，查看 Visual Studio 工作区底部的错误消息。这被称为错误列表窗口。图 3-2 展示了打开并运行了示例程序的结果。注意，当没有错误时，窗口底部的状态栏会显示 Build succeeded。

图 3-2　构建 Visual Studio 项目

1. 调试演示

下面将展示 AddTwo 程序的一个示例调试会话。本书还未向读者展示直接在控制台窗口显示变量值，因此，我们将在调试会话中运行程序。演示使用的是 Visual Studio 2012，不过，自 2008 年起的任何版本的 Visual Studio 都可以使用。

运行调试程序的一个方法是在 Debug 菜单中选择 Step Over。按照 Visual Studio 的配置，F10 功能键或 Shift+F8 组合键将执行 Step Over 命令。

开始调试会话的另一种方法是在程序语句上设置断点，方法是在代码窗口左侧灰色垂直条中直接单击。断点处由一个红色大圆点标识出来。然后就可以从 Debug 菜单中选择 Start Debugging 开始运行程序。

> 提示　如果试图在非执行代码行设置断点，那么在运行程序时，Visual Studio 会直接将断点前移到下一条可执行代码行。

图 3-3 显示了调试会话开始时的程序。第 11 行，第一条 MOV 指令，设置了一个断点，调试器已经暂停在该行，而该行还未执行。当调试器被激活时，Visual Studio 窗口底部的状态栏变为橙色。当调试器停止并返回编辑模式时，状态栏变为蓝色。可视提示是有用的，因为在调试器运行时，程序员无法对程序进行编辑或保存。

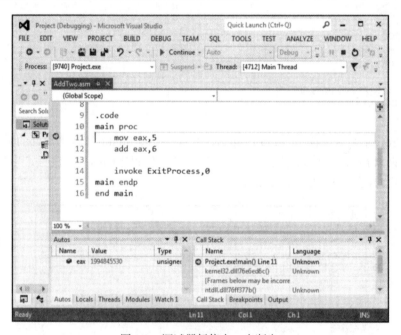

图 3-3　调试器暂停在一个断点

图 3-4 显示的调试程序已经单步执行了 11 行和 12 行，正暂停在 14 行。将鼠标悬停在 EAX 寄存器名称上，就可以查看其当前的内容（11）。结束程序运行的方法是在工具栏上单击 Continue 按钮，或者是单击（工具栏右侧的）红色的 Stop Debugging 按钮。

2. 自定义调试接口

在调试时可以自定义调试接口。例如，如果想要显示 CPU 寄存器，实现方法是，在 Debug 菜单中选择 Windows，然后再选择 Registers。图 3-5 显示了与刚才相同的调试会话，其中 Registers 窗口可见，同时还关闭了一些不重要的窗口。EAX 数值显示为 0000000B，是十进制数 11 的十六进制表示。图中已经绘制了箭头指向该值。Registers 窗口中，EFL 寄存器包含了所有的状态标志位（零标志、进位标志、溢出标志等）。如果在 Registers 窗口中右键单击，并在弹出菜单中选择 Flags，则窗口将显示单个的标志位值。示例如图 3-6 所示，标志位从左到右依次为：OV（溢出标志位）、UP（方向标志位）、EI（中断标志位）、PL（符号标志位）、ZR（零标志位）、AC（辅助进位标志位）、PE（奇偶标志位）和 CY（进位标志位）。这些标志位准确的含义将在第 4 章进行说明。

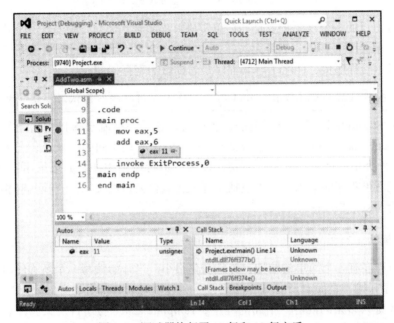

图 3-4　调试器执行了 11 行和 12 行之后

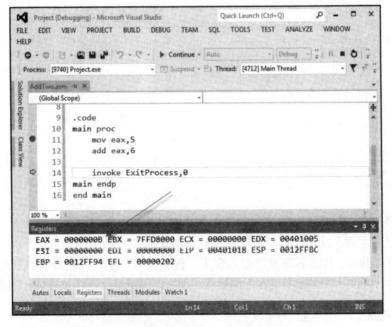

图 3-5　在调试会话中添加 Registers 窗口

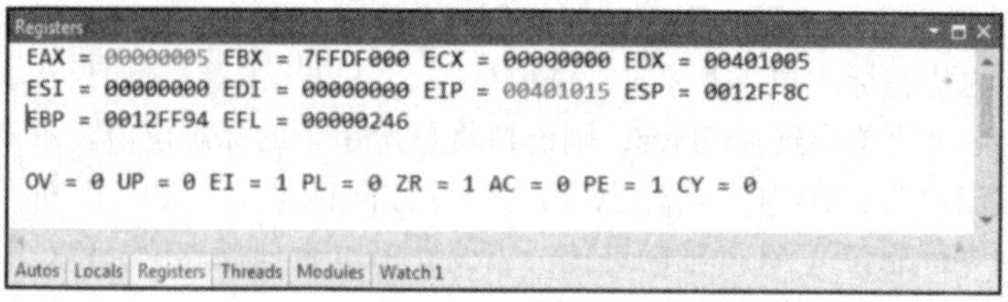

图 3-6 在 Registers 窗口中显示 CPU 状态标志

Registers 窗口的一个重要特点是，在单步执行程序时，任何寄存器，只要当前指令修改了它的数值，就会变为红色。尽管无法在打印页面（它只有黑白两色）上表示出来，这种红色高亮确实显示给程序员，使之了解其程序是怎样影响寄存器的。

> **提示** 本书网站（asmirivine.com）有教程展示如何汇编和调试汇编语言程序。

在 Visual Studio 中运行一个汇编语言程序时，它是在控制台窗口中启动的。这个窗口与从 Windows 的 Start 菜单运行名为 cmd.exe 程序的窗口是相同的。或者，还可以打开项目 Debug\Bin 文件夹中的命令提示符，直接从命令行运行应用程序。如果采用的是这个方法，程序员就只能看见程序的输出，其中包括了写入控制台窗口的文本。查找具有相同名称的可执行文件作为 Visual Studio 项目。

3.2.3 程序模板

汇编语言程序有一个简单的结构，并且变化很小。当开始编写一个新程序时，可以从一个空 shell 程序开始，里面有所有基本的元素。通过填写缺省部分，并在新名字下保存该文件就可以避免键入多余的内容。下面的程序（Template.asm）易于自定义。注意，插入的注释标注了程序员添加自己代码的地方。关键字大小写均可：

```
; 程序模板      (Template.asm)

.386
.model flat,stdcall
.stack 4096
ExitProcess PROTO, dwExitCode:DWORD

.data
    ; 在这里声明变量
.code
main PROC

    ; 在这里编写自己的代码

    INVOKE ExitProcess,0
main ENDP
END main
```

使用注释 在注释中包括程序说明、程序作者的名字、创建日期，以及后续修改信息，是一个非常好的主意。这种文档对任何阅读程序清单的人（包括程序员自己，几个月或几年之后）都是有帮助的。许多程序员已经发现了，程序编写几年后，他们必须先重新熟悉自己的代码才能进行修改。如果读者正在上编程课，那么老师可能会坚持要求使用这些附加信息。

3.2.4 本节回顾

1. 在 AddTwo 程序中，ENDP 伪指令的含义是什么？

2. 在 AddTwo 程序中，.CODE 伪指令标识了什么？
3. AddTwo 程序中两个段的名称是什么？
4. 在 AddTwo 程序中，哪个寄存器保存了和数？
5. 在 AddTwo 程序中，哪条语句使程序停止？

3.3 汇编、链接和运行程序

用汇编语言编写的源程序不能直接在其目标计算机上执行，必须通过翻译或汇编将其转换为可执行代码。实际上，汇编器与编译器（compiler）很相似，编译器是一类程序，用于将 C++ 或 Java 程序翻译为可执行代码。

汇编器生成包含机器语言的文件，称为目标文件（object file）。这个文件还没有准备好执行，它还需传递给一个被称为链接器（linker）的程序，从而生成可执行文件（executable file）。这个文件就准备好在操作系统命令提示符下执行。

3.3.1 汇编 – 链接 – 执行周期

图 3-7 总结了编辑、汇编、链接和执行汇编语言程序的过程。下面详细说明每一个步骤。

步骤 1：编程者用文本编辑器（text editor）创建一个 ASCII 文本文件，称之为源文件。

步骤 2：汇编器读取源文件，并生成目标文件，即对程序的机器语言翻译。或者，它也会生成列表文件。只要出现任何错误，编程者就必须返回步骤 1，修改程序。

步骤 3：链接器读取并检查目标文件，以便发现该程序是否包含了任何对链接库中过程的调用。链接器从链接库中复制任何被请求的过程，将它们与目标文件组合，以生成可执行文件。

步骤 4：操作系统加载程序将可执行文件读入内存，并使 CPU 分支到该程序起始地址，然后程序开始执行。

参见本书作者网站（www.asmirvine.com）的"Getting Started"标题，获取 Microsoft Visual Studio 对汇编语言程序进行汇编、链接和运行的详细指令。

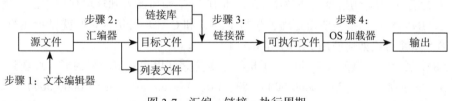

图 3-7　汇编 – 链接 – 执行周期

3.3.2 列表文件

列表文件（listing file）包括了程序源文件的副本，再加上行号、每条指令的数字地址、每条指令的机器代码字节（十六进制）以及符号表。符号表中包含了程序中所有标识符的名称、段和相关信息。高级程序员有时会利用列表文件来获得程序的详细信息。图 3-8 展示了 AddTwo 程序的部分列表文件，现在进一步查看这个文件。1～7 行没有可执行代码，因此它们原封不动地从源文件中直接复制过来。第 9 行表示代码段开始的地址为 0000 0000（在 32 位程序中，地址显示为 8 个十六进制数字）。这个地址是相对于程序内存占用起点而言的，但是，当程序加载到内存中时，这个地址就会转换为绝对内存地址。此时，该程序就会从这个地址开始，比如 0004 0000h。

```
1:      ; AddTwo.asm - adds two 32-bit integers.
2:      ; Chapter 3 example
3:
4:      .386
5:      .model flat,stdcall
6:      .stack 4096
7:      ExitProcess PROTO,dwExitCode:DWORD
8:
9:      00000000                        .code
10:     00000000                        main PROC
11:     00000000  B8 00000005           mov     eax,5
12:     00000005  83 C0 06              add     eax,6
13:
14:                                     invoke  ExitProcess,0
15:     00000008  6A 00                 push    +000000000h
16:     0000000A  E8 00000000 E         call    ExitProcess
17:     0000000F                        main ENDP
18:                                     END main
```

图 3-8　AddTwo 源列表文件摘录

第 10 行和第 11 行也显示了相同的开始地址 0000 0000，原因是：第一条可执行语句是 MOV 指令，它在第 11 行。请注意第 11 行中，在地址和源代码之间出现了几个十六进制字节，这些字节（B8 0000 0005）代表的是机器代码指令（B8），而该指令分配给 EAX 的就是 32 位常数值（0000 0005）：

```
11:     00000000  B8 00000005   mov eax,5
```

数值 B8 也被称为操作代码（或简称为操作码），因为它表示了特定的机器指令，将一个 32 位整数送入 eax 寄存器。第 12 章将非常详细地介绍 x86 机器指令架构。

第 12 行也是一条可执行指令，起始偏移量为 0000 0005。这个偏移量是指从程序起始地址开始 5 个字节的距离。也许，读者能猜出来这个偏移量是怎么算出来的。

第 14 行有 invoke 伪指令。注意第 15 行和 16 行是如何插入到这段代码中的，插入代码的原因是，INVOKE 伪指令使得汇编器生成 PUSH 和 CALL 语句，它们就显示在第 15 行和 16 行。第 5 章将讨论如何使用 PUSH 和 CALL。

图 3-8 中展示的示例列表文件说明了机器指令是怎样以整数值序列的形式加载到内存的，在这里用十六进制表示：B8、0000 0005、83、C0、06、6A、00、EB、0000 0000。每个数中包含的数字个数暗示了位的个数：2 个数字就是 8 位，4 个数字就是 16 位，8 个数字就是 32 位，以此类推。所以，本例机器指令长正好是 15 个字节（2 个 4 字节值和 7 个 1 字节值）。

当程序员想要确认汇编器是否按照自己的程序生成了正确的机器代码字节时，列表文件就是最好的资源。如果是刚开始学习机器代码指令是如何生成的，列表文件也是一个很好的教学工具。

> **提示**　若想告诉 Visual Studio 生成列表文件，则在打开项目时按下述步骤操作：在 Project 菜单中选择 Properties，在 Configuration Properties 下，选择 Microsoft Macro Assembler。然后选择 Listing File。在对话框中，设置 Generate Preprocessed Source Listing 为 Yes，设置 List All Available Information 为 Yes。对话框如图 3-9 所示。

汇编语言基础

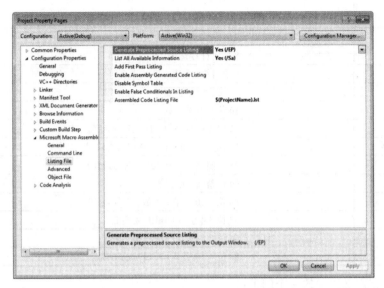

图 3-9　配置 Visual Studio 以生成列表文件

列表文件的其他部分包含了结构和联合列表，以及过程、参数和局部变量。这里没有显示这些内容，但是后续章节将对它们进行讨论。

3.3.3　本节回顾

1. 汇编器生成什么类型的文件？
2. （真/假）：链接器从链接库中抽取已汇编程序，并将其插入到可执行程序中。
3. （真/假）：程序源代码修改后，它必须再次进行汇编和链接才能按照修改内容执行。
4. 操作系统的哪一部分来读取和执行程序？
5. 链接器生成什么类型的文件？

3.4　定义数据

3.4.1　内部数据类型

汇编器识别一组基本的内部数据类型（intrinsic data type），按照数据大小（字节、字、双字等等）、是否有符号、是整数还是实数来描述其类型。这些类型有相当程度的重叠——例如，DWORD 类型（32 位，无符号整数）就可以和 SDWORD 类型（32 位，有符号整数）相互交换。可能有人会说，程序员用 SDWORD 告诉读程序的人，这个值是有符号的，但是，对于汇编器来说这不是强制性的。汇编器只评估操作数的大小。因此，举例来说，程序员只能将 32 位整数指定为 DWORD、SDWORD 或者 REAL4 类型。表 3-2 给出了全部内部数据类型的列表，有些表项中的 IEEE 符号指的是 IEEE 计算机学会出版的标准实数格式。

3.4.2　数据定义语句

数据定义语句（data definition statement）在内存中为变量留出存储空间，并赋予一个可选的名字。数据定义语句根据内部数据类型（表 3-2）定义变量。数据定义语法如下所示：

    [name] directive initializer [,initializer]...

表 3-2 内部数据类型

类型	用法
BYTE	8 位无符号整数，B 代表字节
SBYTE	8 位有符号整数，S 代表有符号
WORD	16 位无符号整数
SWORD	16 位有符号整数
DWORD	32 位无符号整数，D 代表双（字）
SDWORD	32 位有符号整数，SD 代表有符号双（字）
FWORD	48 位整数（保护模式中的远指针）
QWORD	64 位整数，Q 代表四（字）
TBYTE	80 位（10 字节）整数，T 代表 10 字节
REAL4	32 位（4 字节）IEEE 短实数
REAL8	64 位（8 字节）IEEE 长实数
REAL10	80 位（10 字节）IEEE 扩展实数

下面是数据定义语句的一个例子：

```
count DWORD 12345
```

名字 分配给变量的可选名字必须遵守标识符规范（参见 3.1.8 节）。

伪指令 数据定义语句中的伪指令可以是 BYTE、WORD、DWORD、SBTYE、SWORD，或其他在表 3-2 中列出的类型。此外，它还可以是传统数据定义伪指令，如表 3-3 所示。

表 3-3 传统数据伪指令

伪指令	用法	伪指令	用法
DB	8 位整数	DQ	64 位整数或实数
DW	16 位整数	DT	定义 80 位（10 字节）整数
DD	32 位整数或实数		

初始值 数据定义中至少要有一个初始值，即使该值为 0。其他初始值，如果有的话，用逗号分隔。对整数数据类型而言，*初始值*（initializer）是整数常量或是与变量类型，如 BTYE 或 WORD 相匹配的整数表达式。如果程序员希望不对变量进行初始化（随机分配数值），可以用符号？作为初始值。所有初始值，不论其格式，都由汇编器转换为二进制数据。初始值 0011 0010b、32h 和 50d 都具有相同的二进制数值。

3.4.3 向 AddTwo 程序添加一个变量

本章开始时介绍了 AddTwo 程序，现在创建它的一个新版本，并称为 AddTwoSum。这个版本引入了变量 sum，它出现在完整的程序清单中：

```
 1: ; AddTwoSum.asm - 第 3 章示例
 2:
 3:     .386
 4:     .model flat,stdcall
 5:     .stack 4096
 6:     ExitProcess PROTO, dwExitCode:DWORD
 7:
 8:     .data
 9:     sum DWORD 0
10:
```

```
11:         .code
12:      main PROC
13:         mov eax,5
14:         add eax,6
15:         mov sum,eax
16:
17:         INVOKE ExitProcess,0
18:      main ENDP
19:      END main
```

可以在第 13 行设置断点，每次执行一行，在调试器中单步执行该程序。执行完第 15 行后，将鼠标悬停在变量 sum 上，查看其值。或者打开一个 Watch 窗口，打开过程如下：在 Debug 菜单中选择 Windows（在调试会话中），选择 Watch，并在四个可用选项（Watch1，Watch2，Watch3 或 Watch4）中选择一个。然后，用鼠标高亮显示 sum 变量，将其拖拉到 Watch 窗口中。图 3-10 展示了一个例子，其中用大箭头指出了执行第 15 行后，sum 的当前值。

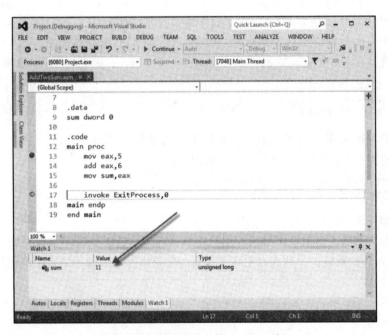

图 3-10　在调试会话中使用 Watch 窗口

3.4.4　定义 BYTE 和 SBYTE 数据

BYTE（定义字节）和 SBYTE（定义有符号字节）为一个或多个无符号或有符号数值分配存储空间。每个初始值在存储时，都必须是 8 位的。例如：

```
value1 BYTE   'A'      ;字符常量
value2 BYTE    0       ;最小无符号字节
value3 BYTE   255      ;最大无符号字节
value4 SBYTE  -128     ;最小有符号字节
value5 SBYTE  +127     ;最大有符号字节
```

问号（?）初始值使得变量未初始化，这意味着在运行时分配数值到该变量：

```
value6 BYTE ?
```

可选名字是一个标号，标识从变量包含段的开始到该变量的偏移量。比如，如果 value1 在数据段偏移量为 0000 处，并在内存中占一个字节，则 value2 就自动处于偏移量为 0001 处：

```
value1 BYTE 10h
value2 BYTE 20h
```

DB 伪指令也可以定义有符号或无符号的 8 位变量：

```
val1 DB 255      ;无符号字节
val2 DB -128     ;有符号字节
```

1. 多初始值

如果同一个数据定义中使用了多个初始值，那么它的标号只指出第一个初始值的偏移量。在下面的例子中，假设 list 的偏移量为 0000。那么，数值 10 的偏移量就为 0000，20 的偏移量为 0001，30 的偏移量为 0002，40 的偏移量为 0003：

```
list BYTE 10,20,30,40
```

图 3-11 给出了字节序列 list，显示了每个字节及其偏移量。

并不是所有的数据定义都要用标号。比如，在 list 后面继续添加字节数组，就可以在下一行定义它们：

```
list BYTE 10,20,30,40
     BYTE 50,60,70,80
     BYTE 81,82,83,84
```

偏移量	数值
0000:	10
0001:	20
0002:	30
0003:	40

图 3-11 一个字节序列的内存排列

在单个数据定义中，其初始值可以使用不同的基数。字符和字符串常量也可以自由组合。在下面的例子中，list1 和 list2 有相同的内容：

```
list1 BYTE 10, 32, 41h, 00100010b
list2 BYTE 0Ah, 20h, 'A', 22h
```

2. 定义字符串

定义一个字符串，要用单引号或双引号将其括起来。最常见的字符串类型是用一个空字节（值为 0）作为结束标记，称为以空字节结束的字符串，很多编程语言中都使用这种类型的字符串：

```
greeting1 BYTE "Good afternoon",0
greeting2 BYTE 'Good night',0
```

每个字符占一个字节的存储空间。对于字节数值必须用逗号分隔的规则而言，字符串是一个例外。如果没有这种例外，greeting1 就会被定义为：

```
greeting1 BYTE 'G','o','o','d'....etc.
```

这就显得很冗长。一个字符串可以分为多行，并且不用为每一行都添加标号：

```
greeting1 BYTE "Welcome to the Encryption Demo program "
  BYTE "created by Kip Irvine.",0dh,0ah
  BYTE "If you wish to modify this program, please "
  BYTE "send me a copy.",0dh,0ah,0
```

十六进制代码 0Dh 和 0Ah 也被称为 CR/LF（回车换行符）或行结束字符。在编写标准输出时，它们将光标移动到当前行的下一行的左侧。

行连续字符（\）把两个源代码行连接成一条语句，它必须是一行的最后一个字符。下面的语句是等价的：

```
greeting1 BYTE "Welcome to the Encryption Demo program "
```

和

```
greeting1 \
BYTE "Welcome to the Encryption Demo program "
```

3. DUP 操作符

DUP 操作符使用一个整数表达式作为计数器，为多个数据项分配存储空间。在为字符串或数组分配存储空间时，这个操作符非常有用，它可以使用初始化或非初始化数据：

```
BYTE 20 DUP(0)          ;20个字节，值都为 0
BYTE 20 DUP(?)          ;20个字节，非初始化
BYTE  4 DUP("STACK")    ;20个字节:
```

3.4.5 定义 WORD 和 SWORD 数据

WORD（定义字）和 SWORD（定义有符号字）伪指令为一个或多个 16 位整数分配存储空间：

```
word1   WORD    65535       ;最大无符号数
word2   SWORD   -32768      ;最小有符号数
word3   WORD    ?           ;未初始化，无符号
```

也可以使用传统的 DW 伪指令：

```
val1    DW 65535    ;无符号
val2    DW -32768   ;有符号
```

16 位字数组 通过列举元素或使用 DUP 操作符来创建字数组。下面的数组包含了一组数值：

```
myList  WORD 1,2,3,4,5
```

图 3-12 是一个数组在内存中的示意图，假设 myList 起始位置偏移量为 0000。由于每个数值占两个字节，因此其地址递增量为 2。

DUP 操作符提供了一种方便的方法来声明数组：

```
array WORD 5 DUP(?)   ;5个数值，未初始化
```

偏移量	数值
0000:	1
0002:	2
0004:	3
0006:	4
0008:	5

图 3-12 16 位字数组的内存排列

3.4.6 定义 DWORD 和 SDWORD 数据

DWORD（定义双字）和 SDWORD（定义有符号双字）伪指令为一个或多个 32 位整数分配存储空间：

```
val1 DWORD    12345678h    ;无符号
val2 SDWORD  -2147483648   ;有符号
val3 DWORD    20 DUP(?)    ;无符号数组
```

传统的 DD 伪指令也可以用来定义双字数据：

```
val1 DD 12345678h     ;无符号
val2 DD -2147483648   ;有符号
```

DWORD 还可以用于声明一种变量，这种变量包含的是另一个变量的 32 位偏移量。如下所示，pVal 包含的就是 val3 的偏移量：

```
pVal DWORD val3
```

32 位双字数组 现在定义一个双字数组，并显式初始化它的每一个值：

```
myList DWORD 1,2,3,4,5
```

图 3-13 给出了这个数组在内存中的示意图，假设 myList 起始位置偏移量为 0000，偏移量增量为 4。

偏移量	数值
0000：	1
0004：	2
0008：	3
000C：	4
0010：	5

图 3-13　32 位双字数组的内存排列

3.4.7　定义 QWORD 数据

QWORD（定义四字）伪指令为 64 位（8 字节）数值分配存储空间：

```
quad1 QWORD 1234567812345678h
```

传统的 DQ 伪指令也可以用来定义四字数据：

```
quad1 DQ 1234567812345678h
```

3.4.8　定义压缩 BCD（TBYTE）数据

Intel 把一个压缩的二进制编码的十进制（BCD，Binary Coded Decimal）整数存放在一个 10 字节的包中。每个字节（除了最高字节之外）包含两个十进制数字。在低 9 个存储字节中，每半个字节都存放了一个十进制数字。最高字节中，最高位表示该数的符号位。如果最高字节为 80h，该数就是负数；如果最高字节为 00h，该数就是正数。整数的范围是 −999 999 999 999 999 999 到 +999 999 999 999 999 999。

示例 下表列出了正、负十进制数 1234 的十六进制存储字节，排列顺序从最低有效字节到最高有效字节：

十进制数值	存储字节
+1234	34 12 00 00 00 00 00 00 00 00
−1234	34 12 00 00 00 00 00 00 00 80

MASM 使用 TBYTE 伪指令来定义压缩 BCD 变量。常数初始值必须是十六进制的，因为，汇编器不会自动将十进制初始值转换为 BCD 码。下面的两个例子展示了十进制数 −1234 有效和无效的表达方式：

```
intVal TBYTE 8000000000000001234h    ;有效
intVal TBYTE -1234                   ;无效
```

第二个例子无效的原因是 MASM 将常数编码为二进制整数，而不是压缩 BCD 整数。

如果想要把一个实数编码为压缩 BCD 码，可以先用 FLD 指令将该实数加载到浮点寄存器堆栈，再用 FBSTP 指令将其转换为压缩 BCD 码，该指令会把数值舍入到最接近的整数：

```
.data
posVal REAL8 1.5
bcdVal TBYTE ?
.code
fld posVal       ;加载到浮点堆栈
fbstp bcdVal     ;向上舍入到 2，压缩 BCD 码值
```

如果 posVal 等于 1.5，结果 BCD 值就是 2。第 7 章将学习怎样用压缩 BCD 值进行算术运算。

3.4.9 定义浮点类型

REAL4 定义 4 字节单精度浮点变量。REAL8 定义 8 字节双精度数值，REAL10 定义 10 字节扩展精度数值。每个伪指令都需要一个或多个实常数初始值：

```
rVal1       REAL4  -1.2
rVal2       REAL8  3.2E-260
rVal3       REAL10 4.6E+4096
ShortArray REAL4  20 DUP(0.0)
```

表 3-4 描述了标准实类型的最少有效数字个数和近似范围：

表 3-4 标准实数类型

数据类型	有效数字	近似范围
短实数	6	1.18×10^{-38} to 3.40×10^{38}
长实数	15	2.23×10^{-308} to 1.79×10^{308}
扩展精度实数	19	3.37×10^{-4932} to 1.18×10^{4932}

DD、DQ 和 DT 伪指令也可以定义实数：

```
rVal1 DD -1.2          ;短实数
rVal2 DQ 3.2E-260      ;长实数
rVal3 DT 4.6E+4096     ;扩展精度实数
```

> 说明：MASM 汇编器包含了诸如 real4 和 real8 的数据类型，这些类型表明数值是实数。更准确地说，这些数值是浮点数，其精度和范围都是有限的。从数学的角度来看，实数的精度和大小是无限的。

3.4.10 变量加法程序

到目前为止，本章的示例程序实现了存储在寄存器中的整数加法。现在已经对如何定义数据有了一些了解，那么可以对同样的程序进行修改，使之实现三个整数变量相加，并将和数存放到第四个变量中。

```
 1: ; AddVariables.asm - 第3章示例
 2:
 3:     .386
 4:     .model flat,stdcall
 5:     .stack 4096
 6:     ExitProcess PROTO, dwExitCode:DWORD
 7:
 8:     .data
 9:     firstval  DWORD 20002000h
10:     secondval DWORD 11111111h
11:     thirdval  DWORD 22222222h
12:     sum       DWORD 0
13:
14:     .code
15:     main PROC
16:         mov eax,firstval
17:         add eax,secondval
18:         add eax,thirdval
```

```
19:        mov sum,eax
20:
21:        INVOKE ExitProcess,0
22:  main ENDP
23:  END main
```

注意,已经用非零数值对三个变量进行了初始化(9～11行)。16～18行进行变量相加。x86指令集不允许将一个变量直接与另一个变量相加,但是允许一个变量与一个寄存器相加。这就是为什么16～17行用EAX作累加器的原因:

```
16:        mov eax,firstval
17:        add eax,secondval
```

第17行之后,EAX中包含了firstval和secondval之和。接着,第18行把thirdval加到EAX中的和数上:

```
18:        add eax,thirdval
```

最后,在第19行,和数被复制到名称为sum的变量中:

```
19:        mov sum,eax
```

作为练习,鼓励读者在调试会话中运行本程序,并在每条指令执行后检查每个寄存器。最终和数应为十六进制的53335333。

> **提示** 在调试会话过程中,如果想要变量显示为十六进制,则按下述步骤操作:鼠标在变量或寄存器上悬停1秒,直到一个灰色矩形框出现在鼠标下。右键点击该矩形框,在弹出菜单中选择Hexadecimal Display。

3.4.11 小端顺序

x86处理器在内存中按小端(little-endian)顺序(低到高)存放和检索数据。最低有效字节存放在分配给该数据的第一个内存地址中,剩余字节存放在随后的连续内存位置中。考虑一个双字12345678h。如果将其存放在偏移量为0000的位置,则78h存放在第一个字节,56h存放在第二个字节,余下的字节存放地址偏移量为0002和0003,如图3-14所示。

0000:	78
0001:	56
0002:	34
0003:	12

图3-14　12345678h的小端表示

其他有些计算机系统采用的是大端顺序(高到低)。图3-15展示了12345678h从偏移量0000开始的大端顺序存放。

0000:	12
0001:	34
0002:	56
0003:	78

图3-15　12345678h的大端表示

3.4.12 声明未初始化数据

.DATA?伪指令声明未初始化数据。当定义大量未初始化数据时,.DATA?伪指令减少了编译程序的大小。例如,下述代码是有效声明:

```
.data
smallArray DWORD 10 DUP(0)    ;40个字节
.data?
bigArray DWORD 5000 DUP(?)    ;20 000个字节,未初始化
```

而另一方面,下述代码生成的编译程序将会多出20 000个字节:

```
.data
smallArray DWORD 10 DUP(0)      ;40个字节
bigArray DWORD 5000 DUP(?)      ;20 000个字节
```

代码与数据混合　汇编器允许在程序中进行代码和数据的来回切换。比如，想要声明一个变量，使其只能在程序的局部区域中使用。下述示例在两个代码语句之间插入了一个名为 temp 的变量：

```
.code
mov eax,ebx
.data
temp DWORD ?
.code
mov temp,eax
. . .
```

尽管 temp 声明的出现打断了可执行指令流，MASM 还是会把 temp 放在数据段中，并与保持编译的代码段分隔开。然而同时，混用 .code 和 .data 伪指令会使得程序变得难以阅读。

3.4.13 本节回顾

1. 为一个 16 位有符号整数创建未初始化数据声明。
2. 为一个 8 位无符号整数创建未初始化数据声明。
3. 为一个 8 位有符号整数创建未初始化数据声明。
4. 为一个 64 位整数创建未初始化数据声明。
5. 哪种数据类型能容纳 32 位有符号整数？

3.5　符号常量

通过为整数表达式或文本指定标识符来创建符号常量（symbolic constant）（也称符号定义（symbolic definition））。符号不预留存储空间。它们只在汇编器扫描程序时使用，并且在运行时不会改变。下表总结了符号与变量之间的不同：

	符号	变量
使用内存吗？	否	是
运行时数值会改变吗？	否	是

本节将展示如何用等号伪指令（=）创建符号来表示整数表达式，还将使用 EQU 和 TEXTEQU 伪指令创建符号来表示任意文本。

3.5.1　等号伪指令

等号伪指令（equal-sign directive）把一个符号名称与一个整数表达式连接起来（参见 3.1.3 节），其语法如下：

```
name = expression
```

通常，表达式是一个 32 位的整数值。当程序进行汇编时，在汇编器预处理阶段，所有出现的 name 都会被替换为 expression。假设下面的语句出现在一个源代码文件开始的位置：

```
COUNT = 500
```

然后，假设在其后 10 行的位置有如下语句：

```
mov eax, COUNT
```

那么，当汇编文件时，MASM 将扫描这个源文件，并生成相应的代码行：

```
mov eax, 500
```

为什么使用符号？ 程序员可以完全跳过 COUNT 符号，简化为直接用常量 500 来编写 MOV 指令，但是经验表明，如果使用符号将会让程序更加容易阅读和维护。设想，如果 COUNT 在整个程序中出现多次，那么，在之后的时间里，程序员就能方便地重新定义它的值：

```
COUNT = 600
```

假如再次对该源文件进行汇编，则所有的 COUNT 都将会被自动替换为 600。

当前地址计数器 最重要的符号之一被称为当前地址计数器（current location counter），表示为 $。例如，下面的语句声明了一个变量 selfPtr，并将其初始化为该变量的偏移量：

```
selfPtr DWORD $
```

键盘定义 程序通常定义符号来识别常用的数字键盘代码。比如，27 是 Esc 键的 ASCII 码：

```
Esc_key = 27
```

在该程序的后面，如果语句使用这个符号而不是整数常量，那么它会具有更强的自描述性。使用

```
mov   al,Esc_key      ;好的编程风格
```

而非

```
mov   al,27           ;不好的编程风格
```

使用 DUP 操作符 3.4.4 节说明了怎样使用 DUP 操作符来存储数组和字符串。为了简化程序的维护，DUP 使用的计数器应该是符号计数器。在下例中，如果已经定义了 COUNT，那么它就可以用于下面的数据定义中：

```
array dword COUNT DUP(0)
```

重定义 用 = 定义的符号，在同一程序内可以被重新定义。下例展示了当 COUNT 改变数值后，汇编器如何计算它的值：

```
COUNT = 5
mov al,COUNT                    ; AL = 5
COUNT = 10
mov al,COUNT                    ; AL = 10
COUNT = 100
mov al,COUNT                    ; AL = 100
```

符号值的改变，例如 COUNT，不会影响语句在运行时的执行顺序。相反，在汇编器预处理阶段，符号会根据汇编器对源代码处理的顺序来改变数值。

3.5.2 计算数组和字符串的大小

在使用数组时，通常会想要知道它的大小。下例使用常量 ListSize 来声明 list 的大小：

```
list BYTE 10,20,30,40
ListSize = 4
```

显式声明数组的大小会导致编程错误，尤其是如果后续还会插入或删除数组元素。声明数组大小更好的方法是，让汇编器来计算这个值。$ 运算符（当前地址计数器）返回当前程序语句的偏移量。在下例中，从当前地址计数器（$）中减去 list 的偏移量，计算得到 ListSize：

```
list BYTE 10,20,30,40
ListSize = ($ - list)
```

ListSize 必须紧跟在 list 的后面。下面的例子中，计算得到的 ListSize 值（24）就过大，原因是 var2 使用的存储空间，影响了当前地址计数器与 list 偏移量之间的距离：

```
list BYTE 10,20,30,40
var2 BYTE 20 DUP(?)
ListSize = ($ - list)
```

不要手动计算字符串的长度，让汇编器完成这个工作：

```
myString  BYTE "This is a long string, containing"
          BYTE "any number of characters"
myString_len = ($ - myString)
```

字数组和双字数组　当要计算元素数量的数组中包含的不是字节时，就应该用数组总的大小（按字节计）除以单个元素的大小。比如，在下例中，由于数组中的每个字要占 2 个字节（16 位），因此，地址范围应该除以 2：

```
list  WORD  1000h,2000h,3000h,4000h
ListSize = ($ - list) / 2
```

同样，双字数组中每个元素长 4 个字节，因此，其总长度除以 4 才能产生数组元素的个数：

```
list  DWORD  10000000h,20000000h,30000000h,40000000h
ListSize = ($ -list) / 4
```

3.5.3　EQU 伪指令

EQU 伪指令把一个符号名称与一个整数表达式或一个任意文本连接起来，它有 3 种格式：

```
name EQU expression
name EQU symbol
name EQU <text>
```

第一种格式中，expression 必须是一个有效整数表达式（参见 3.1.3）。第二种格式中，symbol 是一个已存在的符号名称，已经用 = 或 EQU 定义过了。第三种格式中，任何文本都可以出现在 <…> 内。当汇编器在程序后面遇到 name 时，它就用整数值或文本来代替符号。

在定义非整数值时，EQU 非常有用。比如，可以使用 EQU 定义实数常量：

```
PI EQU <3.1416>
```

示例　下面的例子将一个符号与一个字符串连接起来，然后用该符号定义一个变量：

```
pressKey EQU <"Press any key to continue...",0>
.
.
```

```
        .data
        prompt BYTE    pressKey
```

示例 假设想定义一个符号来计算一个 10×10 整数矩阵的元素个数。现在用两种不同的方法来进行符号定义，一种用整数表达式，一种用文本。然后把两个符号都用于数据定义：

```
matrix1  EQU   10 * 10
matrix2  EQU   <10 * 10>
        .data
M1 WORD matrix1
M2 WORD matrix2
```

汇编器将为 M1 和 M2 生成不同的数据定义。计算 matrix1 中的整数表达式，并将其赋给 M1。而 matrix2 中的文本则直接复制到 M2 的数据定义中：

```
M1 WORD 100
M2 WORD 10 * 10
```

不能重定义 与 = 伪指令不同，在同一源代码文件中，用 EQU 定义的符号不能被重新定义。这个限制可以防止现有符号在无意中被赋予新值。

3.5.4 TEXTEQU 伪指令

TEXTEQU 伪指令，类似于 EQU，创建了文本宏（text macro）。它有 3 种格式：第一种为名称分配的是文本；第二种分配的是已有文本宏的内容；第三种分配的是整数常量表达式：

```
name TEXTEQU <text>
name TEXTEQU textmacro
name TEXTEQU %constExpr
```

例如，变量 prompt1 使用了文本宏 continueMsg：

```
continueMsg TEXTEQU <"Do you wish to continue (Y/N)?">
        .data
prompt1 BYTE continueMsg
```

文本宏可以相互构建。如下例所示，count 被赋值了一个整数表达式，其中包含 rowSize。然后，符号 move 被定义为 mov。最后，用 move 和 count 创建 setupAL：

```
rowSize = 5
count    TEXTEQU   %(rowSize * 2)
move     TEXTEQU   <mov>
setupAL  TEXTEQU   <move al,count>
```

因此，语句

```
setupAL
```

就会被汇编为

```
mov al,10
```

用 TEXTEQU 定义的符号随时可以被重新定义。

3.5.5 本节回顾

1. 用等号伪指令定义一个符号常量，使其包含 Backspace 键的 ASCII 码（08h）。
2. 用等号伪指令定义符号常量 SecondsInDay，并为其分配一个算术表达式计算 24 小时包含的秒数。

3. 编写一条语句使汇编器计算下列数组的字节数，并将结果赋给符号常量 ArraySize：

```
myArray WORD 20 DUP(?)
```

4. 说明如何计算下列数组的元素个数，并将结果赋给符号常量 ArraySize：

```
myArray DWORD 30 DUP(?)
```

5. 使用 TEXTEQU 表达式将"proc"重定义为"procedure"。
6. 使用 TEXTEQU 将一个字符串常量定义为符号 Sample，再使用该符号定义字符串变量 MyString。
7. 使用 TEXTEQU 将下面的代码行赋给符号 SetupESI：

```
mov esi,OFFSET myArray
```

3.6 64 位编程

AMD 和 Intel 64 位处理器的出现增加了对 64 位编程的兴趣。MASM 支持 64 位代码，所有的 Visual Studio 2012 版本（最终版、高级版和专业版）以及桌面系统的 Visual Studio 2012 Express 都会同步安装 64 位版本的汇编器。从本章开始，之后的每一章都将给出一些示例程序的 64 位版本。同时，还会讨论本书提供的 Irvine64 子程序库。

现在借助本章之前给出的 AddTwoSum 程序，将其改为 64 位编程：

```
 1: ; AddTwoSum_64.asm - 第 3 章示例
 2:
 3: ExitProcess PROTO
 4:
 5: .data
 6: sum DWORD 0
 7:
 8: .code
 9: main PROC
10:     mov    eax,5
11:     add    eax,6
12:     mov    sum,eax
13:
14:     mov    ecx,0
15:     call   ExitProcess
16: main ENDP
17: END
```

上述程序与本章之前给出的 32 位版本不同之处如下所示：

- 32 位 AddTwoSum 程序中使用了下列三行代码，而 64 位版本中则没有：

```
.386
.model flat,stdcall
.stack 4096
```

- 64 位程序中，使用 PROTO 关键字的语句不带参数，如第 3 行代码所示：

```
ExitProcess PROTO
```

32 位版本代码如下：

```
ExitProcess PROTO,dwExitCode:DWORD
```

- 14~15 行使用了两条指令（mov 和 call）来结束程序。32 位版本则只使用了一条 INVOKE 语句实现同样的功能。64 位 MASM 不支持 INVOKE 伪指令。
- 在第 17 行，END 伪指令没有指定程序入口点，而 32 位程序则指定了。

使用 64 位寄存器

在某些应用中，可能需要实现超过 32 位的整数的算术运算。在这种情况下，可以使用 64 位寄存器和变量。例如，下述步骤让示例程序能使用 64 位数值：

- 在第 6 行，定义 sum 变量时，把 DWORD 修改为 QWORD。
- 在 10~12 行，把 EAX 替换为其 64 位版本 RAX。

下面是修改后的 6~12 行：

```
 6: sum QWORD 0
 7:
 8: .code
 9: main PROC
10:     mov   rax,5
11:     add   rax,6
12:     mov   sum,rax
```

编写 32 位还是 64 位汇编程序，很大程度上是个人喜好的问题。但是，需要记住：64 位 MASM 11.0（Visual Studio 2012 附带的）不支持 INVOKE 伪指令。同时，为了运行 64 位程序，必须使用 64 位 Windows。

本书作者网站（asmirvine.com）上提供了说明，帮助在 64 位编程时配置 Visual Studio。

3.7 本章小结

整型常量表达式是算术表达式，包括了整数常量、符号常量和算术运算符。优先级是指当表达式有两个或更多运算符时，运算符的隐含顺序。

字符常量是用引号括起来的单个字符。汇编器把字符转换为一个字节，其中包含的是该字符的二进制 ASCII 码。字符串常量是用引号括起来的字符序列，可以选择用空字节标记结束。

汇编语言有一组保留字，它们含义特殊且只能用于正确的上下文中。标识符是程序员选择的名称，用于标识变量、符号常量、子程序和代码标号。不能用保留字作标识符。

伪指令是嵌在源代码中的命令，由汇编器进行转换。指令是源代码语句，由处理器在运行时执行。指令助记符是短关键字，用于标识指令执行的操作。标号是一种标识符，用作指令或数据的位置标记。

操作数是传递给指令的数据。一条汇编指令有 0~3 个操作数，每一个都可以是寄存器、内存操作数、整数表达式或输入/输出端口号。

程序包括了逻辑段，名称分别为代码段、数据段和堆栈段。代码段包含了可执行指令；堆栈段包含了子程序参数、局部变量和返回地址；数据段包含了变量。

源文件包含了汇编语言语句。列表文件包含了程序源代码的副本，再加上行号、偏移地址、翻译的机器代码和符号表，适合打印。源文件用文本编辑器创建。汇编器是一种程序，它读取源文件，并生成目标文件和列表文件。链接器也是一种程序，它读取一个或多个目标文件，并生成可执行文件。后者由操作系统加载器来执行。

MASM 识别内部数据类型，每一种类型都描述了一组数值，这些数值能分配给指定类型的变量和表达式：

- BYTE 和 SBYTE 定义 8 位变量。
- WORD 和 SWORD 定义 16 位变量。
- DWORD 和 SDWORD 定义 32 位变量。
- QWORD 和 TBYTE 分别定义 8 字节和 10 字节变量。
- REAL4、REAL8 和 REAL10 分别定义 4 字节、8 字节和 10 字节实数变量。

数据定义语句为变量预留内存空间，并可以选择性地给变量分配一个名称。如果一个数据定义有多个初始值，那么它的标号仅指向第一个初始值的偏移量。创建字符串数据定义时，要用引号把字符序列括起来。DUP 运算符用常量表达式作为计数器，生成重复的存储分配。当前地址计数器运算符（$）用于地址计算表达式。

x86 处理器用小端顺序在内存中存取数据：变量的最低有效字节存储在其起始（最低）地址中。

符号常量（或符号定义）把标识符与一个整数或文本表达式连接起来。有 3 个伪指令能够定义符号常量：

- 等号伪指令（=）连接符号名称与整数常量表达式。
- EQU 和 TESTEQU 伪指令连接符号名称与整数常量表达式或一些任意的文本。

3.8 关键术语

3.8.1 术语

assembler（汇编器）
big endian（大端）
binary codeddecimal(BCD)（二进制编码的十进制数）
calling convention（调用规范）
character literal（字符常量）
code label（代码标号）
code segment（代码段）
compiler（编译器）
constant integer expression（整数常量表达式）
data definition statement（数据定义语句）
data label（数据标号）
data segment（数据段）
decimal real（十进制实数）
directive（伪指令）
encoded real（实数编码）
executable file（可执行文件）
floating-point literal（浮点数常量）
identifier（标识符）
initializer（初始值）
instruction（指令）

instruction mnemonic（指令助记符）
integer constant（整型常数）
integer literal（整数常量）
intrinsic data type（内部数据类型）
label（标号）
linker（链接器）
link library（链接库）
listing file（列表文件）
little-endian order（小端顺序）
macro（宏）
memory model（内存模型）
memory operand（内存操作数）
object file（目标文件）
operand（操作数）
operator precedence（运算符优先级）
packed binary coded decimal（压缩二进制编码的十进制数）
process return code（进程返回代码）
program entry point（程序入口点）
real number literal（实数常量）
reserved word（保留字）

source file（源文件）
stack segment（堆栈段）
string literal（字符串常量）

symbolic constant（符号常量）
system function（系统函数）

3.8.2 指令、运算符和伪指令

+（加法，一元加）
=（赋值，相等比较）
/（除法）
*（乘法）
()（括号）
－（减法，一元减）
ADD
BYTE
CALL
.CODE
COMMENT
.DATA
DWORD

END
ENDP
DUP
EQU
MOD
MOV
NOP
PROC
SBYTE
SDWORD
.STACK
TEXTEQU

3.9 复习题和练习

3.9.1 简答题

1. 举例说明三种不同的指令助记符。
2. 什么是调用规范？如何在汇编语言声明中使用它？
3. 如何在程序中为堆栈预留空间？
4. 说明为什么术语汇编器语言不太正确。
5. 说明大端序和小端序之间的区别，并在网络上查找这些术语的起源。
6. 为什么在代码中使用符号常量而不是整数常量？
7. 源文件与列表文件的区别是什么？
8. 数据标号与代码标号的区别是什么？
9. （真/假）：标识符不能以数字开头。
10. （真/假）：十六进制常量可以写为 0x3A。
11. （真/假）：汇编语言伪指令在运行时执行。
12. （真/假）：汇编语言伪指令可以写为大写字母和小写字母的任意组合。
13. 说出汇编语言指令的四个基本组成部分。
14. （真/假）：MOV 是指令助记符的例子。
15. （真/假）：代码标号后面要跟冒号（:），而数据标号则没有。
16. 给出块注释的例子。
17. 使用数字地址编写指令来访问变量，为什么不是一个好主意？
18. 必须向 ExitProcess 过程传递什么类型的参数？
19. 什么伪指令用来结束子程序？

20. 32 位模式下，END 伪指令中的标识符有什么用？
21. PROTO 伪指令的作用是什么？
22. (真/假)：目标文件由链接器生成。
23. (真/假)：列表文件由汇编器生成。
24. (真/假)：链接库只有在生成可执行文件之前才加到程序中。
25. 哪个数据伪指令定义 32 位有符号整数变量？
26. 哪个数据伪指令定义 16 位有符号整数变量？
27. 哪个数据伪指令定义 64 位无符号整数变量？
28. 哪个数据伪指令定义 8 位有符号整数变量？
29. 哪个数据伪指令定义 10 字节压缩 BCD 变量？

3.9.2 算法基础

1. 定义 4 个符号常量分别表示整数 25 的十进制形式、二进制形式、八进制形式和十六进制形式。
2. 通过实验和错误，找出一个程序是否能有多个代码段和数据段。
3. 编写数据定义，把一个双字按大端序存放在内存中。
4. 试发现用 DWORD 类型定义一个变量时，是否能向其赋予负数值。这说明了汇编器类型检查的什么问题？
5. 编写一个程序，包含两条指令：(1) EAX 寄存器加 5；(2) EDX 寄存器加 5。生成列表文件并检查由汇编器生成的机器代码。发现这两条指令的不同之处了吗？如果有，是什么？
6. 假设有数值 456789ABh，按小端序列出其字节内容。
7. 声明一个数组，其中包含 120 个未初始化无符号双字数值。
8. 声明一个字节数组，并将其初始化为字母表的前 5 个字母。
9. 声明一个 32 位有符号整数变量，并初始化为尽可能小的十进制负数。(提示：参阅第 1 章的整数范围。)
10. 声明一个 16 位无符号整数变量 wArray，使其具有 3 个初始值。
11. 声明一个字符串变量，包含你最喜欢颜色的名字，并将其初始化为空字节结束的字符串。
12. 声明一个未初始化数组 dArray，包含 50 个有符号双字。
13. 声明一个字符串变量，包含单词 "TEST" 并重复 500 次。
14. 声明一个数组 bArray，包含 20 个无符号字节，并将其所有元素都初始化为 0。
15. 写出下述双字变量在内存中的字节序列（从最低字节到最高字节）：

```
val1 DWORD 87654321h
```

3.10 编程练习

*1. 整数表达式的计算
参考 3.2 节的程序 AddTwo，编写程序，利用寄存器计算表达式：A=（A+B）-（C-D）。整数值分配给寄存器 EAX、EBX、ECX 和 EDX。

*2. 符号整数常量
编写程序，为一周七天定义符号常量。创建一个数组变量，用这些符号常量作为其初始值。

**3. 数据定义
编写程序，对 3.4 节表 3-2 中列出的每一个数据类型进行定义，并将每个变量都初始化为与其类型一致的数值。

*4. 符号文本常量

编写程序，定义几个字符串文本（引号之间的字符）的符号名称，并将每个符号名称都用于变量定义。

****5. AddTwoSum 的列表文件

生成 AddTwoSum 程序的列表文件，为每条指令的机器代码字节编写说明。某些字节值的含义可能需要猜测。

***6. AddVariables 程序

修改 AddVariables 程序使其使用 64 位变量。描述汇编器产生的语法错误，并说明为解决这些错误采取的措施。

第 4 章

Assembly Language for x86 Processors, Seventh Edition

数据传送、寻址和算术运算

本章介绍了数据传送和算术运算的若干必要指令，用大量的篇幅说明了基本寻址模式，如直接寻址、立即寻址和可以用于处理数组的间接寻址。同时，还展示了怎样创建循环和怎样使用一些基本运算符，如 OFFSET、PTR 和 LENGTHOF。阅读本章后，将会了解除条件语句之外的汇编语言的基本工作知识。

4.1 数据传送指令

4.1.1 引言

用 Java 或 C++ 这样的语言编程时，编译器产生的大量语法错误信息很容易让初学者感到心烦。编译器执行严格类型检查，以避免可能出现诸如不匹配变量和数据的错误。另一方面，只要处理器指令集允许，汇编器就能完成任何操作请求。换句话说，汇编语言就是将程序员的注意力集中在数据存储和具体机器细节上。编写汇编语言代码时，必须要了解处理器的限制。而 x86 处理器具有众所周知的复杂指令集（complex instruction set），因此，可以用许多方法来完成任务。

如果花时间深入了解本章介绍的材料，则阅读本书其他内容会更加顺利。随着示例程序越来越复杂，需要依赖对本章介绍的基础工具的掌握。

4.1.2 操作数类型

第 3 章介绍过 x86 指令格式：

[label:] mnemonic [operands][; comment]

指令包含的操作数个数可以是：0 个、1 个、2 个或 3 个。这里，为了清晰起见，省略掉标号和注释：

mnemonic
mnemonic [destination]
mnemonic [destination],[source]
mnemonic [destination],[source-1],[source-2]

操作数有 3 种基本类型：

- 立即数——使用数字文本表达式
- 寄存器操作数——使用 CPU 内已命名的寄存器
- 内存操作数——引用内存位置

表 4-1 说明了标准操作数类型，它使用了简单的操作数符号（32 位模式下），这些符号来自 Intel 手册并进行了改编。从现在开始，本书将用这些符号来描述每条指令的语法。

表 4-1　32 位模式下指令操作数符号

操作数	说明
reg8	8 位通用寄存器：AH、AL、BH、BL、CH、CL、DH、DL
reg16	16 位通用寄存器：AX、BX、CX、DX、SI、DI、SP、BP
reg32	32 位通用寄存器：EAX、EBX、ECX、EDX、ESI、EDI、ESP、EBP
reg	通用寄存器
sreg	16 位段寄存器：CS、DS、SS、ES、FS、GS
imm	8 位、16 位或 32 位即数
imm8	8 位立即数，字节型数值
imm16	16 位立即数，字类型数值
imm32	32 位立即数，双字型数值
reg/mem8	8 位操作数，可以是 8 位通用寄存器或内存字节
reg/mem16	16 位立即数，可以是 16 位通用寄存器或内存字
reg/mem32	32 位立即数，可以是 32 位通用寄存器或内存双字
mem	8 位、16 位或 32 位内存操作数

4.1.3　直接内存操作数

变量名引用的是数据段内的偏移量。例如，如下变量 var1 的声明表示，该变量的大小类型为字节，值为十六进制的 10：

```
.data
var1 BYTE 10h
```

可以编写指令，通过内存操作数的地址来解析（查找）这些操作数。假设 var1 的地址偏移量为 10400h。如下指令将该变量的值复制到 AL 寄存器中：

```
mov al var1
```

指令会被汇编为下面的机器指令：

```
A0 00010400
```

这条机器指令的第一个字节是操作代码（即操作码（*opcode*））。剩余部分是 **var1** 的 32 位十六进制地址。虽然编程时有可能只使用数字地址，但是如同 **var1** 一样的符号标号会让使用内存更加容易。

> **另一种表示法**。一些程序员更喜欢使用下面这种直接操作数的表达方式，因为，括号意味着解析操作：
>
> ```
> mov  al,[var1]
> ```
>
> MASM 允许这种表示法，因此只要愿意就可以在程序中使用。由于多数程序（包括 Microsoft 的程序）印刷时都没有用括号，所以，本书只在出现算术表达式时才使用这种带括号的表示法：
>
> ```
> mov  al,[var1 + 5]
> ```
>
> （这就是直接偏移量操作数，将在 4.1.8 节中作为一个主题进行详细讨论。）

4.1.4 MOV 指令

MOV 指令将源操作数复制到目的操作数。作为*数据传送*（data transfer）指令，它几乎用在所有程序中。在它的基本格式中，第一个操作数是目的操作数，第二个操作数是源操作数：

```
MOV destination,source
```

其中，目的操作数的内容会发生改变，而源操作数不会改变。这种数据从右到左的移动与 C++ 或 Java 中的赋值语句相似：

```
dest = source;
```

在几乎所有的汇编语言指令中，左边的操作数是目标操作数，而右边的操作数是源操作数。只要按照如下原则，MOV 指令使用操作数是非常灵活的。
- 两个操作数必须是同样的大小。
- 两个操作数不能同时为内存操作数。
- 指令指针寄存器（IP、EIP 或 RIP）不能作为目标操作数。

下面是 MOV 指令的标准格式：

```
MOV reg,reg
MOV mem,reg
MOV reg,mem
MOV mem,imm
MOV reg,imm
```

内存到内存 单条 MOV 指令不能用于直接将数据从一个内存位置传送到另一个内存位置。相反，在将源操作数的值赋给内存操作数之前，必须先将该数值传送给一个寄存器：

```
.data
var1 WORD ?
var2 WORD ?
.code
mov   ax,var1
mov   var2,ax
```

在将整型常数复制到一个变量或寄存器时，必须考虑该常量需要的最少字节数。第 1 章的表 1-4 给出了无符号整型常数的大小，表 1-7 给出了有符号整型常数的大小。

覆盖值

下述代码示例演示了怎样通过使用不同大小的数据来修改同一个 32 位寄存器。当 oneWord 字传送到 AX 时，它就覆盖了 AL 中已有的值。当 oneDword 传送到 EAX 时，它就覆盖了 AX 的值。最后，当 0 被传送到 AX 时，它就覆盖了 EAX 的低半部分。

```
.data
oneByte BYTE 78h
oneWord WORD 1234h
oneDword DWORD 12345678h
.code
mov   eax,0            ; EAX = 00000000h
mov   al,oneByte       ; EAX = 00000078h
mov   ax,oneWord       ; EAX = 00001234h
mov   eax,oneDword     ; EAX = 12345678h
mov   ax,0             ; EAX = 12340000h
```

4.1.5 整数的全零 / 符号扩展

1. 把一个较小的值复制到一个较大的操作数

尽管 MOV 指令不能直接将较小的操作数复制到较大的操作数中，但是程序员可以想办法解决这个问题。假设要将 count（无符号，16 位）传送到 ECX（32 位），可以先将 ECX 设置为 0，然后将 count 传送到 CX：

```
.data
count WORD 1
.code
mov ecx,0
mov cx,count
```

如果对一个有符号整数 -16 进行同样的操作会发生什么呢？

```
.data
signedVal SWORD -16              ; FFF0h (-16)
.code
mov ecx,0
mov cx,signedVal                 ; ECX = 0000FFF0h (+65,520)
```

ECX 中的值（+65 520）与 -16 完全不同。但是，如果先将 ECX 设置为 FFFFFFFFh，然后再把 signedVal 复制到 CX，那么最后的值就是完全正确的：

```
mov ecx,0FFFFFFFFh
mov cx,signedVal                 ; ECX = FFFFFFF0h (-16)
```

本例的有效结果是用源操作数的最高位（1）来填充目的操作数 ECX 的高 16 位，这种技术称为符号扩展（sign extension）。当然，不能总是假设源操作数的最高位是 1。幸运的是，Intel 的工程师在设计指令集时已经预见到了这个问题，因此，设置了 MOVZX 和 MOVSX 指令来分别处理无符号整数和有符号整数。

2. MOVZX 指令

MOVZX 指令（进行全零扩展并传送）将源操作数复制到目的操作数，并把目的操作数 0 扩展到 16 位或 32 位。这条指令只用于无符号整数，有三种不同的形式：

```
MOVZX    reg32,reg/mem8
MOVZX    reg32,reg/mem16
MOVZX    reg16,reg/mem8
```

（操作数符号含义见表 4-1。）在三种形式中，第一个操作数（寄存器）是目的操作数，第二个操作数是源操作数。注意，源操作数不能是常数。下例将二进制数 1000 1111 进行全零扩展并传送到 AX：

```
.data
byteVal BYTE 10001111b
.code
movzx    ax,byteVal              ; AX = 0000000010001111b
```

图 4-1 展示了如何将源操作数进行全零扩展，并送入 16 位目的操作数。

下面例子的操作数是各种大小的寄存器：

```
mov      bx,0A69Bh
movzx    eax,bx                  ; EAX = 0000A69Bh
movzx    edx,bl                  ; EDX = 0000009Bh
movzx    cx,bl                   ; CX  = 009Bh
```

数据传送、寻址和算术运算

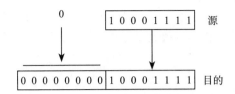

图 4-1 使用 MOVZX 复制一个字节到 16 位目的操作数

下面例子的源操作数是内存操作数,执行结果是一样的:

```
.data
byte1   BYTE 9Bh
word1   WORD 0A69Bh
.code
movzx   eax,word1           ; EAX = 0000A69Bh
movzx   edx,byte1           ; EDX = 0000009Bh
movzx   cx,byte1            ; CX  = 009Bh
```

3. MOVSX 指令

MOVSX 指令(进行符号扩展并传送)将源操作数内容复制到目的操作数,并把目的操作数符号扩展到 16 位或 32 位。这条指令只用于有符号整数,有三种不同的形式:

```
MOVSX   reg32,reg/mem8
MOVSX   reg32,reg/mem16
MOVSX   reg16,reg/mem8
```

操作数进行符号扩展时,在目的操作数的全部扩展位上重复(复制)长度较小操作数的最高位。下面的例子是将二进制数 1000 1111b 进行符号扩展并传送到 AX:

```
.data
byteVal BYTE 10001111b
.code
movsx   ax,byteVal          ; AX = 1111111110001111b
```

如图 4-2 所示,复制最低 8 位,同时,将源操作数的最高位复制到目的操作数高 8 位的每一位上。

如果一个十六进制常数的最大有效数字大于 7,那么它的最高位等于 1。如下例所示,传送到 BX 的十六进制数值为 A69B,因此,数字"A"就意味着最高位是 1。(A69B 前面的 0 是一种方便的表示法,用于防止汇编器将常数误认为标识符。)

```
mov     bx,0A69Bh
movsx   eax,bx              ; EAX = FFFFA69Bh
movsx   edx,bl              ; EDX = FFFFFF9Bh
movsx   cx,bl               ; CX  = FF9Bh
```

图 4-2 使用 MOVSX 将一个字节复制到 16 位目的操作数

4.1.6 LAHF 和 SAHF 指令

LAHF(加载状态标志位到 AH)指令将 EFLAGS 寄存器的低字节复制到 AH。被复制的标志位包括：符号标志位、零标志位、辅助进位标志位、奇偶标志位和进位标志位。使用这条指令，可以方便地把标志位副本保管在变量中：

```
.data
saveflags BYTE ?
.code
lahf                    ;将标志位加载到 AH
mov saveflags,ah        ;用变量保存这些标志位
```

SAHF（保存 AH 内容到状态标志位）指令将 AH 内容复制到 EFLAGS（或 RFLAGS）寄存器低字节。例如，可以检索之前保存到变量中的标志位数值：

```
mov ah,saveflags        ;加载被保存标志位到 AH
sahf                    ;复制到 FLAGS 寄存器
```

4.1.7 XCHG 指令

XCHG（交换数据）指令交换两个操作数内容。该指令有三种形式：

```
XCHG    reg,reg
XCHG    reg,mem
XCHG    mem,reg
```

除了 XCHG 指令不使用立即数作操作数之外，XCHG 指令操作数的要求与 MOV 指令操作数要求（参见 4.1.4 节）是一样的。在数组排序应用中，XCHG 指令提供了一种简单的方法来交换两个数组元素。下面是几个使用 XCHG 指令的例子。

```
xchg    ax,bx           ;交换 16 位寄存器内容
xchg    ah,al           ;交换 8 位寄存器内容
xchg    var1,bx         ;交换 16 位内存操作数与 BX 寄存器内容
xchg    eax,ebx         ;交换 32 位寄存器内容
```

如果要交换两个内存操作数，则用寄存器作为临时容器，把 MOV 指令与 XCHG 指令一起使用：

```
mov     ax,val1
xchg    ax,val2
mov     val1,ax
```

4.1.8 直接 – 偏移量操作数

变量名加上一个位移就形成了一个直接 – 偏移量操作数。这样可以访问那些没有显式标记的内存位置。假设现有一个字节数组 arrayB：

```
arrayB  BYTE 10h,20h,30h,40h,50h
```

用该数组作为 MOV 指令的源操作数，则自动传送数组的第一个字节：

```
mov al,arrayB                   ; AL = 10h
```

通过在 arrayB 偏移量上加 1 就可以访问该数组的第二个字节：

```
mov al,[arrayB+1]               ; AL = 20h
```

如果加 2 就可以访问该数组的第三个字节：

```
mov al,[arrayB+2]               ; AL = 30h
```

形如 arrayB+1 一样的表达式通过在变量偏移量上加常数来形成所谓的有效地址。有效地址外面的括号表明，通过解析这个表达式就可以得到该内存地址指示的内容。汇编器并不要求在地址表达式之外加括号，但为了清晰明了，本书还是强烈建议使用括号。

MASM 没有内置的有效地址范围检查。在下面的例子中，假设数组 arrayB 有 5 个字节，而指令访问的是该数组范围之外的一个内存字节。其结果是一种难以发现的逻辑错误，因此，在检查数组引用时要非常小心：

```
mov al,[arrayB+20]              ; AL = ??
```

字和双字数组　在 16 位的字数组中，每个数组元素的偏移量比前一个多 2 个字节。这就是为什么在下面的例子中，数组 ArrayW 加 2 才能指向该数组的第二个元素：

```
.data
arrayW WORD 100h,200h,300h
.code
mov  ax,arrayW                  ; AX = 100h
mov  ax,[arrayW+2]              ; AX = 200h
```

同样，如果是双字数组，则第一个元素偏移量加 4 才能指向第二个元素：

```
.data
arrayD DWORD 10000h,20000h
.code
mov  eax,arrayD                 ; EAX = 10000h
mov  eax,[arrayD+4]             ; EAX = 20000h
```

4.1.9　示例程序（Moves）

该程序中包含了本章迄今介绍的所有指令，包括：MOV、XCHG、MOVSX 和 MOVZX，展示了字节、字和双字是如何受到它们的影响。同时，程序中还包括了一些直接 – 偏移量操作数。

```
; 数据传送示例         (Moves.asm)
.386
.model flat,stdcall
.stack 4096
ExitProcess PROTO,dwExitCode:DWORD
.data
val1 WORD 1000h
val2 WORD 2000h
arrayB BYTE 10h,20h,30h,40h,50h
arrayW WORD 100h,200h,300h
arrayD DWORD 10000h,20000h

.code
main PROC
; 演示 MOVZX 指令
    mov    bx,0A69Bh
    movzx eax,bx                ; EAX = 0000A69Bh
    movzx edx,bl                ; EDX = 0000009Bh
    movzx cx,bl                 ; CX  = 009Bh
; 演示 MOVSX 指令
    mov    bx,0A69Bh
    movsx eax,bx                ; EAX = FFFFA69Bh
    movsx edx,bl                ; EDX = FFFFFF9Bh
```

```
        mov    bl,7Bh
        movsx  cx,bl                   ; CX = 007Bh
    ; 内存 - 内存的交换
        mov    ax,val1                 ; AX = 1000h
        xchg   ax,val2                 ; AX=2000h, val2=1000h
        mov    val1,ax                 ; val1 = 2000h
    ; 直接 - 偏移量寻址（字节数组）
        mov    al,arrayB               ; AL = 10h
        mov    al,[arrayB+1]           ; AL = 20h
        mov    al,[arrayB+2]           ; AL = 30h
    ; 直接 - 偏移量寻址（字数组）
        mov    ax,arrayW               ; AX = 100h
        mov    ax,[arrayW+2]           ; AX = 200h
    ; 直接 - 偏移量寻址（双字数组）
        mov    eax,arrayD              ; EAX = 10000h
        mov    eax,[arrayD+4]          ; EAX = 20000h
        mov    eax,[arrayD+4]          ; EAX = 20000h
        INVOKE ExitProcess,0
main ENDP
END main
```

该程序不会产生屏幕输出，但是可以用调试器（debugger）运行。

在 Visual Studio 调试器中显示 CPU 标志位

在调试期间显示 CPU 状态标志位时，在 Debug 菜单中选择 Windows 子菜单，再选择 Register。在 Register 窗口，右键选择下拉列表中的 Flags。要想查看这些菜单选项，必须调试程序。下表是 Register 窗口中用到的标志位符号：

标志名称	溢出	方向	中断	符号	零	辅助进位	奇偶	进位
符号	OV	UP	EI	PL	ZR	AC	PE	CY

每个标志位有两个值：0（清除）或 1（置位）。示例如下：

OV = 0	UP = 0	EI = 1
PL = 0	ZR = 1	AC = 0
PE = 1	CY = 0	

调试程序期间，当逐步执行代码时，指令只要修改了标志位的值，则标志位就会显示为红色。这样就可以通过单步执行来了解指令是如何影响标志位的，并可以密切关注这些标志位值的变化。

4.1.10 本节回顾

1. 操作数的三种基本类型是什么？
2. （真/假）：MOV 指令的目的操作数不能为段寄存器。
3. （真/假）：MOV 指令中的第二个操作数是目的操作数。
4. （真/假）：EIP 寄存器不能作为 MOV 指令的目的操作数。
5. Intel 使用的操作数符号中，reg/mem32 的含义是什么？
6. Intel 使用的操作数符号中，imm16 的含义是什么？

4.2 加法和减法

算术运算是汇编语言中一个大得令人惊讶的主题！本节重点在于加法和减法，乘法和除法将在第 7 章讨论，浮点运算将在第 12 章讨论。

先从最简单、最有效的指令开始：INC（增加）和 DEC（减少）指令，即加 1 和减 1。然后是能提供更多操作的 ADD、SUB 和 NEG（非）指令。最后，将讨论算术运算指令如何影响 CPU 状态标志位（进位位、符号位、零标志位等）。请记住，汇编语言的细节很重要。

4.2.1 INC 和 DEC 指令

INC（增加）和 DEC（减少）指令分别表示寄存器或内存操作数加 1 和减 1。语法如下所示：

```
INC reg/mem
DEC reg/mem
```

下面是一些例子：

```
.data
myWord WORD 1000h
.code
inc myWord              ; myWord = 1001h
mov bx,myWord
dec bx                  ; BX = 1000h
```

根据目标操作数的值，溢出标志位、符号标志位、零标志位、辅助进位标志位、进位标志位和奇偶标志位会发生变化。INC 和 DEC 指令不会影响进位标志位（这还真让人吃惊）。

4.2.2 ADD 指令

ADD 指令将长度相同的源操作数和目的操作数进行相加操作。语法如下：

```
ADD dest,source
```

在操作中，源操作数不能改变，相加之和存放在目的操作数中。该指令可以使用的操作数与 MOV 指令相同（参见 4.1.4 节）。下面是两个 32 位整数相加的短代码示例：

```
.data
var1 DWORD 10000h
var2 DWORD 20000h
.code
mov eax,var1            ; EAX = 10000h
add eax,var2            ; EAX = 30000h
```

标志位 进位标志位、零标志位、符号标志位、溢出标志位、辅助进位标志位和奇偶标志位根据存入目标操作数的数值进行变化。4.2.6 节将介绍标志位如何发生作用。

4.2.3 SUB 指令

SUB 指令从目的操作数中减去源操作数。该指令对操作数的要求与 ADD 和 MOV 指令相同。指令语法如下：

```
SUB dest,source
```

下面是两个 32 位整数相减的短代码示例：

```
.data
var1 DWORD 30000h
var2 DWORD 10000h
.code
mov  eax,var1               ; EAX = 30000h
sub  eax,var2               ; EAX = 20000h
```

标志位 进位标志位、零标志位、符号标志位、溢出标志位、辅助进位标志位和奇偶标志位根据存入目标操作数的数值进行变化。

4.2.4 NEG 指令

NEG（非）指令通过把操作数转换为其二进制补码，将操作数的符号取反。下述操作数可以用于该指令：

```
NEG reg
NEG mem
```

（将目标操作数按位取反再加 1，就可以得到这个数的二进制补码。）

标志位 进位标志位、零标志位、符号标志位、溢出标志位、辅助进位标志位和奇偶标志位根据存入目标操作数的数值进行变化。

4.2.5 执行算术表达式

使用 ADD、SUB 和 NEG 指令，就有办法来执行汇编语言中的算术表达式，包括加法、减法和取反。换句话说，当有下述表达式时，就可以模拟 C++ 编译器的行为：

```
Rval = -Xval + (Yval - Zval);
```

现在来看看，使用如下有符号 32 位变量，汇编语言是如何执行上述表达式的。

```
Rval SDWORD ?
Xval SDWORD 26
Yval SDWORD 30
Zval SDWORD 40
```

转换表达式时，先计算每个项，最后再将所有项结合起来。

首先，对 Xval 的副本进行取反，并存入寄存器：

```
; first term: -Xval
mov  eax,Xval
neg  eax                    ; EAX = -26
```

然后，将 Yval 复制到寄存器中，再减去 Zval：

```
; second term: (Yval - Zval)
mov  ebx,Yval
sub  ebx,Zval               ; EBX = -10
```

最后，将两个项（EAX 和 EBX 的内容）相加：

```
; add the terms and store:
add  eax,ebx
mov  Rval,eax               ; -36
```

4.2.6 加减法影响的标志位

执行算术运算指令时，常常想要了解结果。它是负数、正数还是零？对目的操作数来说，它是太大，还是太小？这些问题的答案有助于发现计算错误，否则可能会导致程序的错误行为。检查算术运算结果使用的是 CPU 状态标志位的值，同时，这些值还可以触发条件分支指令，即基本的程序逻辑工具。下面是对状态标志位的简要概述：

- 进位标志位意味着无符号整数溢出。比如，如果指令目的操作数为 8 位，而指令产生的结果大于二进制的 1111 1111，那么进位标志位置 1。
- 溢出标志位意味着有符号整数溢出。比如，指令目的操作数为 16 位，但其产生的负数结果小于十进制的 -32 768，那么溢出标志位置 1。
- 零标志位意味着操作结果为 0。比如，如果两个值相等的操作数相减，则零标志位置 1。
- 符号标志位意味着操作产生的结果为负数。如果目的操作数的最高有效位（MSB）置 1，则符号标志位置 1。
- 奇偶标志位是指，在一条算术或布尔运算指令执行后，立即判断目的操作数最低有效字节中 1 的个数是否为偶数。
- 辅助进位标志位置 1，意味着目的操作数最低有效字节中位 3 有进位。

> 要在调试时显示 CPU 状态标志位，打开 Register 窗口，右键点击该窗口，并选择 Flags。

1. 无符号数运算：零标志位、进位标志位和辅助进位标志位

当算术运算结果等于 0 时，零标志位置 1。下面的例子展示了执行 SUB、INC 和 DEC 指令后，目的寄存器和零标志位的状态：

```
mov  ecx,1
sub  ecx,1              ; ECX = 0, ZF = 1
mov  eax,0FFFFFFFFh
inc  eax                ; EAX = 0, ZF = 1
inc  eax                ; EAX = 1, ZF = 0
dec  eax                ; EAX = 0, ZF = 1
```

加法和进位标志位　　如果将加法和减法分开考虑，那么进位标志位的操作是最容易解释的。两个无符号整数相加时，进位标志位是目的操作数最高有效位进位的副本。直观地说，如果和数超过了目的操作数的存储大小，就可以认为 CF=1。在下面的例子里，ADD 指令将进位标志位置 1，原因是，相加的和数（100h）超过了 AL 的大小：

```
mov  al,0FFh
add  al,1               ; AL = 00, CF = 1
```

图 4-3 演示了在 0FFh 上加 1 时，操作数的位是如何变化的。AL 最高有效位的进位复制到进位标志位。

另一方面，如果 AX 的值为 00FFh，则对其进行加 1 操作后，和数不会超过 16 位，那么进位标志位清 0：

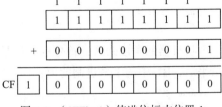

图 4-3　(0FFh+1) 使进位标志位置 1

```
mov  ax,00FFh
add  ax,1               ; AX = 0100h, CF = 0
```

但是，如果 AX 的值为 FFFFh，则对其进行加 1 操作后，AX 的高位就会产生进位：

```
mov  ax,0FFFFh
add  ax,1               ; AX = 0000, CF = 1
```

减法和进位标志位 从较小的无符号整数中减去较大的无符号整数时，减法操作就会将进位标志位置1。图4-4说明了，操作数为8位时，计算（1-2）会出现什么情况。下面是相应的汇编代码：

```
mov al,1
sub al,2                    ; AL = FFh, CF = 1
```

> **提示** INC 和 DEC 指令不会影响进位标志位。在非零操作数上应用 NEG 指令总是会将进位标志位置1。

辅助进位标志位 辅助进位（AC）标志位意味着目的操作数位3有进位或借位。它主要用于二进制编码的十进制数（BCD）运算，也可以用于其他环境。现在，假设计算（1+0Fh），和数在位4上为1，这是位3的进位：

图 4-4 （1-2）使进位标志位置1

```
mov al,0Fh
add al,1                    ; AC = 1
```

计算过程如下：

```
  0 0 0 0 1 1 1 1
+ 0 0 0 0 0 0 0 1
-------------------
  0 0 0 1 0 0 0 0
```

奇偶标志位 目的操作数最低有效字节中1的个数为偶数时，奇偶（PF）标志位置1。下例中，ADD 和 SUB 指令修改了 AL 的奇偶性：

```
mov al,10001100b
add al,00000010b            ; AL = 10001110, PF = 1
sub al,10000000b            ; AL = 00001110, PF = 0
```

执行了 ADD 指令后，AL 的值为 1000 1110（4个0，4个1），PF=1。执行了 SUB 指令后，AL 的值包含了奇数个1，因此奇偶标志位等于0。

2. 有符号数运算：符号标志位和溢出标志位

符号标志位 有符号数算术操作结果为负数，则符号标志位置1。下面的例子展示的是小数（4）减去大数（5）：

```
mov eax,4
sub eax,5                   ; EAX = -1, SF = 1
```

从机器的角度来看，符号标志位是目的操作数高位的副本。下面的例子表示产生了负数结果后，BL 中的十六进制的值：

```
mov bl,1                    ; BL = 01h
sub bl,2                    ; BL = FFh (-1), SF = 1
```

溢出标志位 有符号数算术操作结果与目的操作数相比，如果发生上溢或下溢，则溢出标志位置1。例如，在第1章就了解到，8位有符号整数的最大值为 +127，再加1就会溢出：

```
mov al,+127
add al,1                    ; OF = 1
```

同样，最小的负数为 -128，再减 1 就发生下溢。如果目的操作数不能容纳一个有效算术运算结果，那么溢出标志位置 1：

```
mov al,-128
sub al,1                    ; OF = 1
```

加法测试　两数相加时，有个很简单的方法可以判断是否发生溢出。溢出发生的情况有：
- 两个正数相加，结果为负数
- 两个负数相加，结果为正数

如果两个加数的符号相反，则不会发生溢出。

硬件如何检测溢出　加法或减法操作后，CPU 用一种有趣的机制来检测溢出标志位的状态。计算结果的最高有效位产生的进位与结果的最高位进行异或操作，异或的结果存入溢出标志位。如图 4-5 所示，两个 8 位二进制数 1000 0000 和 1111 1110 相加，产生进位 CF=1，和数最高位（位 7）=0，即 1 XOR 0=1，则 OF=1。

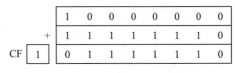

图 4-5　设置溢出标志位示意图

NEG 指令　如果 NEG 指令的目的操作数不能正确存储，则该结果是无效的。例如，AL 中存放的是 -128，对其求反，正确的结果为 +128，但是这个值无法存入 AL。则溢出标志位置 1 就表示 AL 中存放的是一个无效的结果：

```
mov al,-128                 ; AL = 10000000b
neg al                      ; AL = 10000000b, OF = 1
```

反之，如果对 +127 求反，结果是有效的，则溢出标志位清 0：

```
mov al,+127                 ; AL = 01111111b
neg al                      ; AL = 10000001b, OF = 0
```

　　CPU 如何知道一个算术运算是有符号的还是无符号的？答案看上去似乎有点愚蠢：它不知道！在算术运算之后，不论标志位是否与之相关，CPU 都会根据一组布尔规则来设置所有的状态标志位。程序员要根据执行操作的类型，来决定哪些标志位需要分析，哪些可以忽略。

4.2.7　示例程序（AddSubTest）

AddSubTest 程序利用 ADD、SUB、INC、DEC 和 NEG 指令执行各种算术运算表达式，并展示了相关状态标志位是如何受到影响的：

```
;加法和减法         (AddSubTest.asm)
.386
.model flat,stdcall
.stack 4096
ExitProcess proto,dwExitCode:dword
.data
Rval    SDWORD ?
Xval    SDWORD 26
Yval    SDWORD 30
Zval    SDWORD 40
.code
main PROC
    ;INC 和 DEC
```

```
        mov     ax,1000h
        inc     ax                      ; 1001h
        dec     ax                      ; 1000h
        ;表达式：Rval=-Xval+(Yval-Zval
        mov     eax,Xval
        neg     eax                     ; -26
        mov     ebx,Yval
        sub     ebx,Zval                ; -10
        add     eax,ebx
        mov     Rval,eax                ; -36
        ;零标志位示例
        mov     cx,1
        sub     cx,1                    ; ZF = 1
        mov     ax,0FFFFh
        inc     ax                      ; ZF = 1
        ;符号标志位示例
        mov     cx,0
        sub     cx,1                    ; SF = 1
        mov     ax,7FFFh
        add     ax,2                    ; SF = 1
        ;进位标志位示例
        mov     al,0FFh
        add     al,1                    ; CF = 1,   AL = 00
        ;溢出标志位示例
        mov     al,+127
        add     al,1                    ; OF = 1
        mov     al,-128
        sub     al,1                    ; OF = 1
        INVOKE ExitProcess,0
main ENDP
END main
```

4.2.8 本节回顾

问题 1～问题 5 使用如下数据：

```
    .data
    val1 BYTE   10h
    val2 WORD   8000h
    val3 DWORD  0FFFFh
    val4 WORD   7FFFh
```

1. 编写一条指令实现 val2 加 1。
2. 编写一条指令实现从 EAX 中减去 val3。
3. 编写指令实现从 val2 中减去 val4。
4. 如果用 ADD 指令实现 val2 加 1，则进位标志位和符号标志位的值是多少？
5. 如果用 ADD 指令实现 val4 加 1，则溢出标志位和符号标志位的值是多少？
6. 有如下程序段，每条指令执行后，写出进位标志位、符号标志位、零标志位和溢出标志位的值：

```
mov ax,7FF0h
add al,10h      ; a. CF =    SF =    ZF =    OF =
add ah,1        ; b. CF =    SF =    ZF =    OF =
add ax,2        ; c. CF =    SF =    ZF =    OF =
```

4.3 与数据相关的运算符和伪指令

运算符与伪指令不是可执行指令,反之,它们由汇编器进行分析。使用一些汇编语言伪指令可以获取数据地址和大小的信息:

- OFFSET 运算符返回的是一个变量与其所在段起始地址之间的距离。
- PTR 运算符可以重写操作数默认的大小类型。
- TYPE 运算符返回的是一个操作数或数组中每个元素的大小(按字节计)。
- LENGHTOF 运算符返回的是数组中元素的个数。
- SIZEOF 运算符返回的是数组初始化时使用的字节数。

此外,LABEL 伪指令可以用不同的大小类型来重新定义同一个变量。本章的运算符和伪指令只代表 MASM 支持的一小部分运算符,完整内容参见附录 D。

4.3.1 OFFSET 运算符

OFFSET 运算符返回数据标号的偏移量。这个偏移量按字节计算,表示的是该数据标号距离数据段起始地址的距离。图 4-6 所示为数据段内名为 myByte 的变量。

OFFSET 示例

在下面的例子中,将用到如下三种类型的变量:

```
.data
bVal    BYTE   ?
wVal    WORD   ?
dVal    DWORD  ?
dVal2   DWORD  ?
```

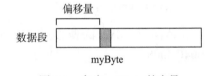

图 4-6 名为 myByte 的变量

假设 bVal 在偏移量为 0040 4000(十六进制)的位置,则 OFFSET 运算符返回值如下:

```
mov esi,OFFSET bVal     ; ESI = 00404000h
mov esi,OFFSET wVal     ; ESI = 00404001h
mov esi,OFFSET dVal     ; ESI = 00404003h
mov esi,OFFSET dVal2    ; ESI = 00404007h
```

OFFSET 也可以应用于直接 – 偏移量操作数。设 myArray 包含 5 个 16 位的字。下面的 MOV 指令首先得到 myArray 的偏移量,然后加 4,再将形成的结果地址直接传送给 ESI。因此,现在可以说 ESI 指向数组中的第 3 个整数。

```
.data
myArray WORD 1,2,3,4,5
.code
mov esi,OFFSET myArray + 4
```

还可以用一个变量的偏移量来初始化另一个双字变量,从而有效地创建一个指针。如下例所示,pArray 就指向 bigArray 的起始地址:

```
.data
bigArray DWORD 500 DUP(?)
pArray DWORD bigArray
```

下面的指令把该指针的值加载到 ESI 中,因此,这个 ESI 寄存器就可以指向数组的起始地址:

```
mov esi,pArray
```

4.3.2 ALIGN 伪指令

ALIGN 伪指令将一个变量对齐到字节边界、字边界、双字边界或段落边界。语法如下：

ALIGN bound

Bound 可取值有：1、2、4、8、16。当取值为 1 时，则下一个变量对齐于 1 字节边界（默认情况）。当取值为 2 时，则下一个变量对齐于偶数地址。当取值为 4 时，则下一个变量地址为 4 的倍数。当取值为 16 时，则下一个变量地址为 16 的倍数，即一个段落的边界。为了满足对齐要求，汇编器会在变量前插入一个或多个空字节。为什么要对齐数据？因为，对于存储于偶地址和奇地址的数据来说，CPU 处理偶地址数据的速度要快得多。

下述例子中，bVal 处于任意位置，但其偏移量为 0040 4000。在 wVal 之前插入 ALIGN 2 伪指令，这使得 wVal 对齐于偶地址偏移量：

```
bVal   BYTE  ?              ; 00404000h
ALIGN 2
wVal   WORD  ?              ; 00404002h
bVal2  BYTE  ?              ; 00404004h
ALIGN 4
dVal   DWORD ?              ; 00404008h
dVal2  DWORD ?              ; 0040400Ch
```

请注意，dVal 的偏移量原本是 0040 4005，但是 ALIGN 4 伪指令使它的偏移量成为 0040 4008。

4.3.3 PTR 运算符

PTR 运算符可以用来重写一个已经被声明过的操作数的大小类型。只要试图用不同于汇编器设定的大小属性来访问操作数，那么这个运算符就是必需的。

例如，假设想要将一个双字变量 myDouble 的低 16 位传送给 AX。由于操作数大小不匹配，因此，汇编器不会允许这种操作：

```
.data
myDouble  DWORD  12345678h
.code
mov ax,myDouble
```

但是，使用 WORD PTR 运算符就能将低位字（5678h）送入 AX：

```
mov ax,WORD PTR myDouble
```

为什么送入 AX 的不是 1234h？因为，x86 处理器采用的是小端存储格式（参见 3.4.9 节），即低位字节存放于变量的起始地址。如图 4-7 所示，用三种方式表示 myDouble 的内存布局：第一列是一个双字，第二列是两个字（5678h、1234h），第三列是四个字节（78h、56h、34h、12h）。

不论该变量是如何定义的，都可以用三种方法中的任何一种来访问内存。比如，如果 myDouble 的偏移量为 0000，则以这个偏移量为首地址存放的 16 位值是 5678h。同时也可以检索到 1234h，其字地址为 myDouble+2，指令如下：

双字	字	字节	偏移量	
12345678	5678	78	0000	myDouble
		56	0001	myDouble + 1
	1234	34	0000	myDouble + 2
		12	0000	myDouble + 3

图 4-7 myDouble 的内存布局

```
mov     ax,WORD PTR [myDouble+2]       ; 1234h
```

同样，用 BYTE PTR 运算符能够把 myDouble 的单个字节传送到 BL：

```
mov     bl,BYTE PTR myDouble           ; 78h
```

注意，PTR 必须与一个标准汇编数据类型一起使用，这些类型包括：BYTE、SBYTE、WORD、SWORD、DWORD、SDWORD、FWORD、QWORD 或 TBYTE。

将较小的值送入较大的目的操作数　程序可能需要将两个较小的值送入一个较大的目的操作数。如下例所示，第一个字复制到 EAX 的低半部分，第二个字复制到高半部分。而 DWORD PTR 运算符能实现这种操作：

```
.data
wordList WORD 5678h,1234h
.code
mov     eax,DWORD PTR wordList         ; EAX = 12345678h
```

4.3.4　TYPE 运算符

TYPE 运算符返回变量单个元素的大小，这个大小是以字节为单位计算的。比如，TYPE 为字节，返回值是 1；TYPE 为字，返回值是 2；TYPE 为双字，返回值是 4；TYPE 为四字，返回值是 8。示例如下：

```
.data
var1 BYTE  ?
var2 WORD  ?
var3 DWORD ?
var4 QWORD ?
```

下表是每个 TYPE 表达式的值。

表达式	值	表达式	值
TYPE var1	1	TYPE var3	4
TYPE var2	2	TYPE var4	8

4.3.5　LENGTHOF 运算符

LENGTHOF 运算符计算数组中元素的个数，元素个数是由数组标号同一行出现的数值来定义的。示例如下：

```
.data
byte1    BYTE  10,20,30
array1   WORD  30 DUP(?),0,0
array2   WORD  5 DUP(3 DUP(?))
array3   DWORD 1,2,3,4
digitStr BYTE  "12345678",0
```

如果数组定义中出现了嵌套的 DUP 运算符，那么 LENGTHOF 返回的是两个数值的乘积。下表列出了每个 LENGTHOF 表达式返回的数值。

表达式	值	表达式	值
LENGTHOF byte1	3	LENGTHOF array3	4
LENGTHOF array1	30+2	LENGTHOF digitStr	9
LENGTHOF array2	5*3		

如果数组定义占据了多个程序行，那么 LENGTHOF 只针对第一行定义的数据。比如有如下数据，则 LENGHTOF myArray 返回值为 5：

```
myArray BYTE 10,20,30,40,50
        BYTE 60,70,80,90,100
```

另外，也可以在第一行结尾处用逗号，并在下一行继续进行数组初始化。若有如下数据定义，LENGHOF myArray 返回值为 10：

```
myArray BYTE 10,20,30,40,50,
             60,70,80,90,100
```

4.3.6 SIZEOF 运算符

SIZEOF 运算符返回值等于 LENGTHOF 与 TYPE 返回值的乘积。如下例所示，intArray 数组的 TYPE=2，LENGTHOF=32，因此，SIZEOF intArray=64：

```
.data
intArray WORD 32 DUP(0)
.code
mov  eax,SIZEOF intArray        ; EAX = 64
```

4.3.7 LABEL 伪指令

LABEL 伪指令可以插入一个标号，并定义它的大小属性，但是不为这个标号分配存储空间。LABEL 中可以使用所有的标准大小属性，如 BYTE、WORD、DWORD、QWORD 或 TBYTE。LABEL 常见的用法是，为数据段中定义的下一个变量提供不同的名称和大小属性。如下例所示，在变量 val32 前定义了一个变量，名称为 val16，属性为 WORD：

```
.data
val16 LABEL WORD
val32 DWORD 12345678h
.code
mov  ax,val16                   ; AX = 5678h
mov  dx,[val16+2]               ; DX = 1234h
```

val16 与 val32 共享同一个内存位置。LABEL 伪指令自身不分配内存。

有时需要用两个较小的整数组成一个较大的整数，如下例所示，两个 16 位变量组成一个 32 位变量并加载到 EAX 中：

```
.data
LongValue LABEL DWORD
val1  WORD  5678h
val2  WORD  1234h
.code
mov  eax,LongValue              ; EAX = 12345678h
```

4.3.8 本节回顾

1. (真/假)：OFFSET 运算符总是返回一个 16 位的数值。
2. (真/假)：PTR 运算符返回变量的 32 位地址。
3. (真/假)：对双字操作数，TYPE 运算符返回值为 4。
4. (真/假)：LENGTHOF 运算符返回操作数的字节数。
5. (真/假)：SIZEOF 运算符返回操作数的字节数。

4.4 间接寻址

直接寻址很少用于数组处理，因为，用常数偏移量来寻址多个数组元素时，直接寻址不实用。反之，会用寄存器作为指针（称为间接寻址）并控制该寄存器的值。如果一个操作数使用的是间接寻址，就称之为间接操作数。

4.4.1 间接操作数

保护模式　任何一个 32 位通用寄存器（EAX、EBX、ECX、EDX、ESI、EDI、EBP 和 ESP）加上括号就能构成一个间接操作数。寄存器中存放的是数据的地址。示例如下，ESI 存放的是 byteVal 的偏移量，MOV 指令使用间接操作数作为源操作数，解析 ESI 中的偏移量，并将一个字节送入 AL：

```
.data
byteVal BYTE 10h
.code
mov esi,OFFSET byteVal
mov al,[esi]                      ; AL = 10h
```

如果目的操作数也是间接操作数，那么新值将存入由寄存器提供地址的内存位置。在下面的例子中，BL 寄存器的内容复制到 ESI 寻址的内存地址中：

```
mov [esi],bl
```

PTR 与间接操作数一起使用　一个操作数的大小可能无法从指令中直接看出来。下面的指令会导致汇编器产生"operand must have size（操作数必须有大小）"的错误信息：

```
inc [esi]              ;错误: operand must have size
```

汇编器不知道 ESI 指针的类型是字节、字、双字，还是其他的类型。而 PTR 运算符则可以确定操作数的大小类型：

```
inc BYTE PTR [esi]
```

4.4.2 数组

间接操作数是步进遍历数组的理想工具。下例中，arrayB 有 3 个字节，随着 ESI 不断加 1，它就能顺序指向每一个字节：

```
.data
arrayB  BYTE 10h,20h,30h
.code
mov esi,OFFSET arrayB
mov al,[esi]                      ; AL = 10h
inc esi
mov al,[esi]                      ; AL = 20h
inc esi
mov al,[esi]                      ; AL = 30h
```

如果数组是 16 位整数类型，则 ESI 加 2 就可以顺序寻址每个数组元素：

```
.data
arrayW  WORD 1000h,2000h,3000h
.code
mov esi,OFFSET arrayW
```

```
    mov  ax,[esi]               ; AX = 1000h
    add  esi,2
    mov  ax,[esi]               ; AX = 2000h
    add  esi,2
    mov  ax,[esi]               ; AX = 3000h
```

假设 arrayW 的偏移量为 10200h，下图展示的是 ESI 初始值相对数组数据的位置：

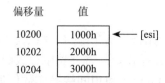

示例：32 位整数相加 下面的代码示例实现的是 3 个双字相加。由于双字是 4 个字节的，因此，ESI 要加 4 才能顺序指向每个数组数值：

```
    .data
    arrayD DWORD 10000h,20000h,30000h
    .code
    mov  esi,OFFSET arrayD
    mov  eax,[esi]      ;(第一个数)
    add  esi,4
    add  eax,[esi]      ;(第二个数)
    add  esi,4
    add  eax,[esi]      ;(第三个数)
```

假设 arrayD 的偏移量为 10200h。下图展示的是 ESI 初始值相对数组数据的位置：

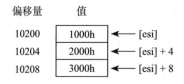

4.4.3 变址操作数

变址操作数是指，在寄存器上加上常数产生一个有效地址。每个 32 位通用寄存器都可以用作变址寄存器。MASM 可以用不同的符号来表示变址操作数（括号是表示符号的一部分）：

constant[reg]
[constant + reg]

第一种形式是变量名加上寄存器。变量名由汇编器转换为常数，代表的是该变量的偏移量。下面给出的是两种符号形式的例子：

变址操作数非常适合于数组处理。在访问第一个数组元素之前，变址寄存器需要初始化为 0：

| arrayB[esi] | [arrayB + esi] |
| arrayD[ebx] | [arrayD + ebx] |

```
    .data
    arrayB BYTE 10h,20h,30h
    .code
    mov  esi,0
    mov  al,arrayB[esi]         ; AL = 10h
```

最后一条语句将 ESI 和 arrayB 的偏移量相加，表达式 [arrayB+ESI] 产生的地址被解析，并将相应内存字节的内容复制到 AL。

增加位移量 变址寻址的第二种形式是寄存器加上常数偏移量。变址寄存器保存数组或结构的基址，常数标识各个数组元素的偏移量。下例展示了在一个 16 位字数组中如何使用这种形式：

```
.data
arrayW  WORD 1000h,2000h,3000h
.code
mov esi,OFFSET arrayW
mov ax,[esi]                    ; AX = 1000h
mov ax,[esi+2]                  ; AX = 2000h
mov ax,[esi+4]                  ; AX = 3000h
```

使用 16 位寄存器　在实地址模式中，一般用 16 位寄存器作为变址操作数。在这种情况下，能被使用的寄存器只有 SI、DI、BX 和 BP：

```
mov al,arrayB[si]
mov ax,arrayW[di]
mov eax,arrayD[bx]
```

如果有间接操作数，则要避免使用 BP 寄存器，除非是寻址堆栈数据。

变址操作数中的比例因子

在计算偏移量时，变址操作数必须考虑每个数组元素的大小。比如下例中的双字数组，下标（3）要乘以 4（一个双字的大小）才能生成内容为 400h 的数组元素的偏移量：

```
.data
arrayD  DWORD 100h, 200h, 300h, 400h
.code
mov esi,3 * TYPE arrayD          ;arrayD[3] 的偏移量
mov eax,arrayD[esi]              ; EAX = 400h
```

Intel 设计师希望能让编译器编写者的常用操作更容易，因此，他们提供了一种计算偏移量的方法，即使用比例因子。比例因子是数组元素的大小（字 =2，双字 =4，四字 =8）。现在对刚才的例子进行修改，将数组下标（3）送入 ESI，然后 ESI 乘以双字的比例因子（4）：

```
.data
arrayD  DWORD 1,2,3,4
.code
mov esi,3                        ; 下标
mov eax,arrayD[esi*4]            ; EAX = 4
```

TYPE 运算符能让变址更加灵活，它可以让 arrayD 在以后重新定义为别的类型：

```
mov esi,3                            ; 下标
mov eax,arrayD[esi*TYPE arrayD]      ; EAX = 4
```

4.4.4 指针

如果一个变量包含另一个变量的地址，则该变量称为指针。指针是控制数组和数据结构的重要工具，因为，它包含的地址在运行时是可以修改的。比如，可以使用系统调用来分配（保留）一个内存块，再把这个块的地址保存在一个变量中。指针的大小受处理器当前模式（32 位或 64 位）的影响。下例为 32 位的代码，ptrB 包含了 arrayB 的偏移量：

```
.data
arrayB byte 10h,20h,30h,40h
ptrB dword arrayB
```

还可以用 OFFSET 运算符来定义 ptrB，从而使得这种关系更加明确：

```
ptrB dword OFFSET arrayB
```

本书中 32 位模式程序使用的是近指针，因此，它们保存在双字变量中。这里有两个例子：ptrB 包含 arrayB 的偏移量，ptrW 包含 arrayW 的偏移量：

```
arrayB    BYTE    10h,20h,30h,40h
arrayW    WORD    1000h,2000h,3000h
ptrB      DWORD   arrayB
ptrW      DWORD   arrayW
```

同样，也还可以用 OFFSET 运算符使这种关系更加明确：

```
ptrB    DWORD OFFSET arrayB
ptrW    DWORD OFFSET arrayW
```

> 高级语言刻意隐藏了指针的物理细节，这是因为机器结构不同，指针的实现也有差异。汇编语言中，由于面对的是单一实现，因此是在物理层上检查和使用指针。这样有助于消除围绕着指针的一些神秘感。

使用 TYPEDEF 运算符

TYPEDEF 运算符可以创建用户定义类型，这些类型包含了定义变量时内置类型的所有状态。它是创建指针变量的理想工具。比如，下面声明创建的一个新数据类型 PBYTE 就是一个字节指针：

```
PBYTE TYPEDEF PTR BYTE
```

这个声明通常放在靠近程序开始的地方，在数据段之前。然后，变量就可以用 PBYTE 来定义：

```
.data
arrayB BYTE 10h,20h,30h,40h
ptr1   PBYTE ?              ;未初始化
ptr2   PBYTE arrayB         ;指向一个数组
```

示例程序：Pointers 下面的程序（pointers.asm）用 TYPEDEF 创建了 3 个指针类型（PBYTE、PWORD、PDWORD）。此外，程序还创建了几个指针，分配了一些数组偏移量，并解析了这些指针：

```
TITLE Pointers                          (Pointers.asm)
.386
.model flat,stdcall
.stack 4096
ExitProcess proto,dwExitCode:dword
;创建用户定义类型
PBYTE   TYPEDEF PTR BYTE     ;字节指针
PWORD   TYPEDEF PTR WORD     ;字指针
PDWORD  TYPEDEF PTR DWORD    ;双字指针
.data
arrayB BYTE   10h,20h,30h
arrayW WORD   1,2,3
arrayD DWORD  4,5,6
;创建几个指针变量
ptr1 PBYTE    arrayB
ptr2 PWORD    arrayW
ptr3 PDWORD   arrayD
```

```
        .code
main PROC
;使用指针访问数据
        mov     esi,ptr1
        mov     al,[esi]                ; 10h
        mov     esi,ptr2
        mov     ax,[esi]                ; 1
        mov     esi,ptr3
        mov     eax,[esi]               ; 4
        invoke ExitProcess,0
main ENDP
END main
```

4.4.5 本节回顾

1. (真 / 假)：任何一个 32 位通用寄存器都可以用作间接操作数。
2. (真 / 假)：EBX 寄存器通常是保留的，用于寻址堆栈。
3. (真 / 假)：指令 inc [esi] 是非法的。
4. (真 / 假)：array[esi] 是变址操作数。

问题 5 ~ 问题 6 使用如下数据定义：

```
myBytes   BYTE  10h,20h,30h,40h
myWords   WORD  8Ah,3Bh,72h,44h,66h
myDoubles DWORD 1,2,3,4,5
myPointer DWORD myDoubles
```

5. 有如下指令序列，填写右侧要求的寄存器的值。

```
mov esi,OFFSET myBytes
mov al,[esi]                    ; a. AL =
mov al,[esi+3]                  ; b. AL =
mov esi,OFFSET myWords + 2
mov ax,[esi]                    ; c. AX =
mov edi,8
mov edx,[myDoubles + edi]       ; d. EDX =
mov edx,myDoubles[edi]          ; e. EDX =
mov ebx,myPointer
mov eax,[ebx+4]                 ; f. EAX =
```

6. 有如下指令序列，填写右侧要求的寄存器的值。

```
mov esi,OFFSET myBytes
mov ax,[esi]                    ; a. AX =
mov eax,DWORD PTR myWords       ; b. EAX =
mov esi,myPointer
mov ax,[esi+2]                  ; c. AX =
mov ax,[esi+6]                  ; d. AX =
mov ax,[esi-4]                  ; e. AX =
```

4.5 JMP 和 LOOP 指令

默认情况下，CPU 是顺序加载并执行程序。但是，当前指令有可能是有条件的，也就是说，它按照 CPU 状态标志（零标志、符号标志、进位标志等）的值，把控制转向程序中的新位置。汇编语言程序使用条件指令来实现如 IF 语句的高级语句与循环。每条条件指令都包含了一个可能的转向不同内存地址的转移（跳转）。控制转移，或分支，是一种改变语句执行顺序的方法，它有两种基本类型：

- **无条件转移**：无论什么情况都会转移到新地址。新地址加载到指令指针寄存器，使得程序在新地址进行执行。JMP 指令实现这种转移。
- **条件转移**：满足某种条件，则程序出现分支。各种条件转移指令还可以组合起来，形成条件逻辑结构。CPU 基于 ECX 和标志寄存器的内容来解释真/假条件。

4.5.1 JMP 指令

JMP 指令无条件跳转到目标地址，该地址用代码标号来标识，并被汇编器转换为偏移量。语法如下所示：

```
JMP destination
```

当 CPU 执行一个无条件转移时，目标地址的偏移量被送入指令指针寄存器，从而导致从新地址开始继续执行。

创建一个循环　JMP 指令提供了一种简单的方法来创建循环，即跳转到循环开始时的标号：

```
top:
    .
    .
    jmp top     ;不断地循环
```

JMP 是无条件的，因此循环会无休止地进行下去，除非找到其他方法退出循环。

4.5.2 LOOP 指令

LOOP 指令，正式称为按照 ECX 计数器循环，将程序块重复特定次数。ECX 自动成为计数器，每循环一次计数值减 1。语法如下所示：

```
LOOP destination
```

循环目标必须距离当前地址计数器 −128 到 +127 字节范围内。LOOP 指令的执行有两个步骤：第一步，ECX 减 1，第二步，将 ECX 与 0 比较。如果 ECX 不等于 0，则跳转到由目标给出的标号。否则，如果 ECX 等于 0，则不发生跳转，并将控制传递到循环后面的指令。

> 实地址模式中，CX 是 LOOP 指令的默认循环计数器。同时，LOOPD 指令使用 ECX 为循环计数器，LOOPW 指令使用 CX 为循环计数器。

下面的例子中，每次循环是将 AX 加 1。当循环结束时，AX=5，ECX=0：

```
    mov  ax,0
    mov  ecx,5
L1:
    inc  ax
    loop L1
```

一个常见的编程错误是，在循环开始之前，无意间将 ECX 初始化为 0。如果执行了这个操作，LOOP 指令将 ECX 减 1 后，其值就为 FFFFFFFFh，那么循环次数就变成了 4 294 967 296！如果计数器是 CX（实地址模式下），那么循环次数就为 65 536。

有时，可能会创建一个太大的循环，以至于超过了 LOOP 指令允许的相对跳转范围。下面给出是 MASM 产生的一条错误信息，其原因就是 LOOP 指令的跳转目标太远了：

```
error A2075: jump destination too far : by 14 byte(s)
```

基本上，在一个循环中不用显式的修改 ECX，否则，LOOP 指令可能无法正常工作。下例中，每次循环 ECX 加 1。这样 ECX 的值永远不能到 0，因此循环也永远不会停止：

```
top:
    .
    .
    inc   ecx
    loop  top
```

如果需要在循环中修改 ECX，可以在循环开始时，将 ECX 的值保存在变量中，再在 LOOP 指令之前恢复被保存的计数值：

```
.data
count DWORD ?
.code
    mov    ecx,100       ;设置循环计数值
top:
    mov    count,ecx     ;保存计数值
    .
    mov    ecx,20        ;修改 ECX
    .
    mov    ecx,count     ;恢复计数值
    loop   top
```

循环嵌套　当在一个循环中再创建一个循环时，就必须特别考虑外层循环的计数器 ECX，可以将它保存在一个变量中：

```
.data
count DWORD ?
.code
    mov    ecx,100       ;设置外层循环计数值
L1:
    mov    count,ecx     ;保存外层循环计数值
    mov    ecx,20        ;设置内层循环计数值
L2:
    .
    .
    loop   L2            ;重复内层循环
    mov    ecx,count     ;恢复外层循环计数值
    loop   L1            ;重复外层循环
```

作为一般规则，多于两重的循环嵌套难以编写。如果使用的算法需要多重循环，则将一些内层循环用子程序来实现。

4.5.3　在 Visual Studio 调试器中显示数组

在调试期间，如果想要显示数组的内容，步骤如下：选择 Debug 菜单→选择 Windows→选择 Memory→选择 Memory 1。则出现内存窗口，可以用鼠标拖动并停靠在 Visual Studio 工作区的任何一边。还可以右键点击该窗口的标题栏，表明要这个窗口浮动在编辑窗口之上。在内存窗口上端的 Address 栏里，键入 & 符号和数组名称，然后点击 Enter。比如，&myArray 就是一个有效的地址表达式。内存窗口将显示从这个数组地址开始的内存块，如图 4-8 所示。

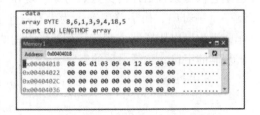

图 4-8　使用调试器的内存窗口显示数组

如果数组的值是双字，可以在内存窗口中，点击右键并在弹出菜单里选择 4-byte integer。还有不同的格式可供选择，包括 Hexadecimal Display，Signed Display（有符号显示），和 Unsigned Display（无符号显示）。图 4-9 显示了所有的选项。

4.5.4 整数数组求和

在刚开始编程时，几乎没有任务比计算数组元素总和更常见了。汇编语言实现数组求和步骤如下：

1）指定一个寄存器作变址操作数，存放数组地址。
2）循环计数器初始化为数组的长度。
3）指定一个寄存器存放累积和数，并赋值为 0。
4）创建标号来标记循环开始的地方。
5）在循环体内，将和数与一个数组元素相加。
6）指向下一个数组元素。
7）用 LOOP 指令重复循环。

步骤 1 到步骤 3 可以按照任何顺序执行。下面的短程序实现对一个 16 位整数数组求和。

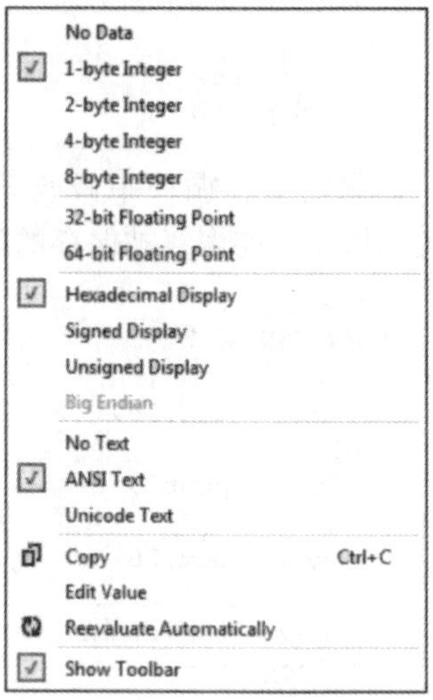

图 4-9 调试器内存窗口的弹出菜单

```
; 数组求和                              (SumArray.asm)
.386
.model flat,stdcall
.stack 4096
ExitProcess proto,dwExitCode:dword
.data
intarray DWORD 10000h,20000h,30000h,40000h

.code
main PROC
     mov  edi,OFFSET intarray       ;1: EDI=intarray 地址
     mov  ecx,LENGTHOF intarray     ;2: 循环计数器初始化
     mov  eax,0                     ;3: sum=0
L1:                                 ;4: 标记循环开始的地方
     add  eax,[edi]                 ;5: 加一个整数
     add  edi,TYPE intarray         ;6: 指向下一个元素
     loop L1                        ;7: 重复，直到 ECX=0

     invoke ExitProcess,0
main ENDP
END main
```

4.5.5 复制字符串

程序常常要将大块数据从一个位置复制到另一个位置。这些数据可能是数组或字符串，但是它们可以包括任何类型的对象。现在看看在汇编语言中如何实现这种操作，用循环来复制一个字符串，而字符串表示为带有一个空终止值的字节数组。变址寻址很适合于这种操作，因为可以用同一个变址寄存器来引用两个字符串。目标字符串必须有足够的空间来接收被复制的字符，包括最后的空字节：

```
; 复制字符串                             (CopyStr.asm)
.386
.model flat,stdcall
```

```
        .stack 4096
ExitProcess proto,dwExitCode:dword
        .data
source  BYTE   "This is the source string",0
target  BYTE   SIZEOF source DUP(0)

        .code
main PROC
        mov   esi,0                  ;变址寄存器
        mov   ecx,SIZEOF source      ;循环计数器
L1:                                  ;从源字符串获取一个字符
        mov   al,source[esi]         ;保存到目标字符串
        mov   target[esi],al         ;指向下一个字符
        inc   esi
        loop  L1                     ;重复,直到整个字符串完成

        invoke ExitProcess,0
main ENDP
END main
```

MOV 指令不能同时有两个内存操作数,所以,每个源字符串字符送入 AL,然后再从 AL 送入目标字符串。

4.5.6 本节回顾

1.(真/假):JMP 指令只能跳转到当前过程中的标号。

2.(真/假):JMP 是条件跳转指令。

3. 循环开始时,如果 ECX 初始化为 0,那么 LOOP 指令要循环多少次?(假设在循环中,没有其他指令修改 ECX。)

4.(真/假):LOOP 指令首先检查 ECX 是否等于 0,然后 ECX 减 1,再跳转到目标标号。

5.(真/假):LOOP 指令执行过程如下:ECX 减 1;如果 ECX 不等于 0,LOOP 跳转到目标标号。

6. 实地址模式中,LOOP 指令使用哪一个寄存器作计数器?

7. 实地址模式中,LOOPD 指令使用哪一个寄存器作计数器?

8.(真/假):LOOP 指令的跳转目标必须在距离当前地址 256 个字节的范围内。

9.(挑战):程序如下所示,EAX 最后的值是多少?

```
        mov   eax,0
        mov   ecx,10   ;外层循环计数器
L1:
        mov   eax,3
        mov   ecx,5    ;内层循环计数器
L2:
        add   eax,5
        loop  L2       ;重复内层循环
        loop  L1       ;重复外层循环
```

10. 修改上题代码,使得内层循环开始时,外层循环计数器不会被擦除。

4.6 64 位编程

4.6.1 MOV 指令

64 位模式下的 MOV 指令与 32 位模式下的有很多共同点,只有几点区别,现在讨论一

下。立即操作数（常数）可以是 8 位、16 位、32 位或 64 位。下面为一个 64 位示例：

```
mov    rax,0ABCDEF0AFFFFFFFh    ;64 位立即操作数
```

当一个 32 位常数送入 64 位寄存器时，目标操作数的高 32 位（位 32—位 63）被清除（等于 0）：

```
mov    rax,0FFFFFFFFh           ; rax = 00000000FFFFFFFF
```

向 64 位寄存器送入 16 位或 8 位常数，其高位也要清零：

```
mov    rax,06666h    ;清位 16—位 63
mov    rax,055h      ;清位 8—位 63
```

如果将内存操作数送入 64 位寄存器，则结果是确定的。比如，传送一个 32 位内存操作数到 EAX（RAX 寄存器的低半部分），就会清除 RAX 的高 32 位：

```
.data
myDword DWORD 80000000h
.code
mov    rax,0FFFFFFFFFFFFFFFFh
mov    eax,myDword              ; RAX = 0000000080000000
```

但是，如果是将 8 位或 16 位内存操作数送入 RAX 的低位，那么，目标寄存器的高位不受影响：

```
.data
myByte BYTE 55h
myWord WORD 6666h
.code
mov    ax,myWord      ;位 16—位 63 不受影响
mov    al,myByte      ;位 8—位 63 不受影响
```

MOVSXD 指令（符号扩展传送）允许源操作数为 32 位寄存器或内存操作数。下面的指令使得 RAX 的值为 FFFFFFFFFFFFFFFFh：

```
mov    ebx,0FFFFFFFFh
movsxd rax,ebx
```

OFFSET 运算符产生 64 位地址，必须用 64 位寄存器或变量来保存。下例中使用的是 RSI 寄存器：

```
.data
myArray WORD 10,20,30,40
.code
mov    rsi,OFFSET myArray
```

64 位模式中，LOOP 指令用 RCX 作为循环计数器。

有了这些基本概念，就可以编写许多 64 位模式程序了。大多数情况下，如果一直使用 64 位整数变量或 64 位寄存器，那么编程比较容易。ASCII 码字符串是一种特殊情况，因为它们总是包含字节。一般在处理时，采用间接或变址寻址。

4.6.2 64 位的 SumArray 程序

现在，在 64 位模式下重写 SumArray 程序，计算 64 位整数数组的总和。首先，用 QWORD 伪指令定义一个四字数组，然后，将所有 32 位寄存器名更换为 64 位寄存器名。完整的程序清单如下所示：

数据传送、寻址和算术运算

```
; 数组求和                         (SumArray_64.asm)
ExitProcess PROTO
.data
intarray   QWORD 1000000000000h,2000000000000h
           QWORD 3000000000000h,4000000000000h
.code
main PROC
    mov   rdi,OFFSET intarray        ;RDI=intarray 地址
    mov   rcx,LENGTHOF intarray      ;循环计数器初始化
    mov   rax,0                      ;sum=0
L1:                                  ;标记循环开始的地方
    add   rax,[rdi]                  ;加一个整数
    add   rdi,TYPE intarray          ;指向下一个元素
    loop  L1                         ;重复,直到RCX=0
    mov   ecx,0                      ;ExitProcess 返回数值
    call  ExitProcess
main ENDP
END
```

4.6.3 加法和减法

如同 32 位模式下一样,ADD、SUB、INC 和 DEC 指令在 64 位模式下,也会影响 CPU 状态标志位。在下面的例子中,RAX 寄存器存放一个 32 位数,执行加 1,每一位都向左产生一个进位,因此,在位 32 生成 1:

```
mov   rax,0FFFFFFFFh           ;低 32 位是全 1
add   rax,1                    ; RAX = 100000000h
```

需要时刻留意操作数的大小,当操作数只使用部分寄存器时,要注意寄存器的其他部分是没有被修改的。如下例所示,AX 中的 16 位总和翻转为全 0,但是不影响 RAX 的高位。这是因为该操作只使用 16 位寄存器(AX 和 BX):

```
mov   rax,0FFFFh               ; RAX = 000000000000FFFF
mov   bx,1
add   ax,bx                    ; RAX = 0000000000000000
```

同样,在下面的例子中,由于 AL 中的进位不会进入 RAX 的其他位,所以执行 ADD 指令后,RAX 等于 0:

```
mov   rax,0FFh                 ; RAX = 00000000000000FF
mov   bl,1
add   al,bl                    ; RAX = 0000000000000000
```

减法也使用相同的原则。在下面的代码段中,EAX 内容为 0,对其进行减 1 操作,将会使得 RAX 低 32 位变为 −1(FFFFFFFFh)。同样,AX 内容为 0,对其进行减 1 操作,使得 RAX 低 16 位等于 −1(FFFFh)。

```
mov   rax,0                    ; RAX = 0000000000000000
mov   ebx,1
sub   eax,ebx                  ; RAX = 00000000FFFFFFFF
mov   rax,0                    ; RAX = 0000000000000000
mov   bx,1
sub   ax,bx                    ; RAX = 000000000000FFFF
```

当指令包含间接操作数时,必须使用 64 位通用寄存器。记住,一定要使用 PTR 运算符来明确目标操作数的大小。下面是一些包含了 64 位目标操作数的例子:

```
dec   BYTE PTR [rdi]      ;8 位目标操作数
inc   WORD PTR [rbx]      ;16 位目标操作数
inc   QWORD PTR [rsi]     ;64 位目标操作数
```

64 位模式下，可以对间接操作数使用比例因子，就像在 32 位模式下一样。如下例所示，如果处理的是 64 位整数数组，比例因子就是 8：

```
.data
array QWORD 1,2,3,4
.code
mov   esi,3                    ; 下标
mov   rax,array[rsi*8]         ; RAX = 4
```

64 位模式的指针变量包含的是 64 位偏移量。在下面的例子中，ptrB 变量包含了数组 B 的偏移量：

```
.data
arrayB BYTE 10h,20h,30h,40h
ptrB QWORD arrayB
```

或者，还可以用 OFFSET 运算符来定义 ptrB，使得这个关系更加明确：

```
ptrB QWORD OFFSET arrayB
```

4.6.4 本节回顾

1.（真 / 假）：将常数值 0FFh 送入 RAX 寄存器，将清除其位 8—位 63。

2.（真 / 假）：一个 32 位常数可以被送入 64 位寄存器中，但是 64 位常数不可以。

3. 执行下列指令后，RCX 的值是多少？

```
mov   rcx,1234567800000000h
sub   ecx,1
```

4. 执行下列指令后，RCX 的值是多少？

```
mov   rcx,1234567800000000h
add   rcx,0ABABABABh
```

5. 执行下列指令后，AL 寄存器的值是多少？

```
.data
bArray BYTE 10h,20h,30h,40h,50h
.code
mov   rdi,OFFSET bArray
dec   BYTE PTR [rdi+1]
inc   rdi
mov   al,[rdi]
```

6. 执行下列指令后，RCX 的值是多少？

```
mov   rcx,0DFFFh
mov   bx,3
add   cx,bx
```

4.7 本章小结

MOV，数据传送指令，将源操作数复制到目的操作数。MOVZX 指令将一个较小的操作数零扩展为较大的操作数。MOVSX 指令将一个较小的操作数符号扩展为较大的操作数。

XCHG 指令交换两个操作数的内容，指令中至少有一个操作数是寄存器。

操作数类型 本章中出现了下列操作数类型：
- 直接操作数是变量的名字，表示该变量的地址。
- 直接 – 偏移量操作数是在变量名上加位移，生成新的偏移量。可以用它来访问内存数据。
- 间接操作数是寄存器，其中存放了数据地址。通过在寄存器名外面加方括号（如 [esi]），程序就能解析该地址，并检索内存数据。
- 变址操作数将间接操作数与常数组合在一起。常数与寄存器值相加，并解析结果偏移量。如，[array+esi] 和 [esi] 都是变址操作数。

下面列出了重要的算术运算指令：
- INC 指令实现操作数加 1。
- DEC 指令实现操作数减 1。
- ADD 指令实现源操作数与目的操作数相加。
- SUB 指令实现目的操作数减去源操作数。
- NEG 指令实现操作数符号翻转。

当把简单算术运算表达式转换为汇编语言时，利用标准运算符优先级原则来选择首先实现哪个表达式。

状态标志 下面列出了受算术运算操作影响的 CPU 状态标志：
- 算术运算操作结果为负时，符号标志位置 1。
- 与目标操作数相比，无符号算术运算操作结果太大时，进位标志位置 1。
- 执行算术或布尔指令后，奇偶标志位能立即反映出目标操作数最低有效字节中 1 的个数是奇数还是偶数。
- 目标操作数的位 3 有进位或借位时，辅助进位标志位置 1。
- 算术操作结果为 0 时，零标志位置 1。
- 有符号算术运算操作结果超过目标操作数范围时，溢出标志位置 1。

运算符 下面列出了汇编语言中常用的运算符：
- OFFSET 运算符返回的是变量与其所在段首地址的距离（按字节计）。
- PTR 运算符重新定义变量的大小。
- TYPE 运算符返回的是单个变量或数组中单个元素的大小（按字节计）。
- LENGTHOF 运算符返回的是，数组元素的个数。
- SIZEOF 运算符返回的是，数组初始化的字节数。
- TYPEDEF 运算符创建用户定义类型。

循环 JMP（跳转）指令无条件分支到另一个位置。LOOP（按 ECX 计数器内容进行循环）指令用于计数型循环。32 位模式下，LOOP 用 ECX 作计数器；64 位模式下，用 RCX 作计数器。两种模式下，LOOPD 用 ECX 作计数器；LOOPW 用 CX 作计数器。

MOV 指令的操作在 32 位模式和 64 位模式下几乎相同。但是，向 64 位寄存器送常数和内存操作数则有点棘手。只要有可能，在 64 位模式下尽量使用 64 位操作数，间接操作数和变址操作数也总是使用 64 位寄存器。

4.8 关键术语

4.8.1 术语

Auxiliary Carry flag 辅助进位标志
Carry flag 进位标志
conditional transfer 有条件转移
data transfer instruction 数据传送指令
direct memory operand 直接内存操作数
direct-offset operand 直接 – 偏移量操作数
effective address（有效地址）
immediate operand（立即操作数）
indexed operand 变址操作数
indirect operand 间接操作数

memory operand（内存操作数）
Overflow flag（溢出标志）
Parity flag（奇偶标志）
pointer（指针）
register operand（寄存器操作数）
scale factor（比例因子）
sign extension（符号扩展）
unconditional transfer（无条件转移）
zero extension（零扩展）
Zero flag（零标志）

4.8.2 指令、运算符和伪指令

ADD
ALIGN
DEC
INC
MOVSX
MOVZX
NEG
LABEL
LAHF
LENGTHOF
OFFSET

JMP
LABEL
LOOP
MOV
PTR
SAHF
SIZEOF
SUB
TYPE
TYPEDEF
XCHG

4.9 复习题和练习

4.9.1 简答题

1. 执行下列标记为（a）和（b）的指令后，EDX 的值分别为多少？

```
.data
one WORD 8002h
two WORD 4321h
.code
mov    edx,21348041h
movsx  edx,one              ; (a)
movsx  edx,two              ; (b)
```

2. 执行下列指令后，EAX 的值是多少？

```
mov  eax,1002FFFFh
inc  ax
```

3. 执行下列指令后，EAX 的值是多少？

```
mov  eax,30020000h
dec  ax
```

4. 执行下列指令后，EAX 的值是多少？

    ```
    mov   eax,1002FFFFh
    neg   ax
    ```

5. 执行下列指令后，奇偶标志位的值是多少？

    ```
    mov   al,1
    add   al,3
    ```

6. 执行下列指令后，EAX 和符号标志位的值分别是多少？

    ```
    mov   eax,5
    sub   eax,6
    ```

7. 下面的代码中，AL 为一字节有符号数。说明，在判断 AL 最终结果是否在有符号数的有效范围内时，溢出标志位是否有用，若有用，是如何起作用的？

    ```
    mov   al,-1
    add   al,130
    ```

8. 执行下列指令后，RAX 的值是多少？

    ```
    mov   rax,44445555h
    ```

9. 执行下列指令后，RAX 的值是多少？

    ```
    .data
    dwordVal DWORD 84326732h
    .code
    mov   rax,0FFFFFFFF00000000h
    mov   rax,dwordVal
    ```

10. 执行下列指令后，EAX 的值是多少？

    ```
    .data
    dVal DWORD 12345678h
    .code
    mov   ax,3
    mov   WORD PTR dVal+2,ax
    mov   eax,dVal
    ```

11. 执行下列指令后，EAX 的值是多少？

    ```
    .data
    .dVal DWORD ?
    .code
    mov   dVal,12345678h
    mov   ax,WORD PTR dVal+2
    add   ax,3
    mov   WORD PTR dVal,ax
    mov   eax,dVal
    ```

12. (是 / 否)：正数与负数相加时，是否可能使溢出标志位置 1？
13. (是 / 否)：两负数相加，结果为正数，溢出标志位是否置 1？
14. (是 / 否)：执行 NEG 指令是否能将溢出标志位置 1？
15. (是 / 否)：符号标志位和零标志位是否能同时置 1？

问题 16 ～问题 19 使用如下变量定义：

```
.data
var1 SBYTE -4,-2,3,1
var2 WORD 1000h,2000h,3000h,4000h
var3 SWORD -16,-42
var4 DWORD 1,2,3,4,5
```

16. 判断下述每条指令是否为有效指令：

a. mov   ax,var1?
b. mov   ax,var2
c. mov   eax,var3
d. mov   var2,var3
e. movzx   ax,var2
f. movzx   var2,al
g. mov   ds,ax
h. mov   ds,1000h

17. 顺序执行下列指令，则每条指令目标操作数的十六进制值是多少？

    mov   al,var1   ; a.
    mov   ah,[var1+3]   ; b.

18. 顺序执行下列指令，则每条指令目标操作数的值是多少？

    mov   ax,var2   ; a.
    mov   ax,[var2+4]   ; b.
    mov   ax,var3   ; c.
    mov   ax,[var3-2]   ; d.

19. 顺序执行下列指令，则每条指令目标操作数的值是多少？

    mov   edx,var4   ; a.
    movzx edx,var2   ; b.
    mov   edx,[var4+4]   ; c.
    movsx edx,var1   ; d.

4.9.2 算法基础

1. 有一变量名为 three 的双字变量，编写一组 MOV 指令来交换该变量的高位字和低位字。
2. 用不超过 3 条的 XCHG 指令对 4 个 8 位寄存器的值进行重排序，将其顺序从 A、B、C、D 调整为 B、C、D、A。
3. 被传输的信息通常包含有一个奇偶位，其值与数据字节结合在一起，使得 1 的位数为偶数。设 AL 寄存器中信息字节的值为 0111 0101，如何用一条算术运算指令和奇偶标志位判断该信息字节是偶校验还是奇校验？
4. 编写代码，用字节操作数实现两个负整数相加，并使溢出标志位置 1。
5. 编写连续的两条指令，用加法使零标志位和进位标志位同时置 1。
6. 编写连续的两条指令，用减法使进位标志位置 1。
7. 用汇编语言实现算术表达式：EAX=-val2+7-val3+val1。假设 val1、val2 和 val3 都是 32 位整数变量。
8. 编写循环代码，在一个双字数组中进行迭代。用带比例因子的变址寻址，计算该数组元素的总和。
9. 用汇编语言实现算术表达式：AX=（val2+BX）-val4。假设 val2 和 val4 都是 16 位整数变量。
10. 编写连续的两条指令，使进位标志位和溢出标志位同时置 1。
11. 编写指令序列，说明在执行 INC 和 DEC 指令后，如何用零标志位来判断无符号溢出情况。

问题 12～问题 18 使用如下数据定义：

```
.data
myBytes    BYTE 10h,20h,30h,40h
myWords    WORD 3 DUP(?),2000h
myString   BYTE "ABCDE"
```

12. 在给定数据中插入一条伪指令，将 myBytes 对齐到偶地址。
13. 下列每条指令执行后，EAX 的值分别是多少？

    mov   eax,TYPE myBytes   ; a.
    mov   eax,LENGTHOF myBytes   ; b.
    mov   eax,SIZEOF myBytes   ; c.

```
mov    eax,TYPE myWords           ; d.
mov    eax,LENGTHOF myWords       ; e.
mov    eax,SIZEOF myWords         ; f.
mov    eax,SIZEOF myString        ; g.
```

14. 编写一条指令将 myBytes 的前两个字节送入 DX 寄存器，使寄存器的值为 2010h。
15. 编写一条指令将 myWords 的第二个字节送入 AL 寄存器。
16. 编写一条指令将 myBytes 的全部四个字节送入 EAX 寄存器。
17. 在给定数据中插入一条 LABEL 伪指令，使得 myWords 能直接送入 32 位寄存器。
18. 在给定数据中插入一条 LABEL 伪指令，使得 myBytes 能直接送入 16 位寄存器。

4.10 编程练习

下面的练习可以在 32 位模式或 64 位模式下完成。

★1. 将大端顺序转换为小端顺序

使用下面的变量和 MOV 指令编写程序，将数值从大端顺序复制为小端顺序，颠倒字节的顺序。32 位数的十六进制值为 12345678。

```
.data
bigEndian BYTE 12h,34h,56h,78h
littleEndian DWORD?
```

★★2. 交换数组元素对

编写循环程序，用变址寻址交换数组中的数值对，每对中包含偶数个元素。即，元素 i 与元素 i+1 交换，元素 i+2 与元素 i+3 交换，以此类推。

★★3. 数组元素间隔之和

编写循环程序，用变址寻址计算连续数组元素的间隔总和。数组元素为双字，按非递减次序排列。比如，数组为 {0, 2, 5, 9, 10}，则元素间隔为 2、3、4 和 1，那么间隔之和等于 10。

★★4. 将字数组复制到双字数组

编写循环程序，把一个无符号字（16 位）数组的所有元素复制到无符号双字（32 位）数组。

★★5. 斐波那契数列

编写循环程序，计算斐波那契（Fibonacci）数列前七个数值之和，算式如下：

$$Fib(1) = 1，Fib(2) = 1，Fib(n) = Fib(n-1)+Fib(n-2)$$

★★★6. 数组反向

编写循环程序，用间接或变址寻址实现整数数组元素的位置颠倒。不能将元素复制到其他数组。考虑到数值大小和类型在将来可能发生变化，用 SIZEOF、TYPE 和 LENGTHOF 运算符尽可能增加程序的灵活性。

★★★7. 将字符串复制为相反顺序

编写循环程序，用变址寻址将一个字符串从源复制到目的，并实现字符的反向排序。变量定义如下：

```
source BYTE "This is the source string",0
target BYTE SIZEOF source DUP('#')
```

★★★8. 数组元素移位

编写循环程序，用变址寻址把一个 32 位整数数组中的元素向前（向右）循环移动一个位置，数组最后一个元素的值移动到第一个位置上。比如，数组 [10, 20, 30, 40] 移位后转换为 [40, 10, 20, 30]。

第 5 章

Assembly Language for x86 Processors, Seventh Edition

过　程

本章介绍过程，也称为子程序或函数。任何具有一定规模的程序都需要被划分为几个部分，其中某些部分要被使用多次。读者会发现寄存器可以传递参数，也将了解为了追踪过程的调用位置，CPU 使用的运行时堆栈。最后，本章会介绍本书提供的两个代码库，分别称为 Irvine 32 和 Irvine 64，其中包含了有用的工具来简化输入输出。

5.1　堆栈操作

如下图所示，如果把 10 个盘子垒起来，其结果就称为堆栈。虽然有可能从这个堆栈的中间移出一个盘子，但是，更普遍的是从顶端移除。新的盘子可以叠加到堆栈顶部，但不能加在底部或中部（图 5-1）：

堆栈数据结构（stack data structure）的原理与盘子堆栈相同：新值添加到栈顶，删除值也在栈顶移除。通常，对各种编程应用来说，堆栈都是有用的结构，并且它们也容易用面向对象的编程方法来实现。如果读者已经学习过使用数据结构的编程课程，那么就应该已经用过堆栈抽象数据类型（stack abstract data type）。堆栈也被称为 LIFO 结构（后进先出，Last-In First-Out），其原因是，最后进入堆栈的值也是第一个出堆栈的值。

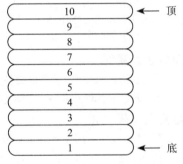

图 5-1　盘子构成的堆栈

本章将特别关注运行时堆栈（runtime stack）。它直接由 CPU 的硬件支持，是过程调用与返回机制的基本部分。大部分情况下，本章称它为堆栈。

5.1.1　运行时堆栈（32 位模式）

运行时堆栈是内存数组，CPU 用 ESP（扩展堆栈指针，extended stack pointer）寄存器对其进行直接管理，该寄存器被称为堆栈指针寄存器（stack pointer register）。32 位模式下，ESP 寄存器存放的是堆栈中某个位置的 32 位偏移量。ESP 基本上不会直接被程序员控制，反之，它是用 CALL、RET、PUSH 和 POP 等指令间接进行修改。

ESP 总是指向添加，或压入（pushed）到栈顶的最后一个数值。为了便于说明，假设现有一个堆栈，内含一个数值。如图 5-2 所示，ESP 的内容是十六进制数 0000 1000，即刚压入堆栈数值（0000 0006）的偏移量。在图中，当堆栈指针数值减少时，栈顶也随之下移。

上图中，每个堆栈位置都是 32 位长，这是 32 位模式下运行程序的情形。

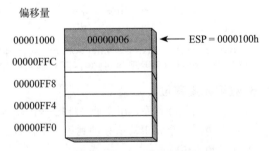

图 5-2　包含一个值的堆栈

> 这里讨论的运行时堆栈与数据结构课程中讨论的堆栈抽象数据类型（ADT，stack abstract data type）是不同的。运行时堆栈工作于系统层，处理子程序调用。堆栈 ADT 是编程结构，通常用高级编程语言编写，如 C++ 或 Java。它用于实现基于后进先出操作的算法。

1. 入栈操作

32 位入栈操作把栈顶指针减 4，再将数值复制到栈顶指针指向的堆栈位置。图 5-3 展示了把 0000 00A5 压入堆栈的结果，堆栈中已经有一个数值（0000 0006）。注意，ESP 寄存器总是指向最后压入堆栈的数据项。图中显示的堆栈顺序与之前示例给出的盘堆栈顺序相反，这是因为运行时堆栈在内存中是向下生长的，即从高地址向低地址扩展。入栈之前，ESP=0000 1000h；入栈之后，ESP=0000 0FFCh。图 5-4 显示了同一个堆栈总共压入 4 个整数之后的情况。

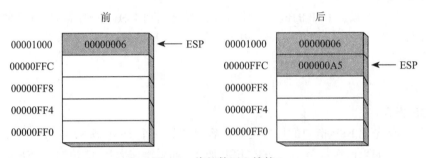

图 5-3　将整数压入堆栈

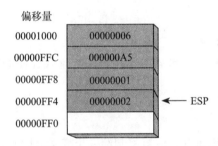

图 5-4　压入数值 0000 0001 和 0000 0002 之后的堆栈

2. 出栈操作

出栈操作从堆栈删除数据。数值弹出堆栈后，栈顶指针增加（按堆栈元素大小），指向堆栈中下一个最高位置。图 5-5 展示了数值 0000 0002 弹出前后的堆栈情况。

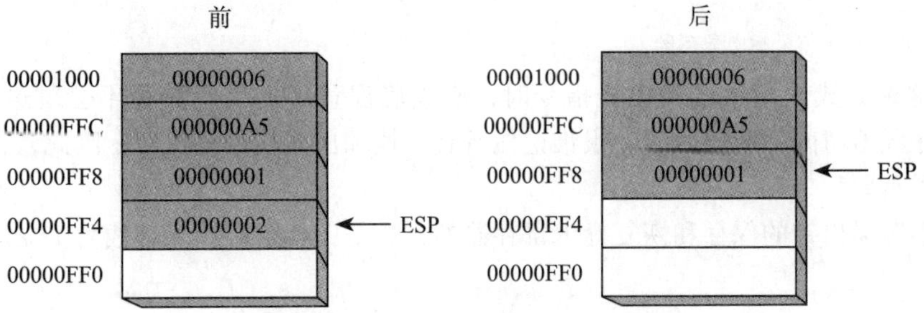

图 5-5　从运行时堆栈弹出一个数值

ESP 之下的堆栈域在逻辑上是空白的，当前程序下一次执行任何数值入栈操作指令都可以覆盖这个区域。

3. 堆栈应用

运行时堆栈在程序中有一些重要用途：

- 当寄存器用于多个目的时，堆栈可以作为寄存器的一个方便的临时保存区。在寄存器被修改后，还可以恢复其初始值。
- 执行 CALL 指令时，CPU 在堆栈中保存当前过程的返回地址。
- 调用过程时，输入数值也被称为参数，通过将其压入堆栈实现参数传递。
- 堆栈也为过程局部变量提供了临时存储区域。

5.1.2 PUSH 和 POP 指令

1. PUSH 指令

PUSH 指令首先减少 ESP 的值，再将源操作数复制到堆栈。操作数是 16 位的，则 ESP 减 2，操作数是 32 位的，则 ESP 减 4。PUSH 指令有 3 种格式：

```
PUSH reg/mem16
PUSH reg/mem32
PUSH imm32
```

2. POP 指令

POP 指令首先把 ESP 指向的堆栈元素内容复制到一个 16 位或 32 位目的操作数中，再增加 ESP 的值。如果操作数是 16 位的，ESP 加 2，如果操作数是 32 位的，ESP 加 4：

```
POP reg/mem16
POP reg/mem32
```

3. PUSHFD 和 POPFD 指令

PUSHFD 指令把 32 位 EFLAGS 寄存器内容压入堆栈，而 POPFD 指令则把栈顶单元内容弹出到 EFLAGS 寄存器：

```
pushfd
popfd
```

不能用 MOV 指令把标识寄存器内容复制给一个变量，因此，PUSHFD 可能就是保存标志位的最佳途径。有些时候保存标志寄存器的副本是非常有用的，这样之后就可以恢复标志寄存器原来的值。通常会用 PUSHFD 和 POPFD 封闭一段代码：

```
pushfd          ;保存标志寄存器
;
;任意语句序列
;
popfd           ;恢复标志寄存器
```

当用这种方式使用入栈和出栈指令时，必须确保程序的执行路径不会跳过 POPFD 指令。当程序随着时间不断修改时，很难记住所有入栈和出栈指令的位置。因此，精确的文档就显得至关重要！

一种不容易出错的保存和恢复标识寄存器的方法是：将它们压入堆栈后，立即弹出给一个变量：

```
.data
saveFlags DWORD ?
```

```
.code
pushfd                  ;标识寄存器内容入栈
pop    saveFlags        ;复制给一个变量
```

下述语句从同一个变量中恢复标识寄存器内容：

```
push saveFlags          ;被保存的标识入栈
popfd                   ;复制给标识寄存器
```

4. PUSHAD、PUSHA、POPAD 和 POPA

PUSHAD 指令按照 EAX、ECX、EDX、EBX、ESP（执行 PUSHAD 之前的值）、EBP、ESI 和 EDI 的顺序，将所有 32 位通用寄存器压入堆栈。POPAD 指令按照相反顺序将同样的寄存器弹出堆栈。与之相似，PUSHA 指令按序（AX、CX、DX、BX、SP、BP、SI 和 DI）将 16 位通用寄存器压入堆栈。POPA 指令按照相反顺序将同样的寄存器弹出堆栈。在 16 位模式下，只能使用 PUSHA 和 POPA 指令。16 位编程将在第 14 ～ 17 章中讨论。

如果编写的过程会修改 32 位寄存器的值，则在过程开始时使用 PUSHAD 指令，在结束时使用 POPAD 指令，以此保存和恢复寄存器的内容。示例如下列代码段所示：

```
MySub PROC
    pushad              ;保存通用寄存器的内容
    .
    .
    mov eax,...
    mov edx,...
    mov ecx,...
    .
    .
    popad
    ret                 ;恢复通用寄存器的内容
MySub ENDP
```

必须要指出，上述示例有一个重要的例外：过程用一个或多个寄存器来返回结果时，不应使用 PUSHA 和 PUSHAD。假设下述 ReadValue 过程用 EAX 返回一个整数；调用 POPAD 将会覆盖 EAX 中的返回值：

```
ReadValue PROC
    pushad              ;保存通用寄存器的内容
    .
    .
    mov    eax,return_value
    .
    .
    popad
    ret                 ;覆盖 EAX！
ReadValue ENDP
```

示例：字符串反转

现在查看名为 RevStr 的程序：在一个字符串上循环，将每个字符压入堆栈，再把这些字符从堆栈中弹出（相反顺序），并保存回同一个字符串变量。由于堆栈是 LIFO（后进先出）结构，字符串中的字母顺序就发生了翻转：

```
;字符串翻转                              (RevStr.asm)
.386
.model flat,stdcall
.stack 4096
ExitProcess PROTO,dwExitCode:DWORD
```

```
        .data
        aName BYTE "Abraham Lincoln",0
        nameSize = ($ - aName) - 1

        .code
        main PROC
        ;将名字压入堆栈
            mov     ecx,nameSize
            mov     esi,0

        L1: movzx eax,aName[esi]         ;获取字符
            push    eax                   ;压入堆栈
            inc     esi
            loop    L1

        ;将名字按逆序弹出堆栈，
        ;并存入 aName 数组
            mov     ecx,nameSize
            mov     esi,0

        L2: pop     eax                   ;获取字符
            mov     aName[esi],al         ;存入字符串
            inc     esi
            loop    L2

            INVOKE ExitProcess,0
        main ENDP
        END main
```

5.1.3 本节回顾

1. 哪个寄存器（32 位模式中）管理堆栈？
2. 运行时堆栈与堆栈抽象数据类型有什么不同？
3. 为什么堆栈被称为 LIFO 结构？
4. 当一个 32 位数值压入堆栈时，ESP 发生了什么变化？
5. (真 / 假)：过程中的局部变量是在堆栈中新建的。
6. (真 / 假)：PUSH 指令不能用立即数作操作数。

5.2 定义并使用过程

如果读者已经学过了高级编程语言，那么就会知道将程序分割为子过程（subroutine）是多么有用。一个复杂的问题常常要分解为相互独立的任务，这样才易于被理解、实现以及有效地测试。在汇编语言中，通常用术语过程（procedure）来指代子程序。在其他语言中，子程序也被称为方法或函数。

就面向对象编程而言，单个类中的函数或方法大致相当于封装在一个汇编语言模块中的过程和数据集合。汇编语言出现的时间远早于面向对象编程，因此它不具备面向对象编程中的形式化结构。汇编程序员必须在程序中实现自己的形式化结构。

5.2.1 PROC 伪指令

1. 定义过程

过程可以非正式地定义为：由返回语句结束的已命名的语句块。过程用 PROC 和 ENDP 伪指令来定义，并且必须为其分配一个名字（有效标识符）。到目前为止，所有编写的程序都包含了一个名为 main 的过程，例如：

```
main PROC
    .
    .
main ENDP
```

当在程序启动过程之外创建一个过程时,就用 RET 指令来结束它。RET 强制 CPU 返回到该过程被调用的位置:

```
sample PROC
    .
    .
    ret
sample ENDP
```

2. 过程中的标号

默认情况下,标号只在其被定义的过程中可见。这个规则常常影响到跳转和循环指令。在下面的例子中,名为 Destination 的标号必须与 JMP 指令位于同一个过程中:

```
jmp Destination
```

解决这个限制的方法是定义全局标号,即在名字后面加双冒号(::):

```
Destination::
```

就程序设计而言,跳转或循环到当前过程之外不是个好主意。过程用自动方式返回并调整运行时堆栈。如果直接跳出一个过程,则运行时堆栈很容易被损坏。关于运行时堆栈的更多信息请参阅 8.2 节。

3. 示例:三个整数求和

现在创建一个名为 SumOf 的过程计算三个 32 位整数之和。假设在过程调用之前,整数已经分配给 EAX、EBX 和 ECX。过程用 EAX 返回和数:

```
SumOf PROC
    add  eax,ebx
    add  eax,ecx
    ret
SumOf ENDP
```

4. 过程说明

要培养的一个好习惯是为程序添加清晰可读的说明。下面是对放在每个过程开头的信息的一些建议:

- 对过程实现的所有任务的描述。
- 输入参数及其用法的列表,并将其命名为 Receives(接收)。如果输入参数对其数值有特殊要求,也要在这里列出来。
- 对过程返回的所有数值的描述,并将其命名为 Returns(返回)。
- 所有特殊要求的列表,这些要求被称为先决条件(preconditions),必须在过程被调用之前满足。列表命名为 Requires。例如,对一个画图形线条的过程来说,一个有用的先决条件是该视频显示适配器必须已经处于图形模式。

上述选择的描述性标号,如 Receives、Returns 和 Requires,不是绝对的;其他有用的名字也常常被使用。

有了这些思想，现在对 SumOf 过程添加合适的说明：

```
;--------------------------------------------------------
; sumof
;
;计算 3 个 32 位整数之和并返回和数。
;接收：EAX、EBX 和 ECX 为 3 个整数，可能是有符号数，也可能是无符号数。
;返回：EAX= 和数
;--------------------------------------------------------
SumOf PROC
    add    eax,ebx
    add    eax,ecx
    ret
SumOf ENDP
```

用高级语言，如 C 和 C++，编写的函数，通常用 AL 返回 8 位的值，用 AX 返回 16 位的值，用 EAX 返回 32 位的值。

5.2.2 CALL 和 RET 指令

CALL 指令调用一个过程，指挥处理器从新的内存地址开始执行。过程使用 RET（从过程返回）指令将处理器转回到该过程被调用的程序点上。从物理上来说，CALL 指令将其返回地址压入堆栈，再把被调用过程的地址复制到指令指针寄存器。当过程准备返回时，它的 RET 指令从堆栈把返回地址弹回到指令指针寄存器。32 位模式下，CPU 执行的指令由 EIP（指令指针寄存器）在内存中指出。16 位模式下，由 IP 指出指令。

调用和返回示例

假设在 main 过程中，CALL 指令位于偏移量为 0000 0020 处。通常，这条指令需要 5 个字节的机器码，因此，下一条语句（本例中为一条 MOV 指令）就位于偏移量为 0000 0025 处：

```
            main PROC
00000020        call MySub
00000025        mov  eax,ebx
```

然后，假设 MySub 过程中第一条可执行指令位于偏移量 0000 0040 处：

```
            MySub PROC
00000040        mov eax,edx
                 .
                 .
                ret
            MySub ENDP
```

当 CALL 指令执行时（图 5-6），调用之后的地址（0000 0025）被压入堆栈，MySub 的地址加载到 EIP。执行 MySub 中的全部指令直到 RET 指令。当执行 RET 指令时，ESP 指向的堆栈数值被弹出到 EIP（图 5-7，步骤 1）。在步骤 2 中，ESP 的数值增加，从而指向堆栈中的前一个值（步骤 2）。

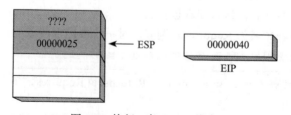

图 5-6 执行一条 CALL 指令

过　程

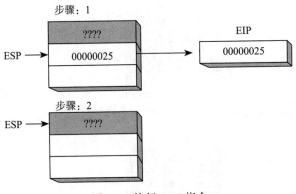

图 5-7　执行 RET 指令

5.2.3　过程调用嵌套

被调用过程在返回之前又调用了另一个过程时，就发生了过程调用嵌套。假设 main 调用了过程 Sub1。当 Sub1 执行时，它调用了过程 Sub2。当 Sub2 执行时，它调用了过程 Sub3。步骤如图 5-8 所示。

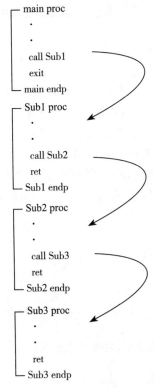

图 5-8　过程调用嵌套

当执行 Sub3 末尾的 RET 指令时，将 stack[ESP]（堆栈段首地址 +ESP 给出的偏移量）中的数值弹出到指令指针寄存器中，这使得执行转回到调用 Sub3 后面的指令。下图显示的是执行从 Sub3 返回操作之前的堆栈：

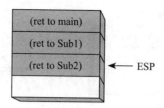

返回之后，ESP 指向栈顶下一个元素。当 Sub2 末尾的 RET 指令将要执行时，堆栈如下所示：

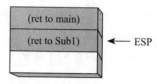

最后，执行 Sub1 的返回，stack[ESP] 的内容弹出到指令指针寄存器，继续在 main 中执行：

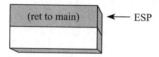

显然，堆栈证明了它很适合于保存信息，包括过程调用嵌套。一般说来，堆栈结构用于程序需要按照特定顺序返回的情况。

5.2.4 向过程传递寄存器参数

如果编写的过程要执行一些标准操作，如整数数组求和，那么，在过程中包含对特定变量名的引用就不是一个好主意。如果这样做了，该过程就只能作用于一个数组。更好的方法是向过程传递数组的偏移量以及指定数组元素个数的整数。这些内容被称为参数（或输入参数）。在汇编语言中，经常用通用寄存器来传递参数。

在前面的章节中创建了一个简单的过程 SumOf，计算 EAX、EBX 和 ECX 中的整数之和。在 main 调用 SumOf 之前，将数值分配给 EAX、EBX 和 ECX：

```
.data
theSum   DWORD   ?
.code
main PROC
    mov     eax,10000h              ;参数
    mov     ebx,20000h              ;参数
    mov     ecx,30000h              ;参数
    call    Sumof                   ;EAX=(EAX+EBX+ECX)
    mov     theSum,eax              ;保存和数
```

在 CALL 语句之后，选择了将 EAX 中的和数复制给一个变量。

5.2.5 示例：整数数组求和

程序员在 C++ 或 Java 中编写过的非常常见的循环类型是计算整数数组之和。这在汇编语言中很容易实现，它可以被编码为按照尽可能快的方式来运行。比如，在循环内可以使用寄存器而非变量。

现在创建一个过程 ArraySum，从一个调用程序接收两个参数：一个指向 32 位整数数组的指针，以及一个数组元素个数的计数器。该过程计算和数，并用 EAX 返回数组之和：

```
;---------------------------------------------------
;ArraySum

; 计算 32 位整数数组元素之和。
; 接收: ESI= 数组偏移量
;       ECX= 数组元素的个数
; 返回: EAX= 数组元素之和
;---------------------------------------------------
ArraySum PROC
    push    esi
    push    ecx                 ; 保存 ESI 和 ECX
    mov     eax,0
                                ; 设置和数为 0
L1: add     eax,[esi]           ; 将每个整数与和数相加
    add     esi,TYPE DWORD      ; 指向下一个整数
    loop    L1                  ; 按照数组大小重复
    pop     ecx
    pop     esi                 ; 恢复 ECX 和 ESI
    ret                         ; 和数在 EAX 中
ArraySum ENDP
```

这个过程没有特别指定数组名称和大小,它可以用于任何需要计算 32 位整数数组之和的程序。只要有可能,编程者也应该编写具有灵活性和适应性的程序。

测试 ArraySum 过程

下面的程序通过传递一个 32 位整数数组的偏移量和长度来测试 ArraySum 过程。调用 ArraySum 之后,程序将过程的返回值保存在变量 theSum 中。

```
; 测试 ArraySum 过程                    (TestArraySum.asm)
.386
.model flat, stdcall
.stack 4096
ExitProcess PROTO, dwExitCode:DWORD
    .data
array DWORD 10000h,20000h,30000h,40000h,50000h
theSum DWORD ?
    .code
main PROC
    mov     esi,OFFSET array    ;ESI 指向数组
    mov     ecx,LENGTHOF array  ;ECX= 数组计数器
    call    ArraySum            ; 计算和数
    mov     theSum,eax
                                ; 用 EAX 返回和数
    INVOKE ExitProcess,0
main ENDP

;---------------------------------------------------
;ArraySum
; 计算 32 位整数数组之和。
; 接收: ESI= 数组偏移量
;       ECX= 数组元素的个数
; 返回: EAX= 数组元素之和
;---------------------------------------------------
ArraySum PROC
    push    esi
    push    ecx                 ; 保存 ESI 和 ECX
    mov     eax,0
                                ; 设置和数为 0
L1:
    add     eax,[esi]
    add     esi,TYPE DWORD      ; 将每个整数与和数相加
    loop    L1                  ; 指向下一个整数
                                ; 按照数组大小重复
```

```
        pop     ecx                 ;恢复 ECX 和 ESI
        pop     esi
        ret                         ;和数在 EAX 中
ArraySum ENDP
END main
```

5.2.6 保存和恢复寄存器

在 ArraySum 示例中，ECX 和 ESI 在过程开始时被压入堆栈，在过程结束时被弹出堆栈。这是大多数过程修改寄存器的典型操作。总是保存和恢复被过程修改的寄存器，将使得调用程序确保自己的寄存器值不会被覆盖。但是对用于返回数值的寄存器应该例外，通常是指 EAX，不要将它们压入和弹出堆栈。

USES 运算符

USES 运算符与 PROC 伪指令一起使用，让程序员列出在该过程中修改的所有寄存器名。USES 告诉汇编器做两件事情：第一，在过程开始时生成 PUSH 指令，将寄存器保存到堆栈；第二，在过程结束时生成 POP 指令，从堆栈恢复寄存器的值。USES 运算符紧跟在 PROC 之后，其后是位于同一行上的寄存器列表，表项之间用空格符或制表符（不是逗号）分隔。

5.2.5 节给出的 ArraySum 过程使用 PUSH 和 POP 指令来保存和恢复 ESI 和 ECX。USES 运算符能够更加容易地实现同样的功能：

```
ArraySum PROC USES esi ecx
        mov     eax,0               ;置和数为 0
L1:
        add     eax,[esi]           ;将每个整数与和数相加
        add     esi,TYPE DWORD      ;指向下一个整数
        loop    L1                  ;按照数组大小重复

        ret                         ;和数在 EAX 中
ArraySum ENDP
```

汇编器生成的相应代码展示了使用 USES 的效果：

```
ArraySum PROC
        push    esi
        push    ecx
        mov     eax,0               ;置和数为 0
L1:
        add     eax,[esi]           ;将每个整数与和数相加
        add     esi,TYPE DWORD      ;指向下一个整数
        loop    L1                  ;按照数组大小重复

        pop     ecx
        pop     esi
        ret
ArraySum ENDP
```

> **调试提示**：使用 Microsoft Visual Studio 调试器可以查看由 MASM 高级运算符和伪指令生成的隐藏机器指令。在调试窗口中右键点击，选择 Go To Disassembly。该窗口显示程序源代码，以及由汇编器生成的隐藏机器指令。

例外 当过程利用寄存器（通常用 EAX）返回数值时，保存使用寄存器的惯例就出现了一个重要的例外。在这种情况下，返回寄存器不能被压入和弹出堆栈。例如下述 SumOf 过

程把 EAX 压入、弹出堆栈，就会丢失过程的返回值：

```
SumOf PROC                      ;三个整数之和
    push    eax                 ;保存 EAX
    add     eax,ebx
    add     eax,ecx             ;计算 EAX、EBX 和 ECX 之和
    pop     eax                 ;和数丢失！
    ret
SumOf ENDP
```

5.2.7 本节回顾

1. (真/假)：PROC 伪指令标识过程的开始，ENDP 伪指令标识过程的结束。
2. (真/假)：可以在现有过程中定义一个过程。
3. 如果在过程中省略 RET 指令会发生什么情况？
4. 在建议的过程说明中，如何使用名称 Receives 和 Returns？
5. (真/假)：CALL 指令把自身指令的偏移量压入堆栈。
6. (真/假)：CALL 指令把紧跟其后的指令的偏移量压入堆栈。

5.3 链接到外部库

如果编程者花时间的话，就可以用汇编语言编写出详细的输入输出代码。就好比自己从头开始搭建汽车，然后可以驾车出行一样。这个工作很有趣但也很耗时。在第 11 章，读者将有机会了解 MS-Windows 模式下如何处理输入输出。这是很大的乐趣，当看到那些有用的工具时，一个新的世界就展现在眼前。不过现在，在学习汇编语言基础时，输入输出应该是很容易的。5.3 节将说明如何从本书的链接库 Irvine32.lib 和 Irvine64.obj 中调用过程。完整的链接库源代码可以在本书作者网站（asmirvine.com）上获取。在计算机上安装时，应该将它安装在本书安装文件（通常命名为 C：\Irvine）下的 Examples\Libs32 子文件夹中。

Irvine32 链接库只能用于 32 位模式下运行的程序。它包含了链接到 MS-Windows API 的过程，生成输入输出。对 64 位应用程序来说，Irvine64 链接库的限制更多，它仅限于基本显示和字符串操作。

5.3.1 背景知识

链接库是一种文件，包含了已经汇编为机器代码的过程（子程序）。链接库开始时是一个或多个源文件，这些文件再被汇编为目标文件。目标文件插入到一个特殊格式文件，该文件由链接器工具识别。假设一个程序调用过程 WriteString 在控制台窗口显示一个字符串。该程序源代码必须包含 PROTO 伪指令来标识 WriteString 过程：

```
WriteString proto
```

之后，CALL 指令执行 WriteString：

```
call WriteString
```

当程序进行汇编时，汇编器将不指定 CALL 指令的目标地址，它知道这个地址将由链接器指定。链接器在链接库中寻找 WriteString，并把库中适当的机器指令复制到程序的可执行文件中。同时，它把 WriteString 的地址插入到 CALL 指令。如果被调用过程不在链接库中，

链接器就发出错误信息，且不会生成可执行文件。

链接命令选项 链接器工具把一个程序的目标文件与一个或多个目标文件以及链接库组合在一起。比如，下述命令就将 hello.obj 与 irvine32.lib 和 kernel32.lib 库链接起来：

```
link hello.obj irvine32.lib kernel32.lib
```

32 位程序链接 kernel32.lib 文件是 Microsoft Windows 平台软件开发工具（Software Development Kit）的一部分，它包含了 kernel32.dll 文件中系统函数的链接信息。kernel32.dll 文件是 MS-Windows 的一个基本组成部分，被称为动态链接库（dynamic link library）。它含有的可执行函数实现基于字符的输入输出。图 5-9 展示了为什么 kernel32.lib 是通向 kernel32.dll 的桥梁。

在第 1 章到第 10 章中，程序都链接到 Irvine32.lib 或者 Irvine64.obj。第 11 章说明了如何将程序直接链接到 kernel32.lib。

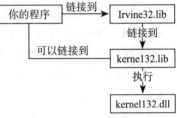

图 5-9　32 位程序链接

5.3.2 本节回顾

1.（真/假）：链接库由汇编语言源代码组成。
2. 在一个外部链接库中，用 PROTO 伪指令声明过程 MyProc。
3. 编写 CALL 语句调用外部链接库中的过程 MyProc。
4. 本书支持的 32 位链接库的名称是什么？
5. kernel32.dll 是什么类型的文件？

5.4　Irvine32 链接库

5.4.1 创建库的动机

汇编语言编程没有 Microsoft 认可的标准库。在 20 世纪 80 年代早期，程序员第一次开始为 x86 处理器编写汇编语言时，MS-DOS 是常用的操作系统。这些 16 位程序可以调用 MS-DOS 函数（即 INT 21h 服务）来实现简单的输入输出。即使是在那个时代，如果想在控制台上显示一个整数，也需要编写一个相当复杂的程序，将整数的内部二进制表示转换为可以在屏幕上显示的 ASCII 字符序列。这个过程被称为 WriteInt，下面是其抽象为伪代码的逻辑：

初始化：

```
let n equal the binary value
let buffer be an array of char[size]
```

算法：

```
i = size -1              ;缓冲区最后一个位置
repeat
    r = n mod 10         ;余数
    n = n / 10           ;整数除法
    digit = r OR 30h     ;将 r 转换为 ASCII 数字
    buffer[i--] = digit  ;保存到缓冲区
until n = 0
if n is negative
    buffer[i] = "-"      ;插入负号
```

```
while i > 0
    print buffer[i]
    i++
```

注意，数字是按照逆序生成，插入缓冲区，从后往前移动。然后，数字按照正序写到控制台。虽然这段代码简单到足以用 C/C++ 实现，但是如果是在汇编语言中，它还需要一些高级技巧。

专业程序员通常更愿意自己建立库，这是一种很好的学习经验。在 Windows 的 32 位模式下，输入输出库必须能直接调用操作系统的内容。这个学习曲线相当陡峭，对编程初学者提出了一些挑战。因此，Irvine32 链接库被设计成给初学者提供简单的输入输出接口。随着对本书学习的推进，读者将能获得自己创建库的知识和技术。只要成为库的创建者，就能自由地修改和重用库。第 13 章将讨论另一种方法，即从汇编语言程序中调用标准 C 库函数。同样，这种方法也需要一些其他的背景知识。

表 5-1 列出了 Irvine32 链接库的全部过程。

表 5-1　Irvine32 链接库的过程

过程	说明
CloseFile	关闭之前已经打开的磁盘文件
Clrscr	清除控制台窗口，并将光标置于左上角
CreateOutputFile	为输出模式下的写操作创建一个新的磁盘文件
Crlf	在控制台窗口中写一个行结束的序列
Delay	程序执行暂停指定的 n 毫秒
DumpMem	以十六进制形式，在控制台窗口写一个内存块
DumpRegs	以十六进制形式显示 EAX、EBX、ECX、EDX、ESI、EDI、EBP、ESP、EFLAGS 和 EIP 寄存器。也显示最常见的 CPU 状态标志位
GetCommandTail	复制程序命名行参数（称为命令尾）到一个字节数组
GetDateTime	从系统获取当前日期和时间
GetMaxXY	返回控制台窗口缓冲器的行数和列数
GetMseconds	返回从午夜开始经过的毫秒数
GetTextColor	返回当前控制台窗口的前景色和背景色
Gotoxy	将光标定位到控制台窗口内指定的位置
IsDigit	如果 AL 寄存器中包含了十进制数字（0—9）的 ASCII 码，则零标志位置 1
MsgBox	显示一个弹出消息框
MsgBoxAsk	在弹出消息框中显示 yes/no 问题
OpenInputFile	打开一个已有磁盘文件进行输入操作
ParseDecimal32	将一个无符号十进制整数字符串转换为 32 位二进制数
ParseInteger32	将一个有符号十进制整数字符串转换为 32 位二进制数
Random32	在 0~FFFFFFFFh 范围内，生成一个 32 位的伪随机整数
Randomize	用一个值作为随机数生成器的种子
RandomRange	在特定范围内生成一个伪随机整数
ReadChar	等待从键盘输入一个字符，并返回该字符
ReadDec	从键盘读取一个无符号 32 位十进制整数，用回车符结束
ReadFromFile	将一个输入磁盘文件读入缓冲区
ReadHex	从键盘读取一个 32 位十六进制整数，用回车符结束
ReadInt	从键盘读取一个有符号 32 位十进制整数，用回车符结束

（续）

过程	说明
ReadKey	无需等待输入即从键盘输入缓冲区读取一个字符
ReadString	从键盘读取一个字符串，用回车符结束
SetTextColor	设置控制台输出字符的前景色和背景色
Str_compare	比较两个字符串
Str_copy	将源字符串复制到目的字符串
Str_length	用 EAX 返回字符串长度
Str_trim	从字符串删除不需要的字符
Str_ucase	将字符串转换为大写字母
WaitMsg	显示信息并等待按键操作
WriteBin	用 ASCII 二进制格式，向控制台窗口写一个无符号 32 位整数
WriteBinB	用字节、字或双字格式向控制台窗口写一个二进制整数
WriteChar	在控制台窗口写一个字符
WriteDec	用十进制格式，向控制台窗口写一个无符号 32 位整数
WriteHex	用十六进制格式，向控制台窗口写一个 32 位整数
WriteHexB	用十六进制格式，向控制台窗口写一个字节、字或双字整数
WriteInt	用十进制格式，向控制台窗口写一个有符号 32 位整数
WriteStackFrame	向控制台窗口写当前过程的堆栈帧
WriteStackFrameName	向控制台窗口写当前过程的名称和堆栈帧
WriteString	向控制台窗口写一个以空字符结束的字符串
WriteToFile	将缓冲区内容写入一个输出文件
WriteWindowsMsg	显示一个字符串，包含 MS-Windows 最近一次产生的错误

5.4.2 概述

控制台窗口 控制台窗口（console window）（或命令窗口 command window）是显示命令提示符时，由 MS-Windows 生成的一个纯文本窗口。

要想 Microsoft Windows 中显示一个控制台窗口，在桌面上单击 Start 按钮，并在 Start Search 框中输入 cmd，然后单击回车。打开控制台窗口后，右键点击窗口左上角的系统菜单，就可以重新定义控制台窗口缓冲区的大小，从弹出菜单中选择 Properties，然后修改数值，如图 5-10 所示。

还可以选择不同的字体大小和颜色。默认的控制台窗口为 25 行 × 80 列，使用 mode 命令可以修改它的行数和列数。例如，在命令提示符下键入下述内容，则将控制台窗口设置为 30 行 × 40 列：

```
mode con cols=40 lines=30
```

文件句柄（file handle）是一个 32 位整数，Windows 操作系统用它来标识当前打开的文件。当用户程序调用一个 Windows 服务来打开或创建文件时，操作系统就创建一个新的文件句柄，并使其对用户程序可用。每当程序调用 OS 服务方法来读写该文件时，就必须将这个文件句柄作为参数传递给服务方法。

注意：如果用户程序调用 Irvine32 链接库中的过程，就必须总是将这个 32 位数值压入运行时堆栈；如果不这样做，被库调用的 Win32 控制台函数就不能正常工作。

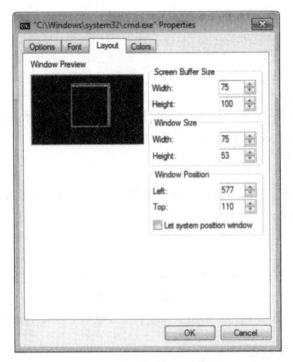

图 5-10 修改控制台窗口属性

5.4.3 过程详细说明

本节将逐一介绍 Irvine32 链接库中的过程是如何使用的,同时也会忽略一些更高级的过程,它们将在后续章节中进行解释。

CloseFile CloseFile 过程关闭之前已经创建或打开的文件(参见 CreateOutputFile 和 OpenInputFile)。该文件用一个 32 位整数的句柄来标识,句柄由 EAX 传递。如果文件成功关闭,EAX 中的返回值就是非零的。示例如下:

```
mov     eax,fileHandle
call    CloseFile
```

Clrscr Clrscr 过程清除控制台窗口。该过程通常在程序开始和结束时被调用。如果在其他时间调用这个过程,就需要先调用 WaitMsg 来暂停程序,这样就可以让用户在屏幕被清除之前,阅读屏幕上的信息。调用示例如下:

```
call    WaitMsg     ; "Press any key..."
call    Clrscr
```

CreateOutputFile CreateOutputFile 过程创建并打开一个新的磁盘文件,进行写操作。调用该过程时,将文件名的偏移量送入 EDX。过程返回后,如果文件创建成功则 EAX 将包含一个有效文件句柄(32 位整数),否则,EAX 将等于 INVALID HANDLE VALUE(一个预定义的常数)。调用示例如下:

```
.data
filename BYTE "newfile.txt",0
.code
mov     edx,OFFSET filename
call    CreateOutputFile
```

下面的伪代码描述的是调用 CreateOutputFile 之后，可能会出现的结果：

```
if EAX = INVALID_HANDLE_VALUE
    the file was not created successfully
else
    EAX = handle for the open file
endif
```

Crlf　Crlf 过程将光标定位在控制台窗口下一行的开始位置。它写的字符串包含了 ASCII 字符代码 0Dh 和 0Ah。调用示例如下：

```
call    Crlf
```

Delay　Delay 过程按照特定毫秒数暂停程序。在调用 Delay 之前，将预定时间间隔送入 EAX。调用示例如下：

```
mov     eax,1000                ; 1秒
call    Delay
```

DumpMen　DumpMen 过程在控制台窗口中用十六进制的形式显示一段内存区域。ESI 中存放的是内存区域首地址；ECX 中存放的是单元个数；EBX 中存放的是单元大小（1=字节，2=字，4=双字）。下述调用示例用十六进制形式显示了包含 11 个双字的数组：

```
.data
array DWORD 1,2,3,4,5,6,7,8,9,0Ah,0Bh
.code
main PROC
    mov     esi,OFFSET array    ; 首地址偏移量
    mov     ecx,LENGTHOF array  ; 单元个数
    mov     ebx,TYPE array      ; 双字格式
    call    DumpMem
```

产生的输出如下所示：

```
00000001  00000002  00000003  00000004  00000005  00000006
00000007  00000008  00000009  0000000A  0000000B
```

DumpRegs　DumpRegs 过程用十六进制形式显示 EAX、EBX、ECX、EDX、ESI、EDI、EBP、ESP、EIP 和 EFL（EFLAGS）的内容，以及进位标志位、符号标志位、零标志位、溢出标志位、辅助进位标志位和奇偶标志位的值。调用示例如下：

```
call DumpRegs
```

示例输出如下所示：

```
EAX=00000613   EBX=00000000   ECX=000000FF   EDX=00000000
ESI=00000000   EDI=00000100   EBP=0000091E   ESP=000000F6
EIP=00401026   EFL=00000286   CF=0   SF=1   ZF=0   OF=0   AF=0   PF=1
```

EIP 显示的数值是调用 DumpRegs 的下一条指令的偏移量。DumpRegs 在调试程序时很有用，因为它显示了 CPU 快照。该过程没有输入参数和返回值。

GetCommandTail　GetCommandTail 过程将程序命令行复制到一个空字节结束的字符串。如果命令行是空，则进位标志位置 1；否则进位标志位清零。该过程的作用在于能让程序用户通过命令行传递参数。假设有一程序 Encrypt.exe 读取输入文件 file1.txt，并产生输出文件 file2.txt。程序运行时，用户可以通过命令行传递这两个文件名：

```
Encrypt file1.txt file2.txt
```

当 Encrypt 程序启动时，它可以调用 GetCommandTail，检索这两个文件名。调用 GetCommandTail 时，EDX 必须包含一个数组的偏移量，该数组至少要有 129 个字节。调用示例如下：

```
.data
cmdTail BYTE 129 DUP(0)      ;空缓冲区
.code
mov   edx,OFFSET cmdTail
call  GetCommandTail          ;填充缓冲区
```

在 Visual Studio 中运行应用程序时，有一种方法可以传递命令行参数。在 Project 菜单中，选择 <projectname>Properties。在 Property Pages 窗口，展开 Configuration Properties 选项，选择 Debugging。然后，在右边 Command Arguments 面板的编辑行中输入程序的命令参数。

GetMaxXY GetMaxXY 过程获取控制台窗口缓冲区的大小。如果控制台窗口缓冲区大于可视窗口尺寸，则自动显示滚动条。GetMaxXY 没有输入参数。当过程返回时，DX 寄存器包含了缓冲区的列数，AX 寄存器包含了缓冲区的行数。每个数值的可能范围都不超过 255，这也许会小于实际窗口缓冲区的大小。调用示例如下：

```
.data
rows  BYTE ?
cols  BYTE ?
.code
call  GetMaxXY
mov   rows,al
mov   cols,dl
```

GetMseconds GetMseconds 过程获取主机从午夜开始经过的毫秒数，并用 EAX 返回该值。在计算事件间隔时间时，这个过程是非常有用的。过程不需要输入参数。下面的例子调用了 GetMseconds，并保存了返回值。执行循环之后，代码第二次调用 GetMseconds，并将两次返回的时间值相减，结果就是执行循环的大致时间：

```
.data
startTime DWORD ?
.code
call GetMseconds
mov  startTime,eax
L1:
  ; (loop body)
  loop L1
call GetMseconds
sub  eax,startTime        ;EAX= 循环时间，按毫秒计
```

GetTextColor GetTextColor 过程获取控制台窗口当前的前景色和背景色，它没有输入参数。返回时，AL 中的高四位是背景色，低四位是前景色。调用示例如下：

```
.data
color byte ?
.code
call  GetTextColor
mov   color,AL
```

Gotoxy Gotoxy 过程将光标定位到控制台窗口的指定位置。默认情况下，控制台窗口的 X 轴范围为 0 ~ 79，Y 轴范围为 0 ~ 24。调用 Gotoxy 时，将 Y 轴（行数）传递到 DH 寄存器，X 轴（列数）传递到 DL 寄存器。调用示例如下：

```
mov    dh,10          ;第 10 行
mov    dl,20          ;第 20 列
call   Gotoxy         ;定位光标
```

用户可能会修改控制台窗口大小,因此可以调用 GetMaxXY 获取当前窗口的行列数。

IsDigit　　IsDigit 过程确定 AL 中的数值是否是一个有效十进制数的 ASCII 码。过程被调用时,将一个 ASCII 字符传递到 AL。如果 AL 包含的是一个有效十进制数,则过程将零标志位置 1;否则,清除零标志位。调用示例如下:

```
mov    AL,somechar
call   IsDigit
```

MsgBox　　MsgBox 过程显示一个带选择项的图形界面弹出消息框。(当程序运行于控制台窗口时有效。)过程用 EDX 传递一个字符串的偏移量,该字符串将显示在消息框中。还可以用 EBX 传递消息框标题字符串的偏移量,如果标题为空,则 EBX 为 0。调用示例如下:

```
.data
caption BYTE "Dialog Title", 0
HelloMsg BYTE "This is a pop-up message box.", 0dh,0ah
         BYTE "Click OK to continue...", 0
.code
mov    ebx,OFFSET caption
mov    edx,OFFSET HelloMsg
call   MsgBox
```

示例输出如下:

MsgBoxAsk　　MsgBoxAsk 过程显示带有 Yes 和 No 按钮的图形弹出消息框。(当程序运行于控制台窗口时有效。)过程用 EDX 传递问题字符串的偏移量,该问题字符串将显示在消息框中。还可以用 EBX 传递消息框标题字符串的偏移量,如果标题为空,则 EBX 为 0。MsgBoxAsk 用 EAX 中的返回值表示用户选择的是哪个按钮,返回值有两个选择,都是预先定义的 Windows 常数:IDYES(值为 6)或 IDNO(值为 7)。调用示例如下:

```
.data
caption BYTE "Survey Completed",0
question BYTE "Thank you for completing the survey."
  BYTE 0dh,0ah
  BYTE "Would you like to receive the results?",0
.code
mov    ebx,OFFSET caption
mov    edx,OFFSET question
call   MsgBoxAsk
;查看 EAX 中的返回值
```

示例输出如下:

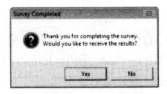

OpenInputFile　OpenInputFile 过程打开一个已存在的文件进行输入。过程用 EDX 传递文件名的偏移量。当从过程返回时，如果文件成功打开，则 EAX 就包含有效的文件句柄。否则，EAX 等于 INVALID_HANDLE_VALUE（一个预定义的常数）。

调用示例如下：

```
.data
filename BYTE "myfile.txt",0
.code
mov   edx,OFFSET filename
call  OpenInputFile
```

下述伪代码显示了调用 OpenInputFile 后可能的结果：

```
if EAX = INVALID_HANDLE_VALUE
    the file was not opened successfully
else
    EAX = handle for the open file
endif
```

ParseDecimal32　ParseDecimal32 过程将一个无符号十进制整数字符串转换为 32 位二进制数。非数字符号之前所有的有效数字都要转，前导空格要忽略。过程用 EDX 传递字符串的偏移量，用 ECX 传递字符串的长度，用 EAX 返回二进制数值。调用示例如下：

```
.data
buffer BYTE "8193"
bufSize = ($ - buffer)
.code
mov   edx,OFFSET buffer
mov   ecx,bufSize
call  ParseDecimal32          ; 返回 EAX
```

- 如果整数为空，则 EAX=0 且 CF=1
- 如果整数只有空格，则 EAX=0 且 CF=1
- 如果整数大于（$2^{32}-1$），则 EAX=0 且 CF=1
- 否则，EAX 为转换后的数，且 CF=0

参阅 ReadDec 过程的说明，详细了解进位标志位是如何受到影响的。

ParseInteger32　ParseInteger32 过程将一个有符号十进制整数字符串转换为 32 位二进制数。字符串开始到第一个非数字符号之间所有的有效数字都要转，前导空格要忽略。过程用 EDX 传递字符串的偏移量，用 ECX 传递字符串的长度，用 EAX 返回二进制数值。调用示例如下：

```
.data
buffer byte "-8193"
bufSize = ($ - buffer)
.code
mov   edx,OFFSET buffer
mov   ecx,bufSize
call  ParseInteger32          ; 返回 EAX
```

字符串可能包含一个前导加号或减号，但其后只能跟十进制数字。如果数值不能表示为 32 位有符号整数（范围：-2 147 483 648 到 +2 147 483 647），则溢出标志位置 1，且在控制台显示一个错误信息。

Random32　Random32 过程生成一个 32 位随机整数并用 EAX 返回该数。当被反复调用时，Random32 就会生成一个模拟的随机数序列，这些数由一个简单的函数产生，该函数有一个输入称为种子（seed）。函数利用公式里的种子生成一个随机数值，并且每次都使用前次生成的随机数作为种子，来生成后续随机数。下述代码段展示了一个调用 Random32 的例子：

```
        .data
randVal DWORD ?
        .code
        call    Random32
        mov     randVal,eax
```

Randomize　Randomize 过程对 Random32 和 RandomRange 过程的第一个种子进行初始化。种子等于一天中的时间，精度为 1/100 秒。每当调用 Random32 和 RandomRange 的程序运行时，生成的随机数序列都不相同。而 Randomize 过程只需要在程序开头调用一次。下面的例子生成了 10 个随机整数：

```
        call    Randomize
        mov     ecx,10
L1:     call    Random32
        ; 在此使用或显示 EAX 中的随机数
        loop    L1
```

RandomRange　RandomRange 过程在范围 0～n–1 内生成一个随机整数，其中 n 是用 EAX 寄存器传递的输入参数。生成的随机数也用 EAX 返回。下面的例子在 0 到 4999 之间生成一个随机整数，并将其放在变量 randVal 中。

```
        .data
randVal DWORD ?
        .code
        mov     eax,5000
        call    RandomRange
        mov     randVal,eax
```

ReadChar　ReadChar 过程从键盘读取一个字符，并用 AL 寄存器返回，字符不在控制台窗口中回显。调用示例如下：

```
        .data
char    BYTE ?
        .code
        call    ReadChar
        mov     char,al
```

如果用户按下的是扩展键，如功能键、方向键、Ins 键或 Del 键，则过程就把 AL 清零，而 AH 包含的是键盘扫描码。本书文前给出了扫描码列表。EAX 的高字节没有使用。下述伪代码描述了调用 ReadChar 之后可能产生的结果：

```
if an extended key was pressed
    AL = 0
    AH = keyboard scan code
else
    AL = ASCII key value
endif
```

ReadDec　ReadDec 过程从键盘读取一个 32 位无符号十进制整数，并用 EAX 返回该值，前导空格要忽略。返回值为遇到第一个非数字字符之前的所有有效数字。比如，如果用户输入 123ABC，则 EAX 中的返回值为 123。下面是一个调用示例：

```
.data
intVal DWORD ?
.code
call ReadDec
mov  intVal,eax
```

ReadDec 会影响进位标志位：
- 如果整数为空，则 EAX=0 且 CF=1
- 如果整数只有空格，则 EAX=0 且 CF=1
- 如果整数大于（$2^{32}-1$），则 EAX=0 且 CF=1
- 否则，EAX 为转换后的数，且 CF=0

ReadFromFile　ReadFromFile 过程读取存储缓冲区中的一个输入磁盘文件。当调用 ReadFromFile 时，用 EAX 传递打开文件的句柄，用 EDX 传递缓冲区的偏移量，用 ECX 传递读取的最大字节数。ReadFromFile 返回时要查看进位标志位的值：如果 CF 清零，则 EAX 包含了从文件中读取的字节数；如果 CF 置 1，则 EAX 包含了数字系统错误代码。调用 WriteWindowsMsg 过程就可以获得该错误的文本。在下面的例子中，从文件读取的 5000 个字节复制到了缓冲区变量：

```
.data
BUFFER_SIZE = 5000
buffer BYTE BUFFER_SIZE DUP(?)
bytesRead DWORD ?

.code
mov  edx,OFFSET buffer   ; 指向缓冲区
mov  ecx,BUFFER_SIZE     ; 读取的最大字节数
call ReadFromFile        ; 读文件 }
```

如果此时进位标志位清零，则可以执行如下指令：

```
mov  bytesRead,eax   ; 实际读取的字节数
```

但是，如果此时进位标志位置 1，就可以调用 WriteWindowsMsg 过程，显示错误代码以及该应用最近产生错误的说明：

```
call WriteWindowsMsg
```

ReadHex　ReadHex 过程从键盘读取一个 32 位十六进制整数，并用 EAX 返回相应的二进制数。对无效字符不进行任何错误检查。字母 A 到 F 的大小写都可以使用。最多能够输入 8 个数字（超出的字符将被忽略），前导空格将被忽略。调用示例如下：

```
.data
hexVal DWORD ?
.code
call ReadHex
mov  hexVal,eax
```

ReadInt　ReadInt 过程从键盘读取一个 32 位有符号整数，并用 EAX 返回该值。用户可以键入前置加号或减号，而其后跟的只能是数字。ReadInt 设置溢出标志位，如果输入数值无法表示为 32 位有符号数（范围：-2 147 483 648 至 +2 147 483 647），则显示一个错误信息。返回值包括所有的有效数字，直到遇见第一个非数字字符。例如，如果用户输入

+123ABC，则返回值为 +123。调用示例如下：

```
.data
intVal SDWORD ?
.code
call    ReadInt
mov     intVal,eax
```

ReadKey　ReadKey 过程执行无等待键盘检查。换句话说，它检查键盘输入缓冲区以查看用户是否有按键操作。如果没有发现键盘数据，则零标志位置 1。如果 ReadKey 发现有按键，则清除零标志位，且向 AL 送入 0 或 ASCII 码。若 AL 为 0，表示用户可能按下了一个特殊键（功能键、方向键等）。AH 寄存器为虚拟扫描码，DX 为虚拟键码，EBX 为键盘标志位。下述伪代码说明了调用 ReadKey 时的各种结果：

```
if no_keyboard_data then
   ZF = 1
else
   ZF = 0
   if AL = 0 then
      extended key was pressed, and AH = scan code, DX = virtual
         key code, and EBX = keyboard flag bits
   else
      AL = the key's ASCII code
   endif
endif
```

当调用 ReadKey 时，EAX 和 EDX 的高 16 位会被覆盖。

ReadString　ReadString 过程从键盘读取一个字符串，直到用户键入回车键。过程用 EDX 传递缓冲区的偏移量，用 ECX 传递用户能键入的最大字符数加 1（保留给终止空字节），用 EAX 返回用户键入的字符数。示例调用如下：

```
.data
buffer BYTE 21 DUP(0)         ;输入缓冲区
byteCount DWORD ?             ;定义计数器
.code
mov     edx,OFFSET buffer     ;指向缓冲区
mov     ecx,SIZEOF buffer     ;定义最大字符数
call    ReadString            ;输入字符串
mov     byteCount,eax         ;字符数
```

ReadString 在内存中字符串的末尾自动插入一个 null 终止符。用户输入"ABCDEFG"后，buffer 中前 8 个字节的十六进制形式和 ASCII 形式如下所示：

| 41 42 43 44 45 46 47 00 | ABCDEFG |

变量 byteCount 等于 7。

SetTextColor　SetTextColor 过程（仅在 Irvine32 链接库中）设置输出文本的前景色和背景色。调用 SetTextColor 时，给 EAX 分配一个颜色属性。下列预定义的颜色常数都可以用于前景色和背景色：

black = 0	red = 4	gray = 8	lightRed = 12
blue = 1	magenta = 5	lightBlue = 9	light Magenta = 13
green = 2	brown = 6	light Green = 10	yellow = 14
cyan = 3	lightGray = 7	lightCyan = 11	white = 15

颜色常量在 Irvine32.inc 文件中进行定义。要获得完整的颜色字节数值，就将背景色乘以 16 再加上前景色。例如，下述常量表示在蓝色背景上输出黄色字符：

```
yellow + (blue * 16)
```

下列语句设置为蓝色背景上输出白色字符：

```
mov    eax,white + (blue * 16)    ;蓝底白字
call   SetTextColor
```

另一种表示颜色常量的方法是使用 SHL 运算符，将背景色左移 4 位再加上前景色。

```
yellow + (blue SHL 4)
```

位移是在汇编时执行的，因此它只能用常数作操作数。第 7 章将会学习如何在执行时进行整数移位。16.3.2 节的视频属性还有详细说明。

Str_length　Str_length 过程返回空字节结束的字符串的长度。过程用 EDX 传递字符串的偏移量，用 EAX 返回字符串的长度。调用示例如下：

```
.data
buffer BYTE "abcde",0
bufLength DWORD ?
.code
mov    edx,OFFSET buffer    ;指向字符串
call   Str_length           ;EAX=5
mov    bufLength,eax        ;保存长度
```

WaitMsg　WaitMsg 过程显示"Press any key to continue…"消息，并等待用户按键。当用户想在数据滚动和消失之前暂停屏幕显示时，这个过程就很有用。过程没有输入参数。调用示例如下：

```
call   WaitMsg
```

WriteBin　WriteBin 过程以 ASCII 二进制格式向控制台窗口输出一个整数。过程用 EAX 传递该整数。为了便于阅读，二进制位以四位一组的形式进行显示。调用示例如下：

```
mov    eax,12346AF9h
call   WriteBin
```

示例代码显示如下：

```
0001 0010 0011 0100 0110 1010 1111 1001
```

WriteBinB　WriteBinB 过程以 ASCII 二进制格式向控制台窗口输出一个 32 位整数。过程用 EAX 寄存器传递该整数，用 EDX 表示以字节为单位的显示大小（1、2，或 4）。为了便于阅读，二进制位以四位一组的形式进行显示。调用示例如下：

```
mov    eax,00001234h
mov    ebx,TYPE WORD    ;两个字节
call   WriteBinB        ;显示 0001 0010 0011 0100
```

WriteChar　WriteChar 过程向控制台窗口写一个字符。过程用 AL 传递字符（或其 ASCII 码）。调用示例如下：

```
mov    al,'A'
call   WriteChar              ; 显示："A"
```

WriteDec WriteDec 过程以十进制格式向控制台窗口输出一个 32 位无符号整数，且没有前置 0。过程用 EAX 寄存器传递该整数。调用示例如下：

```
mov     eax,295
call    WriteDec                ;显示："295"
```

WriteHex WriteHex 过程以 8 位十六进制格式向控制台窗口输出一个 32 位无符号整数，如果需要，应插入前置 0。过程用 EAX 传递整数。调用示例如下：

```
mov     eax,7FFFh
call    WriteHex                ;显示："00007FFF"
```

WriteHexB WriteHexB 过程以十六进制格式向控制台窗口输出一个 32 位无符号整数，如果需要，应插入前置 0。过程用 EAX 传递整数，用 EBX 表示显示格式的字节数（1、2，或 4）。调用示例如下：

```
mov     eax,7FFFh
mov     ebx,TYPE WORD           ;两个字节
call    WriteHexB               ;显示："7FFF"
```

WriteInt WriteInt 过程以十进制向控制台窗口输出一个 32 位有符号整数，有前置符号，但没有前置 0。过程用 EAX 传递整数。调用示例如下：

```
mov     eax,216543
call    WriteInt                ;显示："+216543"
```

WriteString WriteString 过程向操作台窗口输出一个空字节结束的字符串。过程用 EDX 传递字符串的偏移量。调用示例如下：

```
.data
prompt BYTE "Enter your name: ",0
.code
mov     edx,OFFSET prompt
call    WriteString
```

WriteToFile WriteToFile 过程向一个输出文件写入缓冲区内容。过程用 EAX 传递有效的文件句柄，用 EDX 传递缓冲区偏移量，用 ECX 传递写入的字节数。当过程返回时，如果 EAX 大于 0，则其包含的是写入的字节数；否则，发生错误。下述代码调用了 WriteToFile：

```
BUFFER_SIZE = 5000
.data
fileHandle      DWORD ?
buffer          BYTE BUFFER_SIZE DUP(?)
.code
mov     eax,fileHandle
mov     edx,OFFSET buffer
mov     ecx,BUFFER_SIZE
call    WriteToFile
```

下面的伪代码说明了调用 WriteToFile 之后对 EAX 返回值的处理：

```
if EAX = 0 then
    error occurred when writing to file
    call WriteWindowsMessage to see the error
else
    EAX = number of bytes written to the file
endif
```

WriteWindowsMsg WriteWindowsMsg 过程向控制台窗口输出应用程序在调用系统函

数时最近产生的错误信息。调用示例如下:

```
call WriteWindowsMsg
```

下面的例子展示了一个消息字符串:

```
Error 2: The system cannot find the file specified.
```

5.4.4 库测试程序

教程:库测试 #1

本实践教程编写一个程序,演示用屏幕颜色输入/输出整数。

步骤 1:用标准头部开始程序:

```
; 库测试 #1: 整数 I/O(InputLoop.asm)
; 测试 Clrscr, Crlf, DumpMem, ReadInt, SetTextColor,
;WaitMsg, WriteBin, WriteHex 和 WriteString 过程。
```

步骤 2:声明 COUNT 常量,以便之后确定程序循环重复的次数。然后再定义两个常量 BlueTextOnGray 和 DefaultColor,当需要修改控制台窗口颜色时可以使用它们。背景色存放在颜色字节的高 4 位,前景色(文本)存放在颜色字节的低 4 位。虽然还没有讨论位移指令,但是可以通过将背景色移动到颜色属性字节的高 4 位来实现背景色乘 16:

```
.data
COUNT = 4
BlueTextOnGray = blue + (lightGray * 16)
DefaultColor = lightGray + (black * 16)
```

步骤 3:用十六进制常数声明一个有符号双字整数数组。此外,还要定义一个字符串,在程序需要用户输入整数时作为提示:

```
arrayD SDWORD 12345678h,1A4B2000h,3434h,7AB9h
prompt BYTE "Enter a 32-bit signed integer: ",0
```

步骤 4:在代码段定义主程序,编写代码将 EAX 初始化为浅灰色背景和蓝色文本。在程序执行时,SetTextColor 过程将从其被调用开始改变窗口中所有输出文本的前景色和背景色:

```
.code
main PROC
    mov     eax,BlueTextOnGray
    call    SetTextColor
```

如果要把控制台窗口背景色设置为新的颜色,就必须使用 Clrscr 过程来清屏:

```
call    Clrscr      ;清屏
```

> 接下来,程序将显示由变量 arrayD 定义的内存中的一组双字数值。DumpMem 过程需要用 ESI、EBX 和 ECX 寄存器传递参数。

步骤 5:将 arrayD 的偏移量赋给 ESI,用于标识显示数据区的起始位置:

```
mov     esi,OFFSET arrayD
```

步骤 6:EBX 的值是一个整数,指定每个数组元素的大小。由于要显示的是双字数组,因此 EBX 等于 4。该值由表达式 TYPE arrayD 返回:

```
mov    ebx,TYPE arrayD   ;双字=4 字节
```

步骤 7：利用 LENGTHOF 运算符，ECX 设置为被显示单元的个数。然后，当调用 DumpMem 时，过程需要的所有信息就都已经准备好了：

```
mov    ecx,LENGTHOF arrayD   ;arrayD 中的单元数
call   DumpMem               ;显示内存区
```

下图展示了 DumpMem 产生的输出：

```
Dump of offset 00405000
-------------------------------
12345678  1A4B2000  00003434  00007AB9
```

> 接下来，将请求用户输入 4 个有符号整数。每输入一个整数，该数将以有符号十进制、十六进制和二进制的形式显示出来。

步骤 8：调用 Crlf 过程输出一个空行。接着，将 ECX 初始化为常数 COUNT，使之成为后续执行的循环计数器：

```
call   Crlf
mov    ecx,COUNT
```

步骤 9：程序需要显示一个字符串来请求用户输入一个整数。将字符串偏移量赋给 EDX 并调用 WriteString 过程。然后，调用 ReadInt 过程接收用户输入，该数将自动保存到 EAX：

```
L1: mov    edx,OFFSET prompt
    call   WriteString
    call   ReadInt           ;输入数据存入 EAX
    call   Crlf              ;显示一个新空白行
```

步骤 10：调用 WriteInt 过程，将 EAX 中的整数显示为有符号十进制形式。再调用 Crlf 将光标移动到下一个输出行：

```
call   WriteInt    ;显示为有符号十进制
call   Crlf
```

步骤 11：分别调用 WriteHex 和 WriteBin 过程，将同样的数（仍保存在 EAX 中）显示为十六进制和二进制形式：

```
call   WriteHex    ;显示为十六进制
call   Crlf
call   WriteBin    ;显示为二进制
call   Crlf
call   Crlf
```

步骤 12：插入一条 Loop 指令，使程序从标号 L1 处开始循环。该指令先将 ECX 减 1，当且仅当 ECX 不等于 0 时，跳转到标号 L1：

```
Loop L1    ;重复循环
```

步骤 13：循环结束后，想显示一条 "Press any key…" 消息，然后暂停输出，等待用户按键。要实现这个功能，调用 WaitMsg 过程：

```
call   WaitMsg              ; "Press any key..."
```

步骤 14：在程序结束之前，控制台窗口属性返回为默认颜色（黑色背景浅灰字符）。

```
        mov     eax, DefaultColor
        call    SetTextColor
        call    Clrscr
```

下述代码结束程序：

```
        exit
main ENDP
END main
```

按照用户输入的 4 个整数，程序余下的输出如下图所示：

```
Enter a 32-bit signed integer: -42
-42
FFFFFFD6
1111 1111 1111 1111 1111 1111 1101 0110
Enter a 32-bit signed integer: 36
+36
00000024
0000 0000 0000 0000 0000 0000 0010 0100
Enter a 32-bit signed integer: 244324
+244324
0003BA64
0000 0000 0000 0011 1011 1010 0110 0100
Enter a 32-bit signed integer: -7979779
-7979779
FF863CFD
1111 1111 1000 0110 0011 1100 1111 1101
```

完整的程序清单如下，其中添加了一些注释行：

```
; 库测试 #1: 整数 I/O(InputLoop.asm)
; 测试 Clrscr, Crlf, DumpMem, ReadInt, SetTextColor,
; WaitMsg, WriteBin, WriteHex 和 WriteString 过程。
include Irvine32.inc

.data
COUNT = 4
BlueTextOnGray = blue + (lightGray * 16)
DefaultColor = lightGray + (black * 16)
arrayD SDWORD 12345678h,1A4B2000h,3434h,7AB9h
prompt BYTE "Enter a 32-bit signed integer: ",0

.code
main PROC

; 选择浅灰背景蓝色文本
        mov     eax,BlueTextOnGray
        call    SetTextColor
        call    Clrscr                  ; 清屏

        ; 用 DumpMem 显示数组
        mov     esi,OFFSET arrayD       ; 开始位置的 OFFSET
        mov     ebx,TYPE arrayD         ; 双字 = 4 字节
        mov     ecx,LENGTHOF arrayD     ; arrayD 中的单元数
        call    DumpMem                 ; 显示内存在

; 请求用户输入一组有符号整数
```

```
        call    Crlf                        ;显示一个新空白行
        mov     ecx,COUNT
L1:     mov     edx,OFFSET prompt
        call    WriteString
        call    ReadInt                     ;输入数据存入 EAX
        call    Crlf                        ;显示一个新空白行

;用十进制,十六进制和二进制显示整数
        call    WriteInt                    ;显示为有符号十进制
        call    Crlf
        call    WriteHex                    ;显示为十六进制
        call    Crlf
        call    WriteBin                    ;显示为二进制
        call    Crlf
        call    Crlf
        Loop    L1                          ;重复循环

;返回控制台窗口的默认颜色
        call    WaitMsg                     ; "Press any key..."
        mov     eax,DefaultColor
        call    SetTextColor
        call    Clrscr

        exit
main ENDP
END main
```

库测试 #2:随机整数

现在来看第二个库测试程序,演示链接库的随机数生成功能,并引入 Call 指令(详细说明参见 5.5 节)。第一步,程序在 0 到 4 294 967 294 之间,随机生成 10 个无符号整数。第二步,程序在 -50 到 +49 之间生成 10 个有符号整数:

```
;链接库测试 #2TestLib2.asm
;测试 Irvine32 链接库的过程。
include Irvine32.inc

TAB = 9                     ; Tab 的 ASCII 码

.code
main PROC
        call    Randomize               ;初始化随机生成器
        call    Rand1
        call    Rand2
        exit
main ENDP

Rand1 PROC
;生成 10 个伪随机整数。
        mov     ecx,10                  ;循环 10 次
L1:     call    Random32                ;生成随机整数
        call    WriteDec                ;用无符号十进制形式输出
        mov     al,TAB                  ;水平制表符
        call    WriteChar               ;输出制表符
        loop    L1

        call    Crlf
        ret
Rand1 ENDP

Rand2 PROC
;在 -50 到 +49 之间生成 10 个伪随机整数
        mov     ecx,10                  ;循环 10 次
```

```
L1: mov     eax,100         ; 数值范围 0~99
    call    RandomRange     ; 生成随机整数
    sub     eax,50          ; 数值范围 -50 到 +49
    call    WriteInt        ; 用有符号十进制形式输出
    mov     al,TAB          ; 水平制表符
    call    WriteChar       ; 输出制表符
    loop    L1

    call    Crlf
    ret
Rand2 ENDP
END main
```

程序示例输出如下所示:

3221236194	2210931702	974700167	367494257	2227888607
926772240	506254858	1769123448	2288603673	736071794
-34 +27	+38 -34	+31 -13	-29 +44	-48 -43

库测试 #3: 性能计时

汇编语言常常用于优化那些被视为对程序性能非常关键的代码。本书链接库中的 GetMseconds 过程能返回从午夜之后经过的毫秒数。在第 3 个库测试程序中,调用 GetMseconds, 执行一个嵌套循环, 然后再一次调用 GetMSeconds。两次过程调用返回不同的值, 给出了嵌套循环花费的时间:

```
; 链接库测试 #3                    (TestLib3.asm)
; 计算嵌套循环的执行时间

include Irvine32.inc
.data
OUTER_LOOP_COUNT = 3
startTime DWORD ?
msg1 byte "Please wait...",0dh,0ah,0
msg2 byte "Elapsed milliseconds: ",0
.code
main PROC
    mov     edx,OFFSET msg1     ; "Please wait..."
    call    WriteString

; 保存开始时间
    call    GetMSeconds
    mov     startTime,eax

; 开始外层循环
    mov     ecx,OUTER_LOOP_COUNT
L1: call    innerLoop
    loop    L1

; 计算执行时间
    call    GetMSeconds
    sub     eax,startTime

; 显示执行时间
    mov     edx,OFFSET msg2     ; "Elapsed milliseconds: "
    call    WriteString
    call    WriteDec            ; 输出毫秒数
    call    Crlf
```

```
        exit
main ENDP

innerLoop PROC
    push    ecx                     ;保存当前 ECX 的值
    mov     ecx,0FFFFFFFh           ;设置循环计数器
L1: mul     eax                     ;使用了一些周期
    mul     eax
    mul     eax
    loop    L1                      ;重复内循环

    pop     ecx                     ;恢复 ECX 被保存的值
    ret
innerLoop ENDP

END main
```

在 Intel Core Duo 处理器上运行该程序的示例输出如下：

```
Please wait....
Elapsed milliseconds: 4974
```

程序的详细分析

现在来仔细研究一下库测试 #3 程序。main 过程在控制台窗口中显示字符串 "Please wait …"：

```
main PROC
    mov     edx,OFFSET msg1         ; "Please wait..."
    call    WriteString
```

调用 GetMSeconds 时，过程用 EAX 寄存器返回从午夜开始经过的毫秒数。为了后续的使用，该数值被保存到一个变量里：

```
    call    GetMSeconds
    mov     startTime,eax
```

接下来，以 OUTER_LOOP_COUNT 的值为基础创建一个循环。该值被送入 ECX，用于之后出现的 LOOP 指令：

```
    mov     ecx,OUTER_LOOP_COUNT
```

循环在标号 L1 处开始，调用 innerLoop 过程。这条 CALL 指令将一直重复，直到 ECX 递减到 0 为止：

```
L1: call    innerLoop
    loop    L1
```

innerLoop 过程用指令 PUSH 将 ECX 保存到堆栈，再对其赋新值。（PUSH 和 POP 指令已经在 5.1.2 节讨论过了。）然后，循环本身有一些指令，设计用来使用一些时钟周期：

```
innerLoop PROC
    push    ecx                     ;保存当前 ECX 的值
    mov     ecx,0FFFFFFFh           ;设置循环计数器
L1: mul     eax                     ;使用一些周期
    mul     eax
    mul     eax
    loop    L1                      ;重复内循环
```

这条 LOOP 指令会把 ECX 递减到 0，因此我们将被保留的 ECX 值弹出堆栈。所以在结

束过程时，ECX 中的值与进入过程时相同。PUSH 和 POP 指令序列很重要，因为 main 过程在调用 innerLoop 时是用 ECX 作为循环计数器的。innerLoop 的最后几行如下所示：

```
    pop     ecx         ;恢复 ECX 被保存的值
    ret
innerLoop ENDP
```

循环结束后回到 main 过程，调用 GetMSeconds，用 EAX 返回其结果。现在程序要做的就是用该值减去开始时间，从而获得两次调用 GetMSeconds 之间经过的毫秒数：

```
    call    GetMSeconds
    sub     eax,startTime
```

程序显示一个新的字符串信息，然后输出 EAX 中的数值，以显示经过的毫秒数：

```
    mov     edx,OFFSET msg2     ; "Elapsed milliseconds: "
    call    WriteString
    call    WriteDec            ;显示 EAX 中的数值
    call    Crlf
    exit
main ENDP
```

5.4.5 本节回顾

1. 链接库中的哪个过程在指定范围内生成随机整数？
2. 链接库中的哪个过程显示"Press [Enter] to continue…"并等待用户按下 Enter 键？
3. 编写语句使程序暂停 700 毫秒。
4. 链接库中的哪个过程以十进制形式向控制台窗口输出无符号整数？
5. 链接库中的哪个过程将光标定位到控制台窗口的指定位置？
6. 编写使用 Irvine32 链接库时所需的 INCLUDE 伪指令。
7. Irvine32.inc 文件中包含哪些类型的语句？
8. DumpMem 过程需要哪些输入参数？
9. ReadString 过程需要哪些输入参数？
10. DumpRegs 过程显示哪些处理器状态标志位？
11. 挑战：编写语句提示用户输入标识号，并向字节数组输入一串数字。

5.5 64 位汇编编程

5.5.1 Irvine64 链接库

本书提供了一个能支持 64 位编程的最小链接库，其中包含了如下过程：

- Crlf：向控制台写一个行结束的序列。
- Random64：在 $0 \sim 2^{64}-1$ 内，生成一个 64 位的伪随机整数。随机数值用 RAX 寄存器返回。
- Randomize：用一个值作为随机数生成器的种子。
- ReadInt64：从键盘读取一个 64 位有符号整数，用回车符结束。数值用 RAX 寄存器返回。
- ReadString：从键盘读取一个字符串，用回车符结束。过程用 RDX 传递输入缓冲器偏移量；用 RCX 传递用户可输入的最大字符数加 1（用于 null 结束符字节）。返回值

（用 RAX）为用户实际输入的字符数。
- Str_compare：比较两个字符串。过程将源串指针传递给 RSI，将目的串指针传递给 RDI。用与 CMP（比较）指令一样的方式设置零标志位和进位标志位。
- Str_copy：将一个源串复制到目标指针指定的位置。源串偏移量传递给 RSI，目标偏移量传递给 RDI。
- Str_length：用 RAX 寄存器返回一个空字节结束的字符串的长度。过程用 RCX 传递字符串的偏移量。
- WriteInt64：将 RAX 寄存器中的内容显示为 64 位有符号十进制数，并加上前置加号或减号。过程没有返回值。
- WriteHex64：将 RAX 寄存器中的内容显示为 64 位十六进制数。过程没有返回值。
- WriteHexB：将 RAX 寄存器中的内容显示为 1 字节、2 字节、4 字节或 8 字节的十六进制数。将显示的大小（1、2、4 或 8）传递给 RBX 寄存器。过程没有返回值。
- WriteString：显示一个空字节结束的 ASCII 字符串。将字符串的 64 位偏移量传递给 RDX。过程没有返回值。

尽管这个库比 32 位链接库小很多，它还是包含了许多重要工具能使得程序更具互动性。随着学习的深入，本书还鼓励读者用自己的代码来扩展这个链接库。Irvine64 链接库会保留 RBX、RBP、RDI、RSI、R12、R13、R14 和 R15 寄存器的值，反之，RAX、RCX、RDX、R8、R9、R10 和 R11 寄存器的值则不会保留。

5.5.2 调用 64 位子程序

如果想要调用自己编写的子程序，或是 Irvine64 链接库中的子程序，则程序员需要做的就是将输入参数送入寄存器，并执行 CALL 指令。比如：

```
mov     rax,12345678h
call    WriteHex64
```

还有一件小事也需要完成，即程序员要在自己程序的顶部用 PROTO 伪指令指定所有在本程序之外同时又将会被调用的过程：

```
ExitProcess   PROTO    ;位于 Windows API
WriteHex64    PROTO    ;位于 Irvine64 链接库
```

5.5.3 x64 调用规范

Microsoft 在 64 位程序中使用统一模式来传递参数并调用过程，称为 Microsoft x64 调用规范。该规范由 C/C++ 编译器和 Windows 应用编程接口（API）使用。程序员只有在调用 Windows API 的函数或用 C/C++ 编写的函数时，才会使用这个调用规范。该调用规范的一些基本特性如下所示：

1）CALL 指令将 RSP（堆栈指针）寄存器减 8，因为地址是 64 位的。

2）前四个参数依序存入 RCX、RDX、R8 和 R9 寄存器，并传递给过程。如果只有一个参数，则将其放入 RCX。如果还有第二个参数，则将其放入 RDX，以此类推。其他参数，按照从左到右的顺序压入堆栈。

3）调用者的责任还包括在运行时堆栈分配至少 32 字节的影子空间（shadow space），这样，被调用的过程就可以选择将寄存器参数保存在这个区域中。

4）在调用子程序时，堆栈指针（RSP）必须进行 16 字节边界对齐（16 的倍数）。CALL 指令把 8 字节的返回值压入堆栈，因此，除了已经减去的影子空间的 32 之外，调用程序还必须从堆栈指针中减去 8。后面的示例将显示如何实现这些操作。

x64 调用规范的其他细节将在第 8 章进行介绍，届时会更详细地讨论运行时堆栈。这里有个好消息：调用 Irvine64 链接库中的子程序时，不需使用 Microsoft x64 调用规范；只在调用 Windows API 函数时使用它。

5.5.4 调用过程示例

现在编写一段小程序，使用 Microsoft x64 调用规范来调用子程序 AddFour。这个子程序将四个参数寄存器（RCX、RDX、R8 和 R9）的内容相加，并将和数保存到 RAX。由于过程通常使用 RAX 返回结果，因此，当从子程序返回时，调用程序也期望返回值在这个寄存器中。这样就可以说这个子程序是一个函数，因为，它接收了四个输入并（确切地说）产生了一个输出。

```
 1: ; 在 64 模式下调用子程序 (CallProc_64.asm)
 2: ; 第 5 章示例
 3:
 4: ExitProcess PROTO
 5: WriteInt64 PROTO        ;Irvine64 链接库
 6: Crlf PROTO              ;Irvine64 链接库
 7:
 8: .code
 9: main PROC
10:     sub  rsp,8          ; 对准堆栈指针
11:     sub  rsp,20h        ; 为影子参数保留 32 个字节
12:
13:     mov  rcx,1          ; 依序传递参数
14:     mov  rdx,2
15:     mov  r8,3
16:     mov  r9,4
17:     call AddFour        ; 在 RAX 中查找返回值
18:     call WriteInt64     ; 显示数字
19:     call Crlf           ; 输出回车换行符
20:
21:     mov  ecx,0
22:     call ExitProcess
23: main ENDP
24:
25: AddFour PROC
26:     mov  rax,rcx
27:     add  rax,rdx
28:     add  rax,r8
29:     add  rax,r9         ; 和数保存在 RAX 中
30:     ret
31: AddFour ENDP
32:
33: END
```

现在来看看本例中的其他细节：第 10 行将堆栈指针对齐到 16 字节的偶数边界。为什么要这样做？在 OS 调用主程序之前，假设堆栈指针是对齐 16 字节边界的。然后，当 OS 调用主程序时，CALL 指令将 8 字节的返回地址压入堆栈。将堆栈指针再减去 8，使其减少成一个 16 的倍数。

可以在 Visual Studio 调试器中运行该程序，并查看 RSP 寄存器（堆栈指针）改变数值。通过这个方法，能够看到用图形方式在图 5-11 中展示的十六进制数值。该图只展示了每个地址的低 32 位，因为高 32 位为全零：

1）执行第 10 行前，RSP=01AFE48。这表示在 OS 调用本程序之前，RSP 等于 01AFE50。（CALL 指令使得堆栈指针减 8。）

2）执行第 10 行后，RSP=01AFE40，表示堆栈正好对齐到 16 字节边界。

3）执行第 11 行后，RSP=01AFE20，表示 32 个字节的影子空间位置从 01AFE20 到 01AFE3F。

4）在 AddFour 过程中，RSP=01AFE18，表示调用者的返回地址已经压入堆栈。

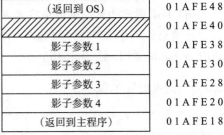

图 5-11 CallProc_64 程序的运行时堆栈

5）从 AddFour 返回后，RSP 再一次等于 01AFE20，与调用 AddFour 之前的值相同。

与调用 ExitProcess 来结束程序相比，本程序选择的是执行 RET 指令，这将返回到启动本程序的过程。但是，这也就要求能将堆栈指针恢复到其在 main 过程开始执行时的位置。下面的代码行能替代 CallProc_64 程序的第 21 和 22 行：

```
21:     add   rsp,28        ;恢复堆栈指针
22:     mov   ecx,0         ;过程返回码
23:     ret                 ;返回 OS
```

提示 要使用 Irvine64 链接库，将 Irvine64.obj 文件添加到用户的 Visual Studio 项目中。Visual Studio 中的操作步骤如下：在 Solution Explorer 窗口中右键点击项目名称，选择 Add，选择 Existing Item，再选择 Irvine64.obj 文件名。

5.6 本章小结

这一章介绍了本书的链接库，使读者在汇编语言应用程序中更便于进行输入输出的处理。

表 5-1 列出了 Irvine32 链接库中的绝大多数过程。本书网站（www.asmirvine.com）上可以获取所有过程最新更新的列表。

5.4.4 节中的库测试程序演示了若干 Irvine32 库的输入输出函数。它生成并显示了一组随机数、寄存器的内容和内存区域的内容。它还显示了各种格式的整数并演示了字符串的输入输出。

运行时堆栈是一种特殊的数组，用于暂时保存地址和数据。ESP 寄存器保存了一个 32 位偏移量，指向栈中某个位置。由于堆栈中的最后一个数是第一个出栈的，因此，堆栈被称为 LIFO（后进先出）结构。入栈操作将一个数复制到堆栈。出栈操作将一个数从堆栈中取出并将其复制到寄存器或变量。堆栈通常存放过程返回地址、过程参数、局部变量和过程内使用的寄存器。

PUSH 指令首先减少堆栈指针，然后把源操作数复制到堆栈中。POP 指令首先把 ESP 指向的堆栈内容复制到目标操作数中，然后增加 ESP 的值。

PUSHAD 指令把 32 位通用寄存器都压入堆栈，PUSHA 指令把 16 位通用寄存器都压入堆栈。POPAD 指令把堆栈中的数据弹出到 32 位通用寄存器中，POPA 指令把堆栈中的数据弹出到 16 位通用寄存器中。PUSHA 和 POPA 只能用于 16 位编程。

PUSHFD 指令将 32 位 EFLAGS 寄存器压入堆栈，POPFD 将堆栈数据弹出到 EFLAGS 寄存器。PUSHF 和 POPF 对 16 位 FLAGS 寄存器进行同样的操作。

RevStr 程序（5.1.2 节）用堆栈颠倒字符串顺序。

过程是用 PROC 和 ENDP 伪指令声明的、已命名的代码段，用 RET 指令结束其执行。5.2.1 节中给出的 SumOf 过程，计算了三个整数之和。CALL 指令通过将过程地址插入指令指针寄存器来执行这个过程。当过程执行结束时，RET（从过程返回）指令又将处理器带回到程序中过程被调用的位置。过程嵌套调用是指，一个被调用过程在其返回前又调用了另一个过程。

带单个冒号的代码标号只在包含它的过程中可见。带::的代码标号则是全局标号，其所在源程序文件中的任何一条语句都可以访问它。

5.2.5 节给出的 ArraySum 过程计算并返回了数组元素之和。

与 PROC 伪指令一起使用的 USES 运算符，列出了过程修改的全部寄存器。汇编器产生代码，在程序开始时将寄存器的内容压入堆栈，并在过程返回前弹出恢复寄存器。

5.7 关键术语

5.7.1 术语

arguments（参数）
console window（控制台窗口）
file handle（文件句柄）
global label（全局标号）
input parameter（输入参数）
label（标号）
last-in, first-out(LIFO)（后进先出）
link library（链接库）

nested procedure call（嵌套过程调用）
precondition（前提）
pop operation（出栈操作）
push operation（入栈操作）
runtime stack（运行时堆栈）
stack abstract data type（堆栈抽象数据类型）
stack data structure（堆栈数据结构）
stack pointer register（堆栈指针寄存器）

5.7.2 指令、运算符和伪指令

ENDP
POP
POPA
POPAD
POPFD
PROC

PUSH
PUSHA
PUSHAD
PUSHFD
RET
USES

5.8 复习题和练习

5.8.1 简答题

1. 哪条指令将全部的 32 位通用寄存器压入堆栈？
2. 哪条指令将 32 位 EFLAGS 寄存器压入堆栈？
3. 哪条指令将堆栈内容弹出到 EFLAGS 寄存器？

4. 挑战：另一种汇编器（称为 NASM）允许 PUSH 指令列出多个指定寄存器。为什么这种方法可能会比 MASM 中的 PUSHAD 指令要好？下面是一个 NASM 示例：

   PUSH EAX EBX ECX

5. 挑战：假设没有 PUSH 指令，另外编写两条指令来完成与 push eax 同样的操作。
6. （真/假）：RET 指令将栈顶内容弹出到指令指针寄存器。
7. （真/假）：Microsoft 汇编器不允许过程嵌套调用，除非在过程定义中使用了 NESTED 运算符。
8. （真/假）：在保护模式下，每个过程调用最少使用 4 个字节的堆栈空间。
9. （真/假）：向过程传递 32 位参数时，不能使用 ESI 和 EDI 寄存器。
10. （真/假）：ArraySum 过程（5.2.5 节）接收一个指向任何一个双字数组的指针。
11. （真/假）：USES 运算符能让程序员列出所有在过程中会被修改的寄存器。
12. （真/假）：USES 运算符只能产生 PUSH 指令，因此程序员必须自己编写代码完成 POP 指令功能。
13. （真/假）：用 USES 伪指令列出寄存器时，必须用逗号分隔寄存器名。
14. 修改 ArraySum 过程（5.2.5 节）中的哪条（些）语句，使之能计算 16 位字数组的累积和？编写这个版本的 ArraySum 并进行测试。
15. 执行下列指令后，EAX 的最后数值是多少？

    ```
    push 5
    push 6
    pop  eax
    pop  eax
    ```

16. 运行如下示例代码时，下面哪个对执行情况的陈述是正确的？

    ```
     1: main PROC
     2:     push 10
     3:     push 20
     4:     call Ex2Sub
     5:     pop  eax
     6:     INVOKE ExitProcess,0
     7: main ENDP
     8:
     9: Ex2Sub PROC
    10:     pop eax
    11:     ret
    12: Ex2Sub ENDP
    ```

    a. 到第 6 行代码，EAX 将等于 10
    b. 到第 10 行代码，程序将因运行时错误而暂停
    c. 到第 6 行代码，EAX 将等于 20
    d. 到第 11 行代码，程序将因运行时错误而暂停

17. 运行如下示例代码时，下面哪个对执行情况的陈述是正确的？

    ```
     1: main PROC
     2:     mov  eax,30
     3:     push eax
     4:     push 40
     5:     call Ex3Sub
     6:     INVOKE ExitProcess,0
     7: main ENDP
     8:
     9: Ex3Sub PROC
    10:     pusha
    11:     mov eax,80
    12:     popa
    13:     ret
    14: Ex3Sub ENDP
    ```

a. 到第 6 行代码，EAX 将等于 40
b. 到第 6 行代码，程序将因运行时错误而暂停
c. 到第 6 行代码，EAX 将等于 30
d. 到第 13 行代码，程序将因运行时错误而暂停

18. 运行如下示例代码时，下面哪个对执行情况的陈述是正确的？

```
 1: main PROC
 2:     mov eax,40
 3:     push offset Here
 4:     jmp  Ex4Sub
 5:   Here:
 6:     mov eax,30
 7:     INVOKE ExitProcess,0
 8: main ENDP
 9:
10: Ex4Sub PROC
11:     ret
12: Ex4Sub ENDP
```

a. 到第 7 行代码，EAX 将等于 30
b. 到第 4 行代码，程序将因运行时错误而暂停
c. 到第 6 行代码，EAX 将等于 30
d. 到第 11 行代码，程序将因运行时错误而暂停

19. 运行如下示例代码时，下面哪个对执行情况的陈述是正确的？

```
 1: main PROC
 2:     mov edx,0
 3:     mov eax,40
 4:     push eax
 5:     call Ex5Sub
 6:     INVOKE ExitProcess,0
 7: main ENDP
 8:
 9: Ex5Sub PROC
10:     pop  eax
11:     pop  edx
12:     push eax
13:     ret
14: Ex5Sub ENDP
```

a. 到第 6 行代码，EAX 将等于 40
b. 到第 13 行代码，程序将因运行时错误而暂停
c. 到第 6 行代码，EAX 将等于 0
d. 到第 11 行代码，程序将因运行时错误而暂停

20. 执行下述代码时，哪些数值将被写入数组？

```
.data
array DWORD 4 DUP(0)
.code
main PROC
    mov eax,10
    mov esi,0
    call proc_1
    add esi,4
    add eax,10
    mov array[esi],eax
    INVOKE ExitProcess,0
main ENDP
```

```
proc_1 PROC
    call proc_2
    add  esi,4
    add  eax,10
    mov  array[esi],eax
    ret
proc_1 ENDP
proc_2 PROC
    call proc_3
    add  esi,4
    add  eax,10
    mov  array[esi],eax
    ret
proc_2 ENDP
proc_3 PROC
    mov  array[esi],eax
    ret
proc_3 ENDP
```

5.8.2 算法基础

下列习题可以用 32 位或 64 位代码解答。

1. 编写一组语句，仅用 PUSH 和 POP 指令来交换 EAX 和 EBX 寄存器（或 64 位的 RAX 和 RBX）中的值。
2. 假设需要一个子程序的返回地址在内存中比当前堆栈中的返回地址高 3 个字节。编写一组指令放在该子程序 RET 指令之前，以完成这个任务。
3. 高级语言的函数通常在堆栈中的返回地址下，立刻声明局部变量。在汇编语言子程序开端编写一条指令来保留两个双字变量的空间。然后，对这两个局部变量分别赋值 1000h 和 2000h。
4. 编写一组语句，用变址寻址方式将双字数组中的元素复制到同一数组中其前面的一个位置上。
5. 编写一组语句显示子程序的返回地址。注意，不论如何修改堆栈，都不能阻止子程序返回到调用程序。

5.9 编程练习

为解答编程练习编写程序时，尽量使用多个过程。除非读者的指导者另有规定，否则遵循本书使用的风格和命名规则。在每个过程的开始和非常规语句处使用解释性注释。

*1. 设置文本颜色

用循环结构，编写程序用四种颜色显示同一个字符串。调用本书链接库的 SetTextColor 过程。可以选择任何颜色，但你会发现改变前景色是最简单的。

**2. 链接数组项

假设给定的 3 个数据项分别代表一个表、一个字符数组以及一个链接索引数组的起始变址。编写程序遍历链接，并按正确顺序定位字符。将被定位的每个字符都复制到一个新数组中。假设使用如下示例数据，且各数组都从 0 开始变址：

```
start = 1
chars:    H  A  C  E  B  D  F  G
links:    0  4  5  6  2  3  7  0
```

复制到输出数组的数值（依次）为 A、B、C、D、E、F、G、H。字符数组声明为 BYTE 类型，为了使问题更加有趣，将链表数组声明为 DWORD 类型。

*3. 简单加法（1）

编写程序：清屏，将鼠标定位到屏幕中心附近，提示用户输入两个整数，两数相加，并显示和数。

**4. 简单加法（2）

以前一题编写的程序为起点，在新程序中，用循环结构将上述同样的步骤重复3次。每次循环迭代后清屏。

*5. BetterRandomRange 过程

Irvine32 链接库的 RandomRange 过程在 $0 \sim N-1$ 范围内生成一个伪随机整数。本题任务是编写该过程的改进版，在 $M \sim N-1$ 围内生成一个整数。调用程序用 EBX 传递 M，用 EAX 传递 N。若将该过程称为 BetterRandomRange，则下述代码为测试示例：

```
mov   ebx,-300    ;下限
mov   eax,100     ;上限
call  BetterRandomRange
```

编写一个简短的测试程序，调用 BetterRandomRange，并循环 50 次。显示每次随机生成的数值。

**6. 随机字符串

创建过程，生成长度为 L 的随机字符串，字符全为大写字母。调用过程时，用 EAX 传递长度 L 的值，并传递一个指针指向用于保存该随机字符串的字节数组。编写测试程序调用该过程 20 次，并在控制台窗口显示字符串。

*7. 随机屏幕位置

编写程序在 100 个随机屏幕位置显示一个字符，计时延迟为 100 毫秒。提示：使用 GetMaxXY 过程确定控制台窗口当前大小。

**8. 颜色矩阵

编写程序在所有可能的前景色和背景色组合（$16 \times 16=256$）中显示一个字符。颜色编号从 0 到 15，因此可以用循环嵌套产生所有可能的组合。

***9. 递归过程

当一个过程调用其自身时，就称之为直接递归。当然，编程者不会希望一个过程一直调用其自身，因为运行时堆栈会占满。相反，必须用某些方法来限制递归。编写程序调用一个递归过程。在过程中，用计数器加 1 的方式确定其执行的次数。用调试器执行编写的程序，在程序结束时，查看计数器的值。向 ECX 输入一个值来指定编程者允许的连续递归次数。只能使用 LOOP 指令（不能使用后续章节的其他条件判断语句），找出方法使递归过程按给定次数调用其自身。

***10. 斐波那契生成器

编程一个过程，生成含有 N 个数值的斐波那契（Fibonacci）数列，并将它们保存到一个双字数组中。需要输入的参数为：双字数组指针和生成数值个数的计数器。编写一个测试程序来调用该过程，使 $N=47$。数组中的第一个值为 1，最后一个值为 2 971 215 073。使用 Visual Studio 调试器打开并查看数组内容。

***11. 找出 K 的倍数

现有一字节数组，大小为 N，编写过程，找出所有小于 N 的 K 的倍数。在程序开始时，将该数组中所有元素都初始化为零，然后，每计算出一个倍数，就将数组中相应位置 1。过程对其要修改的所有寄存器都要进行保存和恢复。当 $K=2$ 和 $K=3$ 时分别调用该过程。令 $N=50$，在调试器中运行程序并验证数组数值是否正确。

注意：该过程在寻找素数时是一个很有用的工具。寻找素数的一个有效算法被称为厄拉多塞过滤法（Sieve of Eratosthenes）。在第 6 章学习条件判断语句之后，读者就能够实现这个算法了。

第 6 章

Assembly Language for x86 Processors, Seventh Edition

条件处理

本章向程序员的汇编语言工具箱中引入一个重要的内容，使得编写出来的程序具备作决策的功能。几乎所有的程序都需要这种能力。首先，介绍布尔操作，由于能影响 CPU 状态标志，它们是所有条件指令的核心。然后，说明怎样使用演绎 CPU 状态标志的条件跳转和循环指令。接着演示如何用本章介绍的工具来实现理论计算机科学中最根本的结构之一：有限状态机。本章最后展示的是 MASM 内置的 32 位编程的逻辑结构。

6.1 条件分支

允许作决策的编程语言使得程序员可以改变控制流，使用的技术被称为条件分支。高级语言中的每一个 IF 语句、switch 语句和条件循环都内置有分支逻辑。汇编语言，虽然是低级语言，但提供了决策逻辑所需的所有工具。本章将了解如何实现这种从高级条件语句到低级实现代码的转化。

处理硬件设备的程序必须要能够控制数字的单个位。每一个位都要被测试、清除和置位。数据加密和压缩也要依靠位操作。本章将展示如何在汇编语言中实现这些操作。

本章将回答一些基本问题：

- 怎样使用第 1 章介绍的布尔操作（AND、OR、NOT）？
- 怎样用汇编语言写 IF 语句？
- 编译器如何将嵌套 IF 语句翻译为机器语言？
- 如何清除和置位二进制数中的单个位？
- 怎样实现简单的二进制数据加密？
- 在布尔表达式中，如何区分有符号数和无符号数？

本章遵循自底而上的方法，以编程逻辑的二进制基础为开端。然后，说明 CPU 怎样用 CMP 指令和处理器状态标志来比较指令操作数。最后，将这些内容综合起来，展示如何用汇编语言实现高级语言的逻辑结构特征。

6.2 布尔和比较指令

第 1 章介绍了四种基本的布尔代数操作：AND、OR、XOR 和 NOT。用汇编语言指令，这些操作可以在二进制位上实现。同样，这些操作在布尔表达式层次上也很重要，比如 IF 语句。首先了解按位指令，这里使用的技术也可以用于操作硬件设备控制位，实现通信协议以及加密数据，这里只列举了几种应用。Intel 指令集包含了 AND、OR、XOR 和 NOT 指令，它们能直接在二进制位上实现布尔操作，如表 6-1 所示。此外，TEST 指令是一种非破坏性的 AND 操作。

表 6-1 部分布尔指令

操作	说明
AND	源操作数和目的操作数进行逻辑与操作

(续)

操作	说明
OR	源操作数和目的操作数进行逻辑或操作
XOR	源操作数和目的操作数进行逻辑异或操作
NOT	对目标操作数进行逻辑非操作
TEST	源操作数和目的操作数进行逻辑与操作，并适当地设置 CPU 标志位

6.2.1 CPU 状态标志

布尔指令影响零标志位、进位标志位、符号标志位、溢出标志位和奇偶标志位。下面简单回顾一下这些标志位的含义：

- 操作结果等于 0 时，零标志位置 1。
- 操作使得目标操作数的最高位有进位时，进位标志位置 1。
- 符号标志位是目标操作数高位的副本，如果标志位置 1，表示是负数；标志位清 0，表示是正数。（假设 0 为正。）
- 指令产生的结果超出了有符号目的操作数范围时，溢出标志位置 1。
- 指令使得目标操作数低字节中有偶数个 1 时，奇偶标志位置 1。

6.2.2 AND 指令

AND 指令在两个操作数的对应位之间进行（按位）逻辑与（AND）操作，并将结果存放在目标操作数中：

AND *destination,source*

下列是被允许的操作数组合，但是立即操作数不能超过 32 位：

```
AND reg,reg
AND reg,mem
AND reg,imm
AND mem,reg
AND mem,imm
```

操作数可以是 8 位、16 位、32 位和 64 位，但是两个操作数必须是同样大小。两个操作数的每一对对应位都遵循如下操作原则：如果两个位都是 1，则结果位等于 1；否则结果位等于 0。下表是出自第 1 章的真值表，有两个输入位 x 和 y。表的第三列是表达式 x^y 的值：

x	y	x∧y
0	0	0
0	1	0
1	0	0
1	1	1

AND 指令可以清除一个操作数中的 1 个位或多个位，同时又不影响其他位。这个技术就称为位屏蔽，就像在粉刷房子时，用遮盖胶带把不用粉刷的地方（如窗户）盖起来。例如，假设要将一个控制字节从 AL 寄存器复制到硬件设备，并且当控制字节的位 0 和位 3 等于 0 时，该设备复位。那么，如果想要在不修改 AL 其他位的条件下，复位设备，可以用下面的指令：

```
and AL,11110110b   ;清除位 0 和位 3，其他位不变
```

如，设 AL 初始化为二进制数 1010 1110，将其与 1111 0110 进行 AND 操作后，AL 等于 1010 0110：

```
mov al,10101110b
and al,11110110b                    ;AL 中的结果=1010 0110
```

标志位 AND 指令总是清除溢出和进位标志位，并根据目标操作数的值来修改符号标志位、零标志位和奇偶标志位。比如，下面指令的结果存放在 EAX 寄存器，假设其值为 0。在这种情况下，零标志位就会置 1：

```
and eax,1Fh
```

将字符转换为大写

AND 指令提供了一种简单的方法将字符从小写转换为大写。如果对比大写 A 和小写 a 的 ASCII 码，就会发现只有位 5 不同：

```
0 1 1 0 0 0 0 1 = 61h ('a')
0 1 0 0 0 0 0 1 = 41h ('A')
```

其他的字母字符也是同样的关系。把任何一个字符与二进制数 1101 1111 进行 AND，则除位 5 外的所有位都保持不变，而位 5 清 0。下例中，数组中所有字符都转换为大写：

```
.data
array BYTE 50 DUP(?)
.code
    mov    ecx,LENGTHOF array
    mov    esi,OFFSET array
L1: and    BYTE PTR [esi],11011111b  ;清除位 5
    inc    esi
    loop   L1
```

6.2.3 OR 指令

OR 指令在两个操作数的对应位之间进行（按位）逻辑或（OR）操作，并将结果存放在目标操作数中：

```
OR destination,source
```

OR 指令操作数组合与 AND 指令相同：

```
OR reg,reg
OR reg,mem
OR reg,imm
OR mem,reg
OR mem,imm
```

操作数可以是 8 位、16 位、32 位和 64 位，但是两个操作数必须是同样大小。对两个操作数的每一对对应位而言，只要有一个输入位是 1，则输出位就是 1。下面的真值表（出自第 1 章）展示了布尔运算 x∨y：

x	y	x ∨ y
0	0	0
0	1	1
1	0	1
1	1	1

当需要在不影响其他位的情况下，将操作数中的 1 个位或多个位置为 1 时，OR 指令就非常有用了。比如，计算机与伺服电机相连，通过将控制字节的位 2 置 1 来启动电机。假设该控制字节存放在 AL 寄存器中，每一个位都含有重要信息，那么，下面的指令就只设置了位 2：

```
or AL,00000100b        ;位 2 置 1,其他位不变
```

如果 AL 初始化为二进制数 1110 0011，把它与 0000 0100 进行 OR 操作，其结果等于 1110 0111：

```
mov al,11100011b
or  al,00000100b       ;AL 中的结果=1110 0111
```

标志位　OR 指令总是清除进位和溢出标志位，并根据目标操作数的值来修改符号标志位、零标志位和奇偶标志位。比如，可以将一个数与它自身（或 0）进行 OR 运算，来获取该数值的某些信息：

```
or  al,al
```

下表给出了零标志位和符号标志位对 AL 内容的说明：

零标志位	符号标志位	AL 中的值
清 0	清 0	大于 0
置 1	清 0	等于 0
清 0	置 1	小于 0

6.2.4　位映射集

有些应用控制的对象是从一个有限全集中选出来的一组项目。就像公司里的雇员，或者气象监测站的环境读数。在这些情景中，二进制位可以代表集合成员。与 Java HashSet 用指针或引用指向容器内对象不同，应用可以用位向量（或位映射）把一个二进制数中的位映射为数组中的对象。

如下例所示，二进制数的位从左边 0 号开始，到右边 31 号为止，该数表示了数组元素 0、1、2 和 31 是名为 SetX 的集合成员：

```
SetX = 10000000 00000000 00000000 00000111
```

（为了提供可读性，字节已经分开。）通过在特定位置与 1 进行 AND 运算，就可以方便地检测出该位是否为集合成员：

```
mov eax,SetX
and eax,10000b         ;元素 [4] 是 SetX 的成员吗?
```

如果本例中的 AND 指令清除了零标志位，那么就可以知道元素 [4] 是 SetX 的成员。

1. 补集

补集可以用 NOT 指令生成，NOT 指令将所有位都取反。因此，可以用下面的指令生成上例中 SetX 的补集，并存放在 EAX 中：

```
mov eax,SetX
not eax                ;SetX 的补集
```

2. 交集

AND 指令可以生成位向量来表示两个集合的交集。下面的代码生成集合 SetX 和 SetY

的交集,并将其存放在 EAX 中:

```
mov  eax,SetX
and  eax,SetY
```

SetX 和 SetY 交集生成过程如下所示:

```
          10000000000000000000000000000111  (SetX)
AND       10000010101000000000011101100011  (SetY)
          --------------------------------
          10000000000000000000000000000011  (交集)
```

很难想象还有更快捷的方法生成交集。对于更大的集合来说,它所需要的位超过了单个寄存器的容量,因此,需要用循环来实现所有位的 AND 运算。

3. 并集

OR 指令生成位图表示两个集合的并集。下面的代码产生集合 SetX 和 SetY 的并集,并将其存放在 EAX 中:

```
mov  eax,SetX
or   eax,SetY
```

OR 指令生成 SetX 和 SetY 并集的过程如下所示:

```
          10000000000000000000000000000111  (SetX)
OR        10000010101000000000011101100011  (SetY)
          --------------------------------
          10000010101000000000011101100111  (并集)
```

6.2.5 XOR 指令

XOR 指令在两个操作数的对应位之间进行(按位)逻辑异或(XOR)操作,并将结果存放在目标操作数中:

```
XOR  destination,source
```

XOR 指令操作数组合和大小与 AND 指令及 OR 指令相同。两个操作数的每一对对应位都应用如下操作原则:如果两个位的值相同(同为 0 或同为 1),则结果位等于 0;否则结果位等于 1。下表描述的是布尔运算 $x \oplus y$:

x	y	$x \oplus y$
0	0	0
0	1	1
1	0	1
1	1	0

与 0 异或值保持不变,与 1 异或则被触发(求补)。对相同操作数进行两次 XOR 运算,则结果逆转为其本身。如下表所示,位 x 与位 y 进行了两次异或,结果逆转为 x 的初始值:

x	y	$x \oplus y$	$(x \oplus y) \oplus y$
0	0	0	0
0	1	1	0
1	0	1	1
1	1	0	1

在 6.3.4 节中会发现，异或运算这种"可逆的"属性使其成为简单对称加密的理想工具。

标志位 XOR 指令总是清除溢出和进位标志位，并根据目标操作数的值来修改符号标志位、零标志位和奇偶标志位。

检查奇偶标志 奇偶检查是在一个二进制数上实现的功能，计算该数中 1 的个数；如果计算结果为偶数，则说该数是偶校验；如果结果为奇数，则该数为奇校验。x86 处理器中，当按位操作或算术操作的目标操作数最低字节为偶校验时，奇偶标志位置 1。反之，如果操作数为奇校验，则奇偶标志位清 0。一个既能检查数的奇偶性，又不会修改其数值的有效方法是，将该数与 0 进行异或运算：

```
mov al,10110101b            ;5个1, 奇校验
xor al,0                    ;奇偶标志位清0(奇)
mov al,11001100b            ;4个1, 偶校验
xor al,0                    ;奇偶标志位置1(偶)
```

Visual Studio 用 PE=1 表示偶校验，PE=0 表示奇校验。

16 位奇偶性 对 16 位整数来说，可以通过将其高字节和低字节进行异或运算来检测数的奇偶性：

```
mov ax,64C1h                ; 0110 0100 1100 0001
xor ah,al                   ;奇偶标志位置1(偶)
```

将每个寄存器中的置 1 位（等于 1 的位）想象为一个 8 位集合中的成员。XOR 指令把两个集合交集中的成员清 0，并形成了其余位的并集。这个并集的奇偶性与整个 16 位整数的奇偶性相同。

那么 32 位数值呢？如果将数值的字节进行编号，从 B_0 到 B_3，那么计算奇偶性的表达式为：B_0 XOR B_1 XOR B_2 XOR B_3。

6.2.6 NOT 指令

NOT 指令触发（翻转）操作数中的所有位。其结果被称为反码。该指令允许的操作数类型如下所示：

```
NOT reg
NOT mem
```

例如，F0h 的反码是 0Fh：

```
mov al,11110000b
not al                      ; AL = 00001111b
```

标志位 NOT 指令不影响标志位。

6.2.7 TEST 指令

TEST 指令在两个操作数的对应位之间进行 AND 操作，并根据运算结果设置符号标志位、零标志位和奇偶标志位。TEST 指令与 AND 指令唯一不同的地方是，TEST 指令不修改目标操作数。TEST 指令允许的操作数组合与 AND 指令相同。在发现操作数中单个位是否置位时，TEST 指令非常有用。

示例：多位测试 TEST 指令同时能够检查几个位。假设想要知道 AL 寄存器的位 0 和位 3 是否置 1，可以使用如下指令：

```
test al,00001001b              ;测试位0和位3
```

(本例中的 0000 1001 称为位掩码。) 从下面的数据集例子中，可以推断只有当所有测试位都清 0 时，零标志位才置 1：

```
0 0 1 0 0 1 0 1    <- 输入值
0 0 0 0 1 0 0 1    <- 测试值
0 0 0 0 0 0 0 1    <- 结果: ZF=0

0 0 1 0 0 1 0 0    <- 输入值
0 0 0 0 1 0 0 1    <- 测试值
0 0 0 0 0 0 0 0    <- 结果: ZF=1
```

标志位 TEST 指令总是清除溢出和进位标志位，其修改符号标志位、零标志位和奇偶标志位的方法与 AND 指令相同。

6.2.8 CMP 指令

了解了所有按位操作指令后，现在来讨论逻辑（布尔）表达式中的指令。最常见的布尔表达式涉及一些比较操作，下面的伪码片段展示了这种情况：

```
if A > B ...
while X > 0 and X < 200  ...
if check_for_error( N ) = true
```

x86 汇编语言用 CMP 指令比较整数。字符代码也是整数，因此可以用 CMP 指令。浮点数需要特殊的比较指令，相关内容将在第 12 章介绍。

CMP（比较）指令执行从目的操作数中减去源操作数的隐含减法操作，并且不修改任何操作数：

```
CMP destination,source
```

标志位 当实际的减法发生时，CMP 指令按照计算结果修改溢出、符号、零、进位、辅助进位和奇偶标志位。如果比较的是两个无符号数，则零标志位和进位标志位表示的两个操作数之间的关系如右表所示：

CMP 结果	ZF	CF
目的操作数 < 源操作数	0	1
目的操作数 > 源操作数	0	0
目的操作数 = 源操作数	1	0

如果比较的是两个有符号数，则符号标志位、零标志位和溢出标志位表示的两个操作数之间的关系如右表所示：

CMP 结果	标志位
目的操作数 < 源操作数	SF ≠ OF
目的操作数 > 源操作数	SF = OF
目的操作数 = 源操作数	ZF = 1

CMP 指令是创建条件逻辑结构的重要工具。当在条件跳转指令中使用 CMP 时，汇编语言的执行结果就和 IF 语句一样。

示例 下面用三段代码来说明标志位是如何受到 CMP 影响的。设 AX=5，并与 10 进行比较，则进位标志位将置 1，原因是（5-10）需要借位：

```
mov ax,5
cmp ax,10              ; ZF = 0 and CF = 1
```

1000 与 1000 比较会将零标志位置 1，因为目标操作数减去源操作数等于 0：

```
mov ax,1000
mov cx,1000
cmp cx,ax              ; ZF = 1 and CF = 0
```

105 与 0 进行比较会清除零和进位标志位，因为（105-0）的结果是一个非零的正整数。

```
mov  si,105
cmp  si,0                        ; ZF = 0 and CF = 0
```

6.2.9 置位和清除单个 CPU 标志位

怎样能方便地置位和清除零标志位、符号标志位、进位标志位和溢出标志位？有几种方法，其中的一些需要修改目标操作数。要将零标志位置 1，就把操作数与 0 进行 TEST 或 AND 操作；要将零标志位清零，就把操作数与 1 进行 OR 操作：

```
test al,0                        ;零标志位置1
and  al,0                        ;零标志位置1
or   al,1                        ;零标志位清零
```

TEST 指令不修改目的操作数，而 AND 指令则会修改目的操作数。若要符号标志位置 1，将操作数的最高位和 1 进行 OR 操作；若要清除符号标志位，则将操作数最高位和 0 进行 AND 操作：

```
or   al,80h                      ;符号标志位置1
and  al,7Fh                      ;符号标志位清零
```

若要进位标志位置 1，用 STC 指令；清除进位标志位，用 CLC 指令：

```
stc                              ;进位标志位置1
clc                              ;进位标志位清零
```

若要溢出标志位置 1，就把两个正数相加使之产生负的和数；要清除溢出标志位，则将操作数和 0 进行 OR 操作：

```
mov  al,7Fh                      ; AL = +127
inc  al                          ; AL = 80h (-128), OF=1
or   eax,0                       ;溢出标志位清零
```

6.2.10 64 位模式下的布尔指令

大多数情况下，64 位模式中的 64 位指令与 32 位模式中的操作是一样的。比如，如果源操作数是常数，长度小于 32 位，而目的操作数是一个 64 位寄存器或内存操作数，那么，目的操作数中所有的位都会受到影响：

```
.data
allones QWORD 0FFFFFFFFFFFFFFFFh
.code
    mov  rax,allones             ; RAX = FFFFFFFFFFFFFFFF
    and  rax,80h                 ; RAX = 0000000000000080
    mov  rax,allones             ; RAX = FFFFFFFFFFFFFFFF
    and  rax,8080h               ; RAX = 0000000000008080
    mov  rax,allones             ; RAX = FFFFFFFFFFFFFFFF
    and  rax,808080h             ; RAX = 0000000000808080
```

但是，如果源操作数是 32 位常数或寄存器，那么目的操作数中，只有低 32 位会受到影响。如下例所示，只有 RAX 的低 32 位被修改了：

```
    mov  rax,allones             ; RAX = FFFFFFFFFFFFFFFF
    and  rax,80808080h           ; RAX = FFFFFFFF80808080
```

当目的操作数是内存操作数时，得到的结果是一样的。显然，32 位操作数是一个特殊的情况，需要与其他大小操作数的情况分开考虑。

6.2.11 本节回顾

1. 编写一条指令，用 16 位操作数清除 AX 的高 8 位，而 AX 的低 8 位不变。
2. 编写一条指令，用 16 位操作数使 AX 的高 8 位置 1，而 AX 的低 8 位不变。
3. 编写一条指令（不使用 NOT），使 EAX 中所有位取反。
4. 编写指令实现如下功能，当 EAX 的 32 位值为偶数时，将零标志位置 1；当 EAX 的值为奇数时，将零标志位清零。
5. 编写一条指令，将 AL 中的大写字母转换为小写字母；如果 AL 中已包含小写字母，则不修改 AL。

6.3 条件跳转

6.3.1 条件结构

x86 指令集中没有明确的高级逻辑结构，但是可以通过比较和跳转的组合来实现它们。执行一个条件语句需要两个步骤：第一步，用 CMP、AND 或 SUB 操作来修改 CPU 状态标志位；第二步，用条件跳转指令来测试标志位，并产生一个到新地址的分支。下面是一些例子。

示例 1 本例中的 CMP 指令把 EAX 的值与 0 进行比较，如果该指令将零标志位置 1，则 JZ（为零跳转）指令就跳转到标号 L1：

```
    cmp    eax,0
    jz     L1              ;如果 ZF=1 则跳转
    .
    .
L1:
```

示例 2 本例中的 AND 指令对 DL 寄存器进行按位与操作，并影响零标志位。如果零标志位清零，则 JNZ（非零跳转）指令跳转：

```
    and    dl,10110000b
    jnz    L2              ;如果 ZF=0 则跳转
    .
    .
L2:
```

6.3.2 Jcond 指令

当状态标志条件为真时，条件跳转指令就分支到目标标号。否则，当标志位条件为假时，立即执行条件跳转后面的指令。语法如下所示：

```
Jcond destination
```

cond 是指确定一个或多个标志位状态的标志位条件。下面是基于进位和零标志位的例子：

JC	进位跳转（进位标志位置 1）
JNC	无进位跳转（进位标志位清零）
JZ	为零跳转（零标志位置 1）
JNZ	非零跳转（零标志位清零）

CPU 状态标志位最常见的设置方法是通过算术运算、比较和布尔运算指令。条件跳转指令评估标志位状态，利用它们来决定是否发生跳转。

用 CMP 指令　假设当 EAX=5 时，跳转到标号 L1。在下面的例子中，如果 EAX=5，CMP 指令就将零标志位置 1；之后，由于零标志位为 1，JE 指令就跳转到 L1：

```
cmp   eax,5
je    L1   ;如果相等则跳转
```

（JE 指令总是按照零标志位的值进行跳转。）如果 EAX 不等于 5，CMP 就会清除零标志位，那么，JE 指令将不跳转。

下例中，由于 AX 小于 6，所以 JL 指令跳转到标号 L1：

```
mov   ax,5
cmp   ax,6
jl    L1   ;小于则跳转
```

下例中，由于 AX 大于 4，所以发生跳转：

```
mov   ax,5
cmp   ax,4
jg    L1   ;大于则跳转
```

6.3.3 条件跳转指令类型

x86 指令集包含大量的条件跳转指令。它们能比较有符号和无符号整数，并根据单个 CPU 标志位的值来执行操作。条件跳转指令可以分为四个类型：

- 基于特定标志位的值跳转
- 基于两数是否相等，或是否等于（E）CX 的值跳转
- 基于无符号操作数的比较跳转
- 基于有符号操作数的比较跳转

表 6-2 展示了基于零标志位、进位标志位、溢出标志位、奇偶标志位和符号标志位的跳转。

表 6-2　基于特定标志位值的跳转

助记符	说明	标志位/寄存器	助记符	说明	标志位/寄存器
JZ	为零跳转	ZF=1	JNO	无溢出跳转	OF=0
JNZ	非零跳转	ZF=0	JS	有符号跳转	SF=1
JC	进位跳转	CF=1	JNS	无符号跳转	SF=0
JNC	无进位跳转	CF=0	JP	偶校验跳转	PF=1
JO	溢出跳转	OF=1	JNP	奇校验跳转	PF=0

1. 相等性的比较

表 6-3 列出了基于相等性评估的跳转指令。有些情况下，进行比较的是两个操作数；其他情况下，则是基于 CX、ECX 或 RCX 的值进行跳转。表中符号 leftOp 和 rightOp 分别指的是 CMP 指令中的左（目的）操作数和右（源）操作数：

```
CMP leftOp,rightOp
```

操作数名字反映了代数中关系运算符的操作数顺序。比如，表达式 X < Y 中，X 被称为 leftOp，Y 被称为 rightOp。

表 6-3　基于相等性的跳转

助记符	说明
JE	相等跳转（leftOp=rightOp）
JNE	不相等跳转（leftOp ≠ rightOp）
JCXZ	CX=0 跳转
JECXZ	ECX=0 跳转
JRCXZ	RCX=0 跳转（64 位模式）

尽管 JE 指令相当于 JZ（为零跳转），JNE 指令相当于 JNZ（非零跳转），但是，最好是选择最能表明编程意图的助记符（JE 或 JZ），以便说明是比较两个操作数还是检查特定的状态标志位。

下述示例使用了 JE、JNE、JCXZ 和 JECXZ 指令。仔细阅读注释，以保证理解为什么条件跳转得以实现（或不实现）。

示例 1：

```
mov  edx,0A523h
cmp  edx,0A523h
jne  L5      ;不发生跳转
je   L1      ;跳转
```

示例 2：

```
mov  bx,1234h
sub  bx,1234h
jne  L5      ;不发生跳转
je   L1      ;跳转
```

示例 3：

```
mov  cx,0FFFFh
inc  cx
jcxz L2      ;跳转
```

示例 4：

```
xor   ecx,ecx
jecxz L2     ;跳转
```

2. 无符号数比较

基于无符号数比较的跳转如表 6-4 所示。操作数的名称反映了表达式中操作数的顺序（比如 leftOp < rightOp）。表 6-4 中的跳转仅在比较无符号数值时才有意义。有符号操作数使用不同的跳转指令。

表 6-4 基于无符号数比较的跳转

助记符	说明	助记符	说明
JA	大于跳转（若 leftOp > rightOp）	JB	小于跳转（若 leftOp < rightOp）
JNBE	不小于或等于跳转（与 JA 相同）	JNAE	不大于或等于跳转（与 JB 相同）
JAE	大于或等于跳转（若 leftOp ≥ rightOp）	JBE	小于或等于跳转（若 leftOp ≤ rightOp）
JNB	不小于跳转（与 JAE 相同）	JNA	不大于跳转（与 JBE 相同）

3. 有符号数比较

表 6-5 列出了基于有符号数比较的跳转。下面的指令序列展示了两个有符号数值的比较：

```
mov  al,+127      ;十六进制数值 7Fh
cmp  al,-128      ;十六进制数值 80h
ja   IsAbove      ;不跳转，因为 7Fh < 80h
jg   IsGreater    ;跳转，因为 +127 > -128
```

由于无符号数 7Fh 小于无符号数 80h，因此，为无符号数比较而设计的 JA 指令不发生跳转。另一方面，由于 +127 大于 -128，因此，为有符号数比较而设计的 JG 指令发生跳转。

表 6-5 基于有符号数比较的跳转

助记符	说明	助记符	说明
JG	大于跳转（若 leftOp > rightOp）	JL	小于跳转（若 leftOp < rightOp）
JNLE	不小于或等于跳转（与 JG 相同）	JNGE	不大于或等于跳转（与 JL 相同）
JGE	大于或等于跳转（若 leftOp ≥ rightOp）	JLE	小于或等于跳转（若 leftOp ≤ rightOp）
JNL	不小于跳转（与 JGE 相同）	JNG	不大于跳转（与 JLE 相同）

对下面的代码示例，阅读注释，以保证理解为什么跳转得以实现（或不实现）：

示例 1

```
mov    edx,-1
cmp    edx,0
jnl    L5    ;不发生跳转 (-1 ≥ 0 为假)
jnle   L5    ;不发生跳转 (-1 > 0 为假)
jl     L1    ;跳转 (-1 < 0 为真)
```

示例 2

```
mov    bx,+32
cmp    bx,-35
jng    L5    ;不发生跳转 (+32 ≤ -35 为假)
jnge   L5    ;不发生跳转 (+32 < -35 为假)
jge    L1    ;跳转 (+32 ≥ -35 为真)
```

示例 3

```
mov    ecx,0
cmp    ecx,0
jg     L5    ;不发生跳转 (0 > 0 为假)
jnl    L1    ;跳转 (0 ≥ 0 为真)
```

示例 4

```
mov    ecx,0
cmp    ecx,0
jl     L5    ;不发生跳转 (0 < 0 为假)
jng    L1    ;跳转 (0 ≤ 0 为真)
```

6.3.4 条件跳转应用

测试状态位　汇编语言做得最好的事情之一就是位测试。通常，不希望改变进行位测试的数值，但是却希望能修改 CPU 状态标志位的值。条件跳转指令常常用这些状态标志位来决定是否将控制转向代码标号。例如，假设有一个名为 status 的 8 位内存操作数，它包含了与计算机连接的一个外设的状态信息。如果该操作数的位 5 等于 1，表示外设离线，则下面的指令就跳转到标号：

```
mov    al,status
test   al,00100000b   ;测试位 5
jnz    DeviceOffline
```

如果位 0、1 或 4 中任一位置 1，则下面的语句跳转到标号：

```
mov    al,status
test   al,00010011b   ;测试位 0、1、4
jnz    InputDataByte
```

如果是位 2、3 和 7 都置 1 使得跳转发生，则还需要 AND 和 CMP 指令：

```
        mov     al,status
        and     al,10001100b    ;屏蔽位 2、3 和 7
        cmp     al,10001100b    ;所有位都置 1?
        je      ResetMachine    ;是: 跳转
```

两个数中的较大数   下面的代码比较了 EAX 和 EBX 中的两个无符号整数, 并且把其中较大的数送入 EDX:

```
        mov     edx,eax     ;假设 EAX 存放较大的数
        cmp     eax,ebx     ;若 EAX ≥ EBX
        jae     L1          ;跳转到 L1
        mov     edx,ebx     ;否则, 将 EBX 的值送入 EDX
L1:                         ;EDX 中存放的是较大的数
```

三个数中的最小数   下面的代码比较了分别存放于三个变量 V1、V2 和 V3 的无符号 16 位数值, 并且把其中最小的数送入 AX:

```
        .data
V1 WORD ?
V2 WORD ?
V3 WORD ?
        .code
        mov     ax,V1       ;假设 V1 是最小值
        cmp     ax,V2       ;如果 AX ≤ V2
        jbe     L1          ;跳转到 L1
        mov     ax,V2       ;否则, 将 V2 送入 AX
L1:     cmp     ax,V3       ;如果 AX ≤ V3
        jbe     L2          ;跳转到 L2
        mov     ax,V3       ;否则, 将 V3 送入 AX
L2:
```

循环直到按下按键   下面的 32 位代码会持续循环, 直到用户按下任意一个标准的字母数字键。如果输入缓冲区中当前没有按键, 那么 Irvine32 库中的 ReadKey 函数就会将零标志位置 1:

```
        .data
char BYTE ?
        .code
L1:     mov     eax,10      ;创建 10 毫秒的延迟
        call    Delay
        call    ReadKey     ;检查按键
        jz      L1          ;如果没有按键则循环
        mov     char,AL     ;保存字符
```

上述代码在循环中插入了一个 10 毫秒的延迟, 以便 MS-Windows 有时间处理事件消息。如果省略这个延迟, 那么按键可能被忽略。

1. 应用: 顺序搜索数组

常见的编程任务是在数组中搜索满足某些条件的数值。例如, 下述程序就是在一个 16 位数组中寻找第一个非零数值。如果找到, 则显示该数值; 否则, 就显示一条信息, 以说明没有发现非零数值:

```
; 扫描数组                                    (ArrayScan.asm)
; 扫描数组寻找第一个非零数值
INCLUDE Irvine32.inc

        .data
intArray   SWORD   0,0,0,0,1,20,35,-12,66,4,0
```

```
;intArray SWORD  1,0,0,0              ;候补测试数据
;intArray SWORD  0,0,0,0              ;候补测试数据
;intArray SWORD  0,0,0,1              ;候补测试数据
noneMsg  BYTE "A non-zero value was not found",0
```

本程序包含了可以替换的测试数据,它们已经被注释出来。取消这些注释行,就可以用不同的数据配置来测试程序。

```
.code
main PROC
    mov     ebx,OFFSET intArray        ;指向数组
    mov     ecx,LENGTHOF intArray      ;循环计数器
L1: cmp     WORD PTR [ebx],0           ;将数值与0比较
    jnz     found                      ;寻找数值
    add     ebx,2                      ;指向下一个元素
    loop    L1                         ;继续循环
    jmp     notFound                   ;没有发现非零数值
found:                                 ;显示数值
    movsx   eax,WORD PTR[ebx]
    call    WriteInt                   ;送入EAX并进行符号扩展
    jmp     quit
notFound:                              ;显示"没有发现"消息
    mov     edx,OFFSET noneMsg
    call    WriteString
quit:
    call Crlf
    exit
main ENDP
END main
```

2. 应用:简单字符串加密

XOR指令有一个有趣的属性。如果一个整数X与Y进行XOR,其结果再次与Y进行XOR,则最后的结果就是X:

$$((X \oplus Y) \oplus Y) = X$$

XOR的可逆性为简单数据加密提供了一种方便的途径:明文消息转换成加密字符串,这个加密字符串被称为密文,加密方法是将该消息与被称为密钥的第三个字符串按位进行XOR操作。预期的查看者可以用密钥解密密文,从而生成原始的明文。

示例程序 下面将演示一个使用对称加密的简单程序,即用同一个密钥既实现加密又实现解密的过程。运行时,下述步骤依序发生:

1)用户输入明文。
2)程序使用单字符密钥对明文加密,产生密文并显示在屏幕上。
3)程序解密密文,产生初始明文并显示出来。

下面是该程序的输出示例:

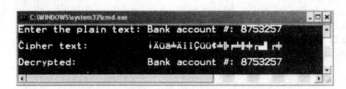

程序清单 完整的程序清单如下所示:

```
; 加密程序                                          (Encrypt.asm)
INCLUDE Irvine32.inc
KEY = 239                       ;1-255 之间的任一值
BUFMAX = 128                    ; 缓冲区的最大容量
.data
sPrompt  BYTE "Enter the plain text:",0
sEncrypt BYTE "Cipher text:      ",0
sDecrypt BYTE "Decrypted:        ",0
buffer   BYTE  BUFMAX+1 DUP(0)
bufSize  DWORD ?

.code
main PROC
    call  InputTheString        ; 输入明文
    call  TranslateBuffer       ; 加密缓冲区
    mov   edx,OFFSET sEncrypt   ; 显示加密消息
    call  DisplayMessage
    call  TranslateBuffer       ; 解密缓冲区
    mov   edx,OFFSET sDecrypt   ; 显示解密消息
    call  DisplayMessage
    exit
main ENDP

;-------------------------------------------------------
InputTheString PROC
;
; 提示用户输入一个纯文本字符串。
; 保存字符串和它的长度。
; 接收: 无
; 返回: 无
;-------------------------------------------------------
    pushad                      ; 保存 32 位寄存器
    mov   edx,OFFSET sPrompt    ; 显示提示
    call  WriteString
    mov   ecx,BUFMAX            ; 字符计数器最大值
    mov   edx,OFFSET buffer     ; 指向缓冲区
    call  ReadString            ; 输入字符串
    mov   bufSize,eax           ; 保存长度
    call  Crlf
    popad
    ret
InputTheString ENDP

;-------------------------------------------------------
DisplayMessage PROC
;
; 显示加密或解密消息。
; 接收: EDX 指向消息
; 返回: 无
;-------------------------------------------------------
    pushad
    call  WriteString
    mov   edx,OFFSET buffer     ; 显示缓冲区
    call  WriteString
    call  Crlf
    call  Crlf
    popad
    ret
DisplayMessage ENDP

;-------------------------------------------------------
```

```
TranslateBuffer PROC
;
; 字符串的每个字节都与密钥字节进行异或
; 实现转换。
; 接收：无
; 返回：无
;----------------------------------------------------
    pushad
    mov    ecx,bufSize        ; 循环计数器
    mov    esi,0              ; 缓冲区索引初值赋 0
L1:
    xor    buffer[esi],KEY    ; 转换一个字节
    inc    esi                ; 指向下一个字节
    loop   L1
    popad
    ret
TranslateBuffer ENDP
END main
```

不要用单字符密钥来加密重要数据，因为它太容易被破译了。反之，本章习题建议用多字符密钥来对明文进行加密和解密。

6.3.5 本节回顾

1. 哪些跳转指令用于无符号整数比较？
2. 哪些跳转指令用于有符号整数比较？
3. 与 JNAE 等价的条件跳转指令是哪条？
4. 与 JNA 指令等价的条件跳转指令是哪条？
5. 与 JNGE 指令等价的条件跳转指令是哪条？
6. （是 / 否）：下面的代码会跳转到标号 Target 吗？

```
mov ax,8109h
cmp ax,26h
jg  Target
```

6.4 条件循环指令

6.4.1 LOOPZ 和 LOOPE 指令

LOOPZ（为零跳转）指令的工作和 LOOP 指令相同，只是有一个附加条件：为零控制转向目的标号，零标志位必须置 1。指令语法如下：

```
LOOPZ destination
```

LOOPE（相等跳转）指令相当于 LOOPZ，它们有相同的操作码。这两条指令执行如下任务：

```
ECX = ECX - 1
if ECX > 0 and ZF = 1, jump to destination
```

否则，不发生跳转，并将控制传递到下一条指令。LOOPZ 和 LOOPE 不影响任何状态标志位。32 位模式下，ECX 是循环计数器；64 位模式下，RCX 是循环计数器。

6.4.2 LOOPNZ 和 LOOPNE 指令

LOOPNZ（非零跳转）指令与 LOOPZ 相对应。当 ECX 中无符号数值大于零（减 1 操作之后）且零标志位等于零时，继续循环。指令语法如下：

LOOPNZ destination

LOOPNE（不等跳转）指令相当于 LOOPNZ，它们有相同的操作码。这两条指令执行如下任务：

ECX = ECX - 1
if ECX > 0 and ZF = 0, jump to destination

否则，不发生跳转，并将控制传递到下一条指令。

示例 下面摘录的代码（来源：Loopnz.asm）扫描数组中的每一个数，直到发现一个非负数（符号位为 0）为止。注意，在执行 ADD 指令前要把标志位压入堆栈，因为 ADD 有可能修改标志位。然后在执行 LOOPNZ 指令之前，用 POPFD 恢复这些标志位：

```
.data
array   SWORD   -3,-6,-1,-10,10,30,40,4
sentinel SWORD  0
.code
    mov     esi,OFFSET array
    mov     ecx,LENGTHOF array
L1: test    WORD PTR [esi],8000h    ;测试符号位
    pushfd                          ;标志位入栈
    add     esi,TYPE array          ;移动到下一个位置
    popfd                           ;标志位出栈
    loopnz  L1                      ;继续循环
    jnz     quit                    ;没有发现非负数
    sub     esi,TYPE array          ;ESI 指向数值
quit:
```

如果找到一个非负数，ESI 会指向该数值。如果没有找到一个正数，则只有当 ECX=0 时才终止循环。在这种情况下，JNZ 指令跳转到标号 quit，同时 ESI 指向标记值（0），其在内存中的位置正好紧接着该数组。

6.4.3 本节回顾

1. （真 / 假）：当（且仅当）零标志位被清除时，LOOPE 指令跳转到标号。
2. （真 / 假）：32 位模式下，当 ECX 大于零且零标志位被清除时，LOOPNZ 指令跳转到标号。
3. （真 / 假）：LOOPZ 指令的目的标号必须处在距离其后指令的 -128 到 +127 字节范围之内。
4. 修改 6.4.2 节中的 LOOPNZ 示例，使之扫描数组并搜索其中的第一个负数。改变数组的初始化，用正数作为其起始值。
5. 挑战：6.4.2 节的 LOOPNZ 示例依靠一个标记值来处理没有发现正数的可能性。如果把这个标记值去掉，会发生什么？

6.5 条件结构

条件结构被定义为，能够在不同的逻辑分支中触发选择的一个或多个条件表达式。每一个分支都执行不同的指令序列。毫无疑问，在高级编程语言中已经使用了条件结构，但是你可能并不了解语言编译器是如何将条件结构转换为低级机器代码的。现在就来讨论这个转换过程。

6.5.1 块结构的 IF 语句

IF 结构包含一个布尔表达式，其后有两个语句列表：一个是当表达式为真时执行，另一个是当表达式为假时执行：

```
if( boolean-expression )
  statement-list-1
else
  statement-list-2
```

结构中的 else 部分是可选的。在汇编语言中，则是用多个步骤来实现这种结构的。首先，对布尔表达式求值，这样一来某个 CPU 状态标志位会受到影响。然后，根据相关 CPU 状态标志位的值，构建一系列跳转把控制传递给两个语句列表。

示例 1 下面的 C++ 代码中，如果 op1 等于 op2，则执行两条赋值语句：

```
if( op1 == op2 )
{
    X = 1;
    Y = 2;
}
```

在汇编语言中，这种 IF 语句转换为条件跳转和 CMP 指令。由于 op1 和 op2 都是内存操作数（变量），因此，在执行 CMP 之前，要将其中的一个操作数送入寄存器。下面实现 IF 语句的程序是高效的，当逻辑表达式为真时，它允许代码"通过"直达两条期望被执行的 MOV 指令：

```
        mov     eax,op1
        cmp     eax,op2         ; op1 == op2?
        jne     L1              ;否：跳过后续指令
        mov     X,1             ;是：X, Y 赋值
        mov     Y,2
L1:
```

如果用 JE 来实现 == 运算符，生成的代码就没有那么紧凑了（6 条指令，而非 5 条指令）：

```
        mov     eax,op1
        cmp     eax,op2         ; op1 == op2?
        je      L1              ;是：跳转到 L1
        jmp     L2              ;否：跳过赋值语句
L1:     mov     X,1             ;X, Y 赋值
        mov     Y,2
L2:
```

> 从上面的例子可以看出，相同的条件结构在汇编语言中有多种实现方法。本章给出的编译代码示例只代表一种假想的编译器可能产生的结果。

示例 2 NTFS 文件存储系统中，磁盘簇的大小取决于磁盘卷的总容量。如下面的伪代码所示，如果卷大小（用变量 terrabytes 存放）不超过 16TB，则簇大小设置为 4096。否则，簇大小设置为 8192：

```
clusterSize = 8192;
if terrabytes < 16
  clusterSize = 4096;
```

用汇编语言实现该伪代码：

```
        mov     clusterSize,8192    ;假设较大的磁盘簇
        cmp     terrabytes, 16      ;小于16TB？
        jae     next
        mov     clusterSize,4096    ;切换到较小的磁盘簇
next:
```

示例3 下面的伪代码有两个分支：

```
if op1 > op2
    call Routine1
else
    call Routine2
end if
```

用汇编语言翻译这段伪代码，设 op1 和 op2 是有符号双字变量。对这两个变量比较时，其中一个必须送入寄存器：

```
        mov     eax,op1             ; op1送入寄存器
        cmp     eax,op2             ; op1 > op2?
        jg      A1                  ; 是：调用Routine1
        call    Routine2            ; 否：调用Routine2
        jmp     A2
A1:     call    Routine1
A2:
```

白盒测试

复杂条件语句可能有多个执行路径，这使得它们难以进行调试检查（查看代码）。程序员经常使用的技术称为白盒测试，用来验证子程序的输入和相应的输出。白盒测试需要源代码，并对输入变量进行不同的赋值。对每个输入组合，要手动跟踪源代码，验证其执行路径和子程序产生的输出。下面，通过嵌套 IF 语句的汇编程序来看看这个测试过程：

```
if op1 == op2
  if X > Y
    call Routine1
  else
    call Routine2
  end if
else
  call Routine3
end if
```

下面是可能的汇编语言翻译，加上了参考行号。程序改变了初始条件（op1==op2），并立即跳转到 ELSE 部分。剩下要翻译的内容是内层 IF-ELSE 语句：

```
1:          mov     eax,op1
2:          cmp     eax,op2             ; op1 == op2?
3:          jne     L2                  ; 否：调用Routine3
;处理内层 IF-ELSE 语句。
4:          mov     eax,X
5:          cmp     eax,Y               ; X > Y?
6:          jg      L1                  ; 是：调用Routine1
7:          call    Routine2            ; 否：调用Routine2
8:          jmp     L3                  ; 退出
9:    L1:   call    Routine1            ; 调用Routine1
10:         jmp     L3                  ; 退出
11:   L2:   call    Routine3
12:   L3:
```

表 6-6 给出了示例代码的白盒测试结果。前四列对 op1、op2、X 和 Y 进行测试赋值。

第 5 列和第 6 列对生成的执行路径进行了验证。

表 6-6　测试嵌套 IF 语句

op1	op2	X	Y	执行行序列	调用
10	20	30	40	1，2，3，11，12	Rountine3
10	20	40	30	1，2，3，11，12	Rountine3
10	10	30	40	1，2，3，4，5，6，7，8，12	Rountine2
10	10	40	30	1，2，3，4，5，6，9，10，12	Rountine1

6.5.2　复合表达式

1. 逻辑 AND 运算符

汇编语言很容易实现包含 AND 运算符的复合布尔表达式。考虑下面的伪代码，假设其中进行比较的是无符号整数：

```
if (a1 > b1) AND (b1 > c1)
    X = 1
end if
```

短路求值　下面的例子是短路求值的简单实现，如果第一个表达式为假，则不需计算第二个表达式。高级语言的规范如下：

```
        cmp    al,bl      ;第一个表达式…
        ja     L1
        jmp    next
L1:     cmp    bl,cl      ;第二个表达式…
        ja     L2
        jmp    next
L2:     mov    X,1        ;全为真：将 X 置 1
next:
```

如果把第一条 JA 指令替换为 JBE，就可以把代码减少到 5 条：

```
        cmp    al,bl      ;第一个表达式…
        jbe    next       ;如果假，则退出
        cmp    bl,cl      ;第二个表达式…
        jbe    next       ;如果假，则退出
        mov    X,1        ;全为真
next:
```

若第一个 JBE 不执行，CPU 可以直接执行第二个 CMP 指令，这样就能够减少 29% 的代码量（指令数从 7 条减少到 5 条）。

2. 逻辑 OR 运算符

当复合表达式包含的子表达式是用 OR 运算符连接的，那么只要一个子表达式为真，则整个复合表达式就为真。以如下伪代码为例：

```
if (a1 > b1) OR (b1 > c1)
    X = 1
```

在下面的实现过程中，如果第一个表达式为真，则代码分支到 L1；否则代码直接执行第二个 CMP 指令。第二个表达式翻转了 > 运算符，并使用了 JBE 指令：

```
        cmp    al,bl      ;1：比较 AL 和 BL
        ja     L1         ;如果真，跳过第二个表达式
        cmp    bl,cl      ;2：比较 BL 和 CL
```

```
        jbe     next            ;假:跳过下一条语句
L1:     mov     X,1             ;真:将X置1
next:
```

对于一个给定的复合表达式而言,汇编语句有多种实现方法。

6.5.3 WHILE 循环

WHILE 循环在执行语句块之前先进行条件测试。只要循环条件一直为真,那么语句块就不断重复。下面是用 C++ 编写的循环:

```
while( val1 < val2 )
{
    val1++;
    val2--;
}
```

用汇编语言实现这个结构时,可以很方便地改变循环条件,当条件为真时,跳转到 endwhile。假设 val1 和 val2 都是变量,那么在循环开始之前必须将其中的一个变量送入寄存器,并且还要在最后恢复该变量的值:

```
        mov     eax,val1        ;把变量复制到 EAX
beginwhile:
        cmp     eax,val2        ;如果非 val1 < val2
        jnl     endwhile        ;退出循环
        inc     eax             ; val1++;
        dec     val2            ; val2--;
        jmp     beginwhile      ;重复循环
endwhile:
        mov     val1,eax        ;保存 val1 的新值
```

在循环内部,EAX 是 val1 的代理(替代品),对 val1 的引用必须要通过 EAX。JNL 的使用意味着 val1 和 val2 是有符号整数。

示例:循环内的 IF 语句嵌套

高级语言尤其善于表示嵌套的控制结构。如下 C++ 代码所示,在一个 WHILE 循环中有嵌套 IF 语句。它计算所有大于 sample 值的数组元素之和:

```
int array[] = {10,60,20,33,72,89,45,65,72,18};
int sample = 50;
int ArraySize = sizeof array / sizeof sample;
int index = 0;
int sum = 0;
while( index < ArraySize )
{
    if( array[index] > sample )
    {
        sum += array[index];
    }
    index++;
}
```

在用汇编语言编写该循环之前,用图 6-1 的流程图来说明其逻辑。为了简化转换过程,并通过减少内存访问次数来加速执行,图中用寄存器来代替变量:EDX=sample,EAX=sum,ESI=index,ECX=ArraySize(常数)。标号名称也已经添加到逻辑框上。

汇编代码 从流程图生成汇编代码最简单的方法就是为每个流程框编写单独的代码。注意流程图标签和下面源代码使用标签之间的直接关系(参阅 Flowchart.asm):

```
.data
sum DWORD 0
sample DWORD 50
array DWORD 10,60,20,33,72,89,45,65,72,18
ArraySize = ($ - Array) / TYPE array

.code
main PROC
    mov     eax,0               ;求和
    mov     edx,sample
    mov     esi,0               ;索引
    mov     ecx,ArraySize
L1: cmp     esi,ecx             ;如果 esi ＜ ecx
    jl      L2
    jmp     L5
L2: cmp     array[esi*4], edx   ;如果 array[esi] ＞ edx
    jg      L3
    jmp     L4
L3: add     eax,array[esi*4]
L4: inc     esi
    jmp     L1
L5: mov     sum,eax
```

6.5 节最后的一个回顾问题将提供机会来改进上述代码。

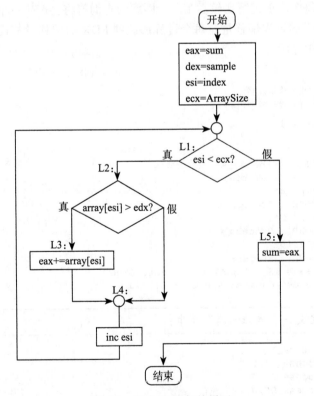

图 6-1 包含 IF 语句的循环

6.5.4 表驱动选择

表驱动选择是用查表来代替多路选择结构的一种方法。使用这种方法，需要新建一个

表，表中包含查询值和标号或过程的偏移量，然后必须用循环来检索这个表。当有大量比较操作时，这个方法最有效。

例如，下面是一个表的一部分，该表包含单字符查询值，以及过程的地址：

```
.data
CaseTable BYTE    'A'      ;查询值
          DWORD Process_A  ;过程地址
          BYTE   'B'
          DWORD Process_B
          (etc.)
```

假设 Process_A、Process_B、Process_C 和 Process_D 的地址分别是 120h、130h、140h 和 150h。上表在内存中的存放如图 6-2 所示。

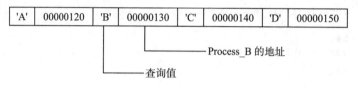

图 6-2 过程偏移量表

示例程序 下面的示例程序（ProcTable.asm）中，用户从键盘输入一个字符。通过循环，该字符与表的每个表项进行比较。第一个匹配的查询值将会产生一个调用，调用对象是紧接在该查询值后面的过程偏移量。每个过程加载到 EDX 的偏移量都代表了一个不同的字符串，它将在循环中显示：

```
; 过程偏移量表                              (ProcTable.asm)
; 本程序包含了过程偏移量表格。
; 它用这个表格执行间接过程调用。
INCLUDE Irvine32.inc
.data
CaseTable BYTE 'A'              ;查询值
          DWORD   Process_A     ;过程地址
EntrySize = ($ - CaseTable)
          BYTE 'B'
          DWORD   Process_B
          BYTE 'C'
          DWORD   Process_C
          BYTE 'D'
          DWORD   Process_D
NumberOfEntries = ($ - CaseTable) / EntrySize
prompt BYTE "Press capital A,B,C,or D: ",0
```

为每个过程定义一个单独的消息字串：

```
msgA BYTE "Process_A",0
msgB BYTE "Process_B",0
msgC BYTE "Process_C",0
msgD BYTE "Process_D",0
.code
main PROC
    mov   edx,OFFSET prompt      ;请求用户输入
    call  WriteString
    call  ReadChar               ;读取字符到 AL
    mov   ebx,OFFSET CaseTable   ;设 EBX 为表指针
```

```
            mov     ecx,NumberOfEntries        ;循环计数器
    L1:
            cmp     al,[ebx]                    ;发现匹配项？
            jne     L2                          ;否：继续
            call    NEAR PTR [ebx + 1]         ;是：调用过程
```

这个 CALL 指令调用过程，其地址保存在 EBX+1 指向的内存位置中。像这样的间接调用需要使用 NEAR PTR 运算符。

```
            call    WriteString                ;显示消息
            call    Crlf
            jmp     L3                         ;退出搜索
    L2:
            add     ebx,EntrySize              ;指向下一个表项
            loop    L1                         ;重复直到 ECX=0
    L3:
            exit
    main ENDP
```

下面的每个过程向 EDX 加载不同字符串的偏移量：

```
Process_A PROC
    mov     edx,OFFSET msgA
    ret
Process_A ENDP

Process_B PROC
    mov     edx,OFFSET msgB
    ret
Process_B ENDP

Process_C PROC
    mov     edx,OFFSET msgC
    ret
Process_C ENDP

Process_D PROC
    mov     edx,OFFSET msgD
    ret
Process_D ENDP
END main
```

表驱动选择有一些初始化开销，但是它能减少编写的代码总量。一个表就可以处理大量的比较，并且与一长串的比较、跳转和 CALL 指令序列相比，它更加容易修改。甚至在运行时，表还可以重新配置。

6.5.5 本节回顾

注意：所有复合表达式都使用短路求值。假设 val1 和 X 是 32 位变量。

1. 用汇编语言实现下述伪代码：
```
if ebx > ecx
    X = 1
```

2. 用汇编语言实现下述伪代码：
```
if edx <= ecx
    X = 1
else
    X = 2
```

3. 对 6.5.4 节中的程序来说，为什么让汇编器计算 NumberOfEntries 比对其赋值（如 NumberOfEntries=4）效果更好？
4. 挑战：重新编写 6.5.3 节中的代码，使其功能不变，但指令数更少。

6.6 应用：有限状态机

有限状态机（FSM）是一个根据输入改变状态的机器或程序。用图表示 FSM 相当简明，图中的矩形（或圆形）称为节点，节点之间带箭头的线段称为边（或弧）。

图 6-3 给出了一个简单的例子。每个节点代表一个程序状态，每个边代表从一个状态到另一个状态的转换。一个节点被指定为初始状态，在图中用一个输入箭头指出。其余的状态可以用数字或字母来标示。一个或多个状态可以指定为终止状态，用粗框矩形表示。终止状态表示程序无出错的结束状态。FSM 是一种被称为有向图的更一般结构的特例。有向图就是一组节点，它们用具有特定方向的边进行连接。

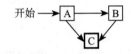

图 6-3 简单的有限状态机

6.6.1 验证输入字符串

读取输入流的程序往往要通过执行一定量的错误检查来验证它们的输入。比如，编程语言编译器可以用 FSM 来扫描程序，将文字和符号转换为记号（通常是指关键字、算法运算符和标识符）。

用 FSM 来验证输入字符串时，常常是按字符进行读取。每一个字符都用图中的一条边（转换）来表示。FSM 有两种方法检测非法输入序列：
- 下一个输入字符没有对应到当前状态的任何一个转换。
- 输入已经终止，但是当前状态是非终止状态。

字符串示例 现在根据下面两条原则来验证一个输入字符串：
- 该字符串必须以字母"x"开始，以字母"z"结束。
- 第一个和最后一个字符之间可以有零个或多个字母，但其范围必须是 {a, …, y}。

图 6-4 的 FSM 显示了上述语法。每一个转换都是由特定类型的输入来标识。比如，仅当从输入流中读取字母 x 时，才能完成状态 A 到状态 B 的转换。输入任何非"z"的字母，都会使得状态 B 转换为其自身。而仅当从输入流中读取字母 z 时，才会发生状态 B 到状态 C 的转换。

如果输入流已经结束，而程序只出现了状态 A 和状态 B，那么就生成出错条件，因为只有状态 C 才能标记终止状态。下述输入字符串能被该 FSM 认可：

```
xaabcdefgz
xz
xyyqqrrstuvz
```

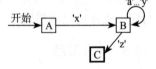

图 6-4 字符串的 FSM

6.6.2 验证有符号整数

图 6-5 表示的是 FSM 解析一个有符号整数。输入包括一个可选的前置符号，其后跟一串数字。图中没有对数字个数进行限制。

有限状态机很容易转换为汇编代码。图中的每个状态（A、

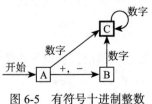

图 6-5 有符号十进制整数 FSM

B、C…)代表了一段有标号的程序。每个标号执行的操作如下:

1)调用输入程序读入下一个输入字符。

2)如果是终止状态,则检查用户是否按下 Enter 键来结束输入。

3)一个或多个比较指令检查从状态发出的所有可能的转换。每个比较指令后面跟一个条件跳转指令。

比如,在状态 A,如下代码读取下一个输入字符并检查到状态 B 的可能的转换:

```
StateA:
    call    Getnext             ;读取下一个字符,并送入 AL
    cmp     al,'+'              ;前置 + ?
    je      StateB              ;到状态 B
    cmp     al,'-'              ;前置 - ?
    je      StateB              ;到状态 B
    call    IsDigit             ;如果 AL 包含数字,则 ZF=1
    jz      StateC              ;到状态 C
    call    DisplayErrorMsg     ;发现非法输入
    jmp     Quit
```

下面来更详细地检查这段代码。首先,代码调用 Getnext,从控制台输入读取下一个字符,送入 AL 寄存器。接着检查前置 + 或 -,先将 AL 的值与符号"+"进行比较,如果匹配,就发生到标号 StateB 的跳转:

```
StateA:
    call    Getnext             ;读取下一个字符,并送入 AL
    cmp     al,'+'              ;前置 + ?
    je      StateB              ;到状态 B
```

现在,再次查看图 6-5,发现只有输入 + 或 - 时,才发生状态 A 到状态 B 的转换。所以,代码还需检查减号:

```
    cmp     al,'-'   ;前置 - ?
    je      StateB   ;到状态 B
```

如果无法发生到状态 B 的转换,就可以检查 AL 寄存器中是否为数字,这可以导致到状态 C 的转换。(从本书的链接库)调用 IsDigit 子程序,当 AL 包含数字时,零标志位置 1:

```
    call    IsDigit   ;如果 AL 包含数字,则 ZF=1
    jz      StateC    ;到状态 C
```

最后,状态 A 没有其他可能的转换。如果发现 AL 中的字符既不是前置符号,又不是数字,程序就会调用 DisplayErrorMsg(在控制台上显示一条错误消息)子程序,并跳转到标号 Quit 处:

```
    call    DisplayErrorMsg   ;发现非法输入
    jmp     Quit
```

标号 Quit 标识程序的出口,位于主程序的结尾:

```
Quit:
    call    Crlf
    exit
main ENDP
```

完整的有限状态机程序   如下程序实现图 6-5 所示的有符号整数 FSM:

```asm
; 有限状态机                              (Finite.asm)
INCLUDE Irvine32.inc
ENTER_KEY = 13
.data
InvalidInputMsg BYTE "Invalid input",13,10,0
.code
main PROC
    call Clrscr
StateA:
    call Getnext              ; 读取下一个字符,并送入 AL
    cmp  al,'+'               ; 前置 + ?
    je   StateB               ; 到状态 B
    cmp  al,'-'               ; 前置 - ?
    je   StateB               ; 到状态 B
    call IsDigit              ; 如果 AL 包含数字,则 ZF=1
    jz   StateC               ; 到状态 C
    call DisplayErrorMsg      ; 发现非法输入
    jmp  Quit
StateB:
    call Getnext              ; 读取下一个字符,并送入 AL
    call IsDigit              ; 如果 AL 包含数字,则 ZF=1
    jz   StateC
    call DisplayErrorMsg      ; 发现非法输入
    jmp  Quit
StateC:
    call Getnext              ; 读取下一个字符,并送入 AL
    call IsDigit              ; 如果 AL 包含数字,则 ZF=1
    jz   StateC
    cmp  al,ENTER_KEY         ; 按下 Enter 键?
    je   Quit                 ; 是: Quit
    call DisplayErrorMsg      ; 否: 发现非法输入
    jmp  Quit
Quit:
    call Crlf
    exit
main ENDP

;-----------------------------------------------
Getnext PROC
;
; 从标准输入读取一个字符。
; 接收: 无
; 返回: 字符保存在 AL 中
;-----------------------------------------------
    call ReadChar     ; 从键盘输入
    call WriteChar    ; 显示在屏幕上
    ret
Getnext ENDP

;-----------------------------------------------
DisplayErrorMsg PROC
;
; 显示一个错误消息以表示
; 输入流中包含非法输入。
; 接收: 无
; 返回: 无
;-----------------------------------------------
    push edx
```

```
        mov     edx,OFFSET InvalidInputMsg
        call    WriteString
        pop     edx
        ret
DisplayErrorMsg ENDP
END main
```

IsDigit 子程序　有限状态机示例程序调用 IsDigit 子程序,该子程序属于本书的链接库。现在来看看 IsDigit 的源程序,程序把 AL 寄存器作为输入,其返回值设置零标志位:

```
;----------------------------------------------------------------
IsDigit PROC
;
; 确定 AL 中的字符是否为有效的十进制数字。
; 接收:AL= 字符
; 返回:若 AL 为有效的十进制字符,ZF=1;否则,ZF=0
;----------------------------------------------------------------
        cmp     al,'0'
        jb      ID1         ; 跳转发生,ZF=0
        cmp     al,'9'
        ja      ID1         ; 跳转发生,ZF=0
        test    ax,0        ; 设置 ZF=1
ID1:    ret
IsDigit ENDP
```

在查看 IsDigit 的代码之前,先回顾十进制数字的十六进制 ASCII 码,如下表所示。由于这些值是连续的,因此,只需要检查第一个和最后一个值:

字符	'0'	'1'	'2'	'3'	'4'	'5'	'6'	'7'	'8'	'9'
ASCII 码(十六进制)	30	31	32	33	34	35	36	37	38	39

IsDigit 子程序中,开始的两条指令将 AL 寄存器中字符的值与数字 0 的 ASCII 码进行比较。如果字符的 ASCII 码小于 0 的 ASCII 码,程序跳转到标号 ID1:

```
        cmp     al,'0'
        jb      ID1     ; 跳转发生,ZF=0
```

但是有人可能会问了,如果 JB 将控制传递给标号 ID1,那么,怎么知道零标志位的状态呢?答案就在 CMP 指令的执行方式里——它执行一个隐含的减法操作,从 AL 寄存器的字符中减去 0 的 ASCII 码(30h)。如果 AL 中的值较小,那么进位标志位置 1,零标志位清除(你可能想用调试器来单步执行这段代码来验证这个事实)。JB 指令的目的是,当 CF=1 且 ZF=0 时,将控制传递给一个标号。

接下来,IsDigit 子程序代码把 AL 与数字 9 的 ASCII 码进行比较。如果 AL 的值较大,代码跳转到同一个标号:

```
        cmp     al,'9'
        ja      ID1     ; 跳转发生,ZF=0
```

如果 AL 中字符的 ASCII 码大于数字 9 的 ASCII 码(39h),清除进位标志位和零标志位。这也正好是使得 JA 指令将控制传递到目的标号的标志位组合。

如果没有跳转发生(JA 或 JB),又假设 AL 中的字符确实是一个数字,则插入一条指令确保将零标志位置 1。将 0 与任何数值进行 test 操作,就意味着执行一次隐含的与全 0 的 AND 运算。其结果必然为 0:

```
        test    ax,0     ; 置 ZF=1
```

前面 IsDigit 中的 JA 和 JB 指令跳转到了 TEST 指令后面的标号。所以，如果发生跳转，零标志位将清零。下面再次给出完整的过程：

```
Isdigit PROC
    cmp  al,'0'
    jb   ID1     ;若跳转发生，则 ZF=0
    cmp  al,'9'
    ja   ID1     ;若跳转发生，则 ZF=0
    test ax,0    ;置 ZF=1
ID1: ret
Isdigit ENDP
```

在实时或高性能应用中，程序员常常利用硬件特性的优势，来对其代码进行充分优化。IsDigit 过程就是这种方法的例子，它利用 JB、JA 和 TEST 对标志的设置，实际上返回的是一个布尔结果。

6.6.3 本节回顾

1. 有限状态机是哪种数据结构类型的特殊应用？
2. 在有限状态机示意图中，节点代表什么？
3. 在有限状态机示意图中，边代表什么？
4. 在有符号整数的有限状态机（6.6.2 节）中，若输入包含 "+5" 则会达到哪个状态？
5. 在有符号整数的有限状态机（6.6.2 节）中，在一个减号的后面能有多少个数字？
6. 当没有输入且当前状态为非终止状态时，有限状态机会发生什么情况？
7. 下图中简化的有符号十进制整数有限状态机是否能与 6.6.2 节中的状态机一样工作？如果不能，说明原因。

6.7 条件控制流伪指令

32 位模式下，MASM 包含了一些高级条件控制流伪指令（conditional control flow directives），这有助于简化编写条件语句。遗憾的是，这些伪指令不能用于 64 位模式。对程序进行汇编之前，汇编器执行的是预处理步骤。在这个步骤中，汇编器要识别伪指令，如：.CODE、.DATA，以及一些用于条件控制流的伪指令。表 6-7 列出了这些伪指令。

表 6-7　条件控制流伪指令

伪指令	说明
.BREAK	生成代码终止 .WHILE 或 .REPEAT 块
.CONTINUE	生成代码跳转到 .WHILE 或 .REPEAT 块的顶端
.ELSE	当 .IF 条件不满足时，开始执行的语句块
.ELSEIF condition	生成代码测试 condition，并执行其后的语句，直到碰到一个 .ENDIF 或另一个 .ELSEIF 伪指令
.ENDIF	终止 .IF、.ELSE 或 .ELSEIF 伪指令后面的语句块
.ENDW	终止 .WHILE 伪指令后面的语句块
.IF condition	如果 condition 为真，则生成代码执行语句块
.REPEAT	生成代码重复执行语句块，直到条件为真
.UNTIL condition	生成代码重复执行 .REPEAT 和 .UNTIL 伪指令之间的语句块，直到 condition 为真

伪指令	说明
.UNTILCXZ	生成代码重复执行 .REPEAT 和 .UNTILCXZ 伪指令之间的语句块,直到 CX 为零
.WHILE condition	当 condition 为真时,生成代码执行 .WHILE 和 .ENDW 伪指令之间的语句块

6.7.1 新建 IF 语句

.IF、.ELSE、.ELSEIF 和 .ENDIF 伪指令使得程序员易于对多分支逻辑进行编码。它们让汇编器在后台生成 CMP 和条件跳转指令,这些指令显示在输出列表文件(progname.lst)中。语法如下所示:

```
.IF condition1
    statements
[.ELSEIF condition2
    statements ]
[.ELSE
    statements ]
.ENDIF
```

方括号表示 .ELSEIF 和 .ELSE 是可选的,而 .IF 和 .ENDIF 则是必需的。condition(条件)是布尔表达式,使用与 C++ 和 Java 相同的运算符(比如:<、>、== 和!=)。表达式在运行时计算。下面的例子给出了一些有效的条件,使用的是 32 位寄存器和变量:

```
eax > 10000h
val1 <= 100
val2 == eax
val3 != ebx
```

下面的例子给出的是复合条件:

```
(eax > 0) && (eax > 10000h)
(val1 <= 100) || (val2 <= 100)
(val2 != ebx) && !CARRY?
```

表 6-8 列出了所有的关系和逻辑运算符。

表 6-8 运行时关系和逻辑运算符

运算符	说明
expr1==expr2	若 expr1 等于 expr2,则返回"真"
expr1! ==expr2	若 expr1 不等于 expr2,则返回"真"
expr1>expr2	若 expr1 大于 expr2,则返回"真"
expr1 ≥ expr2	若 expr1 大于等于 expr2,则返回"真"
expr1<expr2	若 expr1 小于 expr2,则返回"真"
expr1 ≤ expr2	若 expr1 小于等于 expr2,则返回"真"
! expr	若 expr 为假,则返回"真"
expr1 expr2	对 expr1 和 expr2 执行逻辑 AND 运算
expr1 || expr2	对 expr1 和 expr2 执行逻辑 OR 运算
expr1 & expr2	对 expr1 和 expr2 执行按位 AND 运算
CARRY?	若进位标志位置 1,则返回"真"
OVERFLOW?	若溢出标志位置 1,则返回"真"
PARITY?	若奇偶标志位置 1,则返回"真"
SIGN?	若符号标志位置 1,则返回"真"
ZERO?	若零标志位置 1,则返回"真"

> 在使用 MASM 条件伪指令之前，一定要彻底了解怎样用纯汇编语言实现条件分支指令。此外，在包含条件伪指令的程序汇编时，要查看列表文件以确认 MASM 生成的代码确实是编程者所需要的。

生成 ASM 代码 当使用如 .IF 和 .ELSE 一样的高级伪指令时，汇编器将为程序员编写代码。例如，编写一条 .IF 伪指令来比较 EAX 与变量 val1：

```
 mov eax,6
 .IF eax > val1
   mov result,1
 .ENDIF
```

假设 val1 和 result 是 32 位无符号整数，当汇编器读到前述代码时，就将它们扩展为下述汇编语言指令，用 Visual Studio 调试器运行程序时可以查看这些指令，操作为：右键点击，选择 Go To Disassembly。

```
        mov    eax,6
        cmp    eax,val1
        jbe    @C0001      ;无符号数比较跳转
        mov    result,1
@C0001:
```

标号名 @C0001 由汇编器创建，这样可以确保同一个过程中的所有标号都具有唯一性。

> 要控制 MASM 生成代码是否显示在源列表文件中，可以在 Visual Studio 中配置 Project 的属性。步骤如下：在 Project 菜单中，选择 Project Properties，选择 Microsoft Macro Assembler，选择 Listing File，再设置 Enable Assembly Generated Code Listing 为 Yes。

6.7.2 有符号数和无符号数的比较

当使用 .IF 伪指令来比较数值时，必须认识到 MASM 是如何生成条件跳转的。如果比较包含了一个无符号变量，则在生成代码中插入一条无符号条件跳转指令。如下还是前面的例子，比较 EAX 和无符号双字变量 val1：

```
.data
val1 DWORD    5
result DWORD ?
.code
    mov eax,6
    .IF eax > val1
      mov result,1
    .ENDIF
```

汇编器用 JBE（无符号跳转）指令对其进行扩展：

```
mov eax,6
cmp eax,val1
    jbe @C0001      ;无符号比较跳转
    mov result,1
@C0001:
```

有符号数比较 如果 .IF 伪指令比较的是有符号变量，则在生成代码中插入一条有符号条件跳转指令。例如，val2 为有符号双字：

```
.data
val2 SDWORD -1
result DWORD ?
.code
    mov eax,6
    .IF eax > val2
      mov result,1
    .ENDIF
```

因此，汇编器用 JLE 指令生成代码，即基于有符号比较的跳转：

```
    mov eax,6
    cmp eax,val2
    jle @C0001              ；有符号比较跳转
    mov result,1
@C0001:
```

寄存器比较 那么，现在可能会有一个问题：如果是两个寄存器进行比较，情况又是怎样的？显然，汇编器无法确定寄存器中的数值是有符号的还是无符号的：

```
mov eax,6
mov ebx,val2
.IF eax > ebx
   mov result,1
.ENDIF
```

下面生成的代码表示汇编器将其默认为无符号数比较（注意使用的是 JBE 指令）：

```
    mov   eax,6
    mov   ebx,val2
    cmp   eax, ebx
    jbe   @C0001
    mov   result,1
@C0001:
```

6.7.3 复合表达式

很多复合布尔表达式使用逻辑 OR 和 AND 运算符。用 .IF 伪指令时，符号 || 表示的是逻辑 OR 运算符：

```
.IF expression1 || expression2
    statements
.ENDIF
```

同样，符号 && 表示的是逻辑 AND 运算符：

```
.IF expression1 && expression2
    statements
.ENDIF
```

下面的程序示例中将使用逻辑 OR 运算符。

1. SetCursorPosition 示例

下例给出的 SetCursorPosition 过程，根据两个输入参数 DH 和 DL（参见 SetCur.asm），执行范围检查。Y 坐标（DH）范围必须为 0～24。X 坐标（DL）范围必须为 0～79。不论发现哪个坐标超出范围，都显示一条错误消息：

```
SetCursorPosition PROC
    ;设置光标位置。
    ;接收：DL=X 坐标，DH=Y 坐标。
```

```
;检查 DL 和 DH 的范围。
;返回:无
;------------------------------------------------
.data
BadXCoordMsg BYTE "X-Coordinate out of range!",0Dh,0Ah,0
BadYCoordMsg BYTE "Y-Coordinate out of range!",0Dh,0Ah,0
.code
    .IF (dl < 0) || (dl > 79)
        mov   edx,OFFSET BadXCoordMsg
        call  WriteString
        jmp   quit
    .ENDIF
    .IF (dh < 0) || (dh > 24)
        mov   edx,OFFSET BadYCoordMsg
        call  WriteString
        jmp   quit
    .ENDIF
    call Gotoxy
quit:
    ret
SetCursorPosition ENDP
```

MASM 对 SetCursorPosition 进行预处理时,生成代码如下:

```
.code
; .IF (dl < 0) || (dl > 79)
    cmp   dl, 000h
    jb    @C0002
    cmp   dl, 04Fh
    jbe   @C0001
@C0002:
    mov   edx,OFFSET BadXCoordMsg
    call  WriteString
    jmp   quit
; .ENDIF
@C0001:
; .IF (dh < 0) || (dh > 24)
    cmp   dh, 000h
    jb    @C0005
    cmp   dh, 018h
    jbe   @C0004
@C0005:
    mov   edx,OFFSET BadYCoordMsg
    call  WriteString
    jmp   quit
; .ENDIF
@C0004:
    call  Gotoxy
quit:
    ret
```

2. 大学注册示例

假设有一个大学生想要进行课程注册。现在用两个条件来决定该生是否能注册:第一个条件是学生的平均成绩,范围为 0 ~ 400,其中 400 是可能的最高成绩;第二个条件是学生期望获得的学分。可以使用多分支结构,包括 .IF、.ELSEIF 和 .ENDIF。示例(参见 Regist.

asm）如下：

```
.data
TRUE = 1
FALSE = 0
gradeAverage    WORD 275    ;要检查的数值
credits         WORD 12     ;要检查的数值
OkToRegister    BYTE ?
.code
    mov OkToRegister,FALSE
    .IF gradeAverage > 350
        mov OkToRegister,TRUE
    .ELSEIF (gradeAverage > 250) && (credits <= 16)
        mov OkToRegister,TRUE
    .ELSEIF (credits <= 12)
        mov OkToRegister,TRUE
    .ENDIF
```

汇编器生成的相应代码如表 6-9 所示，用 Microsoft Visual Studio 调试器的 Dissassembly 窗口可以查看该表。（为了便于阅读，已经对其进行了一些整理。）汇编程序时，如果使用 /Sg 命令行就可以在源列表文件中显示 MASM 生成代码。被定义常量的大小（如当前代码示例中的 TRUE 和 FALSE）为 32 位。所以，把一个常量送入 BYTE 类型地址时，MASM 会插入 BYTE PTR 运算符。

表 6-9　注册示例，MASM 生成代码

```
        mov     byte ptr OkToRegister,FALSE
        cmp     word ptr gradeAverage,350
        jbe     @C0006
        mov     byte ptr OkToRegister,TRUE
        jmp     @C0008
@C0006:
        cmp     word ptr gradeAverage,250
        jbe     @C0009
        cmp     word ptr credits,16
        ja      @C0009
        mov     byte ptr OkToRegister,TRUE
        jmp     @C0008
@C0009:
        cmp     word ptr credits,12
        ja      @C0008
        mov     byte ptr OkToRegister,TRUE
@C0008:
```

6.7.4　用 .REPEAT 和 .WHILE 创建循环

除了用 CMP 和条件跳转指令外，.REPEAT 和 .WHILE 伪指令还提供了另一种方法来编写循环。它们可以使用之前由表 6-8 列出的条件表达式。.REPEAT 伪指令执行循环体，然后测试 .UNTIL 伪指令后面的运行时条件：

```
.REPEAT
    statements
.UNTIL condition
```

.WHILE 伪指令在执行循环体之前测试条件：

```
.WHILE condition
```

```
    statements
.ENDW
```

示例：下述语句使用 .WHILE 伪指令显示数值 1 到 10。循环之前，计数器寄存器（EAX）被初始化为 0。之后，循环体内的第一条语句将 EAX 加 1。当 EAX 等于 10 时，.WHILE 伪指令将分支到循环体外。

```
mov eax,0
.WHILE eax < 10
    inc   eax
    call WriteDec
    call Crlf
.ENDW
```

下述语句使用 .REPEAT 伪指令显示数值 1 到 10：

```
mov eax,0
.REPEAT
    inc   eax
    call WriteDec
    call Crlf
.UNTIL eax == 10
```

示例：含 IF 语句的循环

本章前面的 6.5.3 节展示了如何编写汇编语言代码来实现 WHILE 循环嵌套 IF 语句。伪代码如下：

```
while( op1 < op2 )
{
    op1++;
    if( op1 == op3 )
      X = 2;
    else
      X = 3;
}
```

下面用 .WHILE 和 .IF 伪指令实现这段伪代码。由于 op1、op2 和 op3 是变量，为了避免任何指令出现两个内存操作数，它们被送入寄存器：

```
.data
X    DWORD 0
op1  DWORD 2    ;被检测的数据
op2  DWORD 4    ;被检测的数据
op3  DWORD 5    ;被检测的数据
.code
    mov eax,op1
    mov ebx,op2
    mov ecx,op3
    .WHILE eax < ebx
      inc eax
      .IF eax == ecx
          mov X,2
      .ELSE
          mov X,3
      .ENDIF
    .ENDW
```

6.8 本章小结

AND、OR、XOR、NOT 和 TEST 指令被称为按位指令（bitwise instructions），因为它

们的操作是位（bit）级的。源操作数中的每一位都与目标操作数的相同位进行匹配：
- 若两个输入位都是 1，则 AND 指令结果为 1。
- 若至少有一个输入位为 1，则 OR 指令结果为 1。
- 若两个输入位不同，则 XOR 指令结果为 1。
- TEST 指令对目的操作数执行隐含的 AND 操作，并正确地设置标志位。目的操作数不变。
- NOT 指令将目的操作数的每一位取反。

CMP 指令将目的操作数与源操作数进行比较。其隐含操作为：从目的操作数中减去源操作数，并且修改相应的 CPU 状态标志位。通常，CMP 后面有一条条件跳转指令，将程序控制传递给一个代码标号。

本章给出了四种类型的条件跳转指令：
- 表 6-2 列出了基于特定标志位值的跳转，例如：JC（有进位跳转）、JZ（为零跳转）和 JO（溢出跳转）。
- 表 6-3 列出了基于是否相等的跳转，例如：JE（相等跳转）、JNE（不相等跳转）、JECXZ（如果 EXC=0 则跳转）和 JRCXZ（如果 RXC=0 则跳转）。
- 表 6-4 列出了基于无符号数比较的条件跳转，例如：JA（大于则跳转）、JB（小于则跳转）和 JAE（大于等于则跳转）。
- 表 6-5 列出了基于有符号数比较的跳转，例如：JL（小于则跳转）和 JG（大于则跳转）。

32 位模式下，若零标志位等于 1，且 ECX 大于零，则 LOOPZ(LOOPE) 指令重复循环。若零标志位等于 0，且 ECX 大于零，则 LOOPNZ（LOOPNE）指令重复循环。在 64 位模式下，LOOPZ 和 LOOPNZ 指令使用的是 RCX 寄存器。

加密是对数据进行编码处理，解密是对数据进行解码处理。XOR 指令可以用于执行简单的加密和解密。

流程图是用视图展示程序逻辑的一种有效工具。利用流程图作模型，可以很容易地编写汇编语言代码。给流程图中每一个符号都赋予一个标号，并在汇编源代码中使用同样的标号是很有帮助的。

有限状态机（FSM）是一种有效工具，用于验证包含可识别字符的字符串，比如有符号整数。如果 FSM 中每个状态都用标号表示，那么用汇编语言实现 FSM 相对较容易。

.IF、.ELSE、.ELSEIF，和 .ENDIF 伪指令计算运行时表达式，并能极大简化汇编语言代码。当编写复杂的复合布尔表达式时，它们尤为有用。程序员还可以利用 .WHILE 和 .REPEAT 伪指令创建条件循环。

6.9 关键术语

6.9.1 术语

bit-mapped set（位映射集）
bit mask（位屏蔽）
bit vector（位向量）
boolean expression（布尔表达式）
cipher text（密文）

compound expression（复合表达式）
conditional branching（条件分支）
initial state（初始状态）
key(encryption)（密钥）
logical AND operator（逻辑 AND 运算符）

logical OR operator（逻辑 OR 运算符）
masking (bits)（屏蔽（位））
node（节点）
plain text（明文）
set complement（补集）
conditional control flow directivees（条件控制流
  伪指令）
conditional structure（条件结构）
decryption（解密）
directed graph（有向图）
edge（边）
encryption（加密）
finite-state machine(FSM)（有限状态机）
set intersection（交集）
set union（并集）
short-circuit evaluation（短路求值）
symmetric encryption（对称加密）
terminal state（终止状态）
table-driven selection（表驱动的选择）
white box testing（白盒测试）

6.9.2 指令、运算符和伪指令

AND	JRCXZ	JNL
.BREAK	JG	JNP
CMP	JGE	JNS
.CONTINUR	JL	JNZ
.ELSE	JLE	LOOPE
.ELSEIF	JP	LOOPEN
.ENDIF	JS	LOOPZ
.ENDW	JZ	LOOPNZ
.IF	JNA	NOT
JA	JNAE	OR
JAE	JNB	.REPEAT
JB	JNBE	TEST
JBE	JNC	.UNTIL
JC	JNE	.UNTILCXZ
JE	JNG	.WHILE
JECXZ	JNCE	XOR

6.10 复习题和练习

6.10.1 简答题

1. 执行下述指令后，BX 中的值是多少？
   ```
   mov   bx,0FFFFh
   and   bx,6Bh
   ```

2. 执行下述指令后，BX 中的值是多少？
   ```
   mov   bx,91BAh
   and   bx,92h
   ```

3. 执行下述指令后，BX 中的值是多少？
   ```
   mov   bx,0649Bh
   or    bx,3Ah
   ```

4. 执行下述指令后，BX 中的值是多少？

    mov bx,029D6h
    xor bx,8181h

5. 执行下述指令后，EBX 中的值是多少？

    mov ebx,0AFAF649Bh
    or   ebx,3A219604h

6. 执行下述指令后，RBX 中的值是多少？

    mov rbx,0AFAF649Bh
    xor rbx,0FFFFFFFFh

7. 下述指令序列中，写出指定的 AL 二进制结果值：

    mov al,01101111b
    and al,00101101b   ; a.
    mov al,6Dh
    and al,4Ah   ; b.
    mov al,00001111b
    or   al,61h   ; c.
    mov al,94h
    xor al,37h   ; d.

8. 下述指令序列中，写出指定的 AL 十六进制结果值：

    mov al,7Ah
    not al   ; a.
    mov al,3Dh
    and al,74h   ; b.
    mov al,9Bh
    or   al,35h   ; c.
    mov al,72h
    xor al,0DCh   ; d.

9. 下述指令序列中，写出指定的进位标志位、零标志位和符号标志位的值：

    mov al,00001111b
    test al,00000010b   ; a. CF=   ZF=   SF=
    mov al,00000110b
    cmp al,00000101b   ; b. CF=   ZF=   SF=
    mov al,00000101b
    cmp al,00000111b   ; c. CF=   ZF=   SF=

10. 哪条条件跳转指令根据 ECX 的内容执行分支？
11. JA 和 JNBE 指令是如何受到零标志位和进位标志位的影响的？
12. 执行下述代码后，EDX 的最终值是多少？

        mov edx,1
        mov eax,7FFFh
        cmp eax,8000h
        jl   L1
        mov edx,0
    L1:

13. 执行下述代码后，EDX 的最终值是多少？

        mov edx,1
        mov eax,7FFFh
        cmp eax,8000h
        jb   L1
        mov edx,0
    L1:

14. 执行下述代码后，EDX 的最终值是多少？

        mov   edx,1
        mov   eax,7FFFh
        cmp   eax,0FFFF8000h
        jl   L2
        mov   edx,0
    L2:

15. （真 / 假）：下述代码将跳转到标号 Target。

        mov   eax,-30
        cmp   eax,-50
        jg   Target

16. （真 / 假）：下述代码将跳转到标号 Target。

        mov   eax,-42
        cmp   eax,26
        ja   Target

17. 执行下列指令后，RBX 的值是多少？

        mov   rbx,0FFFFFFFFFFFFFFFFh
        and   rbx,80h

18. 执行下列指令后，RBX 的值是多少？

        mov   rbx,0FFFFFFFFFFFFFFFFh
        and   rbx,808080h

19. 执行下列指令后，RBX 的值是多少？

        mov   rbx,0FFFFFFFFFFFFFFFFh
        and   rbx,80808080h

6.10.2 算法基础

1. 编写一条指令将 AL 中的 ASCII 数字转换为相应的二进制数。如果 AL 包含的已经是二进制（00h ~ 09h），则不进行转换。
2. 编写指令计算 32 位内存操作数的奇偶性。提示：使用本节之前给出的公式：B0 XOR B1 XOR B2 XOR B3。
3. 设有两个位映射集 SetX 和 SetY，编写指令序列在 EAX 中生成一个位串，以表示属于 SetX 但不属于 SetY 的元素。
4. 编写指令，若 DX 中的无符号数小于等于 CX 中的数，则跳转到标号 L1。
5. 编写指令，若 AX 中的有符号数大于 CX 中的数，则跳转到标号 L2。
6. 编写指令，清除 AL 的位 0 和位 1，若目的操作数等于零，则代码跳转到标号 L3；否则跳转到标号 L4。
7. 汇编语言实现下面的伪代码。使用短路求值，并假设 val1 和 X 是 32 位变量。

        if(val1 > ecx) AND (ecx > edx)
            X = 1
        else
            X = 2;

8. 汇编语言实现下面的伪代码。使用短路求值，并假设 X 是 32 位变量。

        if(ebx > ecx) OR (ebx > val1)
            X = 1
        else
            X = 2

9. 汇编语言实现下面的伪代码。使用短路求值，并假设 X 是 32 位变量。

```
if( ebx > ecx AND ebx > edx) OR ( edx > eax )
    X = 1
else
    X = 2
```

10. 汇编语言实现下面的伪代码。使用短路求值，并假设 A、B 和 N 是 32 位有符号数。

```
while N > 0
   if N != 3 AND (N < A OR N > B)
       N = N - 2
    else
       N = N - 1
end whle
```

6.11 编程练习

6.11.1 测试代码的建议

在对本章及后续章节编程练习所写代码进行测试时，本书有如下建议：

- 第一次测试程序时，总是用调试器进行单步执行。小细节是很容易被遗忘的，调试器可以让程序员看到实际发生了什么。
- 若说明要求使用有符号数组，需确保其中包含一个负数值。
- 如果指定了输入数值的范围，则测试数据应包括大于上界、在界限中和低于下界的数值。
- 使用不同长度的数组，创建多个测试案例。
- 当编写的程序要向数组进行写入操作时，Visual Studio 调试器是评估程序正确性的最好工具。使用调试器的 Memory 窗口显示数组，可以选择为十六进制或十进制形式。
- 调用被测试过程之后，应立刻再次调用该过程以检查其是否保存了所有的寄存器。示例如下：

```
mov    esi,OFFSET array
mov    ecx,count
call CalcSum       ;用 EAX 返回和数
call CalcSum       ;再次调用，检查寄存器是否已保存
```

一般 EAX 中会有一个返回值，因此，EAX 当然是无法保存的。所以，通常不能用 EAX 输入参数。

- 如果打算向过程传递多个数组，则应确保不在过程中引用数组名。取而代之，在调用过程之前，将数组偏移量送入 ESI 或 EDI。这就意味着在过程内应使用间接寻址（形如 [esi] 或 [edi]）。
- 如果需要定义只用于过程内的变量，可以在变量的前面使用 .data 伪指令，然后在其后使用 .code 伪指令。示例如下：

```
MyCoolProcedure PROC
.data
sum SDWORD ?
.code
     mov sum,0
     (etc.)
```

和 C++ 或 Java 语言中的局部变量不同，该变量仍然全局可见。不过，既然该变量是在过程内定义的，显然不打算在其他的位置使用。当然，必须使用运行时指令来初始化过程内使用变量，因为过程将会被调用多次。再次调用过程时，不会希望它留有前次调用的任何残留的数值。

6.11.2 习题

*1. 填充数组

创建过程，用 N 个随机数填充一个双字数组，这些数必须包含在从 j 到 k 的范围内。调用过程时，传递的参数为：保存数据的数组指针、N、j 和 k 的值。对该过程的多次调用之间，要保存所有的寄存器值。编写测试程序，用不同的 j 和 k 值两次调用该过程。利用调试器检验结果。

**2. 指定范围内的数组元素求和

创建过程，返回从 j~k 范围（包含）内所有数组元素之和。编写测试程序调用该过程两次，需传递的参数为：有符号双字数组指针、数组大小、j 和 k 的值。寄存器 EAX 返回和数。调用过程之间，保存其他所有的寄存器。

**3. 计算考试得分

创建过程 CalcGrade，接收 0~100 范围内的一个整数，并用 AL 寄存器返回一个大写字母。对该过程的多次调用之间，保存其他所有的寄存器。按照如下规则确定返回字母：

分数范围	等级字母
90~100	A
80~89	B
70~79	C
60~69	D
0~59	F

编写测试程序，在 50~100 范围内生成 10 个随机数。每次生成一个整数，并将其传递给 CalcGrade 过程。可以使用调试器测试程序，另外，如果选择使用本书的链接库，也可以显示每个整数及其对应的等级字母。（本程序要求用 Irvine32 链接库，因为它要使用 RandomRange 过程。）

**4. 大学注册

以 6.7.3 节的大学注册示例为基础，实现下述功能：

- 用 CMP 和条件跳转指令重新编码（取代 .IF 和 .ELSEIF 伪指令）。
- 实现对学分值的范围检查：学分不能小于 1 也不能大于 30。如果发现无效输入，则显示适当的错误消息。
- 提示用户输入平均成绩和学分值。
- 显示消息给出评估结果，如"The student can register"或"The student cannot register"。

（本程序要求使用 Irvine32 链接库。）

***5. 布尔计算器（1）

创建程序，其功能为简单的 32 位整数布尔运算器。显示菜单提示用户从下表中选择一项：

1. x AND y
2. x OR y
3. NOT x
4. x XOR y
5. Exit program（退出程序）

用户做出选择后，调用过程显示将要执行操作的名称。必须用 6.5.4 节给出的表驱动选择技术实现该过程。（习题 6 将实现运算操作。）（本程序要求使用 Irvine32 链接库。）

***6. 布尔计算器（2）

继续编写习题 5 的程序，实现如下过程：

- AND_op：提示用户输入两个十六进制整数。对其进行 AND 操作，并用十六进制形式显示结果。
- OR_op：提示用户输入两个十六进制整数。对其进行 OR 操作，并用十六进制形式显示结果。
- NOT_op：提示用户输入一个十六进制整数。对其进行 NOT 操作，并用十六进制形式显示结果。
- XOR_op：提示用户输入两个十六进制整数。对其进行异或操作，并用十六进制形式显示结果。

（本程序要求使用 Irvine32 链接库。）

**7. 概率和颜色

编写程序，从 3 种不同的颜色中随机选择一种用以在屏幕上显示文本。通过循环显示 20 行文本，每行都随机选择一种颜色。每种颜色出现的概率为：白色 =30%，蓝色 =10%，绿色 =60%。建议：在 0～9 之间生成一个随机数。如果该数在 0～2（包含）之间，则选择白色；如果该数等于 3，则选择蓝色；如果该数在 4～9（包含）之间，则选择绿色。运行程序 10 次，对其进行测试。每次运行时，观察文本行颜色的分布是否满足要求的概率。（本程序要求使用 Irvine32 链接库。）

***8. 消息加密

按要求修改 6.3.4 节的加密程序：创建包含多个字符的密钥。使用该密钥，通过将密钥与明文相应位进行按位 XOR 运算，来对明文加密和解密。按需重复使用密钥，直到明文中的全部字节都转换完。例如，假设密钥为 "ABXmv#7"，则密钥与明文字节之间的对应如下图所示：

明文	T	h	i	s		i	s		a		P	l	a	i	n	t	e	x	t		m	e	s	s	a	g	e	（等等）
密钥	A	B	X	m	v	#	7	A	B	X	m	v	#	7	A	B	X	m	v	#	7	A	8	X	m	v	#	7

（重复密钥，直到其与明文等长……）

**9. PIN 验证

银行用个人专用识别码（Personal Identification Number，PIN）对每个客户进行唯一标识。假设银行将用户 5 位 PIN 中每一位的可接受数值都限定在指定范围内，下表给出了 PIN 中从左到右每一位数字的可接受取值范围。由此可见，PIN 52413 是有效的，而 PIN 43534 是无效的，因为第一个数字不在指定范围内。同样，由于最后一个数字，64532 也是无效的。

数字序号	范围
1	5～9
2	2～5
3	4～8
4	1～4
5	3～6

本题任务是创建过程 Validate_PIN：接收一个字节数组指针，该数组包含一个 5 位的 PIN 值；定义两个数组保存取值范围的最小值和最大值，并使用这些数值来验证传递给过程的 PIN 中的每一位数字。如有任何一位数字超出范围，则立刻用 EAX 寄存器返回该数字的位置（1～5）。如果整个 PIN 都是有效的，则用 EAX 返回 0。对该过程的多次调用之间，要保存其他所有寄存器的值。编写测试程序，使用有效和无效的字节数组，调用 Validate_PIN 至少四次。在调试器中运行测试程序，每次调用过程后，验证 EAX 中的返回值是否有效。另外，如果选择用本书的链接库，也可以在每次过程调用后在控制台上显示 "Valid" 或 "Invalid"。

****10. 奇偶性检查

数据传输系统和文件子系统通常依靠计算数据块的奇偶性（偶校验或奇校验）来进行错误检测。本题任务是创建一个过程，如果字节数组为偶校验，则 EAX 返回 True；如果是奇校验，则 EAX 返回 False。换句话说，如果计算整个数组中的所有位，则结果将为偶数或奇数。对该过程的多次调用之间，要保存其他所有寄存器的值。编写测试程序，调用该过程两次，每次都向其传递数组指针和数组长度。EAX 中的过程返回值应为 1（True）或 0（False）。测试数据，需创建两个至少包括 10 字节的数组，一个为偶校验，另一个为奇校验。

> **提示** 本章前面的内容展示了如何通过对字节序列反复使用 XOR 指令，来确定其奇偶性。因此，建议使用循环结构。但要注意的是，由于某些机器指令会影响奇偶标志位，而其他指令不会影响奇偶标志位（查看附录 B 中的所有指令就能发现这一点）。所以，循环结构中检查奇偶性的代码应小心保存和恢复奇偶标志位的状态，以避免程序代码无意间修改了该标志位。

第 7 章

整数运算

本章将介绍汇编语言最大的优势之一：基本的二进制移位和循环移位技术。实际上，位操作是计算机图形学、数据加密和硬件控制的固有部分。实现位操作的指令是功能强大的工具，但是高级语言只能实现其中的一部分，并且由于高级语言要求与平台无关，所以这些指令在一定程度上被弱化了。本章将展示一些对移位操作的应用，包括乘除法的优化。

并非所有的高级编程语言都支持任意长度整数的运算。但是汇编语言指令使得它能够加减几乎任何长度的整数。本章还将介绍执行压缩十进制整数和整数字符串运算的专用指令。

7.1 移位和循环移位指令

移位指令与第 6 章介绍的按位操作指令一起形成了汇编语言最显著的特点之一。位移动（bit shifting）意味着在操作数内向左或向右移动。x86 处理器在这方面提供了相当丰富的指令集（表 7-1），这些指令都会影响溢出标志位和进位标志位。

表 7-1 移位和循环移位指令

SHL	左移	ROR	循环右移
SHR	右移	RCL	带进位的循环左移
SAL	算术左移	RCR	带进位的循环右移
SAR	算术右移	SHLD	双精度左移
ROL	循环左移	SHRD	双精度右移

7.1.1 逻辑移位和算术移位

移动操作数的位有两种方法。第一种是逻辑移位（logic shift），空出来的位用 0 填充。如下图所示，一个字节的数据向右移动一位。也就是说，每一位都被移动到其旁边的低位上。注意，位 7 被填充为 0：

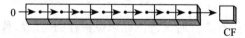

下图所示为二进制数 1100 1111 逻辑右移一位，得到 0110 0111。最低位移入进位标志位：

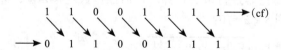

另一种移位的方法是算术移位（arithmetic shift），空出来的位用原数据的符号位填充：

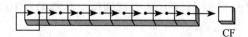

例如，二进制数 1100 1111，符号位为 1。算术右移一位后，得到 1110 0111：

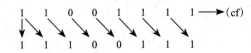

7.1.2 SHL 指令

SHL（左移）指令使目的操作数逻辑左移一位，最低位用 0 填充。最高位移入进位标志位，而进位标志位中原来的数值被丢弃：

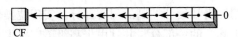

若将 1100 1111 左移 1 位，该数就变为 1001 1110：

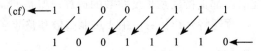

SHL 的第一个操作数是目的操作数，第二个操作数是移位次数：

```
SHL destination,count
```

该指令可用的操作数类型如下所示：

```
SHL reg,imm8
SHL mem,imm8
SHL reg,CL
SHL mem,CL
```

x86 处理器允许 imm8 为 0 ～ 255 中的任何整数。另外，CL 寄存器包含的是移位计数。上述格式同样适用于 SHR、SAL、SAR、ROR、ROL、RCR 和 RCL 指令。

示例 下列指令中，BL 左移一位。最高位复制到进位标志位，最低位填充 0：

```
mov bl,8Fh              ; BL = 10001111b
shl bl,1                ; CF = 1, BL = 00011110b
```

当一个数多次进行左移时，进位标志位保存的是最后移出最高有效位（MSB）的数值。下例中，位 7 没有留在进位标志位中，因为，它被位 6（0）替换了：

```
mov al,10000000b
shl al,2                ; CF = 0, AL = 00000000b
```

同样，当一个数多次进行右移时，进位标志位保存的是最后移出最低有效位（LSB）的数值。

位元乘法 数值进行左移（向 MSB 移动）即执行了位元乘法（Bitwise Multiplication）。例如，SHL 可以通过 2 的幂进行乘法运算。任何操作数左移 n 位，即将该数乘以 2^n。现将整数 5 左移一位则得到 $5 \times 2^1 = 10$：

```
mov dl,5    ;移动前：   0 0 0 0 0 1 0 1  =5
shl dl,1    ;移动后：   0 0 0 0 1 0 1 0  =10
```

若二进制数 0000 1010（十进制数 10）左移两位，其结果与 10 乘以 2^2 相同：

```
mov dl,10   ;移动前：   00001010
shl dl,2    ;移动后：   00101000
```

7.1.3 SHR 指令

SHR（右移）指令使目的操作数逻辑右移一位，最高位用 0 填充。最低位复制到进位标志位，而进位标志位中原来的数值被丢弃：

SHR 与 SHL 的指令格式相同。在下面的例子中，AL 中的最低位 0 被复制到进位标志位，而 AL 中的最高位用 0 填充：

```
mov al,0D0h         ; AL = 11010000b
shr al,1            ; AL = 01101000b, CF = 0
```

在多位移操作中，最后一个移出位 0（LSB）的数值进入进位标志位：

```
mov al,00000010b
shr al,2            ; AL = 00000000b, CF = 1
```

位元除法　数值进行右移（向 LSB 移动）即执行了位元除法（Bitwise Division）。将一个无符号数右移 n 位，即将该数除以 2^n。下述语句将 32 除以 2^1，结果为 16：

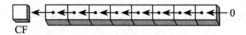

下例实现的是 64 除以 2^3：

```
mov al,01000000b    ; AL = 64
shr al,3            ; 除以 8,    AL = 00001000b
```

用移位的方法实现有符号数除法可以使用 SAR 指令，因为该指令会保留操作数的符号位。

7.1.4 SAL 和 SAR 指令

SAL（算术左移）指令的操作与 SHL 指令一样。每次移动时，SAL 都将目的操作数中的每一位移动到下一个最高位上。最低位用 0 填充；最高位移入进位标志位，该标志位原来的值被丢弃：

如，二进制数 1100 1111 算术左移一位，得到 1001 1110：

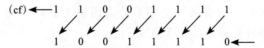

SAR（算术右移）指令将目的操作数进行算术右移：

SAL 与 SAR 指令的操作数类型与 SHL 和 SHR 指令完全相同。移位可以重复执行，其次数由第二个操作数给出的计数器决定：

```
SAR destination,count
```

下面的例子展示了 SAR 是如何复制符号位的。执行指令前 AL 的符号位为负，执行指令后该位移动到右边的位上：

```
mov al,0F0h              ; AL = 11110000b (-16)
sar al,1                 ; AL = 11111000b (-8), CF = 0
```

有符号数除法 使用 SAR 指令，就可以将有符号操作数除以 2 的幂。下例执行的是 -128 除以 2^3，商为 -16：

```
mov dl,-128              ; DL = 10000000b
sar dl,3                 ; DL = 11110000b
```

AX 符号扩展到 EAX 设 AX 中为有符号数，现将其符号位扩展到 EAX。首先把 EAX 左移 16 位，再将其算术右移 16 位：

```
mov ax,-128              ; EAX = ????FF80h
shl eax,16               ; EAX = FF800000h
sar eax,16               ; EAX = FFFFFF80h
```

7.1.5 ROL 指令

以循环方式来移位即为位元循环（Bitwise Rotation）。一些操作中，从数的一端移出的位立即复制到该数的另一端。还有一种类型则是把进位标志位当作移动位的中间点。

ROL（循环左移）指令把所有位都向左移。最高位复制到进位标志位和最低位。该指令格式与 SHL 指令相同：

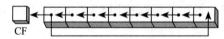

位循环不会丢弃位。从数的一端循环出去的位会出现在该数的另一端。在下例中，请注意最高位是如何复制到进位标志位和位 0 的：

```
mov al,40h               ; AL = 01000000b
rol al,1                 ; AL = 10000000b, CF = 0
rol al,1                 ; AL = 00000001b, CF = 1
rol al,1                 ; AL = 00000010b, CF = 0
```

循环多次 当循环计数值大于 1 时，进位标志位保存的是最后循环移出 MSB 的位：

```
mov al,00100000b
rol al,3                 ; CF = 1, AL = 00000001b
```

位组交换 利用 ROL 可以交换一个字节的高四位（位 4～7）和低四位（位 0～3）。例如，26h 向任何方向循环移动 4 位就变为 62h：

```
mov al,26h
rol al,4                 ; AL = 62h
```

当多字节整数以四位为单位进行循环移位时，其效果相当于一次向右或向左移动一个十六进制位。例如，将 6A4Bh 反复循环左移四位，最后就会回到初始值：

```
mov ax,6A4Bh
rol ax,4                 ; AX = A4B6h
rol ax,4                 ; AX = 4B6Ah
```

```
rol  ax,4                ; AX = B6A4h
rol  ax,4                ; AX = 6A4Bh
```

7.1.6 ROR 指令

ROR（循环右移）指令把所有位都向右移，最低位复制到进位标志位和最高位。该指令格式与 SHL 指令相同：

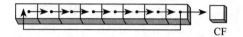

在下例中，请注意最低位是如何复制到进位标志位和结果的最高位的：

```
mov  al,01h              ; AL = 00000001b
ror  al,1                ; AL = 10000000b, CF = 1
ror  al,1                ; AL = 01000000b, CF = 0
```

循环多次　当循环计数值大于 1 时，进位标志位保存的是最后循环移出 LSB 的位：

```
mov  al,00000100b
ror  al,3                ; AL = 10000000b, CF = 1
```

7.1.7 RCL 和 RCR 指令

RCL（带进位循环左移）指令把每一位都向左移，进位标志位复制到 LSB，而 MSB 复制到进位标志位：

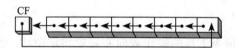

如果把进位标志位当作操作数最高位的附加位，那么 RCL 就成了循环左移操作。下面的例子中，CLC 指令清除进位标志位。第一条 RCL 指令将 BL 最高位移入进位标志位，其他位都向左移一位。第二条 RCL 指令将进位标志位移入最低位，其他位都向左移一位：

```
clc                      ; CF = 0
mov  bl,88h              ; CF,BL = 0 10001000b
rcl  bl,1                ; CF,BL = 1 00010000b
rcl  bl,1                ; CF,BL = 0 00100001b
```

从进位标志位恢复位　RCL 可以恢复之前移入进位标志位的位。下面的例子把 testval 的最低位移入进位标志位，并对其进行检查。如果 testval 的最低位为 1，则程序跳转；如果最低位为 0，则用 RCL 将该数恢复为初始值：

```
.data
testval BYTE  01101010b
.code
shr  testval,1   ; 将 LSB 移入进位标志位
jc   exit        ; 如果该标志位置 1，则退出
rcl  testval,1   ; 否则恢复该数原值
```

RCR 指令　RCR（带进位循环右移）指令把每一位都向右移，进位标志位复制到 MSB，而 LSB 复制到进位标志位：

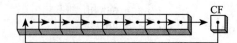

从上图来看，RCL 指令将该整数转化成了一个 9 位值，进位标志位位于 LSB 的右边。

下面的示例代码用 STC 将进位标志位置 1，然后，对 AH 寄存器执行一次带进位循环右移操作：

```
stc                         ; CF = 1
mov ah,10h                  ; AH, CF = 00010000 1
rcr ah,1                    ; AH, CF = 10001000 0
```

7.1.8 有符号数溢出

如果有符号数循环移动一位生成的结果超过了目的操作数的有符号数范围，则溢出标志位置 1。换句话说，即该数的符号位取反。下例中，8 位寄存器中的正数（+127）循环左移后变为负数（-2）：

```
mov al,+127                 ; AL = 01111111b
rol al,1                    ; OF = 1, AL = 11111110b
```

同样，-128 向右移动一位，溢出标志位置 1。AL 中的结果（+64）符号位与原数相反：

```
mov al,-128                 ; AL = 10000000b
shr al,1                    ; OF = 1, AL = 01000000b
```

如果循环移动次数大于 1，则溢出标志位无定义。

7.1.9 SHLD/SHRD 指令

SHLD（双精度左移）指令将目的操作数向左移动指定位数。移动形成的空位由源操作数的高位填充。源操作数不变，但是符号标志位、零标志位、辅助进位标志位、奇偶标志位和进位标志位会受影响：

```
SHLD dest, source, count
```

下图展示的是 SHLD 执行移动一位的过程。源操作数的最高位复制到目的操作数的最低位上。目的操作数的所有位都向左移动：

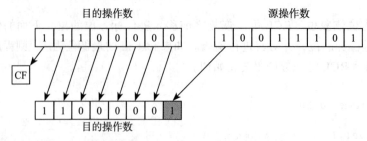

SHRD（双精度右移）指令将目的操作数向右移动指定位数。移动形成的空位由源操作数的低位填充：

```
SHRD dest, source, count
```

下图展示的是 SHRD 执行移动一位的过程：

整数运算

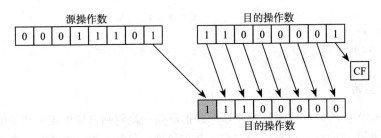

下面的指令格式既可以应用于 SHLD 也可以应用于 SHRD。目标操作数可以是寄存器或内存操作数；源操作数必须是寄存器；移位次数可以是 CL 寄存器或者 8 位立即数：

```
SHLD  reg16,reg16,CL/imm8
SHLD  mem16,reg16,CL/imm8
SHLD  reg32,reg32,CL/imm8
SHLD  mem32,reg32,CL/imm8
```

示例 1   下述语句将 wval 左移 4 位，并把 AX 的高 4 位插入 wval 的低 4 位：

```
.data
wval WORD 9BA6h
.code
mov   ax,0AC36h
shld  wval,ax,4           ; wval = BA6Ah
```

数据移动过程如下图所示：

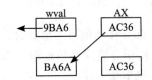

示例 2   下例中，AX 右移 4 位，DX 的低 4 位移入 AX 的高 4 位：

```
mov   ax,234Bh
mov   dx,7654h
shrd  ax,dx,4
```

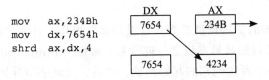

为了在屏幕上重定位图像而必须将位元组左右移动时，可以用 SHLD 和 SHRD 来处理位映射图像。另一种可能的应用是数据加密，如果加密算法中包含位的移动的话。最后，对于很长的整数来说，这两条指令还可以用于快速执行其乘除法。

下面的代码示例展示了用 SHRD 如何将一个双字数组右移 4 位：

```
.data
array DWORD 648B2165h,8C943A29h,6DFA4B86h,91F76C04h,8BAF9857h

.code
      mov   bl,4                          ;移位次数
      mov   esi,OFFSET array              ;数组的偏移量
      mov   ecx,(LENGTHOF array) - 1      ;数组元素个数
L1:   push  ecx                           ;保存循环计数
      mov   eax,[esi + TYPE DWORD]
      mov   cl,bl                         ;移动次数
      shrd  [esi],eax,cl                  ;EAX 移入 [ESI] 的高位

      add   esi,TYPE DWORD                ;指向下一对双字
```

```
        pop   ecx                    ;恢复循环计数
        loop  L1
        shr DWORD PTR [esi],4        ;最后一个双字进行移位
```

7.1.10 本节回顾

1. 哪条指令将操作数的每一位都进行左移,并把最高位复制到进位标志位和最低位?
2. 哪条指令将操作数的每一位都进行右移,并把最低位复制到进位标志位,而进位标志位复制到最高位?
3. 哪条指令执行如下操作(CF 为进位标志位)?

    执行前: CF,AL = 1 11010101
    执行后: CF,AL = 1 10101011

4. 执行指令 SHR AX,1 时,进位标志位发生了怎样的变化?
5. 挑战:编写一组指令,不使用 SHRD 指令,将 AX 的最低位移入 BX 的最高位。然后,使用 SHRD 指令实现相同的操作。
6. 挑战:计算 EAX 中 32 位数奇偶性的方法之一是利用循环把该数的每一位都移入进位标志位,然后计算进位标志位置 1 的次数。编写代码实现上述功能,并根据结果设置奇偶标志位。

7.2 移位和循环移位的应用

当程序需要将一个数的位从一部分移动到另一部分时,汇编语言是非常合适的工具。有时,把数的位子集移动到位 0,便于分离这些位的值。本节将展示一些易于实现的常见移位和循环移位的应用。更多应用参见本章习题。

7.2.1 多个双字的移位

对于已经被分割为字节、字或双字数组的扩展精度整数可以进行移位操作。在此之前,必须知道该数组元素是如何存放的。保存整数的常见方法之一被称为小端顺序(little-endian order)。其工作方式如下:将数组的最低字节存放到它的起始地址,然后,从该字节开始依序把高字节存放到下一个顺序的内存地址中。除了可以将数组作为字节序列存放外,还可以将其作为字序列和双字序列存放。如果是后两种形式,则字节和字节之间仍然是小端顺序,因为 x86 机器是按照小端顺序存放字和双字的。

下面的步骤说明了怎样将一个字节数组右移一位。

步骤 1:把位于 [ESI+2] 的最高字节右移一位,其最低位自动复制到进位标志位。

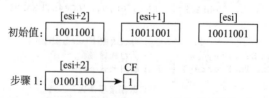

步骤 2:把 [ESI+1] 循环右移一位,即用进位标志位填充最高位,而将最低位移入进位标志位:

整数运算

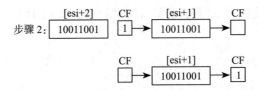

步骤 3：把 [ESI] 循环右移一位，即用进位标志位填充最高位，而将最低位移入进位标志位：

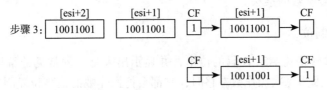

步骤 3 完成后，所有的位都向右移动了一位：

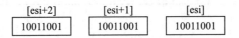

下面的代码节选自 Multishift.asm 程序，实现的是上述 3 个步骤：

```
.data
ArraySize = 3
array BYTE ArraySize DUP(99h)   ;每个半字节的值都是 1001
.code
main PROC
    mov esi,0
    shr array[esi+2],1           ;高字节
    rcr array[esi+1],1           ;中间字节，包括进位标志位
    rcr array[esi],1             ;低字节，包括进位标志位
```

虽然这个例子只有 3 个字节进行了移位，但是它能很容易被修改成执行字数组或双字数组的移位操作。利用循环，可以对任意大小的数组进行移位操作。

7.2.2 二进制乘法

有时程序员会压榨出任何可以获得的性能优势，他们会使用移位而非 MUL 指令来实现整数乘法。当乘数是 2 的幂时，SHL 指令执行的是无符号数乘法。一个无符号数左移 n 位就是将其乘以 2^n。其他任何乘数都可以表示为 2 的幂之和。例如，若将 EAX 中的无符号数乘以 36，则可以将 36 写为 2^5+2^2，再使用乘法分配律：

```
EAX * 36 = EAX * (2^5 + 2^2)
         = EAX * (32 + 4)
         = (EAX * 32) + (EAX * 4)
```

下图展示了乘法 123*36 得到结果 4428 的过程：

```
           01111011      123
       ×   00100100       36
           01111011      123 SHL2
       +  01111011       123 SHL5
       0001000101001100  4428
```

请注意这里有个有趣的现象，乘数（36）的位 2 和位 5 都为 1，而整数 2 和 5 又是需要

移位的次数。利用这个现象,下面的代码片段使用 SHL 和 ADD 指令实现了 123 乘以 36:

```
mov  eax,123
mov  ebx,eax
shl  eax,5      ;乘以 2⁵
shl  ebx,2      ;乘以 2²
add  eax,ebx    ;乘积相加
```

作为本章的编程练习,要求读者把上例一般化,并编写一个过程,用移位和加法计算任意两个 32 位无符号整数的乘法。

7.2.3 显示二进制位

将二进制整数转换为 ASCII 码的位串,并显示出来是一种常见的编程任务。SHL 指令适用于这个要求,因为每次操作数左移时,它都会把操作数的最高位复制到进位标志位。下面的 BinToAsc 过程是该功能一个简单的实现:

```
;----------------------------------------------------------
BinToAsc PROC
;
;将 32 位二进制整数转换为 ASCII 码的二进制形式。
;接收:EAX= 二进制整数,ESI 为缓冲区指针
;返回:包含 ASCII 码二进制数字的缓冲区
;----------------------------------------------------------
    push ecx
    push esi
    mov  ecx,32              ; EAX 中的位数
L1: shl  eax,1               ;最高位移入进位标志位
    mov  BYTE PTR [esi],'0'  ;选择 0 作为默认数字
    jnc  L2                  ;如果进位标志位为 0,则跳转到 L2
    mov  BYTE PTR [esi],'1'  ;否则将 1 送入缓冲区
L2: inc  esi                 ;指向下一个缓冲区位置
    loop L1                  ;下一位进行左移
    pop  esi
    pop  ecx
    ret
BinToAsc ENDP
```

7.2.4 提取文件日期字段

当存储空间非常宝贵的时候,系统软件常常将多个数据字段打包为一个整数。要获得这些数据,应用程序就需要提取被称为位串(bit string)的位序列。例如,在实地址模式下,MS-DOS 函数 57h 用 DX 返回文件的日期戳。(日期戳显示的是该文件最后被修改的日期。)其中,位 0 ~ 位 4 表示的是 1 ~ 31 内的日期;位 5 ~ 位 8 表示的是月份;位 9 ~ 位 15 表示的是年份。如果一个文件最后被修改的日期是 1999 年 3 月 10 日,则 DX 寄存器中该文件的日期戳就如下图所示(年份以 1980 为基点):

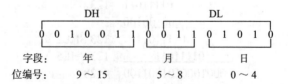

要提取一个位串,就把这些位移到寄存器的低位部分,再清除掉其他无关的位。下面的

代码示例从一个日期戳中提取日期字段，方法是：复制 DL，然后屏蔽与该字段无关的位：

```
mov  al,dl          ;复制 DL
and  al,00011111b   ;清除位 5～位 7
mov  day,al         ;结果存入变量 day
```

要提取月份字段，就把位 5～位 8 移到 AL 的低位部分，再清除其他无关位，最后把 AL 复制到变量中：

```
mov  ax,dx          ;复制 DX
shr  ax,5           ;右移 5 位
and  al,00001111b   ;清除位 4～位 7
mov  month,al       ;结果存入变量 month
```

年份字段（位 9～位 15）完全包含在 DH 寄存器中，将其复制到 AL，再右移 1 位：

```
mov  al,dh          ;复制 DH
shr  al,1           ;右移 1 位
mov  ah,0           ;将 AH 清零
add  ax,1980        ;年份基点为 1980
mov  year,ax        ;结果存入变量 year
```

7.2.5 本节回顾

1. 编写汇编语言指令，用二进制乘法计算 EAX∗24。
2. 编写汇编语言指令，用二进制乘法计算 EAX∗21。提示：$21=2^4+2^2+2^0$。
3. 若用 7.2.3 节的 BinToAsc 过程反向显示二进制位，应怎样修改该过程？
4. 文件目录项的时间戳字段结构为：位 0～位 4 为秒，位 5～位 10 为分钟，位 11～位 15 为小时。编写指令序列，提取分钟字段，并将值复制到字节变量 bMinutes 中。

7.3 乘法和除法指令

32 位模式下，整数乘法可以实现 32 位、16 位或 8 位的操作。64 位模式下，还可以使用 64 位操作数。MUL 和 IMUL 指令分别执行无符号数和有符号数乘法。DIV 指令执行无符号数除法，IDIV 指令执行有符号数除法。

7.3.1 MUL 指令

32 位模式下，MUL（无符号数乘法）指令有三种类型：第一种执行 8 位操作数与 AL 寄存器的乘法；第二种执行 16 位操作数与 AX 寄存器的乘法；第三种执行 32 位操作数与 EAX 寄存器的乘法。乘数和被乘数的大小必须保持一致，乘积的大小则是它们的一倍。这三种类型都可以使用寄存器和内存操作数，但不能使用立即数：

```
MUL  reg/mem8
MUL  reg/mem16
MUL  reg/mem32
```

MUL 指令中的单操作数是乘数。表 7-2 按照乘数的大小，列出了默认的被乘数和乘积。由于目的操作数是被乘数和乘数大小的两倍，因此不会发生溢出。如果乘积的高半部分不为零，则 MUL 会把进位标志位和溢出标志位置 1。因为进位标志位常常用于无符号数的算术运算，在

表 7-2 MUL 操作数

被乘数	乘数	乘积
AL	reg/mem8	AX
AX	reg/mem16	DX:AX
EAX	reg/mem32	EDX:EAX

此我们也主要说明这种情况。例如，当 AX 乘以一个 16 位操作数时，乘积存放在 DX 和 AX 寄存器对中。其中，乘积的高 16 位存放在 DX，低 16 位存放在 AX。如果 DX 不等于零，则进位标志位置 1，这就意味着隐含的目的操作数的低半部分容纳不了整个乘积。

> 有个很好的理由要求在执行 MUL 后检查进位标志位，即，确认忽略乘积的高半部分是否安全。

1. MUL 示例

下述语句实现 AL 乘以 BL，乘积存放在 AX 中。由于 AH（乘积的高半部分）等于零，因此进位标志位被清除（CF=0）：

```
mov al,5h
mov bl,10h
mul bl                      ; AX = 0050h, CF = 0
```

下图展示了寄存器内容的变化：

```
 AL       BL       AX    CF
[05]  ×  [10]  →  [0050] [0]
```

下述语句实现 16 位值 2000h 乘以 0100h。由于乘积的高半部分（存放于 DX）不等于零，因此进位标志位被置 1：

```
.data
val1 WORD 2000h
val2 WORD 0100h
.code
mov ax,val1                 ; AX = 2000h
mul val2                    ; DX:AX = 00200000h, CF = 1
```

```
 AX       BX       DX   AX   CF
[2000] × [0100] → [0020][0020] [1]
```

下述语句实现 12345h 乘以 1000h，产生的 64 位乘积存放在 EDX 和 EAX 寄存器对中。EDX 中存放的乘积高半部分为零，因此进位标志位被清除：

```
mov eax,12345h
mov ebx,1000h
mul ebx                     ; EDX:EAX = 0000000012345000h, CF = 0
```

下图展示了寄存器内容的变化：

```
   EAX          EBX           EDX       EAX     CF
[00012345] × [00001000] → [00000000][12345000] [0]
```

2. 在 64 位模式下使用 MUL

64 位模式下，MUL 指令可以使用 64 位操作数。一个 64 位寄存器或内存操作数与 RAX 相乘，产生的 128 位乘积存放到 RDX：RAX 寄存器中。下例中，RAX 乘以 2，就是将 RAX 中的每一位都左移一位。RAX 的最高位溢出到 RDX 寄存器，使得 RDX 的值为 0000 0000 0000 0001h：

```
mov rax,0FFFF0000FFFF0000h
mov rbx,2
mul rbx                     ; RDX:RAX = 00000000000000001FFFE0001FFFE0000
```

下面的例子中，RAX 乘以一个 64 位内存操作数。该寄存器的值乘以 16，因此，其中的每个十六进制数字都左移一位（一次移动 4 个二进制位就相当于乘以 16）。

```
.data
multiplier QWORD 10h
.code
mov rax,0AABBBBCCCCDDDDh
mul multiplier              ; RDX:RAX = 00000000000000000AABBBBCCCCDDDD0h
```

7.3.2 IMUL 指令

IMUL（有符号数乘法）指令执行有符号整数乘法。与 MUL 指令不同，IMUL 会保留乘积的符号，实现的方法是，将乘积低半部分的最高位符号扩展到高半部分。x86 指令集支持三种格式的 IMUL 指令：单操作数、双操作数和三操作数。单操作数格式中，乘数和被乘数大小相同，而乘积的大小是它们的两倍。

单操作数格式　单操作数格式将乘积存放在 AX、DX：AX 或 EDX：EAX 中：

```
IMUL   reg/mem8                 ; AX = AL * reg/mem8
IMUL   reg/mem16                ; DX:AX = AX * reg/mem16
IMUL   reg/mem32                ; EDX:EAX = EAX * reg/mem32
```

和 MUL 指令一样，其乘积的存储大小使得溢出不会发生。同时，如果乘积的高半部分不是其低半部分的符号扩展，则进位标志位和溢出标志位置 1。利用这个特点可以决定是否忽略乘积的高半部分。

双操作数格式（32 位模式）　32 位模式中的双操作数 IMUL 指令把乘积存放在第一个操作数中，这个操作数必须是寄存器。第二个操作数（乘数）可以是寄存器、内存操作数和立即数。16 位格式如下所示：

```
IMUL   reg16,reg/mem16
IMUL   reg16,imm8
IMUL   reg16,imm16
```

32 位操作数类型如下所示，乘数可以是 32 位寄存器、32 位内存操作数或立即数（8 位或 32 位）：

```
IMUL   reg32,reg/mem32
IMUL   reg32,imm8
IMUL   reg32,imm32
```

双操作数格式会按照目的操作数的大小来截取乘积。如果被丢弃的是有效位，则溢出标志位和进位标志位置 1。因此，在执行了有两个操作数的 IMUL 操作后，必须检查这些标志位中的一个。

三操作数格式　32 位模式下的三操作数格式将乘积保存在第一个操作数中。第二个操作数可以是 16 位寄存器或内存操作数，它与第三个操作数相乘，该操作数是一个 8 位或 16 位立即数：

```
IMUL   reg16,reg/mem16,imm8
IMUL   reg16,reg/mem16,imm16
```

而 32 位寄存器或内存操作数可以与 8 位或 32 位立即数相乘：

```
IMUL   reg32,reg/mem32,imm8
IMUL   reg32,reg/mem32,imm32
```

IMUL 执行时，若乘积有效位被丢弃，则溢出标志位和进位标志位置 1。因此，在执行了有三个操作数的 IMUL 操作后，必须检查这些标志位中的一个。

1. 在 64 位模式下执行 IMUL

在 64 位模式下，IMUL 指令可以使用 64 位操作数。在单操作数格式中，64 位寄存器或内存操作数与 RAX 相乘，产生一个 128 位且符号扩展的乘积存放到 RDX : RAX 寄存器中。在下面的例子中，RBX 与 RAX 相乘，产生 128 位的乘积 −16。

```
mov     rax,-4
mov     rbx,4
imul    rbx                 ; RDX = 0FFFFFFFFFFFFFFFFh, RAX = -16
```

也就是说，十进制数 −16 在 RAX 中表示为十六进制 FFFF FFFF FFF0，而 RDX 只包含了 RAX 的高位扩展，即它的符号位。

三操作数格式也可以用于 64 位模式。如下例所示，被乘数（−16）乘以 4，生成 RAX 中的乘积 −64：

```
.data
multiplicand QWORD -16
.code
imul rax, multiplicand, 4            ; RAX = FFFFFFFFFFFFFFC0 (-64)
```

无符号乘法 由于有符号数和无符号数乘积的低半部分是相同的，因此双操作数和三操作数的 IMUL 指令也可以用于无符号乘法。但是这种做法也有一点不便的地方：进位标志位和溢出标志位将无法表示乘积的高半部分是否为零。

2. IMUL 示例

下述指令执行 48 乘以 4，乘积 +192 保存在 AX 中。虽然乘积是正确的，但是 AH 不是 AL 的符号扩展，因此溢出标志位置 1：

```
mov     al,48
mov     bl,4
imul    bl                  ; AX = 00C0h, OF = 1
```

下述指令执行 −4 乘以 4，乘积 −16 保存在 AX 中。AH 是 AL 的符号扩展，因此溢出标志位清零：

```
mov     al,-4
mov     bl,4
imul    bl                  ; AX = FFF0h, OF = 0
```

下述指令执行 48 乘以 4，乘积 +192 保存在 DX : AX 中。DX 是 AX 的符号扩展，因此溢出标志位清零：

```
mov     ax,48
mov     bx,4
imul    bx                  ; DX:AX = 000000C0h, OF = 0
```

下述指令执行 32 位有符号乘法（4 823 424 ∗ −423），乘积 −2 040 308 352 保存在 EDX : EAX 中。溢出标志位清零，因为 EDX 是 EAX 的符号扩展：

```
mov     eax,+4823424
mov     ebx,-423
imul    ebx                 ; EDX:EAX = FFFFFFFF86635D80h, OF = 0
```

下述指令展示了双操作数格式：

```
.data
word1   SWORD  4
dword1  SDWORD 4
.code
mov   ax,-16                    ; AX = -16
mov   bx,2                      ; BX = 2
imul  bx,ax                     ; BX = -32
imul  bx,2                      ; BX = -64
imul  bx,word1                  ; BX = -256
mov   eax,-16                   ; EAX = -16
mov   ebx,2                     ; EBX = 2
imul  ebx,eax                   ; EBX = -32
imul  ebx,2                     ; EBX = -64
imul  ebx,dword1                ; EBX = -256
```

双操作数和三操作数 IMUL 指令的目的操作数大小与乘数大小相同。因此，有可能发生有符号溢出。执行这些类型的 IMUL 指令后，总要检查溢出标志位。下面的双操作数指令展示了有符号溢出，因为 –64 000 不适合 16 位目的操作数：

```
mov   ax,-32000
imul  ax,2                      ; OF = 1
```

下面的指令展示的是三操作数格式，包括了有符号溢出的例子：

```
.data
word1   SWORD  4
dword1  SDWORD 4
.code
imul  bx,word1,-16              ; BX = word1 * -16
imul  ebx,dword1,-16            ; EBX = dword1 * -16
imul  ebx,dword1,-2000000000    ;有符号溢出！
```

7.3.3 测量程序执行时间

通常，程序员发现用测量执行时间的方法来比较一段代码与另一段代码执行的性能是很有用的。Microsoft Windows API 为此提供了必要的工具，Irvine32 库中的 GetMseconds 过程可使其变得更加方便使用。该过程获取系统自午夜过后经过的毫秒数。在下面的代码示例中，首先调用 GetMseconds，这样就可以记录系统开始时间。然后调用想要测量其执行时间的过程（FirstProcedureToTest）。最后，再次调用 GetMseconds，计算开始时间和当前毫秒数的差值：

```
.data
startTime DWORD ?
procTime1 DWORD ?
procTime2 DWORD ?
.code
call GetMseconds               ;获得开始时间
mov  startTime,eax
.
call FirstProcedureToTest
.
call GetMseconds               ;获得结束时间
sub  eax,startTime             ;计算执行花费的时间
mov  procTime1,eax             ;保存执行花费的时间
```

当然，两次调用 GetMseconds 会消耗一点执行时间。但是在衡量两个代码实现的性能时间之比时，这点开销是微不足道的。现在，调用另一个被测试的过程，并保存其执行时间

(procTime2)：

```
    call  GetMseconds              ;获得开始时间
    mov   startTime,eax
    .
    call  SecondProcedureToTest
    .
    call  GetMseconds              ;获得结束时间
    sub   eax,startTime            ;计算执行花费的时间
    mov   procTime2,eax            ;保存执行花费的时间
```

则 procTime1 和 procTime2 的比值就可以表示这两个过程的相对性能。

MUL、IMUL 与移位的比较

对老的 x86 处理器来说，用移位操作实现乘法和用 MUL、IMUL 指令实现乘法之间有着明显的性能差异。可以用 GetMseconds 过程比较这两种类型乘法的执行时间。下面的两个过程重复执行乘法，用常量 LOOP_COUNT 决定重复的次数：

```
mult_by_shifting PROC
;
;用 SHL 执行 EAX 乘以 36，执行次数为 LOOP_COUNT
;
    mov   ecx,LOOP_COUNT
L1: push  eax              ;保存原始 EAX
    mov   ebx,eax
    shl   eax,5
    shl   ebx,2
    add   eax,ebx
    pop   eax              ;恢复 EAX
    loop  L1
    ret
mult_by_shifting ENDP

mult_by_MUL PROC
;
;用 MUL 执行 EAX 乘以 36，执行次数为 LOOP_COUNT
;
    mov   ecx,LOOP_COUNT
L1: push  eax              ;保存原始 EAX
    mov   ebx,36
    mul   ebx
    pop   eax              ;恢复 EAX
    loop  L1
    ret
mult_by_MUL ENDP
```

下述代码调用 multi_by_shifting，并显示计时结果。完整的代码实现参见本书第 7 章的 CompareMult.asm 程序：

```
    .data
LOOP_COUNT = 0FFFFFFFFh
    .data
intval   DWORD 5
startTime DWORD ?
    .code
    call  GetMseconds             ;获取开始时间
    mov   startTime,eax
    mov   eax,intval              ;开始乘法
    call  mult_by_shifting
    call  GetMseconds             ;获取结束时间
```

```
        sub     eax,startTime
        call    WriteDec                ;显示乘法执行花费的时间
```

用同样的方法调用 mult_by_MUL, 在传统的 4GHz 奔腾 4 处理器上运行的结果为：SHL 方法执行时间是 6.078 秒, MUL 方法执行时间是 20.718 秒。也就是说, 使用 MUL 指令速度会慢 2.41 倍。但是, 在近期的处理器上运行同样的程序, 调用两个函数的时间是完全一样的。这个例子说明, Intel 在近期的处理器上已经设法大大地优化了 MUL 和 IMUL 指令。

7.3.4　DIV 指令

32 位模式下, DIV (无符号除法) 指令执行 8 位、16 位和 32 位无符号数除法。其中, 单寄存器或内存操作数是除数。格式如下：

```
DIV    reg/mem8
DIV    reg/mem16
DIV    reg/mem32
```

下表给出了被除数、除数、商和余数之间的关系：

被除数	除数	商	余数
AX	reg/mem8	AL	AH
DX:AX	reg/mem16	AX	DX
EDX:EAX	reg/mem32	EAX	EDX

64 位模式下, DIV 指令用 RDX：RAX 作被除数, 用 64 位寄存器和内存操作数作除数, 商存放到 RAX, 余数存放在 RDX 中。

DIV 示例

下述指令执行 8 位无符号除法 (83h/2), 生成的商为 41h, 余数为 1：

```
        mov     ax,0083h                ;被除数
        mov     bl,2                    ;除数
        div     bl                      ; AL = 41h,  AH = 01h
```

下图展示了寄存器内容的变化：

```
     AX        BL        AL       AH
   ┌────┐    ┌──┐      ┌──┐     ┌──┐
   │0083│ /  │02│  →   │41│     │01│
   └────┘    └──┘      └──┘     └──┘
                        商       余数
```

下述指令执行 16 位无符号除法 (8003h/100h), 生成的商为 80h, 余数为 3。DX 包含的是被除数的高位部分, 因此在执行 DIV 指令之前, 必须将其清零：

```
        mov     dx,0                    ;清除被除数高 16 位
        mov     ax,8003h                ;被除数的低 16 位
        mov     cx,100h                 ;除数
        div     cx                      ; AX = 0080h,  DX = 0003h
```

下图展示了寄存器内容的变化：

```
     DX   AX       CX        AX        DX
   ┌────┬────┐   ┌────┐    ┌────┐    ┌────┐
   │0000│8003│ / │0100│ →  │0080│    │0003│
   └────┴────┘   └────┘    └────┘    └────┘
                             商       余数
```

下述指令执行 32 位无符号除法, 其除数为内存操作数：

```
.data
dividend QWORD 0000000800300020h
divisor  DWORD 00000100h
.code
mov edx,DWORD PTR dividend + 4   ; 高双字
mov eax,DWORD PTR dividend       ; 低双字
div divisor                      ; EAX = 08003000h, EDX = 00000020h
```

下图展示了寄存器内容的变化：

```
    EDX       EAX              除数              EAX       EDX
 00000008  00300020    /    00000100    →    08003000  00000020
                                                 商        余数
```

下面的 64 位除法生成的商（0108 0000 0000 3330h）在 RAX 中，余数（0000 0000 0000 0020h）在 RDX 中：

```
.data
dividend_hi  QWORD 0000000000000108h
dividend_lo  QWORD 0000000033300020h
divisor      QWORD 0000000000010000h
.code
mov rdx, dividend_hi
mov rax, dividend_lo
div divisor                      ; RAX = 0108000000003330
                                 ; RDX = 0000000000000020
```

请注意，由于被 64k 除，被除数中的每个十六进制数字是如何右移 4 位的。（若被 16 除，则每个数字只需右移一位。）

7.3.5 有符号数除法

有符号除法几乎与无符号除法相同，只有一个重要的区别：在执行除法之前，必须对被除数进行符号扩展。符号扩展是指将一个数的最高位复制到包含该数的变量或寄存器的所有高位中。为了说明为何有此必要，让我们先不这么做。下面的代码使用 MOV 把 -101 赋给 AX，即 DX : AX 的低半部分：

```
.data
wordVal SWORD -101      ; 009Bh
.code
mov  dx,0
mov  ax,wordVal         ; DX:AX = 0000009Bh   (+155)
mov  bx,2               ; BX 是除数
idiv bx                 ; DX:AX 除以 BX ( 有符号操作 )
```

可惜的是，DX : AX 中的 009Bh 并不等于 -101，它等于 +155。因此，除法产生的商为 +77，这不是所期望的结果。而解决该问题的正确方法是使用 CWD（字转双字）指令，在进行除法之前在 DX : AX 中对 AX 进行符号扩展：

```
.data
wordVal SWORD -101      ; 009Bh
.code
mov  dx,0
mov  ax,wordVal         ; DX:AX = 0000009Bh   (+155)
cwd                     ; DX:AX = FFFFFF9Bh   (-101)
mov  bx,2
idiv bx
```

整数运算

本书第 4 章与 MOVSX 指令一起介绍过符号扩展。x86 指令集有几种符号扩展指令。首先了解这些指令，然后再将其应用到有符号除法指令 IDIV 中。

1. 符号扩展指令 (CBW、CWD、CDQ)

Intel 提供了三种符号扩展指令：CBW、CWD 和 CDQ。CBW（字节转字）指令将 AL 的符号位扩展到 AH，保留了数据的符号。如下例所示，9Bh（AL 中）和 FF9Bh（AX 中）都等于十进制的 -101：

```
.data
byteVal SBYTE -101           ; 9Bh
.code
mov  al,byteVal              ; AL = 9Bh
cbw                          ; AX = FF9Bh
```

CWD（字转双字）指令将 AX 的符号位扩展到 DX：

```
.data
wordVal SWORD -101           ; FF9Bh
.code
mov  ax,wordVal              ; AX = FF9Bh
cwd                          ; DX:AX = FFFFFF9Bh
```

CDQ（双字转四字）指令将 EAX 的符号位扩展到 EDX：

```
.data
dwordVal SDWORD -101         ; FFFFFF9Bh
.code
mov  eax,dwordVal
cdq                          ; EDX:EAX = FFFFFFFFFFFFFF9Bh
```

2. IDIV 指令

IDIV（有符号除法）指令执行有符号整数除法，其操作数与 DIV 指令相同。执行 8 位除法之前，被除数（AX）必须完成符号扩展。余数的符号总是与被除数相同。

示例 1 下述指令实现 -48 除以 5。IDIV 执行后，AL 中的商为 -9，AH 中的余数为 -3：

```
.data
byteVal SBYTE -48            ;D0 十六进制
.code
mov  al,byteVal              ;被除数的低字节
cbw                          ;AL 扩展到 AH
mov  bl,+5                   ;除数
idiv bl                      ; AL = -9, AH = -3
```

下图展示了 AL 是如何通过 CBW 指令符号扩展为 AX 的：

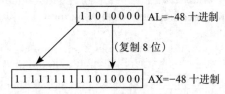

为了理解被除数的符号扩展为什么这么重要，现在在不进行符号扩展的前提下重复之前的例子。下面的代码将 AH 初始化为 0，这样它就有了确定值，然后没有用 CBW 指令转换被除数就直接进行了除法：

```
.data
byteVal SBYTE -48            ;D0 十六进制
```

```
.code
mov  ah,0              ;被除数高字节
mov  al,byteVal        ;被除数低字节
mov  bl,+5             ;除数
idiv bl                ; AL = 41, AH = 3
```

执行除法之前，AX=00D0h（十进制数 208）。IDIV 把这个数除以 5，生成的商为十进制数 41，余数为 3。这显然不是正确答案。

示例 2　16 位除法要求 AX 符号扩展到 DX。下例执行 -5000 除以 256：

```
.data
wordVal SWORD -5000
.code
mov  ax,wordVal    ;被除数的低字
cwd                ; AX 扩展到 DX
mov  bx,+256       ;除数
idiv bx            ;商 AX=-19, 余数 DX=-136
```

示例 3　32 位除法要求 EAX 符号扩展到 EDX。下例执行 50 000 除以 -256：

```
.data
dwordVal SDWORD +50000
.code
mov  eax,dwordVal  ;被除数的低双字
cdq                ; EAX 扩展到 EDX
mov  ebx,-256      ;除数
idiv ebx           ;商 EAX=-195, 余数 EDX=+80
```

> 执行 DIV 和 IDIV 后，所有算术运算状态标志位的值都不确定。

3. 除法溢出

如果除法操作数生成的商不适合目的操作数，则产生除法溢出（divide overflow）。这将导致处理器异常并暂停执行当前程序。例如，下面的指令就产生了除法溢出，因为它的商（100h）对 8 位的 AL 目标寄存器来说太大了：

```
mov ax,1000h
mov bl,10h
div bl          ; AL 无法容纳 100h
```

运行这段代码时，Visual Studio 就会产生如图 7-1 所示的结果错误对话框。如果试图运行除以零的代码，也会显示相同的对话框。

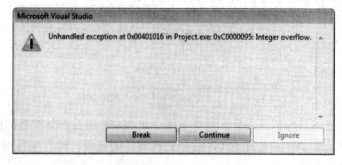

图 7-1　除法溢出错误示例

对此有个建议：使用 32 位除数和 64 位被除数来减少出现除法溢出条件的可能性。如下

面的代码所示，除数为 EBX，被除数在 EDX 和 EAX 组成的 64 位寄存器对中：

```
mov  eax,1000h
cdq
mov  ebx,10h
div  ebx                    ; EAX = 00000100h
```

要预防除以零的操作，则在进行除法之前检查除数：

```
mov  ax,dividend
mov  bl,divisor
cmp  bl,0                   ;检查除数
je   NoDivideZero           ;为零? 显示错误
div  bl                     ;不为零: 继续
.
.
NoDivideZero:               ;显示 "Attmpt to divide by zero"
```

7.3.6 实现算术表达式

第 4 章介绍了如何用加减指令实现算术表达式，现在还可以再加上乘法和除法指令。初看上去，实现算术表达式的工作似乎最好是留给编译器的编写者，但是动手研究一下还是能学到不少东西。读者可以学习编译器怎样优化代码。此外，与典型编译器在乘法操作后检查乘积大小相比，还能实现更好的错误检查。进行 32 位操作数相乘时，绝大多数高级语言编译器都会忽略乘积的高 32 位。而在汇编语言中，可以用进位标志位和溢出标志位来说明乘积是否为 32 位。这些标志位用法的解释参见 7.4.1 节和 7.4.2 节。

> **提示** 有两种简单的方法可以查看 C++ 编译器生成的汇编代码：一种方法是用 Visual Studio 调试时，在调试窗口中右键点击，选择 Go to Disassembly。另一种方法是，在 Project 菜单中选择 Properties，生成一个列表文件。在 Configuration Properties，选择 Microsoft Macro Assembler，再选择 Listing File。在对话窗口中，将 Generate Preprocessed Source Listing 设置为 Yes，List All Available Information 也设置为 Yes。

示例 1 使用 32 位无符号整数，用汇编语言实现下述 C++ 语句：

```
var4 = (var1 + var2) * var3;
```

这个问题很简单，因为可以从左到右来处理（先加法再乘法）。执行了第二条指令后，EAX 存放的是 var1 与 var2 之和。第三条指令中，EAX 乘以 var3，乘积存放在 EAX 中：

```
        mov  eax,var1
        add  eax,var2
        mul  var3           ; EAX = EAX * var3
        jc   tooBig         ;无符号溢出?
        mov  var4,eax
        jmp  next
tooBig:                     ;显示错误消息
```

如果 MUL 指令产生的乘积大于 32 位，则 JC 指令跳转到有标号指令来处理错误。

示例 2 使用 32 位无符号整数实现下述 C++ 语句：

```
var4 = (var1 * 5) / (var2 - 3);
```

本例有两个用括号括起来的子表达式。左边的子表达式可以分配给 EDX：EAX，因此

不必检查溢出。右边的子表达式分配给 EBX，最后用除法完成整个表达式：

```
mov  eax,var1    ;左边的子表达式
mov  ebx,5
mul  ebx         ;EDX:EAX= 乘积
mov  ebx,var2    ;右边的子表达式
sub  ebx,3
div  ebx         ;最后的除法
mov  var4,eax
```

示例 3　使用 32 位有符号整数实现下述 C++ 语句：

```
var4 = (var1 * -5) / (-var2 % var3);
```

与之前的例子相比，这个例子需要一些技巧。可以先从右边的表达式开始，并将其保存在 EBX 中。由于操作数是有符号的，因此必须将被除数符号扩展到 EDX，再使用 IDIV 指令：

```
mov  eax,var2    ;开始计算右边的表达式
neg  eax
cdq              ;符号扩展被除数
idiv var3        ;EDX= 余数
mov  ebx,edx     ;EBX= 右边表达式的结果
```

第二步，计算左边的表达式，并将乘积保存在 EDX：EAX 中：

```
mov  eax,-5      ;开始计算左边表达式
imul var1        ;EDX:EAX= 左边表达式的结果
```

最后，左边表达式结果（EDX：EAX）除以右边表达式结果（EBX）：

```
idiv ebx         ;最后计算除法
mov  var4,eax    ;商
```

7.3.7　本节回顾

1. 请说明执行 MUL 指令和单操作数的 IMUL 指令时，不会发生溢出的原因。
2. 生成乘积时，单操作数 IMUL 指令与 MUL 指令有何不同？
3. 什么情况下单操作数 IMUL 指令会将进位标志位和溢出标志位置 1？
4. DIV 指令中，若 EBX 为操作数，则商保存在哪个寄存器中？
5. DIV 指令中，若 BX 为操作数，则商保存在哪个寄存器中？
6. MUL 指令中，若 BL 为操作数，则乘积保存在哪个寄存器中？
7. 举例说明，在调用 IDIV 指令前，如何对其 16 位操作数进行符号扩展。

7.4　扩展加减法

扩展精度加减法（extended precision addition and subtraction）是对基本没有大小限制的数进行加减法的技术。比如，在 C++ 中，没有标准运算符会允许两个 1024 位整数相加。但是在汇编语言中，ADC（带进位加法）和 SBB（带借位减法）指令就很适合进行这类操作。

7.4.1　ADC 指令

ADC（带进位加法）指令将源操作数和进位标志位的值都与目的操作数相加。该指令格

式与 ADD 指令一样，且操作数大小必须相同：

```
ADC  reg,reg
ADC  mem,reg
ADC  reg,mem
ADC  mem,imm
ADC  reg,imm
```

例如，下述指令实现两个 8 位整数相加（FFh+FFh），产生的 16 位和数存入 DL：AL，其值为 01FEh：

```
mov  dl,0
mov  al,0FFh
add  al,0FFh              ; AL = FEh
adc  dl,0                 ; DL/AL = 01FEh
```

下图展示了这两个数相加过程中的数据活动。首先，FFh 与 AL 相加，生成 FEh 存入 AL 寄存器，并将进位标志位置 1。然后，将 0 和进位标志位与 DL 寄存器相加：

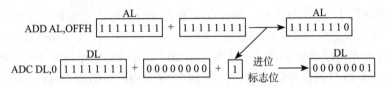

同样，下述指令实现两个 32 位整数相加（FFFF FFFFh+ FFFF FFFFh），产生的 64 位和数存入 EDX：EAX，其值为：0000 0001 FFFF FFFEh：

```
mov  edx,0
mov  eax,0FFFFFFFFh
add  eax,0FFFFFFFFh
adc  edx,0
```

7.4.2 扩展加法示例

接下来将说明过程 Extended_Add 实现两个大小相同的扩展整数的加法。利用循环，该过程将两个扩展整数当作并行数组实现加法操作。数组中每对数值相加时，都要包括前一次循环迭代执行的加法所产生的进位标志位。实现过程时，假设整数存储在字节数组中，不过本例很容易就能修改为双字数组的加法。

该过程接收两个指针，存入 ESI 和 EDI，分别指向参与加法的两个整数。EBX 寄存器指向缓冲区，用于存放和数，该缓冲区的前提条件是必须比两个加数大一个字节。此外，过程还用 ECX 接收最长加数的长度。两个加数都需要按小端顺序存放，即其最低字节存放在该数组的起始地址。过程代码如下所示，添加了代码行编号便于进行详细讨论：

```
 1:    ;----------------------------------------------------
 2:    Extended_Add PROC
 3:    ;
 4:    ; 计算两个以字节数组存放的扩展整数之和。
 5:    ; 接收：ESI 和 EDI 为两个加数的指针，
 6:    ;       EBX 为和数变量指针，ECX 为
 7:    ;       相加的字节数。
 8:    ; 和数存储区必须比输入的操作数多一个字节。
 9:    ;
10:    ; 返回：无
11:
```

```
12:         ;------------------------------------------------
13:         pushad
14:         clc                         ;清除进位标志位
15:
16:     L1: mov     al,[esi]            ;取第一个数
17:         adc     al,[edi]            ;与第二个数相加
18:         pushfd                      ;保存进位标志位
19:         mov     [ebx],al            ;保存部分和
20:         add     esi,1               ;三个指针都加1
21:         add     edi,1
22:         add     ebx,1
23:         popfd                       ;恢复进位标志位
24:         loop    L1                  ;重复循环
25:
26:         mov     byte ptr [ebx],0    ;清除和数高字节
27:         adc     byte ptr [ebx],0    ;加上其他的进位
28:         popad
29:         ret
30:     Extended_Add ENDP
```

当第 16 行和第 17 行将两个数组的最低字节相加时，加法运算可能会将进位标志位置 1。因此，第 18 行将进位标志位压入堆栈进行保存就很重要，因为在循环重复时会用到进位标志位。第 19 行保存了和数的第一个字节，第 20～22 行将三个指针（两个操作数，一个和数）都加 1。第 23 行恢复进位标志位，第 24 行将循环返回到第 16 行。（LOOP 指令不会修改 CPU 的状态标志位。）再次循环时，第 17 行进行的是第二对字节的加法，其中包括进位标志位的值。因此，如果第一次循环过程产生了进位，则第二次循环就要包括该进位。按照这种方式循环，直到所有的字节都完成了加法。然后，最后的第 26 行和第 27 行检查操作数最高字节相加是否产生进位，若产生了进位，就将该值加到和数多出来的那个字节中。

下面的代码示例调用 Extended_Add，并向其传递两个 8 字节的整数。要注意为和数多分配一个字节：

```
.data
op1 BYTE 34h,12h,98h,74h,06h,0A4h,0B2h,0A2h
op2 BYTE 02h,45h,23h,00h,00h,87h,10h,80h
sum BYTE 9 dup(0)

.code
main PROC
    mov     esi,OFFSET op1      ;第一个操作数
    mov     edi,OFFSET op2      ;第二个操作数
    mov     ebx,OFFSET sum      ;和数
    mov     ecx,LENGTHOF op1    ;字节数
    call    Extended_Add

;显示和数。
    mov     esi,OFFSET sum
    mov     ecx,LENGTHOF sum
    call    Display_Sum
    call    Crlf
```

上述程序的输出如下所示，加法产生了一个进位：

0122C32B0674BB5736

过程 Display_Sum（来自同一个程序）按照正确的顺序显示和数，即从最高字节开始依次显示到最低字节：

```
Display_Sum PROC
    pushad
    ;指向最后一个数组元素
    add  esi,ecx
    sub  esi,TYPE BYTE
    mov  ebx,TYPE BYTE

L1: mov  al,[esi]         ;取一个数组字节
    call WriteHexB        ;显示该字节
    sub  esi,TYPE BYTE    ;指向前一个字节
    loop L1

    popad
    ret
Display_Sum ENDP
```

7.4.3 SBB 指令

SBB（带借位减法）指令从目的操作数中减去源操作数和进位标志位的值。允许使用的操作数与 ADC 指令相同。下面的示例代码用 32 位操作数实现 64 位减法，EDX:EAX 的值为 0000 0007 0000 0001h，从该值中减去 2。低 32 位先执行减法，并设置进位标志位，然后高 32 位再进行包括进位标志位的减法：

```
mov  edx,7    ;高 32 位
mov  eax,1    ;低 32 位
sub  eax,2    ;减 2
sbb  edx,0    ;高 32 位减法
```

图 7-2 展示了这两个数相减过程中的数据活动。首先，EAX 减 2，差值 FFFF FFFFh 存放在 EAX 中。由于是从小数中减去大数，因此产生借位，将进位标志位置 1。然后，用 SBB 指令从 EDX 中减去 0 和进位标志位。

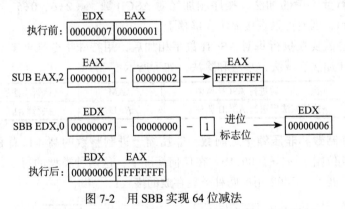

图 7-2 用 SBB 实现 64 位减法

7.4.4 本节回顾

1. 请描述 ADC 指令。
2. 请描述 SBB 指令。
3. 执行下述指令后，EDX:EAX 中的值是多少？

```
mov  edx,10h
mov  eax,0A0000000h
add  eax,20000000h
adc  edx,0
```

4. 执行下述指令后,EDX:EAX 中的值是多少?

```
mov edx,100h
mov eax,80000000h
sub eax,90000000h
sbb edx,0
```

5. 执行下述指令后,DX 中的值是多少(STC 将进位标志位置 1)?

```
mov dx,5
stc          ;进位标志位置1
mov ax,10h
adc dx,ax
```

7.5　ASCII 和非压缩十进制运算

(7.5 节讨论的指令只能用于 32 位模式编程。)到目前为止,本书讨论的整数运算处理的都是二进制数。虽然 CPU 用二进制运算,但是也可以执行 ASCII 十进制串的运算。使用后者进行运算,对用户而言既便于输入也便于在控制台窗口显示,因为不用进行二进制转换。假设程序需要用户输入两个数,并将它们相加。若用户输入 3402 和 1256,则程序输出如下所示:

```
输入第一个数:    3402
输入第二个数:    1256
和数:           4658
```

有两种方法可以计算并显示和数:

1) 将两个操作数都转换为二进制,进行二进制加法,再将和数从二进制转换为 ASCII 数字串。

2) 直接进行数字串的加法,按序相加每对 ASCII 数字(2+6、0+5、4+2、3+1)。和数为 ASCII 数字串,因此可以直接显示在屏幕上。

第二种方法需要在执行每对 ASCII 数字相加后,用特殊指令来调整和数。有四类指令用于处理 ASCII 加法、减法、乘法和除法,如下所示:

| AAA | (执行加法后进行 ASCII 调整) | AAM | (执行乘法后进行 ASCII 调整) |
| AAS | (执行减法后进行 ASCII 调整) | AAD | (执行除法前进行 ASCII 调整) |

ASCII 十进制数和非压缩十进制数　非压缩十进制整数的高 4 位总是为零,而 ASCII 十进制数的高 4 位则应该等于 0011b。在任何情况下,这两种类型的每个数字都占用一个字节。下面的例子展示了 3402 用这两种类型存放的格式:

ASCII 格式: | 33 | 34 | 30 | 32 |　　非压缩格式: | 03 | 04 | 00 | 02 |

(所有数值都为十六进制形式)

尽管 ASCII 运算执行速度比二进制运算要慢很多,但是它有两个明显的优点:

- 不必在执行运算之前转换串格式。
- 使用假设的十进制小数点,使得实数操作不会出现浮点运算的舍入误差的危险。

ASCII 加减法运行操作数为 ASCII 格式或非压缩十进制格式,但是乘除法只能使用非压缩十进制数。

7.5.1 AAA 指令

在 32 位模式下,AAA(加法后的 ASCII 调整)指令调整 ADD 或 ADC 指令的二进制运算结果。设两个 ASCII 数字相加,其二进制结果存放在 AL 中,则 AAA 将 AL 转换为两个非压缩十进制数字存入 AH 和 AL。一旦成为非压缩格式,通过将 AH 和 AL 与 30h 进 OR 运算,很容易就能把它们转换为 ASCII 码。

下例展示了如何用 AAA 指令正确地实现 ASCII 数字 8 加 2。在执行加法之前,必须把 AH 清零,否则它将影响 AAA 执行的结果。最后一条指令将 AH 和 AL 转换为 ASCII 数字:

```
mov  ah,0
mov  al,'8'              ; AX = 0038h
add  al,'2'              ; AX = 006Ah
aaa                      ; AX=0100h(结果进行 ASCII 调整)
or   ax,3030h            ; AX=3130h='10'(转换为 ASCII 码)
```

使用 AAA 实现多字节加法

现在来查看一个过程,其功能为实现包含了隐含小数点的 ASCII 十进制数值相加。由于每次数字相加的进位标志位都要传递到更高位,因此,过程的实现要比想象的更复杂一些。下面的伪代码中,acc 代表的是一个 8 位的累加寄存器:

```
esi (index) = length of first_number - 1
edi (index) = length of first_number
ecx = length of first_number
set carry value to 0
Loop
    acc = first_number[esi]
    add previous carry to acc
    save carry in carry1
    acc += second_number[esi]
    OR the carry with carry1
    sum[edi] = acc
    dec edi
Until ecx == 0
Store last carry digit in sum
```

进位值必须总是被转换为 ASCII 码。将进位值与第一个操作数相加时,就需要用 AAA 来调整结果。程序清单如下:

```
;ASCII 加法                                  (ASCII_add.asm)
;对有隐含固定小数点的串执行 ASCII 运算。

INCLUDE Irvine32.inc

DECIMAL_OFFSET = 5   ;距离串右侧的偏移量
.data
decimal_one BYTE "100123456789765"   ; 1001234567.89765
decimal_two BYTE "900402076502015"   ; 9004020765.02015
sum BYTE (SIZEOF decimal_one + 1) DUP(0),0

.code
main PROC
;从最后一个数字位开始
    mov   esi,SIZEOF decimal_one - 1
    mov   edi,SIZEOF decimal_one
    mov   ecx,SIZEOF decimal_one
    mov   bh,0                      ;进位值清零
```

```
L1:     mov     ah,0                    ; 执行加法前清除 AH
        mov     al,decimal_one[esi]     ; 取第一个数字
        add     al,bh                   ; 加上之前的进位值
        aaa
        mov     bh,ah                   ; 调整和数 AH= 进位值
        or      bh,30h                  ; 将进位保存到 carry1
        add     al,decimal_two[esi]     ; 将其转换为 ASCII 码
        aaa                             ; 加第二个数字
        or      bh,ah                   ; 调整和数 AH= 进位值
        or      bh,30h                  ; 进位值与 carry1 进行 OR 运算
        or      al,30h                  ; 将其转换为 ASCII 码
        mov     sum[edi],al             ; 将 AL 转换为 ASCII 码
        dec     esi                     ; 将 AL 保存到 sum
        dec     edi                     ; 后退一个数字
        loop    L1
        mov     sum[edi],bh             ; 保存最后的进位值

; 显示和数字符串。
        mov     edx,OFFSET sum
        call    WriteString
        call    Crlf

        exit
main ENDP
END main
```

程序输出如下所示，和数没有显示十进制小数点：

```
1000 5255 3329 1780
```

7.5.2 AAS 指令

32 位模式下，AAS（减法后的 ASCII 调整）指令紧随 SUB 或 SBB 指令之后，这两条指令执行两个非压缩十进制数的减法，并将结果保存到 AL 中。AAS 指令将 AL 转换为 ASCII 码的数字形式。只有减法结果为负时，调整才是必需的。比如，下面的语句实现 ASCII 码数字 8 减去 9：

```
.data
val1 BYTE '8'
val2 BYTE '9'
.code
mov  ah,0
mov  al,val1            ; AX = 0038h
sub  al,val2            ; AX = 00FFh
aas                     ; AX = FF09h
pushf                   ; 保存进位标志位
or   al,30h             ; AX = FF39h
popf                    ; 恢复进位标志位
```

执行 SUB 指令后，AX 等于 00FFh。AAS 指令将 AL 转换为 09h，AH 减 1 等于 FFh，并且把进位标志位置 1。

7.5.3 AAM 指令

32 位模式下，MUL 执行非压缩十进制乘法，AAM（乘法后的 ASCII 调整）指令转换由其产生的二进制乘积。乘法只能使用非压缩十进制数。下面的例子实现 5 乘以 6，并调整 AX 中的结果。调整后，AX=0300h，非压缩十进制表示为 30：

```
.data
AscVal BYTE 05h,06h
.code
mov  bl,ascVal                  ; 第一个操作数
mov  al,[ascVal+1]              ; 第二个操作数
mul  bl                         ; AX = 001Eh
aam                             ; AX = 0300h
```

7.5.4 AAD 指令

32 位模式下，AAD（除法之前的 ASCII 调整）指令将 AX 中的非压缩十进制被除数转换为二进制，为执行 DIV 指令做准备。下面的例子把非压缩 0307h 转换为二进制数，然后除以 5。DIV 指令在 AL 中生成商 07h，在 AH 中生成余数 02h：

```
.data
quotient  BYTE ?
remainder BYTE ?
.code
mov  ax,0307h                   ; 被除数
aad                             ; AX = 0025h
mov  bl,5                       ; 除数
div  bl                         ; AX = 0207h
mov  quotient,al
mov  remainder,ah
```

7.5.5 本节回顾

1. 编写一条指令，将 AX 中的一个两位非压缩十进制整数转换为十进制的 ASCII 码。
2. 编写一条指令，将 AX 中的一个两位 ASCII 码十进制整数转换为非压缩十进制形式。
3. 编写有两条指令的序列，将 AX 中的一个两位 ASCII 码十进制整数转换为二进制。
4. 编写一条指令，将 AX 中的一个无符号二进制整数转换为非压缩十进制数。

7.6 压缩十进制运算

（7.6 节讨论的指令仅用于 32 位编程模式。）压缩十进制数的每个字节存放两个十进制数字，每个数字用 4 位表示。如果数字个数为奇数，则最高的半字节用零填充。存储大小可变：

```
bcd1 QWORD 2345673928737285h    ; 十进制数 2 345 673 928 737 285
bcd2 DWORD 12345678h            ; 十进制数 12 345 678
bcd3 DWORD 08723654h            ; 十进制数 8 723 654
bcd4 WORD  9345h                ; 十进制数 9345
bcd5 WORD  0237h                ; 十进制数 237
bcd6 BYTE  34h                  ; 十进制数 34
```

压缩十进制存储至少有两个优势：
- 数据几乎可以包含任何个数的有效数字。这使得以很高的精度执行计算成为可能。
- 实现压缩十进制数与 ASCII 码之间的相互转换相对简单。

DAA（加法后的十进制调整）和 DAS（减法后的十进制调整）这两条指令调整压缩十进制数加减法的结果。可惜的是，目前还没有与乘除法有关的相似指令。在这些情况下，相乘或相除的数必须是非压缩的，执行后再压缩。

7.6.1 DAA 指令

32 位模式下，ADD 或 ADC 指令在 AL 中生成二进制和数，DAA（加法后的十进制调整）指令将和数转换为压缩十进制格式。比如，下述指令执行压缩十进制数 35 加 48。二进制和数（7Dh）被调整为 83h，即 35 和 48 的压缩十进制和数。

```
mov  al,35h
add  al,48h          ; AL = 7Dh
daa                  ; AL = 83h (调整后的结果)
```

DAA 的内部逻辑请参阅 Intel 指令集参考手册。

示例 下面的程序执行两个 16 位压缩十进制整数加法，并将和数保存在一个压缩双字中。加法要求和数变量的存储大小比操作数多一个数字：

```
; 压缩十进制示例                   (AddPacked.asm)
; 演示压缩十进制加法。
INCLUDE Irvine32.inc
.data
packed_1 WORD 4536h
packed_2 WORD 7207h
sum DWORD ?
.code
main PROC
; 初始化和数与索引。
    mov  sum,0
    mov  esi,0
; 低字节相加。
    mov  al,BYTE PTR packed_1[esi]
    add  al,BYTE PTR packed_2[esi]
    daa
    mov  BYTE PTR sum[esi],al
; 高字节相加，包括进位标志位。
    inc  esi
    mov  al,BYTE PTR packed_1[esi]
    adc  al,BYTE PTR packed_2[esi]
    daa
    mov  BYTE PTR sum[esi],al
; 若还有进位，则加上该进位值。
    inc  esi
    mov  al,0
    adc  al,0
    mov  BYTE PTR sum[esi],al
; 用十六进制显示和数。
    mov  eax,sum
    call WriteHex
    call Crlf
    exit
main ENDP
END main
```

显然，这个程序包含重复代码，因此建议使用循环结构。本章的一道习题将会要求编写一个过程，实现任意大小的压缩十进制整数加法。

7.6.2 DAS 指令

32 位模式下，SUB 或 SBB 指令在 AL 中生成二进制结果，DAS（减法后的十进制调整）

指令将其转换为压缩十进制格式。比如，下面的语句计算压缩十进制数 85 减 48，并调整结果：

```
mov bl,48h
mov al,85h
sub al,bl                ; AL = 3Dh
das                      ; AL = 37h （调整后的结果）
```

DAS 的内部逻辑请参阅 Intel 指令集参考手册。

7.6.3 本节回顾

1. 举例说明，什么情况下 DAA 指令会把进位标志位置 1？
2. 举例说明，什么情况下 DAS 指令会把进位标志位置 1？
3. 两个长度为 n 字节的压缩十进制整数相加时，和数应该保留多少字节？

7.7 本章小结

与前面章节介绍的位元指令一样，移位指令也是汇编语言最显著的特点之一。一个数移位就意味着把它的位元进行右移或左移。

SHL（左移）指令把目标操作数的每一位都向左移动，最低位用 0 填充。SHL 最大的作用之一是快速实现与 2 的幂相乘。任何操作数左移 n 位即为乘以 2^n。SHR（右移）指令则把每一位都向右移动，最高位用 0 填充。任何操作数右移 n 位即为除以 2^n。

SAL（算术左移）和 SAR（算术右移）是特别为有符号数移位设计的指令。

ROL（循环左移）指令把每一位向左移动，并将最高位复制到进位标志位和最低位。ROR（循环右移）指令把每一位向右移动，并将最低位复制到进位标志位和最高位。

RCL（带进位循环左移）指令把每一位都左移，并先将进位标志位复制到移位结果的最低位，再将最高位复制到进位标志位。RCR（带进位循环右移）指令把每一位都右移，并将最低位复制到进位标志位，而进位标志位则复制到结果的最高位。

x86 处理器可使用的 SHLD（双精度左移）和 SHRD（双精度右移）指令对大数的移位非常有用。

32 位模式下，MUL 指令实现一个 8 位、16 位或 32 位的操作数与 AL、AX 或 EAX 相乘。64 位模式下，一个数还可以实现与 RAX 寄存器相乘。IMUL 指令执行有符号数乘法，它有三种格式：单操作数、双操作数和三操作数。

32 位模式下，DIV 指令实现 8 位、16 位或 32 位操作数的除法。64 位模式下，还可以实现 64 位除法。IDIV 指令执行有符号数乘法，其格式与 DIV 指令相同。

CBW（字节转字）指令把 AL 的符号位扩展到 AH 寄存器。CDQ（双字转四字）指令把 EAX 的符号位扩展到 EDX 寄存器。CWD（字转双字）指令把 AX 的符号位扩展到 DX 寄存器。

扩展加减法是指加减任意大小的数，ADC 和 SBB 指令可以用于实现这种加减运算。ADC（带进位加法）指令实现源操作数与进位标志位的内容和目的操作数相加。SBB（带借位减法）指令实现目的操作数减去源操作数和进位标志位的值。

ASCII 十进制数每个字节存放一个数字，并编码为 ASCII 形式。AAA（加法后的 ASCII 调整）指令将 ADD 或 ADC 指令的二进制结果转换为 ASCII 十进制。AAS（减法后的 ASCII 调整）指令将 SUB 或 SBB 指令的二进制结果转换为 ASCII 十进制。所有这些指令都只能用于 32 位模式。

　　非压缩十进制数每个字节存放一个十进制数字，表现为二进制数值。AAM（乘法后的 ASCII 调整）指令转换的是 MUL 指令执行非压缩十进制数乘法所生成的二进制结果。AAD（除法前的 ASCII 调整）指令在执行 DIV 指令之前，将非压缩十进制被除数转换为二进制。所有这些指令都只能用于 32 位模式。

　　压缩十进制数每个字节存放两个十进制数字。DAA（加法后的十进制调整）指令转换的是 ADD 或 ADC 指令执行压缩十进制加法所生成的二进制结果。DAS（减法后的十进制调整）指令转换的是 SUB 或 SBB 指令执行压缩十进制减法所生成的二进制结果。所有这些指令都只能用于 32 位模式。

7.8 关键术语

7.8.1 术语

arithmetic shift（算术移位）
binary multiplication（二进制乘法）
bit rotation（位循环）
bit shifting（位移）
bit string（位串）
bitwise division（位元除法）
bitwise muktiplication（位元乘法）
bitwise rotation（位元循环）

divide overflow（除法溢出）
little-endian order（小端顺序）
logical shift（逻辑移位）
sign extension（符号扩展）
signed division（有符号除法）
signed multiplication（有符号乘法）
signed overflow（有符号溢出）
unsigned multiplication（无符号乘法）

7.8.2 指令、运算符和伪指令

AAA	AAS	CBW
AAD	ADC	DAA
AAM	CBQ	DAS
DIV	RCR	SBB
IDIV	ROL	SHL
IMUL	ROR	SHLD
MUL	SAL	SHR
RCL	SAR	SHRD

7.9 复习题和练习

7.9.1 简答题

1. 有如下代码序列，请写出每条移位或循环移位指令执行后 AL 的值：

```
mov al,0D4h
shr al,1                    ; a.
mov al,0D4h
sar al,1                    ; b.
mov al,0D4h
sar al,4                    ; c.
```

```
    mov al,0D4h
    rol al,1                    ; d.
```

2. 有如下代码序列，请写出每条移位或循环移位指令执行后 AL 的值：

```
    mov al,0D4h
    ror al,3                    ; a.
    mov al,0D4h
    rol al,7                    ; b.
    stc
    mov al,0D4h
    rcl al,1                    ; c.
    stc
    mov al,0D4h
    rcr al,3                    ; d.
```

3. 执行如下操作后，AX 与 DX 的内容是什么？

```
    mov dx,0
    mov ax,222h
    mov cx,100h
    mul cx
```

4. 执行如下操作后，AX 的内容是什么？

```
    mov ax,63h
    mov bl,10h
    div bl
```

5. 执行如下操作后，EAX 和 EDX 的内容是什么？

```
    mov eax,123400h
    mov edx,0
    mov ebx,10h
    div ebx
```

6. 执行如下操作后，AX 和 DX 的内容是什么？

```
    mov ax,4000h
    mov dx,500h
    mov bx,10h
    div bx
```

7. 执行如下操作后，BX 的内容是什么？

```
    mov bx,5
    stc
    mov ax,60h
    adc bx,ax
```

8. 在 64 位模式下执行下述代码并描述其输出：

```
    .data
    dividend_hi   QWORD 00000108h
    dividend_lo   QWORD 33300020h
    divisor       QWORD 00000100h
    .code
    mov   rdx,dividend_hi
    mov   rax,dividend_lo
    div   divisor
```

9. 下面的程序执行的是 val1 减去 val2，找出并纠正其中所有的逻辑错误（CLC 清除进位标志位）：

```
    .data
    val1   QWORD 20403004362047A1h
```

```
        val2       QWORD  055210304A2630B2h
        result     QWORD  0

        .code
            mov    cx,8                    ; 循环计数器
            mov    esi,val1                ; 设置开始索引
            mov    edi,val2
            clc                            ; 清除进位标志位
        top:
            mov    al,BYTE PTR[esi]        ; 取第一个数
            sbb    al,BYTE PTR[edi]        ; 减去第二个数
            mov    BYTE PTR[esi],al        ; 保存结果
            dec    esi
            dec    edi
            loop   top
```

10. 在 64 位模式下执行下述指令后，RAX 中的十六进制内容是什么？

```
    .data
    multiplicand QWORD 0001020304050000h
    .code
    imul rax,multiplicand, 4
```

7.9.2　算法基础

1. 编写一个移位指令序列，使得 AX 符号扩展到 EAX。也就是说，把 AX 的符号位复制到 EAX 的高 16 位。不要使用 CWD 指令。
2. 假设指令集没有循环移位指令，请说明如何用 SHR 和条件判断指令将 AL 循环右移一位。
3. 编写一条逻辑移位指令，实现 EAX 乘以 16。
4. 编写一条逻辑移位指令，实现 EBX 除以 4。
5. 编写一条循环移位指令，交换 DL 寄存器的高 4 位和低 4 位。
6. 编写一条 SHLD 指令，把 AX 寄存器的最高位移入 DX 的最低位，并把 DX 左移一位。
7. 编写指令序列，把三个内存字节右移一位，使用数据如下：

    ```
    byteArray BYTE 81h,20h,33h
    ```

8. 编写指令序列，把三个内存字节左移一位，使用数据如下：

    ```
    wordArray WORD 810Dh, 0C064h, 93ABh
    ```

9. 编写指令，实现 −5 乘以 3，并把结果存入一个 16 位变量 val1。
10. 编写指令，实现 −276 除以 10，并把结果存入一个 16 位变量 val1。
11. 使用 32 位无符号操作数，用汇编语言实现下述 C++ 表达式：

    ```
    val1 = (val2 * val3) / (val4 - 3)
    ```

12. 使用 32 位有符号操作数，用汇编语言实现下述 C++ 表达式：

    ```
    val1 = (val2 / val3) * (val1 + val2)
    ```

13. 编写一个过程，把 8 位无符号二进制数值显示为十进制形式。用 AL 接收二进制数值，其取值范围为十进制的 0～99。你能从本书链接库中调用的只有 WriteChar。过程应包含约 8 条指令。调用示例如下：

    ```
    mov    al,65             ; 取值范围 0～99
    call   showDecimal8
    ```

14. 挑战：假设两个未知的 ASCII 十进制数字相加，其结果为 AX 的值是 0072h，辅助进位标志位置 1。用 Intel 64 和 IA-32 指令集参考手册来判断 AAA 指令会产生怎样的输出，并解释其原因。
15. 挑战：假设给定 n 和 y 的值，若只能使用 SUB、MOV 和 AND 指令，如何计算 $x=n$ mod y。其中 n 为任意 32 位无符号整数，y 为 2 的幂。
16. 挑战：编写代码计算 EAX 寄存器中有符号整数的绝对值，要求只能使用 SAR、ADD 和 XOR 指令（不能使用有条件跳转）。提示：一个数加 −1 可取反，然后形成其反码。同时，如果一个数与全 1 进行 XOR 运算，则其为 1 的位取反。也就是说，如果与全 0 进行 XOR 运算，则该数不变。

7.10 编程练习

*1. 显示 ASCII 十进制数

编写名为 WriteScaled 的过程，输出有隐含十进制小数点的 ASCII 十进制数。假设数据定义如下，其中 DECIMAL_OFFSET 表示的是十进制小数点必须在数据右起第 5 位上：

```
DECIMAL_OFFSET = 5
.data
decimal_one BYTE "100123456789765"
```

WrireSclaed 输出数据如下所示：

```
1001234567.89765
```

调用 WrireSclaed 时，EDX 为数的偏移量，ECX 为数的长度，EBX 为小数点偏移量。编写测试程序，向 WriteSclaed 过程传递三个不同大小的数。

*2. 扩展减法过程

编写名为 Extended_Sub 的过程，实现任意大小的两个二进制数减法。这两个数需要有同样大小的存储空间，且其大小应为 32 位的倍数。编写测试程序向该过程传递不同的整数对，每个数至少长 10 个字节。

**3. 压缩十进制转换

编写名为 PackedToAsc 的过程，将 4 字节的压缩十进制整数转换为 ASCII 十进制数字串。向过程传递压缩整数和存放 ASCII 数字的缓冲区地址。编写一个简短的程序测试该过程，至少使用 5 个压缩十进制整数作为测试数据。

**4. 用循环移位操作进行加密

编写一个过程，通过将明文的每个字节向不同方向循环移动不同的位数来对其进行简单加密。例如，下面的数组就表示一个密钥，负数代表循环左移，正数代表循环右移。其中的每个整数表示的是循环移动的位数：

```
key BYTE -2, 4, 1, 0, -3, 5, 2, -4, -4, 6
```

该过程应将消息明文进行循环，把密钥分配给消息的前 10 个字节。明文的每个字节循环移动的位数由其对应的密钥值来决定。然后再把密钥分配给消息的下一组 10 个字节，并重复前述过程。编写测试程序，用两组不同的数据集调用加密过程两次，以对其进行测试。

***5. 素数

编写程序，使用厄拉多塞过滤算法（Sieve of Eratosthenes）生成 2 ~ 1000 之间的全部素数。互联网上可以发现很多文章描述了使用该算法寻找素数的方法。要求显示所有的素数。

***6. 最大公约数（GCD）

两个数的最大公约数（GCD）是指能整除这两个数的最大整数。下述伪代码描述的是循环整数除法的 GCD 算法：

```
int GCD(int x, int y)
{
    x = abs(x)                      // 绝对值
    y = abs(y)
    do {
        int n = x % y
        x = y
        y = n
    } while (y > 0)
    return x
}
```

用汇编语言实现该函数，并编写测试程序，通过向该函数传递不同的数值对其进行多次调用。在屏幕上显示全部结果。

★★★ 7. 位元乘法

编写名为 BitwiseMultiply 的过程，仅使用移位和加法，实现任意 32 位无符号数与 EAX 相乘。过程用 EBX 寄存器传递乘数，用 EAX 寄存器传递返回值。编写简单的测试程序，调用过程并显示乘积。（假设乘积不会超过 32 位。）编写该程序具有相当的挑战性。一种可能的方法是用循环结构右移乘数，记录在进位标志位被置 1 之前移动的位数。然后把这个位数用到 SHL 指令中，被乘数作为该指令的目的操作数。重复该过程，直到乘数最后一个为 1 的位。

★★★ 8. 压缩整数加法

扩展 7.6.1 节的 AddPacked 过程，使其实现两个任意大小（但其长度必须相同）的压缩十进制数加法。编写测试程序，向 AddPacked 传送几组整数：4 字节的、8 字节的和 16 字节的。假设该过程使用如下寄存器传递参数：

  ESI——第一个数的指针
  EDI——第二个数的指针
  EDX——和数指针
  ECX——相加的字节数

第 8 章
Assembly Language for x86 Processors, Seventh Edition

高级过程

8.1 引言

本章将介绍子程序调用的底层结构，重点集中于运行时堆栈。本章的内容对 C 和 C++ 程序员也是有价值的，因为在调试运行于操作系统或设备驱动程序层的底层子程序时，他们也经常必须检查运行时堆栈的内容。

大多数现代编程语言在调用子程序之前都会把参数压入堆栈。反过来，子程序也常常把它们的局部变量压入堆栈。本章学习的详细内容与 C++ 和 Java 知识相关，将展示如何以数值或引用的形式来传递参数；如何定义和撤销局部变量；以及如何实现递归。在本章结束时，将解释 MASM 使用的不同的内存模式和语言标识符。参数既可以用寄存器传递也可以用堆栈传递。这就是 64 位模式下的情况，Microsoft 发布的 Microsoft x64 调用规范中就是这样规定的。

编程语言用不同的术语来指代子程序。例如，在 C 和 C++ 中，子程序被称为函数（functions）。在 Java 中，被称为方法（methods）。在 MASM 中，则被称为过程（procedures）。本章目的是说明典型子程序调用的底层实现，就像它们在 C 和 C++ 中展现的那样。在本章开始提到一般原则时，将使用泛称：子程序。而在提到具体汇编语言代码示例时，通常会使用术语过程来指代子程序。

调用程序向子程序传递的数值被称为实际参数⊖（arguments）。而被调用的子程序要接收的数值被称为形式参数（parameters）。

8.2 堆栈帧

8.2.1 堆栈参数

在之前的章节中，子程序接收的是寄存器参数。比如在 Irvine32 链接库中就是如此。本章将展示子程序如何用堆栈接收参数。在 32 位模式下，堆栈参数总是由 Windows API 函数使用。然而在 64 位模式下，Windows 函数可以同时接收寄存器参数和堆栈参数。

堆栈帧（stack frame）（或活动记录（activation record））是一块堆栈保留区域，用于存放被传递的实际参数、子程序的返回值、局部变量以及被保存的寄存器。堆栈帧的创建步骤如下所示：

1）被传递的实际参数。如果有，则压入堆栈。
2）当子程序被调用时，使该子程序的返回值压入堆栈。
3）子程序开始执行时，EBP 被压入堆栈。
4）设置 EBP 等于 ESP。从这时开始，EBP 就变成了该子程序所有参数的引用基址。
5）如果有局部变量，修改 ESP 以便在堆栈中为这些变量预留空间。

⊖ argument 通常理解为实际参数，parameter 理解为形式参数。本书翻译中，在不影响理解的情况下，都译作参数。——译者注

6）如果需要保存寄存器，就将它们压入堆栈。

程序内存模式和对参数传递规则的选择直接影响到堆栈帧的结构。

学习用堆栈传递参数有个好理由：几乎所有的高级语言都会用到它们。比如，如果想要在 32 位 Windows 应用程序接口（API）中调用函数，就必须用堆栈传递参数。而 64 位程序可以使用另一种不同的参数传递规则，该规则将在第 11 章讨论。

8.2.2 寄存器参数的缺点

多年以来，Microsoft 在 32 位程序中包含了一种参数传递规则，称为 fastcall。如同这个名字所暗示的，只需简单地在调用子程序之前把参数送入寄存器，就可以将运行效率提高一些。相反，如果把参数压入堆栈，则执行速度就要更慢一点。典型用于参数的寄存器包括 EAX、EBX、ECX 和 EDX，少数情况下，还会使用 EDI 和 ESI。可惜的是，这些寄存器在用于存放数据的同时，还用于存放循环计数值以及参与计算的操作数。因此，在过程调用之前，任何存放参数的寄存器须首先入栈，然后向其分配过程参数，在过程返回后再恢复其原始值。例如，如下代码从 Irvine32 链接库中调用了 DumpMem：

```
    push    ebx                         ;保存寄存器值
    push    ecx
    push    esi
    mov     esi,OFFSET array            ;初始 OFFSET
    mov     ecx,LENGTHOF array          ;大小，按元素个数计
    mov     ebx,TYPE array              ;双字格式
    call    DumpMem                     ;显示内存
    pop     esi                         ;恢复寄存器值
    pop     ecx
    pop     ebx
```

这些额外的入栈和出栈操作不仅会让代码混乱，还有可能消除性能优势，而这些优势正是通过使用寄存器参数所期望获得的！此外，程序员还要非常仔细地将 PUSH 与相应的 POP 进行匹配，即使代码存在着多个执行路径。例如，在下面的代码中，第 8 行的 EAX 如果等于 1，那么过程在第 17 行就无法返回其调用者，原因就是有三个寄存器的值留在运行时堆栈里。

```
 1:     push    ebx                         ;保存寄存器值
 2:     push    ecx
 3:     push    esi
 4:     mov     esi,OFFSET array            ;初始 OFFSET
 5:     mov     ecx,LENGTHOF array          ;大小，按元素个数计
 6:     mov     ebx,TYPE array              ;双字格式
 7:     call    DumpMem                     ;显示内存
 8:     cmp     eax,1                       ;设置错误标志？
 9:     je      error_exit                  ;设置标志后退出
10:
11:     pop     esi                         ;恢复寄存器值
12:     pop     ecx
13:     pop     ebx
14:     ret
15: error_exit:
16:     mov     edx,offset error_msg
17:     ret
```

不得不说，像这样的错误是不容易发现的，除非是花了相当多的时间来检查代码。

堆栈参数提供了一种不同于寄存器参数的灵活方法：只需要在调用子程序之前，将参

数压入堆栈即可。比如，如果 DumpMem 使用了堆栈参数，就可以通过如下代码对其进行调用：

```
push    TYPE array
push    LENGTHOF array
push    OFFSET array
call    DumpMem
```

子程序调用时，有两种常见类型的参数会入栈：
- 值参数（变量和常量的值）
- 引用参数（变量的地址）

值传递　当一个参数通过数值传递时，该值的副本会被压入堆栈。假设调用一个名为 AddTwo 的子程序，向其传递两个 32 位整数：

```
.data
val1    DWORD 5
val2    DWORD 6
.code
push    val2
push    val1
call    AddTwo
```

执行 CALL 指令前，堆栈如下图所示：

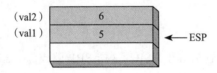

用 C++ 编写相同的功能调用则为

```
int sum = AddTwo( val1, val2 );
```

观察发现参数入栈的顺序是相反的，这是 C 和 C++ 语言的规范。

引用传递　通过引用来传递的参数包含的是对象的地址（偏移量）。下面的语句调用了 Swap，并传递了两个引用参数：

```
push    OFFSET val2
push    OFFSET val1
call    Swap
```

调用 Swap 之前，堆栈如下图所示：

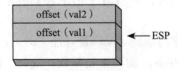

在 C/C++ 中，同样的函数调用将传递 val1 和 val2 参数的地址：

```
Swap( &val1, &val2 );
```

传递数组　高级语言总是通过引用向子程序传递数组。也就是说，它们把数组的地址压入堆栈。然后，子程序从堆栈获得该地址，并用其访问数组。不愿意用值来传递数组的原因是显而易见的，因为这样就会要求将每个数组元素分别压入堆栈。这种操作不仅速度很慢，而且会耗尽宝贵的堆栈空间。下面的语句用正确的方法向子程序 ArrayFill 传递了数组的偏移量：

```
.data
array   DWORD 50 DUP(?)
.code
push    OFFSET array
call    ArrayFill
```

8.2.3 访问堆栈参数

高级语言有多种方式来对函数调用的参数进行初始化和访问。以 C 和 C++ 语言为例，它们以保存 EBP 寄存器并使该寄存器指向栈顶的语句为开始（prologue）。然后，根据实际情况，它们可以把某些寄存器入栈，以便在函数返回时恢复这些寄存器的值。在函数结尾（epilogue）部分，恢复 EBP 寄存器，并用 RET 指令返回调用者。

AddTwo 示例　下面是用 C 编写的 AddTwo 函数，它接收了两个值传递的整数，然后返回这两个数之和：

```
int AddTwo( int x, int y )
{
    return x + y;
}
```

现在用汇编语言实现同样的功能。在函数开始的时候，AddTwo 将 EBP 入栈，以保存其当前值：

```
AddTwo PROC
       push ebp
```

接下来，EBP 的值被设置为等于 ESP，这样 EBP 就成为 AddTwo 堆栈帧的基址指针：

```
AddTwo PROC
       push ebp
       mov  ebp,esp
```

执行了上面两条指令后，堆栈帧的内容如下图所示。而形如 AddTwo（5，6）的函数调用会先把第一个参数入栈，再把第二个参数入栈：

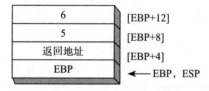

AddTwo 在其他寄存器入栈时，不用通过 EBP 来修改堆栈参数的偏移量。数值会改变的是 ESP，而 EBP 则不会。

基址 – 偏移量寻址　可以使用基址 – 偏移量寻址（base-offset addressing）方式来访问堆栈参数。其中，EBP 是基址寄存器，偏移量是常数。通常，EAX 为 32 位返回值。AddTwo 的实现如下所示，参数相加后，EAX 返回它们的和数：

```
AddTwo PROC
       push ebp
       mov  ebp,esp          ;堆栈帧的基址
       mov  eax,[ebp + 12]   ;第二个参数
       add  eax,[ebp + 8]    ;第一个参数
       pop  ebp
       ret
AddTwo ENDP
```

1. 显式的堆栈参数

若堆栈参数的引用表达式形如 [ebp+8]，则称它们为显式的堆栈参数（explicit stack parameters）。这个名称的含义是：汇编代码显式地说明了参数的偏移量是一个常数。有些程序员定义符号常量来表示显式的堆栈参数，以使其代码更具易读性：

```
y_param EQU [ebp + 12]
x_param EQU [ebp + 8]
AddTwo PROC
    push  ebp
    mov   ebp,esp
    mov   eax,y_param
    add   eax,x_param
    pop   ebp
    ret
AddTwo ENDP
```

2. 清除堆栈

子程序返回时，必须将参数从堆栈中删除。否则将导致内存泄露，堆栈就会被破坏。例如，设如下语句在 main 中调用 AddTwo：

```
push  6
push  5
call  AddTwo
```

假设 AddTwo 有两个参数留着堆栈中，下图所示为调用返回后的堆栈：

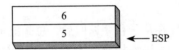

main 部分试图忽略这个问题，并希望程序能正常结束。但是，如果循环调用 AddTwo，堆栈就会溢出。因为每次调用都会占用 12 字节的堆栈空间——每个参数需要 4 个字节，再加 4 个字节留给 CALL 指令的返回地址。如果在 main 中调用 Example1，而它又要调用 AddTwo 就会导致更加严重的问题：

```
main PROC
    call  Example1
    exit
main ENDP
Example1 PROC
    push  6
    push  5
    call  AddTwo
    ret            ;堆栈被破坏了!
Example1 ENDP
```

当 Example1 的 RET 指令将要执行时，ESP 指向整数 5 而不是能将其带回 main 的返回地址：

RET 指令把整数 5 加载到指令指针寄存器，尝试将控制转移到内存地址为 5 的位置。

假设这个地址在程序代码边界之外，那么处理器将给出运行时异常，通知 OS 终止程序。

8.2.4 32 位调用规范

本节将给出 Windows 环境中两种最常用的 32 位编程调用规范。首先是 C 语言发布的 C 调用规范，该语言用于 Unix 和 Windows。然后是 STDCALL 调用规范，它描述了调用 Windows API 函数的协议。这两种规范都很重要，因为在 C 和 C++ 程序中会调用汇编函数，同时汇编语言程序也会调用大量的 Windows API 函数。

C 调用规范 C 调用规范用于 C 和 C++ 语言。子程序的参数按逆序入栈，因此，C 程序在调用如下函数时，先将 B 入栈，再将 A 入栈：

```
AddTwo( A, B )
```

C 调用规范用一种简单的方法解决了清除运行时堆栈的问题：程序调用子程序时，在 CALL 指令的后面紧跟一条语句使堆栈指针（ESP）加上一个数，该数的值即为子程序参数所占堆栈空间的总和。下面的例子在执行 CALL 指令之前，将两个参数（5 和 6）入栈：

```
Example1 PROC
    push    6
    push    5
    call    AddTwo
    add     esp,8      ;从堆栈移除参数
    ret
Example1 ENDP
```

因此，用 C/C++ 编写的程序在从子程序返回后，总是能把参数从堆栈中删除。

STDCALL 调用规范 另一种从堆栈删除参数的常用方法是使用名为 STDCALL 的规范。如下所示的 AddTwo 过程给 RET 指令添加了一个整数参数，这使得程序在返回到调用过程时，ESP 会加上数值 8。这个添加的整数必须与被调用过程参数占用的堆栈空间字节数相等：

```
AddTwo PROC
    push    ebp
    mov     ebp,esp         ;堆栈帧基址
    mov     eax,[ebp + 12]  ;第二个参数
    add     eax,[ebp + 8]   ;第一个参数
    pop     ebp
    ret     8               ;清除堆栈
AddTwo ENDP
```

要说明的是，STDCALL 与 C 相似，参数是按逆序入栈的。通过在 RET 指令中添加参数，STDCALL 不仅减少了子程序调用产生的代码量（减少了一条指令），还保证了调用程序永远不会忘记清除堆栈。另一方面，C 调用规范则允许子程序声明不同数量的参数，主调程序可以决定传递多少个参数。C 语言的 printf 函数就是一个例子，它的参数数量取决于初始字符串参数中的格式说明符的个数：

```
int x = 5;
float y = 3.2;
char z = 'Z';
printf("Printing values: %d, %f, %c", x, y, z);
```

C 编译器按逆序将参数入栈，被调用的函数负责确定要传递的实际参数的个数，然后依

次访问参数。这种函数实现没有像给 RET 指令添加一个常数那样简便的方法来清除堆栈，因此，这个责任就留给了主调程序。

调用 32 位 Windows API 函数时，Irvine32 链接库使用的是 STDCALL 调用规范。Irvine64 链接库使用的是 x64 调用规范。

> 从这里开始，本书假设所有过程示例使用的都是 STDCALL，除非明确说明使用了其他规范。

保存和恢复寄存器

通常，子程序在修改寄存器之前要将它们的当前值保存到堆栈。这是一个很好的做法，因为可以在子程序返回之前恢复寄存器的原始值。理想情况下，相关寄存器入栈应在设置 EBP 等于 ESP 之后，在为局部变量保留空间之前。这有利于避免修改当前堆栈参数的偏移量。例如，假设如下过程 MySub 有一个堆栈参数。在 EBP 被设置为堆栈帧基址后，ECX 和 EDX 入栈，然后堆栈参数加载到 EAX：

```
MySub PROC
    push    ebp             ;保存基址指针
    mov     ebp,esp         ;堆栈帧基址
    push    ecx
    push    edx             ;保存 EDX
    mov     eax,[ebp+8]     ;取堆栈参数
    .
    .
    pop     edx             ;恢复被保存的寄存器
    pop     ecx
    pop     ebp             ;恢复基址指针
    ret                     ;清除堆栈
MySub ENDP
```

EBP 被初始化后，在整个过程期间它的值将保持不变。ECX 和 EDX 的入栈不会影响到已入栈参数与 EBP 之间的位移量，因为堆栈的增长位于 EBP 的下方（如图 8-1 所示）。

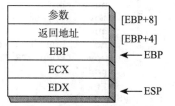

图 8-1 MySub 过程的堆栈帧

8.2.5 局部变量

高级语言中，在单一子程序内新建、使用和撤销的变量被称为局部变量（local variable）。局部变量创建于运行时堆栈，通常位于基址指针（EBP）之下。尽管不能在汇编时给它们分配默认值，但是能在运行时初始化它们。可以使用与 C 和 C++ 相同的方法在汇编语言中新建局部变量。

示例 下面的 C++ 函数声明了局部变量 X 和 Y：

```
void MySub()
{
    int X = 10;
    int Y = 20;
}
```

如果这段代码被编译为机器语言，就能看出局部变量是如何分配的。每个堆栈项都默认为 32 位，因此，每个变量的存储大小都要向上取整保存为 4 的倍数。两个局部变量一共要保留 8 个字节：

变量	字节数	堆栈偏移量
X	4	EBP-4
Y	4	EBP-8

MySub 函数（在调试器中）的反汇编展示了 C++ 程序如何创建局部变量，以及如何从堆栈中删除它们。该例使用了 C 调用规则：

```
MySub PROC
    push    ebp
    mov     ebp,esp
    sub     esp,8                   ; 创建局部变量
    mov     DWORD PTR [ebp-4],10    ; X
    mov     DWORD PTR [ebp-8],20    ; Y
    mov     esp,ebp                 ; 从堆栈中删除局部变量
    pop     ebp
    ret
MySub ENDP
```

局部变量初始化后，函数的堆栈帧如图 8-2 所示。

在结束前，函数通过将 EBP 的值赋给堆栈指针完成对其的重置，该操作的效果是把局部变量从堆栈中删除：

```
mov    esp,ebp    ; 从堆栈中删除局部变量
```

返回地址	
EBP	← EBP
10 (X)	[EBP-4]
20 (Y)	[EBP-8] ← ESP

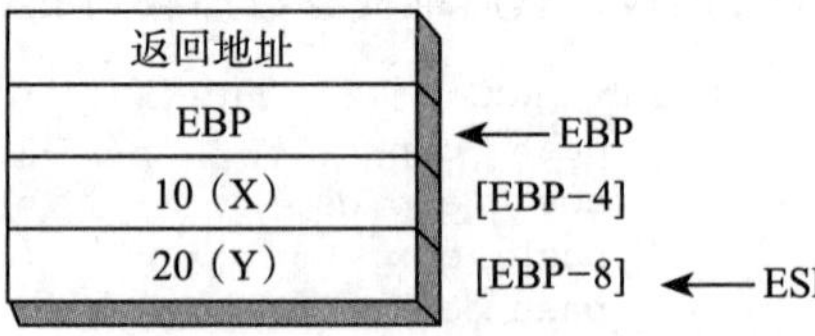

图 8-2 创建局部变量后的堆栈帧

如果省略这一步，那么 POP EBP 指令将会把 EBP 设置为 20，而 RET 指令就会分支到内存地址 10 的位置，从而导致程序因出现处理器异常而终止。下面的 MySub 代码就是这种情况：

```
MySub PROC
    push    ebp
    mov     ebp,esp
    sub     esp,8                   ; 创建局部变量
    mov     DWORD PTR [ebp-4],10    ; X
    mov     DWORD PTR [ebp-8],20    ; Y
    pop     ebp
    ret                             ; 返回到无效地址!
MySub ENDP
```

局部变量符号 为了使程序更加易读，可以为每个局部变量的偏移量定义一个符号，然后在代码中使用这些符号：

```
X_local EQU DWORD PTR [ebp-4]
Y_local EQU DWORD PTR [ebp-8]

MySub PROC
    push    ebp
    mov     ebp,esp
    sub     esp,8               ; 为局部变量保留空间
    mov     X_local,10          ; X
    mov     Y_local,20          ; Y
    mov     esp,ebp             ; 从堆栈中删除局部变量
    pop     ebp
    ret
MySub ENDP
```

8.2.6 引用参数

引用参数通常是由过程用基址-偏移量寻址（从 EBP）方式进行访问。由于每个引用参数都是一个指针，因此，常常作为一个间接操作数放在寄存器中。例如，假设堆栈地址 [ebp+12] 存放了一个数组指针，则下述语句就把该指针复制到 ESP 中：

```
mov esi,[ebp+12]  ;指向数组
```

ArrayFill 示例　下面将要展示的 ArrayFill 过程用 16 位整数的伪随机序列来填充数组。它接收两个参数：数组指针和数组长度，第一个为引用传递，第二个为值传递。调用示例如下：

```
.data
count = 100
array WORD count DUP(?)
.code
push    OFFSET array
push    count
call    ArrayFill
```

在 ArrayFill 中，下面的代码为其开始部分，对堆栈帧指针（EBP）进行初始化：

```
ArrayFill PROC
    push  ebp
    mov   ebp,esp
```

现在，堆栈帧中包含了数组偏移量、数组长度（count）、返回地址以及被保存的 EBP：

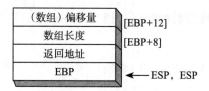

ArrayFill 保存了通用寄存器，检索参数并填充数组：

```
ArrayFill PROC
    push    ebp
    mov     ebp,esp
    pushad                  ;保存寄存器
    mov     esi,[ebp+12]    ;数组偏移量
    mov     ecx,[ebp+8]     ;数组长度
    cmp     ecx,0           ;ECX==0？
    je      L2              ;是：跳过循环
L1:
    mov     eax,10000h      ;随机范围 0～FFFFh
    call    RandomRange     ;从链接库生成随机数
    mov     [esi],ax        ;在数组中插入值
    add     esi,TYPE WORD   ;指向下一个元素
    loop    L1
L2: popad                   ;恢复寄存器
    pop     ebp
    ret     8               ;清除堆栈
ArrayFill ENDP
```

8.2.7 LEA 指令

LEA 指令返回间接操作数的地址。由于间接操作数中包含一个或多个寄存器，因此会

在运行时计算这些操作数的偏移量。为了演示如何使用 LEA，现在来看下面的 C++ 程序，该程序声明了一个局部数组 myString，并引用它来分配数组值：

```cpp
void makeArray( )
{
    char myString[30];
    for( int i = 0; i < 30; i++ )
        myString[i] = '*';
}
```

与之等效的汇编代码在堆栈中为 myString 分配空间，并将地址——间接操作数——赋给 ESI。虽然数组只有 30 个字节，但是 ESP 还是递减了 32 以对齐双字边界。注意如何使用 LEA 把数组地址分配给 ESI：

```
makeArray PROC
    push    ebp
    mov     ebp,esp
    sub     esp,32              ;myString 位于 EBP-30 的位置
    lea     esi,[ebp-30]        ;加载 myString 的地址
    mov     ecx,30              ;循环计数器
L1: mov     BYTE PTR [esi],'*'  ;填充一个位置
    inc     esi                 ;指向下一个元素
    loop    L1                  ;循环，直到 ECX=0
    add     esp,32              ;删除数组（恢复 ESP）
    pop     ebp
    ret
makeArray ENDP
```

不能用 OFFSET 获得堆栈参数的地址，因为 OFFSET 只适用于编译时已知的地址。下面的语句无法汇编：

```
mov     esi,OFFSET [ebp-30]     ;错误
```

8.2.8　ENTER 和 LEAVE 指令

ENTER 指令为被调用过程自动创建堆栈帧。它为局部变量保留堆栈空间，把 EBP 入栈。具体来说，它执行三个操作：

- 把 EBP 入栈（push ebp）
- 把 EBP 设置为堆栈帧的基址（mov ebp, esp）
- 为局部变量保留空间（sub esp, numbytes）

ENTER 有两个操作数：第一个是常数，定义为局部变量保存的堆栈空间字节数；第二个定义了过程的词法嵌套级。

```
ENTER   numbytes, nestinglevel
```

这两个操作数都是立即数。Numbytes 总是向上舍入为 4 的倍数，以便 ESP 对齐双字边界。Nestinglevel 确定了从主调过程堆栈帧复制到当前帧的堆栈帧指针的个数。在示例程序中，nestinglevel 总是为 0。Intel 手册解释了 ENTER 指令如何支持模块结构语言中的多级嵌套。

示例 1　下面的例子声明了一个没有局部变量的过程：

```
MySub PROC
    enter 0,0
```

它与如下指令等效：

```
MySub PROC
    push  ebp
    mov   ebp,esp
```

示例 2　ENTER 指令为局部变量保留了 8 个字节的堆栈空间：

```
MySub PROC
    enter 8,0
```

它与如下指令等效：

```
MySub PROC
    push  ebp
    mov   ebp,esp
    sub   esp,8
```

图 8-3 为执行 ENTER 指令前后的堆栈示意图。

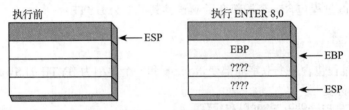

图 8-3　执行 ENTER 前后的堆栈示意图

> 如果要使用 ENTER 指令，那么本书强烈建议在同一个过程的结尾处同时使用 LEAVE 指令。否则，为局部变量保留的堆栈空间就可能无法释放。这将会导致 RET 指令从堆栈中弹出错误的返回地址。

LEAVE 指令　LEAVE 指令结束一个过程的堆栈帧。它反转了之前的 ENTER 指令操作：恢复了过程被调用时 ESP 和 EBP 的值。再次以 MySub 过程为例，现在可以编码如下：

```
MySub PROC
    enter 8,0
    .
    .
    leave
    ret
MySub ENDP
```

下面是与之等效的指令序列，其功能是在堆栈中保存和删除 8 个字节的局部变量：

```
MySub PROC
    push  ebp
    mov   ebp,esp
    sub   esp,8
    .
    .
    mov   esp,ebp
    pop   ebp
    ret
MySub ENDP
```

8.2.9 LOCAL 伪指令

不难想象，Microsoft 创建 LOCAL 伪指令是作为 ENTER 指令的高级替补。LOCAL 声明一个或多个变量名，并定义其大小属性。（另一方面，ENTER 则只为局部变量保留一块未命名的堆栈空间。）如果要使用 LOCAL 伪指令，它必须紧跟在 PROC 伪指令的后面。其语法如下所示：

```
LOCAL varlist
```

varlist 是变量定义列表，用逗号分隔表项，可选为跨越多行。每个变量定义采用如下格式：

```
label:type
```

其中，标号可以为任意有效标识符，类型既可以是标准类型（WORD、DWORD 等），也可以是用户定义类型。（结构和其他用户定义类型将在第 10 章进行说明。）

示例 MySub 过程包含一个局部变量 var1，其类型为 BYTE：

```
MySub PROC
    LOCAL var1:BYTE
```

BubbleSort 过程包含一个双字局部变量 temp 和一个类型为 BYTE 的 SwapFlag 变量：

```
BubbleSort PROC
    LOCAL temp:DWORD, SwapFlag:BYTE
```

Merge 过程包含一个类型为 PTR WORD 的局部变量 pArray，它是一个 16 位整数的指针：

```
Merge PROC
    LOCAL pArray:PTR WORD
```

局部变量 TempArray 是一个数组，包含 10 个双字。请注意用方括号显示数组大小：

```
LOCAL TempArray[10]:DWORD
```

MASM 代码生成

使用 LOCAL 伪指令时，查看 MASM 生成代码是有好处的。下面的过程 Example1 有一个双字局部变量：

```
Example1 PROC
    LOCAL temp:DWORD
    mov    eax,temp
    ret
Example1 ENDP
```

MASM 为 Example1 生成如下代码，展示了 ESP 怎样减去 4，以便为双字变量预留空间：

```
push   ebp
mov    ebp,esp
add    esp,0FFFFFFFCh  ;ESP 加 -4
mov    eax,[ebp-4]
leave
ret
```

Example1 的堆栈帧示意图如下所示：

8.2.10 Microsoft x64 调用规范

Microsoft 遵循固定模式实现 64 位编程中的参数传递和子程序调用，该模式被称为 Microsoft x64 调用规范（Microsoft x64 calling convention）。它既用于 C 和 C++ 编译器，也用于 Windows API 库。只有在要么调用 Windows 函数，要么调用 C 和 C++ 函数时，才需要使用这个调用规范。它的特点和要求如下所示：

1）由于地址长为 64 位，因此 CALL 指令把 RSP（堆栈指针）寄存器的值减去 8。

2）第一批传递给子程序的四个参数依次存放于寄存器 RCX、RDX、R8 和 R9。因此，如果只传递一个参数，它就会被放入 RCX。如果还有第二个参数，它就会被放入 RDX，以此类推。其他参数按照从左到右的顺序入栈。

3）长度不足 64 位的参数不进行零扩展，因此，其高位的值是不确定的。

4）如果返回值的长度小于或等于 64 位，那么它必须放在 RAX 寄存器中。

5）主调者要负责在堆栈中分配至少 32 字节的影子空间，以便被调用的子程序可以选择将寄存器保存在这个区域中。

6）调用子程序时，堆栈指针（RSP）必须对齐 16 字节边界。CALL 指令将 8 字节的返回地址压入堆栈，因此，主调程序除了把堆栈指针减去 32 以便存放寄存器参数之外，还要减去 8。

7）被调用子程序执行结束后，主调程序需负责从运行时堆栈中移除所有的参数和影子空间。

8）大于 64 位的返回值存放于运行时堆栈，由 RCX 指出其位置。

9）寄存器 RAX、RCX、RDX、R8、R9、R10 和 R11 常常被子程序修改，因此，如果主调程序想要保存它们的值，就应在调用子程序之前将它们入栈，之后再从堆栈弹出。

10）寄存器 RBX、RBP、RDI、RSI、R12、R13、R14 和 R15 的值必须由子程序保存。

8.2.11 本节回顾

1.（真 / 假）：子程序的堆栈帧总是包含主调程序的返回地址和子程序的局部变量。
2.（真 / 假）：为了避免被复制到堆栈，数组通过引用来传递。
3.（真 / 假）：子程序开始部分的代码总是将 EBP 入栈。
4.（真 / 假）：堆栈指针加上一个正值即可创建局部变量。
5.（真 / 假）：32 位模式下，子程序调用中最后入栈的参数保存于 EBP+8 的位置。
6.（真 / 假）：引用传递意味着将参数的地址保存在运行时堆栈中。
7. 堆栈参数有哪两种常见类型？

8.3 递归

递归子程序（recursive subrountine）是指直接或间接调用自身的子程序。递归，调用递归子程序的做法，在处理具有重复模式的数据结构时，它是一个强大的工具。例如链表和各种类型的连接图，这些情况下，程序都需要追踪其路径。

无限递归 子程序对自身的调用是递归中最显而易见的类型。例如，下面的程序包含一个名为 Endless 的过程，它不间断地重复调用自身：

```
; 无限递归                              (Endless.asm)
INCLUDE Irvine32.inc
.data
endlessStr BYTE "This recursion never stops",0
.code
main PROC
    call   Endless
    exit
main ENDP

Endless PROC
    mov    edx,OFFSET endlessStr
    call   WriteString
    call   Endless
    ret                ; 从不执行
Endless ENDP
END main
```

当然，这个例子没有任何实用价值。每次过程调用自身时，它会占用 4 字节的堆栈空间让 CALL 指令将返回地址入栈。RET 指令永远不会被执行，仅当堆栈溢出时，程序终止。

8.3.1 递归求和

实用的递归子程序总是包含终止条件。当终止条件为真时，随着程序执行所有挂起的 RET 指令，堆栈展开。举例说明，考虑一个名为 CalcSum 的递归过程，执行整数 1 到 n 的加法，其中 n 是通过 ECX 传递的输入参数。CalcSum 用 EAX 返回和数：

```
; 整数求和                              (RecursiveSum.asm)
INCLUDE Irvine32.inc
.code
main PROC
     mov    ecx,5       ; 计数值 =5
     mov    eax,0       ; 存放和数
     call   CalcSum     ; 计算和数
L1:  call   WriteDec    ; 显示 EAX
     call   Crlf        ; 换行
     exit
main ENDP

;---------------------------------------------------
CalcSum PROC
; 计算整数列表的和数
; 接收：ECX= 计数值
; 返回：EAX= 和数
;---------------------------------------------------
     cmp    ecx,0       ; 检查计数值
     jz     L2          ; 若为零则退出
     add    eax,ecx     ; 否则，与和数相加
     dec    ecx         ; 计数值递减
     call   CalcSum     ; 递归调用
L2:  ret
CalcSum ENDP
end Main
```

CalcSum 的开始两行检查计数值，若 ECX=0 则退出该过程，代码就跳过了后续的递归

调用。当第一次执行 RET 指令时,它返回到前一次对 CalcSum 的调用,而这个调用再返回到它的前一次调用,依序前推。表 8-1 给出了 CALL 指令压入堆栈的返回地址(用标号表示),以及与之相应的 ECX(计数值)和 EAX(和数)的值。

表 8-1 堆栈帧和寄存器(CalcSum)

入栈的返回地址	ECX 的值	EAX 的值	入栈的返回地址	ECX 的值	EAX 的值
L1	5	0	L2	2	12
L2	4	5	L2	1	14
L2	3	9	L2	0	15

即使是一个简单的递归过程也会使用大量的堆栈空间。每次过程调用发生时最少占用 4 字节的堆栈空间,因为要把返回地址保存到堆栈。

8.3.2 计算阶乘

递归子程序经常用堆栈参数来保存临时数据。当递归调用展开时,保存在堆栈中的数据就有用了。下面要查看的例子是计算整数 n 的阶乘。阶乘算法计算 $n!$,其中 n 是无符号整数。第一次调用 factorial 函数时,参数 n 就是初始数字。下面给出的是用 C/C++/Java 语法编写的代码:

```
int function factorial(int n)
{
    if(n == 0)
      return 1;
    else
      return n * factorial(n-1);
}
```

假设给定任意 n,即可计算 $n-1$ 的阶乘。这样就可以不断减少 n,直到它等于 0 为止。根据定义,$0! =1$。而回溯到原始表达式 $n!$ 的过程,就会累积每次的乘积。比如计算 $5!$ 的递归算法如图 8-4 所示,左列为算法递进过程,右列为算法回溯过程。

示例程序 下面的汇编语言程序包含了过程 Factorial,递归计算阶乘。通过堆栈把 n(0 ~ 12 之间的无符号整数)传递给过程 Factorial,返回值在 EAX 中。由于 EAX 是 32 位寄存器,因此,它能容纳的最大阶乘为 12!(479 001 600)。

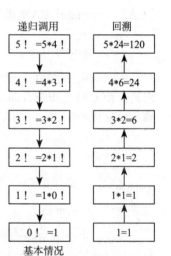

图 8-4 阶乘函数的递归调用

```
; 计算阶乘                    (Fact.asm)
INCLUDE Irvine32.inc
.code
main PROC
    push 5                    ;计算 5!
    call Factorial            ;计算阶乘 (EAX)
    call WriteDec             ;显示结果
    call Crlf
    exit
main ENDP

;----------------------------------------------------
Factorial PROC
```

```
; 计算阶乘。
; 接收: [ebp+8]=n, 需计算的数
; 返回: eax=n 的阶乘
;---------------------------------------------------
    push    ebp
    mov     ebp,esp
    mov     eax,[ebp+8]             ; 获取 n
    cmp     eax,0                   ; n>0？
    ja      L1                      ; 是: 继续
    mov     eax,1                   ; 否: 返回 0! 的值 1
    jmp     L2                      ; 并返回主调程序
L1: dec     eax
    push    eax                     ; Factorial(n-1)
    call    Factorial
; 每次递归调用返回时
; 都要执行下面的指令
ReturnFact:
    mov     ebx,[ebp+8]             ; 获取 n
    mul     ebx                     ; EDX:EAX = EAX * EBX
L2: pop     ebp                     ; 返回 EAX
    ret     4                       ; 清除堆栈
Factorial ENDP
END main
```

现在通过跟踪初始值 N=3 的调用过程，来更加详细地查看 Factorial。按照其说明中的记录，Factorial 用 EAX 寄存器返回结果：

```
push 3
call Factorial                      ; EAX = 3!
```

Factorial 过程接收一个堆栈参数 N 为初始值，以决定计算哪个数的阶乘。主调程序的返回地址由 CALL 指令自动入栈。Factorial 的第一个操作是把 EBP 入栈，以便保存主调程序堆栈的基址指针：

```
Factorial PROC
    push    ebp
```

之后，它必须把 EBP 设置为当前堆栈帧的起始地址：

```
    mov     ebp,esp
```

现在，EBP 和 ESP 都指向栈顶，运行时堆栈的堆栈帧如下图所示。其中包含了参数 N、主调程序的返回地址和被保存的 EBP 值：

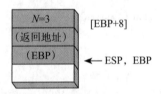

由上图可知，要从堆栈中取出 N 并加载到 EAX，代码需要把 EBP 加 8 后进行基址 – 偏移量寻址：

```
    mov     eax,[ebp+8]  ; 获取 n
```

然后，代码检查基本情况（base case），即停止递归的条件。如果 N（EAX 当前值）等于

0，函数返回1，也就是0！的定义值。

```
cmp     eax,0       ;n>0？
ja      L1          ;是：继续
mov     eax,1       ;否：返回0！的结果1
jmp     L2          ;并返回主调程序
```

（稍后再查看标号 L2 的代码。）由于当前 EAX 的值为 3，Factorial 将递归调用自身。首先，它从 N 中减去 1，并把新值入栈。该值作为参数传递给新调用的 Factorial：

```
L1: dec     eax
    push    eax                 ; Factorial(n - 1)
    call    Factorial
```

现在，执行转向 Factorial 的第一行，计算数值为 N 的新值：

```
Factorial PROC
    push    ebp
    mov     ebp,esp
```

运行时堆栈又包含了第二个堆栈帧，其中 N 等于 2：

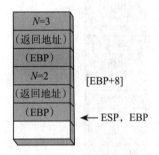

现在 N 的值为 2，将其加载到 EAX，并与 0 比较：

```
mov     eax,[ebp+8] ;当前N=2
cmp     eax,0       ;N与0比较
ja      L1          ;仍然大于0
mov     eax,1       ;不执行
jmp     L2          ;不执行
```

N 大于 0，因此，继续执行标号 L1。

> **提示**　读者可能已经注意到之前的 EAX，即第一次调用时分配给 Factorial 的值，被新值覆盖了。这说明了一个重要的事实：在过程进行递归调用时，应该小心注意哪些寄存器会被修改。如果需要保存这些寄存器的值，就需要在递归调用之前将其入栈，并在调用返回之后将其弹出堆栈。幸运的是，对 Factorial 过程而言，在递归调用之间保存 EAX 并不是必要的。

执行 L1 时，将会用递归过程调用来计算 N-1 的阶乘。代码将 EAX 减 1，并将结果入栈，再调用 Factorial：

```
L1: dec     eax                 ; N = 1
    push    eax                 ; Factorial(1)
    call    Factorial
```

现在，第三次进入 Factorial，堆栈中也有了三个活动的堆栈帧：

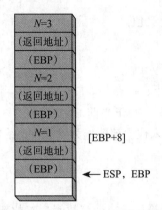

Factorial 过程将 N 与 0 比较，发现 N 大于 0，则再次调用 Factorial，此时 N=0。当最后一次进入 Factorial 过程时，运行时堆栈出现了第四个堆栈帧：

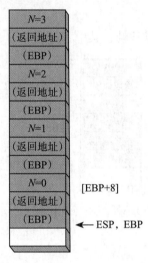

在 N=0 时调用 Factorial，情况变得有趣了。下面的语句产生了到标号 L2 的分支。由于 0！=1，因此数值 1 赋给 EAX，而 EAX 必须包含 Factorial 的返回值：

```
mov     eax,[ebp+8]         ;EAX = 0
cmp     eax,0               ;n>0？
ja      L1                  ;是：继续
mov     eax,1               ;否：返回 0！的结果 1
jmp     L2                  ;并返回主调程序
```

标号 L2 的语句如下，它使得 Factorial 返回到前一次的调用：

```
L2: pop     ebp         ;返回 EAX
    ret     4           ;清除堆栈
```

此时，如下图所示，最近的帧已经不在运行时堆栈中，且 EAX 的值为 1（零的阶乘）：

下面的代码行是 Factorial 调用的返回点。它们获取 N 的当前值（保存于堆栈 EBP+8 的位置），将其与 EAX（Factorial 调用的返回值）相乘。那么，EAX 中的乘积就是 Factorial 本次迭代的返回值：

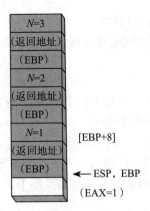

```
ReturnFact:
        mov    ebx,[ebp+8]          ; 获取 n
        mul    ebx                   ; EAX = EAX * EBX
L2:     pop    ebp                   ; 返回 EAX
        ret    4                     ; 清除堆栈
Factorial ENDP
```

（EDX 中的乘积高位部分为全 0，可以忽略。）由此，上述代码行第一次得以执行，EAX 保存了表达式 1×1 的乘积。随着 RET 指令的执行，又一个堆栈帧从堆栈中删除：

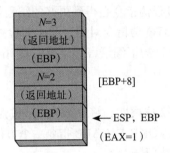

再次执行 CALL 指令后面的语句，将 N（现在等于 2）与 EAX 的值（等于 1）相乘：

```
ReturnFact:
        mov    ebx,[ebp+8]          ; 获取 n
        mul    ebx                   ; EDX:EAX = EAX * EBX
L2:     pop    ebp                   ; 返回 EAX
        ret    4                     ; 清除堆栈
Factorial ENDP
```

EAX 中的乘积现在等于 2，RET 指令又从堆栈中移除一个堆栈帧：

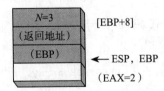

现在，最后一次执行 CALL 指令后面的语句，将 N（等于 3）与 EAX 的值（等于 2）相乘：

```
ReturnFact:
        mov    ebx,[ebp+8]          ; 获取 n
        mul    ebx                   ; EDX:EAX = EAX * EBX
L2:     pop    ebp                   ; 返回 EAX
        ret    4                     ; 清除堆栈
Factorial ENDP
```

EAX 的返回值为 6，是 3！的计算结果，也是第一次调用 Factorial 时希望进行的计算。当 RET 指令执行时，最后一个堆栈帧也从堆栈中移除。

8.3.3 本节回顾

1. （真/假）：假设完成同样的任务，递归子程序使用的内存空间通常少于非递归子程序。
2. Factorial 函数中，终止递归的条件是什么？
3. 汇编语言编写的 Factorial 过程中，每次递归调用结束后，要执行什么指令？
4. 如果计算 13！，那么 Factorial 程序的输出会出现什么情况？
5. 挑战：若计算 5！，则 Factorial 过程需要占用多少字节的堆栈空间？

8.4　INVOKE、ADDR、PROC 和 PROTO

在 32 位模式中，INVOKE、PROC 和 PROTO 伪指令是过程定义和调用的强大工具。ADDR 运算符与这些伪指令一起使用，是定义过程参数的重要工具。在很多方面，这些伪指令都接近于高级编程语言提供的便利。但是，从教学的角度来看，它们的使用是有争议的，因为它们屏蔽了运行时堆栈的底层结构。因此，在使用这些伪指令之前，详细了解子程序调用的底层机制是非常明智的。

在某种情况下，使用高级过程伪指令会得到更好的编程效果——即程序要在多个模块之间调用过程的时候。此时，PROTO 伪指令对照过程声明检查参数列表，以帮助汇编器验证过程调用。这个特性鼓励经验丰富的汇编语言程序员去利用高级 MASM 伪指令提供的便利。

8.4.1　INVOKE 伪指令

INVOKE 伪指令，只用于 32 位模式，将参数入栈（按照 MODEL 伪指令的语言说明符所指定的顺序）并调用过程。INVOKE 是 CALL 指令一个方便的替代品，因为，它用一行代码就能传递多个参数。常见语法如下：

```
INVOKE procedureName [, argumentList]
```

ArgumentList 是可选项，它用逗号分隔传递给过程的参数。例如，执行若干 PUSH 指令后调用 DumpArray 过程，使用 CALL 指令的形式如下：

```
push    TYPE array
push    LENGTHOF array
push    OFFSET array
call    DumpArray
```

使用等效的 INVOKE 则将代码减少为一行，列表中的参数逆序排列（假设遵循 STDCALL 规范）：

```
INVOKE DumpArray, OFFSET array, LENGTHOF array, TYPE array
```

INVOKE 对参数数量几乎没有限制，每个参数也可以独立成行。下面的 INVOKE 语句包含了有用的注释：

```
INVOKE DumpArray,        ;显示数组
    OFFSET array,        ;指向数组
    LENGTHOF array,      ;数组长度
    TYPE array           ;数组元素的大小类型
```

参数类型如表 8-2 所示。

表 8-2　INVOKE 的参数类型

类型	例子	类型	例子
立即数	10, 3000h, Offset mylist, TYPE array	寄存器	eax, bl, edi
整数表达式	(10*20), COUNT	ADDR *name*	ADDR myList
变量	myLIst, array, myWord, myDword	OFFSET *name*	OFFSET myList
地址表达式	[myList+2], [ebx+esi]		

覆盖 EAX 和 EDX　如果向过程传递的参数小于 32 位，那么在将参数入栈之前，INVOKE 为了扩展参数常常会使得汇编器覆盖 EAX 和 EDX 的内容。有两种方法可以避免这种情况：其一，传递给 INVOKE 的参数总是 32 位的；其二，在过程调用之前保存 EAX 和 EDX，在过程调用之后再恢复它们的值。

8.4.2　ADDR 运算符

ADDR 运算符同样可用于 32 位模式，在使用 INVOKE 调用过程时，它可以传递指针参数。比如，下面的 INVOKE 语句给 FillArray 过程传递了 myArray 的地址：

```
INVOKE FillArray, ADDR myArray
```

传递给 ADDR 的参数必须是汇编时常数。下面的例子就是错误的：

```
INVOKE mySub, ADDR [ebp+12]    ;错误
```

ADDR 运算符只能与 INVOKE 一起使用，下面的例子也是错误的：

```
mov  esi, ADDR myArray         ;错误
```

示例　下例中的 INVOKE 伪指令调用 Swap，并向其传递了一个双字数组前两个元素的地址：

```
.data
Array DWORD 20 DUP(?)
.code
...
INVOKE Swap,
    ADDR Array,
    ADDR [Array+4]
```

假设使用 STDCALL 规范，那么汇编器生成的相应代码如下所示：

```
push OFFSET Array+4
push OFFSET Array
call Swap
```

8.4.3　PROC 伪指令

1.PROC 伪指令的语法

32 位模式中，PROC 伪指令基本语法如下所示：

label PROC [*attributes*] [USES *reglist*], *parameter_list*

Label 是按照第 3 章说明的标识符规则、由用户定义的标号。Attributes 是指下述任一

内容:

[*distance*] [*langtype*] [*visibility*] [*prologuearg*]

表 8-3 对这些属性进行了说明。

表 8-3 PROC 伪指令的属性域

属性	说明
distance	NEAR 或 FAR。指定汇编器生成的 RET 指令（RET 或 RETF）类型
langtype	指定调用规范（参数传递规范），如 C、PASCAL 或 STDCALL。能覆盖由 .MODEL 伪指令指定的语言
visibility	指明本过程对其他模块的可见性。选项包括 PRIVATE、PUBLIC（默认项）和 EXPORT。若可见性为 EXPORT，则链接器把过程名放入分段可执行文件的导出表。EXPORT 也使之具有了 PUBLIC 可见性
prologuearg	指定会影响开始和结尾代码生成的参数

2. 参数列表

PROC 伪指令允许在声明过程时，添加上用逗号分隔的参数名列表。代码实现可以用名称来引用参数，而不是计算堆栈偏移量，如 [ebp+8]:

```
label PROC [attributes] [USES reglist],
    parameter_1,
    parameter_2,
    .
    .
    parameter_n
```

如果参数列表与 PROC 在同一行，则 PROC 后面的逗号可以省略:

```
label PROC [attributes], parameter_1, parameter_2, ..., parameter_n
```

每个参数的语法如下:

paramName:*type*

ParamName 是分配给参数的任意名称，其范围只限于当前过程（称为局部作用域（local scope））。同样的参数名可以用于多个过程，但却不能作为全局变量或代码标号的名称。Type 可以在这些类型中选择：BYTE、SBYTE、WORD、SWORD、DWORD、SDWORD、FWORD、QWORD 或 TBYTE。此外，type 还可以是限定类型（qualified type），如指向现有类型的指针。下面是限定类型的例子:

PTR BYTE	PTR SBYTE
PTR WORD	PTR SWORD
PTR DWORD	PTR SDWORD
PTR QWORD	PTR TBYTE

虽然可以在这些表达式中添加 NEAR 和 FAR 属性，但它们只与更加专用的应用程序相关。限定类型还能够用 TYPEDEF 和 STRUCT 伪指令创建，具体内容参见第 10 章。

示例 1 AddTwo 过程接收两个双字数值，用 EAX 返回它们的和数：

```
AddTwo PROC,
    val1:DWORD,
    val2:DWORD
    mov   eax,val1
```

```
        add     eax,val2
        ret
AddTwo ENDP
```

AddTwo 汇编时，MASM 生成的汇编代码显示了参数名是如何被转换为 EBP 偏移量的。由于使用的是 STDCALL，因此 RET 指令附加了一个常量操作数：

```
AddTwo PROC
    push    ebp
    mov     ebp, esp
    mov     eax,dword ptr [ebp+8]
    add     eax,dword ptr [ebp+0Ch]
    leave
    ret     8
AddTwo ENDP
```

注意：用指令 ENTER 0, 0 来代替下面的语句，AddTwo 过程也一样正确：

```
push    ebp
mov     ebp,esp
```

> **提示** 要详细查阅 MASM 生成的过程伪代码，用调试器打开程序，并查看 Disassembly 窗口。

示例 2 FillArray 过程接收一个字节数组的指针：

```
FillArray PROC,
    pArray:PTR BYTE
    . . .
FillArray ENDP
```

示例 3 Swap 过程接收两个双字指针：

```
Swap PROC,
    pValX:PTR DWORD,
    pValY:PTR DWORD
    . . .
Swap ENDP
```

示例 4 Read_File 过程接收一个字节指针 pBuffer，有一个局部双字变量 fileHandle，并把两个寄存器保存入栈（EAX 和 EBX）：

```
Read_File PROC USES eax ebx,
    pBuffer:PTR BYTE
    LOCAL fileHandle:DWORD
    mov     esi,pBuffer
    mov     fileHandle,eax
    .
    .
    ret
Read_File ENDP
```

MASM 为 Read_File 生成的代码显示了在 EAX 和 EBX 入栈（由 USES 子句指定）前，如何为局部变量（fileHandle）预留堆栈空间：

```
Read_File PROC
    push    ebp
    mov     ebp,esp
    add     esp,0FFFFFFFCh              ; 创建 fileHandle
```

```
            push    eax                         ;保存 EAX
            push    ebx                         ;保存 EBX
            mov     esi,dword ptr [ebp+8]       ; pBuffer
            mov     dword ptr [ebp-4],eax       ; fileHandle
            pop     ebx
            pop     eax
            leave
            ret     4
     Read_File ENDP
```

注意：尽管 Microsoft 没有采用这种方法，但 Read_File 生成代码的开始部分还可以是这样的：

```
Read_File PROC
    enter  4,0
    push   eax
    (etc.)
```

ENTER 指令首先保存 EBP，再将它设置为堆栈指针的值，并为局部变量保留空间。

由 PROC 修改的 RET 指令　当 PROC 有一个或多个参数时，STDCALL 是默认调用规范。假设 PROC 有 n 个参数，MASM 将生成如下入口和出口代码：

```
push  ebp
mov   ebp,esp
.
.
leave
ret   (n*4)
```

RET 指令中的常数是参数个数乘以 4（因为每个参数都是一个双字）。若使用了 INCLUDE Irvine32.inc，则 STDCALL 是默认规范，它是所有 Windows API 函数调用使用的调用规范。

3. 指定参数传递协议

一个程序可以调用 Irvine32 链接库过程，反之，也可以包含能被 C++ 程序调用的过程。为了提供这样的灵活性，PROC 伪指令的属性域允许程序指定传递参数的语言规范，并且能覆盖 .MODEL 伪指令指定的默认语言规范。下例声明的过程采用了 C 调用规范：

```
Example1 PROC C,
    parm1:DWORD, parm2:DWORD
```

若用 INVOKE 执行 Example1，汇编器将生成符合 C 调用规范的代码。同样，如果用 STDCALL 声明 Example1，INVOKE 的生成代码也会符合这个语言规范：

```
Example1 PROC STDCALL,
    parm1:DWORD, parm2:DWORD
```

8.4.4　PROTO 伪指令

64 模式中，PROTO 伪指令指定程序的外部过程，示例如下：

```
ExitProcess PROTO
.code
mov    ecx,0
call   ExitProcess
```

然而在 32 位模式中，PROTO 是一个更有用的工具，因为它可以包含过程参数列表。可以说，PROTO 伪指令为现有过程创建了原型（prototype）。原型声明了过程的名称和参数列表。它还允许在定义过程之前对其进行调用，并验证参数的数量和类型是否与过程的定义相匹配。

MASM 要求 INVOKE 调用的每个过程都有原型。PROTO 必须在 INVOKE 之前首先出现。换句话说，这些伪指令的标准顺序为：

```
MySub PROTO      ;过程原型
    .
INVOKE MySub     ;过程调用
    .
MySub PROC       ;过程实现
    .
MySub ENDP
```

还有一种情况也是可能的：过程实现可以出现在程序的前面，先于调用该过程的 INVOKE 语句。在这种情况下，PROC 就是它自己的原型：

```
MySub PROC       ;过程定义
    .
    .
MySub ENDP
    .
INVOKE MySub     ;过程调用
```

假设已经编写了一个特定的过程，创建其原型也是很容易的，即复制 PROC 语句并做如下修改：

- 将关键字 PROC 改为 PROTO。
- 如有 USES 运算符，则把该运算符连同其寄存器列表一起删除。

比如，假设已经创建了 ArraySum 过程：

```
ArraySum PROC USES esi ecx,
    ptrArray:PTR DWORD,   ;指向数组
    szArray:DWORD         ;数组大小
;省略其余代码行……
ArraySum ENDP
```

下面是与之对应的 PROTO 声明：

```
ArraySum PROTO,
    ptrArray:PTR DWORD,   ;指向数组
    szArray:DWORD         ;数组大小
```

PROTO 伪指令可以覆盖 .MODEL 伪指令中的参数传递协议。但它必须与过程的 PROC 声明一致：

```
Example1 PROTO C,
    parm1:DWORD, parm2:DWORD
```

1. 汇编时参数检查

PROTO 伪指令帮助汇编器比较过程调用和过程定义的参数列表。但是这个错误检查没有如 C 和 C++ 语言中那样重要。相反，MASM 检查参数正确的数量，并在某些情况下，匹配实际参数和形式参数的类型。比如，假设 Sub1 的原型声明如下：

```
Sub1 PROTO, p1:BYTE, p2:WORD, p3:PTR BYTE
```

现在定义变量:

```
.data
byte_1   BYTE   10h
word_1   WORD   2000h
word_2   WORD   3000h
dword_1  DWORD  12345678h
```

那么, 下面是 Sub1 的一个有效调用:

```
INVOKE Sub1, byte_1, word_1, ADDR byte_1
```

MASM 为这个 INVOKE 生成的代码显示了参数按逆序压入堆栈:

```
push  404000h                        ; 指向 byte_1 的指针
sub   esp,2                          ; 在栈项填充两个字节
push  word ptr ds:[00404001h]        ;word_1 的值
mov   al,byte ptr ds:[00404000h]     ;byte_1 的值
push  eax
call  00401071
```

EAX 被覆盖, sub esp, 2 指令填充接下来的两个堆栈单元, 以扩展到 32 位。

MASM 会检测的错误　如果实际参数超过了形式参数声明的大小, MASM 就会产生一个错误:

```
INVOKE Sub1, word_1, word_2, ADDR byte_1   ; 参数 1 错误
```

如果调用 Sub1 时参数个数太少或太多, 则 MASM 会产生错误:

```
INVOKE Sub1, byte_1, word_2            ; 错误: 参数个数太少
INVOKE Sub1, byte_1,                   ; 错误: 参数个数太多
   word_2, ADDR byte_1, word_2
```

MASM 不会检测的错误　如果实际参数的类型小于形式参数的声明, 那么 MASM 不会检测出错误:

```
INVOKE Sub1, byte_1, byte_1, ADDR byte_1
```

相反, MASM 会把实际参数扩展为形式参数声明的类型大小。下面是 INVOKE 示例生成的代码, 其中第二个实际参数 (byte_1) 入栈之前, 在 EAX 中进行了扩展:

```
push   404000h                        ;byte_1 的地址
mov    al,byte ptr ds:[00404000h]     ;byte_1 的值
movzx  eax,al                         ; 在 EAX 中扩展
push   eax                            ; 入栈
mov    al,byte ptr ds:[00404000h]     ;byte_1 的值
push   eax                            ; 入栈
call   00401071                       ; 调用 Sub1
```

如果在想要传递指针时传递了一个双字, 则不会检测出任何错误。当子程序试图把这个堆栈参数用作指针时, 这种情况通常会导致一个运行时错误:

```
INVOKE Sub1, byte_1, word_2, dword_1   ; 无错误检出
```

2. ArraySum 示例

现在再来看看第 5 章的 ArraySum 过程, 它对一个双字数组求和。之前, 过程用寄存器

传递参数，现在，可以用 PROC 伪指令来声明堆栈参数：

```
ArraySum PROC USES esi ecx,
      ptrArray:PTR DWORD,     ;指向数组
      szArray:DWORD           ;数组大小
      mov   esi,ptrArray      ;数组地址
      mov   ecx,szArray       ;数组大小
      mov   eax,0             ;和数清零
      cmp   ecx,0             ;数组长度 =0？
      je    L2                ;是：退出
L1:   add   eax,[esi]         ;将每个整数加到和数中
      add   esi,4             ;指向下一个整数
      loop  L1                ;按数组大小重复
L2:   ret                     ;和数保存在 EAX 中
ArraySum ENDP
```

INVOKE 语句调用 ArraySum，传递数组地址和元素个数：

```
.data
array DWORD 10000h,20000h,30000h,40000h,50000h
theSum DWORD    ?
.code
main PROC
    INVOKE ArraySum,
        ADDR array,        ;数组地址
        LENGTHOF array     ;元素个数
    mov theSum,eax         ;保存和数
```

8.4.5 参数类别

过程参数一般按照数据在主调程序和被调用过程之间传递的方向来分类：

- **输入类**：输入参数是指从主调程序传递给过程的数据。被调用过程不会被要求修改相应的参数变量，即使修改了，其范围也只能局限在自身过程中。
- **输出类**：当主调程序向过程传递变量地址，就会产生输出参数。过程用地址来定位变量，并为其分配数据。比如，Win32 控制台库中的 ReadConsole 函数，其功能为从键盘读入一个字符串。用户键入的字符由 ReadConsole 保存到缓冲区中，而主调程序传递的就是这个字符串缓冲区的指针：

```
.data
buffer BYTE 80 DUP(?)
inputHandle DWORD ?
.code
INVOKE ReadConsole, inputHandle, ADDR buffer,
    (etc.)
```

- **输入输出类**：输入输出参数与输出参数相同，只有一个例外：被调用过程预期参数引用的变量中会包含一些数据，并且能通过指针来修改这些变量。

8.4.6 示例：交换两个整数

下面的例子实现两个 32 位整数的交换。Swap 过程有两个输入输出参数 pValX 和 pValY，它们是交换数据的地址：

```
;Swap 过程示例                      (Swap.asm)
INCLUDE Irvine32.inc
```

```
Swap PROTO, pValX:PTR DWORD, pValY:PTR DWORD
.data
Array DWORD 10000h,20000h
.code
main PROC
;显示交换前的数组
    mov    esi,OFFSET Array
    mov    ecx,2              ;计数值 =2
    mov    ebx,TYPE Array
    call   DumpMem            ;显示数组

    INVOKE Swap, ADDR Array, ADDR [Array+4]
;显示交换后的数组
    call   DumpMem
    exit
main ENDP

;--------------------------------------------------------
Swap PROC USES eax esi edi,
    pValX:PTR DWORD,          ;第一个整数的指针
    pValY:PTR DWORD           ;第二个整数的指针
;
;交换两个 32 位整数的值
;返回: 无
;--------------------------------------------------------
    mov    esi,pValX          ;获得指针
    mov    edi,pValY
    mov    eax,[esi]          ;取第一个整数
    xchg   eax,[edi]          ;与第二个数交换
    mov    [esi],eax          ;替换第一个整数
    ret                       ;PROC 在这里生成 RET 8
Swap ENDP
END main
```

Swap 过程的两个参数 pValX 和 pValY 都是输入输出参数。它们的当前值要输入到过程,而它们的新值也会从过程输出。由于使用的 PROC 带有参数,汇编器把 Swap 过程末尾的 RET 指令改为 RET 8(假设调用规范是 STDCALL)。

8.4.7 调试提示

本节提醒编程者要注意的一些常见错误是汇编语言在传递过程参数时会遇到的,希望编程者永远不要犯这些错误。

1. 参数大小不匹配

数组地址以其元素的大小为基础。比如,一个双字数组第二个元素的地址就是其起始地址加 4。假设调用 8.4.6 节的 Swap 过程,并传递 DoubleArray 前两个元素的指针。如果错误地把第二个元素的地址计算为 DoubleArray+1,那么调用 Swap 后,DoubleArray 中的十六进制结果值也不正确。

```
.data
DoubleArray DWORD 10000h,20000h
.code
INVOKE Swap, ADDR [DoubleArray + 0], ADDR [DoubleArray + 1]
```

2. 传递错误类型的指针

在使用 INVOKE 时,要记住汇编器不会验证传递给过程的指针类型。例如,8.4.6 节的

Swap 过程期望接收到两个双字指针，假若不小心传递的是指向字节的指针：

```
.data
ByteArray BYTE 10h,20h,30h,40h,50h,60h,70h,80h
.code
INVOKE Swap, ADDR [ByteArray + 0], ADDR [ByteArray + 1]
```

程序可以汇编运行，但是当 ESI 和 EDI 解引用时，就会交换两个 32 位数值。

3. 传递立即数

如果过程有一个引用参数，就不要向其传递立即数参数。考虑下面的过程，它只有一个引用参数：

```
Sub2 PROC, dataPtr:PTR WORD
    mov    esi,dataPtr       ;获得地址
    mov    WORD PTR [esi],0  ;解引用，分配零
    ret
Sub2 ENDP
```

汇编下面的 INVOKE 语句将导致一个运行时错误。Sub2 过程接收 1000h 作为指针的值，并解引用到内存地址 1000h：

```
INVOKE Sub2, 1000h
```

上例很可能会导致一般性保护故障，因为内存地址 1000h 不大可能在该程序的数据段中。

8.4.8 WriteStackFrame 过程

Irvine32 链接库有个很有用的过程 WriteStackFrame，用于显示当前过程堆栈帧的内容，其中包括过程的堆栈参数、返回地址、局部变量和被保存的寄存器。该过程由太平洋路德大学（Pacific Lutheran University）的詹姆斯·布林克（James Brink）教授慷慨提供，原型如下：

```
WriteStackFrame PROTO,
     numParam:DWORD,      ;传递参数的数量
     numLocalVal: DWORD,  ;双字局部变量的数量
     numSavedReg: DWORD   ;被保存寄存器的数量
```

下面的代码节选自 WriteStackFrame 的演示程序：

```
main PROC
    mov eax, 0EAEAEAEAh
    mov ebx, 0EBEBEBEBh
    INVOKE myProc, 1111h, 2222h  ;传递两个整数参数
    exit
main ENDP

myProc PROC USES eax ebx,
    x: DWORD, y: DWORD
    LOCAL a:DWORD, b:DWORD

    PARAMS = 2
    LOCALS = 2
    SAVED_REGS = 2
    mov a,0AAAAh
    mov b,0BBBBh
    INVOKE WriteStackFrame, PARAMS, LOCALS, SAVED_REGS
```

该调用生成的输出如下所示：

```
Stack Frame
00002222 ebp+12 (parameter)
00001111 ebp+8  (parameter)
00401083 ebp+4  (return address)
0012FFF0 ebp+0  (saved ebp) <--- ebp
0000AAAA ebp-4  (local variable)
0000BBBB ebp-8  (local variable)
EAEAEAEA ebp-12 (saved register)
EBEBEBEB ebp-16 (saved register) <--- esp
```

还有一个过程名为 WriteStackFrameName，增加了一个参数，保存拥有该堆栈帧的过程名：

```
WriteStackFrameName PROTO,
    numParam:DWORD,         ;传递参数的数量
    numLocalVal:DWORD,      ;双字局部变量的数量
    numSavedReg:DWORD,      ;被保存寄存器的数量
    procName:PTR BYTE       ;空字节结束的字符串
```

Irvine32 链接库的源代码保存在本书安装目录（通常为 C：\Irvine）的 \Examples\Lib32 子目录下，文件名为 Irvine32.asm。

8.4.9 本节回顾

1. （真 / 假）：CALL 指令不能包含过程参数。
2. （真 / 假）：INVOKE 伪指令最多能包含 3 个参数。
3. （真 / 假）：INVOKE 伪指令只能传递内存操作数，不能传递寄存器值。
4. （真 / 假）：PROC 伪指令可以包含 USES 运算符，但 PROTO 伪指令不可以。

8.5 新建多模块程序

大型源文件难于管理且汇编速度慢，可以把单个文件拆分为多个子文件，但是，对其中任何子文件的修改仍需对所有的文件进行整体汇编。更好的方法是把一个程序按模块（module）（汇编单位）分割。每个模块可以单独汇编，因此，对一个模块源代码的修改就只需要重汇编这个模块。链接器将所有汇编好的模块（OBJ 文件）组合为一个可执行文件的速度是相当快的，链接大量目标模块比汇编同样数量的源代码文件花费的时间要少得多。

新建多模块程序有两种常用方法：其一是传统方法，使用 EXTERN 伪指令，基本上它在不同的 x86 汇编器之间都可以进行移植。其二是使用 Microsoft 的高级伪指令 INVOKE 和 PROTO，这能够简化过程调用，并隐藏一些底层细节。本节将对这两种方法进行说明，由编程者决定使用哪一种。

8.5.1 隐藏和导出过程名

默认情况下，MASM 使所有的过程都是 public 属性，即允许它们能被同一程序中任何其他模块调用。使用限定词 PRIVATE 可以覆盖这个属性：

```
mySub PROC PRIVATE
```

使过程为 private 属性，可以利用封装原则将过程隐藏在模块中，如果其他模块有相同

过程名,就还需避免潜在的重名冲突。

OPTION PROC:PRIVATE 伪指令　在源模块中隐藏过程的另一个方法是,把 OPTION PROC:PRIVATE 伪指令放在文件顶部。则所有的过程都默认为 private,然后用 PUBLIC 伪指令指明那些希望其可见的过程:

```
OPTION PROC:PRIVATE
PUBLIC mySub
```

PUBLIC 伪指令用逗号分隔过程名:

```
PUBLIC sub1, sub2, sub3
```

或者,也可以单独指定过程为 public 属性:

```
mySub PROC PUBLIC
    .
mySub ENDP
```

如果程序的启动模块使用了 OPTION PROC:PRIVATE,那么就应该将它(通常为 main)指定为 PUBLIC,否则操作系统加载器无法发现该启动模块。比如:

```
main PROC PUBLIC
```

8.5.2　调用外部过程

调用当前模块之外的过程时使用 EXTERN 伪指令,它确定过程名和堆栈帧大小。下面的示例程序调用了 sub1,它在一个外部模块中:

```
INCLUDE Irvine32.inc
EXTERN sub1@0:PROC
.code
main PROC
    call    sub1@0
    exit
main ENDP
END main
```

当汇编器在源文件中发现一个缺失的过程时(由 CALL 指令指定),默认情况下它会产生错误消息。但是,EXTERN 伪指令告诉汇编器为该过程新建一个空地址。在链接器生成程序的可执行文件时再来确定这个空地址。

过程名的后缀 @n 确定了已声明参数占用的堆栈空间总量(参见 8.4 节扩展 PROC 伪指令)。如果使用的是基本 PROC 伪指令,没有声明参数,那么 EXTERN 中的每个过程名后缀都为 @0。若用扩展 PROC 伪指令声明一个过程,则每个参数占用 4 字节。假设现在声明的 AddTwo 带有两个双字参数:

```
AddTwo PROC,
    val1:DWORD,
    val2:DWORD
    . . .
AddTwo ENDP
```

则相应的 EXTERN 伪指令为 EXTERN AddTwo@8:PROC。或者,也可以用 PROTO 伪指令来代替 EXTERN:

```
AddTwo PROTO,
    val1:DWORD,
    val2:DWORD
```

8.5.3 跨模块使用变量和标号

1. 导出变量和符号

默认情况下，变量和符号对其包含模块是私有的（private）。可以使用 PUBLIC 伪指令输出指定过程名，如下所示：

```
PUBLIC count, SYM1
SYM1 = 10
.data
count DWORD 0
```

2. 访问外部变量和符号

使用 EXTERN 伪指令可以访问在外部过程中定义的变量和符号：

```
EXTERN name : type
```

对符号（由 EQU 和 = 定义）而言，type 应为 ABS。对变量而言，type 是数据定义属性，如 BYTE、WORD、DWORD 和 SDWORD，可以包含 PTR。例子如下：

```
EXTERN one:WORD, two:SDWORD, three:PTR BYTE, four:ABS
```

3. 使用带 EXTERNDEF 的 INCLUDE 文件

MASM 中一个很有用的伪指令 EXTERNDEF 可以代替 PUBLIC 和 EXTERN。它可以放在文本文件中，并用 INCLUDE 伪指令复制到每个程序模块。比如，现在用如下声明定义文件 vars.inc：

```
; vars.inc
EXTERNDEF count:DWORD, SYM1:ABS
```

接着，新建名为 sub1.asm 的源文件，其中包含了 count 和 SYM1，以及一条用于把 vars.inc 复制到编译流中的 INCLUDE 语句。

```
; sub1.asm
.386
.model flat,STDCALL
INCLUDE vars.inc
SYM1 = 10
.data
count DWORD 0
END
```

因为不是程序启动模块，因此 END 伪指令省略了程序入口标号，并且不用声明运行时堆栈。

现在再新建一个启动模块 main.asm，其中包含 vars.inc，并使用了 count 和 SYM1：

```
; main.asm
.386
.model flat,stdcall
.stack 4096
ExitProcess proto, dwExitCode:dword
INCLUDE vars.inc
.code
```

```
main PROC
    mov    count,2000h
    mov    eax,SYM1
    INVOKE ExitProcess,0
main ENDP
END main
```

8.5.4 示例：ArraySum 程序

ArraySum 程序，第一次出现在第 5 章，是一个容易划分为模块的程序。现在通过其结构图（图 8-5）来快速回顾一下它的设计。带阴影的矩形表示本书链接库中的过程。main 过程调用 PromptForIntegers，PromptForIntegers 再调用 WriteString 和 ReadInt。通常，为多模块程序的各种文件创建单独的磁盘目录最容易跟踪这些文件。这也是下一节将要展示的 ArraySum 程序的做法。

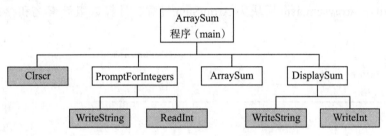

图 8-5　ArraySum 程序的结构图

8.5.5 用 Extern 新建模块

多模块 ArraySum 程序有两个版本。本节展示的版本使用传统的 EXTERN 伪指令引用位于不同模块中的函数。稍后，8.5.6 节将用 INVOKE、PROTO 和 PROC 的高级功能来实现同样的程序。

PromptForIntegers　_prompt.asm 是 PromptForIntegers 过程的源代码文件。它显示提示要求用户输入三个整数，调用 ReadInt 获取数值，并将它们插入数组：

```
; 提示整数输入请求           (_prompt.asm)
INCLUDE Irvine32.inc
.code
;------------------------------------------------------
PromptForIntegers PROC
; 提示用户为数组输入整数，并用
; 用户输入填充该数组。
; 接收:
;     ptrPrompt:PTR BYTE     ; 提示信息字符串
;     ptrArray:PTR DWORD     ; 数组指针
;     arraySize:DWORD        ; 数组大小
; 返回: 无
;------------------------------------------------------
arraySize  EQU [ebp+16]
ptrArray   EQU [ebp+12]
ptrPrompt  EQU [ebp+8]

    enter 0,0
    pushad                   ; 保存全部寄存器
```

```
            mov     ecx,arraySize
            cmp     ecx,0                   ;数据大小≤0?
            jle     L2                      ;是: 退出
            mov     edx,ptrPrompt           ;提示信息的地址
            mov     esi,ptrArray
    L1:     call    WriteString             ;显示字符串
            call    ReadInt                 ;将整数读入EAX
            call    Crlf                    ;换行
            mov     [esi],eax               ;保存入数组
            add     esi,4                   ;下一个整数
            loop    L1
    L2:     popad                           ;恢复全部寄存器
            leave
            ret     12                      ;恢复堆栈
    PromptForIntegers ENDP
    END
```

ArraySum _arraysum.asm 模块为 ArraySum 过程，计算数组元素之和，并用 EAX 返回计算结果：

```
;ArraySum 过程                              (_arrysum.asm)
INCLUDE Irvine32.inc
.code
;----------------------------------------------------
ArraySum PROC
;
;计算 32 位整数数组之和。
;接收:
;   ptrArray                ;数组指针
;   arraySize               ;数组大小 (DWROD)
;返回: EAX= 和数
;----------------------------------------------------
ptrArray EQU [ebp+8]
arraySize EQU [ebp+12]
        enter   0,0
        push    ecx                 ;EAX 不入栈
        push    esi
                                    ;和数清零
        mov     eax,0
        mov     esi,ptrArray
        mov     ecx,arraySize
        cmp     ecx,0               ;数组大小≤0?
        jle     L2                  ;是: 退出
L1:     add     eax,[esi]           ;将每个整数加到和数中
        add     esi,4               ;指向下一个整数
        loop    L1                  ;按数组大小重复
L2:     pop     esi
        pop     ecx                 ;用 EAX 返回和数
        leave
        ret     8                   ;恢复堆栈
ArraySum ENDP
END
```

DisplaySum _display.asm 模块为 DisplaySum 过程，显示标号和和数的结果：

```
;DisplaySum 过程                            (_display.asm)
INCLUDE Irvine32.inc
.code
;----------------------------------------------------
```

高级过程

```
DisplaySum PROC
;在控制台显示和数。
;接收:
;    ptrPrompt              ;提示字符串的偏移量
;    theSum                 ;数组和数 (DWROD)
;返回: 无
;---------------------------------------------------
theSum     EQU [ebp+12]
ptrPrompt  EQU [ebp+8]
    enter 0,0
    push  eax
    push  edx

    mov   edx,ptrPrompt   ;提示字符串的指针
    call  WriteString
    mov   eax,theSum
    call  WriteInt        ;显示 EAX
    call  Crlf

    pop   edx
    pop   eax
    leave
    ret   8               ;恢复堆栈
DisplaySum ENDP
END
```

Startup 模块　Sum_main.asm 模块为启动过程（main）。其中的 EXTERN 伪指令指定了三个外部过程。为了使源代码更加友好，用 EQU 伪指令再次定义了过程名：

```
ArraySum          EQU ArraySum@0
PromptForIntegers EQU PromptForIntegers@0
DisplaySum        EQU DisplaySum@0
```

每次过程调用之前，用注释说明了参数顺序。该过程使用 STDCALL 参数传递规范：

```
;整数求和过程 (Sum_main.asm)
;多模块示例
;本程序由用户输入多个整数，
;将它们存入数组，计算数组之和，
;并显示和数。
INCLUDE Irvine32.inc

EXTERN PromptForIntegers@0:PROC
EXTERN ArraySum@0:PROC, DisplaySum@0:PROC

;为方便起见，重新定义外部符号
ArraySum          EQU ArraySum@0
PromptForIntegers EQU PromptForIntegers@0
DisplaySum        EQU DisplaySum@0
;修改 Count 来改变数组大小:
Count = 3

.data
prompt1 BYTE "Enter a signed integer: ",0
prompt2 BYTE "The sum of the integers is: ",0
array   DWORD  Count DUP(?)
sum     DWORD  ?

.code
main PROC
    call Clrscr

; PromptForIntegers( addr prompt1, addr array, Count )
```

```
        push    Count
        push    OFFSET array
        push    OFFSET prompt1
        call    PromptForIntegers
; sum = ArraySum( addr array, Count )
        push    Count
        push    OFFSET array
        call    ArraySum
        mov     sum,eax
; DisplaySum( addr prompt2, sum )
        push    sum
        push    OFFSET prompt2
        call    DisplaySum

        call    Crlf
        exit
main ENDP
END main
```

本程序的源文件保存在示例程序目录下的 ch08\ModSum32_traditional 文件夹中。

接下来将了解如果使用 Microsoft 的 INVOKE 和 PROTO 伪指令，上述程序会发生怎样的变化。

8.5.6 用 INVOKE 和 PROTO 新建模块

32 位模式中，可以用 Microsoft 的 INVOKE、PROTO 和扩展 PROC 伪指令（8.4 节）新建多模块程序。与更加传统的 CALL 和 EXTERN 相比，它们的主要优势在于：能够将 INVOKE 传递的参数列表与 PROC 声明的相应列表进行匹配。

现在用 INVOKE、PROTO 和高级 PROC 伪指令重新编写 ArraySum。为每个外部过程创建含有 PROTO 伪指令的头文件是很好的开始。每个模块都会包含这个文件（用 INCLUDE 伪指令）且不会增加任何代码量或运行时开销。如果一个模块不调用特定过程，汇编器就会忽略相应的 PROTO 伪指令。本程序源代码位于 \ch08\ModSum32_advanced foleder。

sum.inc 头文件　本程序的 sum.inc 头文件如下所示：

```
; (sum.inc)
INCLUDE Irvine32.inc

PromptForIntegers PROTO,
    ptrPrompt:PTR BYTE,    ;提示字符串
    ptrArray:PTR DWORD,    ;数组指针
    arraySize:DWORD        ;数组大小
ArraySum PROTO,
    ptrArray:PTR DWORD,    ;数组指针
    arraySize:DWORD        ;数组大小
DisplaySum PROTO,
    ptrPrompt:PTR BYTE,    ;提示字符串
    theSum:DWORD           ;数组之和
```

_prompt 模块　_prompt.asm 文件用 PROC 伪指令为 PromptForIntegers 过程声明参数，用 INCLUDE 将 sum.inc 复制到本文件：

```
;提示整数输入请求              (_prompt.asm)
INCLUDE sum.inc              ;获得过程原型
.code
;-----------------------------------------------------
```

```
PromptForIntegers PROC,
  ptrPrompt:PTR BYTE,           ;提示字符串
  ptrArray:PTR DWORD,           ;数组指针
  arraySize:DWORD               ;数组大小
;
;提示用户输入数组元素值,并用用户输入
;填充数组。
;返回:无
;-------------------------------------------------
        pushad                  ;保存所有寄存器
        mov   ecx,arraySize
        cmp   ecx,0             ;数组大小≤0?
        jle   L2                ;是:退出
        mov   edx,ptrPrompt     ;提示信息的地址
        mov   esi,ptrArray
L1:     call  WriteString       ;显示字符串
        call  ReadInt           ;把整数读入EAX
        call  Crlf              ;换行
        mov   [esi],eax         ;保存入数组
        add   esi,4             ;下一个整数
        loop  L1
L2:     popad                   ;恢复所有寄存器
        ret
PromptForIntegers ENDP
END
```

与前面的 PromptForIntegers 版本比较,语句 enter 0, 0 和 leave 不见了,这是因为当 MASM 遇到 PROC 伪指令及其声明的参数时,会自动生成这两条语句。同样,RET 指令也不需要自带常数参数了(PROC 会处理好)。

_arraysum 模块 接下来,_arraysum.asm 文件包含了 ArraySum 过程:

```
;ArraySum 过程                       (_arrysum.asm)
INCLUDE sum.inc
.code
;-------------------------------------------------
ArraySum PROC,
    ptrArray:PTR DWORD,   ;数组指针
    arraySize:DWORD       ;数组大小
;
;计算32位整数数组之和
;返回:EAX=和数
;-------------------------------------------------
        push  ecx               ;EAX 不入栈
        push  esi

        mov   eax,0             ;和数清零
        mov   esi,ptrArray
        mov   ecx,arraySize
        cmp   ecx,0             ;数组大小≤0?
        jle   L2                ;是:退出
L1:     add   eax,[esi]         ;将每个整数加到和数中
        add   esi,4             ;指向下一个整数
        loop  L1                ;按数组大小重复

L2:     pop   esi
        pop   ecx               ;用 EAX 返回和数
        ret
ArraySum ENDP
END
```

_display 模块 _display.asm 文件包含了 DisplaySum 过程：

```
;DisplaySum 过程                    (_display.asm)
INCLUDE Sum.inc
.code
;------------------------------------------------------
DisplaySum PROC,
    ptrPrompt:PTR BYTE,    ; 提示字符串
    theSum:DWORD           ; 数组之和
;
; 在控制台显示和数。
; 返回：无
;------------------------------------------------------
    push    eax
    push    edx

    mov     edx,ptrPrompt  ; 提示信息的指针
    call    WriteString
    mov     eax,theSum
    call    WriteInt       ; 显示 EAX
    call    Crlf

    pop     edx
    pop     eax
    ret
DisplaySum ENDP
END
```

Sum_main 模块 Sum_main.asm（启动模块）包含主程序并调用所有其他的过程。它使用 INCLUDE 从 sum.inc 复制过程原型：

```
; 整数求和程序 (Sum_main.asm)
INCLUDE sum.inc
Count = 3
.data
prompt1 BYTE "Enter a signed integer: ",0
prompt2 BYTE "The sum of the integers is: ",0
array   DWORD   Count DUP(?)
sum     DWORD   ?

.code
main PROC
    call Clrscr

    INVOKE PromptForIntegers, ADDR prompt1, ADDR array, Count
    INVOKE ArraySum, ADDR array, Count
    mov    sum,eax
    INVOKE DisplaySum, ADDR prompt2, sum

    call Crlf
    exit
main ENDP
END main
```

小结 本节与上一节展示了在 32 位模式中新建多模块程序的两种方法——第一种使用的是更传统的 EXTERN 伪指令，第二种使用的是 INVOKE、PROTO 和 PROC 的高级功能。后一种中的伪指令简化了很多细节，并为 Windows API 函数调用进行了优化。此外，它们还隐藏了一些细节，因此，编程者可能更愿意使用显式的堆栈参数和 CALL 及 EXTERN 伪指令。

8.5.7 本节回顾

1. (真 / 假)：链接 OBJ 模块比汇编 ASM 源文件快得多。
2. (真 / 假)：将一个大型程序分割为多个短模块使得该程序更难维护。
3. (真 / 假)：多模块程序中，带标号的 END 语句只在启动模块中出现一次。
4. (真 / 假)：PROTO 伪指令会占用内存，因此，编程者必须注意过程中不包含 PROTO 伪指令，除非该过程确实会被调用。

8.6 参数的高级用法（可选主题）

本节将讨论 32 位模式中，向运行时堆栈传递参数时一些不常遇见的情况。比如，在查看由 C 和 C++ 编译器创建的代码时，就有可能发现其中用到了将在下面说明的技术。

8.6.1 受 USES 运算符影响的堆栈

第 5 章的 USES 运算符列出了在过程开始保存、结尾恢复的寄存器名。汇编器自动为每个列出的寄存器生成相应的 PUSH 和 POP 指令。但是必须注意的是：如果过程用常数偏移量访问其堆栈参数，比如 [ebp+8]，那么声明该过程时不能使用 USES 运算符。现在举例说明其原因。下面的 MySub1 过程用 USES 运算符保存和恢复 ECX 和 EDX：

```
MySub1 PROC USES ecx edx
    ret
MySub1 ENDP
```

当 MASM 汇编 MySub1 时，生成代码如下：

```
push ecx
push edx
pop  edx
pop  ecx
ret
```

假设在使用 USES 的同时还使用了堆栈参数，如 MySub2 过程所示，该参数预期保存的堆栈地址为 EBP+8：

```
MySub2 PROC USES ecx edx
    push ebp              ;保存基址指针
    mov  ebp,esp          ;堆栈帧基址
    mov  eax,[ebp+8]      ;取堆栈参数
    pop  ebp              ;恢复基址指针
    ret  4                ;清除堆栈
MySub2 ENDP
```

则 MASM 为 MySub2 生成的相应代码如下：

```
push ecx
push edx
push ebp
mov  ebp,esp
mov  eax,dword ptr [ebp+8]  ;错误地址!
pop  ebp
pop  edx
pop  ecx
ret  4
```

由于汇编器在过程开头插入了 ECX 和 EDX 的 PUSH 指令，使得堆栈参数的偏移量发

生变化，从而导致结果错误。图 8-6 说明了为什么堆栈参数现在必须以 [EBP+16] 来引用。USES 在保存 EBP 之前修改了堆栈，破坏了子程序常用的标准开始代码。

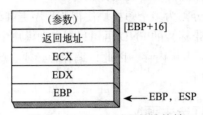

图 8-6　MySub2 过程的堆栈帧

> **提示**　本章较早部分给出了 PROC 伪指令声明堆栈参数的高级语法。在那种情况下，USES 运算符不会带来问题。

8.6.2　向堆栈传递 8 位和 16 位参数

32 位模式中，向过程传递堆栈参数时，最好是压入 32 位操作数。虽然也可以将 16 位操作数入栈，但是这样会使得 EBP 不能对齐双字边界，从而可能导致出现页面失效、降低运行时性能。因此，在入栈之前，要把操作数扩展为 32 位。下面的 Uppercase 过程接收一个字符参数，并用 AL 返回其大写字母：

```
Uppercase PROC
    push ebp
    mov  ebp,esp
    mov  al,[esp+8] ;AL= 字符
    cmp  al,'a'     ; 小于 'a' ?
    jb   L1         ; 是：什么都不做
    cmp  al,'z'     ; 大于 'z' ?
    ja   L1         ; 是：什么都不做
    sub  al,32      ; 否：转换字符
L1:
    pop  ebp
    ret  4          ; 清除堆栈
Uppercase ENDP
```

当向 Uppercase 传递一个字母字符时，PUSH 指令自动将其扩展为 32 位：

```
push 'x'
call Uppercase
```

如果传递的是字符变量就需要更小心一些，因为 PUSH 指令不允许操作数为 8 位：

```
.data
charVal BYTE 'x'
.code
push charVal    ; 语法错误!
call Uppercase
```

相反，要用 MOVZX 把字符扩展到 EAX：

```
movzx eax,charVal   ; 扩展并传送
push  eax
call  Uppercase
```

16 位参数示例

假设现在想向之前给出的 AddTwo 过程传递两个 16 位整数。由于该过程期望的数值为

32位，所以下面的调用会发生错误：

```
.data
word1 WORD 1234h
word2 WORD 4111h
.code
push word1
push word2
call AddTwo                    ;错误！
```

因此，可以在每个参数入栈之前进行全零扩展。下面的代码将会正确调用 AddTwo：

```
movzx eax,word1
push  eax
movzx eax,word2
push  eax
call  AddTwo    ; EAX 为和数
```

> 一个过程的主调者必须保证它传递的参数与过程期望的参数是一致的。对堆栈参数而言，参数的顺序和大小都很重要！

8.6.3 传递 64 位参数

32 位模式中，通过堆栈向子程序传递 64 位参数时，先将参数的高位双字入栈，再将其低位双字入栈。这样就使得整数在堆栈中是按照小端顺序（低字节在低地址）存放的，因而子程序容易检索到这些数值，如同下面的 WriteHex64 过程操作一样。该过程用十六进制显示 64 位整数：

```
WriteHex64 PROC
    push  ebp
    mov   ebp,esp
    mov   eax,[ebp+12] ;高位双字
    call  WriteHex
    mov   eax,[ebp+8]  ;低位双字
    call  WriteHex
    pop   ebp
    ret   8
WriteHex64 ENDP
```

WriteHex64 的调用示例如下，它先把 longVal 的高半部分入栈，再把 longVal 的低半部分入栈：

```
.data
longVal QWORD 1234567800ABCDEFh
.code
push DWORD PTR longVal + 4    ;高位双字
push DWORD PTR longVal        ;低位双字
call WriteHex64
```

图 8-7 显示的是在 EBP 入栈，并把 ESP 复制给 EBP 之后，WriteHex64 的堆栈帧示意图。

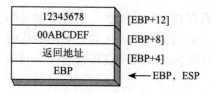

图 8-7　EBP 入栈后的堆栈帧

8.6.4 非双字局部变量

在声明不同大小的局部变量时，LOCAL 伪指令的操作会变得很有趣。每个变量都按照其大小来分配空间：8 位的变量分配给下一个可用的字节，16 位的变量分配给下一个偶地址（字对齐），32 位变量分配给下一个双字对齐的地址。现在来看几个例子。首先，Example 过程含有一个局部变量 var1，类型为 BYTE：

```
Example1 PROC
    LOCAL var1:byte
    mov   al,var1              ; [EBP - 1]
    ret
Example1 ENDP
```

由于 32 位模式中，堆栈偏移量默认为 32 位，因此，var1 可能被认为会存放于 EBP-4 的位置。实际上，如图 8-8 所示，MASM 将 EBP 减去 4，但是却把 var1 存放在 EBP-1，其下面的三个字节并未使用（用 nu 标记，表示没有使用）。图中，每个方块表示一个字节。

过程 Example2 含一个双字局部变量和一个字节局部变量：

```
Example2 PROC
    local temp:dword, SwapFlag:BYTE
    .
    .
    ret
Example2 ENDP
```

汇编器为 Example2 生成的代码如下所示。ADD 指令将 ESP 加 -8，在 ESP 和 EBP 之间为这两个局部变量预留了空间：

```
push ebp
mov  ebp,esp
add  esp,0FFFFFFF8h        ; ESP+(-8)
mov  eax,[ebp-4]           ; temp
mov  bl,[ebp-5]            ; SwapFlag
leave
ret
```

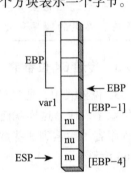

图 8-8　为局部变量保留空间
（Example1 过程）

虽然 SwapFlag 只是一个字节变量，但是 ESP 还是会下移到堆栈中下一个双字的位置。图 8-9 以字节为单位详细展示了堆栈的情况：SwapFlag 确切的位置以及位于其下方的三个没有使用的空间（用 nu 标记）。图中，每个方块表示一个字节。

如果要创建超过几百字节的数组作为局部变量，那么一定要确保为运行时堆栈预留足够的空间。此时可以使用 STACK 伪指令。比如，在 Irvine32 链接库中，要预留 4096 个字节的堆栈空间：

```
.stack 4096
```

对嵌套调用来说，不论程序执行到哪一步，运行时堆栈都必须大到能够容纳下全部的活跃局部变量。比如在下面的代码中，Sub1 调用 Sub2，Sub2 调用 Sub3，每个过程都有一个局部数组变量：

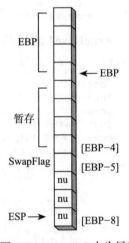

图 8-9　Example2 中为局部
变量保留空间

```
Sub1 PROC
local array1[50]:dword           ; 200字节
callSub2
.
.
ret
Sub1 ENDP
Sub2 PROC
local array2[80]:word            ; 160字节
callSub3
.
.
ret
Sub2 ENDP
Sub3 PROC
local array3[300]:dword          ; 1200字节
.
.
ret
Sub3 ENDP
```

当程序进入 Sub3 时，运行时堆栈中有来自 Sub1、Sub2 和 Sub3 的全部局部变量。那么堆栈总共需要：1560 个字节保存局部变量，加上两个过程的返回地址（8字节），还要加上在过程中入栈的所有寄存器占用的空间。若过程为递归调用，则堆栈空间大约为其局部变量与参数总的大小乘以预计的递归次数。

8.7 Java 字节码（可选主题）

8.7.1 Java 虚拟机

Java 虚拟机（JVM）是执行已编译 Java 字节码的软件。它是 Java 平台的重要组成部分，包括程序、规范、库和数据结构，让它们协同工作。Java 字节码是指编译好的 Java 程序中使用的机器语言的名字。

虽然本书的内容为 x86 处理器的原生汇编语言，但是了解其他机器架构如何工作也是有益的。JVM 是基于堆栈机器的首选示例。JVM 用堆栈实现数据传送、算术运算、比较和分支操作，而不是用寄存器来保存操作数（如同 x86 一样）。

JVM 执行的编译程序包含了 Java 字节码。每个 Java 源程序都必须编译为 Java 字节码（形式为 .class 文件）后才能执行。包含 Java 字节码的程序可以在任何安装了 Java 运行时软件的计算机系统上执行。

例如，一个 Java 源文件名为 Account.java，编译为文件 Account.class。这个类文件是该类中每个方法的字节码流。JVM 可能选择实时编译（just-in-time compilation）技术把类字节码编译为计算机的本机机器语言。

正在执行的 Java 方法有自己的堆栈帧存放局部变量、操作数栈、输入参数、返回地址和返回值。操作数区实际位于堆栈顶端，因此，压入这个区域的数值可以作为算术和逻辑运算的操作数，以及传递给类方法的参数。

在局部变量被算术运算指令或比较指令使用之前，它们必须被压入堆栈帧的操作数区域。从现在开始，本书把这个区域称为操作数栈（operand stack）。

Java 字节码中，每条指令包含 1 字节的操作码、零个或多个操作数。操作码可以用 Java 反汇编工具显示名字，如 iload、istore、imul 和 goto。每个堆栈项为 4 字节（32 位）。

查看反汇编字节码

Java 开发工具包（JDK）中的工具 javap.exe 可以显示 java.class 文件的字节码，这个操作被称为文件的反汇编。命令行语法如下所示：

```
javap –c classname
```

比如，若类文件名为 Account.class，则相应的 javap 命令行为

```
javap –c Account
```

安装 Java 开发工具包后，可以在 \bin 文件夹下找到 javap.exe 工具。

8.7.2 指令集

1. 基本数据类型

JVM 可以识别 7 种基本数据类型，如表 8-4 所示。和 x86 整数一样，所有有符号整数都是二进制补码形式。但它们是按照大端顺序存放的，即高位字节位于每个整数的起始地址（x86 的整数按小端顺序存放）。IEEE 实数格式将在第 12 章说明。

表 8-4 Java 基本数据类型

数据类型	所占字节	格式	数据类型	所占字节	格式
char	2	Unicode 字符	long	8	有符号整数
byte	1	有符号整数	float	4	IEEE 单精度实数
short	2	有符号整数	double	8	IEEE 双精度实数
int	4	有符号整数			

2. 比较指令

比较指令从操作数栈的顶端弹出两个操作数，对它们进行比较，再把比较结果压入堆栈。现在假设操作数入栈顺序如下所示：

op2 （栈顶）
op1

下表给出了比较 op1 和 op2 之后压入堆栈的数值：

op1 和 op2 比较的结果	压入操作数栈的数值
op1>op2	1
op1=op2	0
op1<op2	−1

dcmp 指令比较双字，fcmp 指令比较浮点数。

3. 分支指令

分支指令可以分为有条件分支和无条件分支。Java 字节码中无条件分支的例子是 goto 和 jsr。

goto 指令无条件分支到一个标号：

```
goto label
```

jsr 指令调用用标号定义的子程序。其语法如下：

```
jsr label
```

条件分支指令通常检测从操作数栈顶弹出的数值。根据该值，指令决定是否分支到给定标号。比如，ifle 指令就是当弹出数值小于等于 0 时跳转到标号。其语法如下：

```
ifle label
```

同样，ifgt 指令就是当弹出数值大于等于 0 时跳转到标号。其语法如下：

```
ifgt label
```

8.7.3 Java 反汇编示例

为了帮助理解 Java 字节码是如何工作的，本节将给出用 Java 编写的一些短代码例子。在这些例子中，请注意不同版本 Java 的字节码清单细节会存在些许差异。

1. 示例：两个整数相加

下面的 Java 源代码行实现两个整数相加，并将和数保存在第三个变量中：

```
int A = 3;
int B = 2;
int sum = 0;
sum = A + B;
```

该 Java 代码的反汇编如下：

```
0:    iconst_3
1:    istore_0
2:    iconst_2
3:    istore_1
4:    iconst_0
5:    istore_2
6:    iload_0
7:    iload_1
8:    iadd
9:    istore_2
```

每个编号行表示一条 Java 字节码指令的字节偏移量。本例中，可以发现每条指令都只占一个字节，因为指令偏移量的编号是连续的。

尽管字节码反汇编一般不包括注释，这里还是会将注释添加上去。虽然局部变量在运行时堆栈中有专门的保留区域，但是指令在执行算术运算和数据传送时还会使用另一个堆栈，即操作数栈。为了避免在这两个堆栈间产生混淆，将用索引值来指代变量位置，如 0、1、2 等。

现在来仔细分析刚才的字节码。开始的两条指令将一个常数值压入操作数栈，并把同一个值弹出到位置为 0 的局部变量：

```
0:    iconst_3    // 常数 (3) 压入操作数栈
1:    istore_0    // 弹出到局部变量 0
```

接下来的四行将其他两个常数压入操作数栈，并把它们弹出到位置分别为 1 和 2 的局部变量：

```
2:    iconst_2    // 常数 (2) 压入操作数栈
3:    istore_1    // 弹出到局部变量 1
4:    iconst_0    // 常数 (0) 压入操作数栈
5:    istore_2    // 弹出到局部变量 2
```

由于已经知道了该生成字节码的 Java 源代码，因此，很明显下表列出的是三个变量的位置索引：

接下来，为了实现加法，必须将两个操作数压入操作数栈。指令 iload_0 将变量 A 入栈，指令 iload_1 对变量 B 进行相同的操作：

位置索引	变量名
0	A
1	B
2	sum

```
6:    iload_0    //(A 入栈)
7:    iload_1    //(B 入栈)
```

现在操作数栈包含两个数：

```
2  (B)  ←— 栈顶
3  (A)
```

这里并不关心这些例子的实际机器表示，因此上图中的运行时堆栈是向上生长的。每个堆栈示意图中的最大值即为栈顶。

指令 iadd 将栈顶的两个数相加，并把和数压入堆栈：

```
8:    iadd
```

操作数栈现在包含的是 A、B 的和数：

```
5  (A+B)
```

指令 istore_2 将栈顶内容弹出到位置为 2 的变量，其变量名为 sum：

```
9:    istore_2
```

操作数栈现在为空。

2. 示例：两个 Double 类型数据相加

下面的 Java 代码片段实现两个 double 类型的变量相加，并将和数保存到 sum。它执行的操作与两个整数相加示例相同，因此这里主要关注的是整数处理与 double 处理的差异：

```
double A = 3.1;
double B = 2;
double sum = A + B;
```

本例的反汇编字节码如下所示，用 javap 实用程序可以在右边插入注释：

```
0:    ldc2_w #20;           // double 3.1d
3:    dstore_0
4:    ldc2_w #22;           // double 2.0d
7:    dstore_2
8:    dload_0
9:    dload_2
10:   dadd
11:   dstore_4
```

下面对这个代码进行分步讨论。偏移量为 0 的指令 ldc2_w 把一个浮点常数（3.1）从常数池压入操作数栈。ldc2 指令总是用两个字节作为常数池区域的索引：

```
0:    ldc2_w #20;           // double 3.1d
```

偏移量为 3 的 dstore 指令从堆栈弹出一个 double 数，送入位置为 0 的局部变量。该指令起始偏移量（3）反映出第一条指令占用的字节数（操作码加上两字节索引）：

```
3:    dstore_0        // 保存到 A
```

同样，接下来偏移量为 4 和 7 的两条指令对变量 B 进行初始化：

```
4:    ldc2_w #22;     // double 2.0d
7:    dstore_2        // 保存到 B
```

指令 dload_0 和 dload_2 把局部变量入栈，其索引指的是 64 位位置（两个变量栈项），因为双字数值要占用 8 个字节：

```
8:    dload_0
9:    dload_2
```

接下来的指令（dadd）将栈顶的两个 double 值相加，并把和数入栈：

```
10:   dadd
```

最后，指令 dstore_4 把栈顶内容弹出到位置为 4 的局部变量：

```
11:   dstore_4
```

8.7.4 示例：条件分支

了解 JVM 怎样处理条件分支是理解 Java 字节码的重要一环。比较操作总是从堆栈栈顶弹出两个数据，对它们进行比较后，再把结果数值入栈。条件分支指令常常跟在比较操作的后面，利用栈顶数值决定是否分支到目标标号。比如，下面的 Java 代码包含一个简单的 IF 语句，它将两个数值中的一个分配给一个布尔变量：

```
double A = 3.0;
boolean result = false;
if( A > 2.0 )
    result = false;
else
    result = true;
```

该 Java 代码对应的反汇编如下所示：

```
0:    ldc2_w #26;         // double 3.0d
3:    dstore_0            // 弹出到 A
4:    iconst_0            // false = 0
5:    istore_2            // 保存到 result
6:    dload_0
7:    ldc2_w #22;         // double 2.0d
10:   dcmpl
11:   ifle 19             // 如果 A ≤ 2.0，转到 19
14:   iconst_0            // false
15:   istore_2            // result = false
16:   goto 21             // 跳过后面两条语句
19:   iconst_1
20:   istore_2            // result = true
```

开始的两条指令将 3.0 从常数池复制到运行时堆栈，再把它从堆栈弹出到变量 A：

```
0:    ldc2_w #26;         // double 3.0d
3:    dstore_0            // 弹出到 A
```

接下来的两条指令将布尔值 false（等于 0）从常量区复制到堆栈，再把它弹出到变量 result：

```
4:    iconst_0                // false = 0
5:    istore_2                // 保存到 result
```

A 的值（位置 0）压入操作数栈，数值 2.0 紧跟其后入栈：

```
6:    dload_0                 //A 入栈
7:    ldc2_w  #22;            // double 2.0d
```

操作数栈现在有两个数值：

2.0
3.0	(A)

指令 dcmpl 将两个 double 数弹出堆栈进行比较。由于栈顶的数值（2.0）小于它下面的数值（3.0），因此整数 1 被压入堆栈。

```
10:   dcmpl
```

如果从堆栈弹出的数值小于等于 0，则指令 ifle 就分支到给定的偏移量：

```
11:   ifle    19      // 如果 stack.pop() ≤ 0，转到 19
```

这里要回顾一下之前给出的 Java 源代码示例，若 A>2.0，其分配的值为 false：

```
if( A > 2.0 )
    result = false;
else
    result = true;
```

如果 A ≤ 2.0，Java 字节码就把 IF 语句转向偏移量为 19 的语句，为 result 分配数值 true。与此同时，如果不发生到偏移量 19 的分支，则由下面几条指令把 false 赋给 result：

```
14:   iconst_0                // false
15:   istore_2                // result = false
16:   goto    21              // 跳过后面两条指令
```

偏移量 16 的指令 goto 跳过后面两行代码，它们的作用是给 result 分配 true：

```
19:   iconst_1                // true
20:   istore_2                // result = true
```

结论

Java 虚拟机的指令集与 x86 处理器系列的指令集有很大的不同。它采用面向堆栈的方法实现计算、比较和分支，与 x86 指令经常使用寄存器和内存操作数形成了鲜明的对比。虽然字节码的符号反汇编不如 x86 汇编语言简单，但是，编译器生成字节码也是相当容易的。每个操作都是原子的，这就意味着它只执行一个操作。若 JVM 使用的是实时编译器，则 Java 字节码只要在执行前转换为本地机器语言即可。就这方面来说，Java 字节码与基于精简指令集（RISC）模型的机器语言有很多共同点。

8.8 本章小结

过程参数有两种基本类型：寄存器参数和堆栈参数。Irvine32 和 Irvine64 链接库使用寄存器参数，为程序执行速度进行了优化。但是，寄存器参数往往在调用程序时使代码变得混乱。堆栈参数是另一种选择，其过程的实际参数必须由主调程序压入堆栈。

堆栈帧（或活动记录）是为过程返回地址、传递参数、局部变量和被保存寄存器预留的堆栈区域。运行中的程序在开始执行过程的时候就会创建堆栈帧。

当过程参数的副本入栈时，该参数是通过值来传递的。如果是参数地址入栈，那么它是通过引用来传递的；过程可以利用地址来修改变量。数组应该通过引用传递，以避免将所有的数组元素入栈。

EBP 寄存器间接寻址可以访问过程参数，形如 [ebp+8] 的表达式能对堆栈参数进行高级控制。指令 LEA 返回任何类型间接操作数的偏移量，它非常适合与堆栈参数一起使用。

ENTER 指令完成堆栈帧，方法是将 EBP 入栈并为局部变量预留空间。LEAVE 指令结束过程的堆栈帧，方法是执行其之前 ENTER 指令的逆操作。

直接或间接调用自身的子程序即为递归子程序。递归过程，调用递归子程序的实践，在处理具有重复模式的数据结构时，是一种强有力的工具。

LOCAL 伪指令在过程内部声明一个或多个局部变量，它必须紧跟在 PROC 伪指令的后面。与全局变量相比，局部变量有独特优势：

- 对局部变量名和内容的访问可以被限制在包含它的过程之内。局部变量对程序调试也有帮助，因为只有少数几条程序语句才能修改它们。
- 局部变量的生命周期受限于包含它的过程的执行范围。局部变量能有效利用内存，因为同样的存储空间还可以被其他变量使用。
- 同一个变量名可以被多个过程使用，而不会发生命名冲突。
- 递归过程可以用局部变量在堆栈中保存数值。如果使用的是全局变量，那么每次过程调用自身时，这些数值就会被覆盖。

INVOKE 伪指令（仅限 32 位模式）能代替 CALL 指令，它的功能更加强大，可以传递多个参数。用 INVOKE 伪指令定义过程时，ADDR 运算符可以传递指针。

PROC 伪指令在声明过程名的同时可以带上已命名参数列表。PROTO 伪指令为现有过程创建原型，原型声明过程的名称和参数列表。

当应用程序全部的源代码都在一个文件中时，不论该程序有多大都是难以管理的。更实用的方法是，将程序分割为多个源代码文件（称为模块），使每个文件都易于查看和编辑。

Java 字节码　Java 字节码是指编译好的 Java 程序中使用的机器语言。Java 虚拟机（JVM）是执行已编译 Java 字节码的软件。在 Java 字节码中，每条指令都有一个字节的操作码，其后跟零个或多个操作数。JVM 使用面向堆栈的模式来执行算术运算、数据传送、比较和分支。Java 开发工具包（JDK）包含的工具 javap.exe 可以显示 java.class 文件中字节码的反汇编。

8.9 关键术语

8.9.1 术语

activation record（活动记录））
argument（实际参数）
calling convention（调用规范）
effective address（有效地址）

epilogue（结尾）
explicit stack parameters（显式堆栈参数）
Java bytecodes（Java 字节码）
Java Development Kit（JDK）(Java 开发工具包)

Jave Virtual Machine（JVM）Java 虚拟机
just-in-time compilation（实时编译）
local variables（局部变量）
memory model（内存模式）
Microisoft x64 calling convention（Microsoft x64 调用规范）
operand stack（操作数栈）
parameter（形式参数）
passing by reference（引用传递）
passing by value（值传递）

procedure prototype（过程原型）
prologue（开始）
recursion（递归）
recursive subroutine（递归子程序）
stack frame（堆栈帧）
STDCALL calling convention（STDCALL 调用规范）
reference parameter（引用参数）
stack parameter（堆栈参数）
subroutine（子程序）

8.9.2 指令、运算符和伪指令

ADDR
ENTER
INVOKE
LEA
LEAVE

LOCAL
PROC
PROTO
RET
USES

8.10 复习题和练习

8.10.1 简答题

1. 若过程有堆栈参数和局部变量，那么在其结尾部分应包含哪些语句？
2. 当 C 函数返回 32 位整数时，返回值保存在哪里？
3. 使用 STDCALL 调用规范的程序在过程调用之后如何清除堆栈？
4. 为什么 LEA 指令比 OFFSET 运算符功能更强？
5. 在 8.2.3 节给出的 C++ 示例中，一个 int 类型的变量需占用多少堆栈空间？
6. 与 STDCALL 调用规范相比，C 调用规范会有哪些优势？
7.（真/假）：使用 PROC 伪指令时，所有参数必须列在同一行上。
8.（真/假）：若向一个期望接收字数组指针的过程传递的变量包含的是字节数组偏移量，则汇编器会将其标志为错误。
9.（真/假）：若向一个期望接收引用参数的过程传递了立即数，则会产生一般保护错误。

8.10.2 算法基础

1. 下面是过程 AddThree 的调用指令序列，该过程实现三个双字的加法（假设使用的是 STDCALL 调用规范）：

```
push 10h
push 20h
push 30h
call AddThree
```

请画出 EBP 被压入运行时堆栈后过程堆栈帧的示意图。

2. 新建过程 AddThree，接收三个整型参数，计算并用 EAX 寄存器返回它们的和。
3. 声明局部变量 pArray 作为双字数组的指针。

4. 声明局部变量 buffer 作为含有 20 个字节的数组。
5. 声明局部变量 pwArray 指向一个 16 位无符号整数。
6. 声明局部变量 myByte 包含一个 8 位有符号整数。
7. 声明局部变量 myArray 作为含有 20 个双字的数组。
8. 新建过程 SetColor 接收两个堆栈参数：前景色和背景色，并调用 Irvine32 链接库的 SetTextColor 过程。
9. 新建过程 WriteColorChar 接收三个堆栈参数：字符、前景色和背景色。该过程用指定的前景色和背景色显示单个字符。
10. 编写过程 DumpMemory 封装 Irvine32 链接库的 DumpMem 过程。要求使用已声明的参数和 USES 伪指令。该过程被调用的示例为：INVOKE DumpMemory、OFFSET array、LENGTHOF array、TYPE array。
11. 声明过程 MultArray，接收两个双字数组指针，以及表示数组元素个数的参数。同时，为该过程创建 PROTO 声明。

8.11 编程练习

*1. FindLargest 过程

新建过程 FindLargest 接收两个参数：一个是有符号双字数组指针，另一个是该数组长度的计数器。过程必须用 EAX 返回数组中最大元素的值。声明过程要求使用带参数列表的 PROC 伪指令。保存所有会被该过程修改的寄存器（EAX 除外）。编写测试程序调用 FindLargest，并向其传递三个长度不同的数组，这些数组中的元素应含有负数。为 FindLargest 新建 PROTO 声明。

*2. 棋盘

编写程序画一个 8 × 8 的棋盘，盘面为相互交替的灰色和白色方块。编程时可以使用 Irvine32 链接库的 SetTextColor 和 Gotoxy 过程，不要使用全局变量，使用每个过程中声明的参数。每个过程只完成单一任务，以尽可能地简短。

***3. 变色棋盘

本题是习题 2 的延伸。每隔 500 毫秒，有颜色的方块变色并再次显示棋盘。使用所有可能的 4 位背景色，重复该过程直到显示棋盘 16 次。(整个过程中白色方块保持不变。)

**4. FindThrees 过程

新建过程 FindThrees，若数组存在三个连续的数值 3，过程返回 1，否则返回 0。过程输入参数列表包括：一个数组指针和该数组的长度。过程声明要求使用带参数列表的 PROC 伪指令。所有会被该过程修改的寄存器都需保存（EAX 除外）。编写一个测试程序用不同的数组多次调用 FindThree。

**5. DifferentInputs 过程

编写过程 DifferentInputs，若其三个输入参数不同，则返回 EAX=1；否则返回 EAX=0。过程声明要求使用带参数列表的 PROC 伪指令，并为过程新建 PROTO 声明。编写测试程序，用不同的输入值调用过程 5 次。

**6. 整数交换

创建一个随机排序整数数组。使用 8.4.6 节的 Swap 过程，编写循环代码段实现数组中每一对连续整数的交换。

**7. 最大公约数

编写 Euclid 算法的递归实现，找出两个整数的最大公约数（GCD）。在代数书中和网上都可以找到 Euclid 算法的解释说明。编写测试程序调用该 GCD 过程 5 次，要求使用如下整数对：(5,

20)、(24, 18)、(11, 7)、(432, 226)、(26, 13)。每次调用过程后，显示找到的 GCD。

**8. 相等数组元素计数器

编写过程 CountMatches 接收两个有符号双字数组指针、表示两个数组长度的参数。对第一个数组中的每个元素 x_i，若第二个数组中相应元素 y_i 与之相等，则计数器加 1。最后，过程用 EAX 返回相等数组元素的个数。编写测试程序，用两对不同的数组指针调用该过程。要求：使用 INVOKE 语句调用过程并传递堆栈参数；为 CountMatches 创建 PROTO 声明；保存并恢复所有会被该过程修改的寄存器（EAX 除外）。

***9. 近似相等元素计数器

编写过程 CountNearMatches 接收两个有符号双字数组指针、表示两个数组长度的参数和表示两个匹配元素间最大允许误差（称为 diff）的参数。对第一个数组中的每个元素 x_i，若第二个数组中相应元素 y_i 与它的误差小于等于 diff，则计数器加 1。最后，过程用 EAX 返回近似相等数组元素的个数。编写测试程序，用两对不同的数组指针调用该过程。要求：使用 INVOKE 语句调用过程并传递堆栈参数；为 CountNearMatches 创建 PROTO 声明；保存并恢复所有会被该过程修改的寄存器（EAX 除外）。

****10. 显示过程参数

编写过程 ShowParams，显示被调用过程运行时堆栈中 32 位参数的地址和十六进制数值。参数按照从低地址到高地址的顺序显示。过程输入只有一个整数，用以表示显示参数的个数。比如，假设下述 main 中的语句调用了 MySample，并传递了三个参数：

```
INVOKE MySample, 1234h, 5000h, 6543h
```

然后，在 MySample 内部就可以调用 ShowParams，并向其传递希望显示的参数个数：

```
MySample PROC first:DWORD, second:DWORD, third:DWORD
paramCount = 3
call ShowParams, paramCount
```

ShowParams 将按如下格式显示输出：

```
Stack parameters:
---------------------------
Address 0012FF80 = 00001234
Address 0012FF84 = 00005000
Address 0012FF88 = 00006543
```

第 9 章

字符串和数组

9.1 引言

如果学会有效地处理字符串和数组，就能够掌握代码优化中最常见的情况。研究表明，绝大多数程序用 90% 的运行时间执行其 10% 的代码。毫无疑问，这 10% 通常发生在循环中，而循环正是处理字符串和数组所要求的结构。本章以编写高效代码为目的，阐释字符串和数组处理技术。

本章首先介绍字符串基本指令，它们针对数据块的传送、比较、加载和保存进行过优化。然后是 Irvine32 和 Irvine64 链接库的几个字符串处理过程，它们的实现与标准 C 字符串库中的实现非常相似。本章第三部分展示如何利用高级间接寻址方式——基址变址和相对基址变址——操作二维数组。简单的间接寻址已经在 4.4 节中介绍过了。

9.5 节，整数数组的检索和排序，是本章最有趣的部分。读者将会发现，对于计算机科学中两种常用的基本数组处理算法：冒泡排序和对半查找，要实现它们是多么容易。除了汇编语言外，研究这些算法在 Java 或 C++ 中的实现也是很有益处的。

9.2 字符串基本指令

x86 指令集有五组指令用于处理字节、字和双字数组。虽然它们被称为字符串原语（string primitives），但它们并不局限于字符数组。32 位模式中，表 9-1 中的每条指令都隐含使用 ESI、EDI，或是同时使用这两个寄存器来寻址内存。根据指令数据大小，对累加器的引用隐含使用 AL、AX 或 EAX。字符串原语能高效执行，因为它们会自动重复并增加数组索引。

表 9-1 字符串基本指令

指令	说明
MOVSB、MOVSW、MOVSD	传送字符串数据：将 ESI 寻址的内存数据复制到 EDI 寻址的内存位置
CMPSB、CMPSW、CMPSD	比较字符串：比较分别由 ESI 和 EDI 寻址的内存数据
SCASB、SCASW、SCASD	扫描字符串：比较累加器（AL、AX 或 EAX）与 EDI 寻址的内存数据
STOSB、STOSW、STOSD	保存字符串数据：将累加器内容保存到 EDI 寻址的内存位置
LODSB、LODSW、LODSD	从字符串加载到累加器：将 ESI 寻址的内存数据加载到累加器

使用重复前缀 就其自身而言，字符串基本指令只能处理一个或一对内存数值。如果加上重复前缀，指令就可以用 ECX 作计数器重复执行。重复前缀使得单条指令能够处理整个数组。下面为可用的重复前缀：

REP	ECX > 0 时重复
REPZ、REPE	零标志位置 1 且 ECX > 0 时重复
REPNZ、REPNE	零标志位清零且 ECX > 0 时重复

示例：复制字符串 下面的例子中，MOVSB 从 string1 传送 10 个字节到 string2。重复

前缀在执行 MOVSB 指令之前,首先测试 ECX 是否大于 0。若 ECX=0,MOVSB 指令被忽略,控制传递到程序的下一行代码;若 ECX > 0,则 ECX 减 1 并重复执行 MOVSB 指令:

```
cld                         ;清除方向标志位
mov     esi,OFFSET string1  ;ESI 指向源串
mov     edi,OFFSET string2  ;EDI 执行目的串
mov     ecx,10              ;计数器赋值为 10
rep     movsb               ;传送 10 个字节
```

重复 MOVSB 指令时,ESI 和 EDI 自动增加,这个操作由 CPU 的方向标志位控制。

方向标志位 根据方向标志位的状态,字符串基本指令增加或减少 ESI 和 EDI(参见表 9-2)。可以用 CLD 和 STD 指令显式修改方向标志位:

表 9-2 字符串基本指令中方向标志位的用法

方向标志位的值	对 ESI 和 EDI 的影响	地址顺序
0	增加	低到高
1	减少	高到低

```
CLD   ;方向标志位清零(正向)
STD   ;方向标志位置 1(反向)
```

在执行字符串基本指令之前,若忘记设置方向标志位会产生大麻烦,因为 ESI 和 EDI 寄存器可能无法按预期增加或减少。

9.2.1 MOVSB、MOVSW 和 MOVSD

MOVSB、MOVSW 和 MOVSD 指令将数据从 ESI 指向的内存位置复制到 EDI 指向的内存位置。(根据方向标志位的值)这两个寄存器自动地增加或减少:

MOVSB	传送(复制)字节
MOVSW	传送(复制)字
MOVSD	传送(复制)双字

MOVSB、MOVSW 和 MOVSD 可以使用重复前缀。方向标志位决定 ESI 和 EDI 是否增加或减少。增加/减少的量如下表所示:

指令	ESI 和 EDI 增加或减少的数值
MOVSB	1
MOVSW	2
MOVSD	4

示例:复制双字数组 假设现在想从 source 复制 20 个双字整数到 target。数组复制完成后,ESI 和 EDI 将分别指向两个数组范围之外的一个位置(即超出 4 字节):

```
.data
source DWORD 20 DUP(0FFFFFFFFh)
target DWORD 20 DUP(?)
.code
cld                          ;方向为正向
mov     ecx,LENGTHOF source  ;设置 REP 计数器
mov     esi,OFFSET source    ;ESI 指向 source
mov     edi,OFFSET target    ;EDI 指向 target
rep     movsd                ;复制双字
```

9.2.2 CMPSB、CMPSW 和 CMPSD

CMPSB、CMPSW 和 CMPSD 指令比较 ESI 指向的内存操作数与 EDI 指向的内存操作数:

CMPSB	比较字节
CMPSW	比较字
CMPSD	比较双字

CMPSB、CMPSW 和 CMPSD 可以使用重复前缀。方向标志位决定 ESI 和 EDI 的增加或减少。

示例：比较双字　　假设现在想用 CMPSD 比较两个双字。下例中，source 的值小于 target，因此 JA 指令不会跳转到标号 L1。

```
.data
source DWORD 1234h
target DWORD 5678h
.code
mov    esi,OFFSET source
mov    edi,OFFSET target
cmpsd                        ;比较双字
ja     L1                    ;若 source > target 则跳转
```

比较多个双字时，清除方向标志位（正向），ECX 初始化为计数器，并给 CMPSD 添加重复前缀：

```
mov    esi,OFFSET source
mov    edi,OFFSET target
cld                             ;方向为正向
mov    ecx,LENGTHOF source      ;设置重复计数器
repe   cmpsd                    ;相等则重复
```

REPE 前缀重复比较操作，并自动增加 ESI 和 EDI，直到 ECX 等于 0，或者发现了一对不相等的双字。

9.2.3　SCASB、SCASW 和 SCASD

SCASB、SCASW 和 SCASD 指令分别将 AL/AX/EAX 中的值与 EDI 寻址的一个字节 / 字 / 双字进行比较。这些指令可用于在字符串或数组中寻找一个数值。结合 REPE（或 REPZ）前缀，当 ECX > 0 且 AL/AX/EAX 的值等于内存中每个连续的值时，不断扫描字符串或数组。REPNE 前缀也能实现扫描，直到 AL/AX/EAX 与某个内存数值相等或者 ECX=0。

扫描是否有匹配字符　　下面的例子扫描字符串 alpha，在其中寻找字符 F。如果发现该字符，则 EDI 指向匹配字符后面的一个位置。如果未发现匹配字符，则 JNZ 执行退出：

```
.data
alpha BYTE "ABCDEFGH",0
.code
mov    edi,OFFSET alpha         ;EDI 指向字符串
mov    al,'F'                   ;检索字符 F
mov    ecx,LENGTHOF alpha       ;设置检索计数器
cld                             ;方向为正向
repne  scasb                    ;不相等则重复
jnz    quit                     ;若未发现字符则退出
dec    edi                      ;发现字符：EDI 减 1
```

循环之后添加了 JNZ，以测试由于 ECX=0 且没有找到 AL 中的字符而结束循环的可能性。

9.2.4 STOSB、STOSW 和 STOSD

STOSB、STOSW 和 STOSD 指令分别将 AL/AX/EAX 的内容存入由 EDI 中偏移量指向的内存位置。EDI 根据方向标志位的状态递增或递减。与 REP 前缀组合使用时，这些指令实现用同一个值填充字符串或数组的全部元素。例如，下面的代码就把 string1 中的每一个字节都初始化为 0FFh：

```
.data
Count = 100
string1 BYTE Count DUP(?)
.code
    mov     al,0FFh             ;要保存的数值
    mov     edi,OFFSET string1  ;EDI 指向目标字符串
    mov     ecx,Count           ;字符计数器
    cld                         ;方向为正向
    rep     stosb               ;用 AL 的内容实现填充
```

9.2.5 LODSB、LODSW 和 LODSD

LODSB、LODSW 和 LODSD 指令分别从 ESI 指向的内存地址加载一个字节或一个字到 AL/AX/EAX。ESI 按照方向标志位的状态递增或递减。LODS 很少与 REP 前缀一起使用，原因是，加载到累加器的新值会覆盖其原来的内容。相对而言，LODS 常常被用于加载单个数值。在后面的例子中，LODSB 代替了如下两条指令（假设方向标志位清零）：

```
    mov     al,[esi]    ;将字节送入 AL
    inc     esi         ;指向下一个字节
```

数组乘法示例 下面的程序把一个双字数组中的每个元素都乘以同一个常数。程序同时使用了 LODSD 和 STOSD：

```
; 数组乘法                              (Mult.asm)
; 本程序将一个 32 位整数数组中的每个元素都乘以一个常数。
INCLUDE Irvine32.inc
.data
array DWORD 1,2,3,4,5,6,7,8,9,10
multiplier DWORD 10                    ;测试数据
                                       ;测试数据
.code
main PROC
    cld                                ;方向为正向
    mov     esi,OFFSET array           ;源数组索引
    mov     edi,esi                    ;目标数组索引
    mov     ecx,LENGTHOF array         ;循环计数器
L1: lodsd                              ;将 [ESI] 加载到 EAX
    mul     multiplier                 ;与常数相乘
    stosd                              ;将 EAX 保存到 [EDI]
    loop    L1

    exit
main ENDP
END main
```

9.2.6 本节回顾

1. 参照字符串原语，哪个 32 位寄存器被称为累加器？
2. 哪条指令比较累加器中的 32 位整数与由 EDI 指向的内存数值？

3. STOSD 指令使用哪个变址寄存器？
4. 哪条指令将数值从 ESI 指向的内存地址复制到 AX？
5. 对 CMPSB 指令来说，REPZ 前缀的作用是什么？

9.3 部分字符串过程

本节将演示用 Irvine32 链接库中的几个过程来处理空字节结束的字符串。这些过程与标准 C 库中的函数有着明显的相似性：

```
;将源串复制到目的串。
Str_copy PROTO,
    source:PTR BYTE,
    target:PTR BYTE
;用 EAX 返回串长度 ( 包括零字节 )。
Str_length PROTO,
    pString:PTR BYTE
;比较字符串 1 和字符串 2。
;并用与 CMP 指令相同的方法设置零标志位和进位标志位。
Str_compare PROTO,
    string1:PTR BYTE,
    string2:PTR BYTE
;从字符串尾部去掉特定的字符。
;第二个参数为要去除的字符。
Str_trim PROTO,
    pString:PTR BYTE,
    char:BYTE
;将字符串转换为大写。
Str_ucase PROTO,
    pString:PTR BYTE
```

9.3.1 Str_compare 过程

Str_compare 过程比较两个字符串，其调用格式如下：

```
INVOKE Str_compare, ADDR string1, ADDR string2
```

它从第一个字节开始按正序比较字符串。这种比较是区分大小写的，因为字母的大写和小写 ASCII 码不相同。该过程没有返回值，若参数为 string1 和 string2，则进位标志位和零标志位的含义如表 9-3 所示。

表 9-3 Str_compare 过程影响的标志位

关系	进位标志位	零标志位	为真则分支 (指令)
string1 < string2	1	0	JB
string1=string2	0	1	JE
string1 > string2	0	0	JA

参见 6.2.8 节的示例，回顾 CMP 指令如何设置进位标志位和零标志位。下面给出了 Str_compare 过程的代码清单。演示参见程序 Compare.asm：

```
;--------------------------------------------------------
Str_compare PROC USES eax edx esi edi,
    string1:PTR BYTE,
    string2:PTR BYTE
;
```

```
; 比较两个字符串。
; 无返回值,但是零标志位和进位标志位受到的影响与 CMP 指令相同。
;------------------------------------------------------------
        mov     esi,string1
        mov     edi,string2
L1:     mov     al,[esi]
        mov     dl,[edi]
        cmp     al,0            ;string1 结束?
        jne     L2              ;否
        cmp     dl,0            ;是: string2 结束?
        jne     L2              ;否
        jmp     L3              ;是,退出且 ZF=1
L2:     inc     esi             ;指向下一个字符
        inc     edi             ;字符相等?
        cmp     al,dl           ;是: 继续循环
        je      L1

L3:     ret                     ;否: 退出并设置标志位
Str_compare ENDP
```

实现 Str_compare 时也可以使用 CMPSB 指令,但是这条指令要求知道较长字符串的长度,这样就需要调用 Str_length 过程两次。本例中,在同一个循环内检测两个字符串的零结束符显得更加容易。CMPSB 在处理长度已知的大型字符串或数组时最有效。

9.3.2 Str_length 过程

Str_length 过程用 EAX 返回一个字符串的长度。调用该过程时,要传递字符串的偏移地址。例如:

```
INVOKE Str_length, ADDR myString
```

过程实现如下:

```
Str_length PROC USES edi,
    pString:PTR BYTE        ;指向字符串
    mov edi,pString         ;字符计数器
    mov eax,0               ;字符结束?
L1: cmp BYTE PTR[edi],0
    je  L2                  ;是: 退出
    inc edi                 ;否: 指向下一个字符
    inc eax                 ;计数器加 1
    jmp L1
L2: ret
Str_length ENDP
```

该过程的演示参见程序 Length.asm。

9.3.3 Str_copy 过程

Str_copy 过程把一个空字节结束的字符串从源地址复制到目的地址。调用该过程之前,要确保目标操作数能够容纳被复制的字符串。Str_copy 的调用语法如下:

```
INVOKE Str_copy, ADDR source, ADDR target
```

过程无返回值。下面是其实现:

字符串和数组

```
;--------------------------------------------------------
Str_copy PROC USES eax ecx esi edi,
    source:PTR BYTE,            ; source string
    target:PTR BYTE             ; target string
;
;将字符串从源串复制到目的串。
;要求：目标串必须有足够空间容纳从源复制来的串。
;--------------------------------------------------------
    INVOKE Str_length,source    ;EAX= 源串长度
    mov    ecx,eax              ; 重复计数器
    inc    ecx                  ; 由于有零字节，计数器加 1
    mov    esi,source
    mov    edi,target
    cld                         ; 方向为正向
    rep    movsb                ; 复制字符串
    ret
Str_copy ENDP
```

该过程的演示参见程序 CopyStr.asm。

9.3.4 Str_trim 过程

Str_trim 过程从空字节结束字符串中移除所有与选定的尾部字符匹配的字符。其调用语法如下：

```
INVOKE Str_trim, ADDR string, char_to_trim
```

这个过程的逻辑很有意思，因为程序需要检查多种可能的情况（以下用#作为尾部字符）：
1）字符串为空。
2）字符串一个或多个尾部字符的前面有其他字符，如"Hello#"。
3）字符串只含有一个字符，且为尾部字符，如"#"。
4）字符串不含尾部字符，如"Hello"或"H"。
5）字符串在一个或多个尾部字符后面跟随有一个或多个非尾部字符，如"#H"或"##Hello"。

使用 Str_trim 过程可以删除字符串尾部的全部空格（或者任何重复的字符）。从字符串中去掉字符的最简单的方法是，在想要移除的字符前面插入一个空字节。空字节后面的任何字符都会变得无意义。

表 9-4 列出了一些有用的测试例子。在所有例子中都假设从字符串中删除的是#字符，表中给出了期望的输出。

现在来看看测试 Str_trim 过程的代码。INVOKE 语句向 Str_trim 传递字符串地址：

表 9-4 用分隔符 # 测试 Str_trim 过程

输入字符串	预期修改后的字符串
"Hello##"	"Hello"
"#"	""（空字符串）
"Hello"	"Hello"
"H"	"H"
"#H"	"#H"

```
.data
string_1 BYTE "Hello##",0
.code
INVOKE Str_trim,ADDR string_1,'#'
INVOKE ShowString,ADDR string_1
```

Showstring 过程用方括号显示了被裁剪后的字符串，这里未给出其代码。过程输出示例如下：

```
[Hello]
```

更多例子参见第 9 章示例中的 Trim.asm。下面给出了 Str_trim 的实现，它在想要保留的最后一个字符后面插入了一个空字节。空字节后面的任何字符一般都会被字符串处理函数所忽略。

```
;-----------------------------------------------------------
; Str_trim
;从字符串末尾删除所有与给定分隔符匹配的字符。
;返回：无
;-----------------------------------------------------------
Str_trim PROC USES eax ecx edi,
    pString:PTR BYTE,            ;指向字符串
    char: BYTE                   ;要移除的字符

    mov   edi,pString            ;准备调用 Str_length
    INVOKE Str_length,edi        ;用 EAX 返回长度
    cmp   eax,0                  ;长度是否为零？
    je    L3                     ;是：立刻退出
    mov   ecx,eax                ;否：ECX= 字符串长度
    dec   eax
    add   edi,eax                ;指向最后一个字符
L1: mov   al,[edi]               ;取一个字符
    cmp   al,char                ;是否为分隔符？
    jne   L2                     ;否：插入空字节
    dec   edi                    ;是：继续后退一个字符
    loop  L1                     ;直到字符串的第一个字符
L2: mov   BYTE PTR [edi+1],0     ;插入一个空字节
L3: ret
Stmr_trim ENDP
```

详细说明

现在仔细研究一下 Str_trim。该算法从字符串最后一个字符开始，反向进行串扫描，以寻找第一个非分隔符字符。当找到这样的字符后，就在该字符后面的位置上插入一个空字节：

```
ecx = length(str)
if length(str) > 0 then
    edi = length - 1
    do while ecx > 0
      if str[edi] ≠ delimiter then
         str[edi+1] = null
         break
      else
         edi = edi - 1
      end if
      ecx = ecx - 1
    end do
```

下面逐行查看代码实现。首先，pString 为待裁剪字符串的地址。程序需要知道该字符串的长度，Str_length 过程用 EDI 寄存器接收其输入参数：

```
mov   edi,pString            ;准备调用 Str_length
INVOKE Str_length,edi        ;过程返回值在 EAX 中
```

Str_length 过程用 EAX 寄存器返回字符串长度，所以，后面的代码行将它与零进行比较，如果字符串为空，则跳过后续代码：

```
cmp   eax,0                  ;字符串长度等于零吗？
je    L3                     ;是：立刻退出
```

在继续后面的程序之前，先假设该字符串不为空。ECX 为循环计数器，因此要将字符

串长度赋给它。由于希望 EDI 指向字符串最后一个字符，因此把 EAX（包含字符串长度）减 1 后再加到 EDI 上：

```
mov    ecx,eax       ; 否：ECX= 字符串长度
dec    eax
add    edi,eax       ; 指向最后一个字符
```

现在 EDI 指向的是最后一个字符，将该字符复制到 AL 寄存器，并与分隔符比较：

```
L1: mov    al,[edi]     ; 取字符
    cmp    al,char      ; 是分隔符吗？
```

如果该字符不是分隔符，则退出循环，并用标号为 L2 的语句插入一个空字节：

```
    jne    L2           ; 否：插入空字节
```

否则，如果发现了分隔符，则继续循环，逆向搜索字符串。实现的方法为：将 EDI 后退一个字符，再重复循环：

```
    dec    edi          ; 是：继续后退
    loop   L1           ; 直到字符串的第一个字符
```

如果整个字符串都由分隔符组成，则循环计数器将减到零，并继续执行 loop 指令下面的代码行，即标号为 L2 的代码，在字符串中插入一个空字节：

```
L2: mov    BYTE PTR [edi+1],0    ; 插入空字节
```

假如程序控制到达这里的原因是循环计数减为零，那么，EDI 就会指向字符串第一个字符之前的位置。因此需要用表达式 [edi+1] 来指向第一个字符。

在两种情况下，程序会执行标号 L2：其一，在字符串中发现了非分隔符字符；其二，循环计数减为零。标号 L2 后面是标号为 L3 的 RET 指令，用来结束整个过程：

```
L3: ret
Str_trim ENDP
```

9.3.5　Str_ucase 过程

Str_ucase 过程把一个字符串全部转换为大写字母，无返回值。调用过程时，要向其传递字符串的偏移量：

```
INVOKE Str_ucase, ADDR myString
```

过程实现如下：

```
;--------------------------------------------------------
; Str_ucase
;将空字节结束的字符串转换为大写字母。
;返回：无
;--------------------------------------------------------
Str_ucase PROC USES eax esi,
pString:PTR BYTE

    mov    esi,pString
L1:
    mov    al,[esi]              ; 取字符
    cmp    al,0                  ; 字符串是否结束？
    je     L3                    ; 是：退出
```

```
            cmp     al,'a'                          ;小于"a"?
            jb      L2
            cmp     al,'z'                          ;大于"z"?
            ja      L2
            and     BYTE PTR [esi],11011111b        ;转换字符
        L2: inc     esi                             ;下一个字符
            jmp     L1
        L3: ret
        Str_ucase ENDP
```

（过程演示参见 Ucase.asm 程序。）

9.3.6 字符串演示程序

下面的 32 位程序（StringDemo.asm）演示了对 Irivne32 链接库中 Str_trim、Str_ucase、Str_compare 和 Str_length 过程的调用：

```
; String Library Demo            (StringDemo.asm)
;该程序演示了本书链接库中的字符串处理过程。
INCLUDE Irvine32.inc
.data
string_1 BYTE "abcde////",0
string_2 BYTE "ABCDE",0
msg0     BYTE "string_1 in upper case: ",0
msg1     BYTE "string_1 and string_2 are equal",0
msg2     BYTE "string_1 is less than string_2",0
msg3     BYTE "string_2 is less than string_1",0
msg4     BYTE "Length of string_2 is ",0
msg5     BYTE "string_1 after trimming: ",0

.code
main PROC
    call    trim_string
    call    upper_case
    call    compare_strings
    call    print_length

    exit
main ENDP

trim_string PROC
;从 string_1 删除尾部字符。
    INVOKE  Str_trim, ADDR string_1, '/'
    mov     edx,OFFSET msg5
    call    WriteString
    mov     edx,OFFSET string_1
    call    WriteString
    call    Crlf

    ret
trim_string ENDP

upper_case PROC
;将 string_1 转换为大写字母。
    mov     edx,OFFSET msg0
    call    WriteString
    INVOKE  Str_ucase, ADDR string_1
    mov     edx,OFFSET string_1
    call    WriteString
    call    Crlf
```

```
        ret
upper_case ENDP

compare_strings PROC
;比较 string_1 和 string_2。
    INVOKE Str_compare, ADDR string_1, ADDR string_2
    .IF ZERO?
    mov     edx,OFFSET msg1
    .ELSEIF CARRY?
    mov     edx,OFFSET msg2      ;string_1 小于……
    .ELSE
    mov     edx,OFFSET msg3      ;string_2 小于……
    .ENDIF
    call    WriteString
    call    Crlf

    ret
compare_strings  ENDP

print_length PROC
;显示 string_2 的长度。
    mov     edx,OFFSET msg4
    call    WriteString
    INVOKE Str_length, ADDR string_2
    call    WriteDec
    call    Crlf

    ret
print_length ENDP
END main
```

调用 Str_trim 过程从 string_1 删除尾部字符，调用 Str_ucase 过程将字符串转换为大写字母。

程序输出 String Library Demo 程序的输出如下所示：

```
string_1 after trimming: abcde
string_1 in upper case: ABCDE
string1 and string2 are equal
Length of string_2 is 5
```

9.3.7 Irivne64 库中的字符串过程

本节将说明如何将一些比较重要的字符串处理过程从 Irvine32 链接库转换为 64 位模式。变化非常简单——删除堆栈参数，并将所有的 32 位寄存器都替换为 64 位寄存器。表 9-5 列出了这些字符串过程、过程说明及其输入输出。

表 9-5 Irvine64 链接库中的字符串过程

Str_compare	比较两个字符串 输入参数：RSI 为源串指针，RDI 为目的串指针 返回值：若源串＜目的串，则进位标志位 CF=1；若源串 = 目的串，则零标志位 ZF=1；若源串＞目的串，则 CF=0 且 ZF=0
Str_copy	将源串复制到目的指针指向的位置 输入参数：RSI 为源串指针，RDI 指向被复制串将要存储的位置
Str_length	返回空字节结束字符串的长度 输入参数：RCX 为字符串指针 返回值：RAX 为该字符串的长度

Str_compare 过程中，RSI 和 RDI 是输入参数的合理选择，因为字符串比较循环会用到它们。使用这两个寄存器参数能在过程开始时避免将输入参数复制到 RSI 和 RDI 寄存器中：

```
;------------------------------------------------
; Str_compare
;比较两个字符串
;接收：RSI 为源串指针
;      RDI 为目的串指针
;返回：若字符串相等，ZF 置 1
;      若源串<目的串，CF 置 1
;------------------------------------------------
Str_compare PROC USES rax rdx rsi rdi

L1: mov    al,[rsi]
    mov    dl,[rdi]
    cmp    al,0            ;string1 结束？
    jne    L2              ;否
    cmp    dl,0            ;是：string2 结束？
    jne    L2              ;否
    jmp    L3              ;是：退出且 ZF=1

L2: inc    rsi             ;指向下一个字符
    inc    rdi
    cmp    al,dl           ;字符相等？
    je     L1              ;是：继续循环
                           ;否：退出并设置标志位
L3: ret
Str_compare ENDP
```

注意，PROC 伪指令用 USES 关键字列出了所有需要在过程开始时入栈、在过程时返回出栈的寄存器。

Str_copy 过程用 RSI 和 RDI 接收字符串指针：

```
;------------------------------------------------
; Str_copy
;复制字符串
;接收：RSI 为源串指针
; RDI 为目的串指针
;返回：无
;------------------------------------------------
Str_copy PROC USES rax rcx rsi rdi
    mov    rcx,rsi             ;获得源串长度
    call   Str_length          ;RAX 返回长度
    mov    rcx,rax             ;循环计数器
    inc    rcx                 ;有空字节，加 1
    cld                        ;方向为正向
    rep    movsb               ;复制字符串
    ret
Str_copy ENDP
```

Str_length 过程用 RCX 接收字符串指针，然后循环扫描该字符串直到发现空字节。字符串长度用 RAX 返回：

```
;------------------------------------------------
; Str_length
;计算字符串长度
;接收：RCX 指向字符串
;返回：RAX 为字符串长度
;------------------------------------------------
```

```
Str_length PROC USES rdi
    mov  rdi,rcx                    ;获得指针
    mov  eax,0                      ;字符计数
L1:
    cmp  BYTE PTR [rdi],0           ;字符串结束?
    je   L2                         ;是:退出
    inc  rdi                        ;否:指向下一个字符
    inc  rax                        ;计数器加1
    jmp  L1
L2: ret                             ;RAX 返回计数值
Str_length ENDP
```

一个简单的测试程序　　下面的测试程序调用了64位的 Str_length、Str_copy 和 Str_compare 过程。虽然程序中没有显示字符串的语句,但是建议在 Visual Studio 调试器中运行,这样就可以查看内存窗口、寄存器和标志位。

```
;测试 Irvine64 字符串过程 (StringLib64Test.asm)
Str_compare        proto
Str_length         proto
Str_copy           proto
ExitProcess        proto
    .data
source BYTE "AABCDEFGAABCDFG",0     ;大小为15
target BYTE 20 dup(0)
    .code
main PROC
    mov  rcx,offset source
    call Str_length                 ;用 RAX 返回长度

    mov  rsi,offset source
    mov  rdi,offset target
    call str_copy

;由于刚刚才复制了字符串,因此它们应该相等。
    call str_compare                ;ZF=1,字符串相等
;修改目的串的第一个字符,再比较两个字符串
; compare them again.
    mov  target,'B'
    call str_compare                ;CF=1,源串<目的串

    mov  ecx,0
    call ExitProcess
main ENDP
```

9.3.8 本节回顾

1.(真/假):当发现较长字符串的空终止符时,Str_compare 过程停止。
2.(真/假):32位 Str_compare 过程不需使用 ESI 和 EDI 来访问内存。
3.(真/假):32位 Str_length 过程用 SCASB 发现字符串末尾的空终止符。
4.(真/假):Str_copy 过程可以防止将一个字符串复制到过小的内存区域。

9.4 二维数组

9.4.1 行列顺序

在汇编语言程序员看来,二维数组是一位数组的高级抽象。高级语言有两种方法在内

存中存放数组的行和列：行主序和列主序，如图 9-1 所示。使用行主序（最常用）时，第一行存放在内存块开始的位置，第一行最后一个元素后面紧跟的是第二行的第一个元素。使用列主序时，第一列的元素存放在内存块开始的位置，第一列最后一个元素后面紧跟的是第二列的第一个元素。

用汇编语言实现二维数组时，可以选择其中的任意一种顺序。本章使用的是行主序。如果是为高级语言编写汇编子程序，那么应该使用高级语言文档中指定的顺序。

x86 指令集有两种操作数类型：基址 – 变址和基址 – 变址 – 位移量，这两种类型都适用于数组。下面将对它们进行研究并通过例子来说明如何有效地使用它们。

9.4.2 基址 – 变址操作数

基址 – 变址操作数将两个寄存器（称为基址和变址）相加，生成一个偏移地址：

[base + index]

其中的方括号是必需的。32 位模式下，任一 32 位通用寄存器都可以用作基址和变址寄存器。（通常情况下避免使用 EBP，除非进行堆栈寻址。）下面的例子是 32 位模式中基址和变址操作数的各种组合：

```
.data
array WORD 1000h,2000h,3000h
.code
mov   ebx,OFFSET array
mov   esi,2
mov   ax,[ebx+esi]           ; AX = 2000h

mov   edi,OFFSET array
mov   ecx,4
mov   ax,[edi+ecx]           ; AX = 3000h

mov   ebp,OFFSET array
mov   esi,0
mov   ax,[ebp+esi]           ; AX = 1000h
```

二维数组　按行访问一个二维数组时，行偏移量放在基址寄存器中，列偏移量放在变址寄存器中。例如，下表给出的数组为 3 行 5 列：

```
tableB BYTE    10h,  20h,  30h,  40h,  50h
Rowsize = ($ - tableB)
       BYTE    60h,  70h,  80h,  90h, 0A0h
       BYTE   0B0h, 0C0h, 0D0h, 0E0h, 0F0h
```

该表为行主序，汇编器计算的常数 Rowsize 是表中每行的字节数。如果想用行列坐标定位表中的某个表项，则假设坐标基点为 0，那么，位于行 1 列 2 的表项为 80h。将 EBX 设置为该表的偏移量，加上（Rowsize row_index），计算出行偏移量，将 ESI 设置为列索引：

```
row_index = 1
column_index = 2
```

```
        mov     ebx,OFFSET tableB           ;表偏移量
        add     ebx,RowSize * row_index     ;行偏移量
        mov     esi,column_index
        mov     al,[ebx + esi]              ; AL = 80h
```

假设该数组位置的偏移量为 0150h，则其有效地址表示为 EBX+ESI，计算得 0157h。图 9-2 展示了如何通过 EBX 加上 ESI 生成 tableB[1，2] 字节的偏移量。如果有效地址指向该程序数据区之外，那么就会产生一个运行时错误。

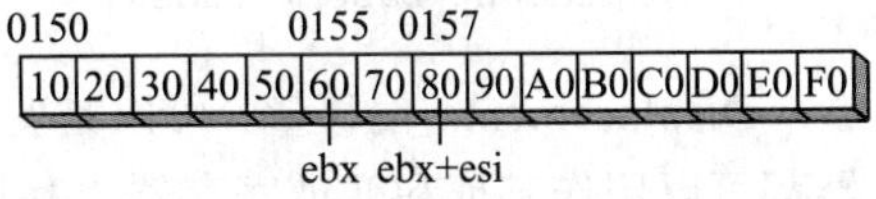

图 9-2 用基址 – 变址操作数寻址数组

1. 计算数组行之和

基于变址的寻址简化了二维数组的很多操作。比如，用户可能想要计算一个整数矩阵中一行的和。下面的 32 位 calc_row_sum 程序（参见 RowSum.asm）就计算了一个 8 位整数矩阵中被选中行的和数：

```
;-----------------------------------------------------------
; calc_row_sum
;计算字节矩阵中一行的和数。
;接收: EBX= 表偏移量，EAX= 行索引
;ECX= 按字节计的行大小。
;返回: EAX 为和数。
;-----------------------------------------------------------
calc_row_sum PROC USES ebx ecx edx esi
        mul     ecx                         ;行索引 × 行大小
        add     ebx,eax                     ;行偏移量
        mov     eax,0                       ;累加器
        mov     esi,0                       ;列索引
L1:     movzx   edx,BYTE PTR[ebx + esi]     ;取一个字节
        add     eax,edx                     ;与累加器相加
        inc     esi                         ;行中的下一个字节
        loop    L1

        ret
calc_row_sum ENDP
```

BYTE PTR 是必需的，用于声明 MOVZX 指令中操作数的类型。

2. 比例因子

如果是为字数组编写代码，则需要将变址操作数乘以比例因子 2。下面的例子定位行 1 列 2 的元素值：

```
tableW  WORD    10h,    20h,    30h,    40h,    50h
RowsizeW = ($ - tableW)
        WORD    60h,    70h,    80h,    90h,    0A0h
        WORD    0B0h,   0C0h,   0D0h,   0E0h,   0F0h
        .code
row_index = 1
column_index = 2
        mov     ebx,OFFSET tableW           ;表偏移量
        add     ebx,RowSizeW * row_index    ;行偏移量
        mov     esi,column_index
        mov     ax,[ebx + esi*TYPE tableW]  ; AX = 0080h
```

本例的比例因子（TYPE tableW）等于 2。同样，如果数组类型为双字，则比例因子为 4：

```
tableD DWORD 10h, 20h, ...etc.
        .code
        mov     eax,[ebx + esi*TYPE tableD]
```

9.4.3 基址 – 变址 – 偏移量操作数

基址 – 变址 – 偏移量操作数用一个偏移量、一个基址寄存器、一个变址寄存器和一个可选的比例因子来生成有效地址。格式如下：

```
[base + index + displacement]
displacement[base + index]
```

Displacement（偏移量）可以是变量名或常量表达式。32 位模式下，任一 32 位通用寄存器都可以用作基址和变址寄存器。基址 – 变址 – 偏移量操作数非常适于处理二维数组。偏移量可以作为数组名，基址操作数为行偏移量，变址操作数为列偏移量。

双字数组示例　　下面的二维数组包含了 3 行 5 列的双字：

```
tableD DWORD   10h, 20h, 30h, 40h, 50h
Rowsize = ($ - tableD)
       DWORD   60h, 70h, 80h, 90h, 0A0h
       DWORD   0B0h, 0C0h, 0D0h, 0E0h, 0F0h
```

Rowsize 等于 20（14h）。假设坐标基点为 0，那么位于行 1 列 2 的表项为 80h。为了访问到这个表项，将 EBX 设置为行索引，ESI 设置为列索引：

```
mov    ebx,Rowsize                    ;行索引
mov    esi,2                          ;列索引
mov    eax,tableD[ebx + esi*TYPE tableD]
```

设 tableD 开始于偏移量 0150h 处，图 9-3 展示了 EBX 和 ESI 相对于该数组的位置。偏移量为十六进制。

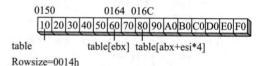

图 9-3　基址 – 变址 – 偏移量示例

9.4.4　64 位模式下的基址 – 变址操作数

64 位模式中，若用寄存器索引操作数则必须为 64 位寄存器。基址 – 变址操作数和基址 – 变址 – 偏移量操作数都可以使用。

下面是一段小程序，它用 get_tableVal 过程在 64 位整数的二维数组中定位一个数值。如果将其与上一节中的 32 位代码进行比较，会发现 ESI 被替换为 RSI，EAX 和 EBX 也成了 RAX 和 RBX。

```
;64 位模式下的二维数组 (TwoDimArrays.asm)
Crlf          proto
WriteInt64    proto
ExitProcess   proto
.data
table QWORD 1,2,3,4,5
RowSize = ($ - table)
      QWORD 6,7,8,9,10
      QWORD 11,12,13,14,15
.code
main PROC
;基址 – 变址 – 偏移量操作数
      mov   rax,1              ;行索引基点为 0
      mov   rsi,4              ;列索引基点为 0
      call  get_tableVal       ;RAX 中为返回值
      call  WriteInt64         ;显示返回值
```

```
        call    Crlf
        mov     ecx,0                           ;程序结束
        call    ExitProcess
main ENDP
;------------------------------------------------
; get_tableVal
;返回四字二维数组中给定行列值的元素。
;接收: RAX= 行数, RSI= 列数
;返回: RAX 中的数值
;------------------------------------------------
get_tableVal PROC USES rbx
        mov     rbx,RowSize
        mul     rbx                             ;乘积（低）=RAX
        mov     rax,table[rax + rsi*TYPE table]
        ret
get_tableVal ENDP
        end
```

9.4.5 本节回顾

1. 32 位模式中，哪些寄存器能用于基址 – 变址操作数？
2. 假设一双字二维数组有 3 个逻辑行和 4 个逻辑列。若 ESI 用作行索引，当从一行移到下一行时，ESI 应加多少？
3. 32 位模式可以使用 EBP 来寻址数组吗？

9.5 整数数组的检索和排序

为了找到更好的方法对大量数据集进行检索和排序，计算机科学家已经花费了相当多的时间和精力。与买一台更快的计算机相比，对于具体应用而言，选择最好的算法被证明更加有用。大多数学生在研究检索和排序时使用的是高级语言，如 C++ 和 Java。汇编语言则在算法研究上展示了一种不同的视角，它能让研究者看到底层的实现细节。

检索和排序提供了一个机会来尝试本章介绍的寻址方法。尤其是基址 - 变址寻址会被证明是有用的，因为程序员可以用一个寄存器（通常为 EBX）作数组的基址，而用另一个寄存器（通常为 ESI）索引数组中的任何位置。

9.5.1 冒泡排序

冒泡排序从位置 0 和 1 开始，对比数组的两个数值。如果比较结果为逆序，就交换这两个数。图 9-4 展示了对一个整数数组进行一次遍历的过程。

一次冒泡过程之后，数组仍没有按序排列，但此时最高索引位置上是最大数。外层循环则开始对该数组再一次遍历。经过 n−1 次遍历后，数组就会按序排列。

冒泡排序对小型数组效果很好，但对较大的数组而言，它的效率就十分低下。计算机科学家在衡量算法的相对效率时，常常使用一种被称为"时间复杂度"（big-O）的概念来描述随着处理对

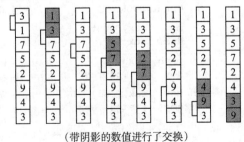

（带阴影的数值进行了交换）

图 9-4 第一次数组遍历（冒泡排序）

象数量的增加，平均运行时间是如何增加的。冒泡排序是 $O(n^2)$ 算法，这就意味着，它的平均运行时间随着数组元素（n）个数的平方增加。比如，假设 1000 个元素排序需要 0.1 秒。当元素个数增加 10 倍时，该数组排序所需要的时间就会增加 10^2（100）倍。下表列出了不同数组大小需要的排序时间，假设 1000 个数组元素排序花费 0.1 秒：

数组大小	时间（秒）	数组大小	时间（秒）
1 000	0.1	100 000	1000
10 000	10.0	1 000 000	100 000（27.78 小时）

对于一百万个整数来说，冒泡排序谈不上有效率，因为它完成任务的时间太长了！但是对于几百个整数，它的效率是足够的。

伪代码 用类似于汇编语言的伪代码为冒泡排序编写的简化代码是有用的。代码用 N 表示数组大小，cx1 表示外循环计数器，cx2 表示内循环计数器：

```
cx1 = N - 1
while( cx1 > 0 )
{
  esi = addr(array)
  cx2 = cx1
  while( cx2 > 0 )
  {
    if( array[esi] > array[esi+4] )
      exchange( array[esi], array[esi+4] )
    add esi,4
    dec cx2
  }
  dec cx1
}
```

如保存和恢复外循环计数器等的机械问题被刻意忽略了。注意内循环计数（cx2）是基于外循环计数（cx1）当前值的，每次遍历数组时它都依次递减。

汇编语言 根据伪代码能够很容易生成与之对应的汇编程序，并将它表示为带参数和局部变量的过程：

```
;------------------------------------------------------
; BubbleSort
; 使用冒泡算法，将一个 32 位有符号整数数组按升序进行排列。
; 接收：数组指针，数组大小
; 返回：无
;------------------------------------------------------
BubbleSort PROC USES eax ecx esi,
    pArray:PTR DWORD,           ; 数组指针
    Count:DWORD                 ; 数组大小
    mov   ecx,Count
    dec   ecx                   ; 计数值减 1
L1: push  ecx                   ; 保存外循环计数值
    mov   esi,pArray            ; 指向第一个数值
L2: mov   eax,[esi]             ; 取数组元素值
    cmp   [esi+4],eax           ; 比较两个数值
    jg    L3                    ; 如果 [ESI]<=[ESI+4]，不交换
    xchg  eax,[esi+4]
    mov   [esi],eax             ; 交换两数
L3: add   esi,4                 ; 两个指针都向前移动一个元素
```

```
        loop    L2                      ;内循环
        pop     ecx                     ;恢复外循环计数值
        loop    L1                      ;若计数值不等于 0,则继续外循环
L4:     ret
BubbleSort ENDP
```

9.5.2 对半查找

数组查找是日常编程中最常见的一类操作。对小型数组（1000 个元素或更少）而言，顺序查找（sequential search）是很容易的，从数组开始的位置顺序检查每一个元素，直到发现匹配的元素为止。对任意 n 个元素的数组，顺序查找平均需要比较 $n/2$ 次。如果查找的是小型数组，则执行时间也很少。但是，如果查找的数组包含一百万个元素就需要相当多的处理时间了。

对半查找（binary search）算法用于从大型数组中查找一个数值是非常有效的。但是它有一个重要的前提：数组必须是按升序或降序排列。下面的算法假设数组元素是升序：

开始查找前，请求用户输入一个整数，将其命名为 searchVal。

1）被查找数组的范围用下标 first 和 last 来表示。如果 first > last，则退出查找，也就是说没有找到匹配项。

2）计算位于数组 first 和 last 下标之间的中点。

3）将 searchVal 与数组中点进行比较：

- 如果数值相等，将中点送入 EAX，并从过程返回。该返回值表示在数组中发现了匹配值。
- 否则，如果 searchVal 大于中点值，则将 first 重新设置为中点后一位元素的位置。
- 或者，如果 searchVal 小于中点值，则将 last 重新设置为中点前一位元素的位置。

4）返回步骤 1）。

对半查找效率高的原因是它采用了分而治之的策略。每次循环迭代中，数值范围都被对半分为成两部分。通常它被描述为 $O(\log n)$ 算法，即，当数组元素增加 n 倍时，平均查找时间仅增加 $\log_2 n$ 倍。为了帮助了解对半查找效率有多高，表 9-6 列出了数组大小相同时，顺序查找和对半查找需要执行的最大比较次数。表中的数据代表的是最坏的情况——在实际应用中，经过更少次的比较就可能找到匹配数值。

表 9-6 顺序查找与对半查找的最大比较次数

数组大小	顺序查找	对半查找
64	64	6
1 024	1 024	10
65 536	65 536	17
1 048 576	1 048 576	21
4 294 967 296	4 294 967 296	33

下面是用 C++ 语言实现的对半查找功能，用于有符号整数数组：

```
int BinSearch( int values[], const int searchVal, int count )
{
    int first = 0;
    int last = count - 1;

    while( first <= last )
    {
        int mid = (last + first) / 2;
        if( values[mid] < searchVal )
            first = mid + 1;
```

```
            else if( values[mid] > searchVal )
                last = mid - 1;
            else
                return mid;            // 成功
        }
        return -1;                     // 未找到
    }
```

该 C++ 代码示例的汇编语言程序清单如下所示：

```
;-----------------------------------------------------------
; BinarySearch
;在一个有符号整数数组中查找某个数值。
;接收：数组指针、数组大小、给定查找数值
;返回：若发现匹配项，则 EAX= 该匹配元素在数组中的位置；否则，EAX=-1。
;-----------------------------------------------------------
BinarySearch PROC USES ebx edx esi edi,
        pArray:PTR DWORD,
        Count:DWORD,              ;数组指针
        searchVal:DWORD           ;数组大小
        LOCAL first:DWORD,        ;给定查找数值
            last:DWORD,           ;first 的位置
            mid:DWORD             ;last 的位置
                                  ;中点
        mov     first,0           ; first = 0
        mov     eax,Count         ; last = (count - 1)
        dec     eax
        mov     last,eax
        mov     edi,searchVal     ; EDI = searchVal
        mov     ebx,pArray        ; EBX 为数组指针
L1: ;当 first <=last 时
        mov     eax,first
        cmp     eax,last
        jg      L5                ;退出查找
; mid = (last + first) / 2
        mov     eax,last
        add     eax,first
        shr     eax,1
        mov     mid,eax
; EDX = values[mid]
        mov     esi,mid
        shl     esi,2             ;将 mid 值乘 4
        mov     edx,[ebx+esi]     ; EDX = values[mid]
;若 EDX < searchVal(EDI)
        cmp     edx,edi
        jge     L2
;   first = mid + 1
        mov     eax,mid
        inc     eax
        mov     first,eax
        jmp     L4
;否则，若 EDX > searchVal(EDI)
L2:     cmp     edx,edi
        jle     L3                ;可选项
;   last = mid - 1
        mov     eax,mid
        dec     eax
        mov     last,eax
        jmp     L4
```

```
       ;否则返回 mid
   L3: mov    eax,mid              ;发现数值
       jmp    L9                   ;返回 mid
   L4: jmp    L1                   ;继续循环
   L5: mov    eax,-1               ;查找失败
   L9: ret
   BinarySearch ENDP
```

测试程序

为了演示本章介绍的冒泡排序和对半查找功能，现在编写一个简单的程序顺序执行如下步骤：

- 用随机整数填充数组
- 显示该数组
- 用冒泡法对数组排序
- 再次显示数组
- 请求用户输入一个整数
- （在数组中）对半查找用户输入的整数
- 显示对半查找的结果

每个过程都放在独立的源文件中，使得定位和编辑源代码更加方便。表 9-7 列出了每个模块及其内容。大多数编写专业的程序都会分为独立的代码模块。

表 9-7 冒泡排序/对半查找程序中的模块

模块	内容
BinarySearchTest.asm	主模块：包含 main，ShowResult，和 AskForSearchVal 过程。包含程序入口，并管理整个任务序列
BubbleSort.asm	BubbleSort 过程：执行 32 位有符号整数数组的冒泡排序
BinarySearch.asm	BinarySearch 过程：执行 32 位有符号整数数组的对半查找
FillArray.asm	FillArray 过程：用一组随机数填充 32 位有符号整数数组
PrintArray.asm	PrintArray 过程：将 32 位有符号整数数组写到标准输出

所有模块中的过程，除了 BinarySearchTest.asm 外，都按照这种方式来编写，这易于在其他程序中使用它们而不用加以任何修改。这种做法相当可取，因为将来在重用已有代码时可以节约时间。Irvine32 链接库就采用了同样的方法。下面的头文件（BinarySearch.inc）包含了被 main 模块调用过程的原型：

```
;BinarySearch.inc—冒泡排序/对半查找程序中使用的过程原型。
;在 32 位有符号整数数组中查找一个数。
BinarySearch PROTO,
    pArray:PTR DWORD,           ;指向数组
    Count:DWORD,                ;数组大小
    searchVal:DWORD             ;查找数值
;用 32 位有符号随机整数填充数组
    pArray:PTR DWORD,           ;指向数组
    Count:DWORD,                ;元素个数
    LowerRange:SDWORD,          ;随机数的下限
    UpperRange:SDWORD,          ;随机数的上限
;将 32 位有符号整数数组写到标准输出
    pArray:PTR DWORD,
    Count:DWORD
```

```
;将数组按升序排列
    pArray:PTR DWORD,
    Count:DWORD
```

main 模块，BinarySearchTest.asm 的代码清单如下：

```
;冒泡排序和对半查找                              BinarySearchTest.asm
;对一个有符号整数数组进行冒泡排序，并执行对半查找。
;main 模块，调用 BainarySearch, BubbleSort, FillArray 和 PrintArray
INCLUDE Irvine32.inc
INCLUDE BinarySearch.inc        ;过程原型

LOWVAL = -5000                  ;最小值
HIGHVAL = +5000                 ;最大值
ARRAY_SIZE = 50                 ;数组大小
.data
array DWORD ARRAY_SIZE DUP(?)
.code
main PROC
    call Randomize
    ;用有符号随机整数填充数组
    INVOKE FillArray, ADDR array, ARRAY_SIZE, LOWVAL, HIGHVAL

    ;显示数组
    INVOKE PrintArray, ADDR array, ARRAY_SIZE
    call WaitMsg
    ;执行冒泡排序并再次显示数组
    INVOKE BubbleSort, ADDR array, ARRAY_SIZE
    INVOKE PrintArray, ADDR array, ARRAY_SIZE

    ;实现对半查找
    call AskForSea chVal         ;用 EAX 返回
    INVOKE BinarySearch,
       ADDR array, ARRAY_SIZE, eax
    call ShowResults

    exit
main ENDP

;-----------------------------------------------------
AskForSearchVal PROC
;
;请求用户输入一个有符号整数。
;接收：无
;返回：EAX=用户输入的数值
;-----------------------------------------------------
.data
prompt BYTE "Enter a signed decimal integer "
       BYTE "in the range of -5000 to +5000 "
       BYTE "to find in the array: ",0
.code
    call  Crlf
    mov   edx,OFFSET prompt
    call  WriteString
    call  ReadInt
    ret
AskForSearchVal ENDP

;-----------------------------------------------------
ShowResults PROC
;
```

```
;显示对半查找的结果值。
;接收:EAX= 被显示数的位置
;返回:无
;--------------------------------------------------------
.data
msg1 BYTE "The value was not found.",0
msg2 BYTE "The value was found at position ",0
.code
.IF eax == -1
    mov    edx,OFFSET msg1
    call   WriteString
.ELSE
    mov    edx,OFFSET msg2
    call   WriteString
    call   WriteDec
.ENDIF
    call   Crlf
    call   Crlf
    ret
ShowResults ENDP
END main
```

PrintArray 包含 PrintArray 过程的模块清单如下:

```
;PrintArray 过程       (PrintArray.asm)
INCLUDE Irvine32.inc

.code
;--------------------------------------------------------
PrintArray PROC USES eax ecx edx esi,
    pArray:PTR DWORD,           ; pointer to array
    Count:DWORD                 ; number of elements
;
;将 32 位有符号十进制整数数组写到标准输出,数值用逗号隔开
;接收:数组指针、数组大小
;返回:无
;--------------------------------------------------------
.data
comma BYTE ", ",0
.code
    mov    esi,pArray
    mov    ecx,Count
    cld                         ;方向为正向
L1: lodsd                       ;加载 [ESI] 到 EAX
    call   WriteInt             ;发送到输出
    mov    edx,OFFSET comma
    call   Writestring          ;显示逗号
    loop   L1

    call   Crlf
    ret
PrintArray ENDP
END
```

FillArray 包含 FillArray 过程的模块清单如下:

```
;FillArray 过程             (FillArray.asm)
INCLUDE Irvine32.inc

.code
;--------------------------------------------------------
```

```
FillArray PROC USES eax edi ecx edx,
    pArray:PTR DWORD,          ;数组指针
    Count:DWORD,               ;元素个数
    LowerRange:SDWORD,         ;范围下限
    UpperRange:SDWORD          ;范围上限
;
;用 LowerRange 到 (UpperRange-1 之间的 32 位随机有符号整数序列填充数组。)
;返回：无
;---------------------------------------------------------
    mov   edi,pArray           ;EDI 为数组指针
    mov   ecx,Count            ;循环计数器
    mov   edx,UpperRange
    sub   edx,LowerRange       ;EDX= 绝对范围 0..n
    cld                        ;方向标志位清零
L1: mov   eax,edx              ;取绝对范围
    call  RandomRange
    add   eax,LowerRange       ;偏移处理结果
    stosd                      ;将 EAX 保存到 [edi]
    loop  L1
    ret
FillArray ENDP
END
```

9.5.3 本节回顾

1. 假设一数组已经是顺序排列，则在 9.5.1 节的 BubbleSort 过程中，其外循环需要执行多少次？
2. 在 BubbleSort 过程中，第一次遍历数组时内循环需执行多少次？
3. 在 BubbleSort 过程中，内循环执行的次数是否总相同？
4. 若（通过测试）发现一个有 500 个整数的数组排序需要 0.5 秒，那么当数组含有 5000 个整数时，冒泡排序需要多少秒？

9.6 Java 字节码：字符串处理（可选主题）

第 8 章介绍了 Java 字节码，并说明了怎样将 java.class 文件反汇编为可读的字节码格式。本节将展示 Java 如何处理字符串，以及处理字符串的方法。

示例：寻址子串

下面的 Java 代码定义了一个字符串变量，其中包含了一个雇员 ID 和该雇员的姓氏。然后，调用 substring 方法将账号送入第二个字符串变量：

```
String empInfo = "10034Smith";
String id = empInfo.substring(0,5);
```

对该 Java 代码反汇编，其字节码显示如下：

```
0: ldc #32;                  // 字符串 10034Smith
2: astore_0
3: aload_0
4: iconst_0
5: iconst_5
6: invokevirtual #34;        // Method java/lang/String.substring
9: astore_1
```

现在分步研究这段代码，并加上自己的注释。ldc 指令把一个对字符串文本的引用从常

量池加载到操作数栈。接着，astore_0 指令从运行时堆栈弹出该字符串引用，并把它保存到局部变量 empInfo 中，其在局部变量区域中的索引为 0：

```
0: ldc    #32;          // 加载文本字符串：10034Smith
2: astore_0             // 保存到 empInfo（索引 0）
```

接下来，aload_0 指令把对 empInfo 的引用压入操作数栈：

```
3: aload_0              // 加载 empInfo 到堆栈
```

然后，在调用 substring 方法之前，它的两个参数（0 和 5）必须压入操作数栈。该操作由指令 iconst_0 和 iconst_5 完成：

```
4: iconst_0
5: iconst_5
```

invokevirtual 指令调用 substring 方法，它的引用 ID 号为 34：

```
6: invokevirtual #34;   // Method java/lang/String.substring
```

substring 方法将参数弹出堆栈，创建新字符串，并将该字符串的引用压入操作数栈。其后的 astore_1 指令把这个字符串保存到局部变量区域内索引 1 的位置，也就是变量 id 所在的位置：

```
9: astore_1
```

9.7 本章小结

为了对内存进行高速访问，对字符串原语指令进行了优化，这些指令包括
- MOVS：传送字符串数据
- CMPS：比较字符串
- SCAS：扫描字符串
- STOS：存储字符串数据
- LODS：将字符串加载到累加器

在对字节、字或双字进行操作时，每个字符串原语指令都分别加上后缀 B、W 或 D。

前缀 REP 利用变址寄存器的自动增减重复执行字符串原语指令。例如，REPNE 与 SCASB 组合时，它就一直扫描内存字节单元，直到由 EDI 指向的内存数值等于 AL 寄存器中的值。每次执行字符串原始指令过程中，方向标志位 DF 决定变址寄存器是增加还是减少。

字符串和数组实际上是一样的。以往，一个字符串就是由单字节 ASCII 码数组构成的，但是现在字符串也可以包含 16 位 Unicode 字符。字符串与数组之间唯一的重要区别就是：字符串通常用一个空字节（包含 0）表示结束。

数组操作是计算密集型的，因为一般它会涉及循环算法。大多数程序 80%～90% 的运行时间都用来执行其代码的一小部分。因此，通过减少循环中指令的条数和复杂度就可以提高软件的速度。由于汇编语言能控制每个细节，所以它是极好的代码优化工具。比如，通过用寄存器来代替内存变量，就能够优化代码块。或者可以使用本章介绍的字符串处理指令，而不是用 MOV 和 CMP 指令。

本章介绍了几个有用的字符串处理过程：Str_copy 过程将一个字符串复制到另一个字符串。Str_length 过程返回字符串的长度。Str_compare 比较两个字符串。Str_trim 从一个字符串尾部删除指定字符。Str_ucase 将一个字符串转换为大写字母。

基址-变址操作数有助于处理二维数组（表）。可以将基址寄存器设置为表的行地址，而将变址寄存器设置为被选择行的列偏移量。32 位模式中，所有 32 位通用寄存器都可以被用作基址和变址寄存器。基址-变址-偏移量操作数与基址-变址操作数类似，不同之处在于，前者还包含数组名：

```
[ebx + esi]              ;基址 - 变址
array[ebx + esi]         ;基址 - 变址 - 偏移量
```

本章还用汇编语言实现了冒泡排序和对半查找。冒泡排序把一个数组中的元素按照升序或降序排列。对几百个元素的数组来说，它有很好的效率，但是对元素个数更多的数组则效率很低。对半查找在顺序排列的数组中实现单个数值的高速搜索。它易于用汇编语言实现。

9.8 关键术语和指令

base-index operands（基址-变址操作数）
base-index-displacement operands（基址-变址-偏移量操作数）
CMPSB、CMPSW、CMPSD
column-major order（列主序）
Direction flag（方向标志位）
Java bytecodes（Java 字节码）
LODSB、LODSW、LODSD

MOVSB、MOVSD、MOVSW
REP、REPE、REPNE、REPNZ、REPZ
repeat prefix（重复前缀）
row-major order（行主序）
SCASB、SCASD、SCASW
STOSB、STOSW、STOSD
string primitives（字符串原语）

9.9 复习题和练习

9.9.1 简答题

1. 执行字符串原语时，怎样设置方向标志位 CF 会使变址寄存器反向遍历内存区？
2. 当重复前缀与 STOSW 一起使用时，变址寄存器增加或减少的值是多少？
3. 何种使用方式将导致 CMPS 指令意义不明？
4. 若方向标志位清零，且 SCASB 发现了匹配的字符，则此时 EDI 指向哪里？
5. 若想通过扫描发现第一次出现在数组中的特定字符，那么最好使用哪种重复前缀？
6. 9.3 节 Str_trim 过程中的方向标志位应如何设置？
7. 为什么 9.3 节的 Str_trim 过程要使用 JNE 指令？
8. 如果目标字符串包含了一个数字，则 9.3 节的 Str_ucase 过程将出现什么情况？
9. 如果 9.3 节的 Str_length 过程使用了 SCASB，那么最合适的重复前缀是哪个？
10. 如果 9.3 节的 Str_length 过程使用了 SCASB，那么它将如何计算并返回字符串长度？
11. 若数组包含 1024 个元素，则对半查找最多需要比较多少次？
12. 在 9.5 节对半查找示例中，其 FillArray 过程为什么必须用 CLD 指令清除方向标志位？
13. 在 9.5 节的 BinarySearch 过程中，为什么能在不影响结果的情况下删除标号 L2 的语句？
14. 在 9.5 节的 BinarySearch 过程中，什么情况下有可能删除标号 L4 的语句？

9.9.2 算法基础

1. 举例说明 32 位模式下的基址 – 变址操作数。
2. 举例说明 32 位模式下的基址 – 变址 – 偏移量操作数。
3. 假设一双字二维数组有 3 个逻辑行和 4 个逻辑列。编写表达式，用 ESI 和 EDI 指向第 2 行第 3 列。（行、列都从 0 开始编号。）
4. 编写指令，用 CMPSW 比较两个 16 位的数组 sourcew 和 targetw。
5. 编写指令，用 SCASW 在数组 wordArray 中扫描 16 位的数值 0100h，并将匹配元素的偏移量复制到 EAX 寄存器。
6. 编写指令序列，用 Str_compare 过程判断两个输入字符串中的较大者，并将其输出到控制台窗口。
7. 说明如何调用 Str_trim 过程，并从一个字符串中删除所有的尾部字符 "@"。
8. 说明如何修改 Irvine32 链接库的 Str_ucase 过程，使之将所有字符转换为小写。
9. 编写 64 位的 Str_trim 过程。
10. 举例说明 64 位模式下的基址 – 变址操作数。
11. 假设有一 32 位的二维整数数组 myArray，若 EBX 为其行索引，EDI 为其列索引，编写一条语句将指定数组元素的值送入 EAX 寄存器。
12. 假设有一 64 位的二维整数数组 myArray，若 RBX 为其行索引，RDI 为其列索引，编写一条语句将指定数组元素的值送入 RAX 寄存器。

9.10 编程练习

下面的练习可以用 32 位模式或 64 位模式完成。所有字符串处理过程都假设使用的是空字符结束的字符串。即使没有明确的要求，每道练习都需编写简单的驱动程序来测试所实现的新过程。

*1. 改进 Str_copy 过程

本章给出的 Str_copy 过程没有限制被复制字符的数量。编写新过程（名为 Str_copyN）再接收一个输入参数，表示被复制字符数的最大值。

**2. tr_concat 过程

编写过程 Str_concat 将源串连接到目的串的末尾。目的串必须有足够的空间来容纳新字符。传递源串和目的串的指针。示例调用如下所示：

```
.data
targetStr BYTE "ABCDE",10 DUP(0)
sourceStr BYTE "FGH",0
.code
INVOKE Str_concat, ADDR targetStr, ADDR sourceStr
```

**3. Str_remove 过程

编写过程 Str_remove 从字符串中删除 n 个字符。需传递参数为：被删除字符在串中的位置指针，以及定义删除字符数量的整数。例如，下面的代码展示了如何从 target 中删除 "xxxx"：

```
.data
target BYTE "abcxxxxdefghijklmop",0
.code
INVOKE Str_remove, ADDR [target+3], 4
```

***4. Str_find 过程

编写过程 Str_find 在目的串中查找第一次出现的源串，并返回其位置。输入参数为源串指针和目的串指针。如果查找成功，过程将零标志位 ZF 置 1，用 EAX 指向目的串的匹配位置。否则，ZF 清零，EAX 无定义。例如，下面的代码查找 "ABC"，并用 EAX 返回 "A" 在目的串中的位置：

```
.data
target BYTE "123ABC342432",0
source BYTE "ABC",0
pos    DWORD ?
.code
INVOKE Str_find, ADDR source, ADDR target
jnz notFound
mov pos,eax                    ;保存位置值
```

**5. Str_nextWord 过程

编写过程 Str_nextWord 扫描字符串，查找第一次出现的指定分隔符，并将其替换为空字节。输入参数有两个：字符串指针和分隔符。调用之后，如果发现分隔符，零标志位 ZF 置 1，EAX 为分隔符下一个字符的偏移量。否则，ZF 清零，EAX 无定义。下面的示例代码传递了 target 的指针和分隔符 "，"：

```
.data
target BYTE "Johnson,Calvin",0
.code
INVOKE Str_nextWord, ADDR target, ','
jnz notFound
```

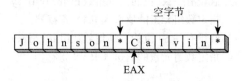

如图 9-5 所示，调用 Str_nextWord 后，EAX 指向了被发现（并替换）的 "，" 后面的那个字符。

图 9-5 Str_nextWord 示例

**6. 构建频率表

编写过程 Get_frequencies 构建一个字符频率表。需向过程输入字符串指针，以及一个数组指针，该数组包含 256 个双字，并已初始化为全 0。每个数组位置都由其对应字符的 ASCII 码进行索引。过程返回时，数组中的每一项包含的是对应字符在串中出现的次数。例如，

```
.data
target BYTE "AAEBDCFBBC",0
freqTable DWORD 256 DUP(0)
.code
INVOKE Get_frequencies, ADDR target, ADDR freqTable
```

图 9-6 展示了一个字符串和频率表的表项 41（十六进制）到 4B。位置 41 包含数值 2，原因是字母 A（ASCII 码为 41h）在字符串中出现了两次。其他字符也进行相同的计数。频率表常用于数据压缩和其他涉及字符处理的应用。例如，哈夫曼（Huffman）编码算法中，与较不常用的字符相比，最常出现字符的保存位数更少。

目标字符串	A	A	E	B	D	C	F	B	B	C	0
ASCII 码	41	41	45	42	44	43	46	42	42	43	0

频率表	2	3	2	1	1	1	0	0	0	0	0
索引	41	42	43	44	45	46	47	48	49	4A	4B	等等

图 9-6 字符频率表示例

***7. 厄拉多塞过滤算法

厄拉多塞（Eratosthenes）过滤算法，由同名的希腊数学家发明，提供了在给定范围内快速查找所有质数的方法。该算法创建一个字节数组，并按如下方式在"被标记"位置上插入 1：从位置 2（2 是质数）开始，则数组中所有 2 的倍数的位置都插入 1。接着，对下一个质数 3，用同样的方法处理 3 的倍数。查找 3 之后的质数，该数为 5，再对所有 5 的倍数的位置进行标记。持续这种操作直到找出质数的全部倍数。那么，剩下数组中没有被标记的位置就表示其数为质数。编写程序，创建一个含有 65 000 个元素的数组，并显示 2 到 65 000 之间的所有质数。要求，在未初始化数据段中声明该数组（参见 3.4.1 节），且使用 STOSB 把 0 填充到数组中。

*8. 冒泡排序

向 9.5.1 节的 BubbleSort 过程添加一个变量，进行内循环时，只要有一对数值交换就将其置 1。

若在某次遍历过程中发现没有数值交换，就在过程正常结束之前，利用该变量提前退出。（该变量通常被称为交换标志（exchange flag）。）

**9. 对半查找

重新编写本章给出的对半查找过程，用寄存器来表示 mid、first 和 last。添加注释说明寄存器的用法。

***10. 字母矩阵

编写过程生成一个 4×4 的矩阵，矩阵元素为随机选择的大写字母。选择字母时，必须保证被选字母是元音的概率为 50%。编写测试程序，用循环调用该过程 5 次，并在控制台窗口显示所有矩阵。前三次矩阵的示例输出如下所示：

```
D W A L
S I V W
U I O L
L A I I
R X S V
N U U O
O R Q O
A U U T
P O A Z
A E A U
G K A E
I A G D
```

****11. 字母矩阵 / 按元音分组

本程序以上一道编程练习生成的字母矩阵为基础。生成一个 4×4 的字母矩阵，其中每个字母都有 50% 的概率为元音字母。遍历矩阵的每一行，每一列，和每个对角线，并产生字母组。当一组四个字母中只有两个元音字母时，显示该字母组。比如，假设生成矩阵如下所示：

```
P O A Z
A E A U
G K A E
I A G D
```

则程序应显示的四字母组为 POAZ、GKAE、IAGD、PAGI、ZUED、PEAD 和 ZAKI。各组内字母的顺序并不重要。

****12. 数组行求和

编写程序 calc_row_sum 计算二维的字节数组、字数组或双字数组中单行的总和。过程需有如下堆栈参数：数组偏移量、行大小、数组类型、行索引。返回的和数必须在 EAX 中。要求使用显式堆栈参数，不能用 INVOKE 或扩展的 PROC。编写程序，分别用字节数组、字数组和双字数组来测试过程。要求用户输入行索引，并显示被选择行的和数。

***13. 裁剪前导字符

编写 Str_trim 过程的变体，使得主调程序能从字符串中删除所有的前导字符。比如，若调用过程时，有一指针指向字符串"###ABC"，且向过程传递了字符"#"，则结果字符串应为"ABC"。

***14. 去除一组字符

编写 Str_trim 过程的变体，使得主调程序能从字符串末尾删除一组字符。比如，若调用过程时，有一指针指向字符串"ABC#$&"，且向过程传递了过滤字符数组"%#！；$&*"的指针，则结果字符串应为"ABC"。

第 10 章

结构和宏

10.1 结构

结构（structure）是一组逻辑相关变量的模板或模式。结构中的变量被称为字段（fields）。程序语句可以把结构作为整体进行访问，也可以访问其中的单个字段。结构常常包含不同类型的字段。联合（union）也会把多个标识符组织在一起，但是这些标识符会在内存同一区域内相互重叠。联合将在 10.1.7 节介绍。

结构提供了一种简便的方法来实现数据的聚集以及在过程之间的传递。假设一过程的输入参数包含了磁盘驱动的 20 个不同单位的数据，那么，调用这种过程很容易出错，因为程序员可能会搞混参数的顺序，或是搞错了参数的个数。相反则可以把所有的输入参数放到一个结构中，然后将这个结构的地址传递给过程。这样，使用的堆栈空间将最少（一个地址），而且被调用过程还可以修改结构的内容。

汇编语言中的结构与 C 和 C++ 中的结构同样重要。只需要一点转换，就可以从 MS-Windows API 库中获得任何结构，并将其用于汇编语言。大多数调试器都能显示各个结构字段。

COORD 结构 Windows API 中定义的 COORD 结构确定了屏幕的 X 和 Y 坐标。相对于结构起始地址，字段 X 的偏移量为 0，字段 Y 的偏移量为 2：

```
COORD STRUCT
   X WORD ?                  ;偏移量 00
   Y WORD ?                  ;偏移量 02
COORD ENDS
```

使用结构包括三个连续的步骤：

1）定义结构。

2）声明结构类型的一个或多个变量，称为结构变量（structure variables）。

3）编写运行时指令访问结构字段。

10.1.1 定义结构

定义结构使用的是 STRUCT 和 ENDS 伪指令。在结构内，定义字段的语法与一般的变量定义是相同的。结构对其包含字段的数量几乎没有任何限制：

```
name STRUCT
    field-declarations
name ENDS
```

字段初始值 若结构字段有初始值，那么在创建结构变量时就要进行赋值。字段初始值可以使用各种类型：

- **无定义**：运算符？使字段初始值为无定义。
- **字符串文本**：用引号括起的字符串。
- **整数**：整数常数和整数表达式。

- **数组**：DUP 运算符可以初始化数组元素。

下面的 Employee 结构描述了雇员信息，其包含字段有 ID 号、姓氏、服务年限，以及薪酬历史信息数组。结构定义如下所示，定义必须在声明 Employee 变量之前：

```
Employee STRUCT
    IdNum         BYTE  "000000000"
    LastName      BYTE  30 DUP(0)
    Years         WORD  0
    SalaryHistory DWORD 0,0,0,0
Employee ENDS
```

该结构内存保存形式的线性表示如下：

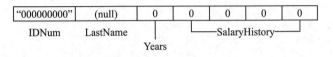

对齐结构字段

为了获得最好的内存 I/O 性能，结构成员应按其数据类型进行地址对齐。否则，CPU 将会花更多时间访问成员。例如，一个双字成员应对齐到双字边界。表 10-1 列出了 Microsoft C 和 C++ 编译器，以及 Win32 API 函数的对齐方式。汇编语言中的 ALIGN 伪指令会使其后的字段或变量按地址对齐：

```
ALIGN datatype
```

表 10-1　结构成员对齐方式

成员类型	对齐方式	成员类型	对齐方式
BYTE, SBYTE	对齐到 8 位（字节）边界	REAL4	对齐到 32 位（双字）边界
WORD, SWORD	对齐到 16 位（字）边界	REAL8	对齐到 64 位（四字）边界
DWORD, SDWORD	对齐到 32 位（双字）边界	structure	所有成员的最大对齐要求
QWORD	对齐到 64 位（四字）边界	union	第一个成员的对齐要求

比如，下面的例子就把 myVar 对齐到双字边界：

```
.data
ALIGN DWORD
myVar DWORD ?
```

现在正确地定义 Employee 结构，利用 ALIGN 将 Years 按字（WORD）边界对齐，SalaryHistory 按双字（DWORD）边界对齐。注释为字段大小：

```
Employee STRUCT
    IdNum         BYTE  "000000000"        ;  9
    LastName      BYTE  30 DUP(0)          ; 30
    ALIGN         WORD                     ; 加 1 字节
    Years         WORD  0                  ;  2
    ALIGN         DWORD                    ; 加 2 字节
    SalaryHistory DWORD 0,0,0,0            ; 16
Employee ENDS                              ; 共 60 字节
```

10.1.2　声明结构变量

结构变量可以被声明，并能选择为是否用特定值进行初始化。语法如下，其中 structureType 已经用 STRUCT 伪指令定义过了：

identifier structureType < initializer-list >

identifier 的命名规则与 MASM 中其他变量的规则相同。initializer-list 为可选项，但是如果选择使用，则该项就是一个用逗号分隔的汇编时常数列表，需要与特定结构字段的数据类型相匹配：

initializer [, initializer] . . .

空括号 <> 使结构包含的是结构定义的默认字段值。此外，还可以在选定字段中插入新值。结构字段中的插入值顺序为从左到右，与结构声明中字段的顺序一致。这两种方法的示例如下，使用的结构是 COORD 和 Employee：

```
.data
point1 COORD <5,10>          ; X = 5, Y = 10
point2 COORD <20>            ; X = 20, Y = ?
point3 COORD <>              ; X = ?, Y = ?
worker Employee <>           ; 默认初始值
```

可以只覆盖选定字段的初始值。下面的声明只覆盖了 Employee 结构的 IdNum 字段，而其他字段仍为默认值：

```
person1 Employee <"555223333">
```

还有一种形式是使用大括号 {…} 而不是尖括号：

```
person2 Employee {"555223333"}
```

若字符串字段初始值的长度少于字段的定义，则多出的位置用空格填充。空字节不会自动插到字符串字段的尾部。通过插入逗号作为位置标记可以跳过结构字段。例如，下面的语句就跳过了 IdNum 字段，初始化了 LastName 字段：

```
person3 Employee <,"dJones">
```

数组字段使用 DUP 运算符来初始化某些或全部数组元素。如果初始值比字段位数少，则多出的位置用零填充。下面的语句只初始化了前两个 SalaryHistory 的值，而其他的值则为 0：

```
person4 Employee <,,,2 DUP(20000)>
```

结构数组 DUP 运算符能够用于定义结构数组，如下所示，AllPoints 中每个元素的 X 和 Y 字段都被初始化为 0：

```
NumPoints = 3
AllPoints COORD NumPoints DUP(<0,0>)
```

对齐结构变量

为了最好的处理器性能，结构变量在内存中的位置要与其最大结构成员的边界对齐。Employee 结构包含双字（DWORD）字段，因此，下面的定义使用了双字对齐：

```
.data
ALIGN DWORD
person Employee <>
```

10.1.3 引用结构变量

使用 TYPE 和 SIZEOF 运算符可以引用结构变量和结构名称。例如，现在回到之前的

Employee 结构:

```
Employee STRUCT
    IdNum       BYTE "000000000"        ; 9
    LastName    BYTE 30 DUP(0)          ; 30
    ALIGN       WORD                    ; 加1字节
    Years       WORD 0                  ; 2
    ALIGN       DWORD                   ; 加2字节
    SalaryHistory DWORD 0,0,0,0         ; 16
Employee ENDS                           ; 共60字节
```

给定数据定义:

```
.data
worker Employee <>
```

则下列所有表达式返回的值都相同:

```
TYPE Employee                ; 60
SIZEOF Employee              ; 60
SIZEOF worker                ; 60
```

> TYPE 运算符 (4.4 节) 返回的是标识符存储类型 (BYTE、WORD、DWORD 等) 的字节数。LENGTHOF 运算符返回的是数组元素的个数。SIZEOF 运算符则为 LENGTHOF 与 TYPE 的乘积。

1. 引用成员

引用已命名的结构成员时,需要用结构变量作为限定符。以 Employee 结构为例,在汇编时能生成下述常量表达式:

```
TYPE Employee.SalaryHistory      ; 4
LENGTHOF Employee.SalaryHistory  ; 4
SIZEOF Employee.SalaryHistory    ; 16
TYPE Employee.Years              ; 2
```

以下为对 worker (一个 Employee) 的运行时引用:

```
.data
worker Employee <>
.code
mov dx,worker.Years
mov worker.SalaryHistory,20000       ; 第一个工资
mov [worker.SalaryHistory+4],30000   ; 第二个工资
```

使用 OFFSET 运算符 使用 OFFSET 运算符能获得结构变量中一个字段的地址:

```
mov edx,OFFSET worker.LastName
```

2. 间接和变址操作数

间接操作数用寄存器 (如 ESI) 对结构成员寻址。间接寻址具有灵活性,尤其是在向过程传递结构地址或者使用结构数组的情况下。引用间接操作数时需要 PTR 运算符:

```
mov esi,OFFSET worker
mov ax,(Employee PTR [esi]).Years
```

下面的语句不能汇编,原因是 Years 自身不能表明它所属的结构:

```
mov ax,[esi].Years           ; 无效
```

变址操作数　用变址操作数可以访问结构数组。假设 department 是一个包含 5 个 Employee 对象的数组。下述语句访问的是索引位置为 1 的雇员的 Years 字段：

```
.data
department Employee 5 DUP(<>)
.code
mov    esi,TYPE Employee            ;索引 = 1
mov    department[esi].Years, 4
```

数组循环　带间接或变址寻址的循环可以用于处理结构数组。下面的程序（AllPoints.asm）为 AllPoints 数组分配坐标：

```
;数组循环 (AllPoints.asm)
INCLUDE Irvine32.inc
NumPoints = 3
.data
ALIGN WORD
AllPoints COORD NumPoints DUP(<0,0>)
.code
main PROC
       mov    edi,0                      ;数组索引
       mov    ecx,NumPoints              ;循环计数器
       mov    ax,1                       ;起始 X、Y 的值
L1:    mov    (COORD PTR AllPoints[edi]).X,ax
       mov    (COORD PTR AllPoints[edi]).Y,ax
       add    edi,TYPE COORD
       inc    ax
       loop   L1
       exit
main ENDP
END main
```

3. 对齐的结构成员的性能

之前已经断言，处理器访问正确对齐的结构成员时效率更高。那么，非对齐字段会对性能产生多大影响呢？现在使用本章介绍的 Employee 结构的两种不同版本，进行一个简单的测试。测试将对第一个版本进行重命名，以便两种版本能在同一个程序中使用：

```
EmployeeBad STRUCT
    IdNum       BYTE "000000000"
    LastName BYTE 30 DUP(0)
    Years       WORD 0
    SalaryHistory DWORD 0,0,0,0
EmployeeBad ENDS
Employee STRUCT
    IdNum       BYTE "000000000"
    LastName BYTE 30 DUP(0)
    ALIGN       WORD
    Years       WORD 0
    ALIGN       DWORD
    SalaryHistory DWORD 0,0,0,0
Employee ENDS
```

下面的代码首先获取系统时间，再执行循环以访问结构字段，最后计算执行花费的时间。变量 emp 可以声明为 Employee 对象或者 EmployeeBad 对象：

```
.data
ALIGN DWORD
startTime DWORD ?                   ;对齐 startTime
emp Employee <>                     ;或: EmployeeBad
.code
    call    GetMSeconds             ;获取系统时间
    mov     startTime,eax

    mov     ecx,0FFFFFFFFh          ;循环计数器
L1: mov     emp.Years,5
    mov     emp.SalaryHistory,35000
    loop    L1

    call    GetMSeconds             ;获取开始时间
    sub     eax,startTime
    call    WriteDec                ;显示执行花费的时间
```

在这个简单的测试程序（Struct1.asm）中，使用正确对齐的 Employee 结构的执行时间为 6141 毫秒，而使用 EmployeeBad 结构的执行时间为 6203 毫秒。两者相差不大（62 毫秒），可能是因为处理器的内存 cache 将对齐问题最小化了。

10.1.4 示例：显示系统时间

MS-Windows 提供了设置屏幕光标位置和获取系统时间的控制台函数。要使用这些函数，先为两个预先定义的结构——COORD 和 SYSTEMTIME——创建实例：

```
COORD STRUCT
    X WORD ?
    Y WORD ?
COORD ENDS

SYSTEMTIME STRUCT
    wYear WORD ?
    wMonth WORD ?
    wDayOfWeek WORD ?
    wDay WORD ?
    wHour WORD ?
    wMinute WORD ?
    wSecond WORD ?
    wMilliseconds WORD ?
SYSTEMTIME ENDS
```

这两个结构都在 SmallWin.inc 中进行了定义，这个文件位于汇编器的 INCLUDE 目录下，并且由 Irvine32.inc 引用。首先获取系统时间（调整本地时间），调用 MS-Windows 的 GetLocalTime 函数，并向其传递 SYSTEMTIME 结构的地址：

```
.data
sysTime SYSTEMTIME <>
.code
INVOKE GetLocalTime, ADDR sysTime
```

接着，从 SYSTEMTIME 结构检索相应的数值：

```
movzx eax,sysTime.wYear
call WriteDec
```

> SmallWin.inc 文件位于本书的安装软件文件夹中，包含的结构定义和函数原型改编自针对 C 和 C++ 程序员的 Microsoft Windows 头文件。它代表了一小部分可能被应用程序调用的函数。

当 Win32 程序产生屏幕输出时，它要调用 MS-Windows GetStdHandle 函数来检索标准控制台输出句柄（一个整数）：

```
.data
consoleHandle DWORD ?
.code
INVOKE GetStdHandle, STD_OUTPUT_HANDLE
mov consoleHandle,eax
```

（常数 STD_OUTPUT_HANDLE 在 SmallWin.inc 中定义。）

设置光标位置要调用 MS-Windows SetConsoleCursorPosition 函数，并向其传递控制台输出句柄，以及包含 X、Y 字符坐标的 COORD 结构变量：

```
.data
XYPos COORD <10,5>
.code
INVOKE SetConsoleCursorPosition, consoleHandle, XYPos
```

程序清单　下面的程序（ShowTime.asm）检索系统时间，并将其显示在指定的屏幕位置。该程序只在保护模式下运行：

```
; 结构                    (ShowTime.asm)
INCLUDE Irvine32.inc
.data
sysTime SYSTEMTIME <>
XYPos COORD <10,5>
consoleHandle DWORD ?
colonStr BYTE ":",0

.code
main PROC
; 获取 Win32 控制台的标准输出句柄。
    INVOKE GetStdHandle, STD_OUTPUT_HANDLE
    mov consoleHandle,eax
; 设置光标位置并获取系统时间。
    INVOKE SetConsoleCursorPosition, consoleHandle, XYPos
    INVOKE GetLocalTime, ADDR sysTime
; 显示系统时间 ( 小时: 分钟: 秒 )
    movzx eax,sysTime.wHour        ; 小时
    call  WriteDec
    mov   edx,OFFSET colonStr      ; ":"
    call  WriteString
    movzx eax,sysTime.wMinute      ; 分钟
    call  WriteDec
    call  WriteString
    movzx eax,sysTime.wSecond      ; 秒
    call  WriteDec
    call  Crlf
    call  WaitMsg                  ; "Press any key..."
    exit
main ENDP
END main
```

SmallWin.inc（自动包含在 Irvine32.inc 中）中的上述程序采用如下定义：

```
STD_OUTPUT_HANDLE EQU -11
SYSTEMTIME STRUCT ...
COORD STRUCT ...
```

```
GetStdHandle PROTO,
    nStdHandle:DWORD
GetLocalTime PROTO,
    lpSystemTime:PTR SYSTEMTIME
SetConsoleCursorPosition PROTO,
    nStdHandle:DWORD,
    coords:COORD
```

下面是示例程序输出,执行时间为下午 12:16:

```
12:16:35
Press any key to continue...
```

10.1.5 结构包含结构

结构还可以包含其他结构的实例。例如,Rectangle 可以用其左上角和右下角来定义,而它们都是 COORD 结构:

```
Rectangle STRUCT
    UpperLeft COORD <>
    LowerRight COORD <>
Rectangle ENDS
```

Rectangle 变量可以被声明为不覆盖或者覆盖单个 COORD 字段。各种表达形式如下所示:

```
rect1 Rectangle < >
rect2 Rectangle { }
rect3 Rectangle { {10,10}, {50,20} }
rect4 Rectangle < <10,10>, <50,20> >
```

下面是对其一个结构字段的直接引用:

```
mov rect1.UpperLeft.X, 10
```

也可以用间接操作数访问结构字段。下例用 ESI 指向结构,并把 10 送入该结构左上角的 Y 坐标:

```
mov esi,OFFSET rect1
mov (Rectangle PTR [esi]).UpperLeft.Y, 10
```

OFFSET 运算符能返回单个结构字段的指针,包括嵌套字段:

```
mov edi,OFFSET rect2.LowerRight
mov (COORD PTR [edi]).X, 50
mov edi,OFFSET rect2.LowerRight.X
mov WORD PTR [edi], 50
```

10.1.6 示例:醉汉行走

现在来看一个使用结构的小程序将会有所帮助。下面完成一个"醉汉行走"练习,用程序模拟一个不太清醒的教授从计算机科学假期聚会回家的路线。利用随机数生成器,选择该教授每一步行走的方向。假设教授处于一个虚构的网格中心,其中的每个方格代表的是北、南、东、西方向上的一步。现在按照随机路径通过网格(图 10-1)。

本程序将使用 COORD 结构追踪这个人行走路径上的每一步,它们被保存在一个

COORD 对象数组中。

```
WalkMax = 50
DrunkardWalk STRUCT
    path COORD WalkMax DUP(<0,0>)
    pathsUsed WORD 0
DrunkardWalk ENDS
```

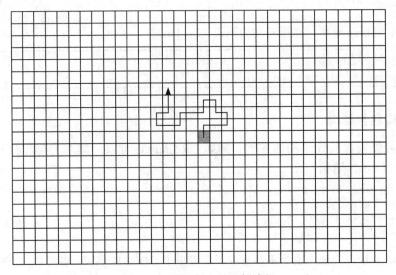

图 10-1　醉汉行走的示例路径

Walkmax 是一个常数，决定在模拟中教授能够行走的总步数。pathsUsed 字段表示在程序循环结束后，一共行走了多少步。教授每走一步，其位置就被记录在 COORD 对象中，并插入 path 数组下一个可用的位置。程序将在屏幕上显示这些坐标。以下是完整的程序清单，需在 32 位模式下运行：

```
;醉汉行走                                    (Walk.asm)
;醉汉行走程序。教授的起点坐标为 (25, 25)，并在周围徘徊。
INCLUDE Irvine32.inc
WalkMax = 50
StartX = 25
StartY = 25

DrunkardWalk STRUCT
    path COORD WalkMax DUP(<0,0>)
    pathsUsed WORD 0
DrunkardWalk ENDS

DisplayPosition PROTO currX:WORD, currY:WORD

.data
aWalk DrunkardWalk <>

.code
main PROC
    mov   esi,OFFSET aWalk
    call  TakeDrunkenWalk
    exit
main ENDP

;-------------------------------------------------------
TakeDrunkenWalk PROC
    LOCAL currX:WORD, currY:WORD
;
```

结构和宏

```
; 向随机方向行走(北、南、东、西)
; 接收: ESI 为 DrunkardWalk 结构的指针
; 返回: 结构初始化为随机数
;--------------------------------------------------------
    pushad
; 用 OFFSET 运算符获取 path——COORD 对象数组——的地址,并将其复制到 EDI。
    mov   edi,esi
    add   edi,OFFSET DrunkardWalk.path
    mov   ecx,WalkMax              ; 循环计数器
    mov   currX,StartX             ; 当前 X 的位置
    mov   currY,StartY             ; 当前 Y 的位置
Again:
    ; 把当前位置插入数组
    mov   ax,currX
    mov   (COORD PTR [edi]).X,ax
    mov   ax,currY
    mov   (COORD PTR [edi]).Y,ax

    INVOKE DisplayPosition, currX, currY

    mov   eax,4                    ; 选择一个方向(0-3)
    call  RandomRange
    .IF eax == 0                   ; 北
      dec currY
    .ELSEIF eax == 1               ; 南
      inc currY
    .ELSEIF eax == 2               ; 西
      dec currX
    .ELSE                          ; 东(EAX=3)
      inc currX
    .ENDIF                         ; 指向下一个 COORD

    add   edi,TYPE COORD
    loop  Again

Finish:
    mov   (DrunkardWalk PTR [esi]).pathsUsed, WalkMax
    popad
    ret
TakeDrunkenWalk ENDP

;--------------------------------------------------------
DisplayPosition PROC currX:WORD, currY:WORD
; 显示当前 X 和 Y 的位置。
;--------------------------------------------------------
.data
commaStr BYTE ",",0
.code
    pushad
    movzx eax,currX                ; 当前 X 的位置
    call  WriteDec
    mov   edx,OFFSET commaStr      ; "," 字符串
    call  WriteString
    movzx eax,currY                ; 当前 Y 的位置
    call  WriteDec
    call  Crlf
    popad
    ret
DisplayPosition ENDP
END main
```

现在进一步查看 TakeDrunkenWalk 过程。过程接收指向 DrunkardWalk 结构的指针

(ESI)，利用 OFFSET 运算符计算 path 数组的偏移量，并将其复制到 EDI：

```
mov edi,esi
add edi,OFFSET DrunkardWalk.path
```

教授初始位置的 X 和 Y 值（StartX 和 StartY）都被设置为 25，位于 50×50 虚拟网格的中点。循环计数器也进行了初始化：

```
mov ecx, WalkMax        ;循环计数器
mov currX,StartX        ;当前 X 的位置
mov currY,StartY        ;当前 Y 的位置
```

循环开始时，对 path 数组的第一项进行初始化：

```
Again:
    ;将当前位置插入数组。
    mov    ax,currX
    mov    (COORD PTR [edi]).X,ax
    mov    ax,currY
    mov    (COORD PTR [edi]).Y,ax
```

路径结束时，在 pathsUsed 字段插入一个计数值，表示总共走了多少步：

```
Finish:
    mov (DrunkardWalk PTR [esi]).pathsUsed, WalkMax
```

在当前的程序中，pathsUsed 总是等于 WalkMax。不过，若在行走过程中发现障碍，如湖泊或建筑物，情况就会发生变化，循环将会在达到 WalkMax 之前结束。

10.1.7 声明和使用联合

结构中的每个字段都有相对于结构第一个字节的偏移量，而联合（union）中所有的字段则都起始于同一个偏移量。一个联合的存储大小即为其最大字段的长度。如果不是结构的组成部分，那么需要用 UNION 和 ENDS 伪指令来定义联合：

```
unionname UNION
    union-fields
unionname ENDS
```

如果联合嵌套在结构内，其语法会有一点不同：

```
structname STRUCT
    structure-fields
    UNION unionname
        union-fields
    ENDS
structname ENDS
```

除了其每个字段都只有一个初始值之外，联合字段声明的规则与结构的规则相同。例如，Integer 联合对同一个数据声明了 3 种不同的大小属性，并将所有的字段都初始化为 0：

```
Integer UNION
    D DWORD 0
    W WORD  0
    B BYTE  0
Integer ENDS
```

一致性 如果使用初始值，那么它们必须为相同的数值。假设 Integer 声明了 3 个不同的初始值：

```
Integer UNION
    D DWORD 1
    W WORD  5
    B BYTE  8
Integer ENDS
```

同时还假设声明了一个 Integer 变量 myInt 使用默认初始值:

```
.data
myInt Integer <>
```

结果发现,myInt.D、myInt.W 和 myInt.B 都等于 1。字段 W 和 B 中声明的初始值会被汇编器忽略。

结构包含联合 在结构声明中使用联合的名称,就可以使联合嵌套在这个结构中。方法如同下面在 FileInfo 结构中声明 FileID 字段一样:

```
FileInfo STRUCT
    FileID Integer <>
    FileName BYTE 64 DUP(?)
FileInfo ENDS
```

还可以直接在结构中定义联合,方法如同下面定义 FileID 字段一样:

```
FileInfo STRUCT
  UNION FileID
      D DWORD ?
      W WORD ?
      B BYTE ?
  ENDS
  FileName BYTE 64 DUP(?)
FileInfo ENDS
```

声明和使用联合变量 联合变量的声明和初始化方法与结构变量相同,只除了一个重要的差异:不允许初始值多于一个。下面是 Integer 类型变量的例子:

```
val1 Integer <12345678h>
val2 Integer <100h>
val3 Integer <>
```

在可执行指令中使用联合变量时,必须给出字段的一个名称。下面的例子把寄存器的值赋给了 Integer 联合字段。注意其可以使用不同操作数大小的灵活性:

```
mov val3.B, al
mov val3.W, ax
mov val3.D, eax
```

联合还可以包含结构。有些 MS-Windows 控制台输入函数会使用如下 INPUT_RECORD 结构,它包含了一个名为 Event 的联合,这个联合对几个预定义的结构类型进行选择。EventType 字段表示联合中出现的是哪种 record。每一种结构都有不同的布局和大小,但是一次只能使用一种:

```
INPUT_RECORD STRUCT
    EventType WORD ?
    ALIGN DWORD
    UNION Event
      KEY_EVENT_RECORD <>
      MOUSE_EVENT_RECORD <>
      WINDOW_BUFFER_SIZE_RECORD <>
```

```
            MENU_EVENT_RECORD <>
            FOCUS_EVENT_RECORD <>
        ENDS
INPUT_RECORD ENDS
```

Win32 API 在命名结构时，常常使用单词 RECORD。KEY_EVENT_RECORD 结构的定义如下所示：

```
KEY_EVENT_RECORD STRUCT
    bKeyDown            DWORD   ?
    wRepeatCount        WORD    ?
    wVirtualKeyCode     WORD    ?
    wVirtualScanCode    WORD    ?
    UNION uChar
        UnicodeChar     WORD    ?
        AsciiChar       BYTE    ?
    ENDS
    dwControlKeyState DWORD ?
KEY_EVENT_RECORD ENDS
```

SmallWin.inc 文件中可以找到 INPUT_RECORD 其余的 STRUCT 定义。

10.1.8 本节回顾

问题 1—9 参考如下结构：

```
MyStruct STRUCT
    field1 WORD ?
    field2 DWORD 20 DUP(?)
MyStruct ENDS
```

1. 用默认值声明变量 MyStruct。
2. 声明变量 MyStruct，将第一个字段初始化为 0。
3. 声明变量 MyStruct，将第二个字段初始化为全零数组。
4. 一数组包含 20 个 MyStruct 对象，将该数组声明为变量。
5. 对上一题的 MyStruct 数组，把第一个数组元素的 field1 送入 AX。
6. 对上一题的 MyStruct 数组，用 ESI 索引第 3 个数组元素，并将 AX 送入 field1。
提示：使用 PTR 运算符。
7. 表达式 TYPE MyStruct 的返回值是多少？
8. 表达式 SIZEOF MyStruct 的返回值是多少？
9. 编写一个表达式，返回 MyStruct 中 field2 的字节数。

10.2 宏

10.2.1 概述

宏过程（macro procedure）是一个命名的汇编语句块。一旦定义好了，它就可以在程序中多次被调用。在调用宏过程时，其代码的副本将被直接插入到程序中该宏被调用的位置。这种自动插入代码也被称为内联展开（inline expansion）。尽管从技术上来说没有 CALL 指令，但是按照惯例仍然说调用（calling）宏过程。

> **提示** Microsoft 汇编程序手册中的术语宏过程是指无返回值的宏。还有一种宏函数（macro function）则有返回值。在程序员中，单词宏（macro）通常被理解为宏过程。从现在开始，本书将使用宏这个简短的称呼。

位置 宏定义一般出现在程序源代码开始的位置，或者是放在独立文件中，再用 INCLUDE 伪指令复制到程序里。宏在汇编器预处理（preprocessing）阶段进行扩展。在这个阶段中，预处理程序读取宏定义并扫描程序剩余的源代码。每到宏被调用的位置，汇编器就将宏的源代码复制插入到程序中。汇编器在调用宏之前，必须先找到宏定义。如果程序定义了宏但却没有调用它，那么在编译好的程序中不会出现宏代码。

在下例中，宏 PrintX 调用了 Irvine32 链接库的 WriteChar 过程。这个定义通常会被放置在数据段之前：

```
PrintX MACRO
    mov   al,'X'
    call  WriteChar
ENDM
```

接着，在代码段中调用这个宏：

```
.code
PrintX
```

当预处理程序扫描这个程序并发现对 PrintX 的调用后，它就用如下语句替换宏调用：

```
mov al,'X'
call WriteChar
```

这里发生的是文本替换。虽然宏有点不灵活，但后面很快就会展示如何向宏传递实参，使它们变得更有用。

10.2.2 定义宏

定义一个宏使用的是 MACRO 和 ENDM 伪指令，其语法如下所示：

```
macroname MACRO parameter-1, parameter-2...
    statement-list
ENDM
```

关于缩进没有硬性规定，但是还是建议对 macroname 和 ENDM 之间的语句进行缩进。同时，还希望在宏名上使用前缀 m，形成易识别的名称，如 mPutChar、mWriteString 和 mGotoxy。除非宏被调用，否则 MACRO 和 ENDM 伪指令之间的语句不会被汇编。宏定义中还可以有多个形参，参数之间用逗号隔开。

参数 宏形参（macro parameter）是需传递给调用者的文本实参的命名占位符。实参实际上可能是整数、变量名或其他值，但是预处理程序把它们都当做文本。形参不包含类型信息，因此，预处理程序不会检查实参类型来看它们是否正确。如果发生类型不匹配，它将会在宏展开之后，被汇编器捕获。

mPutChar 示例 下面宏 mPutChar 接收一个名为 char 的输入形参，通过调用本书链接库的 WriteChar 将其显示在控制台：

```
mPutchar MACRO char
    push eax
    mov  al,char
```

```
        call    WriteChar
        pop     eax
ENDM
```

10.2.3 调用宏

调用宏的方法是把宏名插入到程序中，后面可能跟有宏的实参。宏调用语法如下：

```
macroname argument-1, argument-2, ...
```

Macroname 必须是源代码中在此之前被定义宏的名称。每个实参都是文本值，用以替换宏的一个形参。实参的顺序要与形参一致，但是两者的数量不须相同。如果传递的实参数太多，则汇编器会发出警告。如果传递给宏的实参数太少，则未填充的形参保持为空。

调用 mPutChar 上一节定义了宏 mPutChar。调用 mPutChar 时，可以传递任何字符或 ASCII 码。下面的语句调用了 mPutChar，并向其传递了字母"A"：

```
mPutchar 'A'
```

汇编器的预处理程序将这条语句展开为下述代码，以列表文件的形式展开如下：

```
1       push    eax
1       mov     al,'A'
1       call    WriteChar
1       pop     eax
```

左侧的 1 表示宏展开的层次，如果在宏的内部又调用了其他的宏，那么该值将会增加。下面的循环显示了字母表中前 20 个字母：

```
        mov     al,'A'
        mov     ecx,20
L1:
        mPutchar al      ;宏调用
        inc     al
        loop    L1
```

该循环由预处理程序在下面的代码中展开（源列表文件中可见），其中，宏调用在其展开的前面：

```
        mov     al,'A'
        mov     ecx,20
L1:
        mPutchar al      ;调用宏
1       push    eax
1       mov     al,al
1       call    WriteChar
1       pop     eax
        inc     al
        loop    L1
```

> **提示** 通常，与过程相比，宏执行起来更快，其原因是过程的 CALL 和 RET 指令需要额外的开销。但是，使用宏也有缺点：重复使用大型宏会增加程序的大小，因为，每次调用宏都会在程序中插入宏代码的一个新副本。

调试宏

调试使用了宏的程序相当具有挑战性。程序汇编之后，检查其列表文件（扩展名

为 .LST）以确保每个宏都按照程序员的要求展开。然后，在 Visual Studio 调试器中启动该程序，在调试窗口点击右键，从弹出菜单中选择 Go to Disassembly。每个宏调用的后面都紧跟其生成代码。示例如下：

```
mWriteAt 15,10,"Hi there"
    push    edx
    mov     dh,0Ah
    mov     dl,0Fh
    call    _Gotoxy@0 (401551h)
    pop     edx
    push    edx
    mov     edx,offset ??0000 (405004h)
    call    _WriteString@0 (401D64h)
    pop     edx
```

由于 Irvine32 链接库使用的是 STDCALL 调用规范，因此函数名用下划线（_）开始。

10.2.4 其他宏特性

1. 规定形参

利用 REQ 限定符，可以指定必需的宏形参。如果被调用的宏没有实参与规定形参相匹配，那么汇编器将显示出错消息。如果一个宏有多个规定形参，则每个形参都要使用 REQ 限定符。下面是宏 mPutChar，形参 char 是必需的：

```
mPutchar MACRO char:REQ
    push    eax
    mov     al,char
    call    WriteChar
    pop     eax
ENDM
```

2. 宏注释

宏定义中的注释行一般都出现在每次宏展开的时候。如果希望忽略宏展开时的注释，就在它们的前面添加双分号（;;）。示例如下：

```
mPutchar MACRO char:REQ
    push    eax             ;; 提示：char 必须包含 8 个比特
    mov     al,char
    call    WriteChar
    pop     eax
ENDM
```

3. ECHO 伪指令

在程序汇编时，ECHO 伪指令写一个字符串到标准输出。下面的 mPutChar 在汇编时会显示消息 "Expanding the mPutChar macro"：

```
mPutchar MACRO char:REQ
    ECHO    Expanding the mPutchar macro
    push    eax
    mov     al,char
    call    WriteChar
    pop     eax
ENDM
```

提示 Visual Studio 2012 的控制台窗口不会捕捉 ECHO 伪指令的输出，除非在编写程序时将其设置为生成详细输出。设置方法如下：从 Tool 菜单选择 Options，选择

> Projects and Solutions，选择 Build and Run，再从 MSBuild project build output verbosity 下拉列表中选择 Detailed。或者打开一个命令提示符并汇编程序。首先，执行如下命令，调整 Visual Studio 当前版本的路径：
>
> ```
> "C:\Program Files\Microsoft Visual Studio 11.0\VC\bin\vcvars32"
> ```
>
> 然后，键入如下指令，其中 filename.asm 是程序的源代码文件名：
>
> ```
> ml.exe /c /I "c:\Irvine" filename.asm
> ```

4. LOCAL 伪指令

宏定义中常常包含了标号，并会在其代码中对这些标号进行自引用。例如，下面的宏 makeString 声明了一个变量 string，且将其初始化为字符数组：

```
makeString MACRO text
    .data
    string BYTE text,0
ENDM
```

假设两次调用宏：

```
makeString "Hello"
makeString "Goodbye"
```

由于汇编器不允许两个标号有相同的名字，因此结果出现错误：

```
      makeString "Hello"
1     .data
1     string BYTE "Hello",0
      makeString "Goodbye"
1     .data
1     string BYTE "Goodbye",0      ;错误!
```

使用 LOCAL　为了避免标号重命名带来的问题，可以对一个宏定义内的标号使用 LOCAL 伪指令。若标号被标记为 LOCAL，那么每次进行宏展开时，预处理程序就把标号名转换为唯一的标识符。下面是使用了 LOCAL 的宏 makeString：

```
makeString MACRO text
    LOCAL string
    .data
    string BYTE text,0
ENDM
```

假设和前面一样，也是两次调用宏，预处理程序生成的代码会将每个 string 替换成唯一的标识符：

```
      makeString "Hello"
1     .data
1     ??0000 BYTE "Hello",0
      makeString "Goodbye"
1     .data
1     ??0001 BYTE "Goodbye",0
```

汇编器生成的标号名使用了？？nnnn 的形式，其中 nnnn 是具有唯一性的整数。LOCAL 伪指令还可以用于宏内的代码标号。

5. 包含代码和数据的宏

宏通常既包含代码又包含数据。例如，下面的宏 mWrite 在控制台显示文本字符串：

```
mWrite MACRO text
    LOCAL string              ;;local 标号
    .data                     ;; 定义字符串
    string BYTE text,0
    .code
    push    edx
    mov     edx,OFFSET string
    call    WriteString
    pop     edx
ENDM
```

下面的语句两次调用宏，并向其传递不同的字符串文本：

```
mWrite "Please enter your first name"
mWrite "Please enter your last name"
```

汇编器对这两条语句进行展开时，每个字符串都被赋予了唯一的标号，且 MOV 指令也作了相应的调整：

```
        mWrite "Please enter your first name"
1       .data
1       ??0000 BYTE "Please enter your first name",0
1       .code
1       push edx
1       mov edx,OFFSET ??0000
1       call WriteString
1       pop edx
        mWrite "Please enter your last name"
1       .data
1       ??0001 BYTE "Please enter your last name",0
1       .code
1       push edx
1       mov edx,OFFSET ??0001
1       call WriteString
1       pop edx
```

6. 宏嵌套

被其他宏调用的宏称为被嵌套的宏（nested macro）。当汇编器的预处理程序遇到对被嵌套宏的调用时，它会就地展开该宏。传递给主调宏的形参也将直接传递给它的被嵌套宏。

> **提示** 使用模块方法创建宏。保持它们的简短性，以便将它们组合到更复杂的宏内。这样有助于减少程序中的复制代码量。

mWriteln 示例 下面的宏 mWriteln 写一个字符串文本到控制台，并添加换行符。它调用宏 mWrite 和 Crlf 过程：

```
mWriteln MACRO text
    mWrite text
    call    Crlf
ENDM
```

形参 text 被直接传递给 mWrite。假设用下述语句调用 mWriteLn：

```
mWriteln "My Sample Macro Program"
```

在结果代码展开，语句旁边的嵌套级数（2）表示被调用的是一个嵌套宏：

```
           mWriteln "My Sample Macro Program"
2          .data
2          ??0002 BYTE "My Sample Macro Program",0
2          .code
2          push edx
2          mov  edx,OFFSET ??0002
2          call WriteString
2          pop  edx
1          call Crlf
```

10.2.5 使用本书的宏库（仅 32 位模式）

本书提供的示例程序包含了一个小而实用的 32 位链接库，只需要在程序的 INCLUDE 后面添加如下代码行就可以使用该链接库：

```
INCLUDE Macros.inc
```

有些宏封装在了 Irvine32 链接库的过程中，这样传递参数就更加容易。其他宏则提供新的功能。表 10-2 详细介绍了每个宏，示例代码在 MacroTest.asm 中。

表 10-2 Macro.inc 库中的宏

宏名	形式参数	说明
mDump	varName, useLabel	用变量名和默认属性显示一个变量
mDumpMem	abbress, itemCount, componentSize	显示内存区域
mGotoxy	X, Y	将光标位置设置在控制台窗口缓冲区
mReadString	varName	从键盘读取一个字符串
mShow	itsName, format	用各种格式显示一个变量或寄存器
mShowRegister	itsName, regValue	显示 32 位寄存器名，并用十六进制显示其内容
mWrite	text	向控制台窗口输出一个字符串文本
mWriteSpace	count	向控制台窗口输出一个或多个空格
mWriteString	buffer	向控制台窗口输出一个字符串变量的内容

1. mDumpMem

宏 mDumpMem 在控制台窗口显示一个内存区域。向其传递的第一个实参为包含待显示内存偏移量的常数、寄存器或者变量，第二个实参应为待显示内存中存储对象的数量，第三个实参为每个存储对象的大小。（宏在调用 mDumpMem 库过程时，分别将这三个实参分配给 ESI、ECX 和 EBX。）现假设有一数据定义如下：

```
.data
array DWORD 1000h,2000h,3000h,4000h
```

下面的语句按照默认属性显示数组：

```
mDumpMem OFFSET array, LENGTHOF array, TYPE array
```

输出为：

```
Dump of offset 00405004
-------------------------------
 00001000   00002000   00003000   00004000
```

下面的语句则将同一个数组显示为字节序列：

```
mDumpMem OFFSET array, SIZEOF array, TYPE BYTE
```

输出为：

```
Dump of offset 00405004
-------------------------------
00 10 00 00 00 20 00 00 00 30 00 00 00 40 00 00
```

下面的代码把三个数值压入堆栈，并设置好 EBX、ECX 和 ESI，然后调用 mDumpMem 显示堆栈：

```
    mov     eax,0AAAAAAAAh
    push    eax
    mov     eax,0BBBBBBBBh
    push    eax
    mov     eax,0CCCCCCCCh
    push    eax
    mov     ebx,1
    mov     ecx,2
    mov     esi,3
    mDumpMem esp, 8, TYPE DWORD
```

显示出来的结果堆栈区域表明，宏已经先把 EBX、ECX 和 ESI 压入了堆栈。这些数值之后是在调用 mDumpMem 之前入栈的 3 个整数：

```
Dump of offset 0012FFAC
-------------------------------
00000003  00000002  00000001  CCCCCCCC  BBBBBBBB  AAAAAAAA  7C816D4F
0000001A
```

实现 宏代码清单如下：

```
mDumpMem MACRO address:REQ, itemCount:REQ, componentSize:REQ
;
; 用 DumpMem 过程显示一个内存区域。
; 接收：内存偏移量、显示对象的数量，以及每个存储对象的大小。
; 避免用 EBX、ECX 和 ESI 传递实参。
;-------------------------------------------------------
    push    ebx
    push    ecx
    push    esi
    mov     esi,address
    mov     ecx,itemCount
    mov     ebx,componentSize
    call    DumpMem
    pop     esi
    pop     ecx
    pop     ebx
ENDM
```

2. mDump

宏 mDump 用十六进制显示一个变量的地址和内容。传递给它的参数有：变量名和（可选的）一个字符以表明在该变量之后应显示的标号。显示格式自动与变量的大小属性（BYTE、WORD 或 DWORD）匹配。下面的例子展示了对 mDump 的两次调用：

```
    .data
diskSize DWORD 12345h
```

```
        .code
        mDump   diskSize                ; no label
        mDump   diskSize,Y              ; show label
```

代码执行后，产生的输出如下所示：

```
Dump of offset 00405000
-------------------------------
00012345

Variable name: diskSize
Dump of offset 00405000
-------------------------------
00012345
```

实现 下面是宏 mDump 的代码清单，它反过来又调用了 mDumpMem。代码用一个新的伪指令 IFNB（若不为空）来发现主调者是否向第二个形参传递了实参（参见 10.3 节）：

```
;---------------------------------------------------
mDump MACRO varName:REQ, useLabel
;
; 用其已知属性显示一个变量。
; 接收：varName 为变量名。
; 如果 useLabel 不为空，则显示变量名。
;---------------------------------------------------
      call Crlf
      IFNB <useLabel>
        mWrite "Variable name: &varName"
      ENDIF
      mDumpMem OFFSET varName, LENGTHOF varName, TYPE varName
ENDM
```

&varName 中的符号 & 是替换操作符，它允许将 varName 形参的值插入到字符串文本中。详细内容参见 10.3.7 节。

3. mGotoxy

宏 mGotoxy 把光标定位在控制台窗口缓冲区内指定的行列上。可以向其传递 8 位立即数、内存操作数和寄存器值：

```
    mGotoxy   10,20           ; 立即数
    mGotoxy   row,col         ; 内存操作数
    mGotoxy   ch,cl           ; 寄存器值
```

实现 下面是宏的源代码清单：

```
;---------------------------------------------------------
mGotoxy MACRO X:REQ, Y:REQ
;
; 设置光标在控制台窗口的位置。
; 接收：X 和 Y 坐标（类型为 BYTE）。避免用 DH 和 DL 传递实参。
;---------------------------------------------------------
      push edx
      mov  dh,Y
      mov  dl,X
      call Gotoxy
      pop  edx
ENDM
```

避免寄存器冲突 若宏的实参是寄存器，它们有时可能会与宏内使用的寄存器发生冲

突。比如，调用 mGotoxy 时用了 DH 和 DL，那么就不会生成正确的代码。为了说明原因，现在来查看上述参数被替换后展开的代码：

```
1    push   edx
2    mov    dh,dl       ;; 行
3    mov    dl,dh       ;; 列
4    call   Gotoxy
5    pop    edx
```

假设 DL 传递的是 Y 值，DH 传递的是 X 值，代码行 2 会在代码行 3 有机会把列值复制到 DL 之前就替换了 DH 的原值。

> **提示**　只要有可能，宏定义应该用注释说明哪些寄存器不能用作实参。

4. mReadString

宏 mReadSrting 从键盘读取一个字符串，并将其存储在缓冲区。在这个宏的内部封装了一个对 ReadString 库过程的调用。需向其传递缓冲区名：

```
.data
firstName BYTE 30 DUP(?)
.code
mReadString  firstName
```

下面是宏的源代码：

```
;-----------------------------------------------
mReadString MACRO varName:REQ
;
; 从标准输入读到缓冲区。
; 接收：缓冲区名。避免用 ECX 和 EDX 传递实参。
;-----------------------------------------------
     push   ecx
     push   edx
     mov    edx,OFFSET varName
     mov    ecx,SIZEOF varName
     call   ReadString
     pop    edx
     pop    ecx
ENDM
```

5. mShow

宏 mShow 按照主调者选择的格式显示任何寄存器或变量的名字和内容。传递给它的是寄存器名，其后可选择性地加上一个字母序列，以表明期望的格式。字母选择如下：H= 十六进制，D= 无符号十进制，I= 有符号十进制，B= 二进制，N= 换行。可以组合多种输出格式，还可以指定多个换行。默认格式为"HIN"。mShow 是一种有用的辅助调试工具，经常被 DumpRegs 库过程使用。可以把 mShow 当作调试工具，显示重要寄存器或变量的值。

示例　下面的语句将 AX 寄存器的值显示为十六进制、有符号十进制、无符号十进制和二进制：

```
mov     ax,4096
mShow   AX              ;默认选项：HIN
mShow   AX,DBN          ;无符号十进制，二进制，换行
```

输出如下：

```
AX = 1000h  +4096d
AX = 4096d  0001 0000 0000 0000b
```

示例 下面的语句在同一行上，用无符号十进制格式显示 AX, BX, CX 和 DX：

```
; 插入测试数值，显示 4 个寄存器：
mov     ax,1
mov     bx,2
mov     cx,3
mov     dx,4
mShow   AX,D
mShow   BX,D
mShow   CX,D
mShow   DX,DN
```

相应输出如下：

```
AX = 1d    BX = 2d    CX = 3d    DX = 4d
```

示例 下面的代码调用 mShow，用无符号十进制格式显示 mydword 的内容，并换行：

```
.data
mydword DWORD ?
.code
mShow   mydword,DN
```

实现 mShow 的实现代码太长不便在这里给出，不过可以在本书安装文件夹（C:\Irvine）内的 Macros.inc 文件中找到完整代码。在编写 mShow 时，需要注意在寄存器被宏自身的内部语句修改之前显示其当前值。

6. mShowRegister

宏 mShowRegister 显示单个 32 位寄存器的名称，并用十六进制格式显示其内容。传递给它的是希望被显示的寄存器名，其后紧跟寄存器本身。下面的宏调用指定了被显示的名称为 EBX：

```
mShowRegister EBX, ebx
```

产生的输出如下：

```
EBX=7FFD9000
```

下面的调用使用尖括号把标号括起来，其原因是标号内有一个空格：

```
mShowRegister <Stack Pointer>, esp
```

产生输出如下：

```
Stack Pointer=0012FFC0
```

实现 宏的源代码如下：

```
;--------------------------------------------------
mShowRegister MACRO regName, regValue
LOCAL tempStr
;
; 显示寄存器名和内容。
; 接收：寄存器名，寄存器值
;--------------------------------------------------
.data
tempStr BYTE "  &regName=",0
.code
```

结构和宏

```
        push    eax
        ;显示寄存器名
        push    edx
        mov     edx,OFFSET tempStr
        call    WriteString
        pop     edx
        ;显示寄存器内容
        mov     eax,regValue
        call    WriteHex
        pop     eax
ENDM
```

7. mWriteSpace

宏 mWriteSpace 向控制台窗口输出一个或多个空格。可以选择性地向其传递一个整数形参，以指定空格数（默认为一个）。例如，下面的语句写了 5 个空格：

```
mWriteSpace 5
```

实现　mWriteSpace 的源代码如下：

```
;---------------------------------------------------------
mWriteSpace MACRO count:=<1>
;
;向控制台窗口输出一个或多个空格。
;接收：一个整数以指定空格数。
;默认个数为 1。
;---------------------------------------------------------
LOCAL spaces
.data
spaces BYTE count DUP(' '),0
.code
        push    edx
        mov     edx,OFFSET spaces
        call    WriteString
        pop     edx
ENDM
```

10.3.2 节说明了如何使用宏形参的默认初始值。

8. mWriteString

宏 mWriteSrting 向控制台窗口输出一个字符串变量的内容。从宏的内部来看，它通过在同一语句行上传递字符串变量名简化了对 WriteString 的调用。例如：

```
.data
str1 BYTE "Please enter your name: ",0
.code
mWriteString str1
```

实现　mWriteString 的实现如下，它将 EDX 保存到堆栈，然后把字符串偏移量赋给 EDX，在过程调用后，再从堆栈恢复 EDX 的值：

```
;---------------------------------------------------------
mWriteString MACRO buffer:REQ
;
;向标准输出写一个字符串变量。
;接收：字符串变量名。
;---------------------------------------------------------
        push    edx
        mov     edx,OFFSET buffer
```

```
        call    WriteString
        pop     edx
ENDM
```

10.2.6 示例程序：封装器

现在创建一个简短的程序 Wraps.asm 来展示之前已介绍的作为过程封装器的宏。由于每个宏都隐含了大量繁琐的参数传递，因此程序出奇得紧凑。假设这里所有的宏当前都在 Macros.inc 文件内：

```
; 过程封装器宏                      (Wraps.asm)
; 本程序演示宏作为库过程的封装器。
; 内容: mGotoxy、mWrite、mWriteString、mReadString 和 mDumpMem。
INCLUDE Irvine32.inc
INCLUDE Macros.inc                          ; 宏定义

.data
array DWORD 1,2,3,4,5,6,7,8
firstName BYTE 31 DUP(?)
lastName  BYTE 31 DUP(?)

.code
main PROC
    mGotoxy 0,0
    mWrite <"Sample Macro Program",0dh,0ah>

; 输入用户名。
    mGotoxy 0,5
    mWrite "Please enter your first name: "
    mReadString firstName
    call Crlf

    mWrite "Please enter your last name: "
    mReadString lastName
    call Crlf

; 显示用户名。
    mWrite "Your name is "
    mWriteString firstName
    mWriteSpace
    mWriteString lastName
    call Crlf

; 显示整数数组。
    mDumpMem OFFSET array, LENGTHOF array, '
    exit
main ENDP
END main
```

程序输出 程序输出的示例如下：

```
Sample Macro Program
Please enter your first name: Joe
Please enter your last name: Smith
Your name is Joe Smith
Dump of offset 00404000
-------------------------------
00000001  00000002  00000003  00000004  00000005
00000006  00000007  00000008
```

10.2.7 本节回顾

1. (真/假): 当一个宏被调用时,CALL 和 RET 指令将自动插入到汇编程序中。
2. (真/假): 宏展开由汇编器的预处理程序控制。
3. 与不使用参数的宏相比,使用参数的宏有哪些主要优势?
4. (真/假): 只要宏定义在代码段中,它就既能出现在宏调用语句之前,也能出现在宏调用语句之后。
5. (真/假): 对一个长过程而言,若用包含这个过程代码的宏来代替它,则多次调用该宏通常就会增加程序的编译代码量。
6. (真/假): 宏不能包含数据定义。

10.3 条件汇编伪指令

很多不同的条件汇编伪指令都可以和宏一起使用,这使得宏更加灵活。条件汇编伪指令常用语法如下所示:

```
IF condition
    statements
[ELSE
    statements]
ENDIF
```

> **提示** 本章给出的常量伪指令不应与 6.7 节介绍的运行时伪指令混淆,如 .IF 和 .ENDIF 等。后者按照运行时的寄存器与变量值来计算表达式。

表 10-3 列出了更多常用的条件汇编伪指令。若说明为该伪指令允许汇编,就意味着所有的后续语句都将被汇编,直到遇到下一个 ELSE 或 ENDIF 伪指令。必须强调的是,表中列出的伪指令是在汇编时而不是运行时计算。

表 10-3 条件汇编伪指令

伪指令	说明
IF *expression*	若 expression 为真(非零)则允许汇编。可能的关系运算符为 LT、GT、EQ、NE、LE 和 GE
IFB <*argument*>	若 argument 为空则允许汇编。实参名必须用尖括号(<>)括起来
IFNB <*argument*>	若 argument 为非空则允许汇编。实参名必须用尖括号(<>)括起来
IFIDN <*arg1*>,<*arg2*>	若两个实参相等(相同)则允许汇编。采用区分大小写的比较
IFIDNI <*arg1*>,<*arg2*>	若两个实参相等(相同)则允许汇编。采用不区分大小写的比较
IFDIF <*arg1*>,<*arg2*>	若两个实参不相等则允许汇编。采用区分大小写的比较
IFDIFI <*arg1*>,<*arg2*>	若两个实参不相等则允许汇编。采用不区分大小写的比较
IFDIF *name*	若 name 已定义则允许汇编
IFNDEF *name*	若 name 还未定义则允许汇编
ENDIF	结束用一个条件汇编伪指令开始的代码块
ELSE	若条件为真,则终止汇编之前的语句。若条件为假,ELSE 汇编语句直到遇到下一个 ENDIF
ELSEIF *expression*	若之前条件伪指令指定的条件为假,而当前表达式为真,则汇编全部语句直到出现 ENDIF
EXITM	立即退出宏,阻止所有后续宏语句的展开

10.3.1 检查缺失的参数

宏能够检查其参数是否为空。通常,宏若接收到空参数,则预处理程序在进行宏展开时会导致出现无效指令。例如，如果调用宏 mWrtieString 却又不传递实参，那么宏展开在把字符串偏移量传递给 EDX 时，就会出现无效指令。汇编器生成的如下语句检测出缺失的操作数，并产生了一个错误消息：

```
mWriteString
1     push edx
1     mov  edx,OFFSET
Macro2.asm(18) : error A2081: missing operand after unary operator
1     call WriteString
1     pop  edx
```

为了防止由于操作数缺失而导致的错误，可以使用 IFB（if blank）伪指令，若宏实参为空，则该伪指令返回值为真。还可以使用 IFNB（if not blank）运算符，若宏实参不为空，则其返回值为真。现在编写 mWrtieString 的另一个版本，使其可以在汇编时显示错误消息：

```
mWriteString MACRO string
    IFB <string>
      ECHO ------------------------------------------
      ECHO *  Error: parameter missing in mWriteString
      ECHO *  (no code generated)
      ECHO ------------------------------------------
      EXITM
    ENDIF
    push  edx
    mov   edx,OFFSET string
    call  WriteString
    pop   edx
ENDM
```

（回忆一下 10.2.2 节，程序汇编时，ECHO 伪指令向控制台写一个消息。）EXITM 伪指令告诉预处理程序退出宏，不再展开更多宏语句。汇编的程序有缺失参数时，其屏幕输出如下所示：

```
 Assembling: Macro2.asm
-----------------------------------------
*  Error: parameter missing in mWriteString
*  (no code generated)
-----------------------------------------
```

10.3.2 默认参数初始值设定

宏可以有默认参数初始值。如果调用宏出现了宏参数缺失，那么就可以使用默认参数。其语法如下：

paramname := < *argument* >

（运算符前后的空格是可选的。）比如，宏 mWriteln 提供含有一个空格的字符串作为其默认参数。如果对其进行无参数调用，它仍然会打印一个空格并换行：

```
mWriteln MACRO text:=<" ">
    mWrite text
    call Crlf
ENDM
```

若把空字符串（""）作为默认参数，那么汇编器会产生错误，因此必须在引号之间至少插入一个空格。

10.3.3 布尔表达式

汇编器允许在包含 IF 和其他条件伪指令的常量布尔表达式中使用下列关系运算符：

LT	小于
GT	大于
EQ	等于
NE	不等于
LE	小于等于
GE	大于等于

10.3.4 IF、ELSE 和 ENDIF 伪指令

IF 伪指令的后面必须跟一个常量布尔表达式。该表达式可以包含整数常量、符号常量或者常量宏实参，但不能包含寄存器或变量名。仅适用于 IF 和 ENDIF 的语法格式如下：

```
IF expression
    statement-list
ENDIF
```

另一种格式则适用于 IF、ELSE 和 ENDIF：

```
IF expression
    statement-list
ELSE
    statement-list
ENDIF
```

示例：宏 mGotoxyConst　宏 mGotoxyConst 利用 LT 和 GT 运算符对传递给宏的参数进行范围检查。实参 X 和 Y 必须为常数。还有一个常数符号 ERRS 对发现的错误进行计数。根据 X 的值，可以将 ERRS 设置为 1。根据 Y 的值，可以将 ERRS 加 1。最后，如果 ERRS 大于零，EXITM 伪指令退出宏：

```
;-------------------------------------------------------
mGotoxyConst MACRO X:REQ, Y:REQ
;
; 将光标位置设置在 X 列 Y 行。
; 要求 X 和 Y 的坐标为常量表达式
; 其范围为 0 ≤ X<80, 0 ≤ Y<25。
;-------------------------------------------------------
    LOCAL ERRS                      ;; 局部常量
    ERRS = 0
    IF (X LT 0) OR (X GT 79)
      ECHO Warning: First argument to mGotoxy (X) is out of range.
      ECHO ************************************************
      ERRS = 1
    ENDIF
    IF (Y LT 0) OR (Y GT 24)
      ECHO Warning: Second argument to mGotoxy (Y) is out of range.
      ECHO ************************************************
      ERRS = ERRS + 1
    ENDIF
    IF ERRS GT 0                    ;; 若发现错误,
```

```
        EXITM                              ;; 退出宏
    ENDIF
    push    edx
    mov     dh,Y
    mov     dl,X
    call    Gotoxy
    pop     edx
ENDM
```

10.3.5 IFIDN 和 IFIDNI 伪指令

IFIDNI 伪指令在两个符号（包括宏参数名）之间进行不区分大小写的比较，如果它们相等，则返回真。IFIDN 伪指令执行的是区分大小写的比较。如果想要确认宏主调者使用的寄存器参数不会与宏内使用的寄存器发生冲突，那么可以使用这两个伪指令中的前者。IFIDNI 的语法如下：

```
IFIDNI <symbol>, <symbol>
    statements
ENDIF
```

IFIDN 的语法与之相同。例如下面的宏 mReadBuf，其第二个参数不能用 EDX，因为当 buffer 的偏移量被送入 EDX 时，原来的值就会被覆盖。在如下修改过的宏代码中，如果这个条件不满足，就会显示一条警告消息：

```
;--------------------------------------------------------
mReadBuf MACRO bufferPtr, maxChars
;
; 将键盘输入读到缓冲区。
; 接收：缓冲区偏移量，最多可输入字符的数量。第二个参数不能用 edx 或 EDX。
;--------------------------------------------------------
    IFIDNI <maxChars>,<EDX>
        ECHO Warning: Second argument to mReadBuf cannot be EDX
        ECHO ********************************************************
        EXITM
    ENDIF
    push    ecx
    push    edx
    mov     edx,bufferPtr
    mov     ecx,maxChars
    call    ReadString
    pop     edx
    pop     ecx
ENDM
```

下面的语句将会导致宏产生警告消息，因为 EDX 是其第二个参数：

```
mReadBuf OFFSET buffer,edx
```

10.3.6 示例：矩阵行求和

9.4.2 节展示了如何计算字节矩阵中单个行的总和。第 9 章编程练习要求将其扩展到字矩阵和双字矩阵。尽管这个解决方案有些冗长，现在还是要看看能否用宏来简化任务。首先，给出第 9 章的原始 calc_row_sum 过程：

```
;--------------------------------------------------------
calc_row_sum PROC USES ebx ecx esi
```

```
;---------------------------------------------------
; 计算字节矩阵中一行的总和。
; 接收: EBX= 表格偏移量, EAX= 行索引, ECX= 按字节计的行大小。
; 返回: EAX 保存和数。
;---------------------------------------------------
        mul     ecx                     ; 行索引 × 行大小
        add     ebx,eax                 ; 行偏移量
        mov     eax,0                   ; 累加器
        mov     esi,0                   ; 列索引
L1:     movzx   edx,BYTE PTR[ebx + esi] ; 取一个字节
        add     eax,edx                 ; 与累加器相加
        inc     esi                     ; 行内的下一个字节
        loop    L1
        ret
calc_row_sum ENDP
```

从把 PROC 改为 MACRO 开始, 删除 RET 指令, 把 ENDP 改为 ENDM。由于没有宏与 USES 伪指令功能相当, 因此插入 PUSH 和 POP 指令:

```
mCalc_row_sum MACRO
        push    ebx                     ; 保存被修改的寄存器
        push    ecx
        push    esi
        mul     ecx                     ; 行索引 × 行大小
        add     ebx,eax                 ; 行偏移量
        mov     eax,0                   ; 累加器
        mov     esi,0                   ; 列索引
L1:     movzx   edx,BYTE PTR[ebx + esi] ; 取一个字节
        add     eax,edx                 ; 与累加器相加
        inc     esi                     ; 行内的下一个字节
        loop    L1
        pop     esi                     ; 恢复被修改的寄存器
        pop     ecx
        pop     ebx
ENDM
```

接着, 用宏参数代替寄存器参数, 并对宏内寄存器进行初始化:

```
mCalc_row_sum MACRO index, arrayOffset, rowSize
        push    ebx                     ; 保存被修改的寄存器
        push    ecx
        push    esi
; 设置需要的寄存器
        mov     eax,index
        mov     ebx,arrayOffset
        mov     ecx,rowSize

        mul     ecx                     ; 行索引 × 行大小
        add     ebx,eax                 ; 行偏移量
        mov     eax,0                   ; 累加器
        mov     esi,0                   ; 列索引
L1:     movzx   edx,BYTE PTR[ebx + esi] ; 取一个字节
        add     eax,edx                 ; 与累加器相加
        inc     esi                     ; 行内的下一个字节
        loop    L1
        pop     esi                     ; 恢复被修改的寄存器
        pop     ecx
        pop     ebx
ENDM
```

然后，添加一个参数 eltType 指定数组类型（BYTE、WORD 或 DWORD）：

```
mCalc_row_sum MACRO index, arrayOffset, rowSize, eltType
```

复制到 ECX 的参数 rowSize 现在表示的是每行的字节数。如果要用其作为循环计数器，那么它就必须转换为每行的元素（element）个数。因此，若为 16 位数组，就将 ECX 除以 2；若为双字数组，就将 ECX 除以 4。实现上述操作的快捷方式为：eltType 除以 2，把商作为移位计数器，再将 ECX 右移：

```
shr ecx,(TYPE eltType / 2)            ; byte=0, word=1, dword=2
```

TYPE eltType 就成为 MOVZX 指令中基址 - 变址操作数的比例因子：

```
movzx edx,eltType PTR[ebx + esi*(TYPE eltType)]
```

若 MOVZX 右操作数为双字，那么指令不会汇编。所以，当 eltType 为 DWORD 时，需要用 IFIDNI 运算符另外编写一条 MOV 指令：

```
IFIDNI <eltType>,<DWORD>
    mov edx,eltType PTR[ebx + esi*(TYPE eltType)]
ELSE
    movzx edx,eltType PTR[ebx + esi*(TYPE eltType)]
ENDIF
```

最后必须结束宏，记住要把标号 L1 指定为 LOCAL：

```
;-----------------------------------------------------------
mCalc_row_sum MACRO index, arrayOffset, rowSize, eltType
;计算二维数组中一行的和数。
;
;接收：行索引、数组偏移量、每行的字节数、数组类型 (BYTE、WORD、或 DWORD)。
;返回：EAX= 和数。
;-----------------------------------------------------------
LOCAL L1
    push ebx                          ;保存被修改的寄存器
    push ecx
    push esi
;设置需要的寄存器
    mov eax,index
    mov ebx,arrayOffset
    mov ecx,rowSize
;计算行偏移量
    mul ecx                           ;行索引 × 行大小
    add ebx,eax                       ;行偏移量
;初始化循环计数器
    shr ecx,(TYPE eltType / 2)        ; byte=0, word=1, dword=2
;初始化累加器和列索引
    mov eax,0                         ;累加器
    mov esi,0                         ;列索引
L1:
    IFIDNI <eltType>, <DWORD>
      mov edx,eltType PTR[ebx + esi*(TYPE eltType)]
    ELSE
      movzx edx,eltType PTR[ebx + esi*(TYPE eltType)]
    ENDIF
    add eax,edx                       ;与累加器相加
```

结构和宏

```
        inc    esi
        loop   L1
                                ;恢复被修改的寄存器
        pop    esi
        pop    ecx
        pop    ebx
ENDM
```

下面用字节数组、字数组和双字数组对宏进行示例调用。参见 rowsum.asm 程序：

```
.data
tableB    BYTE    10h,  20h,  30h,  40h,  50h
RowSizeB = ($ - tableB)
          BYTE    60h,  70h,  80h,  90h,  0A0h
          BYTE    0B0h, 0C0h, 0D0h, 0E0h, 0F0h
tableW    WORD    10h,  20h,  30h,  40h,  50h
RowSizeW = ($ - tableW)
          WORD    60h,  70h,  80h,  90h,  0A0h
          WORD    0B0h, 0C0h, 0D0h, 0E0h, 0F0h
tableD    DWORD   10h,  20h,  30h,  40h,  50h
RowSizeD = ($ - tableD)
          DWORD   60h,  70h,  80h,  90h,  0A0h
          DWORD   0B0h, 0C0h, 0D0h, 0E0h, 0F0h

index DWORD ?
.code
mCalc_row_sum index, OFFSET tableB, RowSizeB, BYTE
mCalc_row_sum index, OFFSET tableW, RowSizeW, WORD
mCalc_row_sum index, OFFSET tableD, RowSizeD, DWORD
```

10.3.7 特殊运算符

下述四个汇编运算符使得宏更加灵活：

&	替换运算符
<>	文字文本运算符
!	文字字符运算符
%	展开运算符

1. 替换运算符（&）

替换运算符（&）解析对宏参数名的有歧义的引用。宏 mShowRegister（10.2.5 节）显示了一个 32 位寄存器的名称和十六进制的内容。示例调用如下：

```
.code
mShowRegister ECX
```

下面是调用 mShowRegister 产生的示例输出：

```
ECX=00000101
```

在宏内可以定义包含寄存器名的字符串变量：

```
mShowRegister MACRO regName
.data
tempStr BYTE " regName=",0
```

但是预处理程序会认为 regName 是字符串文本的一部分，因此，不会将其替换为传递给宏的实参值。相反，如果添加了 & 运算符，它就会强制预处理程序在字符串文本中插入宏实参（如 ECX）。下面展示的是如何定义 tempStr：

```
mShowRegister MACRO regName
.data
tempStr BYTE " &regName=",0
```

2. 展开运算符 (%)

展开运算符（%）展开文本宏并将常量表达式转换为文本形式。有几种方法实现该功能。若使用的是 TEXTEQU，% 运算符就计算常量表达式，再把结果转换为整数。在下面的例子中，% 运算符计算表达式（5+count），并返回整数 15（以文本形式）：

```
count = 10
sumVal TEXTEQU %(5 + count)      ; = "15"
```

如果宏请求的实参是整数常量，% 运算符就能使程序具有传递一个整数表达式的灵活性。计算这个表达式得到结果值，然后将这个值传递给宏。例如，调用 mGotoxyConst 时，计算表达式的结果分别为 50 和 7：

```
mGotoxyConst %(5 * 10), %(3 + 4)
```

预处理程序将产生如下语句：

```
1       push    edx
1       mov     dh,7
1       mov     dl,50
1       call    Gotoxy
1       pop     edx
```

% 在一行的首位　当展开运算符（%）是一行源代码的第一个字符时，它指示预处理程序展开该行上的所有文本宏和宏函数。比如，假设想在汇编时将数组大小显示在屏幕上。下面的尝试不会产生期望的结果：

```
.data
array DWORD 1,2,3,4,5,6,7,8
.code
ECHO The array contains (SIZEOF array) bytes
ECHO The array contains %(SIZEOF array) bytes
```

屏幕输出没什么用：

```
The array contains (SIZEOF array) bytes
The array contains %(SIZEOF array) bytes
```

反之，如果用 TEXTEQU 编写包含（SIZEOF array）的文本宏，那么该宏就可以展开为之后的代码行：

```
TempStr TEXTEQU %(SIZEOF array)
%       ECHO The array contains TempStr bytes
```

产生的输出如下所示：

```
The array contains 32 bytes
```

显示行号　下面的宏 Mul32 将它前两个实参相乘，乘积由第三个实参返回。其形参可以是寄存器、内存操作数和立即数（乘积除外）：

```
Mul32 MACRO op1, op2, product
    IFIDNI <op2>,<EAX>
```

```
            LINENUM TEXTEQU %(@LINE)
            ECHO -------------------------------------------------
            ECHO *  Error on line LINENUM: EAX cannot be the second
            ECHO *  argument when invoking the MUL32 macro.
            ECHO -------------------------------------------------
        EXITM
        ENDIF
        push    eax
        mov     eax,op1
        mul     op2
        mov     product,eax
        pop     eax
ENDM
```

Mul32 要检查的一个重要要求是：EAX 不能作为第二个实参。这个宏有趣的地方是，它显示的是其调用者的行号，这样更加易于追踪并解决问题。首先定义文本宏 LINENUM，它引用的 @LINE 是一个预先定义的汇编运算符，其功能为返回当前源代码行的编号：

```
LINENUM TEXTEQU %(@LINE)
```

接着，在含有 ECHO 语句的代码行第一列上的展开运算符（%）使得 LINENUM 被展开：

```
%       ECHO * Error on line LINENUM: EAX cannot be the second
```

假设如下宏调用发生在程序的 40 行：

```
MUL32 val1,eax,val3
```

那么，汇编时将显示如下信息：

```
-------------------------------------------------
*  Error on line 40: EAX cannot be the second
*  argument when invoking the MUL32 macro.
-------------------------------------------------
```

在 Macro3.asm 程序中可以查看 Mul32 的测试。

3. 文字文本运算符（<>）

文字文本（literal-text）运算符（<>）把一个或多个字符和符号组合成一个文字文本，以防止预处理程序把列表中的成员解释为独立的参数。在字符串含有特殊字符时该运算符非常有用，比如逗号、百分号（%）、和号（&）以及分号（;），这些符号既可以被解释为分隔符，又可以被解释为其他的运算符。例如，本章之前给出的宏 mWrite 接收一个字符串文本作为其唯一的实参。如果传递的字符串如下所示，预处理程序就会将其解释为 3 个独立的实参：

```
mWrite "Line three", 0dh, 0ah
```

第一个逗号后面的文本会被丢弃，因为宏只需要一个实参。然而，如果用文字文本运算符将字符串括起来，那么预处理程序就会把尖括号内所有的文本当作一个宏实参：

```
mWrite <"Line three", 0dh, 0ah>
```

4. 文字字符运算符（!）

构造文字字符（literal-character）运算符（!）的目的与文字文本运算符的几乎完全一

样：强制预处理程序把预先定义的运算符当作普通的字符。在下面的 TEXTEQU 定义中，运算符！可以防止符号 > 被当作文本分隔符：

```
BadYValue TEXTEQU <Warning: Y-coordinate is !> 24>
```

警告信息示例 下面的例子有助于说明运算符 %、& 和！是如何工作的。假设已经定义了符号 BadYValue。现在创建一个宏 ShowWarning，接收一个用引号括起来的文本实参，并将其传递给宏 mWrite。注意替换（&）运算符的用法：

```
ShowWarning MACRO message
    mWrite "&message"
ENDM
```

然后调用 ShowWarning，把表达式 %BadYValue 传递给它。% 运算符计算（解析）BadYValue，并生成与之等价的字符串：

```
.code
ShowWarning %BadYValue
```

正如所期望的，程序运行并显示警告信息：

```
Warning: Y-coordinate is > 24
```

10.3.8 宏函数

宏函数与宏过程有相似的地方，它也为汇编语言语句列表分配一个名称。不同的地方在于，宏函数通过 EXITM 伪指令总是返回一个常量（整数或字符串）。如下例所示，如果给定符号已定义，则宏 IsDefined 返回真（-1）；否则返回假（0）：

```
IsDefined MACRO symbol
    IFDEF symbol
      EXITM <-1>      ;; 真
    ELSE
      EXITM <0>       ;; 假
    ENDIF
ENDM
```

EXITM（退出宏）伪指令终止了所有后续的宏展开。

调用宏函数 调用宏函数时，它的实参列表必须用括号括起来。比如，调用宏 IsDefined 并传递 RealMode（一个可能已定义也可能还未定义的符号名）：

```
IF IsDefined( RealMode )
    mov    ax,@data
    mov    ds,ax
ENDIF
```

如果在汇编过程中，汇编器在此之前已经遇到过对 RealMode 的定义，那么它就会汇编这两条指令：

```
mov ax,@data
mov ds,ax
```

同样的 IF 伪指令可以被放在名为 Startup 的宏内：

```
Startup MACRO
    IF IsDefined( RealMode )
```

```
        mov  ax,@data
        mov  ds,ax
     ENDIF
ENDM
```

像 IsDefined 这样的宏可以用于设计多种内存模式的程序。比如，可以用它来决定使用哪种头文件：

```
IF IsDefined( RealMode )
    INCLUDE Irvine16.inc
ELSE
    INCLUDE Irvine32.inc
ENDIF
```

定义 RealMode 符号　剩下的任务就只是找到定义 RealMode 符号的方法。方法之一是把下面的代码行放在程序开始的位置：

```
RealMode = 1
```

或者，汇编器命令行也有选项来定义符号，即，使用 -D。下面的 ML 命令行定义了 RealMode 符号并为其赋值 1：

```
ML -c -DRealMode=1 myProg.asm
```

而保护模式程序中相应的 ML 命令就没有定义 RealMode 符号：

```
ML -c myProg.asm
```

HelloNew 程序　下面的程序（HelloNew.asm）使用刚才介绍的宏，在屏幕上显示了一条消息：

```
; 宏函数                            (HelloNew.asm)
INCLUDE Macros.inc
IF IsDefined( RealMode )
    INCLUDE Irvine16.inc
ELSE
    INCLUDE Irvine32.inc
ENDIF
.code
main PROC
    Startup
    mWrite <"This program can be assembled to run ",0dh,0ah>
    mWrite <"in both Real mode and Protected mode.",0dh,0ah>
    exit
main ENDP
END main
```

第 14 ～ 17 章介绍了实模式编程。16 位实模式程序运行于模拟的 MS-DOS 环境中，使用的是 Irvine16.inc 头文件和 Irvine16 链接库。

10.3.9　本节回顾

1. IFB 伪指令的作用是什么？
2. IFIDN 伪指令的作用是什么？

3. 哪条伪指令能停止所有后续的宏展开？
4. IFIDNI 与 IFIDN 有什么不同？
5. IFDEF 伪指令的作用是什么？

10.4 定义重复语句块

MASM 有许多循环伪指令用于生成重复的语句块：WHILE、REPEAT、FOR 和 FORC。与 LOOP 指令不同，这些伪指令只在汇编时起作用，并使用常量值作为循环条件和计数器：

- WHILE 伪指令根据一个布尔表达式来重复语句块。
- REPEAT 伪指令根据计数器的值来重复语句块。
- FOR 伪指令通过遍历符号列表来重复语句块。
- FORC 伪指令通过遍历字符串来重复语句块。

示例程序 Repeat.asm 演示了上述每一条伪指令。

10.4.1 WHILE 伪指令

WHILE 伪指令重复一个语句块，直到特定的常量表达式为真。其语法如下：

```
WHILE constExpression
    statements
ENDM
```

下面的代码展示了如何在 1 到 F000 0000h 之间生成斐波那契（Fibonacci）数，作为汇编时常数序列：

```
.data
val1  = 1
val2  = 1
DWORD val1                    ;前两个值
DWORD val2
val3 = val1 + val2
WHILE val3 LT 0F0000000h
    DWORD val3
    val1 = val2
    val2 = val3
    val3 = val1 + val2
ENDM
```

此代码生成的数值可以在清单（.LST）文件中查看。

10.4.2 REPEAT 伪指令

在汇编时，REPEAT 伪指令将一个语句块重复固定次数。其语法如下：

```
REPEAT constExpression
    statements
ENDM
```

constExpression 是一个无符号整数常量表达式，用于确定重复次数。

在创建数组时，REPEAT 的用法与 DUP 类似。在下面的例子中，WeatherReadings 结构含有一个地点字符串和一个包含了降雨量与湿度读数的数组：

```
WEEKS_PER_YEAR = 52
```

```
WeatherReadings STRUCT
    location BYTE 50 DUP(0)
    REPEAT WEEKS_PER_YEAR
      LOCAL rainfall, humidity
      rainfall DWORD ?
      humidity DWORD ?
    ENDM
WeatherReadings ENDS
```

由于汇编时循环会对降雨量和湿度重定义，使用 LOCAL 伪指令可以避免因其导致的错误。

10.4.3 FOR 伪指令

FOR 伪指令通过迭代用逗号分隔的符号列表来重复一个语句块。列表中的每个符号都会引发循环的一次迭代过程。其语法如下：

```
FOR parameter,<arg1,arg2,arg3,...>
    statements
ENDM
```

第一次循环迭代时，parameter 取 arg1 的值，第二次循环迭代时，parameter 取 arg2 的值；以此类推，直到列表的最后一个实参。

学生注册示例　现在创建一个学生注册的场景，其中，COURSE 结构含有课程编号和学分值；SEMESTER 结构包含一个有 6 门课程的数组和一个计数器 NumCourses：

```
COURSE STRUCT
    Number  BYTE 9 DUP(?)
    Credits BYTE ?
COURSE ENDS

;semester 含有一个课程数组。
SEMESTER STRUCT
    Courses COURSE 6 DUP(<>)
    NumCourses WORD ?
SEMESTER ENDS
```

使用 FOR 循环可以定义 4 个 SEMESTER 对象，每一个对象都从由尖括号括起的符号列表中选择一个不同的名称：

```
.data
FOR semName,<Fall2013,Spring2014,Summer2014,Fall2014>
    semName SEMESTER <>
ENDM
```

如果查看列表文件就会发现如下变量：

```
.data
Fall2013 SEMESTER <>
Spring2014 SEMESTER <>
Summer2014 SEMESTER <>
Fall2014 SEMESTER <>
```

10.4.4 FORC 伪指令

FORC 伪指令通过迭代字符串来重复一个语句块。字符串中的每个字符都会引发循环的一次迭代过程。其语法如下：

```
FORC parameter, <string>
    statements
ENDM
```

第一次循环迭代时，parameter 等于字符串的第一个字符，第二次循环迭代时，parameter 等于字符串的第二个字符；以此类推，直到最后一个字符。下面的例子创建了一个字符查找表，其中包含了一些非字母字符。注意，< 和 > 的前面必须有文字字符（!）运算符，以防它们违反 FORC 伪指令的语法：

```
Delimiters LABEL BYTE
FORC code,<@#$%^&*!<!>>
    BYTE "&code"
ENDM
```

生成的数据表如下所示，可以在列表文件中查看：

```
00000000  40      1 BYTE "@"
00000001  23      1 BYTE "#"
00000002  24      1 BYTE "$"
00000003  25      1 BYTE "%"
00000004  5E      1 BYTE "^"
00000005  26      1 BYTE "&"
00000006  2A      1 BYTE "*"
00000007  3C      1 BYTE "<"
00000008  3E      1 BYTE ">"
```

10.4.5 示例：链表

结合结构声明与 REPEAT 伪指令以指示汇编器创建一个链表的数据结构是相当简单的。链表中的每个节点都含有一个数据域和一个链接域：

数据|链接 → 数据|链接 → 数据|链接 → 空

在数据域中，一个或多个变量可以保存每个节点所特有的数据。在链接域中，一个指针包含了链表下一个节点的地址。最后一个节点的链接域通常是一个空指针。现在编写程序创建并显示一个简单链表。首先，程序定义一个节点，其中含有一个整数（数据）和一个指向下一个节点的指针：

```
ListNode STRUCT
    NodeData DWORD ?            ; 节点的数据
    NextPtr  DWORD ?            ; 指向下一个节点的指针
ListNode ENDS
```

接着 REPEAT 伪指令创建了 ListNode 对象的多个实例。为了便于测试，NodeData 域含有一个整数常量，其范围为 1～15。在循环内部，计数器加 1 并将值插入到 ListNode 域：

```
TotalNodeCount = 15
NULL = 0
Counter = 0

.data
LinkedList LABEL PTR ListNode
REPEAT TotalNodeCount
    Counter = Counter + 1
    ListNode <Counter, ($ + Counter * SIZEOF ListNode)>
ENDM
```

表达式（$+Counter*SIZEOF ListNode）告诉汇编器把计数值与 ListNode 的大小相乘，并将乘积与当前地址计数器相加。结果值插入结构内的 NextPtr 域。[注意一个有趣的现象：位置计数器的值（$）固定在表的第一节点上。]该表用尾节点（tail node）来标记末尾，其

NextPtr 域为空（0）：

```
ListNode <0,0>
```

当程序遍历该表时，它用下面的语句检索 NextPtr 域，并将其与 NULL 比较，以检查是否为表的末尾：

```
mov     eax,(ListNode PTR [esi]).NextPtr
cmp     eax,NULL
```

程序清单　完整的程序清单如下所示。在 main 中，一个循环遍历链表并显示全部的节点值。与使用固定计数值控制循环相比，程序检查是否为尾节点的空指针，若是则停止循环：

```
; 创建一个链表                    (List.asm)
INCLUDE Irvine32.inc

ListNode STRUCT
  NodeData DWORD ?
  NextPtr  DWORD ?
ListNode ENDS

TotalNodeCount = 15
NULL = 0
Counter = 0

.data
LinkedList LABEL PTR ListNode
REPEAT TotalNodeCount
    Counter = Counter + 1
    ListNode <Counter, ($ + Counter * SIZEOF ListNode)>
ENDM
ListNode <0,0>                   ; 尾节点

.code
main PROC
    mov     esi,OFFSET LinkedList

; 显示 NodeData 域的值。
    ; 检查是否为尾节点。
    mov     eax,(ListNode PTR [esi]).NextPtr
    cmp     eax,NULL
    je      quit

    ; 显示节点数据。
    mov     eax,(ListNode PTR [esi]).NodeData
    call    WriteDec
    call    Crlf

    ; 获得下一个节点的指针。
    mov     esi,(ListNode PTR [esi]).NextPtr
    jmp     NextNode

quit:
    exit
main ENDP
END main
```

10.4.6　本节回顾

1. 简要说明 WHILE 伪指令。
2. 简要说明 REPEAT 伪指令。
3. 简要说明 FOR 伪指令。

4. 简要说明 FORC 伪指令。
5. 哪条伪指令最适于生成字符查找表？
6. 写出由下述宏生成的语句：

```
FOR val,<100,20,30>
    BYTE 0,0,0,val
ENDM
```

7. 设已定义如下宏 mRepeat：

```
mRepeat MACRO char,count
    LOCAL L1
    mov    cx,count
L1: mov    ah,2
    mov    dl,char
    int    21h
    loop   L1
ENDM
```

当按照下列语句（a，b 和 c）进行 mRepeat 宏展开时，请写出预处理程序生成的代码：

```
mRepeat 'X',50              ; a
mRepeat AL,20               ; b
mRepeat byteVal,countVal    ; c
```

8. **挑战**：在链表示例程序（10.4.5 节）中，如果 REPEAT 循环的代码如下，那么程序运行结果如何？

```
REPEAT TotalNodeCount
    Counter = Counter + 1
    ListNode <Counter, ($ + SIZEOF ListNode)>
ENDM
```

10.5 本章小结

结构（structure）是创建用户定义类型时使用的模板或模式。Windows API 库中已经定义了大量的结构，用于实现应用程序与链接库之间的数据传递。结构可以包含不同类型的字段。使用字段初始值就可以对每个字段进行声明，即给该字段分配一个默认值。

结构自身不占内存空间，但是结构变量会占用内存。SIZEOF 运算符返回变量所占的字节数。

通过使用结构变量或形如 [esi] 的间接操作数，点运算符（.）对结构字段进行引用。如果是间接操作数来引用结构字段，那么必须使用 PTR 运算符指定结构类型，比如（COORD PTR [esi]）.X。

结构包含的字段也可以是结构。醉汉行走程序（10.1.6 节）给出了例子，其中的 DrunkardWalk 结构就包含了一个 COORD 结构的数组。

宏通常在程序开始的时候定义，位于数据段和代码段之前。之后，在调用宏时，预处理程序就把宏代码复制插入到程序内调用发生的位置。

宏可以有效地作为过程调用的封装器（wrappers），以简化参数传递和寄存器入栈。比如宏 mGotoxy、mDumpMem 和 mWriteString 就是封装器的例子，它们调用本书链接库的过程。

宏过程（或宏）是指被命名的汇编语言语句块。宏函数与之类似，只不过宏函数会返回一个常量值。

条件汇编伪指令，如 IF、IFNB 和 IFIDNI 可以被用于检测实参是否超出范围，是否缺失，以及是否为错误类型。ECHO 伪指令显示汇编时的错误消息，以提醒程序员将实参传递给宏时出现的错误。

替换运算符（&）解析对参数名的有歧义的引用。展开运算符（%）展开文本宏并将常量表达式转换为文本。文字文本运算符（<>）把不同的字符和文本组合为一个文本。文字字符运算符（!）强制预处理程序将预定义运算符当作普通字符。

重复块伪指令能够减少程序的重复代码量。这些伪指令有：
- WHILE 伪指令根据一个布尔表达式来重复语句块。
- REPEAT 伪指令根据计数器的值来重复语句块。
- FOR 伪指令通过遍历符号列表来重复语句块。
- FORC 伪指令通过遍历字符串来重复语句块。

10.6 关键术语

10.6.1 术语

conditional-assembly directive（条件汇编伪指令）
default argument initializer（默认参数初始值设定）
expansion operator(%)（展开运算符)(%)
field（字段）
invoke(a macro)（调用)(宏）
literal-character operator(!)（文字字符运算符)(!)
literal-text operator(<>)（文字文本运算符)(<>)
macro（宏）

macro function（宏函数）
macro procedure（宏过程）
nested macro（宏嵌套）
parameters（形参）
preprocessing step（预处理步骤）
structure（结构）
substitution operator(&)（替换运算符)(&)
union（联合）

10.6.2 运算符和伪指令

ALIGN	FORC	IFIDNI
ECHO	IF	IFNB
ELSE	IFB	IFNDEF
ENDIF	IFDIF	LENGTHOF
ENDS	IFDIFI	MACRO
FOR	IFIDN	OFFSET
REPEAT	STRUCT	WHILE
REQ	TYPE	
SIZEOF	UNION	

10.7 复习题和练习

10.7.1 简答题

1. STRUCT 伪指令的用途是什么？

2. 假设定义了如下结构：

```
RentalInvoice STRUCT
    invoiceNum BYTE 5 DUP(' ')
    dailyPrice WORD ?
    daysRented WORD ?
RentalInvoice ENDS
```

则下列声明是否有效：

a. `rentals RentalInvoice <>`
b. `RentalInvoice rentals <>`
c. `march RentalInvoice <'12345',10,0>`
d. `RentalInvoice <,10,0>`
e. `current RentalInvoice <,15,0,0>`

3. (真/假)：宏不能包含数据定义。
4. LOCAL 伪指令的用途是什么？
5. 哪条伪指令能在控制台上显示汇编时消息？
6. 哪条伪指令标志条件语句块的结束？
7. 列出所有能在常量布尔表达式中使用的关系运算符。
8. 宏定义中的 & 运算符有什么作用？
9. 宏定义中的 ! 运算符有什么作用？
10. 宏定义中的 % 运算符有什么作用？

10.7.2 算法基础

1. 创建包含两个字段的结构 SampleStruct：field1 为一个 16 位 WORD，field2 为含有 20 个 32 位 DWORD 的数组。不需定义字段初始值。
2. 编写一条语句检索结构 SYSTEMTIME 的 wHour 字段。
3. 使用如下 Triangle 结构，声明一个结构变量并将其三个顶点分别初始化为（0，0）、（5，0）和（7，6）：

```
Triangle STRUCT
    Vertex1 COORD <>
    Vertex2 COORD <>
    Vertex3 COORD <>
Triangle ENDS
```

4. 声明一个 Triangle 结构的数组，并编写一个循环，用随机坐标对每个三角形的 Vertex1 进行初始化，坐标范围为（0…10，0…10）。
5. 编写宏 mPrintChar，在屏幕上显示一个字符。宏应有两个参数：第一个指定显示的字符，第二个指定字符重复的次数。示例调用如下：

```
mPrintChar 'X',20
```

6. 编写宏 mGenRandom，在 0 到 n-1 之间随机生成一个整数，n 为宏的唯一参数。
7. 编写宏 mPromptInteger，显示提示并接收用户输入的一个整数。向该宏传递一个字符串文本和一个双字变量名。示例调用如下：

```
.data
minVal DWORD ?
.code
mPromptInteger "Enter the minimum value", minVal
```

8. 编写宏 mWriteAt，定位光标并在控制台窗口显示一个字符串文本。建议：调用本书宏库中的 mGotoxy 和 mWrite。

9. 用如下语句调用 10.2.5 节的宏 mWriteString，请写出其生成的展开代码：

    ```
    mWriteStr namePrompt
    ```

10. 用如下语句调用 10.2.5 节的宏 mReadString，请写出其生成的展开代码：

    ```
    mReadStr customerName
    ```

11. 编写宏 mDumpMemx，接收一个参数和一个变量名。该宏必须调用本书链接库的宏 mDumpMem，并向其传递变量的偏移量，存储对象的数量和对象的大小。演示对宏 mDumpMemx 的调用。
12. 举例说明有默认实参初始值的宏形参。
13. 编写一个简短的例子来使用 IF、ELSE 和 ENDIF 伪指令。
14. 编写一条语句，用 IF 伪指令检查常量宏参数 Z 的值；如果 Z 小于 0，则在汇编时显示一条消息说明 Z 是无效的。
15. 编写一个简短的宏，在宏形参嵌入文本字符串时，演示运算符 & 的用法。
16. 假设宏 mLocate 的定义如下：

    ```
    mLocate MACRO xval,yval
        IF xval LT 0            ;; xval < 0?
            EXITM               ;; 若是，则退出
        ENDIF
        IF yval LT 0            ;; yval < 0?
            EXITM               ;; 若是，则退出
        ENDIF
        mov bx,0                ;; 视频页面 0
        mov ah,2                ;; 定位光标
        mov dh,yval
        mov dl,xval
        int 10h                 ;; 调用 BIOS
    ENDM
    ```

    若用下述语句调用该宏，请写出预处理程序在进行宏展开时生成的源代码：

    ```
    .data
    row BYTE 15
    col BYTE 60
    .code
    mLocate -2,20
    mLocate 10,20
    mLocate col,row
    ```

10.8 编程练习

*1. 宏 mReadkey

编写一个宏，等待一次按键操作并返回被按下的键。宏参数要包括 ASCII 码和键盘扫描码。提示：调用本书链接库的 ReadChar。编写程序对宏进行测试。比如，下面的代码等待一次按键，当它返回时，两个实参分别为按键的 ASCII 码和扫描码：

```
.data
ascii BYTE ?
scan BYTE ?
.code
mReadkey ascii, scan
```

*2. 宏 mWritestringAttr

（需提前阅读 11.1.11 节。）编写一个宏，用指定文本颜色向控制台写一个空字节结束的字符串。

宏参数需包括字符串的名称和颜色。提示：调用本书链接库的 SetTextColor。编写程序，用不同的颜色和字符串测试该宏。示例调用如下：

```
.data
myString db "Here is my string",0
.code
mWritestring myString, white
```

★3. 宏 mMove32

编写宏 mMove32，接收两个 32 位的内存操作数，并将源操作数传送到目的操作数。编写程序对宏进行测试。

★4. 宏 mMult32

创建宏 mMult32，将两个 32 位内存操作数相乘，生成一个 32 位的乘积。编写程序对宏进行测试。

★★5. 宏 mReadInt

创建宏 mReadInt，从标准输入读取一个 16 位或 32 位的有符号整数，并用实参返回该值。用条件运算符使得宏能适应预期结果的大小。编写程序，向宏传递不同大小的操作数以对其进行测试。

★★6. 宏 mWriteInt

创建宏 mWriteInt，通过调用 WriteInt 库过程向标准输出写一个有符号整数。向宏传递的参数可以是字节、字或双字。在宏内使用条件运算符，使之能适应实参的大小。编写程序，向宏传递不同大小的实参以对其进行测试。

★★★7. 教授丢失的手机

当 10.1.6 节的醉酒教授在校园里绕圈子时，我们发现他在路上的某个地方丢失了手机。在对醉酒路线进行模拟时，程序必须在教授停留随机时长的任何地方丢掉手机。每次运行程序，都必须在不同的时间间隔（和位置）丢失手机。

★★★8. 带概率的醉汉行走问题

在测试 DrunkardWalk 程序时，你可能已经注意到教授徘徊的位置距离起点不会太远。这种情况毫无疑问是由教授在各方向移动的等概率造成的。因此按照如下条件来修改程序：教授有 50% 的概率沿着与上一步相同的方向行走；有 10% 的概率选择相反的方向；有 20% 的概率会向右或向左转。循环开始前指定一个默认的起步方向。

★★★★9. 移位多个双字

创建一个宏，使用 SHRD 和 SHLD 指令，将一个 32 位整数数组向任意方向移动可变的位数。编写程序对宏进行测试，把同一个数组向两个方向移动并显示结果。可以假设数组为小端顺序。宏声明示例如下：

```
mShiftDoublewords MACRO arrayName, direction, numberOfBits

Parameters:
    arrayName       Name of the array
    direction       Right (R) or Left (L)
    numberOfBits    Number of bit positions to shift
```

★★★10. 三操作数指令

有些计算机指令集允许算术运算指令有三个操作数。这种操作有时出现在用于向学生介绍汇编语言概念的简单虚拟汇编器中，或是在编译器中使用中间语言的时候。在下面的宏中，假设 EAX 被保留用于宏操作，但是还未保存。其他会被宏修改的寄存器必须保存。所有的参数都是有符号的内存双字。编写宏模拟下述操作：

a. add3 destination, source1, source2
b. sub3 destination, source1, source2 (destination = source1 − source2)
c. mul3 destination, source1, source2
d. div3 destination, source1, source2 (destination = source1 / source2)

例如，下面的宏调用实现的是表达式 x=(w+y)*z：

```
.data
temp DWORD ?
.code
add3 temp, w, y                 ; temp = w + y
mul3 x, temp, z                 ; x = temp * z
```

编写程序测试宏，要求实现 4 个算术表达式，每个表达式都要包含多个操作。

第 11 章
Assembly Language for x86 Processors, Seventh Edition

MS-Windows 编程

11.1 Win32 控制台编程

在前面的章节中，读者毫无疑问已经对如何实现本书链接库（Irvine32 和 Irvine64）感到好奇。尽管这些链接库用起来很方便，但是，我们还是希望读者能更加独立一些，这样既可以创建自己的链接库，也可以修改本书的链接库。为此，本章展示的是如何用 32 位 Microsoft Windows API 进行控制台窗口编程。应用编程接口（API：Application Programming Interface）是类型、常数和函数的集合体，它提供了一种用计算机代码操作对象的方式。本章将讨论文本 I/O、颜色选择、时间与日期、数据文件 I/O，以及内存管理的 API 函数。同时，还包括了本书 64 位链接库 Irvine64 代码的一些例子。

通过本章还将学习到如何用事件处理循环来创建图形化窗口应用程序。虽然不建议用汇编语言进行扩展图形应用程序编程，但是本章的例子将有助于揭示高级语句利用抽象而隐藏的一些内部细节。

最后，本章将讨论 x86 处理器的内存管理功能，包括线性和逻辑地址，以及分段和分页。虽然本科操作系统课程对这些内容讲述得范围更广，内容更细，但是本章还是会就相关内容进行基本介绍。

为什么不为 MS-Windows 编写图形应用程序？如果用汇编语言或 C 语言，那么图形程序将会很长而且很详细。多年来，在优秀计算机设计者的帮助下，C 和 C++ 程序员一直在技术细节上不断努力，如图形设备处理、信息发布、字体标准、设备位图，以及映射模式等。还有一些汇编程序员与出色的网站专注于图形化 Windows 编程。

为了能对图形化程序员有所帮助，11.2 节以通用的方式介绍了 32 位图形化编程。这仅仅是开始，但它会激励程序员在这个方向继续前进。本章最后的小结列出了进一步学习所需要的参考书目。

Win32 Platform SDK 与 Win32 API 密切相关的是 Microsoft Platform SDK（软件开发工具包），它集成了创建 MS-Windows 应用程序的工具、库、示例代码和文档。Microsoft 网站提供了完整的在线文档。在 www.msdn.microsoft.com 搜索 "Platform SDK"。Platform SDK 可以免费下载。

> 提示 Irvine32 链接库与 Win32 API 兼容，因此可以在同一个程序中被调用。

11.1.1 背景知识

一个 Windows 应用程序开始的时候，要么创建一个控制台窗口，要么创建一个图形化窗口。本书的项目文件一直把如下选项与 LINK 命令一起使用。它告诉链接器创建一个基于控制台的应用程序：

```
/SUBSYSTEM:CONSOLE
```

控制台程序的外观和操作就像 MS-DOS 窗口，它的一些改进部分将在后面进行介绍。控制台有一个输入缓冲区以及一个或多个屏幕缓冲区：

- 输入缓冲区（input buffer）包含一组输入记录（input records），其中的每个记录都是一个输入事件的数据。输入事件的例子包括键盘输入、鼠标点击，以及用户调整控制台窗口大小。
- 屏幕缓冲区（screen buffer）是字符与颜色数据的二维数组，它会影响控制台窗口文本的外观。

1. Win32 API 参考信息

函数　本节将介绍 Win32 API 函数的子集并给出一些简单的例子。由于篇幅的限制，将不会涉及很多细节。如果想了解更多信息，请访问 Microsoft MSDN 网站（目前地址为 www.msdn.microsoft.com）。在搜索函数或标识符时，把 Filtered by 参数设置为 Platform SDK。此外，在本书的示例程序中，kernel32.txt 和 user32.txt 文件列出了 kernel32.lib 和 user32.lib 库中的全部函数名。

常数　阅读 Win32 API 函数的文档时，常常会见到常量名，如 TIME_ZONE_ID_UNKNOWN。少数情况下，这些常量已经在 SmallWin.inc 中定义过。如果没有在该文件中定义，那么请查看本书的网站。例如，头文件 WinNT.h 就定义了 TIME_ZONE_ID_UNKNOWN 及相关常量：

```
#define TIME_ZONE_ID_UNKNOWN   0
#define TIME_ZONE_ID_STANDARD  1
#define TIME_ZONE_ID_DAYLIGHT  2
```

利用这个信息，可以将下述语句添加到 SmallWin.h 或者用户自己的头文件中：

```
TIME_ZONE_ID_UNKNOWN  = 0
TIME_ZONE_ID_STANDARD = 1
TIME_ZONE_ID_DAYLIGHT = 2
```

2. 字符集和 Windows API 函数

调用 Win32 API 函数时会使用两类字符集：8 位的 ASCII/ANSI 字符集和 16 位的 Unicode 字符集（所有近期的 Windows 版本中都有）。Win32 函数可以处理的文本通常有两种版本：一种以字母 A 结尾（8 位 ANSI 字符），另一种以 W 结尾（宽字符集，包括了 Unicode）。WriteConsole 即为其中之一：

- WriteConsoleA
- WriteConsoleW

Windows95 和 98 不支持以 W 结尾的函数名。另一方面，在所有近期的 Windows 版本中，Unicode 都是原生字符集。例如调用名为 WriteConsoleA 的函数，则操作系统将把字符从 ANSI 转换为 Unicode，再调用 WriteConsoleW。

在 Microsoft MSDN 链接库的函数文件中，如 WriteConsole，尾字符 A 和 W 都被省略了。本书程序的头文件重新将函数名定义为 WriteConsoleA：

```
WriteConsole EQU <WriteConsoleA>
```

这个定义使得程序能按 WriteConsole 的通用名对其进行调用。

3. 高级别和低级别访问

控制台访问有两个级别，这就能够在简单控制和完全控制之间进行权衡：

- 高级别控制台函数从控制台输入缓冲区读取字符流，并将字符数据写入控制台的屏幕缓冲区。输入和输出都可以重定向到文本文件。
- 低级别控制台函数检索键盘和鼠标事件，以及用户与控制台窗口交互（拖曳、调整大小等）的详细信息。这些函数还允许对窗口大小、位置以及文本颜色进行详细控制。

4. Windows 数据类型

Win32 函数使用 C/C++ 程序员的函数声明进行记录。在这些声明中，所有函数参数类型要么基于标准 C 类型，要么基于 MS-Windows 预定义类型（表 11-1 列出了部分类型）之一。区分数据值和指向值的指针是很重要的。以字母 LP 开头的类型名是长指针（long pointer），指向其他对象。

5. SmallWin.inc 头文件

本书作者创建的 SmallWin.inc 是一个头文件，其中包含了 Win32 API 编程的常量定义、等价文本以及函数原型。通过本书一直使用的 Irvine32.inc，SmallWin.inc 被自动包含在程序中。该文件位于本书示例程序的安装文件夹 \Examples\Libs32 内。大多数常量都可以在用于 C 和 C++ 编程的头文件 Windows.h 中找到。与它的名字不同，SmallWin.inc 文件相当大，因此这里只展示其突出部分：

```
DO_NOT_SHARE = 0
NULL = 0
TRUE = 1
FALSE = 0

;Win32 控制台句柄
STD_INPUT_HANDLE  EQU -10
STD_OUTPUT_HANDLE EQU -11
STD_ERROR_HANDLE  EQU -12
```

类型 HANDLE 是 DWORD 的代名词，能帮助函数原型与 Microsoft Win32 文档更加一致：

```
HANDLE TEXTEQU <DWORD>
```

表 11-1 MS-Windows 与 MASM 的类型转换

MS-Windows 类型	MASM 类型	说明
BOOL, BOOLEAN	DWORD	布尔值（TRUE 或 FALSE）
BYTE	BYTE	8 位无符号整数
CHAR	BYTE	8 位 Windows ANSI 字符
COLORREF	DWORD	作为颜色值的 32 位数值
DWORD	DWORD	32 位无符号整数
HANDLE	DWORD	对象句柄
HFILE	DWORD	用 OpenFile 打开的文件的句柄
INT	SDWORD	32 位有符号整数
LONG	SDWORD	32 位有符号整数
LPARAM	DWORD	消息参数，由窗口过程和回调函数使用
LPCSTR	PTR BYTE	32 位指针，指向由 8 位 Windows（ANSI）字符组成的空字节结束的字符串常量
LPCVOID	DWORD	指向任何类型的常量
LPSTR	PTR BYTE	32 位指针，指向由 8 位 Windows（ANSI）字符组成的空字节结束的字符串
LPCTSTR	PTR WORD	32 位指针，指向对 Unicode 和双字节字符集可移植的字符串常量
LPTSTR	PTR WORD	32 位指针，指向对 Unicode 和双字节字符集可移植的字符串
LPVOID	DWORD	32 位指针，指向未指定类型

(续)

MS-Windows 类型	MASM 类型	说明
LRESULT	DWORD	窗口过程和回调函数返回的 32 位数值
SIZE_T	DWORD	一个指针可以指向的最大字节数
UNIT	DWORD	32 位无符号整数
WNDPROC	DWORD	32 位指针，指向窗口过程
WORD	WORD	16 位无符号整数
WPARAM	DWORD	作为参数传递给窗口过程或回调函数的 32 位数值

SmallWin.inc 也包括用于 Win32 调用的结构定义。下面给出了两个结构定义：

```
COORD STRUCT
    X WORD ?
    Y WORD ?
COORD ENDS

SYSTEMTIME STRUCT
    wYear WORD ?
    wMonth WORD ?
    wDayOfWeek WORD ?
    wDay WORD ?
    wHour WORD ?
    wMinute WORD ?
    wSecond WORD ?
    wMilliseconds WORD ?
SYSTEMTIME ENDS
```

最后，SmallWin.inc 包含了本章所有的 Win32 函数原型。

6. 控制台句柄

几乎所有的 Win32 控制台函数都要求向其传递一个句柄作为第一个实参。句柄（handle）是一个 32 位无符号整数，用于唯一标识一个对象，例如一个位图、画笔或任何输入/输出设备：

```
STD_INPUT_HANDLE     standard input
STD_OUTPUT_HANDLE    standard output
STD_ERROR_HANDLE     standard error output
```

上述句柄中的后两个用于写控制台活跃屏幕缓冲区。

GetStdHandle 函数返回一个控制台流的句柄：输入、输出或错误输出。基于控制台的程序中所有的输入/输出操作都需要句柄。函数原型如下：

```
GetStdHandle PROTO,
    nStdHandle:HANDLE    ;句柄类型
```

nStdHandle 可以是 STD_INPUT_HANDLE、STD_OUTPUT_HANDLE 或者 STD_ERROR_HANDLE。函数用 EAX 返回句柄，且应将它复制给变量保存。下面是一个调用示例：

```
.data
inputHandle HANDLE ?
.code
    INVOKE GetStdHandle, STD_INPUT_HANDLE
    mov inputHandle,eax
```

11.1.2　Win32 控制台函数

表 11-2 为所有 Win32 控制台函数的一览表[1]。在 www.msdn.microsoft.com 上可以找到

MSDN 库中每个函数的完整描述。

> **提示** Win32 API 函数不保存 EAX、EBX、ECX 和 EDX，因此程序员需自己完成这些寄存器的入栈和出栈操作。

表 11-2　Win32 控制台函数

函数	描述
AllocConsole	为调用进程分配一个新控制台
CreateConsoleScreenBuffer	创建控制台屏幕缓冲区
ExitProcess	结束进程及其所有线程
FillConsoleOutputAttribute	为指定数量的字符单元格设置文本和背景颜色属性
FillConsoleOutputCharacter	按指定次数将一个字符写入屏幕缓冲区
FlushConsoleInputBuffer	刷新控制台输入缓冲区
FreeConsole	将主调进程与其控制台分离
GenerateConsoleCtrlEvent	向控制台进程组发送指定信号，这些进程组共享与主调进程关联的控制台
GetConsoleCP	获取与主调进程关联的控制台使用的输入代码页
GetConsoleCursorInfo	获取指定控制台屏幕缓冲区光标大小和可见性的信息
GetConsoleMode	获取控制台输入缓冲区的当前输入模式或控制台屏幕缓冲区的当前输出模式
GetConsoleOutputCP	获取与主调进程关联的控制台使用的输出代码页
GetConsoleScreenBufferInfo	获取指定控制台屏幕缓冲区信息
GetConsoleTitle	获取当前控制台窗口的标题栏字符串
GetConsoleWindow	获取与主调进程关联的控制台使用的窗口句柄
GetLargestConsoleWindowSize	获取控制台窗口最大可能的大小
GetNumberOfConsoleInputEvents	获取控制台输入缓冲区中未读输入记录的个数
GetNumberOfConsoleMouseButtons	获取当前控制台使用的鼠标按钮数
GetStdHandle	获取标准输入、标准输出或标准错误设备的句柄
HandlerRoutine	与 SetConsoleCtrlHandler 函数一起使用的应用程序定义的函数
PeekConsoleInput	从指定控制台输入缓冲区读取数据，且不从缓冲区删除该数据
ReadConsole	从控制台输入缓冲区读取并删除输入字符
ReadConsoleInput	从控制台输入缓冲区读取并删除该数据
ReadConsoleOutput	从控制台屏幕缓冲区的矩形字符单元格区域读取字符和颜色属性数据
ReadConsoleOutputAttribute	从控制台屏幕缓冲区的连续单元格复制指定数量的前景和背景颜色属性
ReadConsoleOutputCharacter	从控制台屏幕缓冲区的连续单元格复制若干字符
ScrollConsoleScreenBuffer	移动屏幕缓冲区内的一个数据块
SetConsoleActiveScreenBuffer	设置指定屏幕缓冲区为当前显示的控制台屏幕缓冲区
SetConsoleCP	设置主调过程的控制台输入代码页
SetConsoleCtrlHandler	为主调过程从处理函数列表中添加或删除应用程序定义的 HandlerRoutine
SetConsoleCursorInfo	设置指定控制台屏幕缓冲区光标的大小和可见度
SetConsoleCursorPosition	设置光标在指定控制台屏幕缓冲区中的位置
SetConsoleMode	设置控制台输入缓冲区的输入模式或者控制台屏幕缓冲区的输出模式
SetConsoleOutputCP	设置主调过程的控制台输出代码页
SetConsoleScreenBufferSize	修改指定控制台屏幕缓冲区的大小
SetConsoleTextAttribute	设置写入屏幕缓冲区的字符的前景（文本）和背景颜色属性
SetConsoleTitle	为当前控制台窗口设置标题栏字符串
SetConsoleWindowInfo	设置控制台屏幕缓冲区窗口当前的大小和位置

(续)

函数	描述
SetStdHandle	设置标准输入、输出和标准错误设备的句柄
WriteConsole	向由当前光标位置标识开始的控制台屏幕缓冲区写一个字符串
WriteConsoleInput	直接向控制台输入缓冲区写数据
WriteConsoleOutput	向控制台屏幕缓冲区内指定字符单元格的矩形块写字符和颜色属性数据
WriteConsoleOutputAttribute	向控制台屏幕缓冲区的连续单元格复制一组前景和背景颜色属性
WriteConsoleOutputCharacter	向控制台屏幕缓冲区的连续单元格复制一组字符

11.1.3 显示消息框

Win32 应用程序生成输出的一个最简单的方法就是调用 MessageBoxA 函数：

```
MessageBoxA PROTO,
    hWnd:DWORD,              ;窗口句柄（可以为空）
    lpText:PTR BYTE,         ;字符串，对话框内
    lpCaption:PTR BYTE,      ;字符串，对话框标题
    uType:DWORD              ;内容和行为
```

基于控制台的应用程序可以将 hWnd 设置为空，表示该消息框没有相关的包含窗口或父窗口。lpText 参数是指向空字节结束字符串的指针，该字符串将出现在消息框内。lpCaption 参数指向作为对话框标题的空字节结束字符串。uType 参数指定对话框的内容和行为。

内容和行为 uType 参数包含的位图整数组合了三种选项：显示按钮、图标和默认按钮选择。几种可能的按钮组合如下：

- MB_OK
- MB_OKCANCEL
- MB_YESNO
- MB_YESNOCANCEL
- MB_RETRYCANCEL
- MB_ABORTRETRYIGNORE
- MB_CANCELTRYCONTINUE

默认按钮 可以选择按钮作为用户点击 Enter 键时的自动选项。选项包括 MB_DEFBUTTON1（默认）、MB_DEFBUTTON2、MB_DEFBUTTON3 和 MB_DEFBUTTON4。按钮从左到右，从 1 开始编号。

图标 有四个图标可用。有时多个常数会产生相同的图标：

- 停止符：MB_ICONSTOP、MB_ICONHAND 或 MB_ICONERROR
- 问号（?）：MB_ICONQUESTION
- 信息符（i）：MB_ICONINFORMATION、MB_ICONASTERISK
- 感叹号（!）：MB_ICONEXCLAMATION、MB_ICONWARNING

返回值 如果 MessageBoxA 失败，则返回零；否则，它将返回一个整数以表示用户在关闭对话框时点击的按钮。选项包括 IDABORT、IDCANCEL、IDCONTINUE、IDIGNORE、IDNO、IDOK、IDRETRY、IDTRYAGAIN，以及 IDYES。Smallwin.inc 中有所有这些选项的定义。

> Smallwin.inc 将 MessageBoxA 重定义为 MessageBox，这个名字看上去具有更强的用户友好性。

如果想要消息框窗口浮动于桌面所有其他窗口之上，就在传递的最后一个参数（uType 参数）值上添加 MB_SYSTEMMODAL 选项。

1. 演示程序

下面将通过一个小程序来演示函数 MessageBoxA 的一些功能。第一个函数调用显示一条警告信息：

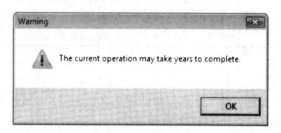

第二个函数调用显示一个问号图标以及 Yes/No 按钮。如果用户选择 Yes 按钮，则程序利用返回值选择一个操作：

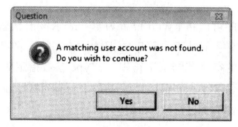

第三个函数调用显示一个信息图标以及三个按钮：

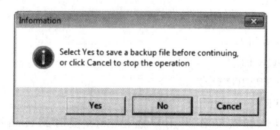

第四个函数调用显示一个停止图标和一个 OK 按钮：

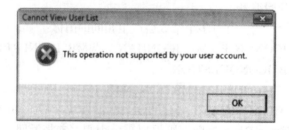

2. 程序清单

MessageBoxA 演示程序的完整清单如下所示。函数 MessageBoxA 重命名为函数 MessageBox，这样就可以使用更加简单的函数名：

```
; 演示 MessageBoxA                    (MessageBox.asm)
INCLUDE Irvine32.inc
```

```
.data
captionW        BYTE    "Warning",0
warningMsg      BYTE    "The current operation may take years "
                BYTE    "to complete.",0

captionQ        BYTE    "Question",0
questionMsg     BYTE    "A matching user account was not found."
                BYTE    0dh,0ah,"Do you wish to continue?",0

captionC        BYTE    "Information",0
infoMsg         BYTE    "Select Yes to save a backup file "
                BYTE    "before continuing,",0dh,0ah
                BYTE    "or click Cancel to stop the operation",0

captionH        BYTE    "Cannot View User List",0
haltMsg         BYTE    "This operation not supported by your "
                BYTE    "user account.",0

.code
main PROC
; 显示感叹号图标和OK按钮
    INVOKE MessageBox, NULL, ADDR warningMsg,
           ADDR captionW,
           MB_OK + MB_ICONEXCLAMATION
; 显示问号图标和Yes/No按钮
    INVOKE MessageBox, NULL, ADDR questionMsg,
           ADDR captionQ, MB_YESNO + MB_ICONQUESTION
    ; 解释用户点击的按钮
    cmp     eax,IDYES                       ; 点击的是Yes按钮吗?
; 显示信息图标和Yes/No/Cancel按钮
    INVOKE MessageBox, NULL, ADDR infoMsg,
         ADDR captionC, MB_YESNOCANCEL + MB_ICONINFORMATION \
           + MB_DEFBUTTON2
; 显示停止图标和OK按钮
    INVOKE MessageBox, NULL, ADDR haltMsg,
           ADDR captionH,
           MB_OK + MB_ICONSTOP
    exit
main ENDP
END main
```

11.1.4 控制台输入

到目前为止，本书链接库中的 ReadString 和 ReadChar 过程已经被使用了几次。它们被设计得既简单又直接，因此程序员可以专注于其他的问题。这两个过程都被封装在 Win32 函数 ReadConsole 中。(封装（wrapper）过程隐藏了另一个过程的一些细节。)

控制台输入缓冲区 Win32 控制台的输入缓冲区包含了一个输入事件记录的数组。每一个输入事件，诸如按键、移动鼠标，或点击鼠标按钮等，都会在控制台输入缓冲区中创建一个输入记录。像 ReadConsole 一样的高级输入函数对输入数据进行过滤和处理，然后只返回一个字符流。

1. ReadConsole 函数

函数 ReadConsole 为读取文本输入并将其送入缓冲区提供了便捷的方法。其原型如下所示：

```
ReadConsole PROTO,
    hConsoleInput:HANDLE,           ; 输入句柄
    lpBuffer:PTR BYTE,              ; 缓冲区指针
```

```
                nNumberOfCharsToRead:DWORD,           ;读取的字符数
                lpNumberOfCharsRead:PTR DWORD,        ;指向读取字节数的指针
                lpReserved:DWORD                      ;未使用
```

hConsoleInput 是函数 GetStdHandle 返回的可用控制台输入句柄。参数 lpBuffer 是字符数组的偏移量。nNumberOfCharsToRead 是一个 32 位整数，指明读取的最大字符数。lpNumberOfCharsRead 是一个允许函数填充的双字指针，当函数返回时，字符数的计数值将被放入缓冲区。最后一个参数未使用，因此传递的值为 0。

在调用 ReadConsole 时，输入缓冲区还要包含两个额外的字节用来保存行结束字符。如果希望输入缓冲区里是空字节结束字符串，则用空字节来代替内容为 0Dh 的字节。Irvine32.lib 的过程 ReadString 就是这样操作的。

> **注意** Win32 API 函数不会保存 EAX、EBX、ECX 和 EDX 寄存器。

示例程序 要读取用户输入的字符，就调用 GetStdHandle 来获得控制台标准输入句柄，再使用该句柄调用 ReadConsole。下面的 ReadConsole 程序演示了这个方法。注意，Win32 API 调用与 Irvine32 链接库兼容，因此在调用 Win32 函数的同时还可以调用 DumpRegs：

```
; 从控制台读取                              (ReadConsole.asm)
INCLUDE Irvine32.inc
BufSize = 80
.data
buffer  BYTE BufSize DUP(?),0,0
stdInHandle HANDLE ?
bytesRead   DWORD ?
.code
main PROC
    ;获得标准输入句柄
    INVOKE GetStdHandle, STD_INPUT_HANDLE
    mov stdInHandle,eax
    ;等待用户输入
    INVOKE ReadConsole, stdInHandle, ADDR buffer,
      BufSize, ADDR bytesRead, 0
    ;显示缓冲区
    mov   esi,OFFSET buffer
    mov   ecx,bytesRead
    mov   ebx,TYPE buffer
    call  DumpMem

    exit
main ENDP
END main
```

如果用户输入"abcdefg"，程序将生成如下输出。缓冲区会插入 9 个字节："abcdefg"再加上 0Dh 和 0Ah，即用户按下 Enter 键时产生的行结束字符。bytesRead 等于 9：

```
Dump of offset 00404000
-------------------------------
61 62 63 64 65 66 67 0D 0A
```

2. 错误检查

若 Windows API 函数返回了错误值（如 NULL），则可以调用 API 函数 GetLastError 来获取该错误的更多信息。该函数用 EAX 返回 32 位整数错误码：

```
.data
messageId DWORD ?
.code
call GetLastError
mov  messageId,eax
```

MS-Windows 有大量的错误码，因此，程序员可能希望得到一个消息字符串来对错误进行说明。要想达到这个目的，就调用函数 FormatMessage：

```
FormatMessage PROTO,          ;格式化消息
    dwFlags:DWORD,            ;格式化选项
    lpSource:DWORD,           ;消息定义的位置
    dwMsgID:DWORD,            ;消息标识符
    dwLanguageID:DWORD,       ;语言标识符
    lpBuffer:PTR BYTE,        ;缓冲区接收字符串指针
    nSize:DWORD,              ;缓冲区大小
    va_list:DWORD             ;参数列表指针
```

该函数的参数有点复杂，程序员需要阅读 SDK 文档来了解全部信息。下面简要列出了最常用的参数值。除了 lpBuffer 是输出参数外，其他都是输入参数：

- dwFlags，保存格式化选项的双字整数，包括如何解释参数 lpSource。它规定怎样处理换行，以及格式化输出行的最大宽度。建议值为 FORMAT_MESSAGE_ALLOCATE_BUFFER 和 FORMAT_MESSAGE_FROM_SYSTEM。
- lpSource，消息定义位置的指针。若按照建议值设置 dwFlags，则 lpSource 设置为 NULL（0）。
- dwMsgID，调用 GetLastError 后返回的双字整数。
- dwLanguageID，语言标识符。若将其设置为 0，则消息为语言无关，否则将对应于用户的默认语言环境。
- lpBuffer（输出参数），接收空字节结束消息字符串的缓冲区指针。如果使用了 FORMAT_MESSAGE_ALLOCATE_BUFFER 选项，则会自动分配缓冲区。
- nSize，用于指定一个缓冲区来保存消息字符串。如果 dwFlags 使用了上述建议选项，则该参数可以设置为 0。
- va_list，数组指针，该数组包含了可以插入到格式化消息的值。由于没有格式化错误消息，这个参数可以为 NULL（0）。

FormatMessage 的示例调用如下：

```
.data
messageId DWORD ?
pErrorMsg DWORD ?             ;指向错误消息
.code
call GetLastError
mov  messageId,eax
INVOKE FormatMessage, FORMAT_MESSAGE_ALLOCATE_BUFFER + \
    FORMAT_MESSAGE_FROM_SYSTEM, NULL, messageID, 0,
    ADDR pErrorMsg, 0, NULL
```

调用 FormatMessage 后，再调用 LocalFree 来释放由 FormatMessage 分配的存储空间：

```
INVOKE LocalFree, pErrorMsg
```

WriteWindowsMsg　　Irvine32 链接库有如下 WriteWindowsMsg 过程，它封装了消息处

理的细节：

```
;-----------------------------------------------------
; 显示包含 MS-Windows 最新生成错误的字符串。
; 接收：无
; 返回：无
;-----------------------------------------------------
.data
WriteWindowsMsg_1 BYTE "Error ",0
WriteWindowsMsg_2 BYTE ": ",0
pErrorMsg DWORD ?                    ; 指向错误消息
messageId DWORD ?
.code
    call    GetLastError
    mov     messageId,eax
; 显示错误号。
    mov     edx,OFFSET WriteWindowsMsg_1
    call    WriteString
    call    WriteDec
    mov     edx,OFFSET WriteWindowsMsg_2
    call    WriteString
; 获得相应的消息字符串。
    INVOKE FormatMessage, FORMAT_MESSAGE_ALLOCATE_BUFFER + \
        FORMAT_MESSAGE_FROM_SYSTEM, NULL, messageID, NULL, \
        ADDR pErrorMsg, NULL, NULL
; 显示 MS-Windows 生成的错误消息。
    mov     edx,pErrorMsg
    call    WriteString
; 释放错误消息字符串的空间。
    INVOKE LocalFree, pErrorMsg

    ret
WriteWindowsMsg ENDP
```

3. 单字符输入

控制台模式下的单字符输入有些复杂。MS-Windows 为当前安装的键盘提供了驱动器。当一个键被按下时，一个 8 位的扫描码（scan code）就被传递到计算机的键盘端口。当这个键被释放时，就会传递第二个扫描码。MS-Windows 利用设备驱动程序将扫描码转换为 16 位的虚拟键码（virtual-key code），即 MS-Windows 定义的用于标识按键用途的与设备无关数值。MS-Windows 生成含有扫描码、虚拟键码和其他信息的消息。这个消息放在 MS-Windows 消息队列中，并最终进入当前执行程序线程（由控制台输入句柄标识）。如果想要进一步了解键盘输入过程，请参阅 Platform SDK 文档中的 About Keyboard Input 主题。虚拟键常数列表位于本书 \Examples\ch11 目录下的 VirtualKeys.inc 文件中。

Irvine32 键盘过程　Irvine32 链接库由两个相关过程：

- ReadChar 等待键盘输入一个 ASCII 字符，并用 AL 返回该字符。
- ReadKey 过程执行无等待键盘检查。如果控制台输入缓冲区中没有等待的按键，则零标志位置 1。如果发现有按键，则零标志位清零且 AL 等于零或 ASCII 码。EAX 和 EDX 的高 16 位被覆盖。

如果 ReadKey 过程中的 AL 等于 0，那么用户可能按下了特殊键（功能键、光标箭头等）。AH 寄存器为键盘扫描码，本书封面内页有键盘扫描码列表。DX 为虚拟键码，EBX 为键盘控制键状态信息。表 11-3 为控制键值列表。调用 ReadKey 之后，可以用 TEST 指令检

MS-Windows 编程

查各种键值。ReadKey 的实现代码有些长，因此就不在这里展示了。在本书 \Examples\Lib32 文件夹下的 Irvine32.asm 文件中可以查看到该实现代码。

表 11-3 键盘控制键状态值

值	含义	值	含义
CAPSLOCK_ON	CAPSLOCK 指示灯亮	RIGHT_ALT_PRESSED	右 ALT 键被按下
ENHANCED_KEY	该键是增强的	RIGHT_CTRL_PRESSED	右 CTRL 键被按下
LEFT_ALT_PRESSED	左 ALT 键被按下	SCROLLLOCL_ON	SCROLL LOCK 指示灯亮
LEFT_CTRL_PRESSED	左 CTRL 键被按下	SHIFT_PRESSED	SHIFT 键被按下
NUMLOCK_ON	NUM LOCK 指示灯亮		

ReadKey 测试程序　下面是 ReadKey 测试程序：等待一个按键，然后报告按下的是否为 CapsLock 键。如同第 5 章阐述的一样，程序应考虑延迟因素，以便在调用 ReadKey 时留出时间让 MS-Windows 处理其消息循环：

```
; 测试 ReadKey                    (TestReadkey.asm)
INCLUDE Irvine32.inc
INCLUDE Macros.inc
.code
main PROC
L1: mov     eax,10
    call    Delay                ; 消息处理带来的延迟
    call    ReadKey              ; 等待按键
    jz      L1

    test    ebx,CAPSLOCK_ON
    jz      L2
    mWrite <"CapsLock is ON",0dh,0ah>
    jmp     L3
L2: mWrite <"CapsLock is OFF",0dh,0ah>
L3: exit
main ENDP
END main
```

4. 获得键盘状态

通过测试单个键盘按键可以发现当前按下的是哪个键。方法是调用 API 函数 GetKeyState。

```
GetKeyState PROTO, nVirtKey:DWORD
```

向该函数传递如表 11-4 所示的虚拟键值。测试程序必须按照同一个表来测试 EAX 里面的返回值。

表 11-4 用 GetKeyState 测试按键

按键	虚拟键符号	EAX 中被测试的位
NumLock	VK_NUMLOCK	0
Scroll Lock	VK_SCROLL	0
Left Shift	VK_LSHIFT	15
Right Shift	VK_tRSHIFT	15
Left Ctrl	VK_LCONTROL	15
Right Ctrl	VK_RCONTROL	15
Left Menu	VK_LMRNU	15
Right Menu	VK_RMENU	15

下面的测试程序通过检查 NumLock 键和左 Shift 键的状态来演示 GetKeyState 函数：

```
;键盘切换键                            (Keybd.asm)
INCLUDE Irvine32.inc
INCLUDE Macros.inc
;如果当前触发了切换键(CapsLock、NumLock、ScrollLock)，
;则 GetKeyState 将 EAX 的位 0 置 1。
;如果当前按下了特殊键，则将 EAX 的最高位置 1。
.code
main PROC
    INVOKE GetKeyState, VK_NUMLOCK
    test al,1
    .IF !Zero?
      mWrite <"The NumLock key is ON",0dh,0ah>
    .ENDIF
    INVOKE GetKeyState, VK_LSHIFT
    test eax,80000000h
    .IF !Zero?
      mWrite <"The Left Shift key is currently DOWN",0dh,0ah>
    .ENDIF
    exit
main ENDP
END main
```

11.1.5 控制台输出

前面的章节尽可能地简化了控制台输出。回顾一下第 5 章，Irvine32 库中的过程 WriteString 只需要一个参数，即 EAX 中的字符串偏移量。实际上，它封装了调用 Win32 函数 WriteConsole 的更多细节。

然而，本章将学习如何直接调用 Win32 函数，如 WriteConsole 和 WriteConsoleOutputCharacter。直接调用要求了解更多细节，但是它也提供了比 Irvine32 链接库过程更大的灵活性。

1. 数据结构

有些 Win32 控制台函数使用的是预定义的数据结构，包括 COORD 和 SMALL_RECT。COORD 结构包含的是控制台屏幕缓冲区内字符单元格的坐标。坐标原点（0，0）位于左上角单元格：

```
COORD STRUCT
    X WORD ?
    Y WORD ?
COORD ENDS
```

SMALL_RECT 结构包含的是矩形的左上角和右下角，它指定控制台窗口中的屏幕缓冲区字符单元格区域：

```
SMALL_RECT STRUCT
    Left   WORD ?
    Top    WORD ?
    Right  WORD ?
    Bottom WORD ?
SMALL_RECT ENDS
```

2. WriteConsole 函数

函数 WriteConsole 在控制台窗口的当前光标所在位置写一个字符串，并将光标留着字

符串末尾右边的字符位置上。它按照标准 ASCII 控制字符操作，比如制表符、回车和换行。字符串不一定以空字节结束。函数原型如下：

```
WriteConsole PROTO,
    hConsoleOutput:HANDLE,
    lpBuffer:PTR BYTE,
    nNumberOfCharsToWrite:DWORD,
    lpNumberOfCharsWritten:PTR DWORD,
    lpReserved:DWORD
```

hConsoleOutput 是控制台输出流句柄；lpBuffer 是输出字符数组的指针；nNumberOfCharsToWrite 是数组长度；lpNumberOfCharsWritten 是函数返回时实际输出字符数量的整数指针。最后一个参数未使用，因此将其设置为 0。

3. 示例程序：Console1

下面的程序 Console1.asm 通过向控制台窗口写字符串演示了函数 GetStdHandle、ExitProcess 和 WriteConsole：

```
;Win32 控制台示例 #1                      (Console1.asm)
; 本程序调用如下 Win32 控制台函数：
;GetStdHandle、ExitProcess、WriteConsole
INCLUDE Irvine32.inc
.data
endl EQU <0dh,0ah>                  ; 行结尾
message LABEL BYTE
    BYTE "This program is a simple demonstration of"
    BYTE "console mode output, using the GetStdHandle"
    BYTE "and WriteConsole functions.",endl
messageSize DWORD ($ - message)

consoleHandle HANDLE 0              ; 标准输出设备句柄
bytesWritten  DWORD ?               ; 输出字节数
.code
main PROC
  ; 获得控制台输出句柄：
    INVOKE GetStdHandle, STD_OUTPUT_HANDLE
    mov consoleHandle,eax
  ; 向控制台写一个字符串：
    INVOKE WriteConsole,
        consoleHandle,              ; 控制台输出句柄
        ADDR message,               ; 字符串指针
        messageSize,                ; 字符长度
        ADDR bytesWritten,          ; 返回输出字节数
        0                           ; 未使用

    INVOKE ExitProcess,0
main ENDP
END main
```

程序生成输出如下所示：

```
This program is a simple demonstration of console mode output, using
the GetStdHandle and WriteConsole functions.
```

4. WriteConsoleOutputCharacter 函数

函数 WriteConsoleOutputCharacter 从指定位置开始，向控制台屏幕缓冲区的连续单元格内复制一组字符。原型如下：

```
WriteConsoleOutputCharacter PROTO,
    hConsoleOutput:HANDLE,              ;控制台输出句柄
    lpCharacter:PTR BYTE,               ;缓冲区指针
    nLength:DWORD,                      ;缓冲区大小
    dwWriteCoord:COORD,                 ;第一个单元格的坐标
    lpNumberOfCharsWritten:PTR DWORD    ;输出计数器
```

如果文本长度超过了一行，字符就会输出到下一行。屏幕缓冲区的属性值不会改变。如果函数不能写字符，则返回零。ASCII码，如制表符、回车和换行，会被忽略。

11.1.6 读写文件

1. CreateFile 函数

函数 CreateFile 可以创建一个新文件或者打开一个已有文件。如果调用成功，函数返回打开文件的句柄；否则，返回特殊常数 INVALID_HANDLE_VALUE。原型如下：

```
CreateFile PROTO,                       ;创建新文件
    lpFilename:PTR BYTE,                ;文件名指针
    dwDesiredAccess:DWORD,              ;访问模式
    dwShareMode:DWORD,                  ;共享模式
    lpSecurityAttributes:DWORD,         ;安全属性指针
    dwCreationDisposition:DWORD,        ;文件创建选项
    dwFlagsAndAttributes:DWORD,         ;文件属性
    hTemplateFile:DWORD                 ;文件模板句柄
```

表 11-5 对参数进行了说明。如果函数调用失败则返回值为零。

表 11-5 CreatFile 参数

参数	说明
lpFileName	指向一个空字节结束字符串，该串为部分或全部合格的文件名（drive:\path\filename）
dwDesiredAccess	指定文件访问方式（读或写）
dwShareMode	控制多个程序对打开文件的访问能力
lpSecurityAttributes	指向安全结构，该结构控制安全权限
dwCreationDisposition	指定文件存在或不存在时的操作
dwFlagsAndAttributes	包含位标志指定文件属性，如存档、加密、隐藏、普通、系统和临时
hTemplateFile	包含一个可选的文件模板句柄，该文件为已创建的文件提供文件属性和扩展属性；如果不使用该参数，就将其设置为 0

dwDesiredAccess 参数 dwDesiredAccess 允许指定对文件进行读访问、写访问、读/写访问，或者设备查询访问。可以从表 11-6 列出的值中选择，也可以从表中未列出的更多特定标志值选择。（请在 Platform SDK 文档中搜索 CreatFile）。

表 11-6 dwDesiredAccess 参数选项

值	含义
0	为对象指定设备查询访问。应用程序可以查询设备属性而无需访问设备，也可以检查文件是否存在
GENERIC_READ	为对象指定读访问。可以从文件中读取数据，文件指针可以移动。与 GENERIC_WRITE 一起使用为读/写访问
GENERIC_WRITE	对对象指定写访问。可以向文件中写入数据，文件指针可以移动。与 GENERIC_READ 一起使用为读/写访问

dwCreationDisposition 参数 dwCreationDisposition 指定当文件存在或不存在时应采

取怎样的操作。可从表 11-7 中选择一个值。

表 11-7　dwCreationDisposition 参数选项

值	含义
CREATE_NEW	创建一个新文件。要求将参数 dwDesiredAccess 设置为 GENERIC_WRITE。如果文件已经存在，则函数调用失败
CREATE_ALWAYS	创建一个新文件。如果文件已存在，则函数会覆盖原文件，清除现有属性，并合并文件属性与预定义的常数 FILE_ATTRIBUTES_ARCHIVE 中属性参数指定的标志。要求将参数 dwDesiredAccess 设置为 GENERIC_WRITE
OPEN_EXISTING	打开文件。如果文件不存在，则函数调用失败。可用于读取和/或写入文件
OPEN_ALWAYS	如果文件存在，则打开文件。如果不存在，则函数创建文件，就好像 CreateDisposition 的值为 CREATE_NEW
TRUNCATE_EXISTING	打开文件。一旦打开，文件将被截断，使其大小为零。要求将参数 dwDesiredAccess 设置为 GENERIC_WRITE。如果文件不存在，则函数调用失败

表 11-8 列出了参数 dwFlagsAndAttributes 比较常用的值。（完整列表请在 Microsoft 在线文档中搜索 CreateFile。）允许任意属性组合，除了 FILE_ATTRIBUTE_NORMAL 会被其他所有属性覆盖。这些值能映射为 2 的幂，因此可以用汇编时 OR 运算符或 + 运算符将它们组合为一个参数：

```
FILE_ATTRIBUTE_HIDDEN OR FILE_ATTRIBUTE_READONLY
FILE_ATTRIBUTE_HIDDEN + FILE_ATTRIBUTE_READONLY
```

表 11-8　FlagsAndAttributes 值节选

属性	含义
FILE_ATTRIBUTE_ARCHIVE	文件存档。应用程序使用这个属性标记文件以便备份或移动
FILE_ATTRIBUTE_HIDDEN	文件隐藏。不包含在普通目录列表中
FILE_ATTRIBUTE_NORMAL	文件没有其他属性设置。该属性只在单独使用时有效
FILE_ATTRIBUTE_READONLY	文件只读。应用程序可以读文件但不能写或删除文件
FILE_ATTRIBUTE_TEMPORARY	文件被用于临时存储

示例　下面的例子仅具说明性，展示了如何创建和打开文件。请参阅在线 Microsoft 文档，了解 CreateFile 更多可用选项：

- 打开并读取（输入）已存在文件：

```
INVOKE CreateFile,
    ADDR filename,              ;文件名指针
    GENERIC_READ,               ;读文件
    DO_NOT_SHARE,               ;共享模式
    NULL,                       ;安全属性指针
    OPEN_EXISTING,              ;打开已存在文件
    FILE_ATTRIBUTE_NORMAL,      ;普通文件属性
    0                           ;未使用
```

- 打开并写入（输出）已存在文件。文件打开后，可以通过写入覆盖当前数据，或者将文件指针移到末尾，向文件添加新数据（参见 11.1.6 节的 SetFilePointer）：

```
INVOKE CreateFile,
    ADDR filename,
    GENERIC_WRITE,              ;写文件
    DO_NOT_SHARE,
    NULL,
```

```
    OPEN_EXISTING,              ;文件必须存在
    FILE_ATTRIBUTE_NORMAL,
    0
```

- 创建有普通属性的新文件，并删除所有已存在的同名文件：

```
INVOKE CreateFile,
    ADDR filename,
    GENERIC_WRITE,              ;写文件
    DO_NOT_SHARE,
    NULL,
    CREATE_ALWAYS,              ;覆盖已存在的文件
    FILE_ATTRIBUTE_NORMAL,
    0
```

- 若文件不存在，则创建文件；否则打开并输出现有文件：

```
INVOKE CreateFile,
    ADDR filename,
    GENERIC_WRITE,              ;写文件
    DO_NOT_SHARE,
    NULL,
    CREATE_NEW,                 ;不删除已存在文件
    FILE_ATTRIBUTE_NORMAL,
    0
```

（常数 DO_NOT_SHARE 和 NULL 在文件 SmallWin.inc 中进行了定义，该文件自动包含在 Irvine32.inc 中。）

2. CloseHandle 函数

函数 CloseHandle 关闭一个打开的对象句柄。其原型如下：

```
CloseHandle PROTO,
    hObject:HANDLE     ;对象句柄
```

可以用 CloseHandle 关闭当前打开的文件句柄。如果函数调用失败，则返回值为零。

3. ReadFile 函数

函数 ReadFile 从输入文件中读取文本。其原型如下：

```
ReadFile PROTO,
    hFile:HANDLE,                       ;输入句柄
    lpBuffer:PTR BYTE,                  ;缓冲区指针
    nNumberOfBytesToRead:DWORD,         ;读取的字节数
    lpNumberOfBytesRead:PTR DWORD,      ;实际读出的字节数
    lpOverlapped:PTR DWORD              ;异步信息指针
```

参数 hFile 是由 CreateFile 返回的打开文件的句柄；lpBuffer 指向的缓冲区接收从该文件读取的数据；nNumberOfBytesToRead 定义从该文件读取的最大字节数；lpNumberOfBytesRead 指向的整数为函数返回时实际读取的字节数；若为同步读（本书使用）则 lpOverlapped 应被设置为 NULL（0）。若函数调用失败，则返回值为零。

如果对同一个打开文件的句柄进行多次调用，那么 ReadFile 就会记住最后一次读取的位置，并从这个位置开始读。换句话说，函数有一个内部指针指向文件内的当前位置。ReadFile 还可以运行在异步模式下，这意味着调用程序不用等到读操作完成。

4. WriteFile 函数

函数 WriteFile 用输出句柄向文件写入数据。句柄可以是屏幕缓冲区句柄，也可以是分配给文本文件的句柄。函数从文件内部位置指针所指向的位置开始写数据。写操作完成后，

文件位置指针按照实际写入的字节数进行调整。函数原型如下：

```
WriteFile PROTO,
     hFile:HANDLE,                        ;输出句柄
     lpBuffer:PTR BYTE,                   ;缓冲区指针
     nNumberOfBytesToWrite:DWORD,         ;缓冲区大小
     lpNumberOfBytesWritten:PTR DWORD,    ;写入字节数
     lpOverlapped:PTR DWORD               ;异步信息指针
```

hFile 是已打开文件的句柄；lpBuffer 指向的缓冲区包含了写入到文件的数据；nNumberOfBytetToWrite 指定向文件写入多少字节；lpNumberOfBytesWritten 指向的整数为函数执行后实际写入的字节数；若为同步操作，则 lpOverlapped 应被设置为 NULL。若函数调用失败，则返回值为零。

5. SetFilePointer 函数

函数 SetFilePointer 移动打开文件的位置指针。该函数可以用于向文件添加数据，或是执行随机访问记录处理：

```
SetFilePointer PROTO,
     hFile:HANDLE,                        ;文件句柄
     lDistanceToMove:SDWORD,              ;指针移动字节数
     lpDistanceToMoveHigh:PTR SDWORD,     ;指针移动字节数，高双字
     dwMoveMethod:DWORD                   ;起点
```

若函数调用失败，则返回值为零。dwMoveMode 指定文件指针移动的起点，选择项为 3 个预定义符号：FILE_BEGIN、FILE_CURRENT 和 FILE_END。移动距离本身为 64 位有符号整数值，分为两个部分：

- lpDistanceToMove：低 32 位
- lpDistanceToMoveHigh：含有高 32 位的变量指针

如果 lpDistanceToMoveHigh 为空，则只用 lpDistanceToMove 的值来移动文件指针。例如，下面的代码准备添加到一个文件末尾：

```
INVOKE SetFilePointer,
     fileHandle,       ;文件句柄
     0,                ;距离低 32 位
     0,                ;距离高 32 位
     FILE_END          ;移动模式
```

参见程序 AppendFile.asm。

11.1.7 Irvine32 链接库的文件 I/O

Irvine32 库中包含了一些简化的文件 I/O 过程，第 5 章介绍过它们。这些过程已经封装到本章描述的 Win32 API 函数中。下面的源代码就给出了 CreateOutputFile、OpenFile、WriteToFile、ReadFromFile 和 CloseFile：

```
;------------------------------------------------------
CreateOutputFile PROC
;
;创建一个新文件并以输出模式打开。
;接收：EDX 指向文件名。
;返回：如果文件创建成功，EAX 包含一个有效的文件句柄。
;否则，EAX 等于 INVALID_HANDLE_VALUE。
;------------------------------------------------------
     INVOKE CreateFile,
        edx, GENERIC_WRITE, DO_NOT_SHARE, NULL,
```

```
            CREATE_ALWAYS, FILE_ATTRIBUTE_NORMAL, 0
        ret
CreateOutputFile ENDP

;--------------------------------------------------------
OpenFile PROC
;
;打开一个新的文本文件进行输入。
;接收：EDX 指向文件名。
;返回：如果文件打开成功，EAX 包含一个有效的文件
;句柄。否则，EAX 等于 INVALID_HANDLE_VALUE。
;--------------------------------------------------------
        INVOKE CreateFile,
            edx, GENERIC_READ, DO_NOT_SHARE, NULL,
            OPEN_EXISTING, FILE_ATTRIBUTE_NORMAL, 0
        ret
OpenFile ENDP

;--------------------------------------------------------
WriteToFile PROC
;
;将缓冲区内容写入一个输出文件。
;接收：EAX= 文件句柄，EDX= 缓冲区偏移量，ECX= 写入字节数
;返回：EAX= 实际写入文件的字节数。
;如果 EAX 返回的值小于 ECX 中的参数，则可能发生错误。
;--------------------------------------------------------
.data
WriteToFile_1 DWORD ?              ;已写入字节数
.code
        INVOKE WriteFile,          ;向文件写缓冲区
            eax,                   ;文件句柄
            edx,                   ;缓冲区指针
            ecx,                   ;写入字节数
            ADDR WriteToFile_1,    ;已写入字节数
            0                      ;覆盖执行标志
        mov eax,WriteToFile_1      ;返回值
        ret
WriteToFile ENDP
;--------------------------------------------------------
ReadFromFile PROC
;将一个输入文件读入缓冲区。
;接收：EAX= 文件句柄，EDX= 缓冲区偏移量，ECX= 读字节数
;返回：如果 CF=0，EAX= 已读字节数；如果 CF=1，则 EAX 包含 Win32 API 函
;数 GetLastError 返回的系统错误码。
;--------------------------------------------------------
.data
ReadFromFile_1 DWORD ?             ;已读字节数
.code
        INVOKE ReadFile,
            eax,                   ;文件句柄
            edx,                   ;缓冲区指针
            ecx,                   ;读取的最大字节数
            ADDR ReadFromFile_1,   ;已读字节数
            0                      ;覆盖执行标志
        mov eax,ReadFromFile_1
        ret
ReadFromFile ENDP

;--------------------------------------------------------
CloseFile PROC
;
```

```
;使用句柄为标识符关闭一个文件。
;接收: EAX= 文件句柄
;返回: EAX= 非 0,如果文件被成功关闭。
;--------------------------------------------------------
    INVOKE CloseHandle, eax
    ret
CloseFile ENDP
```

11.1.8 测试文件 I/O 过程

1. CreatFile 程序示例

下面的程序用输出模式创建一个文件,要求用户输入一些文本,将这些文本写到输出文件,并报告已写入的字节数,然后关闭文件。在试图创建文件后,程序要进行错误检查:

```
;创建一个文件                          (CreateFile.asm)
INCLUDE Irvine32.inc

BUFFER_SIZE = 501
.data
buffer BYTE BUFFER_SIZE DUP(?)
filename    BYTE "output.txt",0
fileHandle  HANDLE ?
stringLength DWORD ?
bytesWritten DWORD ?
str1 BYTE "Cannot create file",0dh,0ah,0
str2 BYTE "Bytes written to file [output.txt]:",0
str3 BYTE "Enter up to 500 characters and press "
     BYTE "[Enter]: ",0dh,0ah,0

.code
main PROC
;创建一个新文本文件。
    mov   edx,OFFSET filename
    call  CreateOutputFile
    mov   fileHandle,eax

;错误检查。
    cmp   eax, INVALID_HANDLE_VALUE    ;发现错误?
    jne   file_ok                      ;否: 跳过
    mov   edx,OFFSET str1              ;显示错误
    call  WriteString
    jmp   quit
file_ok:
;提示用户输入字符串。
    mov   edx,OFFSET str3              ; "Enter up to ...."
    call  WriteString
    mov   ecx,BUFFER_SIZE
    mov   edx,OFFSET buffer            ;输入字符串
    call  ReadString
    mov   stringLength,eax             ;计算输入字符数

;将缓冲区写入输出文件。
    mov   eax,fileHandle
    mov   edx,OFFSET buffer
    mov   ecx,stringLength
    call  WriteToFile
    mov   bytesWritten,eax             ;保存返回值
    call  CloseFile
```

```
; 显示返回值
    mov     edx,OFFSET str2         ; "Bytes written"
    call    WriteString
    mov     eax,bytesWritten
    call    WriteDec
    call    Crlf
quit:
    exit
main ENDP
END main
```

2. ReadFile 程序示例

下面的程序打开一个文件进行输入，将文件内容读入缓冲区，并显示该缓冲区。所有过程都从 Irvine32 链接库调用：

```
; 读文件                                       (ReadFile.asm)
; 使用 Irvine32.lib 的过程打开，读取并显示一个文本文件。
INCLUDE Irvine32.inc
INCLUDE macros.inc
BUFFER_SIZE = 5000

.data
buffer   BYTE BUFFER_SIZE DUP(?)
filename BYTE 80 DUP(0)
fileHandle HANDLE ?

.code
main PROC
; 用户输入文件名。
    mWrite "Enter an input filename: "
    mov     edx,OFFSET filename
    mov     ecx,SIZEOF filename
    call    ReadString
; 打开文件进行输入。
    mov     edx,OFFSET filename
    call    OpenInputFile
    mov     fileHandle,eax
; 错误检查。
    cmp     eax,INVALID_HANDLE_VALUE    ; 错误打开文件?
    jne     file_ok                     ; 否: 跳过
    mWrite <"Cannot open file",0dh,0ah>
    jmp     quit                        ; 退出
file_ok:
; 将文件读入缓冲区。
    mov     edx,OFFSET buffer
    mov     ecx,BUFFER_SIZE
    call    ReadFromFile
    jnc     check_buffer_size           ; 错误读取?
    mWrite "Error reading file. "       ; 是: 显示错误消息
    call    WriteWindowsMsg
    jmp     close_file
check_buffer_size:
    cmp     eax,BUFFER_SIZE             ; 缓冲区足够大?
    jb      buf_size_ok                 ; 是
    mWrite <"Error: Buffer too small for the file",0dh,0ah>
    jmp     quit                        ; 退出
buf_size_ok:
    mov     buffer[eax],0               ; 插入空结束符
```

```
            mWrite  "File size: "
            call    WriteDec                        ;显示文件大小
            call    Crlf
;显示缓冲区。
            mWrite  <"Buffer:",0dh,0ah,0dh,0ah>
            mov     edx,OFFSET buffer               ;显示缓冲区
            call    WriteString
            call    Crlf
close_file:
            mov     eax,fileHandle
            call    CloseFile
quit:
            exit
main ENDP
END main
```

如果文件不能打开,则程序报告错误:

```
Enter an input filename: crazy.txt
Cannot open file
```

如果程序不能从文件读取,则报告错误。比如,假设有一个错误为在读文件时使用了不正确的文件句柄:

```
Enter an input filename: infile.txt
Error reading file. Error 6: The handle is invalid.
```

缓冲区可能太小,无法容纳文件:

```
Enter an input filename: infile.txt
Error: Buffer too small for the file
```

11.1.9　控制台窗口操作

Win32 API 提供了对控制台窗口及其缓冲区相当大的控制权。图 11-1 显示了屏幕缓冲区可以大于控制台窗口当前显示的行数。控制台窗口就像是一个"视窗",显示部分缓冲区。

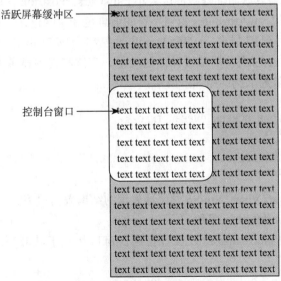

图 11-1　屏幕缓冲区和控制台窗口

下列函数影响的是控制台窗口及其相对于屏幕缓冲区的位置：
- SetConsoleWindowInfo 设置控制台窗口相对于屏幕缓冲区的大小和位置。
- GetConsoleScreenBufferInfo 返回（还包括其他一些信息）控制台窗口相对于屏幕缓冲区的矩形坐标。
- SetConsoleCursorPosition 将光标设置在屏幕缓冲区内的任何位置；如果区域不可见，则移动控制台窗口直到光标可见。
- ScrollConsoleScreenBuffer 移动屏幕缓冲区中的一些或全部文本，本函数会影响控制台窗口显示的文本。

1. SetConsoleTitle

函数 SetConsoleTitle 可以改变控制台窗口的标题。示例如下：

```
.data
titleStr BYTE "Console title",0
.code
INVOKE SetConsoleTitle, ADDR titleStr
```

2. GetConsoleScreenBufferInfo

函数 GetConsoleScreenBufferInfo 返回控制台窗口的当前状态信息。它有两个参数：控制台屏幕的句柄和指向该函数填充的结构的指针：

```
GetConsoleScreenBufferInfo PROTO,
    hConsoleOutput:HANDLE,
    lpConsoleScreenBufferInfo:PTR CONSOLE_SCREEN_BUFFER_INFO
```

CONSOLE_SCREEN_BUFFER_INFO 结构如下：

```
CONSOLE_SCREEN_BUFFER_INFO STRUCT
    dwSize                  COORD <>
    dwCursorPosition        COORD <>
    wAttributes             WORD ?
    srWindow                SMALL_RECT <>
    dwMaximumWindowSize     COORD <>
CONSOLE_SCREEN_BUFFER_INFO ENDS
```

dwSize 按字符行列数返回屏幕缓冲区大小。dwCursorPosition 返回光标的位置。这两个字段都是 COORD 结构。wAttributes 返回字符的前景色和背景色，字符由诸如 WriteConsole 和 WriteFile 等函数写到控制台。srWindow 返回控制台窗口相对于屏幕缓冲区的坐标。drMaximumWindowSize 以当前屏幕缓冲区的大小、字体和视频显示大小为基础，返回控制台窗口的最大尺寸。函数示例调用如下所示：

```
.data
consoleInfo CONSOLE_SCREEN_BUFFER_INFO <>
outHandle HANDLE ?
.code
INVOKE GetConsoleScreenBufferInfo, outHandle,
    ADDR consoleInfo
```

图 11-2 为 Microsoft Visual Studio 调试器展示的结构数据示例。

3. SetConsoleWindowInfo 函数

函数 SetConsoleWindowInfo 可以设置控制台窗口相对于其屏幕缓冲区的大小和位置。函数原型如下：

MS-Windows 编程

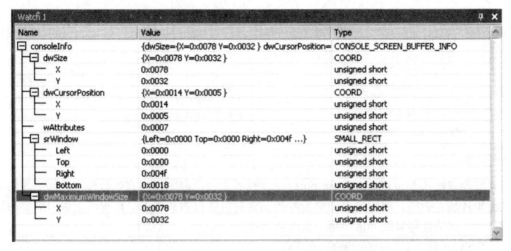

图 11-2 CONSOLE_SCREEN_BUFFER_INFO 结构

```
SetConsoleWindowInfo PROTO,
    hConsoleOutput:HANDLE,            ;屏幕缓冲区句柄
    bAbsolute:DWORD,                  ;坐标类型
    lpConsoleWindow:PTR SMALL_RECT    ;矩形窗口指针
```

bAbsolute 说明如何使用结构中由 lpConsoleWindow 指出的坐标。如果 bAbsolute 为真，则坐标定义控制台窗口新的左上角和右下角。如果 bAbsolute 为假，则坐标与当前窗口坐标相加。

下面的 Scroll.asm 程序向屏幕缓冲区写 50 行文本。然后重定义控制台窗口的大小和位置，有效地向后滚动文本。该程序使用了函数 SetConsoleWindowInfo：

```
;滚动控制台窗口                                    (Scroll.asm)
INCLUDE Irvine32.inc
.data
message BYTE ":  This line of text was written "
        BYTE "to the screen buffer",0dh,0ah
messageSize DWORD ($-message)

outHandle      HANDLE 0                ;标准输出句柄
bytesWritten   DWORD ?                 ;已写入字节数
lineNum        DWORD 0
windowRect     SMALL_RECT <0,0,60,11>  ;左，上，右，下
.code
main PROC
    INVOKE GetStdHandle, STD_OUTPUT_HANDLE
    mov outHandle,eax

.REPEAT
    mov    eax,lineNum
    call   WriteDec                    ;显示每行编号
    INVOKE WriteConsole,
      outHandle,                       ;控制台输出句柄
      ADDR message,                    ;字符串指针
      messageSize,                     ;字符串长度
      ADDR bytesWritten,               ;返回已写字节数
      0                                ;未使用
    inc    lineNum                     ;下一行编号
.UNTIL lineNum > 50
```

```
    ; 调整控制台窗口相对于屏幕缓冲区的大小和位置。
        INVOKE SetConsoleWindowInfo,
            outHandle,
            TRUE,
            ADDR windowRect                  ; 窗口矩形
        call  Readchar                       ; 等待按键
        call  Clrscr                         ; 清除屏幕缓冲区
        call  Readchar                       ; 等待第二次按键
        INVOKE ExitProcess,0
main ENDP
END main
```

最好能直接从 MS-Windows Exlporer 中，或者直接以命令行形式运行程序，而不使用集成的编辑环境。否则，编辑器可能会影响控制台窗口的行为和外观。在程序结束时需要两次按键：第一次清除屏幕缓冲区，第二次结束程序。

4. SetConsoleScreenBufferSize 函数

函数 SetConsoleScreenBufferSize 可以将屏幕缓冲区设置为 X 列 × Y 行。其原型如下：

```
SetConsoleScreenBufferSize PROTO,
    hConsoleOutput:HANDLE,      ; 屏幕缓冲区句柄
    dwSize:COORD                ; 新屏幕缓冲区大小
```

11.1.10 控制光标

Win32 API 提供了函数用于设置光标的大小、可见度和屏幕位置。与这些函数相关的重要数据结构是 CONSOLE_CURSOR_INFO，其中包含了控制台光标的大小和可见度信息：

```
CONSOLE_CURSOR_INFO STRUCT
    dwSize    DWORD ?
    bVisible  DWORD ?
CONSOLE_CURSOR_INFO ENDS
```

dwSize 为光标填充的字符单元格的百分比（从 1 到 100）。如果光标可见，则 bVisible 等于 TRUE（1）。

1. GetConsoleCursorInfo 函数

函数 GetConsoleCursorInfo 返回控制台光标的大小和可见度。需向其传递指向结构 CONSOLE_CURSOR_INFO 的指针：

```
GetConsoleCursorInfo PROTO,
    hConsoleOutput:HANDLE,
    lpConsoleCursorInfo:PTR CONSOLE_CURSOR_INFO
```

默认情况下，光标大小为 25，这表示光标占据了 25% 的字符单元格。

2. SetConsoleCursorInfo 函数

函数 SetConsoleCursorInfo 设置光标的大小和可见度。需向其传递指向结构 CONSOLE_CURSOR_INFO 的指针：

```
SetConsoleCursorInfo PROTO,
    hConsoleOutput:HANDLE,
    lpConsoleCursorInfo:PTR CONSOLE_CURSOR_INFO
```

3. SetConsoleCursorPosition

函数 SetConsoleCursorPosition 设置光标的 X、Y 位置。向其传递一个 COORD 结构和

控制台输出句柄：

```
SetConsoleCursorPosition PROTO,
    hConsoleOutput:DWORD,          ;输入模式句柄
    dwCursorPosition:COORD         ;屏幕X、Y坐标
```

11.1.11 控制文本颜色

控制台窗口中的文本颜色有两种控制方法。一种方法是通过调用 SetConsoleTextAttribute 来改变当前文本颜色，这种方法会影响控制台中所有后续输出文本。另一种方法是调用 WriteConsoleOutputAttribute 来设置指定单元格的属性。函数 GetConsoleScreenBufferInfo（参见 11.1.9 节）返回当前屏幕的颜色以及其他控制台信息。

1. SetConsoleTextAttribute 函数

函数 SetConsoleTextAttribute 可以设置控制台窗口所有后续输出文本的前景色和背景色。原型如下：

```
SetConsoleTextAttribute PROTO,
    hConsoleOutput:HANDLE,         ;控制台输出句柄
    wAttributes:WORD               ;颜色属性
```

颜色值保存在 wAttributes 参数的低字节中。

2. WriteConsoleOutputAttribute 函数

函数 WriteConsoleOutputAttribute 从指定位置开始，向控制台屏幕缓冲区的连续单元格复制一组属性值。原型如下：

```
WriteConsoleOutputAttribute PROTO,
    hConsoleOutput:DWORD,          ;输出句柄
    lpAttribute:PTR WORD,          ;写属性
    nLength:DWORD,                 ;单元格数
    dwWriteCoord:COORD,            ;第一个单元格坐标
    lpNumberOfAttrsWritten:PTR DWORD  ;输出计数
```

lpAttribute 指向属性数组，其中每个字节的低字节都包含了颜色值；nLength 为数组长度；dwWriteCoord 为接收属性的开始屏幕单元格；lpNumberOfAttrsWritten 指向一个变量，其中保存的是已写单元格的数量。

3. 示例：写文本颜色

为了演示颜色和属性的用法，程序 WriteColors.asm 创建了一个字符数组和一个属性数组，属性数组中的每个元素都对应一个字符。程序调用 WriteConsoleOutputAttribute 将属性复制到屏幕缓冲区，调用 WriteConsoleOutputCharacter 将字符复制到相同的屏幕缓冲区单元格：

```
;写文本颜色                        (WriteColors.asm)
INCLUDE Irvine32.inc
.data
outHandle       HANDLE ?
cellsWritten    DWORD ?
xyPos COORD <10,2>
;字符编号数组：
buffer BYTE 1,2,3,4,5,6,7,8,9,10,11,12,13,14,15
       BYTE 16,17,18,19,20
BufSize DWORD ($-buffer)
```

```
;属性数组：
attributes WORD 0Fh,0Eh,0Dh,0Ch,0Bh,0Ah,9,8,7,6
           WORD 5,4,3,2,1,0F0h,0E0h,0D0h,0C0h,0B0h
.code
main PROC
;获取控制台标准输出句柄：
    INVOKE GetStdHandle,STD_OUTPUT_HANDLE
    mov outHandle,eax
;设置相邻单元格颜色：
    INVOKE WriteConsoleOutputAttribute,
      outHandle, ADDR attributes,
      BufSize, xyPos, ADDR cellsWritten
;写1到20号字符：
    INVOKE WriteConsoleOutputCharacter,
      outHandle, ADDR buffer, BufSize,
      xyPos, ADDR cellsWritten
    INVOKE ExitProcess,0          ;程序结束
main ENDP
END main
```

图 11-3 是程序输出的快照，其中 1 到 20 号显示为图形字符。虽然印刷页面为灰度显示，但每个字符都是不同的颜色。

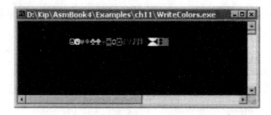

图 11-3　WriteColors 程序的输出

11.1.12　时间与日期函数

Win32 API 有相当多的时间和日期函数可供选择。最常见的是，用户想要用这些函数来获得和设置当前日期与时间。这里只能讨论这些函数的一小部分，不过在 Platform SDK 文档中可以查阅到表 11-9 列出的 Win32 函数。

表 11-9　Win32 DateTime 函数

函数	说明
CompareFileTime	比较两个 64 位的文件时间
DosDateTimeToFileTime	把 MS-DOS 日期和时间值转换为一个 64 位的文件时间
FileTimeToDosDateTime	把 64 位文件时间转换为 MS-DOS 日期和时间值
FileTimeToLocalFileTime	把 UTC（通用协调时间）文件时间转换为本地文件时间
FileTimeToSystemTime	把 64 位文件时间转换为系统时间格式
GetFileTime	检索文件创建、最后访问和最后修改的日期与时间
GetLocalTime	检索当前本地日期和时间
GetSystemTime	以 UTC 格式检索当前系统日期和时间
GetSystemTimeAdjustment	决定系统是否对其日历钟进行周期性时间调整

函数	说明
GetSystemTimeAsFileTime	以 UTC 格式检索当前系统日期和时间
GetTickCount	检索自系统启动后经过的毫秒数
GetTimeZoneInformation	检索当前时区参数
LocalFileTimeToFileTime	把本地文件时间转换为基于 UTC 的文件时间
SetFileTime	设置文件创建、最后访问和最后修改的日期与时间
SetLocalTime	设置当前本地时间与日期
SetSystemTime	设置当前系统时间与日期
SetSystemTimeAdjustment	启用或禁用对系统日历钟进行周期性时间调整
SetTimeZoneInformation	设置当前时区参数
SystemTimeToFileTime	把系统时间转换为文件时间
SystemTimeToTzSpecificLocalTime	把 UTC 时间转换为指定时区对应的本地时间

SYSTEMTIME 结构 SYSTEMTIME 结构由 Windows API 的日期和时间函数使用:

```
SYSTEMTIME STRUCT
    wYear WORD ?           ;年(4个数字)
    wMonth WORD ?          ;月(1～12)
    wDayOfWeek WORD ?      ;星期(0～6)
    wDay WORD ?            ;日(1～31)
    wHour WORD ?           ;小时(0～23)
    wMinute WORD ?         ;分钟(0～59)
    wSecond WORD ?         ;秒(0～59)
    wMilliseconds WORD ?   ;毫秒(0～999)
SYSTEMTIME ENDS
```

字段 wDayOfWeek 的值依序为星期天 =0,星期一 =1,以此类推。wMilliseconds 中的值不确定,因为系统可以与时钟源同步周期性地刷新时间。

1. GetLocalTime 和 SetLocalTime

函数 GetLocalTime 根据系统时钟返回日期和当前时间。时间要调整为本地时区。调用该函数时,需向其传递一个指针指向 SYSTEMTIME 结构:

```
GetLocalTime PROTO,
   lpSystemTime:PTR SYSTEMTIME
```

函数 GetLocalTime 调用示例如下:

```
.data
sysTime SYSTEMTIME <>
.code
INVOKE GetLocalTime, ADDR sysTime
```

函数 SetLocalTime 设置系统的本地日期和时间。调用时,需向其传递一个指针指向包含了期望日期和时间的 SYSTEMTIME 结构:

```
SetLocalTime PROTO,
   lpSystemTime:PTR SYSTEMTIME
```

如果函数执行成功,则返回非零整数;如果失败,则返回零。

2. GetTickCount 函数

函数 GetTickCount 返回从系统启动起经过的毫秒数:

```
GetTickCount PROTO      ; EAX 为返回值
```

由于返回值为一个双字,因此当系统连续运行 49.7 天后,时间将会回绕归零。可以使用这个函数监视循环经过的时间,并在达到时间限制时终止循环。

下面的程序 Timer.asm 计算两次调用 GetTickCount 之间的时间间隔。程序尝试确定计时器没有回绕(超过 49.7 天)。相似的代码可以用于各种程序:

```
; 计算经过的时间                              (Timer.asm)
; 用 Win32 函数 GetTickCount 演示一个简单的秒表计时器。
INCLUDE Irvine32.inc
INCLUDE macros.inc
.data
startTime DWORD ?
.code
main PROC
    INVOKE GetTickCount              ; 获得开始时间计数
    mov    startTime,eax             ; 保存开始时间计数

    ; Create a useless calculation loop.
    mov    ecx,10000100h
L1: imul   ebx
    imul   ebx
    imul   ebx
    loop   L1

    INVOKE GetTickCount              ; 获得新的时间计数
    cmp    eax,startTime             ; 比开始时间计数小?
    jb     error                     ; 时间回绕

    sub    eax,startTime             ; 计算间隔时间
    call   WriteDec                  ; 显示间隔时间
    mWrite <" milliseconds have elapsed",0dh,0ah>
    jmp    quit

error:
    mWrite "Error: GetTickCount invalid--system has "
    mWrite <"been active for more than 49.7 days",0dh,0ah>
quit:
    exit
main ENDP
END main
```

3. Sleep 函数

有些时候程序需要暂停或延迟一小段时间。虽然可以通过构造一个计算循环或忙循环来保持处理器工作,但是不同的处理器会使得执行时间不同。另外,忙循环还不必要地占用了处理器,这会降低在同一时间执行程序的速度。Win32 函数 Sleep 按照指定毫秒数暂停当前执行的线程:

```
Sleep PROTO,
    dwMilliseconds:DWORD
```

(由于本书汇编语言程序是单线程的,因此假设一个线程就等同于一个程序。)当线程休眠时,它不会消耗处理器时间。

4. GetDateTime 过程

Irvine32 链接库中的过程 GetDateTime 以 100 纳秒为间隔,返回从 1601 年 1 月 1 日起经过的时间间隔数。这看起来有点奇怪,因为那个时候计算机还是未知的。对任何事件,Microsoft 都用这个值来跟踪文件日期和时间。如果想要为日期计算准备系统日期/时间值,Win32 SDK 建议采用如下步骤:

1) 调用函数，如 GetLocalTime，填充 SYSTEMTIME 结构。
2) 调用函数 SystemTimeToFileTime，将 SYSTEMTIME 结构转换为 FILETIME 结构。
3) 将得到的 FILETIME 结构复制到 64 位的四字。

FILETIME 结构把 64 位四字分割为两个双字：

```
FILETIME STRUCT
    loDateTime DWORD ?
    hiDateTime DWORD ?
FILETIME ENDS
```

下面的 GetDateTime 过程接收一个指针，指向 64 位四字变量。它用 Win32 FILETIME 格式将当前日期和时间保存到变量中：

```
;----------------------------------------------------
GetDateTime PROC,
    pStartTime:PTR QWORD
    LOCAL sysTime:SYSTEMTIME, flTime:FILETIME
;
; 以 64 位整数形式（按 Win32 FILETIME 格式）获得并保存当前本
; 地日期/时间。
;----------------------------------------------------
; 获得系统本地时间
    INVOKE GetLocalTime,
        ADDR sysTime
;SYSTEMTIME 转换为 FILETIME
    INVOKE SystemTimeToFileTime,
        ADDR sysTime,
        ADDR flTime
; 把 FILETIME 复制到一个 64 位整数
    mov    esi,pStartTime
    mov    eax,flTime.loDateTime
    mov    DWORD PTR [esi],eax
    mov    eax,flTime.hiDateTime
    mov    DWORD PTR [esi+4],eax
    ret
GetDateTime ENDP
```

由于 FILE 是一个 64 位整数，因此可以使用 7.4 节的扩展精度算法来实现日期的计算。

11.1.13 使用 64 位 Windows API

任何对 Windows API 的 32 位调用都可以重新编写为 64 位调用。只需要记住几个关键点就可以：

1) 输入与输出句柄是 64 位的。

2) 调用系统函数前，主调程序必须保留至少 32 字节的影子空间，其方法是将堆栈指针（RSP）寄存器减去 32。这使得系统函数能利用这个空间保存 RCX、RDX、R8 和 R9 寄存器的临时副本。

3) 调用系统函数时，RSP 需对齐 16 字节地址边界（基本上，任何十六进制地址的最低位数字都是 0）。幸运的是，Win64 API 似乎没有强制执行这条规则，而且在应用程序中对堆栈对齐进行精确控制往往是比较困难的。

4) 系统调用返回后，主调方必须回复 RSP 的初始值，方法是加上在函数调用前减去的数值。如果是在子程序中调用 Win64 API，那么这一点非常重要，因为在执行 RET 指令时，

ESP 最终须指向子程序的返回地址。

5）整数参数利用 64 位寄存器传递。

6）不允许使用 INVOKE。取而代之，前 4 个参数要按照从左到右的顺序，依次放入这 4 个寄存器：RCX、RDX、R8 和 R9。其他参数则压入运行时堆栈。

7）系统函数用 RAX 存放返回的 64 位整数值。

下面的代码行演示了如何从 Irvine64 链接库中调用 64 位 GetStdHandle 函数：

```
.data
STD_OUTPUT_HANDLE EQU -11
consoleOutHandle QWORD ?
.code
sub rsp,40                        ;预留影子空间 & 对齐 RSP
mov  rcx,STD_OUTPUT_HANDLE
call GetStdHandle
mov  consoleOutHandle,rax
add  rsp,40
```

一旦控制台输出句柄被初始化，可以用后面的代码来演示如何调用 64 位 WriteConsoleA 函数。这里有 5 个参数：RCX（控制台句柄）、RDX（字符串指针）、R8（字符串长度）、R9（byteWritten 变量指针），以及最后一个虚拟零参数，它位于 RSP 上面的第 5 个堆栈位置。

```
WriteString proc uses rcx rdx r8 r9
    sub rsp, (5 * 8)                  ;为5个参数预留空间
    movr cx,rdx
    call Str_length                   ;用 EAX 返回字符串长度
    mov  rcx,consoleOutHandle
    mov  rdx,rdx                      ;字符串指针
    mov  r8, rax                      ;字符串长度
    lea  r9,bytesWritten
    mov  qword ptr [rsp + 4 * SIZEOF QWORD],0  ;总是0
    call WriteConsoleA
    add  rsp,(5 * 8)                  ;恢复 RSP
    ret
WriteString ENDP
```

11.1.14 本节回顾

1. 怎样的链接命令能为 Win32 控制台指定目标程序？
2. （真/假）：以 W 结尾的函数（如 WriteConsoleW）被设计为与宽（16 位）字符（如 Unicode）一起使用。
3. （真/假）：Unicode 为 Windows98 的原生字符集。
4. （真/假）：函数 ReadConsole 从输入缓冲区读取鼠标信息。
5. （真/假）：Win32 控制台输入函数能检测到用户调整了控制台窗口大小。

11.2 编写图形化的 Windows 应用程序

本节将展示如何为 32 位 Microsoft Windows 编写简单的图形化应用程序。该程序创建并显示一个主窗口，显示消息框，并响应鼠标事件。本节内容为简介性质，即使是最简单的 Windows 应用程序也需要整个一章的篇幅来描述其工作。如果希望了解更多信息，请参阅 Platform SDK 文档，以及另一个重要文献查尔斯·佩措尔德（Charles Petzold）撰写的

MS-Windows 编程

《Programming Windows》。

表 11-10 列出了编写该程序时需要的各种链接库和头文件。利用本书 Examples\Ch11\WinApp 文件夹中的 Visual Studio 项目文件来建立和运行该程序。

表 11-10 建立 WinApp 程序时需要的文件

文件名	说明
WinApp.asm	程序源代码
GraphWin.asm	头文件,包含程序要使用的结构、常量和函数原型
kernel32.lib	本章前面使用的 MS-Windows API 链接库
user32.lib	其他 MS-Windows API 函数

/SUBSYSTEM:WINDOWS 代替了之前章节中使用的 /SUBSYSTEM:CONSOLE。程序从 kernel32.lib 和 user32.lib 这两个标准 MS-Windows 链接库中调用函数。

主窗口 本程序显示一个全屏主窗口。为了让窗口适合本书页面,这里缩小了它的尺寸(图 11-4)。

11.2.1 必要的结构

结构 POINT 以像素为单位,定义屏幕上一个点的 X 坐标和 Y 坐标。它可以用于定位图形对象、窗口和鼠标点击:

```
POINT STRUCT
    ptX    DWORD ?
    ptY    DWORD ?
POINT ENDS
```

图 11-4 WinApp 程序的主开始窗口

结构 RECT 定义矩形边界。成员 left 为矩形左边的 X 坐标,成员 top 为矩形上边的 Y 坐标。成员 right 和 bottom 保存矩形类似的值:

```
RECT STRUCT
    left     DWORD ?
    top      DWORD ?
    right    DWORD ?
    bottom   DWORD ?
RECT ENDS
```

结构 MSGStruct 定义 MS-Windows 需要的数据:

```
MSGStruct STRUCT
    msgWnd          DWORD   ?
    msgMessage      DWORD   ?
    msgWparam       DWORD   ?
    msgLparam       DWORD   ?
    msgTime         DWORD   ?
    msgPt           POINT   <>
MSGStruct ENDS
```

结构 WNDCLASS 定义窗口类。程序中的每个窗口都必须属于一个类，并且每个程序都必须为其主窗口定义一个窗口类。在主窗口可以显示之前，这个类必须要注册到操作系统：

```
WNDCLASS STRUC
    style           DWORD   ?       ;窗口样式选项
    lpfnWndProc     DWORD   ?       ;WinProc 函数指针
    cbClsExtra      DWORD   ?       ;共享内存
    cbWndExtra      DWORD   ?       ;附加字节数
    hInstance       DWORD   ?       ;当前程序句柄
    hIcon           DWORD   ?       ;图标句柄
    hCursor         DWORD   ?       ;光标句柄
    hbrBackground   DWORD   ?       ;背景刷句柄
    lpszMenuName    DWORD   ?       ;菜单名指针
    lpszClassName   DWORD   ?       ;WinClass 名指针
WNDCLASS ENDS
```

下面对上述参数进行简单小结：

- **style** 是不同样式选项的集合，比如 WS_CAPTION 和 WS_BORDER，用于控制窗口外观和行为。
- **lpfnWndProc** 是指向（本程序中）函数的指针，该函数接收并处理由用户触发的事件消息。
- **cbClsExtra** 指向一个类中所有窗口使用的共享内存。可以为空。
- **cbWndExtra** 指定分配给后面窗口实例的附加字节数。
- **hInstance** 为当前程序实例的句柄。
- **hIcon** 和 **hCursor** 分别为当前程序中图标资源和光标资源的句柄。
- **hbrBackground** 为背景（颜色）刷的句柄。
- **lpszMenuName** 指向一个菜单名。
- **lpszClassName** 指向一个空字节结束的字符串，该字符串中包含了窗口的类名称。

11.2.2 MessageBox 函数

对程序而言，显示文本最简单的方法是将文本放入弹出消息框中，并等待用户点击按钮。Win32 API 链接库的 MessageBox 函数能显示一个简单的消息框。其函数原型如下：

```
MessageBox PROTO,
    hWnd:DWORD,
    lpText:PTR BYTE,
    lpCaption:PTR BYTE,
    uType:DWORD
```

hWnd 是当前窗口的句柄。lpText 指向一个空字节结束的字符串，该字符串将在消息框中显示。lpCaption 指向一个空字节结束的字符串，该字符串将在消息框的标题栏中显示。style 是一个整数，用于描述对话框的图标（可选）和按钮（必选）。按钮由常数标识，如

MB_OK 和 MB_YESNO。图标也由常数标识，如 MB_ICONQUESTION。显示消息框时，可以同时添加图标常数和按钮常数：

```
INVOKE MessageBox, hWnd, ADDR QuestionText,
       ADDR QuestionTitle, MB_OK + MB_ICONQUESTION
```

11.2.3　WinMain 过程

每个 Windows 应用程序都需要一个启动过程，通常将其命名为 WinMain，该过程负责下述任务：

- 得到当前程序的句柄。
- 加载程序的图标和光标。
- 注册程序的主窗口类，并标识处理该窗口事件消息的过程。
- 创建主窗口。
- 显示并更新主窗口。
- 开始接收和发送消息的循环，直到用户关闭应用程序窗口。

WinMain 包含一个名为 GetMessage 的消息处理循环，从程序的消息队列中取出下一条可用消息。如果 GetMessage 取出的消息是 WM_QUIT，则返回零，即通知 WinMain 暂停程序。对于其他消息，WinMain 将它们传递给 DispatchMessage 函数，该函数再将消息传递给程序的 WinProc 过程。若想进一步了解消息，请查阅 Platform SDK 文档的 Windows Messages。

11.2.4　WinProc 过程

WinProc 过程接收并处理所有与窗口有关的事件消息。这些事件绝大多数是由用户通过点击和拖动鼠标、按下键盘按键等操作发起的。这个过程的工作就是解码每个消息，如果消息得以识别，则在应用程序中执行与该消息相关的任务。过程声明如下：

```
WinProc PROC,
    hWnd:DWORD,            ;窗口句柄
    localMsg:DWORD,        ;消息 ID
    wParam:DWORD,          ;参数 1（可变）
    lParam:DWORD           ;参数 2（可变）
```

根据具体的消息 ID，第三个和第四个参数的内容可变。比如，若点击鼠标，那么 lParam 就为点击位置的 X 坐标和 Y 坐标。在后面的示例程序中，WinProc 过程处理了三种特定的消息：

- WM_LBUTTONDOWN，用户按下鼠标左键时产生该消息
- WM_CREATE，表示刚刚创建主窗口
- WM_CLOSE，表示将要关闭应用程序主窗口

比如，下面的代码行（摘自过程 WinProc）通过调用 MessageBox 向用户显示一个弹出消息框来处理 WM_LBUTTONDOWN：

```
.IF eax == WM_LBUTTONDOWN
  INVOKE MessageBox, hWnd, ADDR PopupText,
    ADDR PopupTitle, MB_OK
  jmp WinProcExit
```

用户所见的结果消息如图 11-5 所示。其他不希望被处理的消息都会被传递给 DefWindowProc（MS-Windows 默认的消息处理程序）。

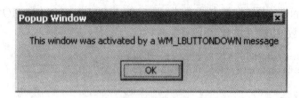

图 11-5　WinApp 程序的弹出窗口

11.2.5　ErrorHandler 过程

过程 ErrorHandler 是可选的，如果在注册和创建程序主窗口的过程中系统报错，则调用该过程。比如，如果成功注册程序主窗口，则函数 RegisterClass 返回非零值。但是，如果该函数返回值为零，那么就调用 ErrorHandler（显示一条消息）并退出程序：

```
INVOKE RegisterClass, ADDR MainWin
.IF eax == 0
  call ErrorHandler
  jmp Exit_Program
.ENDIF
```

过程 ErrorHandler 需要执行几个重要任务：
- 调用 GetLastError 取得系统错误号。
- 调用 FormatMessage 取得合适的系统格式化的错误消息字符串。
- 调用 MessageBox 显示包含错误消息字符串的弹出消息框。
- 调用 LocalFree 释放错误消息字符串使用的内存空间。

11.2.6　程序清单

不要担心这个程序的长度，其中大部分的代码在任何 MS-Windows 应用程序中都是一样的：

```
;Windows 应用程序                                          (WinApp.asm)
; 本程序显示一个可调大小的应用程序窗口和几个弹出消息框。特别感谢 Tom Joyce
; 提供了本程序的第一个版本。
.386
.model flat,STDCALL
INCLUDE GraphWin.inc

;===================== DATA ======================
.data
AppLoadMsgTitle BYTE "Application Loaded",0
AppLoadMsgText  BYTE "This window displays when the WM_CREATE "
                BYTE "message is received",0

PopupTitle  BYTE "Popup Window",0
PopupText   BYTE "This window was activated by a "
            BYTE "WM_LBUTTONDOWN message",0

GreetTitle  BYTE "Main Window Active",0
GreetText   BYTE "This window is shown immediately after "
            BYTE "CreateWindow and UpdateWindow are called.",0

CloseMsg    BYTE "WM_CLOSE message received",0

ErrorTitle  BYTE "Error",0
WindowName  BYTE "ASM Windows App",0
className   BYTE "ASMWin",0
; 定义应用程序的窗口类结构。
```

```
MainWin WNDCLASS <NULL,WinProc,NULL,NULL,NULL,NULL, \
    COLOR_WINDOW,NULL,className>

msg        MSGStruct <>
winRect    RECT <>
hMainWnd   DWORD ?
hInstance  DWORD ?

;=================== CODE ==========================
.code
WinMain PROC
; 获得当前过程的句柄。
    INVOKE GetModuleHandle, NULL
    mov    hInstance, eax
    mov    MainWin.hInstance, eax
; 加载程序的图标和光标。
    INVOKE LoadIcon, NULL, IDI_APPLICATION
    mov    MainWin.hIcon, eax
    INVOKE LoadCursor, NULL, IDC_ARROW
    mov    MainWin.hCursor, eax
; 注册窗口类。
    INVOKE RegisterClass, ADDR MainWin
    .IF eax == 0
      call ErrorHandler
      jmp Exit_Program
    .ENDIF
; 创建应用程序的主窗口。
    INVOKE CreateWindowEx, 0, ADDR className,
      ADDR WindowName,MAIN_WINDOW_STYLE,
      CW_USEDEFAULT,CW_USEDEFAULT,CW_USEDEFAULT,
      CW_USEDEFAULT,NULL,NULL,hInstance,NULL
; 若 CreatWindowEx 失败，则显示消息并退出。
    .IF eax == 0
      call ErrorHandler
      jmp  Exit_Program
    .ENDIF
; 保存窗口句柄，显示并绘制窗口。
    mov hMainWnd,eax
    INVOKE ShowWindow, hMainWnd, SW_SHOW
    INVOKE UpdateWindow, hMainWnd
; 显示欢迎消息。
    INVOKE MessageBox, hMainWnd, ADDR GreetText,
      ADDR GreetTitle, MB_OK
; 启动程序的连续消息处理循环。
Message_Loop:
    ; 从队列中取出下一条消息。
    INVOKE GetMessage, ADDR msg, NULL,NULL,NULL
    ; 若没有其他消息则退出。
    .IF eax == 0
      jmp Exit_Program
    .ENDIF
    ; 将消息传递给程序的 WinProc。
    INVOKE DispatchMessage, ADDR msg
    jmp Message_Loop

Exit_Program:
    INVOKE ExitProcess,0
WinMain ENDP
```

> 在前面的循环中，msg 结构被传递给函数 GetMessage。该函数对结构进行填充，然后再把它传递给 MS-Windows 函数 DispatchMessage。

```
;--------------------------------------------------
WinProc PROC,
      hWnd:DWORD, localMsg:DWORD, wParam:DWORD, lParam:DWORD
;
;应用程序的消息处理过程，处理应用程序特定的消息。其他所有消息则传递给
;默认的 Windows 消息处理过程。
;--------------------------------------------------
    mov eax, localMsg
    .IF eax == WM_LBUTTONDOWN           ;鼠标按钮?
      INVOKE MessageBox, hWnd, ADDR PopupText,
        ADDR PopupTitle, MB_OK
      jmp WinProcExit
    .ELSEIF eax == WM_CREATE            ;创建窗口?
      INVOKE MessageBox, hWnd, ADDR AppLoadMsgText,
        ADDR AppLoadMsgTitle, MB_OK
      jmp WinProcExit
    .ELSEIF eax == WM_CLOSE             ;关闭窗口?
      INVOKE MessageBox, hWnd, ADDR CloseMsg,
        ADDR WindowName, MB_OK
      INVOKE PostQuitMessage,0
      jmp WinProcExit
    .ELSE                               ;其他消息?
      INVOKE DefWindowProc, hWnd, localMsg, wParam, lParam
      jmp WinProcExit
    .ENDIF

WinProcExit:
    ret
WinProc ENDP

;--------------------------------------------------
ErrorHandler PROC
;显示合适的系统错误消息。
;--------------------------------------------------
.data
pErrorMsg  DWORD ?                      ;错误消息指针
messageID  DWORD ?
.code
    INVOKE GetLastError                 ;用 EAX 返回消息 ID
    mov    messageID,eax

    ;获取相应的消息字符串。
    INVOKE FormatMessage, FORMAT_MESSAGE_ALLOCATE_BUFFER + \
      FORMAT_MESSAGE_FROM_SYSTEM,NULL,messageID,NULL,
      ADDR pErrorMsg,NULL,NULL

    ;显示错误消息。
    INVOKE MessageBox,NULL, pErrorMsg, ADDR ErrorTitle,
      MB_ICONERROR+MB_OK

    ;释放错误消息字符串。
    INVOKE LocalFree, pErrorMsg
    ret
ErrorHandler ENDP
END WinMain
```

运行程序

第一次加载程序时，显示如下消息框：

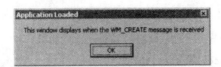

当用户点击 OK 来关闭 Application Loaded 消息框时，则显示另一个消息框：

当用户关闭 Main Window Active 消息框时，就会显示程序的主窗口：

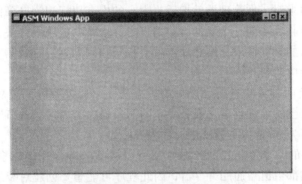

当用户在主窗口的任何位置点击鼠标时，显示如下消息框：

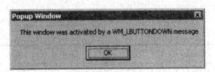

当用户关闭该消息框，并点击主窗口右上角上的 X 时，那么在窗口关闭之前将显示如下消息框：

当用户关闭了这个消息框后，则程序结束。

11.2.7 本节回顾

1. 请说明 POINT 结构。
2. 如何使用 WNDCLASS 结构？
3. 在 WNDCLASS 结构中，lpfnWndProc 字段的含义是什么？
4. 在 WNDCLASS 结构中，style 字段的含义是什么？
5. 在 WNDCLASS 结构中，hInstance 字段的含义是什么？

11.3 动态内存分配

　　动态内存分配（dynamic memory allocation），又被称为堆分配（heap allocation），是编

程语言使用的一种技术，用于在创建对象、数组和其他结构时预留内存。比如在 Java 语言中，下面的语句就会为 String 对象保留内存：

```
String str = new String("abcde");
```

同样的，在 C++ 中，对变量使用大小属性就可以为一个整数数组分配空间：

```
int size;
cin >> size;                  // 用户输入大小
int array[] = new int[size];
```

C、C++ 和 Java 都有内置运行时堆管理器来处理程序请求的存储分配和释放。程序启动时，堆管理器常常从操作系统中分配一大块内存，并为存储块指针创建空闲列表（free list）。当接收到一个分配请求时，堆管理器就把适当大小的内存块标识为已预留，并返回指向该块的指针。之后，当接收到对同一个块的删除请求时，堆就释放该内存块，并将其返回到空闲列表。每次接收到新的分配请求，堆管理器就会扫描空闲列表，寻找第一个可用的、且容量足够大的内存块来响应请求。

汇编语言程序有两种方法进行动态分配。方法一，通过系统调用从操作系统获得内存块。方法二，实现自己的堆管理器来服务更小的对象提出的请求。本节展示的是如何实现第一种方法。示例程序为 32 位保护模式的应用程序。

利用表 11-11 中的几个 Win32 API 函数就可以从 Windows 中请求多个不同大小的内存块。表中所有的函数都会覆盖通用寄存器，因此程序可能想要创建封装过程来实现重要寄存器的入栈和出栈操作。若需进一步了解存储管理，请在 Microsoft 在线文档中查阅 Memory Management Reference。

表 11-11　堆相关函数

函数	描述
GetProcessHeap	用 EAX 返回程序现存堆区域的 32 位整数句柄。如果函数成功，则 EAX 中的返回值为堆句柄。如果函数失败，则 EAX 中的返回值为 NULL
HeapAlloc	从堆中分配内存块。如果成功，EAX 中的返回值就为内存块的地址。如果失败，则 EAX 中的返回值为 NULL
HeapCreate	创建新堆，并使其对调用程序可用。如果函数成功，则 EAX 中的返回值为新创建堆的句柄。如果失败，则 EAX 的返回值为 NULL
HeapDestroy	销毁指定堆对象，并使其句柄无效。如果函数成功，则 EAX 中的返回值为非零
HeapFree	释放之前从堆中分配的内存块，该堆由其地址和堆句柄进行标识。如果内存块释放成功，则返回值为非零
HeapReAlloc	对堆中内存块进行再分配和调整大小。如果函数成功，则返回值为指向再分配内存块的指针。如果函数失败，且没有指定 HEAP_GENERATE_EXCEPTIONS，则返回值为 NULL
HeapSize	返回之前通过调用 HeapAlloc 或 HeapReAlloc 分配的内存块的大小。如果函数成功，则 EAX 包含被分配内存块的字节数。如果函数失败，则返回值为 SIZE_T-1（SIZE_T 等于指针能指向的最大字节数）

GetProcessHeap　如果使用的是当前程序的默认堆，那么 GetProcessHeap 就足够了。这个函数没有参数，EAX 中的返回值就是堆句柄：

```
GetProcessHeap PROTO
```

示例调用：

```
.data
hHeap HANDLE ?
.code
INVOKE GetProcessHeap
.IF eax == NULL
  jmp   quit                ; 不能获取句柄
.ELSE
  mov   hHeap,eax           ; 句柄 OK
.ENDIF
```

HeapCreate　HeapCreate 能为当前程序创建一个新的私有堆:

```
HeapCreate PROTO,
    flOptions:DWORD,          ; 堆分配选项
    dwInitialSize:DWORD,      ; 按字节初始化堆大小
    dwMaximumSize:DWORD       ; 最大堆字节数
```

flOptions 设置为 NULL。dwInitialSize 设置为初始堆字节数,其值的上限为下一页的边界。如果 HeapAlloc 的调用超过了初始堆大小,那么堆最大可以扩展到 dwMaximumSize 参数中指定的大小(上限为下一页的边界)。调用后,EAX 中的返回值为空就表示堆未创建成功。HeapCreate 的调用示例如下:

```
HEAP_START =    2000000       ;    2 MB
HEAP_MAX   =  400000000       ;  400 MB
.data
hHeap HANDLE ?                ; 堆句柄
.code
INVOKE HeapCreate, 0, HEAP_START, HEAP_MAX
.IF eax == NULL               ; 堆未创建
  call  WriteWindowsMsg       ; 显示错误消息
  jmp   quit
.ELSE
  mov   hHeap,eax             ; 句柄 OK
.ENDIF
```

HeapDestroy　HeapDeatroy 销毁一个已存在的私有堆(由 HeapCreate 创建)。需向其传递堆句柄:

```
HeapDestroy PROTO,
    hHeap:DWORD               ; 堆句柄
```

如果堆销毁失败,则 EAX 等于 NULL。下面为示例调用,其中使用了 11.1.4 节描述的 WriteWindowsMsg 过程:

```
.data
hHeap HANDLE ?                ; 堆句柄
.code
INVOKE HeapDestroy, hHeap
.IF eax == NULL
  call  WriteWindowsMsg       ; 显示错误消息
.ENDIF
```

HeapAlloc　HeapAlloc 从已存在堆中分配一个内存块:

```
HeapAlloc PROTO,
    hHeap:HANDLE,             ; 现有堆内存块的句柄
    dwFlags:DWORD,            ; 堆分配控制标志
    dwBytes:DWORD             ; 分配的字节数
```

需传递下述参数：
- hHeap，32 位堆句柄，该堆由 GetProcessHeap 或 HeapCreate 初始化。
- dwFlags，一个双字，包含了一个或多个标志值。可以选择将其设置为 HEAP_ZERO_MEMORY，即设置内存块为全零。
- dwBytes，一个双字，表示堆分配的字节数。

如果 HeapAlloc 成功，则 EAX 包含指向新存储区的指针；如果失败，则 EAX 中的返回值为 NULL。下面的代码用 hHeap 标识一个堆，从该堆中分配了一个 1000 字节的数组，并将数组初始化为全零：

```
.data
hHeap HANDLE ?                          ;堆句柄
pArray DWORD ?                          ;数组指针
.code
INVOKE HeapAlloc, hHeap, HEAP_ZERO_MEMORY, 1000
.IF eax == NULL
  mWrite "HeapAlloc failed"
  jmp   quit
.ELSE
  mov   pArray,eax
.ENDIF
```

HeapFree 函数 HeapFree 释放之前从堆中分配的一个内存块，该堆由其地址和堆句柄标识：

```
HeapFree PROTO,
    hHeap:HANDLE,
    dwFlags:DWORD,
    lpMem:DWORD
```

第一个参数是包含该内存块的堆的句柄。第二个参数通常为零，第三个参数是指向将被释放内存块的指针。如果内存块释放成功，则返回值非零。如果该块不能被释放，则函数返回零。示例调用如下：

```
INVOKE HeapFree, hHeap, 0, pArray
```

Error Handling 若在调用 HeapCreate、HeapDestroy 或 GetProcessHeap 时遇到错误，可以通过调用 API 函数 GetLastError 来获得详细信息。还可以调用 Irvine32 链接库的函数 WriteWindowsMsg。HeapCreate 调用示例如下：

```
INVOKE HeapCreate, 0,HEAP_START, HEAP_MAX
.IF eax == NULL                         ;失败?
  call  WriteWindowsMsg                 ;显示错误信息
.ELSE
  mov   hHeap,eax                       ;成功
.ENDIF
```

反之，函数 HeapAlloc 在失败时不会设置系统错误码，因此也就无法调用 GetLastError 或 WriteWindowsMsg。

11.3.1 HeapTest 程序

下面的程序示例（Heaptest1.asm）使用动态内存分配创建并填充了一个 1000 字节的数组：

MS-Windows 编程

```asm
; 堆测试 #1                                (Heaptest1.asm)
INCLUDE Irvine32.inc
; 使用动态内存分配，本程序分配并填充一个字节数组。
.data
ARRAY_SIZE = 1000
FILL_VAL EQU 0FFh

hHeap     HANDLE ?                  ; 程序堆句柄
pArray    DWORD ?                   ; 内存块指针
newHeap   DWORD ?                   ; 新堆句柄
str1 BYTE "Heap size is: ",0

.code
main PROC
    INVOKE GetProcessHeap            ; 获取程序堆句柄
    .IF eax == NULL                  ; 如果失败，显示消息
    call  WriteWindowsMsg
    jmp   quit
    .ELSE
    mov   hHeap,eax                  ; 成功
    .ENDIF

    call  allocate_array
    jnc   arrayOk                    ; 失败 (CF=1)？
    call  WriteWindowsMsg
    call  Crlf
    jmp   quit

arrayOk:                             ; 成功填充数组
    call  fill_array
    call  display_array
    call  Crlf

    ; 释放数组
    INVOKE HeapFree, hHeap, 0, pArray
quit:
    exit
main ENDP

;----------------------------------------------------------
allocate_array PROC USES eax
;
; 动态分配数组空间。
; 接收: EAX= 程序堆句柄
; 返回: 如果内存分配成功，则 CF=0。
;----------------------------------------------------------
    INVOKE HeapAlloc, hHeap, HEAP_ZERO_MEMORY, ARRAY_SIZE
    .IF eax == NULL
      stc                            ; 返回 CF=1
    .ELSE
      mov   pArray,eax               ; 保存指针
      clc                            ; 返回 CF=0
    .ENDIF

    ret
allocate_array ENDP

;----------------------------------------------------------
fill_array PROC USES ecx edx esi
;
; 用一个字符填充整个数组。
; 接收: 无
; 返回: 无
```

```
;-----------------------------------------------------
        mov     ecx,ARRAY_SIZE              ;循环计数器
        mov     esi,pArray                  ;指向数组
L1:     mov     BYTE PTR [esi],FILL_VAL     ;填充每个字节
        inc     esi                         ;下一个位置
        loop    L1

        ret
fill_array ENDP

;-----------------------------------------------------
display_array PROC USES eax ebx ecx esi
;
;显示数组
;接收：无
;返回：无
;-----------------------------------------------------
        mov     ecx,ARRAY_SIZE              ;循环计数器
        mov     esi,pArray                  ;指向数组
L1:     mov     al,[esi]                    ;取出一个字节
        mov     ebx,TYPE BYTE
        call    WriteHexB                   ;显示该字节
        inc     esi                         ;下一个位置
        loop    L1

        ret
display_array ENDP
END main
```

下面的示例（Heaptest2.asm）采用动态内存分配重复分配大块内存，直到超过堆大小。

```
; 堆测试 #2                        (Heaptest2.asm)
INCLUDE Irvine32.inc

.data
HEAP_START =    2000000         ;2MB
HEAP_MAX   =    400000000       ;400MB
BLOCK_SIZE =    500000          ;0.5MB

hHeap HANDLE ?                  ;堆句柄
pData DWORD ?                   ;块指针
str1 BYTE 0dh,0ah,"Memory allocation failed",0dh,0ah,0
.code
main PROC
        INVOKE HeapCreate, 0,HEAP_START, HEAP_MAX
        .IF eax == NULL                 ;失败?
        call    WriteWindowsMsg
        call    Crlf
        jmp     quit
        .ELSE
        mov     hHeap,eax               ;成功
        .ENDIF

        mov     ecx,2000                ;循环计数器
L1:     call    allocate_block          ;分配一个块
        .IF Carry?                      ;失败?
        mov     edx,OFFSET str1
        call    WriteString             ;显示消息
        jmp     quit
        .ELSE
        mov     al,'.'                  ;否：打印一个点来显示进度
```

```
        call   WriteChar
        .ENDIF

        ;call free_block          ;允许/禁止本行
        loop   L1
quit:
        INVOKE HeapDestroy, hHeap  ;销毁堆
        .IF eax == NULL            ;失败?
        call   WriteWindowsMsg     ;是:错误消息
        call   Crlf
        .ENDIF

        exit
main ENDP

allocate_block PROC USES ecx
        ;分配一个块,并填充为全零。
        INVOKE HeapAlloc, hHeap, HEAP_ZERO_MEMORY, BLOCK_SIZE

        .IF eax == NULL
           stc                     ;返回 CF=1
        .ELSE
           mov   pData,eax         ;保存指针
           clc                     ;返回 CF=0
        .ENDIF
        ret
allocate_block ENDP

free_block PROC USES ecx
        INVOKE HeapFree, hHeap, 0, pData
        ret
free_block ENDP
END main
```

11.3.2 本节回顾

1. 在 C、C++ 和 Java 上下文中,堆分配的另一个术语是什么?
2. 请说明 GetProcessHeap 函数。
3. 请说明 HeapAlloc 函数。
4. 给出 HeapCreate 函数的一个示例调用。
5. 调用 HeapDestroy 时,如何标识将被销毁的内存块?

11.4 x86 存储管理

本节将对 Windows 32 位存储管理进行简要说明,展示它是如何使用 x86 处理器直接内置功能的。重点关注的是存储管理的两个主要方面:

- 将逻辑地址转换为线性地址
- 将线性地址转换为物理地址(分页)

下面先简单回顾一下第 2 章介绍过的一些 x86 存储管理术语:

- 多任务处理(multitasking)允许多个程序(或任务)同时运行。处理器在所有运行程序中划分其时间。
- 段(segments)是可变大小的内存区,用于让程序存放代码或数据。
- 分段(segmentation)提供了分隔内存段的方法。它允许多个程序同时运行又不会相互干扰。

- 段描述符（segment descriptor）是一个 64 位的值，用于标识和描述一个内存段。它包含的信息有段基址、访问权限、段限长、类型和用法。

现在再增加两个新术语：

- 段选择符（segment selector）是保存在段寄存器（CS、DS、SS、ES、FS 或 GS）中的一个 16 位数值。
- 逻辑地址（logical address）就是段选择符加上一个 32 位的偏移量。

本书一直都忽略了段寄存器，因为用户程序从来不会直接修改这些寄存器，所以只关注了 32 位数据偏移量。但是，从系统程序员的角度来看，段寄存器是很重要的，因为它们包含了对内存段的直接引用。

11.4.1 线性地址

1. 逻辑地址转换为线性地址

多任务操作系统允许几个程序（任务）同时在内存中运行。每个程序都有自己唯一的数据区。假设现有 3 个程序，每个程序都有一个变量的偏移地址为 200h，那么，怎样区分这 3 个变量而不进行共享？x86 解决这个问题的方法是，用一步或两步处理过程将每个变量的偏移量转换为唯一的内存地址。

第一步，将段值加上变量偏移量形成线性地址（linear address）。这个线性地址可能就是该变量的物理地址。但是像 MS-Windows 和 Linux 这样的操作系统采用了分页（paging）功能，它使得程序能使用比可用物理空间更大的线性空间。这种情况下，就必需采用第二步页转换（page translation），将线性地址转换为物理地址。页转换将在 11.4.2 节介绍。

首先了解一下处理器如何用段和选择符来确定变量的线性地址。每个段选择符都指向一个段描述符（位于描述符表中），其中包含了该内存段的基地址。如图 11-6 所示，逻辑地址中的 32 位偏移量加上段基址就形成了 32 位的线性地址。

线性地址　线性地址是一个 32 位整数，其范围是 0FFFFFFFFh，它表示一个内存位置。如果禁止分页功能，那么线性地址也就是目标数据的物理地址。

2. 分页

分页是 x86 处理器的一个重要功能，它使得计算机能运行在其他情况下无法装入内存的一组

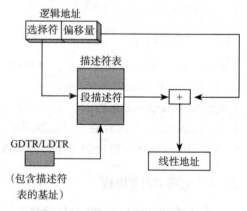

图 11-6　逻辑地址转换为线性地址

程序。处理器初始只将部分程序加载到内存，而程序的其他部分仍然留在硬盘上。程序使用的内存被分割成若干小区域，称为页（page），通常一页大小为 4KB。当每个程序运行时，处理器会选择内存中不活跃的页面替换出去，而将立即会被请求的页加载到内存。

操作系统通过维护一个页目录（page directory）和一组页表（page table）来持续跟踪当前内存中所有程序使用的页面。当程序试图访问线性地址空间内的一个地址时，处理器会自动将线性地址转换为物理地址。这个过程被称为页转换（page translation）。如果被请求页当前不在内存中，则处理器中断程序并产生一个页故障（page fault）。操作系统将被请求页从硬盘复制到内存，然后程序继续执行。从应用程序的角度看，页故障和页转换都是自动发生的。

使用 Microsoft Windows 工具任务管理器（task manager）就可以查看物理内存和虚拟内存的区别。图 11-7 所示计算机的物理内存为 256MB。任务管理器的 Commit Charge 框内为当前可用的虚拟内存总量。虚拟内存的限制为 633MB，大大高于计算机的物理内存。

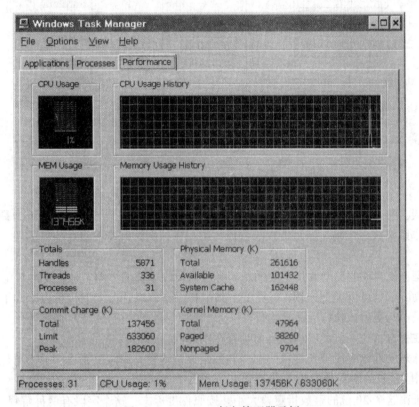

图 11-7 Windows 任务管理器示例

3. 描述符表

段描述符可以在两种表内找到：全局描述符表（global description table）和局部描述符表（local description table）。

全局描述符表（GDT） 开机过程中，当操作系统将处理器切换到保护模式时，会创建唯一一张 GDT，其基址保存在 GDTR（全局描述符表寄存器）中。表中的表项（称为段描述符）指向段。操作系统可以选择将所有程序使用的段保存在 GDT 中。

局部描述符表（LDT） 在多任务操作系统中，每个任务或程序通常都分配有自己的段描述符表，称为 LDT。LDTR 寄存器保存的是程序 LDT 的地址。每个段描述符都包含了段在线性地址空间内的基地址。一般，段与段之间是相互区分的。如图 11-8 所示，图中有三个不同的逻辑地址，这些地址选择了 LDT 中三个不同的表项。这里，假设禁止分页，因此，线性地址空间也是物理地址空间。

4. 段描述符详细信息

除了段基址，段描述符还包含了位映射字段来说明段限长和段类型。只读类型段的一个例子就是代码段。如果程序试图修改只读段，则会产生处理器故障。

段描述符可以包含保护等级，以便保护操作系统数据不被应用程序访问。下面是对每个描述符字段的说明：

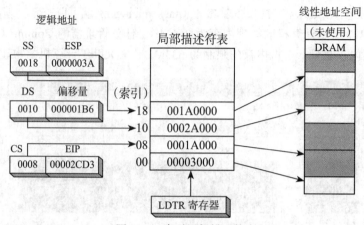

图 11-8　索引局部描述符表

基址：一个 32 位整数，定义段在 4GB 线性地址空间中的起始地址。

特权级：每个段都可以分配一个特权级，特权级范围从 0 到 3，其中 0 级为最高级，一般用于操作系统核心代码。如果特权级数值高的程序试图访问特权级数值低的段，则发生处理器故障。

段类型：说明段的类型并指定段的访问类型以及段生长的方向（向上或向下）。数据（包括堆栈）段可以是可读类型或读 / 写类型，其生长方向可以是向上的也可以是向下的。代码段可以是只执行类型或执行 / 只读类型。

段存在标志：这一位说明该段当前是否在物理内存中。

粒度标志：确定对段限长字段的解释。如果该位清零，则段限长以字节为单位。如果该位置 1，则段限长的解释单位为 4096 字节。

段限长：这个 20 位的整数指定段大小。按照粒度标志，这个字段有两种解释：

- 该段有多少字节，范围为 1～1MB。
- 该段包含多少个 4096 字节，允许段大小的范围为 4KB～4GB。

11.4.2　页转换

若允许分页，则处理器必须将 32 位线性地址转换为 32 位物理地址[2]。这个过程会用到 3 种结构：

- 页目录：一个数组，最多可包含 1024 个 32 位页目录项。
- 页表：一个数组，最多可包含 1024 个 32 位页表项。
- 页：4KB 或 4MB 的地址空间。

为了简化下面的叙述，假设页面大小为 4KB：

线性地址分为三个字段：页目录表项指针、页表项指针和页内偏移量。控制寄存器（CR3）保存了页目录的起始地址。如图 11-9 所示，处理器在进行线性地址到物理地址的转换时，采用如下步骤：

1）线性地址引用线性地址空间中的一个位置。

2）线性地址中 10 位的目录字段是页目录项的索引。页目录项包含了页表的基址。

3）线性地址中 10 位的页表字段是页表的索引，该页表由页目录项指定。索引到的页表项包含了物理内存中页面的基址。

4）线性地址中 12 位的偏移量字段与页面基址相加，生成的恰好是操作数的物理地址。

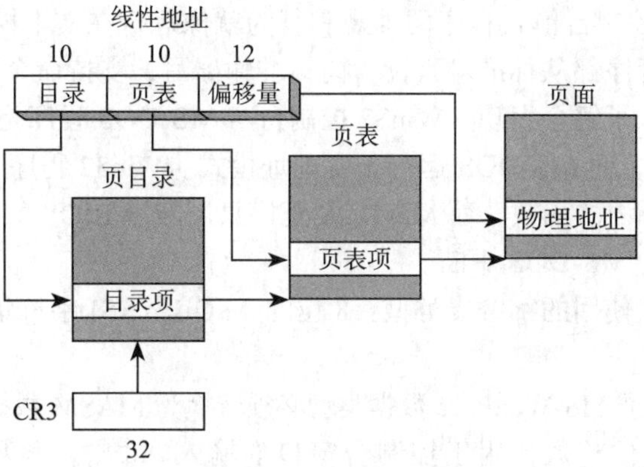

图 11-9 线性地址转换为物理地址

操作系统可以选择让所有的运行程序和任务使用一个页目录，或者选择让每个任务使用一个页目录，还可以选择为两者的组合。

Windows 虚拟机管理器

现在对 IA-32 如何管理内存已经有了总体了解，那么看看 Windows 如何处理内存管理可能也会令人感兴趣。下面这段文字转自 Microsoft 在线文档：

> 虚拟机管理器（VMM）是 Windows 内核中的 32 位保护模式操作系统。它创建、运行、监视和终止虚拟机。它管理内存、进程、中断和异常。它与虚拟设备（virtual device）一起工作，使得它们能拦截中断和故障，以此来控制对硬件和已安装软件的访问。VMM 和虚拟设备运行在特权级为 0 的单一 32 位平坦模式地址空间中。系统创建两个全局描述符表项（段描述符），一个是代码段的，一个是数据段的。段固定在线性地址 0。VMM 提供多线程和抢先多任务处理。通过共享运行应用程序的虚拟机之间的 CPU 时间，它可以同时运行多个应用程序。

在上面的文字中，可以将虚拟机解释为 Intel 中的过程或任务。它包含了程序代码、支撑软件、内存和寄存器。每个虚拟机都被分配了自己的地址空间、I/O 端口空间、中断向量表和局部描述符表。运行于虚拟 8086 模式的应用程序特权级为 3。Windows 中保护模式程序的特权级为 0 和 3。

11.4.3 本节回顾

1. 术语解释：
   a. 多任务 b. 分段
2. 术语解释：
   a. 段选择符 b. 逻辑地址
3. （真/假）：段选择符指向段描述符表的一个表项。
4. （真/假）：段描述符包含了段的基地址。
5. （真/假）：段选择符是 32 位的。
6. （真/假）：段描述符不包含段大小信息。

11.5 本章小结

表面上看，32 位控制台模式程序的外观和行为就像运行在文本模式下的 16 位 MS-DOS 程序。这两种类型的程序都从标准输入读，向标准输出写，支持命令行重定向，还可以显示彩色文本。但是，深入了解会发现，Win32 控制台与 MS-DOS 程序是有很大不同的。Win32 运行于 32 位保护模式，而 MS-DOS 运行于实地址模式。Win32 程序可以调用图形 Windows 应用程序使用的函数库内的函数。而 MS-DOS 程序只局限于 BIOS 的一个小子集，以及从出现 IBM-PC 后就存在的 MS-DOS 中断。

Windows API 函数使用的字符集类型：8 位的 ASCII/ANSI 字符集和 16 位 Unicode 字符集。

API 函数使用的标准 MS-Windows 数据类型必须转换为 MASM 数据类型（参见表 11-1）。

控制台句柄为 32 位整数，用于控制台窗口的输入/输出。函数 GetStdHandle 获取控制台句柄。进行高级控制台输入，调用函数 ReadConsole；进行高级控制台输出，调用 WriteConsole。创建和打开文件时，调用 CreateFile。读文件时，调用 ReadFile；写文件时，调用 WriteFile。CloseHandle 关闭一个文件。移动文件指针，调用 SetFilePointer。

要操作控制台屏幕缓冲区，调用 SetConsoleScreenBufferSize。要改变文本颜色，调用 SetConsoleTextAttribute。本章的程序 WriteColors 演示了函数 WriteConsoleOutputAttribute 和 WriteConsoleOutputCharacter。

要获取系统时间，调用 GetLocalTime；要设置时间，调用 SetLocalTime。这两个函数都要使用 SYSTEMTIME 结构。本章的 GetDateTime 函数示例用 64 位整数返回日期和时间，指明从 1601 年 1 月 1 日开始经过了多少个 100 纳秒。函数 TimerStart 和 TimerStop 可用来创建一个简单的秒表计时器。

创建图形 MS-Windows 应用程序时，用该程序的主窗口类信息填充 WNDCLASS 结构。创建 WinMain 过程获取当前过程的句柄、加载图标和光标、注册程序的主窗口、创建主窗口、显示和更新主窗口，并开始接收和发送消息的循环。

WinProc 过程负责处理输入的 Windows 消息，一般由用户行为激活，比如点击鼠标或者按键。本章的示例程序处理了 WM_LBUTTONDOWN、WM_CREATE 和 WM_CLOSE 消息。当检测到相应事件时，就会显示弹出消息。

动态内存分配，或堆分配是保留和释放用户程序所用内存的工具。汇编语言程序有两种方法来实现动态内存分配。第一种，进行系统调用，从操作系统获得内存块。第二种，实现自己的堆管理器来响应小型对象的请求。下面是动态内存分配最重要的 Win32 API 调用：

- GetProcessHeap 返回程序已存在内存堆区域的 32 位整数句柄。
- HeapAlloc 从堆中分配一个内存块。
- HeapCreate 新建一个堆。
- HeapDestroy 销毁一个堆。
- HeapFree 释放之前从堆分配出去的内存块。
- HeapReAlloc 从堆中重新分配内存块，并重新定义块大小。
- HeapSize 返回之前分配的内存块的大小。

本章的内存管理小节主要涉及两个问题：将逻辑地址转换为线性地址，以及将线性地址转换为物理地址。

逻辑地址中的选择符指向段描述符表的表项，这个表项又指向线性空间内的一个段。

段描述符包含了段信息，如段大小和访问类型。描述符表有两种：唯一的全局描述符表（GDT），以及一个或多个局部描述符表（LDT）。

分页是 x86 处理器的一个重要功能，它使得计算机能运行在其他情况下无法装入内存的一组程序。处理器初始只将部分程序加载到内存，同时，程序的其他部分仍然留在硬盘上。处理器利用页目录、页表和页面生成数据的物理地址。页目录包含了页表指针。页表包含了页面指针。

阅读　若想进一步阅读了解 Windows 编程，下面的书籍可能会有所帮助：

- Mark Russinovich 和 David Solomon，《Windows Internals》，第 1、2 部分，Microsoft Press，2012。
- Barry Kauler，《Windows Assembly Language and System Programming》，CMP Books，1997。
- Charles Petzold，《Programming Windows》，第 5 版，Microsoft Press，1998。

11.6 关键术语

Application Programming Interface(API)（应用程序接口）
base address（基址）
commit charge frame（认可用量框）
console handle（控制台句柄）
comsole input buffer（控制台输入缓冲区）
descriptor table（描述符表）
dynamic memory allocation（动态内存分配）
Global Descriptor Table(GDT)（全局描述符表）
granularity（粒度）
heap allocation（堆分配）
linear address（线性地址）
Local Descriptor Table(LDT)（局部描述符表）
logical address（逻辑地址）
multitasking（多任务）

page directory（页目录）
page fault（页故障）
page table（页表）
page translation（页转换）
paging（分页）
physical address（物理地址）
phyvilege level（特权级）
screen buffer（屏幕缓冲区）
segment（段）
segment selector（段选择符）
segmentation（分段）
segment descriptor（段描述符）
task manager（任务管理器）
Unicode
Win32 Platform SDK

11.7 复习题和练习

11.7.1 简答题

1. 写出与下面标准 MS-Windows 类型匹配的 MASM 数据类型：
   a. BOOL　　　　　b. COLORREF　　　c. HANDLE
   d. LRPSTR　　　　e. WPARAM
2. 哪个 Win32 函数返回标准输入的句柄？
3. 哪个 Win32 函数从键盘读取一个字符串，并将其放入缓冲区？
4. 请描述 COORD 结构。
5. 哪个 Win32 函数能以文件开始为基址，将文件指针移动到指定偏移量的位置？
6. 哪个 Win32 函数能修改控制台窗口标题？
7. 哪个 Win32 函数能修改屏幕缓冲区的外形尺寸？

8. 哪个 Win32 函数能修改光标大小？
9. 哪个 Win32 函数能修改后续输出文本的颜色？
10. 哪个 Win32 函数能将一组属性值复制到控制台屏幕缓冲区的连续单元格？
11. 哪个 Win32 函数能按指定毫秒数暂停程序？
12. 调用 CreateWindowEx 时，如何将窗口外观信息传递给该函数？
13. 请说出两个在调用 MessageBox 函数时会用到的按钮常量。
14. 请说出两个在调用 MessageBox 函数时会用到的图标常量。
15. 请说出至少 3 个由 WinMain（启动）过程执行的任务。
16. 请说明 WinProc 过程在示例程序中的作用。
17. 示例程序中的 WinProc 过程处理哪些消息？
18. 请说明 ErrorHandler 过程在示例程序中的作用。
19. CreateWindow 调用后立刻激活的消息框出现在应用程序主窗口之前还是之后？
20. 由 WM_CLOSE 激活的消息框出现在关闭主窗口之前还是之后？
21. 请对线性地址进行说明。
22. 线性内存与分页之间存在怎样的关系？
23. 如果禁用分页，处理器如何将线性地址转换为物理地址？
24. 分页有哪些好处？
25. 哪个寄存器包含了局部描述符表的基地址？
26. 哪个寄存器包含了全局描述符表的基地址？
27. 允许存在多少全局描述符表？
28. 允许存在多少局部描述符表？
29. 请说出至少 4 个段描述符内的字段。
30. 分页处理涉及哪些结构？
31. 哪种结构包含了页表的基地址？
32. 哪种结构包含了页面的基地址？

11.7.2 算法基础

1. 编写代码段调用函数 ReadConsol。
2. 编写代码段调用函数 WriteConsole。
3. 编写代码段调用函数 CreateFile 打开已有文档以便读出。
4. 编写代码段调用函数 CreateFile 用标准属性新建一个文档，并删除其他已存在的同名文件。
5. 编写代码段调用函数 ReadFile。
6. 编写代码段调用函数 WriteFile。
7. 编写代码段调用函数 MessageBox。

11.8 编程练习

** 1. ReadString

使用堆栈参数，实现自己的 ReadString 过程。向其传递一个字符串指针，以及一个指明最大输入字符数的整数。（用 EAX）返回实际输入的字符数。本过程必须从控制台输入字符串，并在字符串末尾（0Dh 占据的位置）插入一个空字节。Win32 ReadConsole 函数细节请参见 11.1.4 节。编写简单程序对本过程进行测试。

*** 2. 字符串输入 / 输出

编写程序，用 Win32 ReadConsole 函数接收用户输入的如下信息：名字、姓氏、年龄、电话号码。使用 Win32 WriteConsole 函数，用标签和好看的格式重新显示这些信息。不要使用 Irvine32 链接库的任何过程。

**3. 清除屏幕

链接库的 Clrscr 过程清除屏幕，请编写自己版本的 Clrscr 过程。

**4. 随机填充屏幕

编写程序，用随机颜色和随机字符填充每个屏幕单元格。附加条件：每个字符的颜色有 50% 的概率为红色。

**5. DrawBox

利用本书封底内页字符集的画线字符在屏幕上绘制一个方框。提示：使用 WriteConsoleOutputCharacter 函数。

***6. 学生记录

编写程序新建一个文本文件。提示用户输入：学生 ID、姓氏、名字和出生日期。将这些信息写入文件。用同样的方式输入若干记录，再关闭文件。

**7. 文本窗口滚动

编写程序，向控制台屏幕缓冲区写入 50 行文本，为每行编号。把控制台窗口移动到缓冲区顶部，并开始以稳定速率（每秒两行）向上滚动文本。当控制台窗口到达缓冲区底部时，停止滚动。

***8. 方块动画

编写程序，用几个带颜色的方块（ASCII 码为 DBh）在屏幕上绘制一个小正方形。按照随机生成方向，在屏幕上移动这个正方形。延迟时间固定为 50 毫秒。另外：在 10 毫秒 100 毫秒之间，随机生成延迟时间。

**9. 文件的最后访问时间

编写过程 LastAccessDate，用文件的日期和时间戳信息填充 SYSTEMTIME 结构。用 EDX 传递文件名的偏移量，用 ESI 传递 SYSTEMTIME 结构的偏移量。若函数未成功发现文件，则将进位标志位置 1。在实现这个函数时，需要打开一个文件，获取其句柄，将句柄传递给 GetFileTime，再把这个函数的输出传递给 FileTimeToSystemTime，最后关闭文件。编写测试程序，调用 LastAccessDate 并输出特定文件最后被访问的时间。输出示例如下：

```
ch11_09.asm was last accessed on: 6/16/2005
```

**10. 读大型文件

修改 11.1.8 节的 ReadFile.asm 程序，使其能读取大于输入缓冲区的文件。将缓冲区大小减少到 1024 字节。使用循环不断读取并显示文件，直到再无数据可读。如果想用 WriteString 来显示缓冲区，则需在缓冲区数据末尾插入一个空字节。

***11. 链表

进阶练习：使用本章介绍的动态内存分配函数实现一个单向链表。每个链接节点都是一个 Node 结构（参见第 10 章），其中包含一个整数值和一个指针，指向链表上的下一个节点。使用循环，提示用户输入尽可能多的整数。对每个输入的整数，分配一个 Node 对象，将其值插入 Node，再将这个 Node 添加到链表。当输入数值为 0 时，停止循环。最后，按照从头到尾的顺序显示整个链表。若之前已有用高级语句创建链表的经验，则可以尝试本题。

本章尾注

1. 来源：Microsoft MSDN 文档，http://msdn.microsoft.com/en-us/library/windows/desktop/ms682073(v=vs.85).aspx

2. Pentium Pro 及其后的处理器允许 36 位地址，但是在这里不做叙述。

第 12 章

Assembly Language for x86 Processors, Seventh Edition

浮点数处理与指令编码

12.1 浮点数二进制表示

十进制浮点数有三个组成部分：符号、有效数字和阶码。比如，在 -1.23154×10^5 中，符号为负，有效数字为 1.23154，阶码为 5。（虽然有点不太正确，有时用术语尾数（mantissa）来代替有效数字（significand）。）

> **查找 Intel x86 文档**。为了最大程度理解本章，请阅读《Intel 64 and IA-32 Architectures Software Developer's Manual》，卷 1 和卷 2。用浏览器访问 www.intel.com，查阅《IA-32 手册》。

12.1.1 IEEE 二进制浮点数表示

x86 处理器使用的三种浮点数二进制存储格式都是由 IEEE 标准 754-1985——二进制浮点数运算（Standard 754-1985 for Binary Floating-Point Arithmetic）——所指定。表 12-1 列出了它们的特点[1]。

表 12-1 IEEE 浮点数二进制格式

单精度	32 位：1 位符号位，8 位阶码，23 位为有效数字的小数部分。大致的规格化范围：$2^{-126} \sim 2^{127}$。也被称为短实数（short real）
双精度	64 位：1 位符号位，11 位阶码，52 位为有效数字的小数部分。大致的规格化范围：$2^{-1022} \sim 2^{1023}$。也被称为长实数（long real）
扩展双精度	80 位：1 位符号位，15 位阶码，1 位为整数部分，63 位为有效数字的小数部分。大致的规格化范围：$2^{-16382} \sim 2^{16383}$。也被称为扩展实数（extended real）

由于三种格式比较相似，因此本节将重点关注单精度格式（图 12-1）。32 位数值的最高有效位（MSB）在最左边。标注为小数（fraction）的字段表示的是有效数字的小数部分。如同预想的一样，各个字节按照小端顺序（最低有效位（LSB）在起始地址上）存放在内存中。

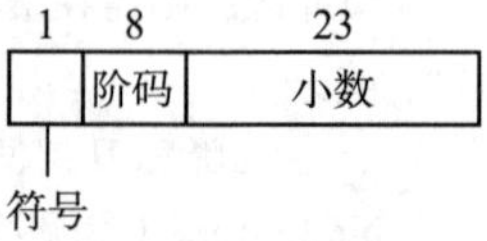

图 12-1 单精度格式

1. 符号位

如果符号位为 1，则该数为负；如果符号位为 0，则该数为正。零被认为是正数。

2. 有效数字

在浮点数表达式 $m*b^e$ 中，m 称为有效数字或尾数；b 为基数；e 为阶码。浮点数的有效数字（或尾数）由小数点左右的十进制数字构成。本书第 1 章在解释二进制、十进制和十六进制计数系统时，介绍了加权位计数法的概念。同样的概念也可以扩展到浮点数的小数部分。例如，十进制数 123.154 可以表示为下面的累加和形式：

$$123.154 = (1 \times 10^2) + (2 \times 10^1) + (3 \times 10^0) + (1 \times 10^{-1}) + (5 \times 10^{-2})(4 \times 10^{-3})$$

小数点左边数字的阶码都为正，右边数字的阶码都为负。

二进制浮点数也可以使用加权位计数法。浮点数十进制数值 11.1011 表示为：

$$11.1011 = (1 \times 2^1) + (1 \times 2^0) + (1 \times 2^{-1})(0 \times 2^{-2}) + (1 \times 2^{-3}) + (1 \times 2^{-4})$$

小数点右边的数字还有一种表达方式，即将它们列为分数之和，其中分母为 2 的幂。上例的和为 11/16（或 0.6875）：

$$.1011 = 1/2 + 0/4 + 1/8 + 1/16 = 11/16$$

生成的小数部分非常直观。十进制分子（11）表示的就是二进制位组合 1011。如果小数点右边的有效位个数为 e，则十进制分母就为 2^e。上例中，$e=4$，则有 $2^e=16$。表 12-2 列出了更多的例子，来展示将二进制浮点数转换为以 10 为基数的分数。表中最后一项为 23 位规格化有效数字可以保存的最小分数。为便于参考，表 12-3 列出了二进制浮点数及其等价的十进制分数和十进制数值。

表 12-2　示例：二进制浮点数转换为分数

二进制浮点数	基数为 10 的分数	二进制浮点数	基数为 10 的分数
11.11	3 3/4	0.00101	5/32
101.0011	5 3/16	1.011	1 3/8
1101.100101	13 37/64	0.00000000000000000000001	1/8388608

表 12-3　二进制与十进制分数

二进制	十进制分数	十进制数值	二进制	十进制分数	十进制数值
.1	1/2	.5	.0001	1/16	.0625
.01	1/4	.25	.00001	1/32	.03125
.001	1/8	.125			

3. 有效数字的精度

用有限位数表示的任何浮点数格式都无法表示完整连续的实数。例如，假设一个简单的浮点数格式有 5 位有效数字，那么将无法表示范围在 1.1111～10.000 之间的二进制数。比如，二进制数 1.11111 就需要更精确的有效数字。将这个思想扩展到 IEEE 双精度格式，就会发现其 53 位有效数字无法表示需要 54 位或更多位的二进制数值。

12.1.2　阶码

单精度数用 8 位无符号整数存放阶码，引入的偏差为 127，因此必须在数的实际阶码上再加 127。考虑二进制数值 1.101×2^5：将实际阶码（5）加上 127 后，形成的偏移码（132）保存到数据表示形式中。表 12-4 给出了阶码的有符号十进制、偏移十进制，以及最后一列的无符号二进制。偏移码总是正数，范围为 1～254。如前所述，实际阶码的范围为 -126～+127。这个经过选择的范围，使得最小可能阶码的倒数也不会发生溢出。

表 12-4　二进制阶码表示示例

阶码（E）	偏移码（E+127）	二进制	阶码（E）	偏移码（E+127）	二进制
+5	132	10000100	+127	254	11111110
0	127	01111111	-126	1	00000001
-10	117	01110101	-1	126	01111110

12.1.3　规格化二进制浮点数

大多数二进制浮点数都以规格化格式（normalized form）存放，以便将有效数字的精度最大化。给定任意二进制浮点数，都可以进行规格化，方法是将二进制小数点移位，直到小数点左边只有一个"1"。阶码表示的是二进制小数点向左（正阶码）或向右（负阶码）移动的位数。示例如下：

非规格化	规格化
1110.1	1.1101×2^3
.000101	1.01×2^{-4}
1010001.	1.010001×2^6

反规格化数 规格化操作的逆操作是将二进制浮点数反规格化（denormalize）（或非规格化（unnormalize））。移动二进制小数点，直到阶码为 0。如果阶码为正数 n，则将二进制小数点右移 n 位；如果阶码为负数 n，则将二进制小数点左移 n 位，并在需要位置填充前导数 0。

12.1.4 新建 IEEE 表示

实数编码

一旦符号位、阶码和有效数字字段完成规格化和编码后，生成一个完整的二进制 IEEE 段实数就很容易了。以图 12-1 为参考，首先将设置符号位，然后是阶码字段，最后是有效数字的小数部分。例如，下面表示的是二进制 1.101×2^0：

- 符号位：0
- 阶码：01111111
- 小数部分：10100000000000000000000

偏移码（01111111）是十进制数 127 的二进制形式。所有规格化有效数字在二进制小数点的左边都有个 1，因此，不需要对这一位进行显式编码。更多的例子参见表 12-5。

表 12-5 单精度数位编码示例

二进制数值	偏移阶码	符号、阶码、小数部分
-1.11	127	1 01111111 11000000000000000000000
$+1101.101$	130	0 10000010 10110100000000000000000
$-.00101$	124	1 01111100 01000000000000000000000
$+100111.0$	132	0 10000100 00111000000000000000000
$+.0000001101011$	120	0 01111000 10101100000000000000000

IEEE 规范包含了多种实数和非数字编码。

- 正零和负零
- 非规格化有限数
- 规格化有限数
- 正无穷和负无穷
- 非数字（NaN，即不是一个数字（Not a Number））
- 不定数

不定数被浮点单元（FPU）用于响应一些无效的浮点操作。

规格化和非规格化 规格化有限数（normalized finite numbers）是指所有非零有限值，这些数能被编码为零到无穷之间的规格化实数。尽管看上去全部有限非零浮点数都应被规格化，但是若数值接近于零，则无法规格化。当阶码范围造成的限制使得 FPU 不能将二进制小数点移动到规格化位置时，就会发生这种情况。假设 FPU 计算结果为 $1.0101111 \times 2^{-129}$，其阶码太小，无法用单精度数形式存放。此时产生一个下溢异常，数值则每次将二进制小数点左移一位逐步进行非规格化，直到阶码达到有效范围：

```
1.010111100000000000001111 x 2⁻¹²⁹
0.101011110000000000000111 x 2⁻¹²⁸
0.010101111000000000000011 x 2⁻¹²⁷
0.001010111100000000000001 x 2⁻¹²⁶
```

在这个例子中，移动二进制小数点导致有效数字损失了精度。

正无穷和负无穷 正无穷（+∞）表示最大正实数，负无穷（-∞）表示最大负实数。无穷可以与其他数值比较：-∞小于+∞，-∞小于任意有限数，+∞大于任意有限数。任一无穷都可以表示浮点溢出条件。运算结果不能规格化的原因是，结果的阶码太大而无法用有效阶码位数来表示。

NaN NaN 是不表示任何有效实数的位模式。x86 有两种 NaN：quiet NaN 能够通过大多数算术运算来传递，而不会引起异常。signaling NaN 则被用于产生一个浮点无效操作异常。编译器可以用 signaling NaN 填充未初始化数组，那么，任何试图在这个数组上执行的运算都会引发异常。quiet NaN 可以用于保存在调试期间生成的诊断信息。程序可根据需要自由地在 NaN 中编入任何信息。FPU 不会尝试在 NaN 上执行操作。Intel 手册有一组规则确定了以这两种 NaN 为操作数的指令结果[2]。

特定编码 在浮点运算中，常常会出现一些特定的数值编码，如表 12-6 所示。字母 x 表示的位，其值可以为 1，也可以为 0。QNaN 是 quiet NaN，SNaN 是 signaling NaN。

表 12-6 特定单精度编码

数值	符号、阶码、有效数字
Positive zero	0 00000000 00000000000000000000000
Negative zero	1 00000000 00000000000000000000000
Positive infinity	0 11111111 00000000000000000000000
Negative infinity	1 11111111 00000000000000000000000
QNaN	x 11111111 1xxxxxxxxxxxxxxxxxxxxxx
SNaN	x 11111111 0xxxxxxxxxxxxxxxxxxxxxx[①]

① SNaN 的有效数字字段从 0 开始，且剩余位中至少有一位必须为 1。

12.1.5 十进制小数转换为二进制实数

当十进制小数可以表示为形如（1/2+1/4+1/8+…）的分数之和时，发现与之对应的二进制实数就非常容易了。如表 12-7 所示，左列中的大多数分数不容易转换为二进制。不过，可以将它们写成第二列的形式。

表 12-7 十进制分数与二进制实数示例

十进制分数	分解为…	二进制实数	十进制分数	分解为…	二进制实数
1/2	1/2	.1	3/8	1/4+1/8	.011
1/4	1/4	.01	1/16	1/16	.0001
3/4	1/2+1/4	.11	3/16	1/8+1/16	.0011
1/8	1/8	.001	5/16	1/4+1/16	.0101
7/8	1/2+1/4+1/8	.111			

很多实数，如 1/10（0.1）或 1/100（0.01），不能表示为有限位的二进制数，它们只能近似地表示为一组以 2 的幂为分母的分数之和。想想看，像 \$39.95 这样的货币值受到了怎样的影响！

另一种方法：使用二进制长除法 当十进制数比较小的时候，将十进制分数转换为二进制的一个简单方法就是：先将分子与分母转换为二进制，再执行长除。例如，十进制数 0.5 表示为分数就是 5/10，那么十进制 5 等于二进制 0101，十进制 10 等于二进制 1010。执行了长除之后，商为二进制数 0.1：

```
              .1
      1010 | 0101.0
            −101 0
              ─────
                 0
```

当被除数减去除数 1010 的结果为 0 时，除法完成。因此，十进制分数 5/10 等于二进制数 0.1。这种方法被称为二进制长除法（binary long division method）[3]。

用二进制表示 0.2 下面用二进制长除法将十进制数 0.2（2/10）转换为二进制数。首先，用二进制 10 除以二进制 1010（十进制 10）：

```
              .00110011（略）
      1010 | 10.00000000
              1 010
              ─────
               1100
               1010
               ────
               10000
                1010
                ────
                1100
                1010
                ────
                略
```

第一个足够大到能上商的数是 10000。从 10000 减去 1010 后，余数为 110。添加一个 0 后，形成新的被除数 1100。从 1100 减去 1010 后，余数为 10。添加三个 0 后，形成新的被除数 10000。这个数与第一个被除数相同。从这里开始，商的位序列出现重复（0011…），由此可知，不会得到确定的商，所以，0.2 也不能表示为有限位的数。其单精度编码的有效数字为 10011001100110011001100。

1. 单精度数转换为十进制

IEEE 单精度数转换为十进制时，建议步骤如下：

1）若 MSB 为 1，该数为负；否则，该数为正。

2）其后 8 位为阶码。从中减去二进制值 01111111（十进制数 127），生成无偏差阶码。将无偏差阶码转换为十进制。

3）其后 23 位表示有效数字。添加 "1."，后面紧跟有效数字位，尾随零可以忽略。用形成的有效数字、第一步得到的符号和第二步计算出来的阶码，就构成一个二进制浮点数。

4）对第三步生成的二进制数进行非规格化。（按照阶码的值移动二进制小数点。如果阶码为正，则右移；如果阶码为负，则左移。）

5）利用加权位计数法，从左到右，将二进制浮点数转换为 2 的幂之和，形成十进制数。

2. 示例：IEEE（0 10000010 01011000000000000000000）**转换为十进制**

1）该数为正数。

2）无偏差阶码的二进制值为 00000011，十进制值为 3。

3）将符号、阶码和有效数字组合起来即得该二进制数为 $+1.01011 \times 2^3$。

4）非规格化二进制数为 +1010.11。

5）则该数的十进制值为 $+10\frac{3}{4}$，或 +10.75。

12.1.6 本节回顾

1. 为什么单精度实数格式中的阶码不能为 -127？
2. 为什么单精度实数格式中的阶码不能为 +128？
3. IEEE 双精度格式中，用多少位表示有效数字的小数部分？
4. IEEE 单精度格式中，用多少位表示阶码？

12.2 浮点单元

Intel 8086 处理器的设计使之只能处理整数运算。这对于使用浮点运算的图形和计算密集型软件来说就变成了麻烦。尽管也可以纯粹地通过软件来模拟浮点运算，但这样会带来严重的性能损失。像 AutoCad（来自 Autodesk 公司）这样的应用程序要求用更强大的方法来执行浮点运算。Intel 发售了一款独立浮点协处理器芯片 8087，它与每一代处理器一起升级。当 Intel 486 出现时，浮点硬件就被集成到主 CPU 中，称为 FPU。

12.2.1 FPU 寄存器栈

FPU 不使用通用寄存器（EAX、EBX 等等）。反之，它有自己的一组寄存器，称为寄存器栈（register stack）。数值从内存加载到寄存器栈，然后执行计算，再将堆栈数值保存到内存。FPU 指令用后缀（postfix）形式计算算术表达式，这和惠普计算器的方法大致相同。比如，现有一个中缀表达式（infix expression）：（5*6）+4，其后缀表达式为

```
5 6 * 4 +
```

中缀表达式（A+B）*C 要用括号来覆盖默认的优先级规则（乘法在加法之前）。与之等效的后缀表达式则不需要括号：

```
A B + C *
```

表达式堆栈　在计算后缀表达式的过程中，用堆栈来保存中间结果。图 12-2 展示了计算后缀表达式 56*4- 所需的步骤。堆栈条目被标记为 ST（0）和 ST（1），其中 ST（0）表示堆栈指针通常所指位置。

从左到右	堆栈	操作
5	5	ST(0) 5 入栈
5 6	5 6	ST(1) 6 入栈 ST(0)
5 6 *	30	ST(0) ST(0) 乘以 ST(1), ST(0) 弹出堆栈
5 6 * 4	30 4	ST(1) 4 入栈 ST(0)
5 6 * 4 -	26	ST(0) ST(1) 减去 ST(0), ST(0) 弹出堆栈

图 12-2　计算后缀表达式 56*4-

中缀表达式转换为后缀表达式的常见方法在互联网以及计算机科学入门读物中都可以查阅到，此处不再赘述。表 12-8 给出了一些等价表达式。

1. FPU 数据寄存器

FPU 有 8 个独立的、可寻址的 80 位数据寄存器 R0 ~ R7（参见图 12-3），这些寄存器

合称为寄存器栈。FPU 状态字中名为 TOP 的一个 3 位字段给出了当前处于栈顶的寄存器编号。例如，在图 12-3 中，TOP 等于二进制数 011，这表示栈顶为 R3。在编写浮点指令时，这个位置也称为 ST（0）（或简写为 ST）。最后一个寄存器为 ST（7）。

表 12-8 中缀转为后缀的例子

中缀	后缀	中缀	后缀
A+B	AB+	(A+B)*(C+D)	AB+CD+*
(A−B)/D	AB−D/	((A+B)/C)*(E−F)	AB+C/EF−*

如同所想的一样，入栈（push）操作（也称为加载）将 TOP 减 1，并把操作数复制到标识为 ST（0）的寄存器中。如果在入栈之前，TOP 等于 0，那么 TOP 就回绕到寄存器 R7。出栈（pop）操作（也称为保存）把 ST（0）的数据复制到操作数，再将 TOP 加 1。如果在出栈之前，TOP 等于 7，则 TOP 就回绕到寄存器 R0。如果加载到堆栈的数值覆盖了寄存器栈内原有的数据，就会产生一个浮点异常（floating-point exception）。图 12-4 展示了数据 1.0 和 2.0 入栈后的堆栈情况。

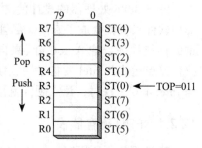

图 12-3 浮点数据寄存器栈

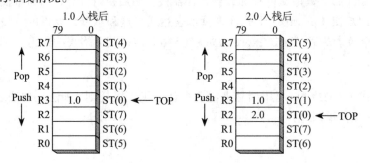

图 12-4 1.0 和 2.0 入栈后的 FPU 栈

尽管理解 FPU 如何用一组有限数量的寄存器实现堆栈很有意思，但这里只需关注 ST（n），其中 ST（0）总是表示栈顶。从这里开始，引用栈寄存器时将使用 ST（0），ST（1），以此类推。指令操作数不能直接引用寄存器编号。

寄存器中浮点数使用的是 IEEE 10 字节扩展实数格式（也被称为临时实数（temporary real））。当 FPU 把算术运算结果存入内存时，它会把结果转换成如下格式之一：整数、长整数、单精度（短实数）、双精度（长实数），或者压缩二进制编码的十进制数（BCD）。

2. 专用寄存器

FPU 有 6 个专用（special-purpose）寄存器（参见图 12-5）：

- **操作码寄存器**：保存最后执行的非控制指令的操作码。
- **控制寄存器**：执行运算时，控制精度以及 FPU 使用的舍入方法。还可以用这个寄存器来屏蔽（隐藏）单个浮点异常。
- **状态寄存器**：包含栈顶指针、条件码和异常警告。
- **标识寄存器**：指明 FPU 数据寄存器栈内每个寄存

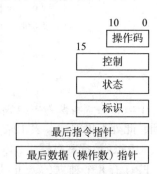

图 12-5 FPU 专用寄存器

器的内容。其中，每个寄存器都用两位来表示该寄存器包含的是一个有效数、零、特殊数值（NaN、无穷、非规格化，或不支持的格式），还是为空。
- **最后指令指针寄存器**：保存指向最后执行的非控制指令的指针。
- **最后数据（操作数）指针寄存器**：保存指向数据操作数的指针，如果存在，那么该数被最后执行的指令所使用。

操作系统使用这些专用寄存器在任务切换时保存状态信息。本书第 2 章在解释 CPU 如何执行多任务时提到过状态保存。

12.2.2 舍入

FPU 尝试从浮点计算中产生非常精确的结果。但是，在很多情况下这是不可能的，因为目标操作数可能无法精确表示计算结果。比如，假设现有一特定存储格式只允许 3 个小数位。那么，该格式可以保存形如 1.011 或 1.101 的数值，而不能保存形如 1.0101 的数值。若计算的精确结果为 +1.0111（十进制数 1.4375），那么，既可以通过加 0.0001 向上舍入该数，也可以通过减 0.0001 向下舍入：

(a) $1.0111 \rightarrow 1.100$

(b) $1.0111 \rightarrow 1.011$

若精确结果是负数，那么加 -0.0001 会使舍入结果更接近 $-\infty$。而减去 -0.0001 会使舍入结果更接近 0 和 $+\infty$：

(a) $-1.0111 \rightarrow -1.100$

(b) $-1.0111 \rightarrow -1.011$

FPU 可以在四种舍入方法中进行选择：

- **舍入到最接近的偶数**（round to nearest even）：舍入结果最接近无限精确的结果。如果有两个值近似程度相同，则取偶数值（LSB=0）。
- **向 $-\infty$ 舍入**（round down to $-\infty$）：舍入结果小于或等于无限精确结果。
- **向 $+\infty$ 舍入**（round down to $+\infty$）：舍入结果大于或等于无限精确结果。
- **向 0 舍入**（round toward zero）：（也被称为截断法）：舍入结果的绝对值小于或等于无限精确结果。

FPU 控制字　FPU 控制字用两位指明使用的舍入方法，这两位被称为 RC 字段，字段数值（二进制）如下：

- 00：舍入到最接近的偶数（默认）。
- 01：向负无穷舍入。
- 10：向正无穷舍入。
- 11：向 0 舍入（截断）。

舍入到最接近的偶数是默认选择，它被认为是最精确的，也最适合大多数应用程序。表 12-9 以二进制数 +1.0111 为例，展示了四种舍入方法。同样，表 12-10 展示了二进制数 -1.0111 的舍入结果。

表 12-9　示例：+1.0111 的舍入

方法	精确结果	舍入结果	方法	精确结果	舍入结果
舍入到最接近的偶数	1.0111	1.100	向 $+\infty$ 舍入	1.0111	1.100
向 $-\infty$ 舍入	1.0111	1.011	向 0 舍入	1.0111	1.011

表 12-10　示例：-1.0111 的舍入

方法	精确结果	舍入结果	方法	精确结果	舍入结果
舍入到最接近的（偶）数	-1.0111	-1.100	向 +∞ 舍入	-1.0111	-1.011
向 -∞ 舍入	-1.0111	-1.100	向 0 舍入	-1.0111	-1.011

12.2.3　浮点数异常

每个程序都可能出错，而 FPU 就需要处理这些结果。因而，它要识别并检测 6 种类型的异常条件：无效操作（#I）、除零（#Z）、非规格化操作数（#D）、数字上溢（#O）、数字下溢（#U），以及模糊精度（#P）。前三个（#I、#Z 和 #D）在全部运算操作发生前进行检测，后三个（#O、#U 和 #P）则在操作发生后检测。

每种异常都有对应的标志位和屏蔽位。当检测到浮点异常时，处理器将与之匹配的标志位置 1。每个被处理器标记的异常都有两种可能的操作：

- 如果相应的屏蔽位置 1，那么处理器自动处理异常并继续执行程序。
- 如果相应的屏蔽位清 0，那么处理器将调用软件异常处理程序。

大多数程序普遍都可以接受处理器的屏蔽（自动）响应。如果应用程序需要特殊响应，那么可以使用自定义异常处理程序。一条指令能触发多个异常，因此处理器要持续保存自上一次异常清零后所发生的全部异常。完成一系列计算后，可以检测是否发生了异常。

12.2.4　浮点数指令集

FPU 指令集有些复杂，因此本节尝试对其功能进行概述，并用具体例子给出编译器通常会生成的代码。此外，本节还将看到如何通过改变舍入模式来控制 FPU。指令集包括如下基本指令类型：

- 数据传送
- 基本算术运算
- 比较
- 超越函数
- 常数加载（仅对专门预定义的常数）
- x87 FPU 控制
- x87 FPU 和 SIMD 状态管理

浮点指令名用字母 F 开头，以区别于 CPU 指令。指令助记符的第二个字母（通常为 B 或 I）指明如何解释内存操作数：B 表示 BCD 操作数，I 表示二进制整数操作数。如果这两个字母都没有使用，则内存操作数将被认为是实数。比如，FBLD 操作对象为 BCD 数值，FILD 操作对象为整数，而 FLD 操作对象为实数。

附录 B 中的表 B-3 为 x86 浮点指令参考列表。

操作数　浮点指令可以包含零操作数、单操作数和双操作数。如果是双操作数，那么其中一个必然为浮点寄存器。指令中没有立即操作数，但是某些预定义常数（如 0.0、π 和 $\log_2 10$）可以加载到堆栈。通用寄存器 EAX、EBX、ECX 和 EDX 不能作为操作数。（唯一的例外是 FSTSW，它将 FPU 状态字保存在 AX 中。）不允许内存 - 内存操作。

整数操作数从内存（不是从 CPU 寄存器）加载到 FPU，并自动转换为浮点格式。同样，将浮点数保存到整数内存操作数时，该数值也会被自动截断或舍入为整数。

1. 初始化（FINIT）

FINIT 指令对 FPU 进行初始化。将 FPU 控制字设置为 037Fh，即屏蔽（隐藏）了所有浮点异常；舍入模式设置为最近偶数，计算精度设置为 64 位。建议在程序开始时调用 FINIT，这样就可以了解处理器的起始状态。

2. 浮点数据类型

现在快速回顾一下 MASM 支持的浮点数据类型（QWORD、TBYTE、REAL4、REAL8 和 REAL10），如表 12-11 所示。在定义 FPU 指令的内存操作数时，将会使用到这些类型。例如，加载一个浮点变量到 FPU 堆栈，这个变量可以定义为 REAL4，REAL8 或 REAL10：

表 12-11 内部数据类型

类型	用法
QWORD	64 位整数
TBYTE	80 位（10 字节）整数
REAL4	32 位（4 字节）IEEE 短实数
REAL8	64 位（8 字节）IEEE 长实数
REAL10	80 位（10 字节）IEEE 扩展实数

```
.data
bigVal REAL10 1.212342342234234243E+864
.code
fld bigVal    ;加载变量到堆栈
```

3. 加载浮点数值（FLD）

FLD（加载浮点数值）指令将浮点操作数复制到 FPU 堆栈栈顶（称为 ST(0)）。操作数可以是 32 位、64 位、80 位的内存操作数（REAL4、REAL8、REAL10）或另一个 FPU 寄存器：

```
FLD m32fp
FLD m64fp
FLD m80fp
FLD ST(i)
```

内存操作数类型　FLD 支持的内存操作数类型与 MOV 指令一样。示例如下：

```
.data
array REAL8 10 DUP(?)
.code
fld array                          ;直接寻址
fld [array+16]                     ;直接偏移
fld REAL8 PTR[esi]                 ;间接寻址
fld array[esi]                     ;变址寻址
fld array[esi*8]                   ;带比例因子的变址
fld array[esi*TYPE array]          ;带比例因子的变址
fld REAL8 PTR[ebx+esi]             ;基址 - 变址
fld array[ebx+esi]                 ;基址 - 变址 - 偏移量
fld array[ebx+esi*TYPE array]      ;带比例因子的基址 - 变址 - 偏移量
```

示例　下面的例子加载两个直接操作数到 FPU 堆栈：

```
.data
dblOne    REAL8 234.56
dblTwo    REAL8 10.1
.code
fld  dblOne       ; ST(0) = dblOne
fld  dblTwo       ; ST(0) = dblTwo, ST(1) = dblOne
```

每条指令执行后的堆栈情况如下图所示：

```
fld dblOne    ST(0) | 234.56 |

fld dblTwo    ST(1) | 234.56 |
              ST(0) |  10.1  |
```

执行第二条 FLD 时，TOP 减 1，这使得之前标记为 ST（0）的堆栈元素变为了 ST（1）。

FILD　　FILD（加载整数）指令将 16 位、32 位或 64 位有符号整数源操作数转换为双精度浮点数，并加载到 ST（0）。源操作数符号保留，其用法将在 12.2.10 节（混合模式运算）进行说明。FILD 支持的内存操作数类型与 MOV 指令一致（间接、变址、基址 – 变址等）。

加载常数　　下面的指令将特定常数加载到堆栈。这些指令没有操作数：

- FLD1 指令将 1.0 压入寄存器堆栈。
- FLDL2T 指令将 $\log_2 10$ 压入寄存器堆栈。
- FLDL2E 指令将 $\log_2 e$ 压入寄存器堆栈。
- FLDPI 指令将 π 压入寄存器堆栈。
- FLDLG2 指令将 $\log_{10} 2$ 压入寄存器堆栈。
- FLDLN2 指令将 $\log_e 2$ 压入寄存器堆栈。
- FLDZ（加载零）指令将 0.0 压入 FPU 堆栈。

4. 保存浮点数值（FST，FSTP）

FST（保存浮点数值）指令将浮点操作数从 FPU 栈顶复制到内存。FST 支持的内存操作数类型与 FLD 一致。操作数可以为 32 位、64 位、80 位内存操作数（REAL4、REAL8、REAL10）或另一个 FPU 寄存器：

```
FST    m32fp                    FST    m80fp
FST    m64fp                    FST    ST(i)
```

FST 不是弹出堆栈。下面的指令将 ST（0）保存到内存。假设 ST（0）等于 10.1，ST（1）等于 234.56：

```
fst    dblThree                 ; 10.1
fst    dblFour                  ; 10.1
```

直观地说，代码段期望 dblFour 等于 234.56。但是第一条 FST 指令把 10.1 留在 ST（0）中。如果代码段的意图是把 ST（1）复制到 dblFour，那么就要用 FSTP 指令。

FSTP　　FSTP（保存浮点值并将其出栈）指令将 ST（0）的值复制到内存并将 ST（0）弹出堆栈。假设执行下述指令前 ST（0）等于 10.1，ST（1）等于 234.56：

```
fstp   dblThree                 ; 10.1
fstp   dblFour                  ; 234.56
```

指令执行后，这两个数值会从堆栈中逻辑移除。从物理上看，每次执行 FSTP，TOP 指针都会减 1，修改 ST（0）的位置。

FIST（保存整数）指令将 ST（0）的值转换为有符号整数，并把结果保存到目标操作数。保存的值可以为字或双字。其用法将在 12.2.10 节（混合模式运算）进行说明。FIST 支持的内存操作数类型与 FST 一致。

12.2.5　算术运算指令

表 12-12 列出了基本算术运算操作。所有算术运算指令支持的内存操作数类型与 FLD（加载）和 FST（保存）一致，因此，操作数可以是间接操作数、变址操作数和基址 – 变址操作数等等。

表 12-12　基本浮点算术运算指令

指令	说明
FCHS	修改符号
FADD	源操作数与目的操作数相加
FSUB	从目的操作数中减去源操作数
FSUBR	从源操作数中减去目的操作数
FMUL	源操作数与目的操作数相乘
FDIV	目的操作数除以源操作数
FDIVR	源操作数除以目的操作数

1. FCHS 和 FABS

FCHS（修改符号）指令将 ST（0）中浮点数值的符号取反。FABS（绝对值）指令清除 ST（0）中数值的符号，以得到它的绝对值。这两条指令都没有操作数：

```
FCHS
FABS
```

2. FADD、FADDP、FIADD

FADD（加法）指令格式如下，其中，m32fp 是 REAL4 内存操作数，m64fp 是 REAL8 内存操作数，i 是寄存器编号：

```
FADD⁴
FADD  m32fp
FADD  m64fp
FADD  ST(0), ST(i)
FADD  ST(i), ST(0)
```

无操作数　如果 FADD 没有操作数，则 ST（0）与 ST（1）相加，结果暂存在 ST（1）。然后 ST（0）弹出堆栈，把加法结果保留在栈顶。假设堆栈已经包含了两个数值，下图展示了 FADD 的操作：

```
fadd   执行前   ST(1)  | 234.56 |
                ST(0)  |  10.1  |

       执行后   ST(0)  | 244.66 |
```

寄存器操作数　从同样的栈开始，如下所示将 ST（0）加到 ST（1）：

```
fadd st(1), st(0)  执行前   ST(1)  | 234.56 |
                            ST(0)  |  10.1  |

                   执行后   ST(1)  | 244.66 |
                            ST(0)  |  10.1  |
```

内存操作数　如果使用的是内存操作数，FADD 将操作数与 ST（0）相加。示例如下：

```
fadd  mySingle              ; ST(0) += mySingle
fadd  REAL8 PTR[esi]        ; ST(0) += [esi]
```

FADDP　FADDP（相加并出栈）指令先执行加法操作，再将 ST（0）弹出堆栈。MASM 支持如下格式：

```
FADDP ST(i),ST(0)
```

下图演示了 FADDP 的操作过程：

```
faddp st(1), st(0)  执行前   ST(1)  | 234.56 |
                             ST(0)  |  10.1  |

                    执行后   ST(0)  | 244.66 |
```

FIADD　FIADD（整数加法）指令先将源操作数转换为扩展双精度浮点数，再与 ST（0）相加。指令语法如下：

```
FIADD  m16int
FIADD  m32int
```

示例：

```
.data
myInteger DWORD 1
.code
fiadd   myInteger              ; ST(0) += myInteger
```

3. FSUB、FSUBP、FISUB

FSUB 指令从目的操作数中减去源操作数，并把结果保存在目的操作数中。目的操作数总是一个 FPU 寄存器，源操作数可以是 FPU 寄存器或者内存操作数。该指令操作数类型与 FADD 指令一致：

```
FSUB[5]
FSUB    m32fp
FSUB    m64fp
FSUB    ST(0), ST(i)
FSUB    ST(i), ST(0)
```

FSUB 的操作与 FADD 相似，只不过它进行的是减法而不是加法。比如，无参数 FSUB 实现 ST(1)-ST(0)，结果暂存于 ST(1)。然后 ST(0) 弹出堆栈，将减法结果留在栈顶。若 FSUB 使用内存操作数，则从 ST(0) 中减去内存操作数，且不再弹出堆栈。

```
fsub    mySingle               ; ST(0) -= mySingle
fsub    array[edi*8]           ; ST(0) -= array[edi*8]
```

FSUBP FSUBP（相减并出栈）指令先执行减法，再将 ST(0) 弹出堆栈。MASM 支持如下格式：

```
FSUBP ST(i),ST(0)
```

FISUB FISUB（整数减法）指令先把源操作数转换为扩展双精度浮点数，再从 ST(0) 中减去该操作数：

```
FISUB   m16int
FISUB   m32int
```

4. FMUL、FMULP、FIMUL

FMUL 指令将源操作数与目的操作数相乘，乘积保存在目的操作数中。目的操作数总是一个 FPU 寄存器，源操作数可以为寄存器或者内存操作数。其语法与 FADD 和 FSUB 相同：

```
FMUL[6]
FMUL    m32fp
FMUL    m64fp
FMUL    ST(0), ST(i)
FMUL    ST(i), ST(0)
```

除了执行的是乘法而不是加法外，FMUL 的操作与 FADD 相同。比如，无参数 FMUL 将 ST(0) 与 ST(1) 相乘，乘积暂存于 ST(1)。然后 ST(0) 弹出堆栈，将乘积留在栈顶。同样，使用内存操作数的 FMUL 则将内存操作数与 ST(0) 相乘：

```
fmul    mySingle               ; ST(0) *= mySingle
```

FMULP FMULP（相乘并出栈）指令先执行乘法，再将 ST(0) 弹出堆栈。MASM 支持如下格式：

```
FMULP ST(i),ST(0)
```

FIMUL 与 FIADD 相同，只是它执行的是乘法而不是加法：

```
FIMUL m16int
FIMUL m32int
```

5. FDIV、FDIVP、FIDIV

FDIV 指令执行目的操作数除以源操作数，被除数保存在目的操作数中。目的操作数总是一个寄存器，源操作数可以为寄存器或者内存操作数。其语法与 FADD 和 FSUB 相同：

```
FDIV[7]
FDIV  m32fp
FDIV  m64fp
FDIV  ST(0), ST(i)
FDIV  ST(i), ST(0)
```

除了执行的是除法而不是加法外，FDIV 的操作与 FADD 相同。比如，无参数 FDIV 执行 ST（1）除以 ST（0）。然后 ST（0）弹出堆栈，将被除数留在栈顶。使用内存操作数的 FDIV 将 ST（0）除以内存操作数。下面的代码将 dblOne 除以 dblTwo，并将商保存到 dblQuot：

```
       .data
dblOne    REAL8   1234.56
dblTwo    REAL8   10.0
dblQuot   REAL8   ?
       .code
       fld    dblOne    ;加载到 ST(0)
       fdiv   dblTwo    ;ST(0) 除以 dblTwo
       fstp   dblQuot   ;将 ST(0) 保存到 dblQuot
```

若源操作数为 0，则产生除零异常。若源操作数等于正、负无穷，零或 NaN，则使用一些特殊情况。更多细节，请参阅 Intel 指令集参考（Intel Instruction Set Reference）手册。

FIDIV　FIDIV 指令先将整数源操作数转换为扩展双精度浮点数，再执行与 ST（0）的除法。其语法如下：

```
FIDIV  m16int
FIDIV  m32int
```

12.2.6　比较浮点数值

浮点数不能使用 CMP 指令进行比较，因为后者是通过整数减法来执行比较的。取而代之，必须使用 FCOM 指令。执行 FCOM 指令后，还需要采取特殊步骤，然后再使用逻辑 IF 语句中的条件跳转指令（JA、JB、JE 等）。由于所有的浮点数都为隐含的有符号数，因此，FCOM 执行的是有符号比较。

FCOM、FCOMP、FCOMPP　FCOM（比较浮点数）指令将其源操作数与 ST（0）进行比较。源操作数可以为内存操作数或 FPU 寄存器。其语法如右：

FCOMP 指令的操作数类型和执行的操作与 FCOM 指令相同，但是它要将 ST（0）弹出堆栈。FCOMPP 指令与

指令	说明
FCOM	比较 ST(0) 与 ST(1)
FCOM m32fp	比较 ST(0) 与 m32fp
FCOM m64fp	比较 ST(0) 与 m64fp
FCOM ST(i)	比较 ST(0) 与 ST(i)

FCOMP 相同，但是它有两次出栈操作。

条件码 FPU 条件码标识有 3 个，C3、C2 和 C0，用以说明浮点数比较的结果（表 12-13）。由于 C3、C2 和 C0 的功能分别与零标志位（ZF）、奇偶标志位（PF）和进位标志位（CF）相同，因此表中列标题给出了与之等价的 CPU 状态标识。

表 12-13　FCOM、FCOMP 和 FCOMPP 设置的条件码

条件	C3（零标志位）	C2（奇偶标志位）	C0（进位标志位）	使用的条件跳转指令
ST（0）>SPC	0	0	0	JA.JNBE
ST（0）<SPC	0	0	1	JB.JNAE
ST（0）=SPC	1	0	0	JE.JZ
无序[①]	1	1	1	（无）

[①] 如果出现无效算术运算操作数异常（无效操作数），且该异常被屏蔽，则 C3、C2 和 C0 按照标记为"无序"的行来设置。

在比较了两个数值并设置了 FPU 条件码之后，遇到的主要挑战就是怎样根据条件分支到相应标号。这包括了两个步骤：

- 用 FNSTSW 指令把 FPU 状态字送入 AX。
- 用 SAHF 指令把 AH 复制到 EFLAGS 寄存器。

条件码送入 EFLAGS 之后，就可以根据 ZF、PF 和 CF 进行条件跳转。表 12-13 列出了每种标志位组合所对应的条件跳转。根据该表还可以推出其他跳转：如果 CF=0，则可以使用 JAE 指令引发控制转移；如果 CF=1 或 ZF=1，则可使用 JBE 指令引发控制转移；如果 ZF=0，则可使用 JNE 指令。

示例　现有如下 C++ 代码段：

```
double X = 1.2;
double Y = 3.0;
int N = 0;
if( X < Y )
    N = 1;
```

与之等效的汇编语言代码如下：

```
.data
X REAL8  1.2
Y REAL8  3.0
N DWORD 0
.code
; if( X < Y )
;   N = 1
    fld     X                       ; ST(0) = X
    fcomp   Y                       ; 比较 ST(0) 和 Y
    fnstsw  ax                      ; 状态字送入 AX
    sahf                            ; AH 复制到 EFLAGS
    jnb     L1                      ; X 不小于 Y？跳过
    mov     N,1                     ; N = 1
L1:
```

P6 处理器的改进　对上面的例子需要说明一点的是浮点数比较的运行时开销大于整数比较。考虑到这一点，Intel P6 系列引入了 FCOMI 指令。该指令比较浮点数值，并直接设置 ZF、PF 和 CF。（P6 系列以 Pentium Pro 和 Pentium II 处理器为起点。）FCOMI 的语法如下：

```
FCOMI ST(0),ST(i)
```

现在用 FCOMI 重写前面的示例代码（比较 X 和 Y）：

```
.code
; if( X < Y )
;       N = 1
    fld     Y               ; ST(0) = Y
    fld     X               ; ST(0) = X, ST(1) = Y
    fcomi   ST(0),ST(1)     ; 比较 ST(0) 和 ST(1)
    jnb     L1              ; ST(0) 不小于 ST(1)？跳过
    mov     N,1             ; N = 1
L1:
```

FCOMI 指令代替了之前代码段中的三条指令，但是增加了一条 FLD 指令。FCOMI 指令不使用内存操作数。

相等比较

几乎所有的编程入门教材都会警告读者不要进行浮点数相等的比较，其原因是在计算过程中出现的舍入误差。现在通过计算表达式（sqrt（2.0）*sqrt（2.0））–2.0 来对这个问题进行说明。从数学上看，这个表达式应该等于 0，但计算结果却相差甚远（约等于 4.4408921E-016）。使用如下数据，表 12-14 列出了每一步计算后 FPU 堆栈的情况：

表 12-14　计算（sqrt（2.0）*sqrt（2.0））–2.0

指令	FPU 堆栈
fld val1	ST(0)：+2.0000000E+000
fsqrt	ST(0)：+1.4142135E+000
fmul ST(0), ST(0)	ST(0)：+2.0000000E+000
fsub val1	ST(0)：+4.4408921E-016

```
val1 REAL8 2.0
```

比较两个浮点数 x 和 y 的正确方法是取它们差值的绝对值 $|x-y|$，再将其与用户定义的误差值 epsilon 进行比较。汇编语言代码如下，其中，epsilon 为两数差值允许的最大值，不大于该值则认为这两个浮点数相等：

```
.data
epsilon REAL8 1.0E-12
val2    REAL8 0.0           ;比较的数值
val3    REAL8 1.001E-13     ;认为等于val2
.code
; 如果( val2 == val3 ), 显示 "Values are equal".
    fld     epsilon
    fld     val2
    fsub    val3
    fabs
    fcomi   ST(0),ST(1)
    ja      skip
    mWrite  <"Values are equal",0dh,0ah>
skip:
```

表 12-15 跟踪程序执行过程，显示了前四条指令执行后的堆栈情况。

表 12-15　计算点积（6.0*2.0）+（4.5*3.2）

指令	FPU 堆栈	指令	FPU 堆栈
fld epsilon	ST(0)：+1.0000000E-012		ST(1)：+1.0000000E-012
fld val2	ST(0)：+0.0000000E+000	fabs	ST(0)：+1.0010000E-013
	ST(1)：+1.0000000E-012		ST(1)：+1.0000000E-012
fsub val3	ST(0)：-1.0010000E-013	fcomi ST(0), ST(1)	ST(0)<ST(1), so CF=1, ZF=0

如果将 val3 重新定义为大于 epsilon，它就不会等于 val2：

```
val3 REAL8 1.001E-12           ;不相等
```

12.2.7 读写浮点数值

本书链接库有两个浮点数输入输出过程，它们由圣何塞州立大学（San Jose State University）的威廉姆·巴雷特（William Barrett）编写：

- ReadFloat：从键盘读取一个浮点数，并将其压入浮点堆栈。
- WriteFloat：将 ST(0) 中的浮点数以阶码形式写到控制台窗口。

ReadFloat 接收各种形式的浮点数，示例如下：

```
35
+35.
-3.5
.35
3.5E5
3.5E005
-3.5E+5
3.5E-4
+3.5E-4
```

ShowFPUStack　另一个有用的过程，由太平洋路德大学（Pacific Lutheran University）的詹姆斯·布林克（James Brink）编写，能够显示 FPU 堆栈。调用该过程不需要参数：

```
call ShowFPUStack
```

示例程序　下面的示例程序把两个浮点数压入 FPU 堆栈并显示，再由用户输入两个数，将它们相乘并显示乘积：

```
;32 位浮点数 I/O 测试            (floatTest32.asm)
INCLUDE Irvine32.inc
INCLUDE macros.inc
.data
first   REAL8 123.456
second  REAL8 10.0
third   REAL8 ?
.code
main PROC
    finit                 ;初始化 FPU
;两个浮点数入栈，并显示 FPU 堆栈。
    fld   first
    fld   second
    call  ShowFPUStack
;输入两个浮点数并显示它们的乘积。
    mWrite "Please enter a real number: "
    call  ReadFloat

    mWrite "Please enter a real number: "
    call  ReadFloat

    fmul  ST(0),ST(1)     ;相乘

    mWrite "Their product is: "
    call  WriteFloat
    call  Crlf
```

```
        exit
main ENDP
END main
```

示例输入/输出（用户输入显示为粗体）如下：

```
------ FPU Stack ------
ST(0): +1.0000000E+001
ST(1): +1.2345600E+002
Please enter a real number: 3.5
Please enter a real number: 4.2
Their product is: +1.4700000E+001
```

12.2.8 异常同步

整数（CPU）和 FPU 是相互独立的单元，因此，在执行整数和系统指令的同时可以执行浮点指令。这个功能被称为并行性（concurrency），当发生未屏蔽的浮点异常时，它可能是个潜在的问题。反之，已屏蔽异常则不成问题，因为，FPU 总是可以完成当前操作并保存结果。

发生未屏蔽异常时，中断当前的浮点指令，FPU 发异常事件信号。当下一条浮点指令或 FWAIT（WAIT）指令将要执行时，FPU 检查待处理的异常。如果发现有这样的异常，FPU 就调用浮点异常处理程序（子程序）。

如果引发异常的浮点指令后面跟的是整数或系统指令，情况又会是怎样的呢？很遗憾，指令不会检查待处理异常——它们会立即执行。假设第一条指令将其输出送入一个内存操作数，而第二条指令又要修改同一个内存操作数，那么异常处理程序就不能正确执行。示例如下：

```
.data
intVal DWORD 25
.code
fild intVal    ;将整数加载到ST(0)
inc  intVal    ;整数加1
```

设置 WAIT 和 FWAIT 指令是为了在执行下一条指令之前，强制处理器检查待处理且未屏蔽的浮点异常。这两条指令中的任一条都可以解决这种潜在的同步问题，直到异常处理程序结束，才执行 INC 指令。

```
fild intVal    ;将整数加载到ST(0)
fwait          ;等待待处理异常
inc  intVal    ;整数加1
```

12.2.9 代码示例

本节将用几个简短的例子来演示浮点算术运算指令。一个很好的学习方法是用 C++ 编写表达式，编译后，再检查由编译器生成的代码。

1. 表达式

现在编写代码，计算表达式 valD=-valA+（valB*valC）。下面给出一种可能的循序渐进的方法：将 valA 加载到堆栈，并取其负数；将 valB 加载到 ST（0），则 valA 成为 ST（1）；将 ST（0）和 valC 相乘，乘积保存在 ST（0）中；将 ST（1）与 ST（0）相加，和数保存到 valD：

```
.data
valA REAL8 1.5
valB REAL8 2.5
valC REAL8 3.0
valD REAL8 ?; +6.0
.code
fld  valA              ; ST(0) = valA
fchs                   ; 修改 ST(0) 的符号
fld  valB              ; 将 valB 加载到 ST(0)
fmul valC              ; ST(0) *= valC
fadd                   ; ST(0) += ST(1)
fstp valD              ; 将 ST(0) 保存到 valD
```

2. 数组求和

下面的代码计算并显示一个双精度实数数组之和：

```
ARRAY_SIZE = 20
.data
sngArray   REAL8   ARRAY_SIZE DUP(?)
.code
    mov   esi,0                  ; 数组索引
    fldz                         ; 0.0 入栈
    mov   ecx,ARRAY_SIZE
L1: fld   sngArray[esi]          ; 将内存操作数加载到 ST(0)
    fadd                         ; ST(0) 加 ST(1)，出栈
    add   esi,TYPE REAL8         ; 移到下一个元素
    loop  L1

    call  WriteFloat             ; 显示 ST(0) 中的和数
```

3. 平方根之和

FSQRT 指令对 ST（0）中的数值求平方根，并将结果送回 ST（0）。下面的代码计算了两个数的平方根之和：

```
.data
valA REAL8 25.0
valB REAL8 36.0
.code
fld  valA              ; valA 入栈
fsqrt                  ; ST(0) = sqrt(valA)
fld  valB              ; valB 入栈
fsqrt                  ; ST(0) = sqrt(valB)
fadd                   ; ST(0)+ST(1)
```

4. 数组点积

下面的代码计算了表达式（array[0]*array[1]）+（array[2]*array[3]）。该计算有时也被称为点积（dot product）。表 12-16 列出了每条指令执行后，FPU 堆栈的情况。输入数据如下：

```
.data
array REAL4 6.0, 2.0, 4.5, 3.2
```

表 12-16　计算点积（6.0*2.0）+（4.5*3.2）

指令	FPU 堆栈	指令	FPU 堆栈
fld array	ST(0): +6.0000000E+000	fmul [array+12]	ST(0): +1.4400000E+001
fmul [array+4]	ST(0): +1.2000000E+001		ST(1): +1.2000000E+001
fld [array+8]	ST(0): +4.5000000E+000	fadd	ST(0): +2.6400000E+001
	ST(1): +1.2000000E+001		

12.2.10 混合模式运算

到目前为止，算术运算只涉及实数。应用程序通常执行的是包含了整数与实数的混合模式运算。整数运算指令，如 ADD 和 MUL，不能操作实数，因此只能选择用浮点指令。Intel 指令集提供指令将整数转换为实数，并将数值加载到浮点堆栈。

示例 下面的 C++ 代码将一个整数与一个双精度数相加，并把和数保存为双精度数。C++ 在执行加法前，把整数自动转换为实数：

```
int N = 20;
double X = 3.5;
double Z = N + X;
```

与之等效的汇编代码如下：

```
.data
N SDWORD 20
X REAL8 3.5
Z REAL8 ?
.code
fild N      ; 整数加载到 ST(0)
fadd X      ; 将内存操作数与 ST(0) 相加
fstp Z      ; 将 ST(0) 保存到内存操作数
```

示例 下面的 C++ 程序把 N 转换为双精度数后，计算一个实数表达式，再将结果保存为整数变量：

```
int N = 20;
double X = 3.5;
int Z = (int) (N + X);
```

Visual C++ 生成的代码先调用转换函数（ftol），再把截断的结果保存到 Z。如果在表达式的汇编代码中使用 FIST，那么就可以避免函数调用，不过 Z（默认）会向上舍入为 24：

```
fild N      ; 整数加载到 ST(0)
fadd X      ; 将内存操作数与 ST(0) 相加
fist Z      ; 将 ST(0) 保存为整型内存操作数
```

修改舍入模式 FPU 控制字的 RC 字段指定使用的舍入类型。可以先用 FSTCW 把控制字保存为一个变量，再修改 RC 字段（位 10 和 11），最后用 FLDCW 指令把这个变量加载回控制字：

```
fstcw  ctrlWord                  ; 保存控制字
or     ctrlWord,110000000000b    ; 设置 RC= 截断
fldcw  ctrlWord                  ; 加载控制字
```

之后采用截断执行计算，生成结果为 Z=23：

```
fild N      ; 整数加载到 ST(0)
fadd X      ; 将内存整数与 ST(0) 相加
fist Z      ; 将 ST(0) 保存为整型内存操作数
```

或者，把舍入模式重新设置为默认选项（舍入到最接近的偶数）：

```
fstcw  ctrlWord                  ; 保存控制字
and    ctrlWord,0011111111111b   ; 重置舍入模式为默认
fldcw  ctrlWord                  ; 加载控制字
```

12.2.11 屏蔽与未屏蔽异常

默认情况下，异常是被屏蔽的（12.2.3 节），因此，当出现浮点异常时，处理器分配一个默认值为结果，并继续平稳地工作。例如，一个浮点数除以 0 生成结果为无穷，但不会中断程序：

```
.data
val1    DWORD 1
val2    REAL8 0.0
.code
fild    val1        ;整数加载到 ST(0)
fdiv    val2        ;ST(0)=正无穷
```

如果 FPU 控制字没有屏蔽异常，那么处理器就会试着执行合适的异常处理程序。清除 FPU 控制字中的相应位就可以实现异常的未屏蔽操作（表 12-17）。假设不想屏蔽除零异常，则需要如下步骤：

1）将 FPU 控制字保存到 16 位变量。
2）清除位 2（除零标志位）。
3）将变量加载回控制字。

表 12-17 FPU 控制字字段

位	说明	位	说明
0	无效操作异常屏蔽位	5	精度异常屏蔽位
1	非规格化操作数异常屏蔽位	8～9	精度控制位
2	除零异常屏蔽位	10～11	舍入控制位
3	上溢异常屏蔽位	12	无穷控制位
4	下溢异常屏蔽位		

下面的代码实现了浮点异常的未屏蔽操作：

```
.data
ctrlWord WORD ?
.code
fstcw   ctrlWord                    ;获取控制字
and     ctrlWord,1111111111111011b  ;不屏蔽除零异常
fldcw   ctrlWord                    ;结果加载回 FPU
```

现在，如果执行除零代码，那么就会产生一个未屏蔽异常：

```
fild val1
fdiv val2          ;除零
fst  val2
```

只要 FST 指令开始执行，MS-Windows 就会显示如下对话框：

屏蔽异常 要屏蔽一个异常，就把 FPU 控制字中的相应位置 1。下面的代码屏蔽了除零异常：

```
          .data
ctrlWord  WORD  ?
          .code
fstcw     ctrlWord          ;获取控制字
or        ctrlWord,100b     ;屏蔽除零异常
fldcw     ctrlWord          ;结果加载回 FPU
```

12.2.12 本节回顾

1. 编写一条指令，将 ST（0）的副本加载到 FPU 堆栈。
2. 如果 ST（0）定位于寄存器堆栈中的寄存器 R6，那么 ST（2）的位置在哪里？
3. 请说出最少 3 个 FPU 专用寄存器。
4. 若浮点指令的第二个字母为 B，那么操作数是什么类型？
5. 哪种浮点指令使用立即操作数？

12.3 x86 指令编码

若要完全理解汇编语言操作码和操作数，就需要花些时间了解汇编指令翻译成机器语言的方法。由于 Intel 指令集使用了丰富多样的指令和寻址模式，因此这个问题相当复杂。首先以实地址模式的 8086/8088 为例来说明，之后，再展示 32 位处理器带来的变化。

Intel 8086 处理器是第一个使用复杂指令集计算机（Complex Instruction Set Computer，CISC）设计的处理器。这种指令集中包含了各种各样的内存寻址、移位、算术运算、数据传送和逻辑操作。与 RISC（精简指令集计算机，Reduced Instruction Set Computer）指令相比，Intel 指令在编码和解码方面有些复杂。指令编码（encode）是指将汇编语言指令及其操作数转换为机器码。指令解码（decode）是指将机器指令转换为汇编语言。对 Intel 指令编码和解码的逐步解释至少将有助于唤起对 MASM 作者们辛苦工作的理解和欣赏。

12.3.1 指令格式

一般的 x86 机器指令格式（图 12-6）包含了一个指令前缀字节、操作码、Mod R/M 字节、伸缩索引字节（SIB）、地址位移和立即数。指令按小端顺序存放，因此前缀字节位于指令的起始地址。每条指令都有一个操作码，而其他字段则是可选的。少数指令包含了全部字段，平均来看，绝大多数指令都有 2 个或 3 个字节。下面是对指令字段的简介：

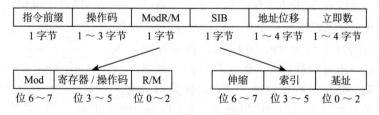

图 12-6　x86 指令格式

- **指令前缀**覆盖默认操作数大小。
- **操作码**（操作代码）指定指令的特定变体。比如，按照使用的参数类型，指令 ADD 有 9 种不同的操作码。
- Mod R/M 字段指定寻址模式和操作数。符号 "R/M" 代表的是寄存器和模式。表

12-18 列出了 Mod 字段，表 12-19 给出了当 Mod=10b 时 16 位应用程序的 R/M 字段。
- **伸缩索引字节**（scale index byte，SIB）用于计算数组索引偏移量。
- **地址位移**字段保存了操作数的偏移量，在基址 – 偏移量或基址 – 变址 – 偏移量寻址模式中，该字段还可以与基址或变址寄存器相加。
- **立即数**字段保存了常量操作数。

表 12-18 Mod 字段取值

Mod	位移
00	DISP=0，位移低半部分和高半部分都无定义（除非 r/m=110）
01	DISP= 位移低半部分符号扩展到 16 位，位移高半部分无定义
10	DISP= 位移高半部分和低半部分都有效
11	R/M 字段包含的是寄存器编号

表 12-19 16 位 R/M 字段取值（Mod=10）

R/M	有效地址	R/M	有效地址
000	[BX+SI]+D16①	100	[SI]+D16
001	[BX+DI]+D16	101	[DI]+D16
010	[BP+SI]+D16	110	[BP]+D16
011	[BP+DI]+D16	111	[BX]+D16

① D16 表示偏移量是 16 位的。

12.3.2 单字节指令

没有操作数或只有一个隐含操作数的指令是最简单的指令。这种指令只需要操作码字段，字段值由处理器的指令集预先确定。表 12-20 列出了几个常见的单字节指令。在这些指令中，INC DX 指令好像是不应该出现的，它出现的原因是：指令集的设计者决定为某些常用指令提供独特的操作码。其结果是，为了代码量和执行速度要对寄存器增量操作进行优化。

表 12-20 单字节指令

指令	操作码	指令	操作码
AAA	37	LODSB	AC
AAS	3F	XLAT	D7
CBW	98	INC DX	42

12.3.3 立即数送寄存器

立即操作数（常数）按照小端顺序（起始地址为最低字节）添加到指令。首先关注的是立即数送寄存器指令，暂不考虑内存寻址的复杂性。将一个立即字送寄存器的 MOV 指令的编码格式为：B8+rw dw，其中操作码字节的值为 B8+rw，表示将一个寄存器编号（0～7）与 B8 相加；dw 为立即字操作数，低字节在低地址。（表 12-21 列出了操作码使用的寄存器编号。）下面例子中出现的所有数值都为十六进制。

表 12-21 寄存器编号（8/16 位）

寄存器	编号	寄存器	编号
AX/Al	0	SP/AH	4
CX/CL	1	BP/CH	5
DX/DL	2	SI/DH	6
BX/BL	3	DI/BH	7

示例：PUSH CX 机器指令为 51。编码步骤如下：
1）带一个 16 位寄存器操作数的 PUSH 指令编码为 50。
2）CX 的寄存器编码为 1，因此 1+50 得到操作码 51。

示例：MOV AX, 1 机器指令为 B8 01 00（十六进制）。编码过程如下：
1）立即数送 16 位寄存器的操作码为 B8。

2）AX 的寄存器编号为 0，将 0 加上 B8（参见表 12-21）。

3）立即操作数（0001）按小端顺序添加到指令（01，00）。

示例：MOV BX, 1234h　机器指令为 BB 34 12。编码过程如下：

1）立即数送 16 位寄存器的操作码为 B8。

2）BX 的寄存器编号为 3，将 3 加上 B8 得到操作码 BB。

3）立即操作数字节为 34 12。

从实践的角度出发，建议手动汇编一些 MOV 立即数指令来提高能力，然后通过 MASM 的源列表文件中的生成代码来检查汇编结果。

12.3.4 寄存器模式指令

在使用寄存器操作数的指令中，Mod R/M 字节用一个 3 位的标识符来表示寄存器操作数。表 12-22 列出了寄存器的位编码。操作码字段的位 0 用于选择 8 位或 16 位寄存器：1 表示 16 位寄存器，0 表示 8 位寄存器。

表 12-22　Mod R/M 字段标识寄存器

R/M	寄存器	R/M	寄存器
000	AX or AL	100	SP or AH
001	CX or CL	101	BP or CH
010	DX or DL	110	SI or DH
011	BX or BL	111	DI or BH

比如，MOV AX, BX 的机器码为 89 D8。寄存器送其他操作数的 16 位 MOV 指令的 Intel 编码为 89/r，其中 /r 表示操作码后面带一个 Mod R/M 字节。Mod R/M 字节有三个字段（mod、reg 和 r/m）。例如，若 Mod R/M 的值为 D8，则它包含如下字段：

mod	reg	r/m
11	011	000

- 位 6～7 是 mod 字段，指定寻址模式。mod 字段为 11 表示 r/m 字段包含的是一个寄存器编号。
- 位 3～5 是 reg 字段，指定源操作数。在本例中，BX 就是编号为 011 的寄存器。
- 位 0～2 是 r/m 字段，指定目的操作数。本例中，AX 是编号为 000 的寄存器。

表 12-23 列出了更多使用 8 位和 16 位寄存器操作数的例子。

表 12-23　MOV 指令编码和寄存器操作数的示例

指令	操作码	mod	reg	r/m
mov ax, dx	8B	11	000	010
mov al, dl	8A	11	000	010
mov cx, dx	8B	11	001	010
mov cl, dl	8A	11	001	010

12.3.5 处理器操作数大小前缀

现在将注意力转回到 x86 处理器（IA-32）的指令编码。有些指令以操作数大小前缀开始，覆盖了其修改指令的默认段属性。问题是，为什么有指令前缀？在编写 8088/8086 指令集时，几乎所有 256 个可能的操作码都用于处理带有 8 位和 16 位操作数的指令。当 Intel 开发 32 位处理器时，就需要想办法发明新的操作码来处理 32 位操作数，而同时还要保持与之前处理器的兼容性。对于面向 16 位处理器的程序，所有使用 32 位操作数的指令都添加一个前缀字节。对于面向 32 位处理器的程序，默认为 32 位操作数，因此所有使用 16 位操作数的指令添加一个前缀字节。8 位操作数不需要前缀。

示例：16 位操作数　现在对表 12-23 中的 MOV 指令进行汇编，以此为例来看看在 16 位模式下前缀字节是如何起作用的。.286 伪指令指明编译代码的目标处理器，确保不使用 32 位寄存器。下面的每条 MOV 指令都给出了其指令编码：

```
    .model small
    .286
    .stack 100h
    .code
main PROC
    mov    ax,dx          ; 8B C2
    mov    al,dl          ; 8A C2
```

现在对 32 位处理器汇编相同的指令，使用 .386 伪指令，默认操作数为 32 位。指令将包括 16 位和 32 位操作数。第一条 MOV 指令（EAX、EDX）使用的是 32 位操作数，因此不需要前缀。第二条 MOV（AX、DX）指令由于使用的是 16 位操作数，因此需要操作数大小前缀（66）：

```
    .model small
    .386
    .stack 100h
    .code
main PROC
    mov    eax,edx        ; 8B C2
    mov    ax,dx          ; 66 8B C2
    mov    al,dl          ; 8A C2
```

12.3.6　内存模式指令

如果 Mod R/M 字节只用于标识寄存器操作数，那么 Intel 指令编码就会相对简单。实际上，Intel 汇编语言有着各种各样的内存寻址模式，这就使得 Mod R/M 字节编码相当复杂。（指令集的复杂性是 RISC 设计支持者常见的批评理由。）

Mod R/M 字节正好可以指定 256 个不同组合的操作数。表 12-24 列出了 Mod 00 时的 Mod R/M 字节（十六进制）。（完整的表格参见《Intel 64 and IA-32 Architectures Software Developer's Manual》，卷 2A。）Mod R/M 字节编码的作用如下：Mod 列中的两位指定寻址模式的集合。比如，Mod 00 有 8 种可能的 R/M 数值（000b ~ 111b），有效地址列给出了这些数值标识的操作数类型。

假设想要编码 MOV AX, [SI]，Mod 位为 00b，R/M 位为 100b。从表 12-19 可知 AX 的寄存器编号为 000b，因此完整的 Mod R/M 字节为 00 000 100b 或 04h：

mod	reg	r/m
00	000	100

十六进制字节 04 在表 12-24 的 AX 列第 5 行。

MOV [SI], AL 的 Mod R/M 字节还是一样的（04h），因为寄存器 AL 的编号也是 000。现在对指令 MOV [SI], AL 进行编码。8 位寄存器的传送操作码为 88。Mod R/M 字节为 04h，则机器码为 88 04。

MOV 指令示例

表 12-25 列出了 8 位和 16 位 MOV 指令所有的指令格式和操作码。表 12-26 和表 12-27 给出了表 12-25 中缩写符号的补充信息。手动汇编 MOV 指令时可以用这些表作为参考。（更多细节请参阅 Intel 手册。）

表 12-24　Mod R/M 字节的部分列表（16 位段）

字节		AL	CL	DL	BL	AH	CH	DH	BH	
字		AX	CX	DX	BX	SP	BP	SI	DI	
寄存器 ID		000	001	010	011	100	101	110	111	
Mod	R/M				Mod R/M 值					有效地址
00	000	00	08	10	18	20	28	30	38	[BX+SI]
	001	01	09	11	19	21	29	31	39	[BX+DI]
	010	02	0A	12	1A	22	2A	32	3A	[BP+SI]
	011	03	0B	13	1B	23	2B	33	3B	[BP+DI]
	100	04	0C	14	1C	24	2C	34	3C	[SI]
	101	05	0D	15	1D	25	2D	35	3D	[DI]
	110	06	0E	16	1E	26	2E	36	3E	16 位偏移量
	111	07	0F	17	1F	27	2F	37	3F	[BX]

表 12-25　MOV 指令操作码

操作码	指令	说明	操作码	指令	说明
88/r	MOV eb, rb	字节寄存器送 EA 字节操作数	8E/2	MOV SS, rw	字寄存器送 SS
89/r	MOV ew, rw	字寄存器送 EA 字操作数	8E/3	MOV DS, mw	内存字送 DS
8A/r	MOV rb, eb	EA 字节操作数送字节寄存器	8E/3	MOV DS, rw	字寄存器送 DS
8B/r	MOV rw, ew	EA 字操作数送字寄存器	A0 dw	MOV AL, xb	字节变量（偏移量为 dw）送 AL
8C/0	MOV ew, ES	ES 送 EA 字操作数	A1 dw	MOV AX, xw	字变量（偏移量为 dw）送 AX
8C/1	MOV ew, CS	CS 送 EA 字操作数	A2 dw	MOV xb, AL	AL 送字节变量（偏移量为 dw）
8C/2	MOV ew, SS	SS 送 EA 字操作数	A3 dw	MOV xw, AX	AX 送字寄存器（偏移量为 dw）
8C/3	MOV ew, DS	DS 送 EA 字操作数	B0+rb db	MOV rb, db	字节立即数送字节寄存器
8E/0	MOV ES, mw	内存字送 ES	B8+rw dw	MOV rw, dw	字立即数送字寄存器
8E/0	MOV ES, rw	字寄存器送 ES	C6 /0 db	MOV eb, db	字节立即数送 EA 字节操作数
8E/2	MOV SS, mw	内存字送 SS	C7 /0 dw	MOV ew, dw	字立即数送 EA 字操作数

表 12-26　指令操作码关键字

/n:	操作码后面跟一个 Mod R/M 字节，该字节后面可能再跟立即数和偏移量字段。数字 n（0 ~ 7）为 Mod R/M 字节中 reg 字段的值
/r:	操作码后面跟一个 Mod R/M 字节，该字节后面可能再跟立即数和偏移量字段
db:	操作码和 Mod R/M 字节后面跟一个字节立即操作数
dw:	操作码和 Mod R/M 字节后面跟一个字立即操作数
+rb	8 位寄存器的编号（0 ~ 7），与前面的十六进制字节一起构成 8 位操作码
+rw	16 位寄存器的编号（0 ~ 7），与前面的十六进制字节一起构成 8 位操作码

表 12-27　指令操作数关键字

db	-128 ~ +127 之间的有符号数。若操作数为字类型，则该数值进行符号扩展
dw	指令操作数为字类型的立即数
eb	字节类型操作数，可以是寄存器也可以是内存操作数
ew	字类型操作数，可以是寄存器也可以是内存操作数

指令	机器码	寻址模式
rb	用数值（0~7）标识的 8 位寄存器	
rw	用数值（0~7）标识的 16 位寄存器	
xb	无基址或变址寄存器的简单字节内存变量	
xw	无基址或变址寄存器的简单字内存变量	

表 12-28 列出了更多的 MOV 指令，这些指令能手动汇编，且可以与表中的机器代码比较。假设 myWord 的起始地址偏移量为 0102h。

表 12-28　MOV 指令与机器码示例

指令	机器码	寻址模式
mov ax, my Word	A1 02 01	直接（为 AX 优化）
mov my Word,bx	89 IE 02 01	直接
mov[di],bx	89 ID	变址
mov[bx+2],ax	89 47 02	基址 – 偏移量
mov[bx+si],ax	89 00	基址 – 变址
mov word prt [bx+di+2], 1234h	C7 41 02 34 12	基址 – 变址 – 偏移量

12.3.7　本节回顾

1. 写出下列 MOV 指令的操作码：

```
.data
myByte BYTE ?
myWord WORD ?
.code
mov  ax,@data
mov  ds,ax                   ; a.
mov  ax,bx                   ; b.
mov  bl,al                   ; c.
mov  al,[si]                 ; d.
mov  myByte,al               ; e.
mov  myWord,ax               ; f.
```

2. 写出下列 MOV 指令的 Mod R/M 字节：

```
.data
array WORD 5 DUP(?)
.code
mov  ax,@data
mov  ds,ax                   ; a.
mov  dl,bl                   ; b.
mov  bl,[di]                 ; c.
mov  ax,[si+2]               ; d.
mov  ax,array[si]            ; e.
mov  array[di],ax            ; f.
```

12.4　本章小结

二进制浮点数由三部分组成：符号、有效数字和阶码。Intel 处理器使用了三种浮点数二进制存储格式，这些格式都出自由 IEEE 组织制定的标准 754-1985；二进制浮点数运算：

- 32 位单精度数值包含 1 位符号、8 位阶码，以及 23 位有效数字的小数部分。
- 64 位双精度数值包含 1 位符号、11 位阶码，以及 52 位有效数字的小数部分。

- 80 位扩展双精度数值包含 1 位符号、16 位阶码,以及 63 位有效数字的小数部分。

若符号位为 1,则数值为负数;若该位为 0,则数值为正数。

浮点数的有效数字由小数点左右两边的十进制数字构成。

并非所有处于 0 到 1 之间的实数都可以在计算机内表示为浮点数,其原因是有效位的个数是有限的。

规格化有限数是指,能够编码为 0 到无穷之间的规格化实数的所有非零有限数值。正无穷($+\infty$)代表最大正实数,负无穷($-\infty$)代表最大负实数。NaN 为位模式,不表示有效浮点数。

Intel 8086 处理器被设计为只处理整数运算,因此 Intel 提供了独立的 8087 浮点数协处理器(floating-point coprocessor)芯片与 8086 一起置于计算机的主板上。随着 Intel 486 的出现,浮点操作被整合到主 CPU 内,称为浮点单元(FPU)。

FPU 有 8 个相互独立的可寻址的 80 位寄存器,分别命名为 R0~R7,它们构成一个寄存器堆栈。在计算时,浮点操作数以扩展实数的形式保存在 FPU 堆栈中。内存操作数也可以用于计算。FPU 在把算术运算操作的结果保存到内存时,会把结果转换为下述格式之一:整数、长整数、单精度数、双精度数或者 BCD 码。

Intel 浮点指令助记符用字母 F 开始,以区别于 CPU 指令。指令的第二个字母(通常为 B 或 I)表示如何解释内存操作数:B 表示为操作数为二进制编码的十进制数(BCD 码),I 表示操作数为二进制整数。如果没有指定,那么内存操作数就假设为实数格式。

Intel 8086 是第一个使用复杂指令集计算机(CISC)设计的处理器。其庞大的指令集包含了各种各样的内存寻址、移位、算术运算、数据传送和逻辑操作。

指令编码是指把汇编语言指令及其操作数转换为机器码。指令解码是指将机器码指令转换为汇编语言指令及操作数。

x86 机器指令格式包含一个可选的前缀字节、一个操作码字段、一个可选的 Mod R/M 字节、若干可选的立即数字节,以及若干可选的内存偏移量字节。具备全部这些字段的指令很少。前缀字节覆盖了目标处理器默认的操作数大小。操作码字段是指令独一无二的操作编码。Mod R/M 字段指定了寻址模式和操作数。在使用寄存器操作数的指令中,Mod R/M 字节用一个 3 位标识符来表示每个寄存器操作数。

12.5 关键术语

address displacement(地址位移)
binary-coded decimal(BCD)(二进制编码的十进制数)
binary long divisiom(二进制长除法)
Complex Instruction Set Computer(CISC)(复杂指令集计算机)
control register(控制寄存器)
concurrency(并行)
decode an instruction(指令解码)
denormalize(非规格化)
double extended precision(扩展双精度)
double precision(双精度)

encode an instruction(指令编码)
exponent(阶码)
expression stack(表达式堆栈)
extended real(扩展实数)
floating-point exception(浮点数异常)
FPU control word(FPU 控制字)
immediate data(立即数)
indefinite number(不定数)
infix expression(中缀表达式)
last data pointer register(最后数据指针寄存器)
last instruction pointer register(最后指令指针寄存器)

long real（长实数）
mantissa（尾数）
masked exception（屏蔽异常）
Mod R/M byte（Mod R/M 字节）
Nan(Not a Number)（NaN）(非数值)
negative infinity（负无穷）
normalized finite number（规格化有限数）
normalized from（规格化形式）
opcode register（操作码寄存器）
positive infinity（正无穷）
postfix expression（后缀表达式）
prefix byte（前缀字节）
quiet NaN（沉寂 NaN）
RC field（RC 字段）

Reduced Instruction Set(RISC)（精简指令集）
register stack（寄存器堆栈）
rounding（舍入）
Scale Index Byte(SIB)（伸缩索引字节）
short real（短实数）
sign（符号）
signaling NaN（信令 NaN）
significand（有效数字）
single precision（单精度）
status register（状态寄存器）
tag register（标识寄存器）
temporary real（临时实数）
unmasked exception（非屏蔽异常）

12.6 复习题和练习

12.6.1 简答题

1. 假设有二进制浮点数 1101.01101，如何将其表示为十进制分数之和？
2. 为什么十进制数 0.2 不能用有限位数精确表示？
3. 假设有二进制数 11011.01011，则其规格化数值为多少？
4. 假设有二进制数 0000100111101.1，则其规格化数值为多少？
5. NaN 有哪两种类型？
6. FLD 指令允许的最大数据类型是什么，它包含了多少位？
7. FSTP 指令与 FST 指令有哪些不同？
8. 哪条指令能修改浮点数的符号？
9. FADD 指令允许使用哪些类型的操作数？
10. FISUB 指令与 FSUB 指令有哪些不同？
11. P6 系列之前的处理器中，哪条指令可以比较两个浮点数？
12. 哪条指令实现将整数操作数加载到 ST（0）？
13. FPU 控制字中的哪个字段可以修改处理器的舍入模式？

12.6.2 算法基础

1. 请写出二进制数 +1110.011 的 IEEE 单精度编码。
2. 将分数 5/8 转换为二进制实数。
3. 将分数 17/32 转换为二进制实数。
4. 将十进制数 +10.75 转换为 IEEE 单精度实数。
5. 将十进制数 -76.0625 转换为 IEEE 单精度实数。
6. 编写含有两条指令的序列，将 FPU 状态标志送入 EFLAGS 寄存器。
7. 现有一个精确结果 1.010101101，使用 FPU 默认舍入模式将该值舍入为 8 位有效数字。
8. 现有一个精确结果 -1.010101101，使用 FPU 默认舍入模式将该值舍入为 8 位有效数字。
9. 编写指令序列实现如下 C++ 代码：

```
double B = 7.8;
double M = 3.6;
double N = 7.1;
double P = -M * (N + B);
```

10. 编写指令序列实现如下 C++ 代码：

```
int B = 7;
double N = 7.1;
double P = sqrt(N) + B;
```

11. 给出如下 MOV 指令的操作码：

```
.data
myByte BYTE ?
myWord WORD ?
.code
mov    ax,@data
mov    ds,ax
mov    es,ax                  ; a.
mov    dl,bl                  ; b.
mov    bl,[di]                ; c.
mov    ax,[si+2]              ; d.
mov    al,myByte              ; e.
mov    dx,myWord              ; f.
```

12. 给出如下 MOV 指令的 Mod R/M 字节：

```
.data
array WORD 5 DUP(?)
.code
mov    ax,@data
mov    ds,ax
mov    BYTE PTR array,5       ; a.
mov    dx,[bp+5]              ; b.
mov    [di],bx                ; c.
mov    [di+2],dx              ; d.
mov    array[si+2],ax         ; e.
mov    array[bx+di],ax        ; f.
```

13. 手动汇编如下指令，并写出每条有标记指令的十六进制机器码字节序列。假设 val1 起始地址的偏移量为 0。使用 16 位数值时，字节序列必须按小端顺序呈现：

```
.data
val1 BYTE 5
val2 WORD 256
.code
mov    ax,@data
mov    ds,ax                  ; a.
mov    al,val1                ; b.
mov    cx,val2                ; c.
mov    dx,OFFSET val1         ; d.
mov    dl,2                   ; e.
mov    bx,1000h               ; f.
```

12.7 编程练习

*1. 比较浮点数

编写汇编语言程序段实现如下 C++ 代码。用 WriteString 函数调用代替 printf() 函数调用：

```
double X;
double Y;
if( X < Y )
    printf("X is lower\n");
else
    printf("X is not lower\n");
```

（使用 Irvine32 链接库例程进行控制台输出，不要调用标准 C 链接库的 printf 函数。）多次运行编写的程序，指定 X 和 Y 的取值范围，以测试该程序的逻辑。

★★★ 2. 显示二进制浮点数

编写过程，接收一个单精度浮点二进制数，并按如下格式显示：符号：显示为 + 或 -；有效数字：二进制浮点数，前缀为 "1."；阶码：显示为十进制，无偏差，以字母 E 和阶码符号开始。示例如下：

```
.data
sample REAL4 -1.75
```

显示输出：

-1.11000000000000000000000 E+0

★★ 3. 设置舍入模式

（需要宏知识。）编写宏设置 FPU 舍入模式。唯一的输入参数是两个字母的编码：

- RE：舍入到最近的偶数
- RD：向负无穷舍入
- RU：向正无穷舍入
- RZ：向零舍入（截断）

示例宏调用（不考虑大小写）：

```
mRound Re
mRound rd
mRound RU
mRound rZ
```

编写一个简单的测试程序，使用 FIST（保存整数）指令检测每种可能的舍入模式。

★★ 4. 计算表达式

编写程序计算如下算术表达式：

$$((A+B)/C)*((D-A)+E)$$

为变量分配测试数据，并显示运算结果。

★ 5. 圆的面积

编写程序，提示用户输入圆的半径。计算并显示圆的面积。要求使用本书链接库的 ReadFloat 和 WriteFloat 过程，并用 FLDPI 指令将 π 加载寄存器堆栈。

★★★ 6. 二次方程式

现有多项式 $ax^2 + bx + c = 0$，提示用户输入系数 a，b，c。利用该式计算并显示多项式的实根。若出现虚根，则显示相应信息。

★★ 7. 显示寄存器状态数值

标识寄存器（12.2.1 节）表示的是 FPU 寄存器内容的类型，每个寄存器对应两位（图 12-7）。调用 FSTENV 指令加载标识字，该指令填充如下保护模式结构（Irvine32.inc 中有定义）：

```
FPU_ENVIRON STRUCT
    controlWord    WORD    ?
```

```
        ALIGN DWORD
        statusWord              WORD ?
        ALIGN DWORD
        tagWord                 WORD ?
        ALIGN DWORD
        instrPointerOffset      DWORD ?
        instrPointerSelector    DWORD ?
        operandPointerOffset    DWORD ?
        operandPointerSelector  WORD ?
        WORD ?                          ;未使用
FPU_ENVIRON ENDS
```

编写程序将两个或两个以上数值压入 FPU 堆栈，调用 ShowFPUStack 显示堆栈，显示每个 FPU 数据寄存器的标识值，显示 ST（0）对应的寄存器编号。（对后者，调用 FSTSW 指令将状态字保存到 16 位整数变量，并提取位 11 ～ 13 的堆栈 TOP 指针。）以如下输出示例为参考：

```
------ FPU Stack ------
ST(0): +1.5000000E+000
ST(1): +2.0000000E+000
R0   is empty
R1   is empty
R2   is empty
R3   is empty
R4   is empty
R5   is empty
R6   is valid
R7   is valid
ST(0) = R6
```

从输出示例可以看出来，ST（0）为 R6，因此 ST（1）就为 R7。这两个寄存器都包含了一个有效浮点数。

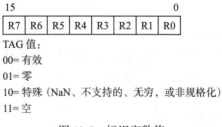

TAG 值：
00= 有效
01= 零
10= 特殊（NaN、不支持的、无穷，或非规格化）
11= 空

图 12-7　标识字数值

本章尾注

1.《Intel 64 and IA-32 Architectures Software Developer's Manual》，卷 1，第 4 章。还可参见 http：//grouper.ieee.org/groups/754/。
2.《Intel 64 and IA-32 Architectures Software Developer's Manual》，卷 1，第 4 章。
3. 来自德保罗大学（DePaul University）的哈维·奈斯（Harvey Nice）。
4. MASM 使用无参数 FADD 指令执行与 Intel 无参数 FADDP 指令相同的操作。
5. MASM 使用无参数 FSUB 指令执行与 Intel 无参数 FSUBP 指令相同的操作。
6. MASM 使用无参数 FMUL 指令执行与 Intel 无参数 FMULP 指令相同的操作。
7. MASM 使用无参数 FDIV 指令执行与 Intel 无参数 FDIVP 指令相同的操作。

第 13 章
Assembly Language for x86 Processors, Seventh Edition

高级语言接口

13.1 引言

大多数程序员不会用汇编语言编写大型程序，因为这将花费相当多的时间。反之，高级语言则隐藏了会减缓项目开发进度的细节。但是汇编语言仍然广泛用于配置硬件驱动器，以及优化程序速度和代码量。

本章将重点关注汇编语言和高级编程语言之间的接口或连接。第二节将展示如何在 C++ 中编写内联汇编代码。第三节将把 32 位汇编语言模块链接到 C++ 程序。最后，将说明如何在汇编程序中调用 C 库函数。

13.1.1 通用规范

从高级语言中调用汇编过程时，需要解决一些常见的问题。

首先，一种语言使用的命名规范（naming convention）是指与变量和过程命名相关的规则和特性。比如，一个需要回答的重要问题是：汇编器或编译器会修改目标文件中的标识符名称吗？如果是，如何修改？

其次，段名称必须与高级语言使用的名称兼容。

第三，程序使用的内存模式（微模式、小描述、紧凑模式、中模式、大模式、巨模式，或平坦模式）决定了段大小（16 或 32 位），以及调用或引用是近（同一段内）还是远（不同段之间）。

调用规范 调用规范（calling convention）是指调用过程的底层细节。下面列出了需要考虑的细节信息：

- 调用过程需要保存哪些寄存器
- 传递参数的方法：用寄存器、用堆栈、共享内存，或者其他方法
- 主调程序调用过程时，参数传递的顺序
- 参数传递方法是传值还是传引用
- 过程调用后，如何恢复堆栈指针
- 函数如何向主调程序返回结果

命名规范与外部标识符 当从其他语言程序中调用汇编过程时，外部标识符必须与命名规范（命名规则）兼容。外部标识符（external identifier）是放在模块目标文件中的名称，链接器使得这些名称能够被其他程序模块使用。链接器解析对外部标识符的引用，但是仅适用于命名规范一致的情况。

例如，假设 C 程序 Main.c 调用外部过程 ArraySum。如下图所示，C 编译器自动保留大小写，并为外部名称添加前导下划线，将其修改为 _ArraySum：

Array.asm 模块用汇编语言编写，由于其 .MODEL 伪指令使用的选项为 Pascal 语言，因此输出 ArraySum 过程的名称就是 ARRAYSUM。由于两个输出的名称不同，因此链接器无法生成可执行程序。

早期编程语言，如 COBOL 和 PASCAL，其编译器一般将标识符全部转换为大写字母。近期的语言，如 C、C++ 和 Java 则保留了标识符的大小写。此外，支持函数重载的语言（如 C++）还使用名称修饰（name decoration）的技术为函数名添加更多字符。比如，若函数名为 MySub（int n，double b），则其输出可能为 MySub#int#double。

在汇编语言模块中，通过 .MODEL 伪指令选择语言说明符来控制大小写。

段名称　汇编语言过程与高级语言程序链接时，段名称必须是兼容的。本章使用 Microsoft 简化段伪指令 .CODE、.STACK 和 .DATA，它们与 Microsoft C++ 编译器生成的段名称兼容。

内存模式　主调程序与被调过程使用的内存模式必须相同。比如，实地址模式下可选择小模式、中模式、紧凑模式、大模式和巨模式。保护模式下必须使用平坦模式。本章将会给出两种模式的例子。

13.1.2　.MODEL 伪指令

16 位和 32 位模式中，MASM 使用 .MODEL 伪指令确定若干重要的程序特性：内存模式类型、过程命名模式以及参数传递规则。若汇编代码被其他编程语言程序调用，那么后两者就尤其重要。.MODEL 伪指令的语法如下：

.MODEL *memorymodel* [,*modeloptions*]

MemoryModel　表 13-1 列出了 memorymodel 字段可选择的模式。除了平坦模式之外，其他所有模式都可以用于 16 位实地址编程。

表 13-1　内存模式

模式	说明
微模式	一个既包含代码又包含数据的段。文件扩展名为 .com 的程序使用该模式
小模式	一个代码段和一个数据段。默认情况下，所有代码和数据都为近属性
中模式	多个代码段，一个数据段
紧凑模式	一个代码段，多个数据段
大模式	多个代码段和数据段
巨模式	与大模式相同，但是各个数据项可以大于单个段
平坦模式	保护模式。代码与数据使用 32 位偏移量。所有的数据和代码（包括系统资源）都在一个 32 位段内

32 位程序使用平坦内存模式，其偏移量为 32 位，代码和数据最大可达 4GB。比如，Irvine32.inc 文件包含了如下 .MODEL 伪指令：

.model flat,STDCALL

ModelOptions　.MODEL 伪指令中的 ModelOptions 字段可以包含一个语言说明符和一个栈距离。语言说明符指定过程与公共符号的调用和命名规范。栈距离可以是

NEARSTACK（默认值）或者 FARSTACK。

1. 语言说明符

伪指令 .MODEL 有几种不同的可选语言说明符，其中的一些很少使用（比如 BASIC、FORTRAN 和 PASCAL）。反之，C 和 STDCALL 则十分常见。结合平坦内存模式，示例如下：

```
.model flat, C
.model flat, STDCALL
```

语言说明符 STDCALL 用于 Windows 系统函数调用。本章在链接汇编代码和 C 与 C++ 程序时，使用 C 语言说明符。

2. STDCALL

STDCALL 语言说明符将子程序参数按逆序（从后往前）压入堆栈。为了便于说明，首先用高级语言编写如下函数调用：

```
AddTwo( 5, 6 );
```

若 STDCALL 被选为语言说明符，则等效的汇编语言代码如下：

```
push 6
push 5
call AddTwo
```

另一个重要的考虑是，过程调用后如何从堆栈中移除参数。STDCALL 要求在 RET 指令中带一个常量操作数。返回地址从堆栈中弹出后，该常数为 RET 执行与 ESP 相加的数值：

```
AddTwo PROC
    push  ebp
    mov   ebp,esp
    mov   eax,[ebp + 12]   ;第二个参数
    add   eax,[ebp + 8]    ;第一个参数
    pop   ebp
    ret   8                ;清除堆栈
AddTwo ENDPP
```

堆栈指针加上 8 后，就指回了主调程序参数入栈之前指针的位置。

最后，STDCALL 通过将输出（公共）过程名保存为如下格式来修改这些名称：

```
_name@nn
```

前导下划线添加到过程名，@ 符号后面的整数指定了过程参数的字节数（向上舍入到 4 的倍数）。例如，假设过程 AddTwo 带有两个双字参数，那么汇编器传递给链接器的名称就为 _AddTwo@8。

> Microsoft 链接器是区分大小写的，因此 _MYSUB@8 和 _MySub@8 是两个不同的名称。要查看 OBJ 文件中所有的过程名，使用 Visual Studio 中的 DUMPBIN 工具，选项为 /SYMBOLS。

3. C 说明符

和 STDCALL 一样，C 语言说明符也要求将过程参数按从后往前的顺序压入堆栈。对于过程调用后从堆栈中移除参数的问题，C 语言说明符将这个责任留给了主调方。在主调程序中，ESP 与一个常数相加，将其再次设置为参数入栈之前的位置：

```
push 6          ;第二个参数
push 5          ;第一个参数
call AddTwo
add  esp,8      ;清除堆栈
```

C 语言说明符在外部过程名的前面添加前导下划线。示例如下：

```
_AddTwo
```

13.1.3 检查编译器生成的代码

长久以来，C 和 C++ 编译器都会生成汇编语言源代码，但是程序员通常看不到。这是因为，汇编语言代码只是产生可执行文件过程的一个中间步骤。幸运的是，大多数编译器都可以应要求生成汇编语言源代码文件。例如，表 13-2 列出了 Visual Studio 控制汇编源代码输出的命令行选项。

表 13-2　生成汇编代码的 Visual C++ 命令行选项

命令行	列表文件内容
/FA	仅汇编文件
/FAc	汇编文件与机器码
/FAs	汇编文件与源代码
/FAcs	汇编文件、机器码和源代码

检查编译器生成的代码文件有助于理解底层信息，比如堆栈帧结构、循环和逻辑编码，并且还有可能找到低级编程错误。另一个好处是更加便于发现不同编译器生成代码的差异。

现在来看看 C++ 编译器生成优化代码的一种方法。由于是第一个例子，因此先编写一个简单的 C 方法 ArraySum，并在 Visual Studio 2012 中进行编译，其设置如下：

- Optimization=*Disabled*（使用调试器时需要）
- Favor Size or Speed=*Favor fast code*
- Assembler Output=*Assembly With Source Code*

下面是用 ANSI C 编写的 arraysum 源代码：

```c
int arraySum( int array[], int count )
{
    int i;
    int sum = 0;

    for(i = 0; i < count; i++)
        sum += array[i];

    return sum;
}
```

现在来查看由编译器生成的 arraysum 的汇编代码，如图 13-1 所示。

```
 1:  _sum$  = -8                ; size = 4
 2:  _i$    = -4                ; size = 4
 3:  _array$ = 8                ; size = 4
 4:  _count$ = 12               ; size = 4
 5:  _arraySum PROC             ; COMDAT
 6:
 7:  ; 4    : {
 8:
 9:       push    ebp
10:       mov     ebp, esp
11:       sub     esp, 72       ; 00000048H
12:       push    ebx
```

图 13-1　Visual Studio 生成的 ArraySum 汇编代码

```
13:     push    esi
14:     push    edi
15:
16: ; 5    : int i;
17: ; 6    : int sum = 0;
18:
19:     mov     DWORD PTR _sum$[ebp], 0
20:
21: ; 7    :
22: ; 8    : for(i = 0; i < count; i++)
23:
24:     mov     DWORD PTR _i$[ebp], 0
25:     jmp     SHORT $LN3@arraySum
26: $LN2@arraySum:
27:     mov     eax, DWORD PTR _i$[ebp]
28:     add     eax, 1
29:     mov     DWORD PTR _i$[ebp], eax
30: $LN3@arraySum:
31:     mov     eax, DWORD PTR _i$[ebp]
32:     cmp     eax, DWORD PTR _count$[ebp]
33:     jge     SHORT $LN1@arraySum
34:
35: ; 9    :     sum += array[i];
36:
37:     mov     eax, DWORD PTR _i$[ebp]
38:     mov     ecx, DWORD PTR _array$[ebp]
39:     mov     edx, DWORD PTR _sum$[ebp]
40:     add     edx, DWORD PTR [ecx+eax*4]
41:     mov     DWORD PTR _sum$[ebp], edx
42:     jmp     SHORT $LN2@arraySum
43: $LN1@arraySum:
44:
45: ; 10   :
46: ; 11   : return sum;
47:
48:     mov     eax, DWORD PTR _sum$[ebp]
49:
50: ; 12   : }
51:
52:     pop     edi
53:     pop     esi
54:     pop     ebx
55:     mov     esp, ebp
56:     pop     ebp
57:     ret     0
58: _arraySum ENDP
```

图 13-1 （续）

1～4 行定义了两个局部变量（sum 和 i）的负数偏移量，以及输入参数 array 和 count 的正数偏移量：

```
1: _sum$  = -8        ; size = 4
2: _i$    = -4        ; size = 4
3: _array$ = 8        ; size = 4
4: _count$ = 12       ; size = 4
```

9～10 行设置 ESP 为帧指针：

```
 9:     push    ebp
10:     mov     ebp,esp
```

之后，11 ~ 14 行从 ESP 中减去 72，为局部变量预留堆栈空间。同时，把将会被函数修改的三个寄存器保存到堆栈。

```
11:     sub     esp,72
12:     push    ebx
13:     push    esi
14:     push    edi
```

19 行把局部变量 sum 定位到堆栈帧，并将其初始化为 0。由于符号 _sum$ 定义为数值 −8，因此它就位于当前 EBP 下面 8 个字节的位置：

```
19:     mov DWORD PTR _sum$[ebp],0
```

24 和 25 行将变量 i 初始化为 0，再转移到 30 行，跳过后面循环计数器递增的语句：

```
24:     mov DWORD PTR _i$[ebp], 0
25:     jmp SHORT $LN3@arraySum
```

26 ~ 29 行标记循环开端以及循环计数器递增的位置。从 C 源代码来看，递增操作（i++）是在循环末尾执行，但是编译器却将这部分代码移到了循环顶部：

```
26: $LN2@arraySum:
27:     mov eax, DWORD PTR _i$[ebp]
28:     add eax, 1
29:     mov DWORD PTR _i$[ebp], eax
```

30 ~ 33 行比较变量 i 和 count，如果 i 大于或等于 count，则跳出循环：

```
30: $LN3@arraySum:
31:     mov eax, DWORD PTR _i$[ebp]
32:     cmp eax, DWORD PTR _count$[ebp]
33:     jge SHORT $LN1@arraySum
```

37 ~ 41 行计算表达式 sum+=array[i]。Array[i] 复制到 ECX，sum 复制到 EDX，执行加法运算后，EDX 的内容再复制回 sum：

```
37:     mov eax, DWORD PTR _i$[ebp]
38:     mov ecx, DWORD PTR _array$[ebp]      ; array[i]
39:     mov edx, DWORD PTR _sum$[ebp]        ; sum
40:     add edx, DWORD PTR [ecx+eax*4]
41:     mov DWORD PTR _sum$[ebp], edx
```

42 行将控制转回循环顶部：

```
42:     jmp SHORT $LN2@arraySum
```

43 行的标号正好位于循环之外，该位置便于作为循环结束时进行跳转的目标地址：

```
43: $LN1@arraySum:
```

48 行将变量 sum 送入 EAX，准备返回主调程序。52 ~ 56 行恢复之前被保存的寄存器，其中，ESP 必须指向主调程序在堆栈中的返回地址。

```
48:     mov eax, DWORD PTR _sum$[ebp]
49:
50: ; 12 : }
51:
52:     pop edi
53:     pop esi
54:     pop ebx
55:     mov esp, ebp
```

```
56:        pop   ebp
57:        ret   0
58:  _arraySum ENDP
```

可以写出比上例更快的代码,这种想法不无道理。上例中的代码是为了进行交互式调试,因此为了可读性而牺牲了速度。如果针对确定目标编译同样的程序,并选择完全优化,那么结果代码的执行速度将会非常快,但同时,程序对人类而言基本上是无法阅读和理解的。

调试器设置　用 Visual Studio 调试 C 和 C++ 程序时,若想查看汇编语言源代码,就在 Tools 菜单中选择 Options 以显示如图 13-2 的对话框窗口,再选择箭头所指的选项。上述设置要在启动调试器之前完成。接着,在调试会话开始后,右键点击源代码窗口,从弹出菜单中选择 Go to Disassembly。

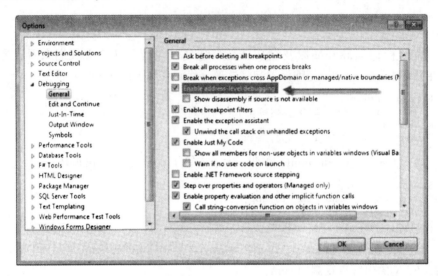

图 13-2　启动 Visual Studio 的地址级调试

本章目标是熟悉由 C 和 C++ 编译器产生的最直接和简单的代码生成例子。此外,认识到编译器有多种方法生成代码也是很重要的。比如,它们可以将代码优化为尽可能少的机器代码字节。或者,可以尝试生成尽可能快的代码,即使要用大量机器代码字节来输出结果(常见的情况)。最后,编译器还可以在代码量和速度的优化间进行折中。为速度进行优化的代码可能包含更多指令,其原因是,为了追求更快的执行速度会展开循环。机器代码还可以拆分为两部分以便利用双核处理器,这些处理器能同时执行两条并行代码。

13.1.4　本节回顾

1. 什么是编程语言使用的命名规范?
2. 实地址模式可以选择哪些内存模式?
3. 使用 STDCALL 语言说明符的汇编语言过程可以与 C++ 程序链接吗?

13.2　内嵌汇编代码

13.2.1　Visual C++ 中的 __asm 伪指令

内嵌汇编代码(inline assembly code)是指直接插入高级语言程序中的汇编源代码。大多数 C 和 C++ 编译器都支持这一功能。

本节将展示如何在运行于 32 位保护模式，并采用平坦内存模式的 Microsoft Visual C++ 中编写内嵌汇编代码。其他高级语言编译器也支持内嵌汇编代码，但其语法会发生变化。

内嵌汇编代码是把汇编代码编写为外部模块的一种直接替换方式。编写内嵌代码最突出的优点就是简单性，因为不用考虑外部链接，命名以及参数传递协议等问题。

但使用内嵌汇编代码最大的缺点是缺少兼容性。高级语言程序针对不同目的平台进行编译时，这就成了一个问题。比如，在 Intel Pentium 处理器上运行的内嵌汇编代码就不能在 RISC 处理器上运行。一定程度上，在程序源代码中插入条件定义可以解决这个问题，插入的定义针对不同目标系统可以启用函数的不同版本。不过，容易看出，维护仍然是个问题。另一方面，外部汇编过程的链接库容易被为不同目标机器设计的相似链接库所代替。

__asm 伪指令　在 Visual C++ 中，伪指令 __asm 可以放在一条语句之前，也可以放在一个汇编语句块（称为 asm 块）之前。语法如下：

```
__asm   statement
__asm {
    statement-1
    statement-2
    ...
    statement-n
}
```

（在"asm"的前面有两个下划线。）

注释　注释可以放在 asm 块内任何语句的后面，使用汇编语法或 C/C++ 语法。Visual C++ 手册建议不要使用汇编风格的注释，以防与 C 宏混淆，因为 C 宏会在单个逻辑行上进行扩展。下面是可用注释的例子：

```
mov    esi,buf      ; initialize index register
mov    esi,buf      // initialize index register
mov    esi,buf      /* initialize index register */
```

特点　编写内嵌汇编代码时允许：

- 使用 x86 指令集内的大多数指令。
- 使用寄存器名作为操作数。
- 通过名字引用函数参数。
- 引用在 asm 块之外定义的代码标号和变量。（这点很重要，因为局部函数变量必须在 asm 块的外面定义。）
- 使用包含在汇编风格或 C 风格基数表示法中的数字常数。比如，0A26h 和 0xA26 是等价的，且都能使用。
- 在语句中使用 PTR 运算符，比如 inc BYTE PTR[esi]。
- 使用 EVEN 和 ALIGN 伪指令。

限制　编写内嵌汇编代码时不允许：

- 使用数据定义伪指令，如 DB（BYTE）和 DW（WORD）。
- 使用汇编运算符（除了 PTR 之外）。
- 使用 STRUCT、RECORD、WIDTH 和 MASK。
- 使用宏伪指令，包括 MACRO、REPT、IRC、IRP 和 ENDM，以及宏运算符（<>、!、

&、% 和 .TYPE)。
- 通过名字引用段。(但是,可以用段寄存器名作为操作数。)

寄存器值　不能在一个 asm 块开始的时候对寄存器值进行任何假设。寄存器有可能被 asm 块前面的执行代码修改。Microsoft Visual C++ 的关键字 __fastcall 会使编译器用寄存器来传递参数,为了避免寄存器冲突,不要同时使用 __fastcall 和 __asm。

一般情况下,可以在内嵌代码中修改 EAX、EBX、ECX 和 EDX,因为编译器并不期望在语句之间保留这些寄存器值。但是,如果修改的寄存器太多,那么编译器就无法对同一过程中的 C++ 代码进行完全优化,因为优化要用到寄存器。

虽然不能使用 OFFSET 运算符,但是用 LEA 指令也可以得到变量的偏移地址。比如,下面的指令将 buffer 的偏移地址送入 ESI:

```
lea esi,buffer
```

长度、类型和大小　内嵌汇编代码还可以使用 LENGTH、SIZE 和 TYPE 运算符。LENGTH 运算符返回数组内元素的个数。按照不同的对象,TYPE 运算符返回值如下:
- 对 C 或 C++ 类型以及标量变量,返回其字节数。
- 对结构,返回其字节数。
- 对数组,返回其单个元素的大小。

SIZE 运算符返回 LENGTH*TYPE 的值。下面的程序片段演示了内嵌汇编程序对各种 C++ 类型的返回值。

> Microsoft Visual C++ 内嵌汇编程序不支持 SIZEOF 和 LENGHTOF 运算符。

使用 LENGTH、TYPE 和 SIZE 运算符

下面程序包含的内嵌汇编代码使用 LENGTH、TYPE 和 SIZE 运算符对 C++ 变量求值。每个表达式的返回值都在同一行的注释中给出:

```
struct Package {
    long originZip;            // 4
    long destinationZip;       // 4
    float shippingPrice;       // 4
};
    char myChar;
    bool myBool;
    short myShort;
    int myInt;
    long myLong;
    float myFloat;
    double myDouble;
    Package myPackage;

    long double myLongDouble;
    long myLongArray[10];
__asm {
    mov eax,myPackage.destinationZip;

    mov eax,LENGTH myInt;           // 1
    mov eax,LENGTH myLongArray;     // 10

    mov eax,TYPE myChar;            // 1
    mov eax,TYPE myBool;            // 1
    mov eax,TYPE myShort;           // 2
```

```
        mov     eax,TYPE myInt;              // 4
        mov     eax,TYPE myLong;             // 4
        mov     eax,TYPE myFloat;            // 4
        mov     eax,TYPE myDouble;           // 8
        mov     eax,TYPE myPackage;          // 12
        mov     eax,TYPE myLongDouble;       // 8
        mov     eax,TYPE myLongArray;        // 4

        mov     eax,SIZE myLong;             // 4
        mov     eax,SIZE myPackage;          // 12
        mov     eax,SIZE myLongArray;        // 40
}
```

13.2.2 文件加密示例

现在查看的简短程序实现如下操作：读取一个文件，对其进行加密，再将其输出到另一个文件。函数 TranslateBuffer 用一个 __asm 块定义语句，在一个字符数组内进行循环，并把每个字符与预定义值进行 XOR 运算。内嵌语言可以使用函数形参、局部变量和代码标号。由于本例是由 Microsoft Visual C++ 编译的 Win32 控制台应用，因此其无符号整数类型为 32 位：

```
void TranslateBuffer( char * buf,
    unsigned count, unsigned char eChar )
{
    __asm {
        mov     esi,buf
        mov     ecx,count
        mov     al,eChar
    L1:
        xor     [esi],al
        inc     esi
        loop    L1
    }   // asm
}
```

C++ 模块　C++ 启动程序从命令行读取输入和输出文件名。在循环内调用 TranslateBuffer 从文件读取数据块，加密，再将转换后的缓冲区写入新文件：

```
// ENCODE.CPP——复制并加密文件。
#include <iostream>
#include <fstream>
#include "translat.h"

using namespace std;
int main( int argcount, char * args[] )
{
// 从命令行读取输入和输出文件。
    if( argcount < 3 ) {
        cout << "Usage: encode infile outfile" << endl;
        return -1;
    }
    const int BUFSIZE = 2000;
    char buffer[BUFSIZE];
    unsigned int count;        // 字符计数
    unsigned char encryptCode;
    cout << "Encryption code [0-255]? ";
    cin >> encryptCode;

    ifstream infile( args[1], ios::binary );
```

```
        ofstream outfile( args[2], ios::binary );
        cout << "Reading" << args[1] << "and creating"
             << args[2] << endl;
        while (!infile.eof() )
        {
            infile.read(buffer, BUFSIZE);
            count = infile.gcount();
            TranslateBuffer(buffer, count, encryptCode);
            outfile.write(buffer, count);
        }
        return 0;
}
```

用命令提示符运行该程序,并传递输入和输出文件名是最容易的。比如,下面的命令行读取 infile.txt,生成 encoded.txt:

```
encode infile.txt encoded.txt
```

头文件 头文件 translat.h 包含了 TanslateBuffer 的一个函数原型:

```
void TranslateBuffer(char * buf, unsigned count,
                     unsigned char eChar);
```

此程序位于本书 \Examples\ch13\VisualCPP\Encode 文件夹。

过程调用的开销

如果在调试器调试程序时查看 Disassembly 窗口,那么,看到函数调用和返回究竟有多少开销是很有趣的。下面的语句将三个实参送入堆栈,并调用 TranslateBuffer。在 Visual C++ 的 Disassembly 窗口,激活 Show Source Code 和 Show Symbol Names 选项:

```
; TranslateBuffer(buffer, count, encryptCode)
mov     al,byte ptr [encryptCode]
push    eax
mov     ecx,dword ptr [count]
push    ecx
lea     edx,[buffer]
push    edx
call    TranslateBuffer (4159BFh)
add     esp,0Ch
```

下面的代码对 TranslateBuffer 进行反汇编。编译器自动插入了一些语句用于设置 EBP,以及保存标准寄存器集合,集合内的寄存器不论是否真的会被过程修改,总是被保存。

```
push    ebp
mov     ebp,esp
sub     esp,40h
push    ebx
push    esi
push    edi
; 内嵌代码从这里开始。
mov     esi,dword ptr [buf]
mov     ecx,dword ptr [count]
mov     al,byte ptr [eChar]
L1:
  xor   byte ptr [esi],al
  inc   esi
  loop L1 (41D762h)
; 内嵌代码结束。
```

```
pop     edi
pop     esi
pop     ebx
mov     esp,ebp
pop     ebp
ret
```

若关闭了调试器 Disassembly 窗口的 Display Symbol Names 选项，则将参数送入寄存器的三条语句如下：

```
mov     esi,dword ptr [ebp+8]
mov     ecx,dword ptr [ebp+0Ch]
mov     al,byte ptr [ebp+10h]
```

编译器按要求生成 Debug 目标代码，这是非优化代码，适合于交互式调试。如果选择 Release 目标代码，那么编译器生成的代码就会更加有效（但易读性更差）。

忽略过程调用　本小节开始时给出的 TranslateBuffer 中有 6 条内嵌指令，其执行总共需要 8 条指令。如果函数被调用几千次，那么其执行时间就比较可观了。为了消除这种开销，把内嵌代码插入调用 TranslateBuffer 的循环，得到更为有效的程序：

```
while (!infile.eof() )
{
    infile.read(buffer, BUFSIZE );
    count = infile.gcount();
    __asm {
        lea esi,buffer
        mov ecx,count
        mov al,encryptCode
    L1:
        xor [esi],al
        inc  esi
        Loop L1
    } // asm
    outfile.write(buffer, count);
}
```

程序位于本书 \Examples\ch13\VisualCPP\Encode_Inline 文件夹。

13.2.3　本节回顾

1. 内嵌汇编代码与内嵌 C++ 过程有什么不同之处？
2. 与使用外部汇编过程相比，内嵌汇编代码有什么优势？
3. 给出至少两种在内嵌汇编代码中添加注释的方法。
4. （是 / 否）：内嵌语言是否可以引用 __asm 块之外的代码标号？

13.3　32 位汇编程序与 C/C++ 的链接

　　为设备驱动器和嵌入式系统编码的程序员常常需要把 C/C++ 模块与用汇编语言编写的专门代码集成起来。汇编语言特别适合于直接硬件访问、位映射，以及对寄存器和 CPU 状态标识进行底层访问。整个应用程序都用汇编语言编写是很乏味的，比较有用的方法是，用 C/C++ 编写主程序，而那些不太好用 C 编写的代码则用汇编语言。现在来讨论从 32 位 C/C++ 程序调用汇编程序的一些标准要求。

　　C/C++ 程序从右到左传递参数，与参数列表的顺序一致。函数返回后，主调程序负责将堆栈恢复到调用前的状态。这可以采用两种方法：一种是将堆栈指针加上一个数值，该值等于参数大小；还有一种是从堆栈中弹出足够多的数。

在汇编源代码中，需要在 .MODEL 伪指令中指定 C 调用规范，并为外部 C/C++ 程序调用的每个过程创建原型。示例如下：

```
.586
.model flat,C
IndexOf PROTO,
    srchVal:DWORD, arrayPtr:PTR DWORD, count:DWORD
```

函数声明　在 C 程序中，声明外部汇编过程时要使用 extern 限定符。比如，下面的语句声明了 IndexOf：

```
extern long IndexOf( long n, long array[], unsigned count );
```

如果过程会被 C++ 程序调用，就要添加"C"限定符，以防止 C++ 的名称修饰：

```
extern "C" long IndexOf( long n, long array[], unsigned count );
```

名称修饰（name decoration）是一种标准 C++ 编译技术，通过添加字符来修改函数名，添加的字符指明了每个函数参数的确切类型。任何支持函数重载（多个函数有相同的函数名、不同的参数列表）的语言都需要这个技术。从汇编语言程序员的角度来看，名称修饰存在的问题是：C++ 编译器让链接器去找的是修饰过的名称，而不是生成可执行文件时的原始名称。

13.3.1　IndexOf 示例

现在新建一个简单汇编函数，对数组实现线性搜索，找到与样本整数匹配的第一个实例。如果搜索成功，则返回匹配元素的索引位置；否则，返回 -1。该函数将被 C++ 程序调用。在 C++ 中，编写程序段如下：

```
long IndexOf( long searchVal, long array[], unsigned count )
{
    for(unsigned i = 0; i < count; i++) {
      if( array[i] == searchVal )
          return i;
    }
    return -1;
}
```

参数包括：希望被找到的数值、一个数组指针，以及数组大小。用汇编语言编写该函数显然是很容易的。编写好的汇编代码放入自己的源代码文件 IndexOf.asm。这个文件将被编译为目标代码文件 IndexOf.obj。使用 Visual Studio 实现主调 C++ 程序与汇编模块的编译和链接。C++ 项目将用 Win32 控制台作为其输出类型，虽然也没有理由不让它成为图形应用程序。图 13-3 为 IndexOf 模块的源代码清单。首先，注意到用于测试循环的汇编代码 25～28 行，虽然代码量小，但是高效。对要执行很多次的循环，应试图使其循环体内的指令条数尽可能少：

```
25: L1: cmp  [esi+edi*4],eax
26:     je   found
27:     inc  edi
28:     loop L1
```

```
1: ;IndexOf 函数              (IndexOf.asm)
2:
3: .586
4: .model flat,C
5: IndexOf PROTO,
6:    srchVal:DWORD, arrayPtr:PTR DWORD, count:DWORD
7:
8: .code
9: ;------------------------------------------------
10: IndexOf PROC USES ecx esi edi,
11:    srchVal:DWORD, arrayPtr:PTR DWORD, count:DWORD
12: ;
13: ; 对 32 位整数数组执行线性搜索,
14: ; 寻找指定数值。如果发现匹配数值,
15: ; 用 EAX 返回该数值的索引位置;
16: ; 否则, EAX 返回 -1。
17: ;------------------------------------------------
18:    NOT_FOUND = -1
19:
20:    mov    eax,srchVal    ; 搜索数值
21:    mov    ecx,count      ; 数组大小
22:    mov    esi,arrayPtr   ; 数组指针
23:    mov    edi,0          ; 索引
24:
25: L1:cmp   [esi+edi*4],eax
26:    je    found
27:    inc   edi
28:    loop  L1
29:
30: notFound:
31:    mov   eax,NOT_FOUND
32:    jmp   short exit
33:
34: found:
35:    mov   eax,edi
36:
37: exit:
38:    ret
39: IndexOf ENDP
40: END
```

图 13-3 IndexOf 模块清单

如果找到匹配项,程序跳转到 34 行,将 EDI 复制到 EAX,该寄存器用于存放函数返回值。在搜索期间,EDI 为当前索引位置。

```
34: found:
35:    mov   eax,edi
```

如果没有找到匹配项,则把 −1 赋值给 EAX 并返回:

```
30: notFound:
31:    mov   eax,NOT_FOUND
32:    jmp   short exit
```

图 13-4 为主调 C++ 程序清单。首先,用伪随机数值对数组进行初始化:

```
12:    long array[ARRAY_SIZE];
13:    for(unsigned i = 0; i < ARRAY_SIZE; i++)
14:       array[i] = rand();
```

18～19 行提示用户输入在数组中搜索的数值：

```
18:    cout << "Enter an integer value to find: ";
19:    cin >> searchVal;
```

23 行调用 C 链接库的 time 函数（在 time.h 中），把从 1970 年 1 月 1 日起已经过的秒数保存到变量 startTime：

```
23:    time( &startTime );
```

26 和 27 行按照 LOOP_SIZE 的值（100 000），反复执行相同的搜索：

```
26:    for( unsigned n = 0; n < LOOP_SIZE; n++)
27:        count = IndexOf( searchVal, array, ARRAY_SIZE );
```

```
 1: #include <iostream>
 2: #include <time.h>
 3: #include "indexof.h"
 4: using namespace std;
 5:
 6: int main()  {
 7:    // 用伪随机数填充数组。
 8:    const unsigned ARRAY_SIZE = 100000;
 9:    const unsigned LOOP_SIZE = 100000;
10:    char* boolstr[] = {"false","true"};
11:
12:    long array[ARRAY_SIZE];
13:    for(unsigned i = 0; i < ARRAY_SIZE; i++)
14:        array[i] = rand();
15:
16:    long searchVal;
17:    time_t startTime, endTime;
18:    cout << "Enter an integer value to find: ";
19:    cin >> searchVal;
20:    cout << "Please wait...\n";
21:
22:    // 测试汇编函数。
23:    time( &startTime );
24:    int count = 0;
25:
26:    for( unsigned n = 0; n < LOOP_SIZE; n++)
27:        count = IndexOf( searchVal, array, ARRAY_SIZE );
28:
29:    bool found = count != -1;
30:
31:    time( &endTime );
32:    cout << "Elapsed ASM time: " << long(endTime - startTime)
33:         << " seconds. Found = " << boolstr[found] << endl;
34:
35:    return 0;
36: }
```

图 13-4 C++ 测试程序调用 IndexOf 的代码清单

由于数组大小也约为 100 000，因此执行步骤的总数可以多达 100 000 × 100 000，或 100 亿。31～33 行再次检查时间，并显示循环运行所耗的秒数：

```
31:    time( &endTime );
32:    cout << "Elapsed ASM time: " << long(endTime - startTime)
33:         << " seconds. Found = " << boolstr[found] << endl;
```

在高速计算机上测试时，循环执行时间为 6 秒。对 100 亿次迭代而言，这个时间不算多，每秒约有 16.7 亿次迭代。重要的是，需要意识到程序重复过程调用的开销（参数入栈，执行 CALL 和 RET 指令）也是 100 000 次。过程调用导致了相当多的额外处理。

13.3.2 调用 C 和 C++ 函数

可以编写汇编程序来调用 C 和 C++ 函数。这样做的理由至少有两个：
- C 和 C++ 有丰富的输入－输出库，因此输入－输出有更大的灵活性。处理浮点数时，这是相当有用的。
- 两种语言都有丰富的数学库。

调用标准 C 库（或 C++ 库）函数时，必须从 C 或 C++ 的 main( ) 过程启动程序，以便运行库初始化代码。

1. 函数原型

汇编语言代码调用的 C++ 函数，必须用 "C" 和关键字 extern 定义。其基本语法如下：

```
extern "C" returnType funcName( paramlist )
{ . . . }
```

示例如下：

```
extern "C" int askForInteger( )
{
    cout << "Please enter an integer:";
    //...
}
```

与其修改每个函数定义，把多个函数原型放在一个块内显得更容易。然后，还可以省略单个函数实现的 extern 和 "C"：

```
extern "C" {
    int askForInteger();
    int showInt( int value, unsigned outWidth );
    //etc.
}
```

2. 汇编语言模块

如果汇编语言模块调用 Irvine32 链接库过程，就要使用如下 .MODEL 伪指令：

```
.model flat, STDCALL
```

虽然 STDCALL 与 Win32 API 兼容，但是它与 C 程序的调用规范不匹配。因此，在声明由汇编模块调用的外部 C 或 C++ 函数时，必须给 PROTO 伪指令加上 C 限定符：

```
INCLUDE Irvine32.inc
askForInteger PROTO C
showInt PROTO C, value:SDWORD, outWidth:DWORD
```

C 限定符是必要的，因为链接器必须把函数名与 C++ 模块输出的参数列表匹配起来。此外，使用了 C 调用规范，汇编器必须生成正确的代码以便在函数调用后清除堆栈（参见 8.2.4 节）。

C++ 程序调用的汇编过程也必须使用 C 限定符，这样汇编器使用的命名规则将能被链接器识别。比如，下面的 SetTextColor 过程有一个双字参数：

```
SetTextOutColor PROC C,
    color:DWORD
    .
    .
    .
SetTextOutColor ENDP
```

最后，如果汇编代码调用其他汇编过程，C 调用规范要求在每个过程调用后，把参数从堆栈中移除。

使用 .MODEL 伪指令   如果汇编代码不调用 Irvine32 过程，就可以在 .MODEL 伪指令中使用 C 调用规范：

```
; (do not INCLUDE Irvine32.inc)
.586
.model flat,C
```

此时不再需要为 PROTO 和 PROC 伪指令添加 C 限定符：

```
askForInteger PROTO
showInt PROTO, value:SDWORD, outWidth:DWORD
SetTextOutColor PROC,
    color:DWORD
    .
    .
    .
SetTextOutColor ENDP
```

3. 函数返回值

C++ 语言规范没有提及代码实现细节，因此没有规定标准方法让 C 和 C++ 函数返回数值。当编写的汇编代码调用这些语言的函数时，要检查编译器文件以便了解它们的函数是如何返回数值的。下面列出了一些可能的情况，但并非全部：

- 整数用单个寄存器或寄存器组返回。
- 主调程序可以在堆栈中为函数返回值预留空间。函数在返回前，可以将返回值存入堆栈。
- 函数返回前，浮点数值通常被压入处理器的浮点数堆栈。

下面列出了 Microsoft Visual C++ 函数怎样返回数值：

- bool 和 char 值用 AL 返回。
- short int 值用 AX 返回。
- int 和 long int 值用 EAX 返回。
- 指针用 EAX 返回。
- float、double 和 long double 值分别以 4 字节、8 字节和 10 字节数值压入浮点堆栈。

13.3.3 乘法表示例

现在编写一个简单的应用程序，提示用户输入整数，通过移位的方式将其与 2 的幂（$2^1 \sim 2^{10}$）相乘，并用填充前导空格的形式再次显示每个乘积。输入 – 输出使用 C++。汇编模块将调用 3 个 C++ 编写的函数。程序将由 C++ 模块启动。

1. 汇编语言模块

汇编模块包含一个函数 DisplayTable。它调用 C++ 函数 askForInteger 从用户输入一个整数。它还使用循环结构把整数 intVal 重复左移，并调用 showInt 进行显示。

```
;C++ 调用的 ASM 函数
INCLUDE Irvine32.inc
; 外部 C++ 函数:
askForInteger PROTO C
showInt PROTO C, value:SDWORD, outWidth:DWORD
newLine PROTO C

OUT_WIDTH = 8
ENDING_POWER = 10

.data
intVal DWORD ?

.code
;----------------------------------------------
SetTextOutColor PROC C,
    color:DWORD
;
; 设置文本颜色,并清除控制台窗口。
; 调用 Irvine32 库函数。
;----------------------------------------------
    mov     eax,color
    call    SetTextColor
    call    Clrscr
    ret
SetTextOutColor ENDP

;----------------------------------------------
DisplayTable PROC C
;
; 输入一个整数 n 并显示范围为 n*2^1 ~ n*2^10 的乘法表。
;----------------------------------------------
    INVOKE  askForInteger              ; 调用 C++ 函数
    mov     intVal,eax                 ; 保存整数
    mov     ecx,ENDING_POWER           ; 循环计数器
L1: push    ecx                        ; 保存循环计数器
    shl     intVal,1                   ; 乘以 2
    INVOKE  showInt,intVal,OUT_WIDTH
    call    Crlf                       ; 输出 CR/LF
    pop     ecx                        ; 恢复循环计数器
    loop    L1

    ret
DisplayTable ENDP
END
```

在 DisplayTable 过程中,必须在调用 showInt 和 newLine 之前将 ECX 入栈,并在调用后将 ECX 出栈,这是因为 Visual C++ 函数不会保存和恢复通用寄存器。函数 askForInteger 用 EAX 寄存器返回结果。

DisplayTable 在调用 C++ 函数时不一定要用 INVOKE。PUSH 和 CALL 指令也能得到同样的结果。对 showInt 的调用如下所示:

```
push    OUT_WIDTH    ; 最后一个参数首先入栈
push    intVal
call    showInt      ; 调用函数
add     esp,8        ; 清除堆栈
```

必须遵守 C 语言调用规范,其参数按照逆序入栈,且主调方负责在调用后从堆栈移除实参。

2. C++ 测试程序

下面查看启动程序的 C++ 模块。其入口为 main( )，保证执行所需 C++ 语言的初始化代码。它包含了外部汇编过程和三个输出函数的原型：

```cpp
// main.cpp
// 演示 C++ 程序和外部汇编模块之间的函数调用。

#include <iostream>
#include <iomanip>
using namespace std;

extern "C" {
    // 外部 ASM 过程：
    void DisplayTable();
    void SetTextOutColor(unsigned color);
    // 局部 C++ 函数：
    int askForInteger();
    void showInt(int value, int width);
}

// 程序入口
int main()
{
    SetTextOutColor( 0x1E );// 蓝底黄字
    DisplayTable();                    // 调用 ASM 过程
    return 0;
}

// 提示用户输入一个整数。
int askForInteger()
{
    int n;
    cout << "Enter an integer between 1 and 90,000:";
    cin >> n;
    return n;
}

// 按特定宽度显示一个有符号整数。
void showInt( int value, int width )
{
    cout << setw(width) << value;
}
```

生成项目　将 C++ 和汇编模块添加到 Visual Studio 项目，并在 Project 菜单中选择 Build Solution。

程序输出　当用户输入为 90 000 时，乘法表程序产生的输出如下：

```
Enter an integer between 1 and 90,000: 90000
  180000
  360000
  720000
 1440000
 2880000
 5760000
```

```
11520000
23040000
46080000
92160000
```

3. Visual Studio 项目属性

如果使用 Visual Studio 生成集成了 C++ 和汇编代码的程序，并且调用 Irvine32 链接库，就需要修改某些项目设置。以 Multiplication_Table 程序为例。在 Project 菜单中选择 Properties，在窗口左边的 Configuration Properties 条目下，选择 Linker。在右边面板的 Additional Library Directories 条目中输入 c:\Irvine。示例如图 13-5 所示。点击 OK 关闭 Project Property Pages 窗口。现在 Visual Studio 就可以找到 Irvine32 链接库了。

> 上述过程已在 Visual Studio 2012 中测试通过，但可能会有变更。请查阅我们的网站（www.asmirvine.com）获取更新。

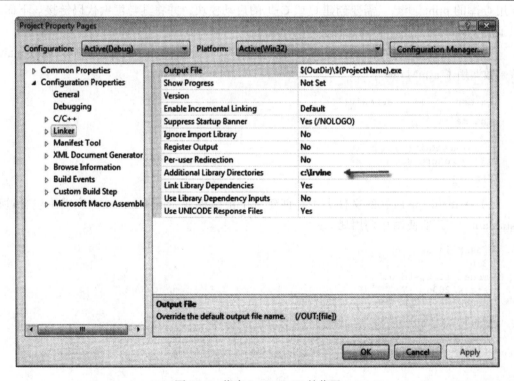

图 13-5　指定 Irvine32.lib 的位置

13.3.4　调用 C 库函数

C 语言有标准函数集合，被称为标准 C 库（Standard C Library）。同样的函数还可以用于 C++ 程序，因此，也可用于与 C 和 C++ 程序连接的汇编模块。汇编模块调用 C 函数时，就必须包含函数的原型。一般通过访问 C++ 编译器的帮助系统可以找到 C 函数原型。程序调用 C 函数时，需要先将 C 函数原型转换为汇编语言原型。

printf 函数　下面是 printf 函数的 C/C++ 语言原型，第一个参数为字符指针，其后跟了一组可变数量的参数：

```
int printf(
    const char *format [, argument]...
);
```

（C/C++ 编译器的帮助库可以查阅到 printf 函数文档。）汇编语言中与之等效的函数原型将 char* 改为 PTR BYTE，将可变长度参数列表的类型改为 VARARG：

```
printf PROTO C, pString:PTR BYTE, args:VARARG
```

另一个有用的函数是 scanf，用于从标准输入（键盘）接收字符、数字和字符串，并将输入数值分配给变量：

```
scanf PROTO C, format:PTR BYTE, args:VARARG
```

1. 用 printf 函数显示格式化实数

编写汇编函数格式化并显示浮点数不是一件容易的事。与其由程序员自行编码，还不如利用 C 库的 printf 函数。需要创建 C 或 C++ 的启动模块，并将其与汇编代码链接。下面给出了用 Visual C++.NET 创建这种程序的过程：

1）用 Visual C++ 创建一个 Win32 控制台程序。创建文件 main.cpp，并插入函数 main，该函数调用了 asmMain：

```cpp
extern "C" void asmMain( );
int main( )
{
    asmMain( );
    return 0;
}
```

2）在 main.cpp 所在的文件夹中，创建一个汇编模块 asmMain.asm。该模块包含过程 asmMain，并声明使用 C 调用规范：

```
; asmMain.asm
.386
.model flat,stdcall
.stack 2000
.code
asmMain PROC C
    ret
asmMain ENDP
END
```

3）汇编 asmMain.asm（但不进行链接），生成 asmMain.obj。

4）将 asmMain.obj 添加到 C++ 项目。

5）构建并运行项目。如果修改了 asmMain.asm，则在运行前，需要再一次汇编和构建项目。

一旦程序正确建立，就可以向 asmMain.asm 添加代码来调用 C/C++ 函数。

显示双精度数值 下面是 asmMain 中的汇编代码，它通过调用 printf 输出了一个类型为 REAL8 的数值：

```
.data
double1 REAL8   1234567.890123
formatStr BYTE "%.3f",0dh,0ah,0
.code
INVOKE printf, ADDR formatStr, double1
```

相应的输出如下：

```
1234567.890
```

这里，传递给 printf 的格式化字符串与 C++ 中的略有不同：不是插入转义字符，如 \n，而是必须插入 ASCII 字符（0dh，0ah）。

> 传递给 printf 的浮点参数应声明为 REAL8 类型。不过传递的数值也可能是 REAL4 类型，这需要相当的编程技巧。若想了解 C++ 编译器是如何工作的，可以声明一个 float 类型的变量，并将其传递给 printf。编译程序，并用调试器跟踪该程序的反汇编代码。

多参数 printf 函数接收可变数量的参数，因此很容易在一次函数调用中对两个数进行格式化并显示它们：

```
TAB = 9
.data
formatTwo BYTE "%.2f",TAB,"%.3f",0dh,0ah,0
val1 REAL8 456.789
val2 REAL8 864.231
.code
INVOKE printf, ADDR formatTwo, val1, val2
```

相应的输出如下：

```
456.79    864.231
```

（参见本书 Examples\ch13\VisualCPP 文件夹内的项目 Printf_Example。）

2. 用 scanf 函数输入实数

调用 scanf 可以从用户输入浮点数。SmallWin.inc（包括在 Irvine32.inc 内）定义的函数原型如下所示：

```
scanf PROTO C,
    format:PTR BYTE, args:VARARG
```

传递给它的参数包括：格式化字符串的偏移量，一个或多个 REAL4、REAL8 类型变量的偏移量（这些变量存放了用户输入的数值）。调用示例如下：

```
.data
strSingle BYTE "%f",0
strDouble BYTE "%lf",0
single1 REAL4 ?
double1 REAL8 ?
.code
INVOKE scanf, ADDR strSingle, ADDR single1
INVOKE scanf, ADDR strDouble, ADDR double1
```

必须从 C 或 C++ 启动程序中调用汇编语言代码。

13.3.5 目录表程序

现在编写一个简短的程序，清除屏幕，显示当前磁盘目录，并请求用户输入文件名。

(程序员可能希望扩展该程序，以打开并显示被选中文件。)

C++ 根模块 C++ 模块只有一个对 asm_main 的调用，因此可以将其称为根模块（stub module）：

```cpp
// main.cpp
// 根模块：启动汇编程序
extern "C" void asm_main();   // asm 启动过程
void main()
{
    asm_main();
}
```

ASM 模块 汇编语言模块包括了函数原型、若干字符串和一个 fileName 变量。模块两次调用 system 函数，向其传递 "cls" 和 "dir" 命令。然后调用 printf，显示请求文件名的提示行，再调用 scanf，使用户输入文件名。程序不调用 Irvine32 库中的任何函数，因此可以将 .MODEL 伪指令设置为 C 语言规范：

```asm
; 从 C++ 启动的 ASM 程序                     (asmMain.asm)
.586
.MODEL flat,C

; 标准 C 库函数:
system PROTO, pCommand:PTR BYTE
printf PROTO, pString:PTR BYTE, args:VARARG
scanf  PROTO, pFormat:PTR BYTE,pBuffer:PTR BYTE, args:VARARG
fopen  PROTO, mode:PTR BYTE, filename:PTR BYTE
fclose PROTO, pFile:DWORD

BUFFER_SIZE = 5000
.data
str1 BYTE "cls",0
str2 BYTE "dir/w",0
str3 BYTE "Enter the name of a file:",0
str4 BYTE "%s",0
str5 BYTE "cannot open file",0dh,0ah,0
str6 BYTE "The file has been opened",0dh,0ah,0
modeStr BYTE "r",0

fileName BYTE 60 DUP(0)
pBuf   DWORD ?
pFile  DWORD ?

.code
asm_main PROC
; 清除屏幕，显示磁盘目录
INVOKE system,ADDR str1
INVOKE system,ADDR str2

; 请求文件名
INVOKE printf,ADDR str3
INVOKE scanf, ADDR str4, ADDR filename

; 尝试打开文件
INVOKE fopen, ADDR fileName, ADDR modeStr
mov    pFile,eax

.IF eax == 0       ; 不能打开文件?
   INVOKE printf,ADDR str5
   jmp quit
.ELSE
```

```
        INVOKE printf,ADDR str6
    .ENDIF
    ;关闭文件
    INVOKE fclose, pFile
quit:
    ret                    ;返回 C++ 主程序
asm_main ENDP
END
```

函数 scanf 需要两个参数：第一个是格式化字符串（"%s"）的指针，第二个是输入字符串变量（fileName）的指针。因为互联网上有丰富的文档，因此这里不再浪费时间来解释标准 C 函数。一个很好的参考文献是 1988 年 Prentice Hall 出版的《The C Programming Language》第二版，其作者是 Brian W. Kernighan 和 Dennis M. Ritchie。

13.3.6 本节回顾

1. 若函数被汇编模块调用，则函数定义中必须包括哪两个 C++ 关键字？
2. 什么情况下 Irvine32 库使用的调用规范与 C 和 C++ 语言使用的调用规范不兼容？
3. C++ 函数通常怎样返回浮点数？
4. Microsoft Visual C++ 函数怎样返回 short int 类型的数值？

13.4 本章小结

若要对某些高级语言编写的大型应用程序中的指定部分进行优化，那么汇编语言堪称是完美的工具。同时，汇编语言也是为特定硬件定制一些程序的好工具。选择以下两种方法之一可以实现这些技术：
- 在高级语言代码中编写内嵌汇编代码。
- 把汇编程序链接到高级语言代码。

两种方法都有其有优点和局限性。本章对这两种方法都进行了介绍。

语言使用的命名规范是指段和模块的命名方式，也就是与变量和过程命名相关的规则或特性。程序使用的内存模式决定了调用和引用是近（同一段内）还是远（不同段间）。

从其他语言程序中调用汇编过程时，在两种语言代码中都用到的标识符必须是兼容的。在汇编过程中使用的段名也要与主调程序兼容。过程编写者使用的高级语言调用规范决定了如何接收参数。调用规范影响下列情形：是由被调过程恢复堆栈指针，还是由主调程序恢复堆栈指针。

在 Visual C++ 中，伪指令 __asm 用于在 C++ 源程序中编写内嵌汇编代码。本章的文件加密程序演示了内嵌汇编语言。

本章展示了怎样将汇编过程链接到运行于 32 位保护模式的 Microsoft Visual C++ 程序。

调用标准 C (C++) 库函数时，需用 C 或 C++ 创建含有 main() 函数的根程序。main() 开始时，编译器的运行时链接库自动初始化。在 main() 中可以调用汇编模块的启动过程。汇编语言模块可以调用标准 C 库中的所有函数。

过程 IndexOf 用汇编语言编写，且被 Visual C++ 程序调用。本章还查看了 Microsoft C++ 编译器生成的汇编源文件，对编译器如何优化代码有了更清楚的了解。

13.5 关键术语

C language specifier（C 语言说明符）
external identifier（外部标识符）
inline assembly code（内嵌汇编代码）
memory model（内存模式）

name decoration（名称修饰）
naming convention（命名规范）
STDCALL language specifier（STDCALL 语言说明符）

13.6 复习题

1. 当汇编过程被高级语言程序调用时，主调程序与被调过程是否应使用相同的内存模式？
2. C 和 C++ 程序调用汇编过程时，为什么区分大小写是很重要的？
3. 一种编程语言的调用规范是否包括了过程对某些寄存器的保存规定？
4. (是 / 否)：EVEN 和 ALIGN 伪指令是否都能用于内嵌汇编代码？
5. (是 / 否)：OFFSET 运算符是否能用于内嵌汇编代码？
6. (是 / 否)：内嵌汇编代码中，DW 和 DUP 运算符是否都能用于变量定义？
7. 使用 _fastcall 调用规范时，若内嵌汇编代码修改了寄存器会出现什么情况？
8. 不使用 OFFSET 运算符，是否还有其他方法能把变量偏移量送入变址寄存器？
9. 对 32 位整数数组使用 LENGTH 运算符，其返回值是多少？
10. 对长整型数组使用 SIZE 运算符，其返回值是多少？
11. 标准 C printf() 函数的有效汇编 PROTO 声明是怎样的？
12. 调用如下 C 语言函数，实参 x 是最先入栈还是最后入栈？

    void MySub(x, y, z);

13. 过程被 C++ 调用时，其外部声明使用的"C"说明符有什么作用？
14. C++ 调用外部汇编过程时，为什么名称修饰是重要的？
15. 搜索互联网，用简表列出 C/C++ 编译器使用的优化技巧。

13.7 编程练习

** 1. 数组与整数相乘

编写汇编子程序，实现一个双字数组与一个整数的乘法。编写 C/C++ 测试程序，新建数组并将其传递给子程序，再输出运算后的结果数组。

*** 2. 最长递增序列

编写汇编子程序，接收两个输入参数：数组偏移量和数组大小。子程序返回数组中最长的递增序列中整数值的个数。比如，数组如下所示，则最长的严格递增序列开始于索引值为 3 的元素、序列长度为 4 {14, 17, 26, 42}：

[-5, 10, 20, 14, 17, 26, 42, 22, 19, -5]

编写 C/C++ 测试程序调用该子程序，测试程序实现的操作包括：新建数组、传递参数、输出子程序的返回值。

** 3. 三个数组求和

编写汇编子程序，接收三个同样大小数组的偏移量。将第二个和第三个数组加到第一个数组上。子程序返回时，第一个数组包含结果数值。编写 C/C++ 测试程序，新建数组并将其传递给子程序，再显示第一个数组的内容。

★★★ 4. 质数程序

　　编写汇编过程实现如下功能：若传递给 EAX 的 32 位整数为质数，则返回 1；若 EAX 为非质数，则返回 0。要求从高级语言程序调用该过程。由用户输入一组整数，对每个数值，程序都要显示一条信息以示该数是否为质数。建议：第一次调用该过程时，使用厄拉多塞过滤算法（Sieve of Eratosthenes）初始化布尔数组。

★★ 5. LastIndexOf 过程

　　修改 13.3.1 节的 IndexOf 过程。将新函数命名为 LastIndexOf，使其从数组末尾开始反向搜索。遇到第一个匹配值就返回其索引，否则即为未发现匹配值，返回 −1。

附录 A
Assembly Language for x86 Processors, Seventh Edition

MASM 参考知识

A.1 引言

Microsoft MASM 6.11 手册最后一次印刷是在 1992 年，共有三卷：
- 程序员指南
- 参考知识
- 环境和工具

遗憾的是，已经有很多年都没出现过印刷版的手册，不过 Microsoft 在其 Platform SDK 包内提供了手册的电子版（MS-Word 文件）。印刷版手册绝对已经属于收藏品了。

本附录的内容节选自参考手册的 1～3 章，并且包含了 MASM 6.14 readme.txt 文件的更新。本书提供的 Microsoft 许可协议授权读者拥有软件和随附文档的一个副本，这里给出的是其中的一部分。

语法符号　本附录使用的语法符号是一致的。全部用大写字母表示的单词为 MASM 保留字，在程序中它们可能为大写也可能为小写。下面的例子中 DATA 是保留字：

.DATA

斜体字表示已定义的术语或类别。下面的例子中 *number* 表示一个整数常量：

ALIGN [[*number*]]

若某项用双括号括起来 [[…]]，则该项为可选的。下面的例子中 text 是可选项：

[[*text*]]

若垂直分隔符出现在有两个或更多选项的列表中，就意味着必须选择其中的一项。下面的例子就要在 NEAR 和 FAR 之间进行选择：

NEAR | FAR

省略号（…）表示重复列表的最后一项。在下面的例子中，逗号及其后的*初始值*（initializer）可能会重复多次：

[[*name*]] BYTE *initializer* [[, *initializer*]] …

A.2 MASM 保留字

$	PARITY?	DWORD	STDCALL
?	PASCAL	FAR	SWORD
@B	QWORD	FAR16	SYSCALL
@F	REAL4	FORTRAN	TBYTE
ADDR	REAL8	FWORD	VARARG
BASIC	REAL10	NEAR	WORD
BYTE	SBYTE	NEAR16	ZERO?
C	SDORD	OVERFLOW?	
CARRY?	SIGN?		

A.3 寄存器名

AH	CR0	DR1	EBX	SI
AL	CR2	DR2	ECX	SP
AX	CR3	DR3	EDI	SS
BH	CS	DR6	EDX	ST
BL	CX	DR7	ES	TR3
BP	DH	DS	ESI	TR4
BX	DI	DX	ESP	TR5
CH	DL	EAX	FS	TR6
CL	DR0	EBP	GS	TR7

A.4 Microsoft 汇编器（ML）

ML 程序（ML.EXE）汇编并链接一个或多个汇编语言源文件。语法如下：

ML [[*options*]] *filename* [[[[*options*]] *filename*]] ... [[**/link** *linkoptions*]]

filename 是唯一必需的参数，且至少应有一个，该参数是汇编源文件名。比如，下面的命令汇编源文件 AddSub.asm，并生成目标文件 AddSub.obj：

```
ML -c AddSub.asm
```

options 参数或者为空，或者包含多个命令行选项，每个选项都以斜杠（/）或破折号（-）开始。若有多个选项，则选项之间至少用一个空格分隔。表 A-1 列出了完整的命令行选项。命令行要区分大小写。

表 A-1　ML 命令行选项

选项	操作
/AT	启用微型内存模式支持。若代码结构违反 .COM 格式文件的要求，则给出错误信息。注意，该选项并非完全等同于 .MODEL TINY 伪指令
/B*filename*	选择备用链接器
/c	只汇编，不链接
/coff	按照 Microsoft 通用目标文件格式（Common Object File Format）生成目标文件。通常针对的是 32 位汇编语言，64 位汇编器不支持该选项
/Cp	保留所有用户标识符的大小写
/Cu	所有标识符都转换为大写。64 位汇编器不支持该选项
/Cx	保留公共和外部符号的大小写（默认）
/D*symbol*[[=*value*]]	按给定名字定义文本宏。若 *value* 缺失，则为空。多个符号用空格分隔，且需用引号将符号括起
/EP	生成已预处理的源列表文件（送 STDOUT）。参见 /Sf
/ERRORREPORT [NONE|PROMPT| QUEUE|SEND]	若运行时汇编失败，则向 Microsoft 发送诊断信息
/F*hexnum*	将堆栈大小设置为 *hexnum* 个字节（同 /link/STACK：*number*）。数值必须用十六进制表示，且 /F 和 *hexnum* 之间必须有一个空格
/Fe*filename*	为可执行文件命名
/Fl[[*filename*]]	生成汇编代码列表文件。参见 /Sf

(续)

选项	操作
/Fm[[*filename*]]	创建链接 .MAP 文件
/Fo*filename*	为目标文件命名
/FPi	生成浮点算术运算的模拟器修正（只适用于混合语言）。64 位汇编器不支持该选项
/Fr[[*filename*]]	生成 .SBR 源浏览文件
/FR[[*filename*]]	生成扩展格式的 .SBR 源浏览文件
/Gc	指定使用 FORTRAN 或 Pascal 风格的调用和命名规范。64 位汇编器不支持该选项
/Gd	指定使用 C 风格的调用和命名规范。64 位汇编器不支持该选项
/Gz	使用 STDCALL 调用规范。64 位汇编器不支持该选项
/H *number*	将外部名限定为 *number* 个有效字符。默认为 31 个字符。64 位汇编器不支持该选项
/help	调用 ML 的 QuickHelp
/I *pathname*	设置包含文件路径。最大允许 10 个 /I 选项
/link	链接器选项和库
/nologo	禁止汇编成功的消息
/omf	生成 OMF（Microsoft 目标模块格式，Object Module Format）文件。早期 16 位 Microsoft 链接器（LINK16.EXE）要求该格式。64 位汇编器不支持该选项
/Sa	打开所有可用信息列表
/safeseh	将对象标志为包含或不包含所有声明为 .SAFESEH 的异常处理程序。（32 位汇编语言中，该项设置为 NO。）ml64.exe 中不可用
/Sf	在列表文件中添加第一次编译后的列表
/Sl *width*	按每行字符数设置源列表文件的行宽。范围为 60～255，或 0。默认值为 0。同 PAGE *width*
/Sn	生成列表文件时关闭符号表
/Sp *length*	按每页行数设置源列表文件的页面长度。范围为 10～255，或 0。默认值为 0。同 PAGE *length*
/Ss *text*	为源列表文件指定文本。同 SUBTITLE *text*
/St *text*	为源列表文件指定标题。同 TITLE *text*
/Sx	打开列表文件中为 false 的条件句
/Ta *filename*	汇编扩展名不为 .ASM 的源文件
/w	同 /W0
/W*level*	设置警告级别，其中 *level*=0、1、2 或 3
/WX	若产生警告，则返回错误码
/X	忽略 INCLUDE 环境路径
/Zd	在目标文件中生成行号信息
/Zf	使所有符号都成为公共的（public）
/Zi	在目标文件中生成 CodeView 信息（仅 16 位编程）
/Zm	启用 M510 选项，使能与 MASM 5.1 最大程度的兼容
/Zp[[*alignment*]]	将结构对齐到指定的字节边界。*alignment* 可以为 1、2 或 4
/Zs	只执行语法检查
/?	显示 ML 命令行语法帮助信息

A.5 Microsoft 汇编器伪指令

name=*expression*

将 *expression* 的数值分配给 *name*。之后符号可以重定义。

.386
允许汇编 80386 处理器的非特权指令，禁止汇编其后处理器引入的指令。也允许汇编 80387 指令。

.386P
允许汇编 80386 处理器的全部指令（含特权指令），禁止汇编其后处理器引入的指令。也允许汇编 80387 指令。

.387
允许汇编 80378 协处理器的全部指令。

.486
允许汇编 80486 处理器的非特权指令。

.486P
允许汇编 80486 处理器的全部指令（含特权指令）。

.586
允许汇编 Pentium 处理器的非特权指令。

.586P
允许汇编 Pentium 处理器的全部指令（含特权指令）。

.686
允许汇编 Pentium Pro 处理器的非特权指令。

.686P
允许汇编 Pentium Pro 处理器的全部指令（含特权指令）。

.8086
允许汇编 8086 指令（和相同的 8088 指令），禁止汇编其后处理器引入的指令。允许汇编 8087 指令。此为处理器默认模式。

.8087
允许汇编 8087 指令，禁止汇编其后协处理器引入的指令。此为协处理器默认模式。

ALIAS <alias>=<actual-name>
将旧文件名映射为新文件名。Alias 为备选名或别名，actual-name 是函数或过程的实际名称。尖括号是必需的。ALIAS 伪指令可用于创建允许链接器（LINK）将旧函数映射为新函数的链接库。

ALIGN [[*number*]]
将下一个变量或指令以 *number* 为倍数对齐到字节边界。

.ALPHA
按字母顺序对段排序。

ASSUME *segregister*:*name* [[, *segregister*:*name*]]...
   ASSUME *dataregister*:*type* [[, *dataregister*:*type*]]...
   ASSUME *register*:**ERROR** [[, *register*:**ERROR**]]...
   ASSUME [[*register*:]] **NOTHING** [[, *register*:**NOTHING**]]...

允许对寄存器值进行错误检查。一个 ASSUME 生效后，汇编器监控给定寄存器值的变化。若寄存器被使用，则 ERROR 生成错误。NOTHING 取消寄存器错误检查。一条语句中可使用不同的假设组合。

.BREAK [[.IF *condition*]]

若 *condition* 为真，则生成代码终止 .WHILE 或 .REPEAT 语句块。

[[*name*]] **BYTE** *initializer* [[, *initializer*]]...

为每个 *initializer* 分配并初始化（可选）存储空间的一个字节。也可用作任何合法类型的类型说明符。

name **CATSTR** [[*textitem1* [[, *textitem2*]]...]]

连接文本项。每个文本项都可以是字符串、前缀为 % 的常数或者宏函数返回的字符串。

.CODE [[*name*]]

与 .MODEL 一起使用时，表示以 *name* 为名代码段的开始（对微模式、小模式、紧凑模式和平坦模式，默认段名为 _TEXT；对其他模式，默认段名为 *module*_TEXT）。

COMM *definition* [[, *definition*]]...

用 *definition* 指定的属性创建公共变量。每个 *definition* 的形式如下：

[[*langtype*]] [[**NEAR** | **FAR**]] *label:type*[[:*count*]]

label 为变量名。*type* 为任意类型说明符（BYTE、WORD 等等），或者指定字节个数的整数。*count* 指定数据对象的个数（默认值为 1）。

COMMENT *delimiter* [[*text*]]

　　[[*text*]]

　　[[*text*]] *delimiter* [[*text*]]

把分隔符之间以及与分隔符同一行的 *text* 当作一个注释。

.CONST

与 .MODEL 一起使用时，表示开始一个常量数据段（段名为 CONST）。该段为只读属性。

.CONTINUE [[.IF *condition*]]

若 *condition* 为真，则生成代码跳转到 .WHILE 或 .REPEAT 代码块的顶部。

.CREF

允许列出符号表和浏览器文件内符号部分的符号。

.DATA

与 .MODEL 一起使用时，表示开始一个已初始化的近数据段（段名为 _DATA）。

.DATA?

与 .MODEL 一起使用时，表示开始一个未初始化的近数据段（段名为 _BSS）。

.DOSSEG

按照 MS-DOS 段规范对段进行排序：CODE 排第一，其后为非 DGROUP 的段，然后为 DGROUP 的段。属于 DGROUP 的段顺序为：非 BSS 或 STACK 的段，其后为 BSS 段，最后为 STACK 段。主要用于确保 MASM 支持的 CodeView 独立于程序。同 DOSSEG。

DOSSEG

与 .DOSSEG 相同，为首选形式。

DB

用于定义 BYTE 类型数据。

DD
   用于定义 DWORD 类型数据。
DF
   用于定义 FWORD 类型数据。
DQ
   用于定义 QWORD 类型数据。
DT
   用于定义 TBYTE 类型数据。
DW
   用于定义 WORD 类型数据。

[[*name*]] **DWORD** *initializer* [[, *initializer*]]...

   为每个 *initializer* 分配并初始化（可选）存储空间的一个双字（4字节）。也可用作任何合法类型的类型说明符。

ECHO *message*

   在标准输出设备（默认为屏幕）上显示 *message*。同 %OUT。

.ELSE

   参见 .IF。

ELSE

   标记条件代码块内备选块的开始。参见 IF。

ELSEIF

   把 ELSE 和 IF 组合为一条语句。参见 IF。

ELSEIF2

   若 OPTION：SETIF2 为 TRUE，则每次汇编时都计算 ELSEIF 代码块。

END [[*address*]]

   标识模块结束，可选的可以将程序入口设置为 *address*。

.ENDIF

   参见 .IF。

ENDIF

   参见 IF。

ENDM

   终止宏或重复块。参见 MACRO、FOR、FORC、REPEAT、WHILE。

name **ENDP**

   标志过程 *name* 的结束，该过程之前由 PROC 开始。参见 PROC。

name **ENDS**

   标志名为 *name* 的段、结构或联合的结束，其之前由 SEGMENT、STRUCT、UNION 或简化的段伪指令开始。

.ENDW

   参见 .WHILE。

name **EQU** *expression*

   将 *expression* 的数值分配给 *name*。*name* 在之后不可以重定义。

name **EQU** <*text*>

将指定 *text* 分配给 *name*。*name* 在之后可以重新分配不同的 *text*。参见 TEXTEQU。

.ERR [[*message*]]

产生错误。

.ERR2 [[*message*]]

若 OPTION：SETIF2 为 TRUE，则每次汇编时都计算 .ERR 代码块。

.ERRB <*textitem*> [[, *message*]]

若 *textitem* 为空，则产生错误。

.ERRDEF *name* [[, *message*]]

若 *name* 为前面已定义的标号、变量或符号，则产生错误。

.ERRDIF [[I]] <*textitem1*>, <*textitem2*> [[, *message*]]

若文本项不同，则产生错误。若给定 I，则比较操作忽略大小写。

.ERRE *expression* [[, *message*]]

若 *expression* 为假（0），则产生错误。

.ERRIDN [[I]] <*textitem1*>, <*textitem2*> [[, *message*]]

若文本项相同，则产生错误。若给定 I，则比较操作忽略大小写。

.ERRNB <*textitem*> [[, *message*]]

若 *textitem* 为非空，则产生错误。

.ERRNDEF *name* [[, *message*]]

若 *name* 还未定义，则产生错误。

.ERRNZ *expression* [[, *message*]]

若 *expression* 为真（非 0），则产生错误。

EVEN

将下一个变量或指令对齐到偶数字节边界。

.EXIT [[*expression*]]

生成终止代码。向 shell 返回可选的 *expression*。

EXITM [[*textitem*]]

终止扩展当前的重复或宏代码块，开始汇编该块之外的下一条语句。在宏函数中，*textitem* 是返回值。

EXTERN [[*langtype*]] *name* [[(*altid*)]] :*type* [[, [[*langtype*]] *name* [[(*altid*)]] :*type*]]...

定义一个或多个外部变量、标号或符号，其名称为 *name*，类型为 *type*。*type* 可以为 ABS，其输入 *name* 为常数。同 EXTRN。

EXTERNDEF [[*langtype*]] *name*:*type* [[, [[*langtype*]] *name*:*type*]]...

定义一个或多个外部变量、标号或符号，其名称为 *name*，类型为 *type*。若 *name* 在模块中定义，则将其属性当作 PUBLIC。若 *name* 在模块中被引用，则将其当作 EXTERN。若 *name* 未被引用，则忽略它。*type* 可以为 ABS，其输入 *name* 为常数。通常用于头文件。

EXTRN

参见 EXTERN。

.FARDATA [[*name*]]

与 .MODEL 一起使用时，表示开始一个已初始化的远数据段（段名为 FAR_DATA 或 *name*）。

.FARDATA? [[*name*]]

与 .MODEL 一起使用时，表示开始一个未初始化的远数据段（段名为 FAR_BSS 或 *name*）。

FOR *parameter* [[:REQ | :=default]] , <argument [[, argument]]... >

标志一个代码块，该块对每个 *argument* 都要重复一次，每次重复时用当前 *argument* 替换 *parameter*。同 IRP。

FORC
   parameter, <*string*> *statements*
   ENDM

标志一个代码块，该块对 *string* 中的每个字符都要重复一次，每次重复时用当前字符替换 *parameter*。同 IRPC。

[[*name*]] FWORD *initializer* [[, *initializer*]]...

为每个 *initializer* 分配并初始化（可选）存储空间的 6 个字节。也可用作任何合法类型的类型说明符。

GOTO *macrolabel*

将汇编转到标记为 :*macrolabel* 的代码行。GOTO 只允许出现在 MACRO、FOR、FORC、REPEAT 和 WHILE 块内。标号是该行唯一的伪指令，且其前面必须有冒号。

***name* GROUP** *segment* [[, *segment*]]...

向 *name* 组添加指定 *segments*。本条伪指令在 32 位平坦模式编程中不起作用，如果和 /coff 命令行选项一起使用则发生错误。

.IF *condition1*
   statements
   [[**.ELSEIF** condition2
     statements]]
   [[**.ELSE**
     statements]]
   .ENDIF

生成代码测试 *condition1*（比如 AX > 7），若条件为真，则执行 *statement*。若其后跟有 .ELSE，则初始条件为假时，执行其语句。注意，条件在运行时计算。

IF *expression1*
   ifstatements
   [[**ELSEIF** *expression2*
     elseifstatements]]
   [[**ELSE**
     elsestatements]]
   ENDIF

若 *expression1* 为真（非 0），汇编 *ifstatements*；若 *expression1* 为假（0）且 *expression2* 为真，则汇编 *elseifstatement*。下面的伪指令可以替代 ELSEIF：ELSEIFB、ELSEIFDEF、

ELSEIFDIF、ELSEIFDIFI、ELSEIFE、ELSEIFIDN、ELSEIFIDNI、ELSEIFNB 和 ELSEIFNDEF。作为备选，若前述条件均为假，则汇编 elsestatements。注意，条件在运行时计算。

IF2 *expression*

若 OPTION：SETIF2 为 TRUE，则每次汇编时都计算 IF 代码块。完整语法参见 IF。

IFB *textitem*

若 *testitem* 为空，则汇编。完整语法参见 IF。

IFDEF *name*

若 *name* 是已定义标号、变量或符号，则汇编。完整语法参见 IF。

IFDIF [[I]] *textitem1*, *textitem2*

若文本项不同，则汇编。如果给定 I，则比较操作忽略大小写。完整语法参见 IF。

IFE *expression*

若 *expression* 为假（0），则汇编。完整语法参见 IF。

IFIDN [[I]], *textitem1*, *textitem2*

若文本项相同，则汇编。如果给定 I，则比较操作忽略大小写。完整语法参见 IF。

IFNB *textitem*

若 *textitem* 非空，则汇编。完整语法参见 IF。

IFNDEF *name*

若 *name* 未定义，则汇编。完整语法参见 IF。

INCLUDE *filename*

汇编时，把指定源文件 *filename* 中的源代码插入到当前源文件中。若 *filename* 包含了反斜杠、分号、大于号、小于号、单引号或双引号，那么该项需用尖括号括起。

INCLUDELIB *libraryname*

通知链接器当前模块与 *libraryname* 链接。若 *libraryname* 包含了反斜杠、分号、大于号、小于号、单引号或双引号，那么该项需用尖括号括起。

name **INSTR** [[*position*,]] *textitem1*, *textitem2*

在 *textitem1* 中找到第一次出现的 *textitem2*。开始的 *position* 为可选。每个文本项都可以是字符串、前缀为 % 的常数或者宏函数返回的字符串。

INVOKE *expression*[[, *arguments*]]

调用过程，其地址由 *expression* 给出，按照语言类型的标准调用规范用堆栈或寄存器传递参数。向过程传递的每一个参数可以为表达式、寄存器对或地址表达式（前缀为 ADDR 的表达式）。

IRP

参见 FOR。

IRPC

参见 FORC。

name **LABLE** *type*

创建一个新标号，名称为 *name*，类型为 *type*，并将当前地址计数器的值分配给它。

name **LABEL** [[NEAR|FAR|PROC]] PTR [[*type*]]

创建一个新标号，名称为 *name*，类型为 *type*，并将当前地址计数器的值分配给它。

.K3D

允许汇编 K3D 指令。

.LALL

参见 .LISTMACROALL。

.LFCOND

参见 .LISTIF。

.LIST

启动语句列表。本伪指令是默认的。

.LISTALL

启动所有语句列表。等价于 .LIST、.LISTIF 和 .LISTMACROALL 的组合。

.LISTIF

启动假条件代码块内的语句列表。同 .LFCOND。

.LISTMACRO

启动生成代码或数据的宏扩展语句列表。本伪指令为默认。同 .XALL。

.LISTMACROALL

启动宏内所有语句的列表。同 .LALL。

LOCAL *localname*[[, *localname*]]...

在宏内，LOCAL 定义了每个宏实例唯一的标号。

LOCAL *label* [[[*count*]]][[:*type*]][[, *label* [[[*count*]]][[*type*]]]...

在过程定义（PROC）中，LOCAL 创建堆栈变量，该变量存在于过程持续期间。*label* 可以是简单变量，或含有 *count* 个元素的数组。

name **MACRO** [[*parameter* [[:REQ | :=*default* | :VARARG]]]]...
  statements
  ENDM [[*value*]]

标记名称为 *name* 的宏，并为宏调用时需传递的实参建立 *parameter* 占位符。宏函数向主调语句返回 *value*。

.MMX

允许汇编 MMX 指令。

.MODEL *memorymodel* [[, *langtype*]][[, *stackoption*]]

初始化程序内存模式。*memorymodel* 可以为 TINY、SMALL、COMPACT、MEDIUM、LARGE、HUGE 或 FLAT。*langtype* 可以为 C、BASIC、FORTRAN、PASCAL、SYSCALL 或 STDCALL。*stackoption* 可以为 NEARSTACK 或 FARSTACK。

NAME *modulename*

忽略。

.NO87

禁止汇编所有浮点指令。

.NOCREF [[*name* [[, *name*]]...]]

禁止符号表和浏览器文件的符号列表。若指定名称，则仅禁止给定名。同 .XCREF。

.NOLIST
  禁止程序列表。同 .XLIST。
.NOLISTIF
  禁止列出条件计算为假（0）的条件块。本伪指令为默认。同 .SFCOND。
.NOLISTMACRO
  禁止宏扩展列表。同 .SALL。
OPTION *optionlist*
  允许和禁止汇编器特性。可用选项包括 CASEMAP、DOTNAME、NODOTNAME、EMULATOR、NOEULATOR、EPILOGUE、EXPR16、EXPR32、LANGUAGE、LJMP、NOLJMP、M510、NOM510、NOKEYWORD、NOSIGNEXTEND、OFFSET、OLDMACROS、NOOLDMACROS、OLDSTRUCTS、NOOLDSTRUCTS、PROC、PROLOGUE、READONLY、NOREADONLY、SCOPED、NOSCOPED、SEGMENT 和 SETIF2。
ORG *expression*
  将地址计数器设置为 *expression*。
%OUT
  参见 ECHO。
[[*name*]] OWORD *initializer* [[, *initializer*]]...
  为每个 *initializer* 分配并初始化（可选）存储空间的一个八字（16 个字节）。也可用作任何合法类型的类型说明符。该数据类型主要用于流媒体 SIMD 指令，它是一个包含了四个 4 字节实数的数组。
PAGE [[[[*length*]], *width*]]
  将程序列表的行长度设置为 *length*，字符宽度设置为 *width*。若未给出实参，则生成一个分页符。
PAGE+
  节编号递增，页号重置为 1。
POPCONTEXT *context*
  恢复部分或全部当前 *context*（由 PUSHCONTEXT 伪指令保存）。*context* 可以为 ASSUME、RADIX、LISTING、CPU 或 ALL。
label **PROC** [[*distance*]] [[*langtype*]] [[*visibility*]] [[<*prologuearg*>]]
  [[USES *reglist*]] [[, *parameter* [[:*tag*]]]]...
  statements
  label **ENDP**
  标记过程块 *label* 的开始和结束。块内语句可由 CALL 指令或 INVOKE 伪指令调用。
label **PROTO** [[*distance*]] [[*langtype*]] [[, [[*parameter*]]:*tag*]]...
  定义函数原型。
PUBLIC [[*langtype*]] *name* [[, [[*langtype*]] *name*]]...
  使每个用 *name* 指定的变量、标号或绝对符号能够被程序中所有其他模块使用。
PURGE *macroname* [[, *macroname*]]...
  从内存中删除指定宏。

PUSHCONTEXT *context*

保存部分或全部当前 *context*：段与寄存器的对应假设、基数值、列表与互参（cref）标志、处理器/协处理器值。*context* 可以为 ASSUMES、RADIX、LISTING、CPU 或 ALL。

[[*name*]] **QWORD** *initializer*[[, *initializer*]]...

为每个 *initializer* 分配并初始化（可选）存储空间的 8 个字节。也可用作任何合法类型的类型说明符。

.RADIX *expression*

将默认基数设置为 *expression* 的值，范围为 2 ～ 16。

name **REAL4** *initializer*[[, *initializer*]]...

为每个 *initializer* 分配并初始化（可选）一个单精度（4 字节）浮点数。

name **REAL8** *initializer*[[, *initializer*]]...

为每个 *initializer* 分配并初始化（可选）一个双精度（8 字节）浮点数。

name **REAL10** *initializer*[[, *initializer*]]...

为每个 *initializer* 分配并初始化（可选）一个 10 字节的浮点数。

recordname **RECORD** *fieldname*:*width* [[= *expression*]]
  [[, *fieldname*:*width* [[= *expression*]]]]...

声明含有指定字段的记录类型。*fieldname* 为字段名，*width* 指定位数，*expression* 为字段初始值。

.REPEAT
  statements
  .UNTIL *condition*

生成代码重复执行 *statement* 块，直到 *condition* 变为真。.UNTIL 可以被 .UNTILCXZ 代替，其意为若 CX 为 0，则为真。如果使用 .UNTILCXZ，则 *condition* 可选。

REPEAT *expression*
  statements
  ENDM

标志代码块，重复执行 *expression* 次。同 REPT。

REPT

参见 REPEAT。

.SALL

参见 .NOLISTMACRO。

name **SBYTE** *initializer*[[, *initializer*]]...

为每个 *initializer* 分配存储空间的 1 个字节并初始化（可选）为有符号数。也可用作任何合法类型的类型说明符。

name **SDWORD** *initializer*[[, *initializer*]]...

为每个 *initializer* 分配存储空间的 1 个双字（4 字节）并初始化（可选）为有符号数。也可用作任何合法类型的类型说明符。

name **SEGMENT** [[**READONLY**]] [[*align*]] [[*combine*]] [[*use*]] [['*class*']]
  statements
  name **ENDS**

定义程序段，段名为 *name*，段属性有 *align*（BYTE、WORD、DWORD、PARA、PAGE），

combine（PUBLIC、STACK、COMMON、MEMORY、AT *address*，PRIVATE），*use*（USE16、USE32、FLAT），以及 *class*。

.SEQ

对段进行排序（按默认顺序）。

.SFCOND

参见 .NOLISTIF。

name* SIZESTR *textitem

查找文本项的大小。

.STACK [[*size*]]

与 .MODEL 一起使用时，定义一个堆栈段（段名为 STACK）。选项 *size* 指定堆栈的字节数（默认为 1024）。.STACK 伪指令自动关闭堆栈语句。

.STARTUP

生成程序启动代码。

STRUC

参见 STRUCT。

***name* STRUCT [[*alignment*]] [[, NONUNIQUE]]**
 fielddeclarations
 ***name* ENDS**

声明含有指定 *fielddeclaration* 的结构类型。每个字段都必须有有效的数据定义。同 STRUC。

***name* SUBSTR *textitem, position* [[, *length*]]**

返回 *textitem* 的子串，起始位置为 *position*。*textitem* 可以为字符串、前缀为 % 的常数，或宏函数的返回串。

SUBTITLE *text*

定义列表的子标题。同 SUBTTL。

SUBTTL

参见 SUBTITLE。

***name* SWORD *initializer*[[, *initializer*]]...**

为每个 *initializer* 分配存储空间的 1 个字（2 字节）并初始化（可选）为有符号数。也可用作任何合法类型的类型说明符。

***name* TBYTE *initializer*[[, *initializer*]]...**

为每个 *initializer* 分配并初始化（可选）存储空间的 10 个字节。也可用作任何合法类型的类型说明符。

***name* TEXTEQU [[*textitem*]]**

将 *textitem* 赋值给 *name*。*textitem* 可以为字符串，前缀为 % 的常数，或宏函数的返回串。

.TFCOND

切换到假条件代码块列表。

TITLE *text*

定义程序列表标题。

name TYPEDEF type

定义与 *type* 等价的新类型，其名称为 *name*。

name UNION [[*alignment*]] [[, **NONUNIQUE**]]
  fielddeclarations
[[*name*]] **ENDS**

声明有一个或多个数据类型的联合。*fielddeclaration* 必须为有效数据定义。对嵌套 UNION 定义，则忽略 ENDS *name* 标号。

.UNTIL

参见 .REPEAT。

.UNTILCXZ

参见 .REPEAT。

.WHILE *condition*
  statements
  .ENDW

当 *condition* 为真时，生成代码执行 *statement* 块。

WHILE *expression*
  statements
  ENDM

只要 *expression* 为真，则重复汇编 *statement* 块。

[[*name*]] WORD *initializer*[[, *initializer*]]...

为每个 *initializer* 分配并初始化（可选）存储空间的 1 个字（2 字节）。也可用作任何合法类型的类型说明符。

.XALL

参见 .LISTMACRO。

.XCREF

参见 .NOCREF。

.XLIST

参见 .NOLIST。

.XMM

允许汇编 Internet 流媒体 SIMD 扩展指令。

A.6　符号

$

地址计数器的当前值。

?

数据定义中，该符号表示汇编器分配一个数值，但不进行初始化。

@@:

定义了只在 *label1* 和 *label2* 之间的一个可识别代码标号，其中 *label1* 为代码开端，或前一个 @@: 标号，*label2* 为代码结束，或下一个 @@: 标号。参见 @B 和 @F。

@B

前一个 @@: 标号的地址。

@CatStr (*string1*[[, *string2*…]])
　　连接一个或多个字符串的宏函数。返回一个串。
@code
　　代码段名称（文本宏）。
@CodeSize
　　0 代表 TINY、SMALL、COMPACT 和 FLAT 模式；1 代表 MEDIUM、LARGE 和 HUGE 模式（以等价数值表示）。
@Cpu
　　位屏蔽指定处理器模式的位掩码（以等价数值表示）。
@CurSeg
　　当前段名称（文本宏）。
@data
　　默认数据组名称。对除 FLAT 外的所有模式，其值为 DGROUP。对 FLAT 内存模式，其值为 FLAT（文本宏）。
@DataSize
　　0 代表 TINY、SMALL、MEDIUM 和 FLAT 模式，1 代表 COMPACT 和 LARGE 模式，2 代表 HUGE 模式（以等价数值表示）。
@Date
　　格式为 mm/dd/yy 的系统日期（文本宏）。
@Environ(*envvar*)
　　环境变量 *envvar* 的值（宏函数）。
@F
　　下一个 @@: 标号的地址。
@fardata
　　段名称，该段由 .FARDATA 伪指令定义（文本宏）。
@fardata?
　　段名称，该段由 .FARDATA？伪指令定义（文本宏）。
@FileCur
　　当前文件名（文本宏）。
@FileName
　　汇编主文件的基本名（文本宏）。
@InStr([[*position*]] , *string1*, *string2*)
　　宏函数，其功能为在 *string1* 中找到第一个与 *string2* 相同的串，*string1* 中的起始位置为 *position*。若没有 *position* 项，则对 *string1* 从头开始搜索。返回位置值，如果没有发现 *string2*，则返回 0。
@Interface
　　语言参数信息（以等价数值表示）。
@Line
　　当前文件中的源代码行号（以等价数值表示）。

@Model

1 代表 TINY 模式，2 代表 SMALL 模式，3 代表 COMPACT 模式，4 代表 MEDIUM 模式，5 代表 LARGE 模式，6 代表 HUGE 模式，7 代表 FLAT 模式（以等价数值表示）。

@SizeStr (*string*)

返回给定字符串长度的宏函数。返回值为整数。

@stack

对近堆栈，为 DGROUP；对远堆栈，为 STACK（文本宏）。

@SubStr (*string, position*[[, *length*]])

宏函数，返回从 *position* 开始的子串。

@Time

24 小时 hh：mm：ss 格式的系统时间（文本宏）。

@Version

610 表示 MASM 6.1（文本宏）。

@WordSize

2 表示 16 位段，4 表示 32 位段（以等价数值表示）。

A.7 运算符

expression1+expression2

返回 *expression1* 加 *expression2*。

expression1-expression2

返回 *expression1* 减 *expression2*。

expression1*expression2

返回 *expression1* 乘以 *expression2*。

expression1/expression2

返回 *expression1* 除以 *expression2*。

-*expression*

expression 符号取反。

***expression1* [*expression2*]**

返回 *expression1* 加 [*expression2*]。

segment: expression

用 *segment* 覆盖 *expression* 的默认段。*segment* 可以为段寄存器、组名、段名或段表达式。*expression* 必须为常量。

expression. *field* [[.*field*]]…

返回 *expression* 加上其结构或联合内 *field* 的偏移量。

[*register*].*field* [[.*field*]]…

返回位于 *register* 加上其在结构或联合内 *field* 的偏移量位置处的值。

<*text*>

将 *text* 当作单个文本元素。

"*text*"

将 "*text*" 当作一个字符串。

'*text*'
> 将 '*text*' 当作一个字符串。

!*character*
> 将 *character* 当作文本字符，而非运算符或符号。

;*text*
> 将 *text* 当作注释。

;;*text*
> 将 *text* 当作宏注释，且仅出现在宏定义中。宏展开时，列表不会显示 *text*。

%*expression*
> 将宏实参中 *expression* 的值当作文本。

&*parameter*&
> 用对应实参值代替 *parameter*。

ABS
> 参见 EXTERNDEF 伪指令。

ADDR
> 参见 INVOKE 伪指令。

expression1* AND *expression2
> 返回 *expression1* 和 *expression2* 按位 AND 运算的结果。

***count* DUP (*initialvalue* [[, *intialvalue*]]...)**
> 指定 *initialvalue* 声明的个数为 *count*。

expression1* EQ *expression2
> 若 *expression1* 等于 *expression2*，则返回真（-1）；否则返回假（0）。

expression1* GE *expression2
> 若 *expression1* 大于或等于 *expression2*，则返回真（-1）；否则返回假（0）。

expression1* GT *expression2
> 若 *expression1* 大于 *expression2*，则返回真（-1）；否则返回假（0）。

HIGH *expression*
> 返回 *expression* 的高字节。

HIGHWORD *expression*
> 返回 *expression* 的高字。

expression1* LE *expression2
> 若 *expression1* 小于或等于 *expression2*，则返回真（-1）；否则返回假（0）。

LENGTH *variable*
> 返回第一个初始化函数创建的 *variable* 中数据项的个数。

LENGTHOF *variable*
> 返回 *variable* 中数据对象的个数。

LOW *expression*
> 返回 *expression* 的低字节。

LOWWORD *expression*
> 返回 *expression* 的低字。

LROFFSET *expression*
返回 *expression* 的偏移量。与 OFFSET 相同，但是本运算符会生成加载器解析的偏移量，这使得 Windows 可以重定位代码段。

expression1 **LT** *expression2*
若 *expression1* 小于 *expression2*，则返回真（-1）；否则返回假（0）。

MASK {*recordfieldname*|*record*}
返回位掩码，其中 *recordfieldname* 或 *record* 中的位置 1，其他位清零。

expression1 **MOD** *expression2*
返回整数值，该值为 *expression1* 除以 *expression2* 的余数（取模）。

expression1 **NE** *expression2*
若 *expression1* 不等于 *expression2*，则返回真（-1）；否则返回假（0）。

NOT *expression*
返回 *expression* 按位取反的结果。

OFFSET *expression*
返回 *expression* 的偏移量。

OPATTR *expression*
返回一个字，定义 *expression* 的模式和范围。其低字节等于 .TYPE 返回的字节，高字节包含了其他信息。

expression1 **OR** *expression2*
返回 *expression1* 和 *expression2* 按位 OR 运算的结果。

type **PTR** *expression*
强制 *expression* 转为指定 *type*。

[[*distance*]] **PTR** *type*
指定 *type* 指针。

SEG *expression*
返回 *expression* 的段。

expression **SHL** *count*
返回 *expression* 左移 *count* 位后的结果。

SHORT *label*
将 *label* 设置为短类型。所有到 *label* 的跳转都必须为短跳转（跳转指令到 *label* 的距离范围为 -128 ~ +127 字节）。

expression **SHR** *count*
返回 *expression* 右移 *count* 位后的结果。

SIZE *variable*
返回首次初始化分配给 *variable* 的字节数。

SIZEOF {*variable*|*type*}
返回 *variable* 或 *type* 的字节数。

THIS *type*
返回指定 *type* 的操作数，其偏移量和段值与当前地址计数值相等。

.TYPE *expression*
参见 OPATTR。

TYPE *expression*
    返回 *expression* 的类型。
WIDTH {*recordfieldname*|*record*}
    以位为单位，返回当前 *recordfieldname* 或 *record* 的宽度。
expression1 **XOR** *expression2*
    返回 *expression1* 和 *expression2* 按位 XOR 运算的结果。

A.8 运行时运算符

下列运算符仅用于 .IF，.WHILE 和 .REPEAT 块，且汇编时不计算，运行时计算：

expression1==*expression2*
    等于。
expression1!=*expression2*
    不等于。
expression1 > *expression2*
    大于。
expression1 > =*expression2*
    大于等于。
expression1 < *expression2*
    小于。
expression1 < =*expression2*
    小于等于。
expression1||*expression2*
    逻辑 OR。
expression1&&*expression2*
    逻辑 AND。
expression1&*expression2*
    按位 AND。
!*expression*
    逻辑非。
CARRAY?
    进位标志位的状态。
OVERFLOW?
    溢出标志位的状态。
PARITY?
    奇偶标志位的状态。
SIGN?
    符号标志位的状态。
ZERO?
    零标志位的状态。

附录 B

Assembly Language for x86 Processors, Seventh Edition

x86 指令集

B.1 引言

本附录为常用 32 位 x86 指令的快速指南。其中不涉及系统模式指令，以及仅用于操作系统核心代码或保护模式设备驱动程序的典型指令。

B.1.1 标志位（EFlags）

每条指令说明中都用一组方块来描述该指令将会如何影响 CPU 状态标志。每个标志用一个字母来表示：

O 溢出	S 符号	P 奇偶
D 方向	Z 零	C 进位
I 中断	A 辅助进位	

每个方块用如下符号来表示指令对标志位的影响：

1　　　　标志位置 1。
0　　　　标志位清 0。
?　　　　可能将标志位变为一个不确定的值。
（空）　　标志位不变。
*　　　　根据与标志位相关的特定规则来改变标志位。

例如，下图为某条指令说明中的 CPU 标志位：

O	D	I	S	Z	A	P	C
?			?	?	*	?	*

由上图可知：溢出标志位、符号标志位、零标志位和奇偶标志位将变为不确定值；辅助进位标志位和进位标志位将按照与标志位相关的规则来改变；方向标志位和中断标志位不变。

B.1.2 指令说明与格式

在引用源和目的操作数时，使用的是所有 x86 指令的自然操作数顺序，即第一个操作数为目的操作数，第二个为源操作数。以 MOV 指令为例，该指令将源操作数复制到目的操作数：

```
MOV destination, source
```

一条指令可能有多种格式。表 B-1 列出了指令格式用到的符号。在单条指令的说明中，符号"x86"表示指令或其某个变体仅用于 32 位 x86 家族的处理器（Intel386 之后）。同样，符号"(80286)"表示至少需用 Intel 80286 处理器。

对使用 32 位寄存器的 x86 处理器和使用 16 位寄存器的所有早期处理器而言，寄存器符号，如 (E) CX、(E) SI、(E) DI、(E) SP、(E) BP 和 (E) IP，也是有区别的。

表 B-1　指令格式中的符号

符号	说明
reg	8 位、16 位或 32 位通用寄存器：AH、AL、BH、BL、CH、CL、DH、DL、AX、BX、CX、DX、SI、DI、BP、SP、EAX、EBX、ECX、EDX、ESI、EDI、EBP 和 ESP
reg8, reg16, reg32	用位数标识的通用寄存器
segreg	16 位段寄存器 (CS、DS、ES、SS、FS、GS)
accum	AL、AX 或 EAX
mem	内存操作数，可使用任何标准内存寻址模式
mem8, mem16, mem32	用位数标识的内存操作数
shortlabel	代码段中的位置，与当前位置的距离范围为 −128 ～ +127 字节
nearlabel	当前代码段中的位置，用标号表示
farlabel	外部代码段中的位置，用标号表示
imm	立即操作数
imm8, imm16, imm32	用位数标识的立即操作数
instruction	80x86 汇编语言指令

B.2　指令集详解（非浮点数）

AAA　加法后 ASCII 调整

O	D	I	S	Z	A	P	C
?			?	?	*	?	*

两个 ASCII 数相加后，调整 AL 中的结果。如果 AL > 9，则 AH 为结果的高位数，且进位标志位和辅助进位标志位置 1。

指令格式：
  AAA

AAD　除法前 ASCII 调整

O	D	I	S	Z	A	P	C
?			*	*	?	*	?

将 AH 和 AL 中的非压缩 BCD 转换为一个二进制数，为 DIV 指令做准备。

指令格式：
  AAD

AAM　乘法后 ASCII 调整

O	D	I	S	Z	A	P	C
?			*	*	?	*	?

两个非压缩 BCD 数相乘后，调整 AX 中的结果。

指令格式：
  AAM

AAS — 减法后 ASCII 调整

O	D	I	S	Z	A	P	C
?			?	?	*	?	*

减法操作后调整 AX 中的结果。若 AL > 9，AAS 将 AH 减 1，并将进位和辅助进位标志位置 1。

指令格式：

```
AAS
```

ADC — 带进位加法

O	D	I	S	Z	A	P	C
*			*	*	*	*	*

目的操作数加上源操作数和进位标志位。操作数大小必须相同。

指令格式：

```
ADC  reg,reg              ADC  reg,imm
ADC  mem,reg              ADC  mem,imm
ADC  reg,mem              ADC  accum,imm
```

ADD — 加法

O	D	I	S	Z	A	P	C
*			*	*	*	*	*

源操作数与目的操作数相加，和数存入目的操作数。操作数大小必须相同。

指令格式：

```
ADD  reg,reg              ADD  reg,imm
ADD  mem,reg              ADD  mem,imm
ADD  reg,mem              ADD  accum,imm
```

AND — 逻辑 AND

O	D	I	S	Z	A	P	C
*			*	*	?	*	0

目的操作数中的每一位与源操作数中的对应位进行 AND 操作。

指令格式：

```
AND  reg,reg              AND  reg,imm
AND  mem,reg              AND  mem,imm
AND  reg,mem              AND  accum,imm
```

BOUND — 检查数组边界（80286）

O	D	I	S	Z	A	P	C

验证一个有符号索引值是在数组边界内的。对 80286 处理器来说，目的操作数可以为任意 16 位寄存器，该寄存器为待检查索引。源操作数必须是一个 32 位内存操作数，其高字和低字分别为索引的上边界和下边界。对 x86 处理器来说，目的操作数可以是 32 位寄存器，而源操作数可以是 64 位内存操作数。

指令格式：

```
BOUND  reg16,mem32        BOUND  r32,mem64
```

BSF, BSR	位扫描 (x86)

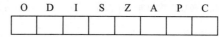

扫描操作数，搜索第一个等于 1 的位。若发现这样的位，则清除零标志位，并把该位的位号（索引）赋给目的操作数。若未发现这样的位，则 ZF=1。BSF 的检索方向为从位 0 到最高位，BSR 则从最高位开始，向位 0 检索。

指令格式（BSF 和 BSR 均适用）：

```
BSF  reg16,r/m16            BSF  reg32,r/m32
```

BSWAP	字节交换 (x86)

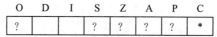

反转 32 位目的寄存器的字节顺序。

指令格式：

```
BSWAP  reg32
```

BT, BTC, BTR, BTS	位测试 (x86)

将指定位（n）复制到进位标志位。目的操作数为包含指定位的数值，源操作数为该位在目的操作数中的位置。BT 将位 n 复制到进位标志位。BTC 将位 n 复制到进位标志位，且对目的操作数中的该位取反。BTR 将位 n 复制到进位标志位，且清除目的操作数中的该位。BTS 将位 n 复制到进位标志位，且将目的操作数中的该位置 1。

指令格式：

```
BT  r/m16,imm8              BT  r/m16,r16
BT  r/m32,imm8              BT  r/m32,r32
```

CALL	调用过程

O	D	I	S	Z	A	P	C

下一条指令地址入栈，再转向目的地址。若过程属性为近（同一段内），则仅需下一条指令的偏移地址入栈；否则，下一条指令的段地址和偏移地址都需入栈。

指令格式：

```
CALL  nearlabel             CALL  mem16
CALL  farlabel              CALL  mem32
CALL  reg
```

CBW	字节转为字

O	D	I	S	Z	A	P	C

AL 中的符号位扩展到 AH 寄存器。

指令格式：

```
CBW
```

CDQ	双字转为四字（x86）

	O	D	I	S	Z	A	P	C

EAX 中的符号位扩展到 EDX 寄存器。
指令格式：
  CDQ

CLC	清除进位标志位

	O	D	I	S	Z	A	P	C
								0

进位标志位清 0。
指令格式：
  CLC

CLD	清除方向标志位

	O	D	I	S	Z	A	P	C
		0						

方向标志位清 0。字符串原语指令将自动递增（E）SI 和（E）DI。
指令格式：
  CLD

CLI	清除中断标志位

	O	D	I	S	Z	A	P	C
			0					

中断标志位清 0。禁止可屏蔽硬件中断，直到执行了 STI 指令。
指令格式：
  CLI

CMC	进位标志位求补

	O	D	I	S	Z	A	P	C
								*

取反进位标志位的值。
指令格式：
  CMC

CMP	比较

	O	D	I	S	Z	A	P	C
	*			*	*	*	*	*

执行隐含减法操作，从目的操作数中减去源操作数，以实现这两个数的比较。
指令格式：
  CMP reg,reg   CMP reg,imm
  CMP mem,reg   CMP mem,imm
  CMP reg,mem   CMP accum,imm

CMPS, CMPSB, CMPSW, CMPSD — 字符串比较

O	D	I	S	Z	A	P	C
*			*	*	*	*	*

比较字符串，其内存地址由 DS:(E)SI 和 ES:(E)DI 指定。执行隐含操作，从源串中减去目的串。CMPSB 比较字节，CMPSW 比较字，CMPSD 比较双字（对 x86 处理器）。根据操作数大小和方向标志位状态，(E)SI 和 (E)DI 实现递增或递减。若方向标志位置 1，(E)SI 和 (E)DI 递减；否则，(E)SI 和 (E)DI 递增。

指令格式（已忽略显式使用操作数的格式）：

```
CMPSB                    CMPSW
CMPSD
```

CMPXCHG — 比较并交换

O	D	I	S	Z	A	P	C
*			*	*	*	*	*

比较目的操作数与累加器 (AL、AX 或 EAX) 内容。若两者相等，则源操作数复制到目的操作数。否则，目的操作数复制到累加器。

指令格式：

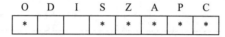

```
CMPXCHG reg,reg          CMPXCHG mem,reg
```

CWD — 字转为双字

O	D	I	S	Z	A	P	C

AX 的符号位扩展到 DX 寄存器。

指令格式：

```
CWD
```

DAA — 加法后十进制调整

O	D	I	S	Z	A	P	C
?			*	*	*	*	*

两个压缩 BCD 数相加后，调整 AL 中的二进制和数。将 AL 中的和数转换为两个 BCD 数字。

指令格式：

```
DAA
```

DAS — 减法后十进制调整

O	D	I	S	Z	A	P	C
?			*	*	*	*	*

两个压缩 BCD 数字进行减法运算后，对 AL 中的二进制结果进行转换。

指令格式：

```
DAS
```

x86 指令集

DEC	减 1

	O	D	I	S	Z	A	P	C
	*			*	*	*	*	

操作数减 1。不影响进位标志位。
指令格式:

```
    DEC  reg                      DEC  mem
```

DIV	无符号整数除法

	O	D	I	S	Z	A	P	C
	?			?	?	?	?	?

执行 8 位、16 位和 32 位无符号整数除法。若除数为 8 位,则被除数在 AX,商在 AL,余数在 AH。若除数为 16 位,则被除数在 DX:AX,商在 AX,余数在 DX。若除数为 32 位,则被除数在 EDX:EAX,商在 EAX,余数在 EDX。
指令格式:

```
    DIV  reg                      DIV  mem
```

ENTER	构造堆栈帧 (80286)

	O	D	I	S	Z	A	P	C

为过程构造堆栈帧,接收堆栈参数,使用局部堆栈变量。第一个操作数表示保存局部堆栈变量需要的字节数。第二个操作数表示过程嵌套层数(对 C、Basic 和 FORTRAN 必须设置为 0)。
指令格式:

```
    ENTER imm16,imm8
```

HLT	停机

	O	D	I	S	Z	A	P	C

暂停 CPU,直到出现一个硬件中断。(注意:在硬件中断发生前,需用 STI 指令设置中断标志位。)
指令格式:

```
    HLT
```

IDIV	有符号整数除法

	O	D	I	S	Z	A	P	C
	?			?	?	?	?	?

对 EDX:EAX、DX:AX 或 AX 执行有符号整数除法。若除数为 8 位,则被除数在 AX,商在 AL,余数在 AH。若除数为 16 位,则被除数在 DX:AX,商在 AX,余数在 DX。若除数为 32 位,则被除数在 EDX:EAX,商在 EAX,余数在 EDX。通常,IDIV 操作的前面会有 CBW 或 CWD 对被除数进行符号扩展。
指令格式:

```
    IDIV reg                      IDIV mem
```

IMUL — 有符号整数乘法

	O	D	I	S	Z	A	P	C
	*			?	?	?	?	*

对 AL、AX 或 EAX 执行有符号整数乘法。若乘数为 8 位,则被乘数在 AL,乘积在 AX。若乘数为 16 位,则被乘数在 AX,乘积在 DX：AX。若乘数为 32 位,则被乘数在 EAX,乘积在 EDX：EAX。若 16 位乘积扩展到 AH,32 位乘积扩展到 DX,或者 64 位乘积扩展到 EDX,那么,进位标志位和溢出标志位置 1。

指令格式：

单操作数：

```
IMUL  r/m8              IMUL  r/m16
IMUL  r/m32
```

双操作数：

```
IMUL  r16,r/m16         IMUL  r16,imm8
IMUL  r32,r/m32         IMUL  r32,imm8
IMUL  r16,imm16         IMUL  r32,imm32
```

三操作数：

```
IMUL  r16,r/m16,imm8    IMUL  r16,r/m16,imm16
IMUL  r32,r/m32,imm8    IMUL  r32,r/m32,imm32
```

IN — 从端口输入

	O	D	I	S	Z	A	P	C

从端口输入一个字节到 AL,或一个字到 AX。源操作数为端口地址,表示为 8 位常数,或 DX 中的 16 位地址。对 x86 处理器,可以从端口输入双字到 EAX。

指令格式：

```
IN  accum,imm           IN  accum,DX
```

INC — 加 1

	O	D	I	S	Z	A	P	C
	*			*	*	*	*	

寄存器内容或内存操作数加 1。

指令格式：

```
INC  reg                INC  mem
```

INS, INSB, INSW, INSD — 从端口输入字符串 (80286)

	O	D	I	S	Z	A	P	C

从端口输入一个字符串到 ES：(E) DI。DX 指定端口号。对接收到的每个值,(E) DI 按照 LODSB 和相似的字符串原语指令进行调整。REP 前缀可与本类指令一起使用。

指令格式：

```
INS  dest,DX            REP INSB  dest,DX
REP INSW  dest,DX       REP INSD  dest,DX
```

x86 指令集

INT	中断

O	D	I	S	Z	A	P	C
		0					

生成软件中断，调用操作系统子程序。跳转到中断子程序之前，清除中断标志位，并将标志寄存器、CS 和 IP 入栈。

指令格式：

```
INT  imm                              INT  3
```

INTO	溢出中断

O	D	I	S	Z	A	P	C
		*	*				

如果溢出标志位置 1，则生成内部 CPU 4 号中断。若调用了 INT 4，则 MS-DOS 无操作，但可以用用户编写的子程序来代替。

指令格式：

```
INTO
```

IRET	中断返回

O	D	I	S	Z	A	P	C
*	*	*	*	*	*	*	*

从中断处理程序返回。将栈顶内容送入 (E) IP、CS 和标志寄存器。

指令格式：

```
IRET
```

Jcondition	条件跳转

O	D	I	S	Z	A	P	C

若指定标志位条件为真，则跳转到标号。对 x86 之前的处理器，标号与当前位置的距离范围为 $-128 \sim +127$ 字节。对 x86 处理器，标号的偏移量可以是正/负 32 位数值。表 B-2 为助记符列表。

指令格式：

```
Jcondition  label
```

表 B-2　条件跳转助记符

助记符	含义	助记符	含义
JA	高于则跳转	JE	等于则跳转
JNA	不高于则跳转	JNE	不等于则跳转
JAE	高于或等于则跳转	JZ	为零则跳转
JNAE	不高于或等于则跳转	JNZ	不为零则跳转
JB	低于则跳转	JS	负数则跳转
JNB	不低于则跳转	JNS	非负数则跳转
JBE	低于或等于则跳转	JC	有进位则跳转
JNBE	不低于或等于则跳转	JNC	无进位则跳转
JG	大于则跳转	JO	溢出则跳转

(续)

助记符	含义	助记符	含义
JNG	不大于则跳转	JNO	无溢出则跳转
JGE	大于或等于则跳转	JP	奇偶位为 1 则跳转
JNGE	不大于或等于则跳转	JPE	偶校验则跳转
JL	小于则跳转	JNP	奇偶位为 0 则跳转
JNL	不小于则跳转	JPO	奇校验则跳转
JLE	小于或等于则跳转	JNLE	不小于或等于则跳转

JCXZ, JECXZ — 若 CX 为零则跳转

O	D	I	S	Z	A	P	C

若 CX 寄存器等于零，则跳转到一个短标号。该标号与下一条指令的距离范围为 −128 ～ +127 字节。对 x86 处理器来说，JECXZ 指令的含义是若 ECX 等于零，则跳转。

指令格式：

```
JCXZ  shortlabel          JECXZ  shortlabel
```

JMP — 无条件跳转到标号

O	D	I	S	Z	A	P	C

跳转到代码标号。短跳转的范围是，距离当前位置 −128 ～ +127 字节。近跳转是在同一代码段内，远跳转则转移到当前段之外。

指令格式：

```
JMP  shortlabel           JMP  reg16
JMP  nearlabel            JMP  mem16
JMP  farlabel             JMP  mem32
```

LAHF — 将标志寄存器加载到 AH

O	D	I	S	Z	A	P	C

将符号标志位、零标志位、辅助进位标志位、奇偶标志位以及进位标志位复制到 AH。

指令格式：

```
LAHF
```

LDS, LES, LFS, LGS, LSS — 加载远指针

O	D	I	S	Z	A	P	C

将一个双字内存操作数的内容加载到一个段寄存器和一个指定的目标寄存器。若使用 x86 之前的处理器，则 LDS 是指加载到 DS，LES 是指加载到 ES。若使用的是 x86 处理器，则 LFS 是指加载到 FS，LGS 是指加载到 GS，LSS 是指加载到 SS。

指令格式（LDS、LES、LFS、LGS、LSS 均相同）：

```
LDS  reg,mem
```

LEA	加载有效地址

O	D	I	S	Z	A	P	C

计算并加载内存操作数的 16 位或 32 位有效地址。与 MOV..OFFSET 相同，不同之处在于，只有 LEA 能获得运行时计算地址。

指令格式：

LEA　*reg,mem*

LEAVE	退出高级过程

O	D	I	S	Z	A	P	C

结束过程的堆栈帧。该指令是 ENTER 指令的逆操作，ENTER 指令在过程开始，用于保存（E）SP 和（E）BP 的初始值。

指令格式：

LEAVE

LOCK	锁定系统总线

O	D	I	S	Z	A	P	C

在其后指令执行期间，禁止其他处理器执行。当其他处理器可能会修改 CPU 当前访问的内存操作数时，可以使用本指令。

指令格式：

LOCK　*instruction*

LODS, LODSB, LODSW, LODSD	将字符串加载到累加器

O	D	I	S	Z	A	P	C

将 DS:(E)SI 指定的内存字节或字加载到累加器（AL、AX 或 EAX）。若使用的是 LODS，则必须指定内存操作数。LODSB 加载一个字节到 AL，LODSW 加载一个字到 AX，x86 的 LODSD 加载一个双字到 EAX。(E)SI 根据操作数大小或方向标志位的状态进行递增或递减。若方向标志位（DF）=1,（E）SI 递减；若 DF=0,（E）SI 递增。

指令格式：

```
LODS    mem                       LODSB
LODS    segreg:mem                LODSW
LODS
```

LOOP	循环

O	D	I	S	Z	A	P	C

ECX 减 1 后，若 ECX 不等于 0，则跳转到一个短标号。目的地址与当前地址的距离范围为 −128 ～ +127 字节。

指令格式：

LOOP　*shortlabel*　　　　　　　　　　**LOOPW**　*shortlabel*

LOOPD	循环（x86）

O	D	I	S	Z	A	P	C

ECX 减 1 后，若 ECX 不等于 0，则跳转到一个短标号。目的地址与当前地址的距离范围为 -128 ～ +127 字节。

指令格式：

    LOOPD *shortlabel*

LOOPE, LOOPZ	等于（为零）则循环

O	D	I	S	Z	A	P	C

(E)CX 减 1 后，若 (E)CX > 0 且零标志位置 1，则跳转到短标号。

指令格式：

    LOOPE *shortlabel*   **LOOPZ** *shortlabel*

LOOPNE, LOOPNZ	不等于（为零）则循环

O	D	I	S	Z	A	P	C

(E)CX 减 1 后，若 (E)CX > 0 且零标志位清零，则跳转到短标号。

指令格式：

    LOOPNE *shortlabel*   **LOOPNZ** *shortlabel*

LOOPW	使用 16 位计数器的循环

O	D	I	S	Z	A	P	C

CX 减 1 后，若 CX 不等于零，则跳转到短标号。目的地址与当前地址的距离范围必须为 -128 ～ +127 字节。

指令格式：

    LOOPW *shortlabel*

MOV	传送

O	D	I	S	Z	A	P	C

从源操作数复制字节或字到目的操作数。

指令格式：

    MOV *reg,reg*   **MOV** *reg,imm*
    MOV *mem,reg*   **MOV** *mem,imm*
    MOV *reg,mem*   **MOV** *mem16,segreg*
    MOV *reg16,segreg*   **MOV** *segreg,mem16*
    MOV *segreg,reg16*

MOVS, MOVSB, MOVSW, MOVSD

字符串传送

O	D	I	S	Z	A	P	C

从 DS：(E) SI 指定内存地址复制一个字节或字到 ES：(E) DI 指定的内存地址。MOVS 要求指定两个操作数。MOVSB 复制一个字节，MOVSW 复制一个字，对 x86 来说，MOVSD 复制一个双字。(E) SI 和 (E) DI 按照操作数大小和方向标志位的状态递增或递减。若方向标志位（DF）=1，则（E）SI 和（E）DI 递减；若 DF=0，则（E）SI 和（E）DI 递增。

指令格式：

```
MOVSB
MOVSW
MOVSD
MOVS dest, source
MOVS ES:dest, segreg:source
```

MOVSX

符号扩展传送

O	D	I	S	Z	A	P	C

从源操作数复制一个字节或字到目的寄存器，并对目的寄存器的高位进行符号扩展。本指令用于将 8 位或 16 位操作数复制到更大的目的操作数。

指令格式：

```
                            MOVSX reg32,reg8
MOVSX reg32,reg16           MOVSX reg32,mem16
MOVSX reg16,reg8            MOVSX reg16,m8
```

MOVZX

零扩展传送

O	D	I	S	Z	A	P	C

从源操作数复制一个字节或字到目的寄存器，并对目的寄存器的高位进行零扩展。本指令用于将 8 位或 16 位操作数复制到更大的目的操作数。

指令格式：

```
                            MOVZX reg32,reg8
MOVSX reg32,reg16           MOVSX reg32,mem16
MOVSX reg16,reg8            MOVSX reg16,m8
```

MUL

无符号整数乘法

O	D	I	S	Z	A	P	C
*			?	?	?	?	*

源操作数与 AL、AX 或 EAX 相乘。若源操作数为 8 位，则与 AL 相乘，乘积保存在 AX。若源操作数为 16 位，则与 AX 相乘，乘积保存在 DX：AX。若源操作数为 32 位，则与 EAX 相乘，乘积保存在 EDX：EAX。

指令格式：

```
MUL reg                     MUL mem
```

NEG	取反

O	D	I	S	Z	A	P	C
*			*	*	*	*	*

计算目的操作数的补数,并将结果保存到目的操作数。
指令格式:

```
NEG reg                    NEG mem
```

NOP	无操作

O	D	I	S	Z	A	P	C

本指令不执行任何操作,但可用于定时循环,或者将后续指令对齐到字边界。
指令格式:

```
NOP
```

NOT	非

O	D	I	S	Z	A	P	C

对操作数进行逻辑 NOT 操作,即对操作数的每一位取反。
指令格式:

```
NOT reg                    NOT mem
```

OR	或

O	D	I	S	Z	A	P	C
0			*	*	?	*	0

对目的操作数的每一位和源操作数的对应位执行布尔(按位)OR 操作。
指令格式:

```
OR  reg,reg                OR  reg,imm
OR  mem,reg                OR  mem,imm
OR  reg,mem                OR  accum,imm
```

OUT	输出到端口

O	D	I	S	Z	A	P	C

若使用 x86 之前的处理器,本指令从累加器向端口输出一个字节或字。如果端口地址在 0 ~ FFh 之内,则它可以是一个常数;如果端口地址在 0 ~ FFFFh,则可用 DX 包含端口地址。对 x86 处理器,可以向端口输出一个双字。
指令格式:

```
OUT  imm8,accum            OUT  DX,accum
```

x86 指令集

OUTS, OUTSB, OUTSW, OUTSD	向端口输出字符串（80286）
	O D I S Z A P C

将 ES:(E)DI 指向的字符串输出到端口。端口号由 DX 指定。对输出的每个数值，(E)DI 按照 LODSB 和相似的字符串原语指令进行调整。REP 前缀可与本类指令一起使用。

指令格式：

```
OUTS      dest,DX                REP OUTSB dest,DX
REP OUTSW dest,DX                REP OUTSD dest,DX
```

POP	出栈
	O D I S Z A P C

将当前堆栈指针指向的一个字或双字复制到目的操作数，再执行 (E)SP 加 2（或者 4）。

指令格式：

```
POP  reg16/r32                   POP segreg
POP  mem16/mem32
```

POPA, POPAD	全部出栈
	O D I S Z A P C

从栈顶弹出 16 个字节，按照 DI、SI、BP、SP、BX、DX、CX、AX 的顺序，分别送入 8 个通用寄存器。SP 的值丢弃，因此不再分配。POPA 将值弹出到 16 位寄存器，x86 的 POPAD 将值弹出到 32 位寄存器。

指令格式：

```
POPA                             POPAD
```

POPF, POPFD	从堆栈弹出到标志寄存器
	O D I S Z A P C
	* * * * * * * *

POPF 将栈顶弹出到 16 位 FLAGS 寄存器。x86 的 POPFD 将栈顶弹出到 32 位 EFLAGS 寄存器。

指令格式：

```
POPF                             POPFD
```

PUSH	入栈
	O D I S Z A P C

若入栈的是 16 位操作数，则 ESP 2。若入栈的是 32 位操作数，则 ESP 4。然后，将操作数复制到 ESP 指向的堆栈位置。

指令格式：

```
PUSH reg16/reg32                 PUSH segreg
PUSH mem16/mem32                 PUSH imm16/imm32
```

PUSHA, PUSHAD	全部入栈（80286）
	O D I S Z A P C
	按照 AX、CX、DX、BX、SP、BP、SI 和 DI 的顺序，将这些 16 位寄存器入栈。x86 的 PUSHAD 指令压入的是 EAX、ECX、EDX、EBX、ESP、EBP、ESI 和 EDI。 指令格式： 　PUSHA　　　　　　　　　　　　　　　PUSHAD

PUSHF, PUSHFD	标志寄存器入栈
	O D I S Z A P C
	PUSHF 将 16 位 FLAGS 寄存器入栈。PUSHFD 将 32 位 EFLAGS 入栈（x86）。 指令格式： 　PUSHF　　　　　　　　　　　　　　　PUSHFD

PUSHW, PUSHD	入栈
	O D I S Z A P C
	PUSHW 将一个 16 位的字入栈，x86 的 PUSHD 指令将一个 32 位的双字入栈。 指令格式： 　PUSH　*reg16/reg32*　　　　　　　PUSH　*segreg* 　PUSH　*mem16/mem32*　　　　　　PUSH　*imm16/imm32*

RCL	带进位循环左移
	O D I S Z A P C * *
	目的操作数循环左移，源操作数确定循环次数。进位标志位复制到最低位，最高位复制到进位标志位。对 8086/8088 处理器，*imm8* 必须为 1。 指令格式： 　RCL　*reg,imm8*　　　　　　　　　RCL　*mem,imm8* 　RCL　*reg,CL*　　　　　　　　　　RCL　*mem,CL*

RCR	带进位循环右移
	O D I S Z A P C * *
	目的操作数循环右移，源操作数确定循环次数。进位标志位复制到最高位，最低位复制到进位标志位。对 8086/8088 处理器，*imm8* 必须为 1。 指令格式： 　RCR　*reg,imm8*　　　　　　　　　RCR　*mem,imm8* 　RCR　*reg,CL*　　　　　　　　　　RCR　*mem,CL*

x86 指令集

REP	重复字符串操作

O	D	I	S	Z	A	P	C

重复字符串原语指令，其中 (E) CX 为计数器。指令每重复一次，(E) CX 减 1，直到 (E) CX=0。
格式（以 MOVS 为例）：

```
REP MOVS dest,source
```

REP condition	有条件重复字符串操作

O	D	I	S	Z	A	P	C

(E) CX=0 且标志位条件为真，则重复字符串原语指令。REPZ（REPE）的重复条件为零标志位置 1；REPNZ（REPNE）的重复条件为零标志位清零。只有 SCAS 和 CMPS 能与 REP condition 一起使用，因为只有这两条字符串原语指令会修改零标志位。
格式（以 SCAS 为例）：

```
REPZ    SCAS  dest            REPNE   SCAS  dest
REPZ    SCASB                 REPNE   SCASB
REPE    SCASW                 REPNZ   SCASW
```

RET, RETN, RETF	从过程返回

O	D	I	S	Z	A	P	C

从堆栈弹出返回地址。RETN (return near) 只将栈顶弹出到 (E) IP。在实地址模式下，RETF (return far) 将栈顶先后送入 (E)IP 和 CS。按照 PROC 伪指令指定或暗示的属性，RET 可以为近，也可以为远。8 位立即数为可选项，告诉 CPU 在弹出返回地址后，(E) SP 应该加上的数值。
指令格式：

```
RET                           RET    imm8
RETN                          RETN   imm8
RETF                          RETF   imm8
```

ROL	循环左移

O	D	I	S	Z	A	P	C
*							*

目的操作数循环左移，源操作数确定循环次数。最高位复制到进位标志位，同时移入最低位。使用 8086/8088 处理器时，操作数 imm8 必须为 1。
指令格式：

```
ROL   reg,imm8                ROL   mem,imm8
ROL   reg,CL                  ROL   mem,CL
```

ROR	循环右移

O	D	I	S	Z	A	P	C
*							*

目的操作数循环右移,源操作数确定循环次数。最低位复制到进位标志位,同时移入最高位。使用 8086/8088 处理器时,操作数 *imm8* 必须为 1。

指令格式:

```
ROR  reg,imm8            ROR  mem,imm8
ROR  reg,CL              ROR  mem,CL
```

SAHF	AH 保存到标志寄存器

O	D	I	S	Z	A	P	C
			*	*	*	*	*

将 AH 复制到标志寄存器的位 0 ～位 7。

指令格式:

```
SAHF
```

SAL	算术左移

O	D	I	S	Z	A	P	C
*			*	*	?	*	*

将目的操作数的每一位都向左移,源操作数确定移动次数。最高位复制到进位标志位,最低位用 0 填充。若使用 8086/8088 处理器,则操作数 *imm8* 必须为 1。

指令格式:

```
SAL  reg,imm8            SAL  mem,imm8
SAL  reg,CL              SAL  mem,CL
```

SAR	算术右移

O	D	I	S	Z	A	P	C
*			*	*	?	*	*

将目的操作数的每一位都向右移,源操作数确定移动次数。最低位复制到进位标志位,最高位保持不变。本指令常用于有符号操作数,因为可以保持数值符号位。若使用 8086/8088 处理器,则操作数 *imm8* 必须为 1。

指令格式:

```
SAR  reg,imm8            SAR  mem,imm8
SAR  reg,CL              SAR  mem,CL
```

SBB	带借位减法

O	D	I	S	Z	A	P	C
*			*	*	*	*	*

目的操作数减去源操作数,再减去进位标志位。

指令格式:

```
SBB  reg,reg             SBB  reg,imm
SBB  mem,reg             SBB  mem,imm
SBB  reg,mem
```

x86 指令集

SCAS, SCASB, SCASW, SCASD — 字符串扫描

O	D	I	S	Z	A	P	C
*			*	*	*	*	*

扫描由 ES:(E)DI 指定的内存字符串，寻找与累加器匹配的数值。SCAS 要求指定操作数。SCASB 扫描与 AL 匹配的 8 位数值，SCASW 扫描与 AX 匹配的 16 位数值，SCASD 扫描与 EAX 匹配的 32 位数值。(E)DI 按照操作数大小和方向标志位的状态递增或递减。如果 DF=1，(E)DI 递减；若 FD=0，(E)DI 递增。

指令格式：

```
SCASB                   SCASW
SCASD
SCAS dest
SCAS ES:dest
```

SET condition — 设置条件

O	D	I	S	Z	A	P	C

若给定标志条件为真，则目的操作数指定的字节被赋值为 1。若标志条件为假，则目的操作数被赋值为 0。*condition* 可能的取值参见表 B-2。

指令格式：

```
SETcond reg8            SETcond mem8
```

SHL — 左移

O	D	I	S	Z	A	P	C
*			*	*	?	*	*

将目的操作数的每一位进行左移，源操作数确定移动次数。最高位复制到进位标志位，最低位用 0 填充（与 SAL 相同）。若使用 8086/8088 处理器，则操作数 *imm8* 必须为 1。

指令格式：

```
SHL  reg,imm8           SHL  mem,imm8
SHL  reg,CL             SHL  mem,CL
```

SHLD — 双精度左移（x86）

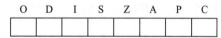

O	D	I	S	Z	A	P	C
*			*	*	?	*	*

将第二操作数的位移入到第一操作数，第三操作数表示移动的位数。位移导致的空位，由第二操作数的最高有效位填充。第二操作数必须为寄存器，第三操作数可以是立即数或 CL 寄存器。

指令格式：

```
SHLD reg16,reg16,imm8   SHLD mem16,reg16,imm8
SHLD reg32,reg32,imm8   SHLD mem32,reg32,imm8
SHLD reg16,reg16,CL     SHLD mem16,reg16,CL
SHLD reg32,reg32,CL     SHLD mem32,reg32,CL
```

SHR	右移

O	D	I	S	Z	A	P	C
*			*	*	?	*	*

将目的操作数的每一位进行右移，源操作数确定移动次数。最高位用 0 填充，最低位复制到进位标志位。若使用 8086/8088 处理器，则操作数 *imm8* 必须为 1。

指令格式：

```
SHR  reg,imm8          SHR  mem,imm8
SHR  reg,CL            SHR  mem,CL
```

SHRD	双精度右移（x86）

O	D	I	S	Z	A	P	C
*			*	*	?	*	*

将第二操作数的位移入到第一操作数，第三操作数表示移动的位数。位移导致的空位，由第二操作数的最低有效位填充。第二操作数必须为寄存器，第三操作数可以是立即数或 CL 寄存器。

指令格式：

```
SHRD  reg16,reg16,imm8      SHRD  mem16,reg16,imm8
SHRD  reg32,reg32,imm8      SHRD  mem32,reg32,imm8
SHRD  reg16,reg16,CL        SHRD  mem16,reg16,CL
SHRD  reg32,reg32,CL        SHRD  mem32,reg32,CL
```

STC	进位标志位置 1

O	D	I	S	Z	A	P	C
							1

进位标志位置 1。

指令格式：

```
STC
```

STD	方向标志位置 1

O	D	I	S	Z	A	P	C
	1						

方向标志位置 1，使得执行字符串原语指令时，(E) SI 或 (E) DI 递减。由此，字符串将按照由高到低的地址顺序进行处理。

指令格式：

```
STD
```

STI	中断标志位置 1

O	D	I	S	Z	A	P	C
		1					

中断标志位置 1，允许可屏蔽中断。当中断发生时，将自动关中断，因此，利用 STI 中断处理程序将立即重新开中断。

指令格式：

```
STI
```

STOS, STOSB, STOSW, STOSD	保存字符串

		O	D	I	S	Z	A	P	C |
									| | | | | | - | | | |
									
									将累加器存入由 ES:(E)DI 指定的内存位置。若使用的是 STOS，则必须指定目的操作数。STOSB 将 AL 复制到内存，STOSW 将 AX 复制到内存，x86 处理器的 STOSD 指令将 EAX 复制到内存。(E)DI 根据操作数大小和方向标志位的状态递增或递减。若 DF=1，则 (E)DI 递减；若 DF=0，则 (E)DI 递增。
									
									指令格式：
									    STOSB STOSW
									    STOSD
									    STOS *mem*
									    STOS ES:*mem*

SUB	减法

		O	D	I	S	Z	A	P	C |
									| * | | | * | * | * | * | * |
									
									目的操作数减去源操作数。
									指令格式：
									    SUB *reg,reg* SUB *reg,imm*
									    SUB *mem,reg* SUB *mem,imm*
									    SUB *reg,mem* SUB *accum,imm*

TEST	测试

		O	D	I	S	Z	A	P	C |
									| 0 | | | * | * | ? | * | 0 |
									
									对目的操作数和源操作数中的每组对应位进行测试。执行的逻辑 AND 操作只影响标志位，不影响目的操作数。
									指令格式：
									    TEST *reg,reg* TEST *reg,imm*
									    TEST *mem,reg* TEST *mem,imm*
									    TEST *reg,mem* TEST *accum,imm*

WAIT	等待协处理器
		O	D	I	S	Z	A	P	C | | | | | | | | | | 暂停 CPU 的执行，直到协处理器完成当前指令。 指令格式： WAIT

XADD	交换并相加（Intel486）
		O	D	I	S	Z	A	P	C | | * | | | * | * | * | * | * | 源操作数加上目的操作数。同时，目的操作数的初始值送入源操作数。 指令格式： XADD *reg,reg* XADD *mem,reg*

XCHG	交换

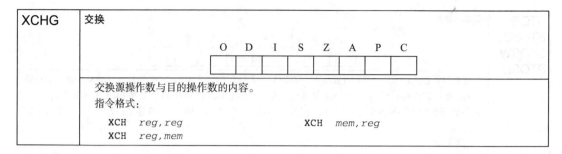

交换源操作数与目的操作数的内容。
指令格式:

```
XCH  reg,reg              XCH  mem,reg
XCH  reg,mem
```

XLAT, XLATB	字节查表转换

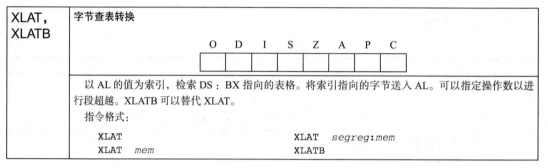

以 AL 的值为索引,检索 DS:BX 指向的表格。将索引指向的字节送入 AL。可以指定操作数以进行段超越。XLATB 可以替代 XLAT。
指令格式:

```
XLAT                      XLAT  segreg:mem
XLAT  mem                 XLATB
```

XOR	异或

	O	D	I	S	Z	A	P	C
	0			*	*	?	*	0

源操作数中的每一位与目的操作数的对应位进行异或运算。仅当源操作数和目的操作数初始对应位不相同时,目的位的运算结果为 1。
指令格式:

```
XOR  reg,reg              XOR  reg,imm
XOR  mem,reg              XOR  mem,imm
XOR  reg,mem              XOR  accum,imm
```

B.3 浮点数指令

表 B-3 列出了所有的 x86 浮点指令,并给出了操作数格式和简要说明。指令一般是按功能分类,而非严格的字母顺序。比如,FIADD 指令紧跟在 FADD 和 FADDP 的后面,其原因就是该指令对整数进行转换,并执行了和这两条指令同样的操作。

浮点指令的完整信息请参阅 Intel Architecture Manuals(Intel 架构说明书)。表中术语堆栈是指 FPU 寄存器堆栈。(表 B-1 列出了描述浮点指令格式和操作数时使用的一些符号。)

表 B-3 浮点指令

指令	说明
F2XM1	计算 $2^x - 1$。无操作数
FABS	绝对值。清除 ST(0) 的符号位。无操作数

FADD	浮点加法。目的操作数与源操作数相加,和数保存在目的操作数。格式:
	`FADD                      Add ST(0) to ST(1), and pop stack`
	`FADD  m32fp               Add m32fp to ST(0)`
	`FADD  m64fp               Add m64fp to ST(0)`
	`FADD  ST(0),ST(i)         Add ST(i) to ST(0)`
	`FADD  ST(i),ST(0)         Add ST(0) to ST(i)`

（续）

指令	说明
FADDP	浮点数相加并出栈。与 FADD 操作相同，然后执行出栈操作。格式： `FADDP ST(i),ST(0)` `Add ST(0) to ST(i)`

FIADD	将整数转换为浮点数并相加。目的操作数与源操作数相加，和数保存在目的操作数。格式：
	    `FIADD m32int` `Add m32int to ST(0)`
	    `FIADD m16int` `Add m16int to ST(0)`

FBLD	加载 BCD 码。将 BCD 形式的源操作数转换为扩展双精度浮点数，并入栈。格式： `FBLD m80bcd` `Push m80bcd onto register stack`
FBSTP	保存 BCD 整数并出栈。将 ST(0) 寄存器中的数值转换为 18 位压缩 BCD 整数，并保存到目的操作数，然后执行出栈操作。格式： `FBSTP m80bcd` `Store ST(0) into m80bcd, and pop stack`
FCHS	改变符号位。ST(0) 符号位取反。无操作数
FCLEX	清除异常。清除 FPU 状态字中的浮点异常标志（PE、UE、OE、ZE、DE 和 IE），异常总状态标志（ES），堆栈故障标志（SF），以及忙标志（B）。无操作数。FNCLEX 执行相同的操作，而不检查挂起的未屏蔽浮点异常

FCMOVcc	浮点条件传送。测试 EFLAGS 中的状态标志，若给定测试条件为真，则将源操作数（第二操作数）传送到目的操作数（第一操作数）。格式：
	    `FCMOVB ST(0),ST(i)` `Move if below`
	    `FCMOVE ST(0),ST(i)` `Move if equal`
	    `FCMOVBE ST(0),ST(i)` `Move if below or equal`
	    `FCMOVU ST(0),ST(i)` `Move if unordered`
	    `FCMOVNB ST(0),ST(i)` `Move if not below`
	    `FCMOVNE ST(0),ST(i)` `Move if not equal`
	    `FCMOVNBE ST(0),ST(i)` `Move if not below or equal`
	    `FCMOVNU ST(0),ST(i)` `Move if not unordered`

FCOM	比较浮点值。比较 ST(0) 与源操作数，根据比较结果设置 FPU 状态字的条件编码标志 C0、C2 和 C3。格式：
	    `FCOM m32fp` `Compare ST(0) to m32fp`
	    `FCOM m64fp` `Compare ST(0) to m64fp`
	    `FCOM ST(i)` `Compare ST(0) to ST(i)`
	    `FCOM` `Compare ST(0) to ST(1)`
	    FCOMP 执行与 FCOM 相同的操作，然后执行出栈操作。FCOMPP 执行与 FCOM 相同的操作，再执行两次出栈。FUCOM、FUCOMP 和 FUCOMPP 分别与 FCOM、FCOMP 和 FCOMPP 相同，区别在于，前者要检查无序值

FCOMI	比较浮点值并设置 EFLAGS。执行寄存器 ST(0) 与 ST(i) 的无序比较，根据比较结果设置 EFLAGS 寄存器中的状态标志（ZF、PF 和 CF）。格式：
	    `FCOMI ST(0),ST(i)` `Compare ST(0) to ST(i)`
	    FCOMIP 执行与 FCOMI 相同的操作，然后执行出栈操作。FUCOMI 和 FUCOMIP 要检查无序值

FCOS	余弦。计算 ST(0) 的余弦值，并将结果保存到 ST(0)。输入必须为弧度。无操作数
FDECSTP	栈顶指针减 1。将 FPU 状态字的 TOP 字段减 1，有效地轮换堆栈内寄存器。无操作数

FDIV	浮点数相除并出栈。目的操作数除以源操作数，结果保存到目的操作数位置。格式：
	    `FDIV` `ST(1) = ST(1) / T(0), and pop stack`
	    `FDIV m32fp` `ST(0) = ST(0) / m32fp`
	    `FDIV m64fp` `ST(0) = ST(0) / m64fp`
	    `FDIV ST(0),ST(i)` `ST(0) = ST(0) / ST(i)`
	    `FDIV ST(i),ST(0)` `ST(i) = ST(i) / ST(0)`

(续)

指令	说明
FDIVP	浮点数相除并出栈。与 FDIV 相同,再执行出栈操作。格式: `FDIVP ST(i),ST(0)` `ST(i) = ST(i) / ST(0), and pop stack`

FIDIV	整数转换为浮点数,并执行除法。转换后,执行与 FDIV 相同的操作。格式:
	
	    `FIDIV m32int` `ST(0) = ST(0) / m32int`
	    `FIDIV m16int` `ST(0) = ST(0) / m16int`

FDIVR	反向除法。源操作数除以目的操作数,结果保存在目的操作数位置。格式:
	
	    `FDIVR` `ST(0) = ST(0) / ST(1), and pop stack`
	    `FDIVR m32fp` `ST(0) = m32fp / ST(0)`
	    `FDIVR m64fp` `ST(0) = m64fp / ST(0)`
	    `FDIVR ST(0),ST(i)` `ST(0) = ST(i) / ST(0)`
	    `FDIVR ST(i),ST(0)` `ST(i) = ST(0) / ST(i)`

FDIVRP	反向除法并出栈。执行与 FDIVR 相同的操作,并执行出栈操作。格式: `FDIVRP ST(i),ST(0)` `ST(i) = ST(0) / ST(i), and pop stack`

FIDIVR	整数转换为浮点数,并执行反向除法。转换后,执行与 FDIVR 相同的操作。格式:
	
	    `FIDIVR m32int` `ST(0) = m32int / ST(0)`
	    `FIDIVR m16int` `ST(0) = m16int / ST(0)`

FFREE	释放浮点寄存器。用 Tag 字设置寄存器为空。格式: `FFREE ST(i)` `ST(i) = empty`

FICOM	整数比较。比较 ST(0) 中的值与源操作数中的整数,根据结果设置条件编码标志 C0、C2 和 C3。比较前,要将源操作数中的整数转换为浮点数。格式:
	
	    `FICOM m32int` `Compare ST(0) to m32int`
	    `FICOM m16int` `Compare ST(0) to m16int`
	
	FICOMP 执行与 FICOM 相同的操作,并出栈

FILD	整数转换为浮点数并加载到寄存器堆栈。格式:
	
	    `FILD m16int` `Push m16int onto register stack`
	    `FILD m32int` `Push m32int onto register stack`
	    `FILD m64int` `Push m64int onto register stack`

FINCSTP	栈顶指针加 1。FPU 状态字的 TOP 字段加 1。无操作数
FINIT	浮点单元初始化。将控制寄存器、状态寄存器、标签寄存器、指令指针寄存器和数据指针寄存器设置为默认状态。控制字设置为 037Fh(就近舍入,屏蔽所有异常,64 位精度)。状态字被清除(异常标志均为 0,TOP=0)。寄存器堆栈中的数据寄存器不变,但其标签设为空。无操作数。FNINIT 执行相同的操作,但不检查挂起的非屏蔽浮点异常

FIST	将整数保存到内存操作数。将 ST(0) 保存到有符号整数内存操作数,按照 FPU 控制字的 RC 字段进行舍入。格式:
	
	    `FIST m16int` `Store ST(0) in m16int`
	    `FIST m32int` `Store ST(0) in m32int`
	
	FISTP 执行与 FIST 相同的操作,再出栈。该指令还有一种格式:
	
	    `FISTP m64int` **`Store ST(0) in m64int, and pop stack`**

FISTTP	截断并保存整数。执行与 FIST 相同的操作,但是会自动截断整数并执行出栈操作。格式:
	
	    `FISTTP m16int` `Store ST(0) in m16int, and pop stack`
	    `FISTTP m32int` `Store ST(0) in m32int, and pop stack`
	    `FISTTP m64int` `Store ST(0) in m64int, and pop stack`

(续)

指令	说明
FLD	加载浮点数到寄存器堆栈。格式： 　　FLD m32fp　　　　　Push m32fp onto register stack 　　FLD m64fp　　　　　Push m64fp onto register stack 　　FLD m80fp　　　　　Push m80fp onto register stack 　　FLD ST(i)　　　　　Push ST(i) onto register stack
FLD1	加载 +1.0 到寄存器堆栈。无操作数
FLDL2T	加载 $\log_2 10$ 到寄存器堆栈。无操作数
FLDL2E	加载 $\log_2 e$ 到寄存器堆栈。无操作数
FLDPI	加载 π 到寄存器堆栈。无操作数
FLDLG2	加载 $\log_{10} 2$ 到寄存器堆栈。无操作数
FLDLN2	加载 $\log_e 2$ 到寄存器堆栈。无操作数
FLDZ	加载 +0.0 到寄存器堆栈。无操作数
FLDCW	加载 16 位内存值到 FPU 控制字。格式： 　　FLDCW m2byte　　　Load FPU control word from m2byte
FLDENV	从内存加载 FPU 环境到 FPU。格式： 　　FLDENV m14/28byte　Load FPU environment from memory
FMUL	浮点数乘法。目的操作数与源操作数相乘，乘积保存到目的操作数。格式： 　　FMUL　　　　　　　　ST(1) = ST(1) * ST(0), and pop stack 　　FMUL m32fp　　　　　ST(0) = ST(0) * m32fp 　　FMUL m64fp　　　　　ST(0) = ST(0) * m64fp 　　FMUL ST(0),ST(i)　　ST(0) = ST(0) * ST(i) 　　FMUL ST(i),ST(0)　　ST(i) = ST(i) * ST(0)
FMULP	浮点数相乘，并出栈。执行与 FMUL 相同的操作，然后执行出栈操作。格式： 　　FMULP ST(i),ST(0)　ST(i) = ST(i) * ST(0), and pop stack
FIMUL	整数转换并相乘。源操作数转换为浮点数，并与 ST(0) 相乘，乘积保存到 ST(0)。格式： 　　FIMUL m16int 　　FIMUL m32int
FNOP	无操作。无操作数
FPATAN	部分反正切。用 arctan(ST(1)/ST(0)) 替换 ST(1)，并执行出栈操作。无操作数
FPREM	部分余数。用 ST(0)/ST(1) 的余数替换 ST(0)。无操作数。FPREM1 与之相似，用 ST(0)/ST(1) 的 IEEE 余数替换 ST(0)
FPTAN	部分正切。用 ST(0) 的正切值替换其原值，并将 1.0 送入 FPU 堆栈。输入必须为弧度。无操作数
FRNDINT	舍入到整数。将 ST(0) 舍入到最近的整数值。无操作数
FRSTOR	恢复 x87 FPU 状态。从源操作数指定的内存区域加载 FPU 状态（操作环境和寄存器堆栈）。格式： 　　FRSTOR m94/108byte
FSAVE	保存 x87 FPU 状态。将 FPU 状态（操作环境和寄存器堆栈）保存到目的操作数指定的内存区域，再重新初始化 FPU。格式： 　　FSAVE m94/108byte FNSAVE 执行相同的操作，但不检查挂起的非屏蔽浮点异常
FSCALE	比例。将 ST(1) 截断为整数，再加上目的操作数 ST(0) 的阶码。无操作数
FSIN	正弦。用 ST(0) 的正弦替代其原值。输入必须为弧度。无操作数
FSINCOS	正弦和余弦。计算 ST(0) 的正弦和余弦。输入必须为弧度。用正弦值替换 ST(0)，余弦值送入寄存器堆栈。无操作数

(续)

指令	说明
FSQRT	平方根。用 ST(0) 的平方根替换其原值。无操作数

FST	保存浮点值。格式:
	
	`FST m32fp`　　　　　Copy ST(0) to `m32fp`
	`FST m64fp`　　　　　Copy ST(0) to `m64fp`
	`FST ST(i)`　　　　　Copy ST(0) to `ST(i)`
	
	FSTP 执行与 FST 相同的操作,再执行出栈操作。该指令还有一种格式:
	
	`FSTP m80fp`　　　　Copy ST(0) to `m80fp`, and pop stack

FSTCW	保存 FPU 控制字。格式: `FLDCW m2byte`　　　Store FPU control word to `m2byte` FNSTCW 执行相同的操作,但不检查挂起的非屏蔽浮点异常
FSTENV	保存 FPU 环境。根据处理器为实模式或保护模式,将 FPU 环境保存到 m14byte 或 m28byte 结构。格式: `FSTENV memop`　　　Store FPU environment to `memop` FNSTENV 执行相同的操作,但不检查挂起的非屏蔽浮点异常
FSTSW	保存 FPU 状态字。格式: `FSTSW m2byte`　　　Store FPU status word to `m2byte` `FSTSW AX`　　　　　Store FPU status word to AX register FNSTSW 执行相同的操作,但不检查挂起的非屏蔽浮点异常
FSUB	浮点数减法。目的操作数减去源操作数,差值保存到目的操作数。格式: `FSUB`　　　　　　　　ST(0) = ST(1) − ST(0), and pop stack `FSUB m32fp`　　　　ST(0) = ST(0) − m32fp `FSUB m64fp`　　　　ST(0) = ST(0) − m64fp `FSUB ST(0),ST(i)`　ST(0) = ST(0) − ST(i) `FSUB ST(i),ST(0)`　ST(i) = ST(i) − ST(0)
FSUBP	浮点数相减并出栈。FSUBP 执行与 FSUB 相同的操作,然后执行出栈操作。格式: `FSUBP ST(i),ST(0)`　ST(i) = ST(i) − ST(0), and pop stack
FISUB	整数转换为浮点数并执行减法。源操作数转换为浮点数后,ST(0) 减去该数,运算结果保存到 ST(0)。格式: `FISUB m16int`　　　ST(0) = ST(0) − m16int `FISUB m32int`　　　ST(0) = ST(0) − m32int
FSUBR	反向浮点数减法。源操作数减去目的操作数,差值保存到目的操作数。格式: `FSUBR`　　　　　　　ST(0) = ST(0) − ST(1), and pop stack `FSUBR m32fp`　　　ST(0) = m32fp − ST(0) `FSUBR m64fp`　　　ST(0) = m64fp − ST(0) `FSUBR ST(0),ST(i)`　ST(0) = ST(i) − ST(0) `FSUBR ST(i),ST(0)`　ST(i) = ST(0) − ST(i)
FSUBRP	反向浮点数减法并出栈。FSUBRP 执行与 FSUB 相同的操作,再执行出栈操作。格式: `FSUBRP ST(i),ST(0)`　ST(i) = ST(0) − ST(i), and pop stack

FISUBR	整数转换并执行反向浮点减法。转换为浮点数后,执行与 FSUBR 相同的操作。格式:
	
	`FISUBR m16int`
	`FISUBR m32int`

FTST	测试。比较 ST(0) 与 0.0,并设置 FPU 状态字中的条件编码标志。无操作数

(续)

指令	说明
FWAIT	**等待**。等待所有挂起的浮点异常处理器程序完成。无操作数
FXAM	**检查**。检查 ST（0），并设置 FPU 状态字中的条件编码标志。无操作数
FXCH	**交换寄存器内容**。格式： 　　FXCH ST(i)　　　　　Exchange ST(0) and ST(i) 　　FXCH　　　　　　　　Exchange ST(0) and ST(1)
FXRSTOR	**恢复 x87 FPU、MMX 技术、SSE 和 SSE2 状态**。从源操作数指定的内存映像重新加载 FPU、MMX 技术、XMM 和 MXCSR 寄存器。格式： 　　FXRSTOR m512byte
FXSAVE	**保存 x87 FPU、MMX 技术、SSE 和 SSE2 状态**。将 FPU、MMX 技术、XMM 和 MXCSR 寄存器的当前状态保存到目的操作数指定的内存映像。格式： 　　FXRSAVE m512byte
FXTRACT	**提取阶码和有效数字**。从 ST（0）的源操作数中分离其阶码和有效数字，阶码保存到 ST（0），有效数字送入寄存器堆栈。无操作数
FYL2X	**计算 y*log$_2$x**。寄存器 ST（1）为 y 值，ST（0）为 x 值。由于堆栈已执行出栈操作，因此计算结果保存在 ST（0）。无操作数
FYL2XP1	**计算 y*log$_2$(x+1)**。寄存器 ST（1）为 y 值，ST（0）为 x 值。由于堆栈已执行出栈操作，因此计算结果保存在 ST（0）。无操作数

附录 C

Assembly Language for x86 Processors, Seventh Edition

"本节回顾"问题答案

附录 C 给出的是本节回顾中问题的答案，其位于每章主要小节的末尾。这些并不是出现在每章结尾处的章节复习题的答案，章节复习题答案参见 Pearson Education 网站的教师辅导手册。

第 1 章 基本概念

1.1 欢迎来到汇编语言的世界

1. 汇编器将源代码程序从汇编语言转换为机器语言。链接器将汇编器创建的独立文件组合起来，形成一个可执行程序。
2. 汇编语言是一个很好的工具，学习它可以了解到应用程序是如何通过中断处理、系统调用和共享内存区域来实现与计算机操作系统的通信。汇编语言编程同样也有助于学习操作系统是如何加载和执行应用程序的。
3. 一对多关系是指，一条语句扩展为多条汇编语言或机器指令。
4. 一种语言，若其源程序能够在各种计算机系统上编译和运行，则称该语言是可移植的。
5. 不一样。每一种汇编语言要么基于处理器系列，要么基于特定计算机。
6. 嵌入式系统应用的例子有：汽车燃油和点火系统、空调控制系统、安保系统、飞行控制系统、掌上电脑、调制解调器、打印机和其他智能计算机外设。
7. 设备驱动器是一种程序，其作用是把通用操作系统命令转换为只有制造商才知道的硬件细节的具体指令。
8. C++ 不允许一种类型的指针赋值给另一种类型的指针。汇编语言对指针则没有这样的限制。
9. 适合于汇编语言的应用：硬件设备驱动程序、嵌入式系统和需要直接访问硬件的计算机游戏。
10. 高级语言没有提供对硬件的直接访问。如果高级语言可以直接访问硬件，那么编程时就不得不频繁使用一些麻烦的编码技术，这就可能导致维护问题。
11. 汇编语言只有极少的形式结构，因此必须由程序员设计结构，而程序员具备的经验参差不齐。这就使得维护现有代码是比较困难的。
12. 表达式 X=(Y × 4)+3 的代码：

```
mov     eax,Y           ;(Y 送 EAX)
mov     ebx,4           ;(X 送 EBX)
imul    ebx             ;(EAX=EAX*EBX)
add     eax,3           ;(EAX+3)
mov     X,eax           ;(EAX 送 X)
```

1.2 虚拟机概念

1. 虚拟机概念：计算机按层次进行架构，因此，每一层都是从较高级指令集到较低级指令集

"本节回顾"问题答案 511

的转换层。
2. 翻译的程序通常更快是因为它的编码语言可以直接在目标机器上执行。而解释的程序就不是这样的，这些程序在运行时需要先翻译。
3. 真。
4. 用 L0 层专门设计的程序将 L1 层的程序整体转换为 L0 层的程序。得到的 L0 层程序就可以直接在计算机硬件上执行。
5. 汇编语言出现在第 3 层。
6. Java 虚拟机（JVM）允许已编译的 Java 程序在几乎所有的计算机上运行。
7. 数字逻辑、指令集架构、汇编语言、高级语言。
8. 机器语言对人类来说难以理解，因为它不提供指令语法的可视化提示。
9. 指令集架构。
10. 第 2 层（指令集架构）。

1.3 数据表示

1. 最低有效位在位置 0 上，其值为 2 的 0 次幂。
2. (a) 248　　　　　　(b) 202　　　　　　(c) 240
3. (a) 00010001　　　(b) 101000000　　　(c) 00011110
4. (a) 2　　　　　　　(b) 4　　　　　　　(c) 8　　　　　　(d) 16
5. (a) 65d 需要 7 位　(b) 409d 需要 9 位　(c) 16 385d 需要 15 位
6. (a) 35DA　　　　　(b) CEA3　　　　　(c) FEDB
7. (a) A4693FBC=1010 0100 0110 1001 0011 1111 1011 1100
   (b) B697C7A1=1011 0110 1001 0111 1100 0111 1010 0001
   (c) 2B3D9461=0010 1011 0011 1101 1001 0100 0110 0001

1.4 布尔表达式

1. (NOT X) OR Y
2. X AND Y
3. T
4. F
5. T

第 2 章　x86 处理器架构详解

2.1 基本概念

1. 控制单元、算术逻辑单元和时钟。
2. 数据、地址和控制总线。
3. 通常内存位于 CPU 之外，对访问请求的响应要更慢一些。寄存器则是硬连接在 CPU 内。
4. 取指、译码、执行。
5. 取内操作数，存内存操作数。

2.2 x86 架构详解

1. 实地址模式、保护模式和系统管理模式。
2. EAX、EBX、ECX、EDX、ESI、EDI、ESP、EBP。
3. CS、DS、SS、ES、FS、GS。
4. 循环计数器。

2.3 64 位 x86-64 处理器

无复习题。

2.4 典型 x86 计算机组件

1. SRAM 是静态 RAM 的缩写，用于 CPU 高速缓存。
2. VRAM（显存）保存可显示的图像数据。当使用 CRT 监视器时，VRAM 是双端口的，其中一个端口持续刷新显示器，另一个端口向显示器写入数据。
3. 可从下面叙述中任选两个特性：(1) Intel 快速内存访问使用了最新内存控制单元（MCH）。(2) I/O 控制中心（Intel ICH8/R/DH）支持串行 ATA 设备（磁盘驱动器）。(3) 支持 10 个 USB 端口、6 个 PCI Express 插槽、联网和 Intel 静音系统技术。(4) 高清晰音频芯片。
4. 动态 RAM、静态 RAM、视频 RAM 和 CMOS RAM。
5. 8259A PIC 控制器处理来自键盘、系统时钟和磁盘驱动器等硬件设备的外部中断。

2.5 输入 – 输出系统

1. 应用程序层。
2. BIOS 函数直接与系统硬件通信。它们独立于操作系统。
3. 编写 BIOS 的时候通常不可能预见到新发明设备的功能。
4. BIOS 层。
5. 不可能。相同的 BIOS 适用于这两种操作系统。很多计算机用户会在同一台机器上安装两个或三个操作系统。他们肯定不想在每次重启计算机时切换系统 BIOS！

第 3 章 汇编语言基础

3.1 基本语言元素

1. -35d，DDh，335o，11011101b
2. 否（需要一个前置 0）。
3. 否（它们具有相同的优先级）。
4. 表达式：30MOD(3 × 4) + (3−1)/2=20
5. 实数常量：−6.2E+04
6. 否，它们也可以被包含在双引号中。
7. 伪指令
8. 247 个字符

3.2 示例：整数加减法

1. ENDP 伪指令标识了过程的结束。

2. .CODE 伪指令标识了代码段的开始。
3. code 和 stack。
4. EAX。
5. INVOKE ExitProcess, 0。

3.3 程序的汇编、链接和运行

1. 目标（.OBJ）和列表（.LST）文件
2. 真
3. 真
4. 加载器
5. 可执行（.EXE）文件

3.4 定义数据

1. var1 SWORD ?
2. var2 BYTE ?
3. var3 SBYTE ?
4. var4 QWORD ?
5. SDWORD

3.5 符号常量

1. BACKSPACE=08h
2. SecondsInDay=24*60*60
3. ArraySize=($-myArray)
4. ArraySize=($-myArray)/4
5. PROCEDURE TEXTEQU <PROC>
6. 代码示例：

   ```
   Sample TEXTEQU <"This is a string">
   MyString BYTE Sample
   ```

7. SetupESI TEXTEQU <mov esi, OFFSET myArray>

3.6 64位编程

无复习题。

第4章 数据传送、寻址和算术运算

4.1 数据传送指令

1. 寄存器操作数、立即操作数和内存操作数。
2. 假
3. 假
4. 真

5. 32 位寄存器或内存操作数

6. 16 位立即（常数）操作数

4.2 加法和减法

1. inc val2

2. sub eax, val3

3. 代码：

```
mov ax,val4
sub val2,ax
```

4. CF=0，SF=1

5. OF=1，SF=1

6. 标志位数值如下：

(a) CF=1，SF=0，ZF=1，OF=0

(b) CF=0，SF=1，ZF=0，OF=1

(c) CF=0，SF=1，ZF=0，OF=0

4.3 数据相关的运算符和伪指令

1. 假

2. 假

3. 真

4. 假

5. 真

4.4 间接寻址

1. 真

2. 假

3. 真（需要 PTR 运算符）

4. 真

5. (a) 10h   (b) 40h   (c) 003Bh   (d) 3   (e) 3   (f) 2

6. (a) 2010h (b) 003B008Ah (c) 0   (d) 0   (e) 0044h

4.5 JMP 和 LOOP 指令

1. 真

2. 假

3. 4 294 967 296 次

4. 假

5. 真

6. CX

7. ECX

8. 假（与当前地址距离范围为 −128 ～ +127 字节）

9. 这里有个小花招！该程序不会停止，因为第一条 LOOP 指令对 ECX 执行减 1 操作，使之为 0。第二条 LOOP 指令对 ECX 执行减 1 操作，使之为 FFFFFFFFh，从而导致外层循环重复执行。
10. 将指令 push ecx 插入到标号 L1 处。同时将指令 pop ecx 插入到第二条 LOOP 指令之前。（加入这些指令后，eax 的最后结果为 1Ch。）

4.6 64 位编程

1. 真（位 8 ～ 63 清零）
2. 假（允许 64 位常数）
3. RCX=12345678FFFFFFFFh
4. RCX=12345678ABABABABh
5. AL=1Fh
6. RCX=E002h

第 5 章 过程

5.1 堆栈操作

1. ESP
2. 运行时堆栈是唯一由 CPU 直接管理的堆栈。比如，它保留了被调用过程的返回地址。
3. LIFO 表示"后进先出"。最后入栈的数值第一个出栈。
4. ESP 减 4。
5. 真
6. 假

5.2 定义并使用过程

1. 真
2. 假
3. 过程结束后将会继续执行，很可能进入另一个过程的开始。这种编程错误通常难以被检测到。
4. Receives 表示过程被调用时向其传递的输入参数。Returns 表示过程返回到其调用者时可能产生的值。
5. 假（入栈的是 call 指令后面一条指令的偏移量）。
6. 真

5.3 链接到外部库

1. 假（其中包含了目标代码）。
2. 代码示例：

    MyProc PROTO

3. 代码示例：

```
    call MyProc
```

4. Irvine32.lib

5. Kernel32.dll 为动态链接库，是 MS-Windows 操作系统的基本组成部分。

5.4 Irvine32 链接库

1. RandomRange 过程
2. WaitMsg 过程
3. 代码示例：
```
    mov  eax,700
    call Delay
```

4. WriteDec 过程
5. Gotoxy 过程
6. INCLUDE Irvine32.inc
7. PROTO 语句（过程原型）和常量定义。（还有文本宏，但是其内容不包含在本章中。）
8. ESI 为数据初始地址，ECX 为数据单元个数，EBX 为数据单元大小（字节、字或双字）。
9. EDX 为字节数组的偏移量，ECX 为读取字符的最大个数。
10. 进位标志位、符号标志位、零标志位、溢出标志位、辅助进位标志位、奇偶标志位。
11. 代码示例：
```
    .data
    str1 BYTE "Enter identification number: ",0
    idStr BYTE 15 DUP(?)
    .code
        mov  edx,OFFSET str1
        call WriteString
        mov  edx,OFFSET idStr
        mov  ecx,(SIZEOF idStr) - 1
        call ReadString
```

5.5 64 位汇编编程

无复习题。

第 6 章 条件处理

6.1 条件分支

无复习题。

6.2 布尔和比较指令

1. `and ax, 00FFh`
2. `or ax, 0FF00h`
3. `xor eax, 0FFFFFFFFh`
4. `test eax, 1  ;若 eax 为奇数则低位置 1`
5. `or al, 00100000b`

"本节回顾"问题答案

6.3 条件跳转

1. JA、JNBE、JAE、JNB、JB、JNAE、JBE、JNA
2. JG、JNLE、JGE、JNL、JL、JNGE、JLE、JNG
3. JB 等价于 JNAE。
4. JBE
5. JL
6. 否（8109h 为负数，26h 为正数）。

6.4 条件循环指令

1. 假
2. 真
3. 真
4. 代码示例：

```
    .data
array SWORD 3,5,14,-3,-6,-1,-10,10,30,40,4
sentinel SWORD 0
    .code
main PROC
    mov esi,OFFSET array
    mov ecx,LENGTHOF array
next:
    test WORD PTR [esi],8000h   ;测试符号位
    pushfd                      ;标志位入栈
    add  esi,TYPE array
    popfd                       ;标志位出栈
    loopz next                  ;当 ZF=1 时继续循环
    jz   quit                   ;未发现
    sub  esi,TYPE array         ;ESI 指向数值
```

5. 如果没有发现匹配值，ESI 将以指向数组末尾之外作为结束。若指向了一个未定义的内存位置，那么程序运行就可能导致运行时错误。

6.5 条件结构

设本节所有的数值都是无符号数。

1. 代码示例：

```
    cmp ebx,ecx
    jna next
    mov X,1
next:
```

2. 代码示例：

```
    cmp edx,ecx
    jnbe L1
    mov X,1
    jmp next
L1: mov X,2
next:
```

3. 后面表格的变化会修改 NumberOfEntries 的值。程序员可能会忘记手动修改常数，但汇编器会正确调整计算结果。

4. 代码示例:

```
.data
sum DWORD 0
sample DWORD 50
array DWORD 10,60,20,33,72,89,45,65,72,18
ArraySize = ($ - Array) / TYPE array
.code
    mov  eax,0              ;和数
    mov  edx,sample
    mov  esi,0              ;索引
    mov  ecx,ArraySize
L1: cmp  esi,ecx
    jnl  L5
    cmp  array[esi*4],edx
    jng  L4
    add  eax,array[esi*4]
L4: inc  esi
    jmp  L1
L5: mov  sum,eax
```

6.6 应用:有限状态机

1. 有向图。

2. 每个节点都是一个状态。

3. 每条边都表示由某些输入引起的从一个状态到另一个状态的转换。

4. 状态 C。

5. 无限个数字。

6. FSM 进入一个错误状态。

7. 否。图中 FSM 允许有符号整数只包含一个正号(+)或负号(−)。6.6.2 节的 FSM 则不允许。

6.7 条件控制流伪指令

无复习题。

第 7 章 整数算术运算

7.1 移位和循环移位指令

1. ROL

2. RCR

3. RCL

4. 进位标志位接收了 AX(移位之前)的最低位。

5. 代码示例:

```
    shr  ax,1           ;AX 移位到进位标志位
    rcr  bx,1           ;进位标志位移位到 BX
;使用 SHRD
    shrd bx,ax,1
```

6. 代码示例：

```
        mov ecx,32              ;循环计数器
        mov bl,0                ;计算"1"的个数
L1:     shr eax,1               ;移位到进位标志位
        jnc L2                  ;进位标志位1？
        inc bl                  ;是：位计数器加1
L2:     loop L1                 ;继续循环
; 若BL为奇数，清除奇偶标志位
; 若BL为偶数，奇偶标志位置1
        shr bl,1
        jc  odd
        mov bh,0
        or  bh,0                ;PF=1
        jmp next
odd:
        mov bh,1
        or  bh,1                ;PF=0
next:
```

7.2 移位和循环移位的应用

1. 将表达式分解为（EAX*16）+（EAX*8）。

```
        mov ebx,eax             ;保存eax的副本
        shl eax,4               ;乘以16
        shl ebx,3               ;乘以8
        add eax,ebx             ;乘积相加
```

2. 根据提示，将乘法表示为（EAX*16）+（EAX*4）+EAX。

```
        mov ebx,eax             ;保存eax的副本
        mov ecx,eax             ;保存eax的另一个副本
        shl eax,4               ;乘以16
        shl ebx,2               ;乘以4
        add eax,ebx             ;乘积相加
        add eax,ecx             ;加上eax的初始值
```

3. 将标号L1处的指令修改为 shr eax, 1。

4. 假设DX寄存器中为时间戳字：

```
        shr dx,5
        and dl,00111111b        ;前置0可选
        mov bMinutes,dl         ;保存到变量
```

7.3 乘法和除法指令

1. 保存乘积的寄存器大小是乘数和被乘数大小的两倍。比如，计算0FFh乘以0FFh，则乘积（FE01h）很容易就扩展到16位。
2. 当相乘结果正好可以完全存放在乘积的低位寄存器时，IMUL对乘积符号扩展到高位乘积寄存器。而MUL则对乘积进行全零扩展。
3. 对IMUL来说，若乘积的高半部分不是其低半部分的符号扩展，那么进位标志位和溢出标志位置1。
4. EAX
5. AX

6. AX

7. 代码示例：

```
mov ax,dividendLow
cwd                          ;被除数符号扩展
mov bx,divisor
idiv bx
```

7.4 扩展加减法

1. ADC 指令将目的操作数与源操作数和进位标志位相加。
2. SBB 指令将目的操作数减去源操作数和进位标志位。
3. EAX=C0000000h，EDX=00000010h
4. EAX=F0000000h，EDX=000000FFh
5. DX=0016h

7.5 ASCII 和非压缩十进制运算

1. 代码示例：

```
or ax,3030h
```

2. 代码示例：

```
and ax,0F0Fh
```

3. 代码示例：

```
and ax,0F0Fh               ;转换为非压缩形式
aad
```

4. 代码示例：

```
aam
```

7.6 压缩十进制运算

1. 当压缩十进制加法的和数大于 99 时，DAA 将进位标志位置 1。例如，

```
mov al,56h
add al,92h                 ; AL = E8h
daa                        ; AL = 48h, CF=1
```

2. 若从小的压缩十进制整数中减去大的压缩十进制整数，则 DAS 将进位标志位置 1。例如

```
mov   al,56h
sub   al,92h               ; AL = C4h
das                        ; AL = 64h, CF=1
```

3. $n+1$ 个字节。

第 8 章 高级过程

8.1 引言

无复习题。

8.2 堆栈帧

1. 真
2. 真
3. 真
4. 假
5. 真
6. 真
7. 值参数和引用参数

8.3 递归

1. 假
2. 终止条件为 n 等于零。
3. 每次递归调用结束后需执行如下指令：

```
ReturnFact:
    mov ebx,[ebp+8]
    mul ebx
L2: pop ebp
    ret 4
```

4. 计算会超出一个无符号双字的范围，结果绕回过 0。因此输出将会小于 12！。
5. 12！需要 156 字节的堆栈空间。理由：当 $n=0$ 时，使用了 12 个堆栈字节（3 个堆栈项，每个都为 4 字节）。当 $n=1$ 时，使用了 24 个堆栈字节。当 $n=2$ 时，使用了 36 个堆栈字节。因此，n！使用的地址空间总数为 $(n+1) \times 12$。

8.4 INVOKE、ADDR、PROC 和 PROTO

1. 真
2. 假
3. 假
4. 真

8.5 新建多模块程序

1. 真
2. 假
3. 真
4. 假

8.6 参数的高级用法

无复习题。

8.7 Java 字节码

无复习题。

第 9 章 字符串和数组

9.1 引言

无复习题。

9.2 字符串基本指令

1. EAX
2. SCASD
3. EDI
4. LODSW
5. ZF=1 时重复

9.3 部分字符串过程

1. 假（达到较短字符串的空终止符时过程停止）
2. 真
3. 假
4. 假

9.4 二维数组

1. 任意 32 位通用寄存器。
2. 16。
3. 不可以。要保留 EBP 作为当前过程堆栈帧的基址指针。

9.5 整数数组的检索和排序

1. $n-1$ 次
2. $n-1$ 次
3. 否。每次都要减 1。
4. $T(5000)=0.5 \times 10^2$ 秒

9.6 Java 字节码：字符串处理（可选主题）

无复习题。

第 10 章 结构和宏

10.1 结构

1. `temp1 MyStruct <>`
2. `temp2 MyStruct <0>`
3. `temp3 MyStruct <, 20 DUP(0)>`
4. `array MyStruct 20 DUP(<>)`
5. `mov ax,array.field1`

"本节回顾"问题答案

6. 代码示例：
```
mov esi,OFFSET array
add esi,3 * (TYPE myStruct)
mov (MyStruct PTR[esi]).field1.ax
```

7. 82

8. 82

9. `TYPE MyStruct.field2`（或：`SIZEOF Mystruct.field2`）

10.2 宏

1. 假
2. 真
3. 带参数的宏更容易重用。
4. 假
5. 真
6. 假

10.3 条件汇编伪指令

1. IFB 伪指令用于检查空宏参数。
2. IFIDN 伪指令比较两个文本值，若两者相等，则返回真。其执行的比较需区分大小写。
3. EXITM
4. IFIDNI 与 IFIDN 相同，但不区分大小写。
5. 若符号已定义，则 IFDEF 返回真。

10.4 定义重复语句块

1. WHILE 伪指令根据布尔表达式来重复语句块。
2. REPEAT 伪指令根据计数值来重复语句块。
3. FOR 伪指令通过遍历符号列表来重复语句块。
4. FORC 伪指令通过遍历字符串来重复语句块。
5. FORC
6. 代码示例：
```
BYTE 0,0,0,100
BYTE 0,0,0,20
BYTE 0,0,0,30
```

7. 代码示例：
```
mRepeat MACRO 'X',50
    mov  cx,50
??0000: mov ah,2
    mov  dl,'X'
    int  21h
    loop ??0000
  mRepeat MACRO AL,20
    mov  cx,20
??0001: mov ah,2
```

```
            mov   dl,AL
            int   21h
            loop  ??0001
    mRepeat MACRO byteVal,countVal
            mov   cx,countVal
    ??0002: mov   ah,2
            mov   dl,byteVal
            int   21h
            loop  ??0002
```

8. 若检查（列表文件中的）链表数据，会发现，很明显每个 ListNode 的 NextPtr 域都等于 00000008（第二个节点的地址）：

```
Offset      ListNode
------------------------------
00000000    00000001    NodeData
            00000008    NextPtr
00000008    00000002    NodeData
            00000008    NextPtr
00000010    00000003    NodeData
            00000008    NextPtr
00000018    00000004    NodeData
            00000008    NextPtr
00000020    00000005    NodeData
            00000008    NextPtr
00000028    00000006    NodeData
            00000008    NextPtr
```

"表中第一节点的地址计数器的值（$）保持固定"就暗示了这个特点。

第 11 章　MS-Windows 编程

11.1　Win32 控制台编程

1. /SUBSYSTEM：CONSOLE
2. 真
3. 假
4. 假
5. 真

11.2　编写图形化的 Windows 应用程序

注意：本节大多数习题都可以查阅 GraphWin.inc 来解决，本书示例程序中提供了该头文件。

1. POINT 结构有两个域，ptX 和 ptY，说明屏幕上点的 X 坐标和 Y 坐标（以像素为单位）。
2. WNDCLASS 结构定义窗口类。程序中的每个窗口都必须属于一个类，且每个程序都必须为其主窗口定义一个窗口类。在显示主窗口前，要在操作系统中注册这个类。
3. lpfnWndProc 是应用程序的函数指针，用于接收和处理用户触发的事件消息。
4. style 域是由不同样式选项组合而成的，如 WS_CAPTION 和 WS_BORDER，用于控制窗口的外观和行为。
5. hInstance 为当前程序实例的句柄。运行于 MS-Windows 的每个程序，在其被加载到内存

"本节回顾"问题答案

时,由操作系统自动分配一个句柄。

11.3 动态内存分配

1. 动态内存分配
2. 用 EAX 为程序现有堆返回一个 32 位整数句柄。
3. 从堆中分配一个内存块。
4. HeapCreate 示例:

```
HEAP_START  =   2000000              ;  2 MB
HEAP_MAX    =   400000000            ; 400 MB
.data
hHeap HANDLE ?                       ;堆句柄
.code
INVOKE HeapCreate, 0, HEAP_START, HEAP_MAX
```

5. (与堆句柄一起)传递内存块指针。

11.4 x86 内存管理

1. (a) 多任务允许同时运行多个程序(或任务)。处理器将其时间分割给所有的运行程序。
   (b) 分段是指隔离内存段与内存段的方法。它使得多个程序能同时运行且不会相互干扰。
2. (a) 段选择符是保存在段寄存器(CS、DS、SS、ES、FS 或 GS)中的 16 位值。
   (b) 逻辑地址是段选择符与 32 位偏移量的组合。
3. 真
4. 真
5. 假
6. 假

第 12 章 浮点数处理与指令编码

12.1 浮点数二进制表示

1. 因为 −127 的倒数为 +127,将会产生溢出。
2. 因为 +128 加上阶码偏移量(127)得到的是负数。
3. 52 位
4. 8 位

12.2 浮点单元

1. fld st(0)
2. R0
3. 寄存器选择范围:操作码、控制、状态、标签字、最后指令指针、最后数据指针。
4. BCD 码
5. 没有。

12.3 x86 指令编码

1. (a) 8E (b) 8B (c) 8A (d) 8A (e) A2 (f) A3
2. (a) D8 (b) D3 (c) 1D (d) 44 (e) 84 (f) 85

第 13 章 高级语言接口

13.1 引言

1. 语言的命名规范是指变量或过程命名的相关规则和特性。
2. 微模式、小模式、紧凑模式、中模式、大模式、巨模式
3. 不可以，因为链接器无法找到过程名。

13.2 内嵌汇编代码

1. 内嵌汇编代码是将汇编语言源代码直接插入高级语言程序。反之，C++ 中的内嵌限定符则要求 C++ 编译器直接把函数体插入程序的编译代码，以便消除函数调用和返回所耗费的额外执行时间。（注意：回答这个问题需要用到本书并未涉及的一些 C++ 语言知识。）
2. 编写内嵌代码的最大优点就是简单，因为它没有外部链接问题，命名问题，也不用考虑参数传递协议。其次，内嵌代码执行速度更快，因为它避免了汇编语言过程调用和返回通常所需要的额外执行时间。
3. 注释示例（任选两个）：

```
mov esi,buf              ; initialize index register
mov esi,buf              // initialize index register
mov esi,buf              /* initialize index register */
```

4. 是

13.3 32 位汇编语言代码与 C/C++ 的链接

1. 必须使用关键字 extern 和 "C"。
2. Irvine32 链接库使用 STDCALL，它与 C 和 C++ 使用的 C 调用规范不同。其重点差异是函数调用后清除堆栈的方法。
3. 通常在函数返回前，浮点数会被压入处理器的浮点堆栈。
4. 用 AX 寄存器返回。

索 引

索引中的页码为英文原书页码，与书中页边标注的页码一致。

A

__asm Direcitive（_asm 伪指令）（Visual C++），564-566
AAA（加法后 ASCII 调整）指令，274，280
AAD（除法前 ASCII 调整）指令，276，280
AAM（乘法后 ASCII 调整）指令，276，280
AAS（减法后 ASCII 调整）指令，276，280
ADC（带进位加法）指令，269-270，280
ADD 指令，105-106，109，112
AddTwo program（AddTwo 程序），63-64
   adding a variable（添加一个变量），75-76
   listing file for（列表文件），71-73
   running and debugging（运行和调试），65-70
   64-bit programming（64 位编程），88-90
Addition and subtraction（加法和减法），105-112
   ADD instruction（ADD 指令），105-106
   arithmetic expressions, implementing(算术表达式，实现)，106-107
   example program（示例程序）(AddSub Test)，111
   flags affected by（受影响的标志位），107-110
   INC and DEC instruction（INC 和 DEC 指令），105
   NEG instruction（NEG 指令），106
   SUB instruction（SUB 指令），106
Addidon test（加法测试），110
Address bus（地址总线），34
Address space（地址空间），38
ADDR operator（ADDR 运算符），312
AddTWO procedure（AddTwo 过程），293，314，336
Advanced Micro Devices（高级微设备）（AMD）Athlon，33
Advanced procedures（高级过程），286-347
   recursion（递归），302-311
   stack frames（堆栈帧），287-302
ALIGN directive（ALIGN 伪指令），113-114

AllocConsole function（AllocConsole 函数），450
American National Standards Institute（美国国家标准协会）(ANSI)，19
American Standard Code for Information Interchange（美国标准信息交换码），参见 ASCII
AND instruction（AND 指令），191-192
AND（boolean operator）(布尔运算符)，22-23
Application Programming Interface（应用编程接口）(API)，47，179，445
Arithmetic expressions, implementing（算术表达式，实现），106-107，267-268
Arithmetic instructions（算术运算指令），526-530
Arithmetic logic unit（ALU）(算术逻辑单元)，33
Arithmetic operators（算术运算符），56
Arithmetic shifts versus logical shifts（算术移位与逻辑移位），243-244
ArrayFill procedure（ArrayFill 过程），297
ArraySum，150-151
   procedure（过程），151-152，317，319，556
   program（程序），315
Arrays（数组）
   calculadng the Sizes,（计算大小），85-86
   indirect operands（间接操作数），117-118
   looping through（循环），395
The Arf of Computer programming（Knuth）《计算机程序设计艺术》(Knuth)，2
ASCII，19
   control characters（控制字符），20，14-9
   decimal and unpacked decimal（十进制和非压缩十进制），274
   string（字符串），20
   unpacked decimal arithmetic and（非压缩十进制算术运算），273-277
askForInteger function（askForInteger 函数），574
Assemble-1ink-execute cycle（汇编－链接－执行周期），71
Assemblers（汇编器），2，71

Assembly code（汇编代码），215-216
　　generating（生成），215
　　versus compiler optimization（与编译优化），565
　　versus nonoptimized C++ code（与非优化 C++ 代码），569
Assembly language（汇编语言），1-9，26，33，49，53-94
　　access levels（访问层次），49
　　applications of（应用），5-6
　　definition（定义），2
　　elements of（元素），54-63
　　high-1evel languages and（高级语言），6
　　to optimize C++ code（优化 C++ 代码），565
　　reasons for learning（学习的理由），5
　　reladonship between machine and（与机器之间的关系），4
Assembly language module（汇编语言模块），574-575
Auxiliary carry flag(AC)（辅助进位标志位），41，107，283

B

Base address（基址），503
Base-index-displacement operands（基址－变址－偏移量操作数），371-372
Base-index operands（基址－变址操作数），369-371
　　calculating a Row Sum（计算一行的和数），370-371
　　scale factors（比例因子），371
　　two-dimensional array（二维数组），372
Base-offset addressing（基址－偏移量寻址），291
Basic Input-Output Sysrem（基本输入－输出系统）(BIOS)，44，47，16.2
Binary addition（二进制加法），12
Binary bits，displaying（二进制位，显示），168
Binary bits，creating（二进制文件，创建），14.30-14.33
Binary floating-point numbers，normalized（二进制浮点数，规范化），514
Binary integer（二进制整数），9
　　Signed（有符号），10
　　translating unsigned binary integers to decimal（无符号二进制整数转换为十进制），11
　　translating unsigned decimal integers to binary（无符号十进制整数转换为二进制），11-12
　　unsigned（无符号），10
Binary multiplication（二进制乘法），253
Binary subtraction（二进制减法），18-19
Binary reals，converting decimal fraction to（二进制实数，将十进制小数转换为），516-518
Binary search algorithm（对半查找算法），375-376
　　test program for（测试程序），378-382
BIOS(Basic Input-Output SySrem)（基本输入－输出系统），44，47，16.2
Bit-mapped sets（位映射集），194-195
Bit masking（位屏蔽），192
Bit strings（位串），254
Bitwise instructions（按位指令），232
Block comments（块注释），62
Block-structured IF statements（块结构的 IF 语句），210-213
Boolean algebra（布尔代数），22
Boolean and comparison instructions（布尔和比较指令），190-199
　　AND instruction（AND 指令），191-192
　　bit-mapped sets（位映射集），194-195
　　CMP instruction（CMP 指令），197-198
　　CPU flags（CPU 标志），191
　　NOT instruction（NOT 指令），196
　　OR instruction（OR 指令），192-193
　　setting and clearing individual CPU flags（设置和清除单个 CPU 标志），198-199
　　in 64-bit mode（64 位模式），199
　　TEST instruction（TEST 指令），196-197
　　XOR instruction（XOR 指令），195-196
Boolean expression（布尔表达式），22-26，423
Boolean operations（布尔操作），22-26
　　bool eanexpression（布尔表达式），22-24
　　bool operations，truth tables for（布尔操作，真值表），24-26
　　operator precedence（运算符优先级），24
Branching instructions（分支指令），341
.BREAK condition（.BREAK 条件），225
Brink，James，322，533
Bubble sort（冒泡排序），373-375
　　assembly language（汇编语言），375

索引   529

pseudocode（伪代码），374-375
test program（测试程序），378-382
BubbleSort procedure（BubbleSort 过程），300
Bus（总线），45
BYTE，76-78
Byte（字节），77

C

C++，5
  assembly language,（汇编语言），4
  module（模块），567-568
  startup program（启动程序），567，581
  stub module（根模块），582
Cache memory（高速缓冲存储器），36
CalcSum procedure（CalcSum 过程），303
Caling convention（调用规范），556
CALL instruction（CALL 指令），147-148，153-154，174，177
C and C++ compilers（C 和 C++ 编译器），559
C and C++ funcdons, calling（C 和 C++ 函数，调用），574
  assembly language module（汇编语言模块），574-575
  function prototypes（函数原型），574
  function return values（函数返回值），575
Carry flag（进位标志位），40，106
  addidon and（加法），107-108
  subtraction and（减法），108
CBW (convert byte to word) instruction（字节转换为字指令），264
C language calling convention（C 语言调用规范），577
CDQ (convert doubleword to quadword) instruction（双字转换为四字指令），265，280
Central Processor Unit,(CPU), in microcomputer（中央处理器单元，微计算机内），34
Character constant 字符常数，57-58
Character set 字符集，19
Character storage 字符存储，19-21
Chipset, motherboard 芯片组，主板，45-46
C language specifier（C 语言说明符），559
C library functions, calling（C 库函数，调用），579-581

Clock（时钟），33-34
Clock cycle（时钟周期），34
Close file handle(3Eh)（关闭文件句柄）(3Eh)，14.23
CloseFile procedure（CloseFile 过程），158
CloseHandle function（CloseHandle 函数），466
Clrscr procedure（Clrscr 过程），159，171
CMOS RAM，44，46，50
CMP instruction（CMP 指令），197-198
CMPSB instmction（CMPSB 指令），355
CMPSD instruction（CMPSD 指令），355
CMPSW instruction（CMPSW 指令），355
.CODE direcdve（.CODE 伪指令），59，65
Code examples（代码示例）
  array dot product（数组点积），536
  expression（表达式），535-536
  sum of an array（数值之和），536
  sum of square roots（平方根之和），536
Code label（代码标号），60
Code segment（代码段），55，72
Command processor（命令处理程序），14.2-14.3
Command tail, MS-DOS（命令尾），MS-DOS，14.27-14.30
Comments（注释），62
Comparison instructions（比较指令），341
Compiler-generated code（编译器生成的代码），559-563
Complex instruction Set Computer (CISC) design（复杂指令集计算机设计），539
Compound expresssions（复合表达式），213-216，228-231
Conditional and loop instructions（条件和循环指令），209-210
  LOOPE (loop if equal) instruction（相等则循环指令），209
  LOOPNE (loop if not equal) instructions（不相等则循环指令），209
  LOOPNZ (loop if not zero) instruction（不为 0 则循环指令），209
  LOOPZ (loop if zero) instruction（为 0 则循环指令），209
Conditional-assembly directives（条件汇编伪指令），420-433
  boolean expressions（布尔表达式），423

default argument initializers(默认参数初始值设定),422-423
IF,ELSE,and ENDIF directives(IF、ELSE 和 ENDIF 伪指令),423-424
IFIDN and IFIDNI directive(IFIDN,IFIDNI 伪指令),424-425
macro functions(宏函数),431-433
missing arguments,checking for(缺失参数,检查),421-422
special operators(特殊运算符),428-431
Conditional branching(条件分支),190
Conditional control flow directives(条件控制流伪指令),225-232
compound expressions(复合表达式),228-231
IF statements,creating(IF 语句,新建),226-227
.REPEAT and .WHILE directives(.REPEAT 和 .WHILE 伪指令),231-232
signed and unsigned comparisons(有符号数和无符号数比较),227-228
Conditional jump(条件跳转),199-208
applications(应用),204-208
conditional structures(条件结构),199-200
J*cond* instructions(J*cond* 指令),200-201
types of(类型),201-204
Conditional structures(条件结构),210-219
block-structured IF statements(块结构的 IF 语句),210-213
compound expressions(复合表达式),213-214
definition(定义),210
WHILE loops(WHILE 循环),214-216
Conditional transfer(条件转移),123
Conditional codes (floating point)(条件码(浮点数)),530-531
Console input(控制台输入),455-461
console input buffer(控制台输入缓冲区),455-459
getting keyboard state(获得键盘状态),460-461
single-character input(单字符输入),459-460
Console output(控制台输出),461-463
data structures(数据结构),461-462
WriteConsole function(WriteConsole 函数),462-463
WriteConsoleOutputCharacter function(Write-ConsoleOutputCharacter 函数),463
Console Window(控制台窗口),157,473
.CONTINUE directive(.CONTINUE 伪指令),225
Control bus(控制总线),33-34,36
Control flags(控制标志),40
Control unit (CU)(控制单元(CU)),33
COORD structure(COORD 结构),391,438,461
Copying a string(复制字符串),127-128
CPU flags(CPU 标志),104,201,14.33
display in Visual Studio Debugger(在 Visual Studio 调试器中显示),104
CreateConsoleScreenBuffer function(CreateConsole-ScreenBuffer 函数),450
CreateFile function(CreateFile 函数),463
CreateFile parameters(CreateFile 参数),464
CreateFile program example(CreateFile 程序示例),470-471
Create or open file (716Ch)(新建或打开文件),14.22-14.23
CreateOutputFile procedure(CreateOutputFile 过程),159
Crlf procedure(Crlf 过程),159
CR/LF (Carriage-return 1ine-feed)(CR/LF(回车换行符)),78
Current location counter(当前地址计数器),85
CWD (Convert word to doubleword) instruction(字转换为双字指令),264

D

DAA (decimal adjust after addition) instruction(加法后十进制调整指令),277-278
DAS (decimal adjust after subtraction) instruction(减法后十进制调整指令),279
Data bus(数据总线),33-35
Data definition statement(数据定义语句),74-75
BYTE and SBYTE data(BYTE 和 SBYTE 数据),74
data types in(数据类型),74-75
defining strings(定义字符串),77-78
DUP operator DWORD and SDWORD data(DUP 运算符 DWORD 和 SDWORD 数据),78-79
initializer(初始值),75

little endian order（小端顺序），82-83
multiple initializers（多初始值），77
packed binary coded decimal (BCD)（压缩二进制编码的十进制数（BCD）），80
real number data（实数数据），81
WORD and SWORD data（WORD 和 SWORD 数据），74-75
.DATA directive（.DATA 伪指令），59，83
Data label（数据标号），60
Data-related operators and directives（数据相关的运算符和伪指令），112-117
    align directive（ALIGN 伪指令），113-114
    offset operator（OFFSET 运算符），112-113
Data representation（数据表示），9-21
    binary addition（二进制加法），12
    binary integers（二进制整数），11-12
    character storage（字符存储），19-21
    hexadecimal integers（十六进制整数），13-15
    integer storage sizes（整数存储大小），13
    signed integers（有符号整数），16-19
Data segment（数据段），55，77，83，90
Data transfer（数据传送），96-132
    direct memory operands（直接内存操作数），96-97
    direct-offset operands（直接－偏移量操作数），102-103
    example program（示例程序），103-104
    LAHF and SAHF instructions（LAHF 和 SAHF 指令），101
    MOV instruction（MOV 指令），98-99
    operand types（操作数类型），96
    XCHG instruction（XCHG 指令），102
    zero/sign extension of integers（整数全零/符号扩展），99-101
Debugger（调试器），15，54
Debugging tips（调试提示）
    argument size mismatch（参数大小不匹配），321
    passing immediate values（传递立即数），321-322
    passing wrong type of pointer（传递错误的指针类型），321
Decimal real（十进制实数），57

Declaring and using unions（声明和使用联合），403-405
    declaring and using union variables（声明和使用联合变量），404-405
    structure containing union（结构包含联合），404
Default argument initializers（默认参数初始值设定），422
Delay procedure（Delay 过程），159
Descriptor table（描述符表），37，40，502
Destination operand（目的操作数），61，98
Device drivers（设备驱动程序），5，47-48
Direct addressing（直接寻址），117
Directed graph（有向图），219
Direction flags（方向标志），40，69，354
Directives（伪指令），59
Direct memory operands（直接内存操作数），96-97
Direct-offset operands（直接－偏移量操作数），102-103
Directory listing program（目录表程序）
    ASM module（ASM 模块），582-583
    C++ stub module（C++ 根模块），582
DisplaySum procedure（DisplaySum 过程），328，332
Display_Sum procedure（Display_Sum 过程），271
DIV instruction（DIV 指令），262-264
Doubleword (4bytes)（双字（4 字节）），13，593，601
DRAM, See Dynamic random-access memory (DRAM)（DRAM，参见动态随机访问存储器（DRAM））
"Drunkard'S Walk" exercise,（"醉汉行走"练习），399
DumpMem procedure（DumpMem 过程），159，171，178，349，413
DumpRegs procedure（DumpRegs 过程），160，178
DUP operator（DUP 运算符），78-79，85，91
DWORD，74，79
Dynamic link library（动态链接库），154
Dynamic memory allocation（动态内存分配），492-499
Dynamic random-access memory (DRAM)（动态随

机访问存储器），46

E

EBP register（EBP 寄存器），290
ECHO directive（ECHO 伪指令），409
EFLAGS register（EFLAGS 寄存器），40，44
.ELSE directive（.ELSE 伪指令），225，423
.ELSEIF condition（.ELSEIF 条件），225，226
Embedded programs（嵌入式程序），5
Encoded reals（编码实数），55，57
END directive marks（END 伪指令标记），65
.ENDIF directive（.ENDIF 伪指令），225，226，233，423
ENDP directive marks（ENDP 伪指令标记），65
.ENDW directive（.ENDW 伪指令），225
ENTER instructions（ENTER 指令），298-300
EPROM. See Erasable programmable read-only memory (EPROM)（EPROM，参见可擦除可编程只读存储器）
Equal-sign directive（等号伪指令），84-85
EQU directive（EQU 伪指令），86-87
Erasable programmable read-only memory (EPROM)（可擦除可编程只读存储器），46
ErrorHandler procedure（ErrorHandler 过程），488
Exception synchronization（异常同步），534-535
Executable file（可执行文件），71
EXITM (exit macro) directive（退出宏伪指令），421
ExitProcess function（ExitProcess 函数），64
Expansion operator(%)（展开运算符（%）），429-430
Explicit stack parameters（显式堆栈参数），291
Extended addition and subtraction（扩展加法和减法）。269-273
    ADC instruction（ADC 指令），269-270
    extended addition example（扩展加法示例），270-272
    SBB instruction（SBB 指令），272
Extended addition example（扩展加法示例），270-272
Extended_Add procedure（Extended_Add 过程），270-271
Extended Physical Addressing（扩展物理寻址），38
External identifiers（外部标识符），556

External libraty，linking to（外部链接库，链接），153-155
EXTERNDEF directive（EXTERNDEF 伪指令），325
EXTERN directive（EXTERN 伪指令），323-326

F

FABS(absolute value) instruction（FABS（绝对值）指令），527
Factorial，calculating（阶乘，计算），304-310
Factorial procedure（Factorial 过程），305-306，308
FADD (add) instruction（加法指令），526-527
FADDP (add with pop) instruction（相加并出栈指令），526-527
Fast division (SHR)（快速除法（SHR）），246
Fast multiplication (SHL)（快速乘法），251
FCHS (change sign) instruction（符号改变指令），526-527
FCOM (compare floating-point values) instructions（比较浮点数指令），530-533
FDIV instruction（FDIV 指令），526，529-530
FIADD (add integer) instruction（加整数指令），526-527
Fibonacci Generator（斐波那契生成器），188
Field initializers（字段初始值），391-392
FILD (load integer) instructions（加载整数指令），525
File/device handles（文件/设备句柄），14.20-14.21
File encryption example（文件加密示例），566-569
File I/O（文件 I/O）
    in the Irvine32 Librarg（在 Irvine32 链接库中），468-470
    testing procedures of（测试过程），470-473
FillArray procedure（FillArray 过程），312，315
FillConsoleOutputAttribute function（FillConsoleOutputAttribute 函数），450
FillConsoleOutputCharacter function（FillConsoleOutputCharacter 函数），450
FindArray
    code generated by Visual C++（Visual C++ 生成代码），537
Finite-state machine (FSM)（有限状态机），219
FINIT instruction（FINIT 指令），524

FISUB (subtract integer) instruction (减整数指令), 528-529
Flags (标志)
    addition and subtraction (加法和减法), 105-112
    attribute values and (属性值), 463
    setting and clearing CPU (设置与清除CPU), 198-199
Flat memory model (平坦内存模式), 64, 557-558, 564
Floating-point binary representation (浮点数二进制表示), 511-518
    converting decimal fractions to binary reals (十进制小数转换为二进制实数), 516-518
    creating IEEE representation (新建IEEE表示), 514-516
    IEEE binary floating-point representation (IEEE二进制浮点数表示), 512-513
    normalized binary floating-point numbers (规格化二进制浮点数), 514
    single-precision exponents (单精度阶码), 485-486
Floating-point data type (浮点数类型), 524
Floating-point decimal number (浮点十进制数), 511
Floating-point exceptions (浮点异常), 523
Floating-point instructions set (浮点指令集), 523-526
Floating-point unit(FPU) (浮点单元), 39, 40, 48, 518-539
    arithmetic instructions (算术运算指令), 526-530
    code examples (代码示例), 523-536
    comparing floating-point values (比较浮点数), 530-533
    exception synchronization (异常同步), 534-535
    floating-point exceptions (浮点异常), 523
    instruction set (指令集), 523-526
    masking and unmasking exceptions (屏蔽与非屏蔽异常), 538-539
    mixed-mode arithmetic (混合模式运算), 537-538
    reading and writing floating-point values (读写浮点数), 533-534
    register stack (寄存器堆栈), 519-521
    rounding (舍入), 521-522

Flowcharts (流程图), 233
FlushConsoleInputBuffer function (FlushConsoleInputBuffer 函数), 450
FMUL instructions (FMUL 指令), 526, 529
FMULP (multiply with pop) instructions (相乘并出栈指令), 529
FORC directive (FORC 伪指令), 435-436
FOR directive (FOR 伪指令), 434-435
FPU stack (FPU 堆栈), 519-521
FreeConsole function (FreeConsole 函数), 450
FST (store floating-point value) instruction (保存浮点数指令), 526
FSTP (store floating-point value and pop) instructions (保存浮点数并出栈指令), 526
FSUB instruction (FSUB 指令), 528-529
FSUBP (subtract with pop) instruction (相减并出栈指令), 528-529
Function prototypes (函数原型), 574
Function return values (函数返回值), 575

G

General protection(GP) fault (一般保护错误), 322
General-purpose registers (通用寄存器), 38-39
GenerateConsoleCtrlEvent, 451
GetCommandTail procedure (GetCommandTail 过程), 156, 160, 14.28
GetConsoleCP function (GetConsoleCP 函数), 451
GetConsole CursorInfo function(GetConsole CursorInfo 函数), 451, 476-477
GetConsoleMode function (GetConsoleMode 函数), 451
GetConsoleOutputCP function (GetConsoleOutputCP 函数), 451
GetConsoleScreenBufferInfo function (GetConsoleScreenBufferInfo 函数), 451, 474
GetConsoleTitle function (GetConsoleTitle 函数), 451
GetConsoleWindow function (GetConsoleWindow 函数), 451
GetDateTime procedure (GetDateTime 过程), 481-482
Get file creation date and time (获取文件创建日期和时间), 14.24

GetKeyState function（GetKeyState 函数），460
GetLargestConsoleWindowSize function（GetLargestConsoleWindowSize 函数），451
GetLastError API function（GetLastError API 函数），457
GetLocalTime function（GetLocalTime 函数），479-480
GetMaxXY procedure（GetMaxXY 过程），160
GetMseconds procedure（GetMseconds 过程），161，175，260
GetNumberOfConsoleInputEvents function（GetNumberOfConsoleInputEvents 函数），451
GetNumberOfConsoleMouseButtons function（GetNumberOfConsoleMouseButtons 函数），451
GetProcessHeap（GetProcessHeap），493-494
GetStdHandle function（GetStdHandle 函数），397，450-451
GetTickCount function（GetTickCount 函数），479-481
Gigabyte（GB（吉字节）），13
Global descriptor table (GDT)（全局描述符表），502，504，506
GNU assembler（GNU 汇编器），2
Gotoxy procedure（Gotoxy 过程），161，349，15.19，16.23
Granularity flag（粒度标志），503
Graphical Windows application（图形化 Windows 应用程序），484-492
    ErrorHandler procedure（ErrorHandler 过程），488
    MessageBox function（MessageBox 函数），486
    program listing（程序清单），488-492
    WinMain procedure（WinMain 过程），486-487
    WinProc procedure（WinProc 过程），487

H

Hardware，detecting overflow（硬件，检测溢出），110
HeapAlloc，493-494
Heap allocation（堆分配），492，494-495
HeapCreate，493-494
HeapDestroy，493-494

HeapFree，493，495
Heap-related functions（堆相关函数），493
HeapTest programs（HeapTest 程序），496-499
Hello World program example（Hello World 程序实示例），14.11-14.12
Hexadecimal addition（十六进制加法），15-16
Hexadecimal integers（十六进制整数），13-15
    converting unsigned hexadecimal to decimal（无符号十六进制数转换为十进制），14-15
    converting unsigned decimal to hexadecimal（无符号十进制数转换为十六进制），15
High-level console functions（高级控制台函数），448
High-level language（高级语言），4-7，9，47，214
    assembly language and（汇编语言），6
    functions（函数），47
High-level language interface（高级语言接口），555-583
    general convention（通用规范），556-557
    inline assembly code（内嵌汇编代码），564-570
    linking to C/C++ in protected mode（保护模式下链接到 C/C++），570-583
    .MODEL directive（.MODEL 伪指令），557-559

I

IA-32e mode（IA-32e 模式）
    compatibility mode（兼容模式），43
    64-bit mode（64 位模式），43
IA-32 processor famliy (x86)（IA-32 处理器家族），42-44
IBM-PC and MS-DOS（IBM-PC 和 MS-DOS），14.1-14.7
    coding for 16.bit programs（16 位程序编码），14.6-14.7
    INT instruction（INT 指令），14.5-14.6
    memory organization（存储器组织），14.2-14.3
    redirecdng input-output（重定向输入-输出），14.3-14.4
    software interrupts（软件中断），14.4
IBM'S PC-DOS（IBM 的 PC-DOS），14.1
Identification number (processID)（标识号（进程 ID）），37

Identifier（标识符），58-59
IDIV instruction（IDIV 指令），265-266
IEEE floating-point binary formats（IEEE 浮点二进制格式），512
IEEE representation（IEEE 表示），514-516
IEEE single-precision (SP)（IEEE 单精度），518
.IF condition（.IF 条件），225，226
IF directive（IF 伪指令），227-228，423，432
IFIDN directive（IFIDN 伪指令），424，433
IFIDNI directive（IFIDNI 伪指令），424
IF statements（IF 语句）
    creating（新建），226-227
    loop containing（循环包含），216
    nested in loop（嵌套在循环中），214-215
IMUl instruction（IMUL 指令），257-263
    bit string and（位串），254
    examples（示例），259-260
    one-operand formats（单操作数格式），257-258
    three-operand formats（三操作数格式），258
    two-operand formats（双操作数格式），258
    unisgned multiplication（无符号乘法），259
INC and DEC instruction（INC 和 DEC 指令），105
INC instruction（INC 指令），61
INCLUDE directive（INCLUDE 伪指令），325，330，406
Indexed operands（变址操作数），119-121，395
    displacements, adding（偏移量，加法），120
    scale factors in（比例因子），120-121
    16-bit registers in（16 位寄存器），120
IndexOf module（IndexOf 模块），570-573
Indirect addressing（间接寻址），117-122
    arrays（数组），118-119
    indexed operands（变址操作数），119-121
    indirect operands（间接操作数），117-118
    pointers（指针），121-122
Indirect operands（间接操作数），117-118，120，297-298，346，395
Infix expression（中缀表达式），519
Inline assembly code（内嵌汇编代码），564-569
    __asm directive in Microsonft Visual C++（Microsoft Visual C++ 中的 __asm 伪指令），564-566
    file encryption example（文件加密示例），566-569
Inline expansion（内联展开），406

Input functions, MS-DOS（输入函数，MS-DOS），14.12-14.16
Input-output parameter（输入-输出参数），320-321
Input-output system（输入-输出系统），47-49
Input parameter（输入参数），366
Input string, validating（输入字符串，验证），219-220
Instruction（指令），60-62
    comments（注释），62
    instruction mnemonic（指令助记符），61
    1abel（标号），60
    operands（操作数），61-62，546
Instruction execution cycle（指令执行周期），34-36
Instruction mnemonic（指令助记符），61
Instruction operand notation（指令操作数符号），97
Instruction pointer(EIP)（指令指针），39
Instruction set architecture (ISA)（指令集架构），8
INT (call to interrupt procedure) instruction（调用中断程序指令），14.5-14.6
    common interrupts（常见中断），14.6
    interrupt vectoring（中断向量），14.5
INT 1Ah time of day（INT 1Ah 时间），14.6
INT 1Ch user timer interrupt（INT 1Ch 用户定时器中断），14.6
INT 10h video services（INT 10h 视频服务），14.6
INT 16h keyboard services（INT 16h 键盘服务），14.6
INT 17h printer services（INT 17h 打印机服务），14.6
INT 2lh function 0Ah（INT 21h 函数 0Ah），14.13
INT 2lh function 0Bh（INT 21h 函数 0Bh），14.14
INT 21h function 1（INT 21h 函数 1），14.12
INT 21h function 2（INT 21h 函数 2），14.9
INT 2lh function 2Ah（INT 21h 函数 2Ah），14.16-14.17
INT 2lh function 2Bh（INT 21h 函数 2Bh），14.16，14.17
INT 2lh function 2Ch（INT 21h 函数 2Ch），14.16，14.17
INT 21h function 2Dh（INT 21h 函数 2Dh），14.16，14.18
INT 21h function 3Eh（INT 21h 函数 3Eh），14.23
INT 21h function 3Fh（INT 21h 函数 3Fh），14.15-14.16，14.25
INT 21h function 4Ch（INT 21h 函数 4Ch），14.6，

14.8
INT 21h function 5（INT 21h 函数 5），14.9-14.10
INT 21h function 6（INT 21h 函数 6），14.9-14.10，14.12-14.14
INT 21h function 9（INT 21h 函数 9），14.9，14.10
INT 21h function 40h（INT 21h 函数 40h），14.9，14.11，14.26
INT 21h function 42h（INT 21h 函数 42h），14.23-14.24
INT 21h function 5706h（INT 21h 函数 5706h），14.24
INT 21h function 716Ch（INT 21h 函数 716Ch），14.22
INT 21h MS-DOS function calls（INT 21h MS-DOS 函数调用），14.7-14.20
INT 21h MS-DOS services（INT 21h MS-DOS 服务），14.6，14.34
Integer arithmetic（整数算术运算），242-279
   ASCII and unpacked decimal arithmetic（ASCII 和非压缩十进制算术运算），273-277
   extended addition and subtraction（扩展加法和减法），269-272
   multiplication and division instructions（乘除指令），255-268
   packed decimal arithmetic（压缩十进制算术运算），277-279
   shift and rotate applications（移位和循环移位应用），251-255
   shift and rotate instructions（移位和循环移位指令），243-251
Integer arrays, searching and sorting（整数数组，检索与排序），373-382
   binary search（对半查找），375-378
   bubble sort（冒泡排序），372-375
   test program（测试程序），378-382
Integer arrays, summing（整数数组，求和），126-127
Integer constant（整型常量），55
Integer expressions（整数表达式），56-57
Integer literals（整数常量），55-57
Integers, adding and subtracting（整数，加法和减法），63-70
Integer storage sizes（整数存储大小），13
Integer summation program（整数求和程序），329，333
Intel 64，50
   execution environment（执行环境），43-44

operations mode（操作模式），43
Intel 486，41，158
Intel 8086 processor（Intel 8086 处理器），518，539
Intel 8088 processor（Intel 8088 处理器），14.1
Intel 80286 processor（Intel 80286 处理器），610
Intel microprocessors（Intel 微处理器），14.2
Intel P965 Express chipset（Intel P965 Express 芯片组），45-47
Intel Pentium，33，564
Intel Pentium Core Duo，33，176，572
Intel processor families（Intel 处理器家族），2，41，43
Interrupt flags（中断标志），40
Interrupt handler（中断处理程序），14.4-14.5
Interrupts（中断）
   BIOS 16h functions（BIOS 16h 函数），D.9
   mouse functions（鼠标函数），D.9
   PC，D.2-D.3
   10h functions（10h 函数），D.8
   21h functions（21h 函数），D.4-D.7
Interrupt service routines (ISRS)（中断服务例程），14.6，参见中断服务程序
Interrupt vectoring（中断向量），14.5
Interrupt vector table（中断向量表），14.2
Intrinsic data types（内部数据类型），74
INVOKE directive（INVOKE 伪指令），72，89-90，311-312，599
I/O access, levels of（I/O 访问，层次），47-49
   BIOS，47
   high-1evel language functions（高级语言函数），47
   operating system（操作系统），47
Irvine16.lib，14.7
Irvine32.lib，153-154，456
Irvine32 Library（Irvine32 库），155
   overview（概述），157-158
   procedures in（过程），156-157
   test programs（测试程序），170-177
Irvine64 1ibrary（Irvine64 库），153，178-180，294
   string-handling procedures（字符串处理过程），365-368
IsDefined macro（IsDefined 宏），432
IsDigit procedure（IsDigit 过程），162，221，223-224

J

Java,3-6,8
  assembly language and（汇编语言），4
  virtual machine concept and（虚拟机概念），8
Java bytecodes（Java 字节码），339-340
  instruction set（指令集），340-341
  Java disassembly examples（Java 反汇编示例），341-345
  Java virtual machine (JVM)（Java 虚拟机），339-340
  string processing and（字符串处理），382-383
Java Development Kit (JDK)（Java 开发工具包），340
Java disassembly examples（Java 反汇编示例），341-345
  adding two doubles（两个 double 类型数相加），343-344
  adding two integers（两个整数相加），341-343
  conditional branch（条件分支），344-345
Java HashSet，194
Java primitive data types（Java 基本数据类型），340-341
Java virtual machine (JVM)（Java 虚拟机），8，339-340
Jcond (conditional jump) instruction（条件跳转指令），200-201
  conditional jump applications（条件跳转应用），204-208
  equality comparisons（相等比较），201-202
  signed comparisons（有符号数比较），202-204
  unsigned comparisons（无符号数比较），202
JMP instruction（JMP 指令），123-124

K

Keyboard definition（键盘定义），85
Kilobyte (KB（千字节)），13
Knuth，Donald，2

L

Label（标号），60
  code（代码），60
  data（数据），60
  directive（伪指令），116-117
LAHF (load status flags into AH) instruction（LAHF（状态标志加载到 AH）指令），101
LEA instruction（LEA 指令），298
Least significant bit(LSB)（最低有效位），10，245
LEAVE instruction（LEAVE 指令），298-300
LENGTHOF operator（LENGTHOF 运算符），116，138
Library procedures，MS-DOS（链接库过程），MS-DOS，14.24-14.25
Library test program（链接库测试程序），170-171
  performance timing（性能计时），175-177
  random integers（随机整数），174-175
LIFO (Lasr-In，First-Out) structure（后进先出结构），144
Linear addresses，translating logical addresses to（线性地址，逻辑地址转换），500-503
Linked list（链表），510
Linker command options（链接命令选项），154
Linkers（链接器），3
Linking 32-bit programs（链接 32 位程序），154
Link library，procedures in（链接库，过程），154
.LIST，598
Listing file（列表文件），71-73
ListSize，85-86
Literal-text operator (<>)（文字文本运算符（<>)），430-431
Literal-character operator (!)（文字字符运算符（!)），431
Little-endian order（小端顺序），91，252
Load and execute process（加载和执行过程），36-37
Loader（加载器），71
Load floating-point value (FLD)（加载浮点数），524-525
Local descriptor table (LDT)（局部描述符表），502
LOCAL directive（LOCAL 伪指令），300-301，409-410
Local variables（局部变量），295-296
LODSB instructions（LODSB 指令），353，356-357
LODSD instruction（LODSD 指令），353，356-357
LODSW instruction（LODSW 指令），356-357
Logical AND operator（逻辑 AND 运算符），213
Logical OR operator（逻辑 OR 运算符），214

Logical shifts versus arimmetic shifts（逻辑移位与算术移位），243-244
Loop instruction（循环指令），123-128
LOOPE (loop if equal) instruction(相等则循环指令)，209，624
LOOPNE (loop if not equal) instruction（不相等则循环指令），209-210，624
LOOPNZ (loop if not zero) instruction（不为零则循环指令），209-210，624
LOOPZ (loop if zero) instruction（为零则循环指令），209，624

M

Machine language, relationship between assembly and（机器语言，与汇编语言的关系），4，8
Macros（宏）
    additional features of（其他宏特性），408-412
    code and data in（代码和数据），410-411
    comments in macros（宏注释），409
    debugging program that contains（调试程序包括），408
    declaring（声明），406
    defining（定义），406-407
    functions（函数），431-433
    invoking（调用），407-408
    in library（链接库），412-419
    nested（嵌套），411-412
    parameters（形参），407
    macro procedure（宏过程），405-406
    Wrappers example program（封装器示例程序），419-420
Macros.inc library（Macros.inc 库）
    mDump，414
    mDumpMem，412-414
    mGotoxy，414-415
    mReadString，415-416
    mShow，416-417
    mShowRegister，417
    mWriteSpace，418
    mWriteString，418-419
    makeString macro（makeString 宏），409-410
Masking and unmasking exceptions（屏蔽与非屏蔽异常），538-539
MASM
    code generation（生成代码），301
Matrix row, summing（矩阵行，求和），425-428
    mDump macro（mDump 宏），414
    mDumpMem macro（mDumpMem 宏），412-414
Megabyte（MB（兆字节）），13
Memory（内存），46
    CMOS RAM，46
    DRAM，46
    dynamic allocation（动态分配），506
    EPROM，46
    management（管理），499-505
    models（模式），557
    operands（操作数），96-97
    physical（物理），501-502
    reading from（读取），36
    ROM，46
    segmented model（分段模式），499
    storage unit（存储单元），33
    SRAM，46
    virtual（虚拟），501-502
    VRAM，46
Memory-mode instructions（内存模式指令），544-547
Merge procedure（Merge 过程），301
Message box display in Win32 application（在 Win32 应用程序中显示消息框），452-455
    contents and behavior（内容和行为），452-453
    demonstration program（演示程序），453-454
    program listing（程序清单），454-455
MessageBox function（MessageBox 函数），486
mGotoxyConst macro（mGotoxyConst 宏），423，429
mGotoxy macro（mGotoxy 宏），414-415
Microcode（微码），5
Microcomputer（微型计算机），33-34
Microsoft Macro Assembler (MASM)（Microsoft 宏汇编（MASM）），2-3，54-55
Microsoft X64 calling convention（Microsoft x64 调用规范 0，287，301-302
Mixed-mode arithmetic（混合模式算术运算），537-538
MMX registers（MMX 寄存器），41

Mnemonic（助记符），61
.MODEL directive（.MODEL 伪指令），64，558-559，575，582
   C language specifier（C 语言说明符），559
   language specifiers（语言说明符），558
   STDCALL，558-559
Most significant bit(MSB)（最高有效位），10，107，245
Motherboard（主板），44-46
   chipset（芯片组），45-46
MOV instruction（MOV 指令），98-99，128-129
   opcodes（操作码），544-546
Move file pointer function（传送文件指针函数），14.3-14.24
MOVSB instruction（MOVSB 指令），353-355
MOVSD instruction（MOVSD 指令），353-355
MOVSW instruction（MOVSW 指令），353-355
MOVSX (move with sign-extend) instruction（传送并符号扩展指令），100-101，625
MOVZX (move with zero-extend) instruction（传送并全零扩展指令），99-100，625
mPutchar macro（mPutchar 宏），406
mReadBuf macro（mReadBuf 宏），424
mReadString macro（mReadString 宏），415-416
MS-DOS
   device names（设备名称），14.4
   extended error codes（扩展错误码），14.21
   file date fields（文件日期字段），254-255
   function calls (INT 21h)（函数调用），14.7-14.20
   IBM-PC and，14.1-14.7
   memory map（内存映射），14.3
MS-DOS file I/O services（MS-DOS 文件 I/O 服务），14.20-14.33
   close file handle (3Eh)（关闭文件句柄），14.23
   creating binary file（新建二进制文件），14.30-14.33
   create or open file (716Ch)（新建或打开文件），14.22-14.23
   get file creation date and time（获取文件创建日期和时间），14.24
   move file pointer(42h)（传送文件指针），14.23-14.24
   read and copy a text file（读取和复制文本文件），14.25-14.27

   reading MS-DOS command tail（读取 MS-DOS 命令尾），14.27-14.30
   Selected library procedures（部分库过程），14.24-14.25
MsgBoxAsk procedure（MsgBoxAsk 过程），156，162-163
MsgBox procedure（MsgBox 过程），156，162
mShow macro（mShow 宏），416-417
mShowRegister macro（mShowRegister 宏），417，428
MS-Windows virtual machine manager (MS-Windows 虚拟机管理器)，504
MUL (unsigned maltiply) instruction（MUL (无符号乘法) 指令），253，255-257
   bit shifitng and（移位），261-262
   examples（示例），256-257
   operands（操作数），256
Mul32 macro（Mul32 宏），430
Multimodule programs（多模块程序），322
   ArraySum program（ArraySum 程序），326
   calling external procedures（调用外部过程），324-325
   creating modules using INVOKE and PROTO（用 INVOKE 和 PROTO 新建模块），330-333
   creating modules using EXTERN directive（用 EXTERN 伪指令新建模块），326-330
   hiding and exporting procedure names（隐藏和输出过程名），323-324
   module boundaries, variables and symbols in（模块边界，变量和符号），325-326
Mutiple shifts（多次移位）
   in SHL instruction（用 SHL 指令），245
   in SHR instruction（用 SHR 指令），245
Multiplexer（多路选择器），26
Multiplication and division instructions in integer arithmetic（整数算术运算中的乘法与除法指令），255-268
   arithmetic expressions, implementing（算术表达式，实现），267-268
   DIV instruction（DIV 指令），262-264
   IMUL instruction（IMUL 指令），257-260
   MUL instruction（MUL 指令），255-257
   signed integer division（有符号整数除法），264-267

Multiplication table example（乘法表示例），576
    assembly language module（汇编语言模块），576-577
    C++ startup program（C++启动程序），577-578
    visual studio project properties（visual studio项目属性），578-579
Multitasking（多任务），499-500，502
mWrite macro（mWrite宏），411-412
mWriteln macro（mWriteln宏），411-412，422
mWriteSpace macro（mWriteSpace宏），412，418
mWriteString macro（mWriteString宏），406，412，418-419

N

Name decorations in C++ programs（C++程序的名称修饰），557，570
Naming conventions（命名规范），556-557
NaNs (floating point)（NaNs（浮点数）），516
Negative infinity（负无穷），516
NEG instruction（NEG指令），106，109-110
Nested loops（循环嵌套），125
Nested macros（宏嵌套），411-412
Nested procedure call（过程调用嵌套），148-149
Netwide Assembler (NASM)（NetWide汇编器），2
Non-doubleword local variables（非双字局部变量），337-339
NOP (No Operation) instruction（NOP（无操作）指令），62
Normalized finite numbers（规格化有限数），515
NOT (boolean operator)（NOT（布尔运算符）），22
NOT instruction（NOT指令），194，196
Null-terminated string（空字节结束的字符串），19，77，160，168-169，178，357，359，452，486，14.24-14.25，15.23-15.24
Numeric data representation, terminology for（数字数据表示，术语），20-21

O

Object file（目标文件），71
OFFSET operator（OFFSET运算符），112-113，121，129，395，399，402，565
One's complement（反码），196

OpenInputFile procedure（OpenInputFile过程），156，158，163
Operands（操作数），60-62
    direct memory（直接内存），96-97
    direct-offset（直接-偏移量），102-103
    floating-point instruction set（浮点指令集），523-526
    instruction（指令），61-62，97
    types（类型），61，90，96
Operating system (OS)（操作系统），32，36-38，42，44，47-49
Operator precedence（运算符优先级），24
Opteron processor（皓龙处理器），33，43
OPTION PROC:PRIVATE directive（OPTION PROC:PRIVATE伪指令），323-324
OR (boolean operator)（OR（布尔运算符）），22-24
OR instruction（OR指令），192-193
OS. *See* Operating system (OS)，参见操作系统
Output functions, MS-DOS（Output函数），MS-DOS），14.9-14.11
    filtering control characters（过滤控制字符），14.9-14.11（过滤）
Output parameter（Output形参），319
Overflow flag（溢出标志），40，69，107，109-110，164，166，191，193，198，249，256，258-260，267

P

Packed binary coded decimal (BCD)（压缩二进制编码的十进制数（BCD）），80
Packed decimal arithmetic（压缩十进制算术运算），277-279
    DAA instructions（DAA指令），277-278
    DAS instruction（DAS指令），279
Page fault（页故障），501
Paging（分页），446，501
Page translation（页转换），500-501，503-504
Parallel port（并行接口），45
Parameter classifications（参数类别），319-320
Parity flag（奇偶标志），41，69，105-107，109，132，160，191-193，195-197，226，531
ParseDecimal32 procedure（ParseDecimal32过程），156，163

ParseInteger32 procedure（ParseInteger32 过程），156，164
Passing arrays（传递数组），290
Passing by reference（传递引用），290
Passing by value（传递值），289
Passing register arguments（传递寄存器参数），150
PCI (Peripheral Component Interconnect) bus（外部设备互联总线），45
PC interrupts（PC 中断），D.2-D.3
PeekConsoleInput function（PeekConsoleInput 函数），451
Pentium processor（奔腾处理器），564，591
Pixels（像素），48，484
Pointers（指针），121-122
POINT structure（POINT 结构），484-485，661
POPAD instruction（POPAD 指令），143
POPA instruction（POPA 指令），143
POPFD instruction（POPFD 指令），142-143
POP instruction（POP 指令），142
Pop operation（出栈操作），141-142
Positive infinity（正无穷，516），522
Preemptive multitasking（抢先多任务），504
   printf function（printf 函数），579-581
   displaying formatted reals with（显示格式化实数），580
PrintX macro（PrintX 宏），406
PROC directive（PROC 伪指令），145-147，152，313-316，330-333
   parameter lists（参数列表），313-316
   parameter passing protocol（参数传递协议），316
   RET instruction modified by（修改的 RET 指令），316
   syntax of（语法），314
Procedure call overhead（过程调用开销），568-569
Procedures（过程）
   checking for missing arguments（检查缺失参数），421-422
   defining（定义），145
   calling external（调用外部），324-325
   labels in（标号），146
   linking to an external library（链接到外部库），153-154
   nested procedure calls（嵌套的过程调用），148-149
   overhead of（开销），568-569
Processor operand-size prefix（处理器操作数大小前缀），543-544
Process return code（过程返回码），14.8
Program execution times, measuring（程序执行次数，计算），260-262
Programmable Interrupt Controller (PIC)（可编程中断控制器），45
Programmable Interval Timer/Counter（可编程间隔定时器/计数器），45
Programmable Parallel Port（可编程并行端口），45
Programming at multiple levels（多层次编程），48
Program segment prefix (PSP)（程序段前缀），14.28
PromptForIntegers procedure（PromptForIntegers 过程），326-327，331
Protected mode（保护模式），3，38，40-42，64，74，335，398，432，493，502，557，564，584，14.2，15.15
   in indirect operands（间接操作数），117-118
PROTO directive（PROTO 伪指令），154，179，316-319，323-324，330-333，574
   assembly time argument checking（汇编时参数检查），317-319
PTR operator（PTR 运算符），96，112，114-115，118
PUSHA instruction（PUSHA 指令），143
PUSHAD instruction（PUSHAD 指令），143
PUSHFD instruction（PUSHFD 指令），142-143
PUSH instruction（PUSH 指令），142
PUSh operations（入栈操作），141

Q

Quadword (8 bytes)（四字（8 字节）），132
Quiet NaN (floating point)（沉寂 NaN（浮点数）），516
QWORD data type（QWORD 数据类型），74，79-80

R

Radix（基数），55-56，77
Ralf Brown's Interrupt List（Ralf Brown 中断列表），14.8，D.1

Random32 procedure（Random32 过程），156，164

Randomize procedure（Randomize 过程），156，164，178

RandomRange procedure（RandomRange 过程），156，164-165

Range checking（范围检查），102，229，423

Raster scanning（光栅扫描），48

RCL (rotate carry left) instruction（带进位循环左移指令），248-249

RCR (rotate carry right) instruction（带进位循环右移指令），248-249

ReadChar procedure（ReadChar 过程），156

ReadConsole function（ReadConsole 函数），45，455-456

ReadConsoleInput function（ReadConsoleInput 函数），451

ReadConsoleOutput function（ReadConsoleOutput 函数），451

ReadConsoleOutputAttribute function（ReadConsoleOutputAttribute 函数），451

ReadConsoleOutputCharacter function（ReadConsoleOutputCharacter 函数），451

ReadDec procedure（ReadDec 过程），156

ReadFile function（ReadFile 函数），466-467

ReadFile program example（ReadFile 程序示例），471-473

Read_File procedure（Read_File 过程），315

ReadFloat procedure（ReadFloat 过程），533-534

ReadFromFile procedure（ReadFromFile 过程），156，16-166

ReadHex procedure（ReadHex 过程），156，166

ReadInt procedure（ReadInt 过程），157，166

ReadKey procedure（ReadKey 过程），157，166-167，205，459-460

Read-only memory(ROM)（只读存储器），46，14.2

ReadSector example（ReadSector 示例），15.19

ReadString procedure（ReadString 过程），157，167，178，415，456，14.24-14.25

REAL4 data type（REAL4 数据类型），74，81

REAL8 data type（REAL8 数据类型），74，81

REAL10 data type（REAL10 数据类型），74，81

Real-address mode programs（实地址模式程序），38，42，124，14.2，14.6-14.8，14.28，14.34，15.15-15.16，15.20，15.26，17.2，17.7

Real number data（实数数据），81

Rect (rectangle) structure（矩形结构），485

Recursion（递归），302-310
  factorial calculation（计算阶乘），304-310
  recursively calculating a sum（递归求和），303-304

Recursive procedure（递归过程），188

Reduced instruction set computer (RISC)（精简指令集计算机），346，539-540，564

References to named structure（引用命名的结构），394-395

References to structure variables（引用结构变量），394-396

Registet mode instructions（寄存器模式指令），542-543

Register parameters（寄存器参数），179，287-290

Registets（寄存器），38-41
  comparing（比较），228
  saving and restoring（保存和恢复），152-153，294-295

Registet stack（寄存器堆栈），519-521
  64-bit（64 位），89-90

Repeat blocks，defining（重复块，定义），433-437

REPEAT directive（REPEAT 伪指令），434

.REPEAT directive（.REPEAT 伪指令），225，231-232

Repeat prefix（重复前缀），353-355

Reserved words（保留字），58

RET (return from procedure) instruction（过程返回指令），147-148，181-182，290，292-294，296，303-304，314，316，321，331，363，558，572

Reversing a string（字符串翻转），144-145

REX (register extension) prefix（寄存器扩展前缀），43-44

ROL instruction（ROL 指令），247

ROM. See Read-only memory (ROM)（ROM，参见只读存储器）

ROM BIOS，14.3，16.2，17.24

ROR instruction（ROR 指令），247-248

Rounding in FPU（FPU 舍入），521-522

Runtime relational and logical operators（运行时关

系和逻辑运算符),226-227
Runtime stack（运行时堆栈),140-142

S

SAHF (store AH into status flags) instruction（AH 保存到状态标志指令),101
SAL (shift arithmetic left) instruction（算术左移指令),246
SAR (shift arimmetic right) instruction（算术右移指令),246
SBB (subtract with borrow) instruction（带借位减法指令),272
SBYTE data type（SBYTE 数据类型),74-77
Scale factors（比例因子),120-121,371,426
scanf function（scanf 函数),30,580-583
SCASB instruction（SCASB 指令),353,356
SCASD instruction（SCASD 指令),353,356
SCASW instruction（SCASW 指令),353,356
ScrollConsoleScreenBuffer funcdon（ScrollConsole-ScreenBuffer 函数),451,473
SDWORD data type（SDWRD 数据类型),74,79,314,325,392,449
Segment（段),40,55,59
Segment descriptor details（段描述符详细信息),502-503
Segment descriptor table（段描述符表),40
Segment limit（段限长),502-503
Segment names（段名),556-557
Segment present flag（段存在标志),503
Segment registers（段寄存器),38,40
Selected string procedures（部分字符串过程),357-368
Sequential search of array（顺序搜索数组),205-206
Serial port（串行端口),49,14.4,16.36,17.14-17.15,17.24
Set complement（补集),194
Set operations（集操作)
   intersection（交集),194
   union（并集),194-195
SetConsoleActiveScreenBuffer function（SetConsole-ActiveScreenBuffer 函数),451
SetConsoleCP function（SetConsoleCP 函数),451

SetConsoleCtrlHandler function（SetConsole-CtrlHandler 函数),451
SetConsoleCursorInfo function（SetConsoleCursor-Info 函数),451,477
SetConsoleCursorPosition function（SetConsole-CursorPosition 函数),398-399,451,473,477
SetConsoleMode function（SetConsoleMode 函数),452
SetConsoleOutputCP function（SetConsoleOutputCP 函数),452
SetConsoleScreenBufferSize function（SetConsole-ScreenBufferSize 函数),452,476
SetConsoleTextAttribute function（SetConsole-TextAttribute 函数),452,477
SetConsoleTitle function（SetConsoleTitle 函数),452,473
SetConsoleWindowInfo function（SetConsoleWin-dowInfo 函数),452,473-476
SetCursorPosition procedure（SetCursorPosition 过程),229-230
SetFilePointer function（SetFilePointer 函数),467-468
SetLocalTime function（SetLocalTime 函数),479-480
SetStdHandle function（SetStdHandle 函数),452
SetTextColor procedure（SetTextColor 过程),157
Shift and rotate applications（移位和循环移位应用),251-255
   binary multiplication（二进制乘法),253
   displaying binary bits（显示二进制位),254
   isolating MS-DOS file data fields（提取 MS-DOS 文件数据字段),254-255
   shifting multiple doublewords（多个双字的移位),252-253
Shift and rotate instructions（移位和循环移位指令),243-251
Shifting multiple donblewords（多个双字的移位),252-253
SHL (shift left) instruction（左移指令),243-245
SHLD (shift left double) instructions（双精度左移指令),243,249-251
SHR (shift right) instruction（右移指令),243,245-246

SHRD (shift right double) instruction（双精度右移指令），243，249-251
Signed and unsigned comparisons（有符号数和无符号数比较），227-228
Signed division in SAI and SAR instruction（用 SAL 和 SAR 指令的有符号除法），246
Signed integer（有符号整数），16
  comparing（比较），228
  converting signed binary to decimal（有符号二进制数转换为十进制数），17
  converting signed decimal to binary（有符号十进制数转换为二进制数），17
  converting signed decimal to hexadecimal（有符号十进制数转换为十六进制数），17
  converting signed hexadecimal to decimal（有符号十六进制数转换为十进制数），17
  maximum and minimum values（最大值和最小值），18
  two's complement of hexadecimal value（十六进制数的补码），16
  two's complement notation（补码符号），16
  validating（验证），212-216
Signed integer division（有符号整数除法），264-267
  divide overflow（除法溢出），266-267
  IDIV instruction（IDIV 指令），265-266
  sign extension instructions（符号扩展指令），264-265
Signed overflow（有符号溢出），110，249
Sign flag (SF)（符号标志），40，107，109，191，193，198，201，206
Significand (floating point)（有效数字（浮点数）），512-513
  precision（精度），513
SIMD (Single-Instruction, Multiple-Data)（单指令多数据），41
Single-byte instructions（单字节指令），541
Single-character input（单字符输入），459-460
Single-line comments（单行注释），62
Single-precision bit encodings（单精度数位编码），515
Single-precision exponents（单精度阶码），514
16-bit argument（16 位实参），335-336
16-bit parity（16 位奇偶），196
16-bit programs，coding for（16 位程序，编码），14.6-14.7

16-bit real-address mode programs（16 位实地址模式程序），3
64-bit operation modes（64 位操作模式），43
  Boolean instructions in（布尔指令），199
  using IMUL（使用 IMUL），258-259
  using MUL（使用 MUL），257
64-bit programming（64 位编程），88-90，128-131
  assembly programming（汇编编程），178-181
SIZEOF operator（SIZEOF 运算符），112，116
SMALL_RECT structure（SMALL_RECT 结构），461-462
SmallWin.inc (include file)（SmallWin.inc（头文件）），397-398，405，447-450，453，466，581
Software Development Kit (SDK)（软件开发工具包），154
Software interrupts（软件中断），14.2，14.4
Source operand（源操作数），61-62，98-99
Special operators（特殊运算符），428-431
Special-purpose registers（专用寄存器），521
SRAM. See Static RAM (SRAM) Stackabstractdatatype（SRAM，参见静态 RAM）
Stack abstract data type（堆栈抽象数据类型），140-141
Stack applications（堆栈应用），142
Stack data structure（堆栈数据结构），140
.STACK directive（.STACK 伪指令），59，64，326，14.6，14.54
Stack frames（堆栈帧），287-302
Stack parameters（堆栈参数），287-290
  accessing（访问），290-292
Stack operations（堆栈操作），140-145
  affected by USES operator（受 USES 运算符影响），333-334
  defining and using procedures（定义和使用过程），145-153
  passing stack arguments to procedures（向过程传递堆栈实参），335-337
  POP instruction（POP 指令），142
  PUSH instruction（PUSH 指令），142
  runtime stack（运行时堆栈），140-142
Stack segment（堆栈段），40，503，17.5
Static RAM (SRAM)（静态 RAM），36，46，50
Status flags（状态标志），40-41
STC (set carry flag) instruction（设置进位标志指令），

198，634

STDCALL calling convention（STDCALL 调用规范），293-294，408，590

STDCALL language specifier（STDCALL 语言说明符），558-559，574

STOSB instruction（STOSB 指令），353，356，635

STOSD instruction（STOSD 指令），353，356，635

STOSW instruction（STOSW 指令），353，356，635

Str_compare procedure（Str_compare 过程），157，358-359，366

Str_copy procedure（Str_copy 过程），157，357，359-360，366-367

String（字符串），19
 calculating the size of（计算大小），85-86
 copying a string（复制字符串），127-128，353-354
 defining（定义），77-78
 encryption（加密），206-208
 reversing（反转），144-145

String encryption program（字符串加密程序），14.14-14.16

String library demo program（字符串库演示程序），364-365

String primitive instructions（字符串原语指令），353-357

StrLength procedure（StrLength 过程），157

Str_1ength procedure（Str_length 过程），178，357，359，366-367

Str_trim procedure（Str_trim 过程），157，358，360-363

Str_ucase procedure（Str_ucase 过程），157，358，363

Structure（结构），390-405
 aligning structure fields（对齐结构字段），392
 allgning structure variables（对齐结构变量），394
 containing other structures（包含其他结构），399
 declaring variables（声明变量），393-394
 defining（定义），391-392
 indirect and index operands（间接和变址操作数），395-396
 performance of aligned members（对齐成员的性能），396
 references to members（引用成员），394-396
 referencing（引用），370-372

Structure chart（结构图），326

Structured Computer Organization (Tanenbaum)(《结构化计算机组织》)，7

SUB instructions（SUB 指令），67，106

Substitution operator（替换运算符），414，428

SumOf procedure（SumOf 过程），146-147，153

SwapFlag，300，338

Swap procedure（Swap 过程），290，312，315，320-321

SWORD data type（SWORD 数据类型），74-75，78-79，115，314，392

Symbolic constant（符号常量），84-88

System management mode (SMM)（系统管理模式），38

SYSTEMTIME structure（SYSTEMTIME 结构），397，440，479-480，482，505

System time, displaying（系统时间，显示），397-399

T

Table-driven selection（表驱动选择），216-219

TBYTE data type（TBYTE 数据类型），74，80，115-116，314，524，593，602

Terabyte (TB（太字节))，13

Terminal state（终止状态），219-221

Testing status bits（测试状态位），204

TEST instruction（TEST 指令），190，196-197

Text editor（文本编辑器），64，71，16.14

TEXTEQU direcdve（TEXTEQU 伪指令），87-88

Text macro（文本宏），87，429-430

32-bit integers, adding（32 位整数，相加），119

32-bit protected mode programs（32 位保护模式程序），3

Three integers, smallest of（3 个整数，(其中)最小的数），204-205

Time and data functions（时间和数据函数），14.16-14.20

Transfer control（转移控制），123

Translate buffer function（转换缓冲函数），568

Two-dimensional arrays（二维数组）
 base-index displacement operands（基址-变址-位移量操作数），371-372
 base-index operands（基址-变址操作数），369-

373
  ordering of rows and columns（行序和列序），368-369
Two integers（两个整数）
  exchanging（交换），320-321
  larger of（较大的（数）），204
TYPEDEF operator（TYPEDEF 运算符），121-122，314
TYPE operator（TYPE 运算符），112，115，120-121

U

Unconditional transfer（无条件跳转），123
Unicode standard（Unicode 标准），19
Uninitialized data, declaring（未初始化数据，声明），83
Unsigned integers，ranges of（无符号整数，取值范围），13
.UNTIL condition（.UNTIL 条件），225，231
.UNTILCXZ condition（.UNTILCXZ 条件），225
Uppercase procedure（Uppercase 过程），335-336
USES operator（USES 运算符），152-153，317，333-335

V

Variables, adding（变量，相加），81-82
Video memory area（视频存储区），14.3
Video RAM (VRAM)（视频 RAM），46，646-647
Virtual-8086 mode（虚拟 8086 模式），38，40，42-43，504
Virtual machine concept（虚拟机概念），7-9
Virtual memory（虚拟内存），501-502
Visual C++ command-line options（Visual C++ 命令行选项），559
Visual Studio Debugger（Visual Studio 调试器）
  arrays, displaying（数组，显示），125-126
  CPU flags in（CPU 标志），104
Visual studio project properties（Visual Studio 项目属性），578-579

W

WaitMsg protedare（WaitMsg 过程），157，159，168，172
Wait states（等待状态），34
.WHILE condition（.WHILE 条件），225，231-232
WHILE directive（WHILE 伪指令），433-434
WHILE loops（WHILE 循环），214-216，232
White box testing（白盒测试），212-213
Win32 API Reference Information（Win32 API 参考信息），447
Win32 console functions（Win32 控制台函数），450-452
Win32 console programming（Win32 控制台编程），445-446
  background information（背景信息），446-450
  console input（控制台输入），455-461
  console output（控制台输出），461-463
  console window mampulation（控制台窗口操作），473-476
  controlling cursor（控制光标），476-477
  controlling text color（控制文本颜色），477-478
  displaying message box（显示消息框），452-455
  file I/O in Irvine32 library（Irvine32 库的文件 I/O），468-470
  reading and writing files（读写文件），463-468
  testing file I/O procedures（测试文件 I/O 过程），470-473
  time and date functions（时间和日期函数），479-482
  Win32 console functions（Win32 控制台函数），450-452
Win32 date time functions（Win32 日期时间函数），479
Win32 Platform SDK（Win32 平台 SDK），446
Windows API functions character sets and（Windows API 函数）（字符集），447
  64-bit functions（64 位函数），482-484
Windows data types（Windows 数据类型），448
WinMain procedure（WinMain 过程），486-487
WNDCLASS structure（WNDCLASS 结构），485-486，506
WORD data type（WORD 数据类型），58，78
Word (2 bytes)（字（2 字节）），13
  arrays of（数组），86，103
WriteBinB procedure（WriteBinB 过程），157，168
WriteBin procedure（WriteBin 过程），157，168，

172

WriteChar procedure（WriteChar 过程），157，169，406-407

WriteColors program（WriteColors 程序），478

WriteConsole function（WriteConsole 函数），452，462

WriteConsoleInput function（WriteConsoleInput 函数），452

WriteConsoleOutputAttribute function（WriteConsoleOutputAttribute 函数），452，477

WriteConsoleOutputCharacter function（WriteConsoleOutputCharacter 函数），452，461，463

WriteConsoleOutput function（WriteConsoleOutput 函数），452

WriteDec procedure（WriteDec 过程），157，169

WriteFile function（WriteFile 函数），467

WriteFloat，533-534

WriteHex procedure（WriteHex 过程），157，169，172

WriteHexB procedure（WriteHexB 过程），157，169，179

WriteHex64 procedure（WriteHex64 过程），179，336-337

WriteInt procedure（WriteInt 过程），155，157，169，172，443

WriteStackFrame procedure（WriteStackFrame 过程），157，322-323

WriteString procedure（WriteString 过程），154，157，169，172-173，461，14.25

WriteToFile procedure（WriteToFile 过程），157，169-170

WriteWindowsMsg procedure（WriteWindowsMsg 过程），157，165-166，170，458，494-495

X

x86 computer, components of（x86 计算机，组件），44

memory（内存），46

motherboard（主板），44-46

x86 instruction coding（x86 指令编码）instruction format（指令格式），540-541

memory-mode instructions（内存模式指令），544-547

move immediate to register（立即数送寄存器），541-542

processor operand-size prefix（处理器操作数大小前缀），543-544

register-mode instructions（寄存器模式指令），542-543，610

single-byte instructions（单字节指令），541

x86 instruction format（x86 指令格式），540-541

x86 memory management（x86 内存管理），41-42，446，499-504

linear addresses（线性地址），500-503

page transition (translation)（页面转换），503-504

protected mode（保护模式），42

real-address mode（实地址模式），42

x86 processor（x86 处理器），1，4，16，29，62，82，96，155，243，261，346，512，17.5，610

x86 processor architecture（x86 处理器架构），32-50

execution environment（执行环境），38-41，43-44

floating-point unit（浮点单元），41

modes of operation（操作模式），37-38

XCHG instruction（XCHG 指令），102

XMM registers（XMM 寄存器），41，43

XOR instmctiion（XOR 指令），195-196，206，14.14

Y

Yottabyte（YB（尧字节）），13

Z

Zero flag（零标志），40，69，107-108，132，162，166，191-194，198，200，205，209，221，223，358，386-387，459，531，14.12，608

Zero/sign extension of integers（整数全零/符号扩展），99

copying smaller values to larger ones（将小数复制到大数），99

MOVSX instruction（MOVSX 指令），100-101

MOVZX instruction（MOVZX 指令），99-100

推荐阅读

作者：Thomas H. Cormen 等著
书号：978-7-111-40701-0，128.00元

作者：Brian W. Kernighan 等著
书号：978-7-111-12806-0，30.00元

作者：Y. Daniel Liang 著
书号：978-7-111-50690-4，85.00元

作者：Randal E. Bryant 等著
书号：978-7-111-32133-0，99.00元

作者：David A. Patterson John L. Hennessy
中文版：978-7-111-50482-5，99.00元

作者：James F. Kurose 等著
书号：978-7-111-45378-9，79.00元

作者：Abraham Silberschatz 著
中文翻译版：978-7-111-37529-6，99.00元
本科教学版：978-7-111-40085-1，59.00元

作者：Jiawei Han 等著
中文版：978-7-111-39140-1，79.00元

作者：Ian H. Witten 等著
中文版：978-7-111-45381-9，79.00元